高等教育公共基础课精品系列教材

北京理工大学“十四五”规划教材

工科数学分析习题精讲

温海瑞　沈　良　曹春雷　主编

北京理工大学出版社

BEIJING INSTITUTE OF TECHNOLOGY PRESS

内容简介

本教材主要内容包括：分析基础：函数，极限，连续；微积分学：一元微积分，多元微积分；向量代数与空间解析几何；无穷级数；常微分方程等高等数学核心内容知识点总结及精选习题。

全书分为11个章节，第4~6章，第6~9章均包括知识点总结及练习、综合例题、自测题和研究生入学试题及高等数学竞赛试题选编等内容，第5章、第10章分别是上、下册易考题型分析和总结，最后一章包括高等数学中英文数学概念对照及常用的数学公式，如和差角、积化和差、和差化积等公式，方便读者参考。

本书可作为高等院校选修高等数学、微积分、工科数学分析课程的同步辅导用书，也可作为研究生入学考试参考用书。

图书在版编目(CIP)数据

工科数学分析习题精讲 / 温海瑞，沈良，曹春雷主编. -- 北京 : 北京理工大学出版社，2022.5

ISBN 978-7-5763-1308-6

Ⅰ. ①工… Ⅱ. ①温… ②沈… ③曹… Ⅲ. ①数学分析-高等学校-教学参考资料 Ⅳ. ①O17

中国版本图书馆CIP数据核字(2022)第072650号

出版发行 / 北京理工大学出版社有限责任公司
社　　址 / 北京市海淀区中关村南大街5号
邮　　编 / 100081
电　　话 / (010)68914775(总编室)
(010)82562903(教材售后服务热线)
(010)68944723(其他图书服务热线)
网　　址 / http://www.bitpress.com.cn
经　　销 / 全国各地新华书店
印　　刷 / 北京昌联印刷有限公司
开　　本 / 787毫米×1092毫米　1/16
印　　张 / 26
字　　数 / 504千字
版　　次 / 2022年5月第1版　2022年5月第1次印刷
定　　价 / 56.00元

责任编辑 / 孟祥雪
文案编辑 / 孟祥雪
责任校对 / 周瑞红
责任印制 / 李志强

前　言

为了培养大学生对数学类公共基础课程的兴趣，促进其创新能力的发掘和提高，锻炼大学生逻辑推理、抽象思维和综合运用所学知识、技巧的能力，高等数学等数学类公共基础课程吸引了众多高校和教育相关部门的注意. 同时，对工科学生来讲，在后续的工作和学习中，不可避免要大量运用数学分析、高等代数、概率统计等数学类专业核心课程的知识和技巧，能够熟练使用这些课程学习到的工具，对学习、研究工作的顺利进行和进一步的发展至关重要. 编者在高等数学类课程教学过程中发现，大学生在学习过程中存在与中学数学的衔接、学习方式、难度难以快速适应等问题. 另外，高等数学课程学时、学分在各类公共基础课程中也占有较大比重，同学们在教材内容的适应与解题技巧的训练等诸多环节也有不足. 希望本习题集能帮助大学生克服以上困难，也可以作为研究生入学考试参考书. 全书分为 11 个章节，1 ~4 章，6 ~9 章均包括知识点总结及练习、综合例题、自测题和硕士入学考试试题及高等数学竞赛试题选编等内容，第 5 章、第 10 章分别是上、下册易考题型总结，最后一章包括本科阶段中英文数学概念对照及常见的数学公式，如和差角、积化和差、和差化积等公式，方便读者参考.

鉴于编者水平所限，书中定有考虑欠缺或不妥之处，恳请读者朋友们不吝赐教.

编　者

前　言

目 录

第1章　函数、极限与连续

数学分析研究的主要对象是定义在实数集上的函数. 函数的极限及连续性理论为分析学提供了方法和工具，如何从自变量的变化过程中捕捉函数的变化趋势是极限的基本思想，同时也是整个分析学的基础.

1.1　知识点总结

1.1.1　函数的概念及性质

1. 函数的相关概念. 集合，区间，邻域，内点，映射，单值，多值，分段函数，隐函数，定义域，值域等.

2. 函数的性质. 有界性（上、下界），单调性，奇偶性，周期性.

3. 函数的运算. 和，差，积，商，幂.

4. 反函数与复合函数.

• 函数的复合. 需外层函数的定义域与内层函数值域交集非空.

注 1.1　(1) 求 $y=f(x)$ 的反函数，常见解法可分为两步：

①反解出 $x=\phi(y)$（或 $x=f^{-1}(y)$）.

②x 换为 y，y 换为 x，得 $y=\phi(x)$ $(y=f^{-1}(x))$.

对于第②步，因为中学时习惯将 y 看作函数（因变量），将 x 看作自变量，若将 x 看成 y 的函数，亦可说 $y=f(x)$ 的反函数是 $x=\phi(y)$.

(2) 注意原、反函数之间图像的区别和联系（分别用 x 或 y 当作函数）.

5. 基本初等函数和初等函数.

反三角函数主值区间及图像，和差化积、积化和差，半角公式，诱导公式等三角公式. 三角函数的性质如表 1.1 所示.

表 1.1　三角函数的性质

函数名称	记号	定义域	值域	周期	奇偶性
正弦函数	$y=\sin x$	$\mathbf{R}$	$[-1, 1]$	2π	奇
余弦函数	$y=\cos x$	$\mathbf{R}$	$[-1, 1]$	2π	偶

续表

函数名称	记号	定义域	值域	周期	奇偶性
正切函数	$y=\tan x$	$\mathbf{R}\backslash\left\{\left(n+\frac{1}{2}\right)\pi,\ n\in\mathbf{Z}\right\}$	$\mathbf{R}$	π	奇
余切函数	$y=\cot x$	$\mathbf{R}\backslash\{n\pi,\ n\in\mathbf{Z}\}$	$\mathbf{R}$	π	奇
正割函数	$y=\sec x$	$\mathbf{R}\backslash\left\{\left(n+\frac{1}{2}\right)\pi,\ n\in\mathbf{Z}\right\}$	$\mathbf{R}\backslash(-1,\ 1)$	2π	偶
余割函数	$y=\csc x$	$\mathbf{R}\backslash\{n\pi,\ n\in\mathbf{Z}\}$	$\mathbf{R}\backslash(-1,\ 1)$	2π	奇

上述三角函数的关系可以记为

$$\tan x=\frac{\sin x}{\cos x},\quad \cot x=\frac{\cos x}{\sin x}=\frac{1}{\tan x},$$

$$\sec x=\frac{1}{\cos x},\quad \csc x=\frac{1}{\sin x}.$$

以上三角函数的图像，在中学已介绍过，注意整理总结，在此省略.

6. 反三角函数.

将三角函数的定义域限制在某一个**单调区间**上，就可以得到三角函数的反函数，称为**反三角函数**.（一般只考虑主值函数）

①反正弦函数 $y=\arcsin x$，定义域为 $[-1,\ 1]$，值域为 $\left[-\frac{\pi}{2},\ \frac{\pi}{2}\right]$，其为将正弦函数 $y=\sin x$ 的定义域限制在 $\left[-\frac{\pi}{2},\ \frac{\pi}{2}\right]$ 上对应的反函数.

②反余弦函数 $y=\arccos x$，定义域为 $[-1,\ 1]$，值域为 $[0,\ \pi]$.

③反正切函数 $y=\arctan x$，定义域为 $(-\infty,\ +\infty)$，值域为 $\left(-\frac{\pi}{2},\ \frac{\pi}{2}\right)$.

④反余切函数 $y=\operatorname{arccot} x$，定义域为 $(-\infty,\ +\infty)$，值域为 $(0,\ \pi)$.

7. 双曲函数与反双曲函数. 注意表达式之间的关系.

双曲正弦函数 $\sinh x=\frac{e^{x}-e^{-x}}{2}$，双曲余弦函数 $\cosh x=\frac{e^{x}+e^{-x}}{2}$.

双曲正切函数 $\tanh x=\frac{\sinh x}{\cosh x}$，双曲余切函数 $\coth x=\frac{\cosh x}{\sinh x}=\frac{1}{\tanh x}$.

8. 参数方程与极坐标方程.

①参数方程表示的函数. 椭圆，星形线，摆线.

②极坐标系相关概念. 极点，极轴，极径.

重要转换关系：$\begin{cases} x=\rho\cos\theta, \\ y=\rho\sin\theta, \end{cases}$ $\begin{cases} \rho=\sqrt{x^2+y^2}, \\ \tan\theta=\dfrac{y}{x}. \end{cases}$ $(\rho\geqslant 0,\quad 0\leqslant\theta<2\pi)$

极坐标表示的函数. 螺线，心形线（外摆线）（练习 1.1.2），双纽线等.

【练习】1.1.1　证明：任一定义在对称区间 $(-L, L)$ 内的函数 $f(x)$ 总可以表示为一个偶函数和一个奇函数之和.

证明：设 $f_1=\frac{1}{2}[f(x)+f(-x)]$，$f_2=\frac{1}{2}[f(x)-f(-x)]$.

易验证 $f_1(x)$ 为偶函数，$f_2(x)$ 为奇函数，且 $f(x)=f_1(x)+f_2(x)$.

【练习】1.1.2　如何从极坐标 $\rho=a(1+\cos\theta)$ 对应的曲线（心形线）得到 $\rho=a(1+\sin\theta)$ 所对应的曲线？

答：借助于 $\sin\theta=\cos\left(\theta-\frac{\pi}{2}\right)$，将前者对应曲线逆时针旋转 $\pi/2$.

【练习】1.1.3　若 f 是 $(-L, L)$ 内的奇函数，并且有反函数 f^{-1}，则 f^{-1} 也是奇函数.

证明：在函数 f 值域任取 x，有 $f[f^{-1}(-x)]=-x$，于是

$$x=-f[f^{-1}(-x)]=f[-f^{-1}(-x)],$$

$$f^{-1}(x)=f^{-1}\{f[-f^{-1}(-x)]\}=-f^{-1}(x).$$

所以 $f^{-1}(x)$ 也是奇函数.

1.1.2　极限的概念

1. 数列及数列极限的定义.

“$\varepsilon-N$”定义、几何解释.

用定义证明数列极限存在的关键（练习 1.1.5）：

$\begin{cases} \text{①从结果不等式出发，} |x_n-A|<\varepsilon; \\ \text{②关键是找“}N\text{”.} \end{cases}$

$$\boxed{|x_n-A|<\varepsilon}\Rightarrow\boxed{n>\text{“}\varepsilon\text{”}}\Rightarrow\boxed{\text{“}\varepsilon\text{”}\to N}.$$

注意：数列发散的定义，数列极限与子列极限的关系.

2. 函数的极限.

(1) 自变量趋于无穷大时的极限.

$x\to\pm\infty$，$x\to\infty$，“$\varepsilon-N$”（或“$\varepsilon-X$”）定义.

$\begin{cases} \text{①从结果不等式出发，} |f(x)-A|<\varepsilon; \\ \text{②关键是找“}N\text{”.} \end{cases}$

$$\boxed{|f(x)-A|<\varepsilon}\Rightarrow\boxed{x>\text{“}\varepsilon\text{”}}\Rightarrow\boxed{\text{“}\varepsilon\text{”}\to N}.$$

（2）自变量趋于定点 x_0 时的极限.

$x\to x_0^{\pm}$，$x\to x_0$，极限的“$\varepsilon-\delta$”定义.

$\begin{cases}\text{①从结果不等式出发，} |f(x)-A|<\varepsilon; \\ \text{②关键是找“}\delta\text{”.}\end{cases}$

$$\boxed{|f(x)-A|<\varepsilon}\Rightarrow\boxed{|x-x_0|<\text{“}\varepsilon\text{”}}\Rightarrow\boxed{\text{“}\varepsilon\text{”}\to\delta}.$$

注意左、右极限和极限的关系（练习 1.1.6）.

【练习】1.1.4 试回答下列问题（举例说明）.

（1）如果在 n 无限变大过程中，数列 x_n 的各项越来越接近 A，那么 y_n 是否一定以 A 为极限?

答：否．如 $x_n=2+\dfrac{1}{n}$，$A=1$.

（2）设在常数 A 的无论怎样小的 ε 邻域内密集着数列 x_n 的无穷多个点，那么 x_n 是否以 A 为极限?

答：否．如 $x_n=(-1)^n$，$A=1$.

（3）设 $\lim\limits_{n\to\infty}x_n=A$，那么 x_n 中各项的值是否必须大于或小于 A，能否等于 A?

答：x_n 中各项的值可以等于 A.

如 $x_n=\begin{cases}\dfrac{1}{n}, & n\text{ 为偶数,}\\ 0, & n\text{ 为奇数,}\end{cases}$ $A=0$.

（4）有界数列是否一定有极限？无界数列是否一定无极限?

答：有界数列不一定有极限，如 $x_n=(-1)^n$，$|x_n|\leqslant 1$.

由于收敛数列必有界，故无界数列一定无极限.

【练习】1.1.5 证明 $\lim\limits_{n\to\infty}\dfrac{2+(-1)^n}{n+1}=0$.

证明：（1）**从结果不等式出发**.

对 $\forall\varepsilon>0$，要使

$$|x_n-0|=\left|\frac{2+(-1)^n}{n+1}\right|\leqslant\frac{3}{n+1}<\frac{3}{n}<\varepsilon.$$

（2）**关键是找**“N”．只要 $\boxed{N=\left[\dfrac{3}{\varepsilon}\right]}$，则当 $n>N$ 时，总有 $|x_n-0|<\varepsilon$ 成立，即

$$\lim_{n\to\infty}\frac{2+(-1)^n}{n+1}=0.$$

【练习】1.1.6　讨论$\lim\limits_{x\to 0}\dfrac{|x|}{x}$的存在性.

解：函数$\dfrac{|x|}{x}=\begin{cases}1, & x>0,\\ -1, & x<0.\end{cases}$

$$\lim_{x\to 0^+}\frac{|x|}{x}=\lim_{x\to 0^+}1=1,\quad \lim_{x\to 0^-}\frac{|x|}{x}=\lim_{x\to 0^-}(-1)=-1,$$

虽然左、右极限都存在，但不相等，因此$\lim\limits_{x\to 0}\dfrac{|x|}{x}$不存在.

【练习】1.1.7　证明$\lim\limits_{n\to\infty}\dfrac{2^n}{n!}=0$.

证明：当$n>3$时，有

$$\frac{2^n}{n!}=\frac{2\cdot 2\cdot 2\cdot \cdots \cdot 2}{1\cdot 2\cdot 3\cdot \cdots \cdot n}<\frac{2}{1}\cdot 1\cdot 1\cdot \cdots \cdot 1\cdot \frac{2}{n}=\frac{4}{n},$$

对$\forall\varepsilon>0$，要使$\left|\dfrac{2^n}{n!}-0\right|=\dfrac{2^n}{n!}<\varepsilon$，只要$\dfrac{4}{n}<\varepsilon$，即$n>\dfrac{4}{\varepsilon}$.

故只需取$N=\max\left\{\left[\dfrac{4}{\varepsilon}\right], 3\right\}$，则当$n>N$时，有

$$n>\frac{4}{\varepsilon}\text{和}\frac{2^n}{n!}<\varepsilon,$$

所以$\lim\limits_{n\to\infty}\dfrac{2^n}{n!}=0$.

1.1.3　极限的性质

1. 极限的性质.

（1）唯一性. 极限存在必唯一.

（2）有界性或局部有界性. 数列极限的整体有界性及函数极限的局部有界性.

（3）**保号性或局部保号性（证明）.**

（4）**保序性（证明）**. 不等式性质.

（5）归结原则（数列极限与函数极限的关系）. 海涅定理.

（6）**绝对值性质（证明）.**

【练习】1.1.8　若$\lim\limits_{x\to a}f(x)=A$，用定义证明：$\lim\limits_{x\to a}|f(x)|=|A|$. 并举例说明反之未必成立.

证明：据条件$\lim\limits_{x\to a}f(x)=A$，由极限定义，对$\forall\varepsilon>0$，$\exists\delta>0$，当$0<|x-a|<\delta$时，恒有$|f(x)-A|<\varepsilon$，而$||f(x)|-|A||\leqslant|f(x)-A|<\varepsilon$，即$\lim\limits_{x\to a}|f(x)|=|A|$.

反之未必成立，如

$$f(x)=\begin{cases}-x+1, & x<0,\\ -x-1, & x\geqslant 0,\end{cases}\quad \text{易知}\lim_{x\to 0}|f(x)|=1,$$

但

$$\lim_{x\to 0^-}f(x)=1,\quad \lim_{x\to 0^+}f(x)=-1,$$

即 $\lim\limits_{x\to 0}f(x)$ 不存在.

1.1.4 无穷小与无穷大

1. 无穷小的定义.

定义：在自变量的某种变化趋势下，以零为极限的函数（变量）称为无穷小量，简称无穷小.

无穷小的性质 ①有限个无穷小的代数和仍是无穷小. ②有限个无穷小的乘积仍是无穷小. ③有界函数与无穷小的乘积仍是无穷小.

2. 无穷大. 无穷大与无界量的区别，无穷大与无穷小的关系.

如当 $x\to 0$ 时，$y=\frac{1}{x}\sin\frac{1}{x}$ 是无界变量，但不是无穷大量.

定理：在自变量某种变化趋势下，函数 $f(x)$ 以 A 为极限的充要条件是 $f(x)=A+\alpha(x)$，其中 $\alpha(x)$ 是相同自变量变化趋势下的无穷小量.

【练习】1.1.9 举例说明无穷多个无穷小量之积，可以不是无穷小量.

解：如下数列均为无穷小量

$$1,\ \frac{1}{2},\ \frac{1}{3},\ \frac{1}{4},\ \frac{1}{5},\ \frac{1}{6},\ \cdots,\ \frac{1}{n},\ \cdots$$

$$1,\ 2,\ \frac{1}{3},\ \frac{1}{4},\ \frac{1}{5},\ \frac{1}{6},\ \cdots,\ \frac{1}{n},\ \cdots$$

$$1,\ 1,\ 3^2,\ \frac{1}{4},\ \frac{1}{5},\ \frac{1}{6},\ \cdots,\ \frac{1}{n},\ \cdots$$

$$1,\ 1,\ 1,\ 4^3,\ \frac{1}{5},\ \frac{1}{6},\ \cdots,\ \frac{1}{n},\ \cdots$$

$$1,\ 1,\ 1,\ 1,\ 5^4,\ \frac{1}{6},\ \cdots,\ \frac{1}{n},\ \cdots$$

$$\cdots,\quad \cdots,\quad \cdots$$

但将它们对应项连乘起来，取极限，得到一个新数列，此数列为

$$1,\ 1,\ 1,\ 1,\ 1,\ 1,\ \cdots,\ 1,\ \cdots$$

不是无穷小量.

1.1.5　极限的运算法则

1. 四则运算法则（**使用条件是参加运算各极限均为有限数**）. 两个函数和、差、积、商的极限等于极限的和、差、积、商.

2. 复合函数极限运算法则.

函数 $y=f[g(x)]$ 是由函数 $y=f(u)$ 与函数 $u=g(x)$ 复合而成的，$f[g(x)]$ 在点 x_0 的某去心邻域内有定义，若 $\lim\limits_{u\to u_0}f(u)=A$，$\lim\limits_{x\to x_0}g(x)=u_0$，且存在 $\delta>0$，当 $x\in \mathring{U}(x_0,\delta)$ 时，有 $g(x)\neq u_0$，则

$$\lim_{x\to x_0}f[g(x)]=\lim_{u\to u_0}f(u)=A.$$

有理分式极限运算法则（消零因子，$x\to\infty$ 时同除分子、分母最高次幂），如练习 1.1.10.

【练习】1.1.10　求 $\lim\limits_{x\to\infty}\dfrac{x^2+x}{2x^2-1}$.

解： 当 $x\to\infty$ 时分子、分母都是无穷大，这种形式的极限式称为“$\dfrac{\infty}{\infty}$”型未定式，不能直接应用极限四则运算法则求其极限. 我们用分母中 x 的最高次幂同除分子、分母，然后取极限.

$$\lim_{x\to\infty}\frac{x^2+x}{2x^2-1}=\lim_{x\to\infty}\frac{1+\dfrac{1}{x}}{2-\dfrac{1}{x^2}}=\frac{1+\lim\limits_{x\to\infty}\dfrac{1}{x}}{2-\lim\limits_{x\to\infty}\dfrac{1}{x^2}}=\frac{1}{2}.$$

由此可得一般性的结论为

$$\lim_{x\to\infty}\frac{a_0x^m+a_1x^{m-1}+\cdots+a_m}{b_0x^n+b_1x^{n-1}+\cdots+b_n}=\begin{cases}0, & m<n,\\ \dfrac{a_0}{b_0}, & m=n,\\ \infty(\text{不存在}), & m>n.\end{cases}$$

上式中，a_0，$b_0\neq 0$.

【练习】1.1.11　求 $\lim\limits_{x\to 0}\dfrac{\sqrt{1+x}+\sqrt{1-x}-2}{x^2}$.

解：

$$\begin{aligned}\lim_{x\to 0}\frac{\sqrt{1+x}+\sqrt{1-x}-2}{x^2}&=\lim_{x\to 0}\frac{2\left(\sqrt{1-x^2}-1\right)}{x^2\left(\sqrt{1+x}+\sqrt{1-x}+2\right)}\\&=\lim_{x\to 0}\frac{2\cdot\dfrac{1}{2}(-x^2)}{x^2\left(\sqrt{1+x}+\sqrt{1-x}+2\right)}=-\frac{1}{4}.\end{aligned}$$

1.1.6 极限存在准则、两个重要极限

1. 迫敛性准则. “两个条件，两个结论”.

2. 单调有界准则. “判定数列收敛较方便”.

3. 两个重要极限.

(1) $\lim\limits_{\triangle\to 0}\dfrac{\sin\triangle}{\triangle}=1$.

注意：① $\lim\limits_{x\to\infty}\dfrac{\sin x}{x}=0$，② $0<|x|<\dfrac{\pi}{2}$，$\sin x<x<\tan x$.

(2) $\lim\limits_{\triangle\to 0}(1+\triangle)^{\frac{1}{\triangle}}=\mathrm{e}$,

$$\lim_{\triangle\to\infty}\left(1+\frac{1}{\triangle}\right)^{\triangle}=\mathrm{e}.$$ **“外大内小，内外互倒”**.

• 处理“1^{∞}”型极限的重要手段.

注意：幂指函数求极限.

• 对于$[f(x)]^{g(x)}(f(x)\neq 1)$（幂指函数）求极限问题，有如下结论.

定理：设 $\lim f(x)=A>0$，$\lim g(x)=B$，则

$$\lim[f(x)]^{g(x)}=A^{B}.$$

【练习】1.1.12 设 $x_1=1$，$x_2=1+\dfrac{x_1}{1+x_1}$，$x_n=1+\dfrac{x_{n-1}}{1+x_{n-1}}$，求 $\lim\limits_{n\to\infty}x_n$.

证明：(1) 先证$\{x_n\}$单调递增（数学归纳法）.

$$x_n=1+\frac{x_{n-1}}{1+x_{n-1}}=2-\frac{1}{1+x_{n-1}}.$$

因为 $x_1=1$，$x_2=2-\dfrac{1}{1+1}=\dfrac{3}{2}$，易知 $x_1<x_2$，假设 $x_{k-1}<x_k$，仅需说明 $x_k<x_{k+1}$.

因 $x_{k+1}=2-\dfrac{1}{1+x_k}>2-\dfrac{1}{1+x_{k-1}}=x_k$，故$\{x_n\}$单调递增.

(2) $\{x_n\}$有上界. 由 $x_n=2-\dfrac{1}{1+x_{n-1}}$的表达式易知 $x_n<2$. 由单调有界准则知 $\lim\limits_{n\to\infty}x_n$ 存在.

(3) 设 $\lim\limits_{n\to\infty}x_n=A$，则对等式 $x_n=2-\dfrac{1}{1+x_{n-1}}$两端取极限，得 $A=2-\dfrac{1}{1+A}$，即 $A=\dfrac{1+\sqrt{5}}{2}$ $\left(A=\dfrac{1-\sqrt{5}}{2}\text{不合题意，舍去}\right)$，所以原极限 $\lim\limits_{n\to\infty}x_n=\dfrac{1+\sqrt{5}}{2}$.

【练习】1.1.13 设 $a_1=2$，$a_{n+1}=\dfrac{1}{2}\left(a_n+\dfrac{1}{a_n}\right)$ $(n=1,2,\cdots)$，证明：$\lim\limits_{n\to\infty}a_n=1$.

证明：(1) 首先证$\{a_n\}$有下界. 因为 $a_1=2>1$，由均值不等式得 $a_n=\dfrac{1}{2}\left(a_{n-1}+\dfrac{1}{a_{n-1}}\right)\geqslant$

$\sqrt{a_{n-1}\cdot\frac{1}{a_{n-1}}}=1$，即 $a_n\geqslant 1(n=1,2,3,\cdots)$.

（2）证 $\{a_n\}$ 单调递减. 由 $a_n\geqslant 1(n=1,2,3,\cdots)$，$a_{n+1}=\frac{1}{2}\left(a_n+\frac{1}{a_n}\right)\leqslant a_n$，故 $\{a_n\}$ 单调递减. 由单调有界准则知 $\lim\limits_{n\to\infty}a_n$ 存在.

（3）设 $\lim\limits_{n\to\infty}a_n=A$，则对等式 $a_{n+1}=\frac{1}{2}\left(a_n+\frac{1}{a_n}\right)$ 两端取极限，得 $A=\frac{1}{2}\left(A+\frac{1}{A}\right)$，即 $A=1$（$A=-1$ 不合题意，舍去），所以 $\lim\limits_{n\to\infty}a_n=1$.

【练习】1.1.14　求 $\lim\limits_{x\to 0}\frac{(1+mx)^n-(1+nx)^m}{x^2}$（$m\neq n$ 为正整数）.

解：

$$\lim_{x\to 0}\frac{(1+mx)^n-(1+nx)^m}{x^2}\text{（利用二项式展开）}$$

$$=\lim_{x\to 0}\frac{(1+nmx+C_n^2m^2x^2+\cdots+m^nx^n)-(1+mnx+C_m^2n^2x^2+\cdots+n^mx^m)}{x^2}$$

$$=\lim_{x\to 0}\frac{(C_n^2m^2x^2+\cdots+m^nx^n)-(C_m^2n^2x^2+\cdots+n^mx^m)}{x^2}$$

$$=\lim_{x\to 0}[(C_n^2m^2+C_n^3m^3x+\cdots+m^nx^{n-2})-(C_m^2n^2+C_m^3n^3x+\cdots+n^mx^{m-2})]$$

$$=C_n^2m^2-C_m^2n^2=\frac{n(n-1)}{2}m^2-\frac{m(m-1)}{2}n^2=\frac{mn(n-m)}{2}.$$

【练习】1.1.15　求 $\lim\limits_{x\to 1}\frac{x+x^2+\cdots+x^n-n}{x-1}$.

解：

$$\lim_{x\to 1}\frac{x+x^2+\cdots+x^n-n}{x-1}=\lim_{x\to 1}\frac{(x-1)+(x^2-1)+\cdots+(x^n-1)}{x-1}$$

$$=\lim_{x\to 1}[1+(x+1)+(x^2+x+1)+\cdots+(x^{n-1}+x^{n-2}+\cdots+1)]$$

$$=1+2+3+\cdots+n=\frac{n(n+1)}{2}.$$

【练习】1.1.16　求 $\lim\limits_{x\to 2}\frac{\sqrt{x+2}-2}{\sqrt{x+7}-3}$.

解：分子、分母同时有理化，

$$\lim_{x\to 2}\frac{\sqrt{x+2}-2}{\sqrt{x+7}-3}=\lim_{x\to 2}\frac{(x-2)(\sqrt{x+7}+3)}{(x-2)(\sqrt{x+2}+2)}=\lim_{x\to 2}\frac{(\sqrt{x+7}+3)}{(\sqrt{x+2}+2)}=\frac{3}{2}.$$

【练习】1.1.17　$\lim\limits_{x\to 1}\frac{x^m-1}{x^n-1}$（$m\neq n$ 为正整数）.

解 1：由公式：$a^n-b^n=(a-b)(a^{n-1}+a^{n-2}b+\cdots+ab^{n-2}+b^{n-1})$.

$$\lim_{x\to 1}\frac{x^m-1}{x^n-1}=\lim_{x\to 1}\frac{(x-1)(x^{m-1}+x^{m-2}+\cdots+1)}{(x-1)(x^{n-1}+x^{n-2}+\cdots+1)}$$

$$=\lim_{x\to 1}\frac{x^{m-1}+x^{m-2}+\cdots+1}{x^{n-1}+x^{n-2}+\cdots+1}=\frac{m}{n}.$$

解 2：（利用微分中值定理）设 $f(x)=x^m$，$g(x)=x^n$，

则由柯西中值定理得

$$\frac{x^m-1}{x^n-1}=\frac{m\xi^{m-1}}{n\xi^{n-1}}，即\frac{x^m-1}{x^n-1}=\frac{m}{n}\xi^{m-n}，\xi\in(x,1).$$

故

$$\lim_{x\to 1}\frac{x^m-1}{x^n-1}=\lim_{\xi\to 1}\frac{m}{n}\xi^{m-n}=\frac{m}{n}.$$

1.1.7 无穷小的比较

1. 无穷小阶的定义. 高阶、低阶、同阶、k 阶、等价无穷小定义及判别.

2. 无穷小的运算（**证明**）.

设 $0<k<l$，当 $x\to 0$ 时，

（1）$o(x^k)+o(x^k)=o(x^k)$，

（2）$o(x^k)+o(x^l)=o(x^k)$，

（3）$o(x^k)\cdot o(x^l)=o(x^{k+l})$，

（4）$x^k\cdot o(x^l)=o(x^{k+l})$.

（5）一般情形下，$\frac{o(x^l)}{o(x^k)}\neq o(x^{l-k})$，但$\frac{o(x^l)}{x^k}=o(x^{l-k})$.

3. 等价无穷小替换.

常用等价无穷小替换：当 $x\to 0$ 时，有

$x\sim\sin x\sim\tan x\sim\arcsin x\sim\arctan x\sim\ln(1+x)\sim e^x-1$，

$1-\cos x\sim\frac{x^2}{2}$，$a^x-1\sim x\ln a$ $(a>0)$，$(1+x)^a-1\sim ax$，a 是非零常数.

$\log_a(1+x)\sim\frac{1}{\ln a}x(a>0)$，$\sqrt[n]{1\pm x}-1\sim\pm\frac{x}{n}$.

等价无穷小替换原则 $\begin{cases}①直接替换. 因子替换.\\ ②试拆. 大分式拆成若干小分式分别替换.\\ \quad 若小分式极限均是有限值，则试拆成功.\end{cases}$

注 1.2 在进行等价无穷小替换时，如需直接替换，须为**因子替换**，否则可能出错，如练习 1.1.18. 但对于某些有理分式，可以进行**试拆**，若无穷小代换完均为有限数极限，则根据极限的四则运算法则，试拆成功，如练习 1.1.19～1.1.20. 否则，寻求别的办法.

【练习】1.1.18 求$\lim_{x\to 0}\frac{\tan x-\sin x}{x^3}$.

解：当 $x\to 0$ 时有 $\tan x\sim x$，$\sin x\sim x$，若此时作无穷小替换，就有

$$\lim_{x\to 0}\frac{\tan x-\sin x}{x^3}=\lim_{x\to 0}\frac{x-x}{x^3}=0,$$

这是错误的．正确的做法是

$$\lim_{x\to 0}\frac{\tan x-\sin x}{x^3}=\lim_{x\to 0}\frac{\sin x(1-\cos x)}{\cos x\cdot x^3}\xrightarrow{\sin x\sim x,1-\cos x\sim\frac{1}{2}x^2}$$

$$=\lim_{x\to 0}\frac{x\cdot\frac{1}{2}x^2}{\cos x\cdot x^3}=\frac{1}{2}.$$

【练习】1.1.19　求 $\lim\limits_{x\to 0}\frac{e^{\alpha x}-e^{\beta x}}{x}$（$\alpha$，$\beta$ 为常数）．

解：

$$\lim_{x\to 0}\frac{e^{\alpha x}-e^{\beta x}}{x}=\lim_{x\to 0}\left(\frac{e^{\alpha x}-1}{x}-\frac{e^{\beta x}-1}{x}\right)$$

$$=\lim_{x\to 0}\frac{\alpha x}{x}-\lim_{x\to 0}\frac{\beta x}{x}=\alpha-\beta.$$

【练习】1.1.20　求 $\lim\limits_{x\to 0}\frac{1-\sqrt{1-x^2}}{e^x-\cos x}$．

解：

$$\lim_{x\to 0}\frac{1-\sqrt{1-x^2}}{e^x-\cos x}=\lim_{x\to 0}\frac{-(\sqrt{1-x^2}-1)}{(e^x-1)+(1-\cos x)}$$

$$=\lim_{x\to 0}\frac{\frac{-(\sqrt{1-x^2}-1)}{x}}{\frac{e^x-1}{x}+\frac{1-\cos x}{x}},$$

而

$$\lim_{x\to 0}\frac{\sqrt{1-x^2}-1}{x}=\lim_{x\to 0}\frac{-\frac{1}{2}x^2}{x}=0,$$

$$\lim_{x\to 0}\frac{e^x-1}{x}=1,\ \lim_{x\to 0}\frac{1-\cos x}{x}=\lim_{x\to 0}\frac{\frac{1}{2}x^2}{x}=0,$$

由极限的四则运算法则，有

$$原式=\frac{0}{1+0}=0.$$

【练习】1.1.21　当 $x\to 0^+$ 时，判断 $\sqrt{1+\tan x}-\sqrt{1+\sin x}$ 的阶．

解：

$$\lim_{x\to0^+}\frac{\sqrt{1+\tan x}-\sqrt{1+\sin x}}{x^3}$$

$$=\lim_{x\to0^+}\frac{\tan x-\sin x}{x^3}\cdot\frac{1}{\sqrt{1+\tan x}+\sqrt{1+\sin x}}$$

$$\xlongequal{\text{同练习 1.1.18}}\frac{1}{2}\cdot\frac{1}{2}=\frac{1}{4}.$$

【练习】1.1.22 求$\lim\limits_{x\to0}\dfrac{5x^2-2(1-\cos^2x)}{6x^3+4\sin^2x}$.

解： $$\lim_{x\to0}\frac{5x^2-2(1-\cos^2x)}{6x^3+4\sin^2x}=\lim_{x\to0}\frac{5x^2-2\sin^2x}{6x^3+4\sin^2x}$$

$$\xlongequal[\text{同除 } x^2]{\text{分子、分母}}\frac{5-2\lim\limits_{x\to0}\dfrac{\sin^2x}{x^2}}{6\lim\limits_{x\to0}x+4\lim\limits_{x\to0}\dfrac{\sin^2x}{x^2}}=\frac{3}{6\lim\limits_{x\to0}x+4\lim\limits_{x\to0}\dfrac{x^2}{x^2}}=\frac{3}{4}.$$

1.1.8 函数的连续性

1. 函数在某点处的连续性. 注意不同方式的定义.

关键验证函数在该点是否满足：①有定义. ②有极限. ③极限值等于函数值.

2. 连续函数的运算性质及初等函数的连续性.

- 定义域和定义区间的区别. 定义区间是指包含在定义域内的区间.

连续函数的运算性质：
- ①连续函数和、差、积、商.
- ②反函数的连续性.
- ③复合函数的连续性.
- ④初等函数的连续性.

- **基本初等函数在其定义域内是连续的，初等函数在其定义区间内是连续的.**

3. 初等函数的间断点定义及分类.

间断点分类：

(1) 左、右极限都存在，第一类间断点.

①可去间断点：左、右极限都存在且相等，但不等于函数值或函数在极限点处没定义.

②跳跃间断点：左、右极限都存在但不相等.

(2) 左、右极限至少一个不存在，第二类间断点.

①无穷型间断点；②震荡型间断点.

4. 闭区间上连续函数的性质.

(1) 闭区间. (2) 连续性. 二条件缺一不可.

有界性定理，最值定理，介值定理，零点定理.

- 根的存在性问题理论依据之一.

【练习】1.1.23　设函数 $f(x)$ 与 $g(x)$ 在点 x_0 连续，证明函数

$$\varphi(x)=\max\{f(x),g(x)\},\quad \psi(x)=\min\{f(x),g(x)\}$$

在点 x_0 也连续.

证明：

$$\varphi(x)=\max\{f(x),g(x)\}=\frac{1}{2}[f(x)+g(x)+|f(x)-g(x)|],$$

$$\psi(x)=\min\{f(x),g(x)\}=\frac{1}{2}[f(x)+g(x)-|f(x)-g(x)|],$$

又若 $f(x)$ 在点 x_0 连续，则 $|f(x)|$ 在点 x_0 也连续. 由连续函数的四则运算法则，易知 $\varphi(x)$，$\psi(x)$ 在点 x_0 也连续.

【练习】1.1.24　设 a_1，a_2，a_3 为正数，$\lambda_1<\lambda_2<\lambda_3$，证明：方程

$$\frac{a_1}{x-\lambda_1}+\frac{a_2}{x-\lambda_2}+\frac{a_3}{x-\lambda_3}=0$$

在区间 (λ_1, λ_2) 与 (λ_2, λ_3) 内各有一个根.

证明：令 $f(x)=\frac{a_1}{x-\lambda_1}+\frac{a_2}{x-\lambda_2}+\frac{a_3}{x-\lambda_3}$，则当 $x\to\lambda_1^+$ 时，$f(x)\to+\infty$；当 $x\to\lambda_2^-$ 时，$f(x)\to-\infty$，于是存在 $x_1<x_2$，x_1，$x_2\in(\lambda_1,\lambda_2)$，使 $f(x_1)f(x_2)<0$，易见 $f(x)$ 在 $[x_1, x_2]$ 连续，则由零点定理，存在 x_0，使 $f(x_0)=0$. 所以 $f(x)$ 在 (λ_1, λ_2) 内有一实根. 同理，$f(x)$ 在 (λ_2, λ_3) 内也有一实根.

注：也可考虑函数 $f(x)=a_1(x-\lambda_2)(x-\lambda_3)+a_2(x-\lambda_1)(x-\lambda_3)+a_3(x-\lambda_1)(x-\lambda_2)$.

【练习】1.1.25　确定函数 $f(x)=\frac{1}{1-e^{\frac{x}{1-x}}}$ 间断点的类型.

解：当分母为零时，可知间断点为 $x=0$，$x=1$.

当 $x=0$ 时，因为 $\lim\limits_{x\to0}f(x)=\infty$，故 $x=0$ 为第二类间断点.

当 $x=1$ 时，$\lim\limits_{x\to1^-}\frac{x}{1-x}=+\infty$，$\lim\limits_{x\to1^-}f(x)=0$，

$$\lim_{x\to1^+}\frac{x}{1-x}=-\infty,\quad \text{所以}\lim_{x\to1^+}f(x)=1,$$

故 $x=1$ 为第一类间断点.

【练习】1.1.26　讨论函数 $f(x)=\frac{x}{\sin x}$ 的间断点及其类型.

解：当分母为零时，即 $x=n\pi$ $(n=0, \pm1, \pm2, \cdots)$ 是 $f(x)$ 的间断点.

(1) $n=0$ 时，有 $x=0$，而 $\lim\limits_{x\to 0}\frac{x}{\sin x}=1$，则 $x=0$ 是 $f(x)$ 的第一类间断点（可去间断点）.

(2) $n\neq 0$ 时，$x=n\pi$，而 $\lim\limits_{x\to n\pi}\frac{x}{\sin x}=\infty$，则 $x=n\pi$ 是 $f(x)$ 的第二类间断点（无穷间断点）.

【练习】1.1.27 求 $\lim\limits_{x\to+\infty}\ln(1+2^x)\ln\left(1+\frac{3}{x}\right)$.

解:

$$\begin{aligned}\lim_{x\to+\infty}\ln(1+2^x)\ln\left(1+\frac{3}{x}\right)&=\lim_{x\to+\infty}\ln\left[2^x\left(1+\frac{1}{2^x}\right)\right]\cdot\ln\left(1+\frac{3}{x}\right)\\&=\lim_{x\to+\infty}\left[x\ln 2+\ln\left(1+\frac{1}{2^x}\right)\right]\cdot\frac{3}{x}\\&=3\ln 2+\lim_{x\to+\infty}\left(\frac{3}{x\cdot 2^x}\right)=3\ln 2.\end{aligned}$$

【练习】1.1.28 求 $\lim\limits_{x\to 0}\left(\frac{2+\mathrm{e}^{\frac{1}{x}}}{1+\mathrm{e}^{\frac{4}{x}}}+\frac{\sin x}{|x|}\right)$.

解:

$$\lim_{x\to 0^+}\left(\frac{2+\mathrm{e}^{\frac{1}{x}}}{1+\mathrm{e}^{\frac{4}{x}}}+\frac{\sin x}{|x|}\right)=\lim_{x\to 0^+}\left(\frac{2\mathrm{e}^{-\frac{4}{x}}+\mathrm{e}^{-\frac{3}{x}}}{\mathrm{e}^{-\frac{4}{x}}+1}+\frac{\sin x}{x}\right)=1,$$

$$\lim_{x\to 0^-}\left(\frac{2+\mathrm{e}^{\frac{1}{x}}}{1+\mathrm{e}^{\frac{4}{x}}}+\frac{\sin x}{|x|}\right)=\lim_{x\to 0^-}\left(\frac{2+\mathrm{e}^{\frac{1}{x}}}{1+\mathrm{e}^{\frac{4}{x}}}-\frac{\sin x}{x}\right)=1$$

$\Rightarrow$原极限 $=1$.

【练习】1.1.29 设 $f(x)=\lim\limits_{n\to\infty}\frac{x^{2n+1}+ax^2+bx}{x^{2n}+1}$，当 a，b 取何值时，$f(x)$ 在 $(-\infty,+\infty)$ 内连续?

解: $$f(x)=\lim_{n\to\infty}\frac{x^{2n+1}+ax^2+bx}{x^{2n}+1}=\begin{cases}ax^2+bx, & |x|<1,\\ x, & |x|>1,\\ \frac{a-b-1}{2}, & x=-1,\\ \frac{a+b+1}{2}, & x=1.\end{cases}$$

要使 $f(x)$ 在 $(-\infty,+\infty)$ 内连续，只需 $f(x)$ 在 $x=\pm 1$ 处连续，即须

$$\left.\begin{aligned}f(1)&=\lim_{x\to 1^+}f(x)=\lim_{x\to 1^-}f(x)\\ f(-1)&=\lim_{x\to -1^+}f(x)=\lim_{x\to -1^-}f(x)\end{aligned}\right\}\Rightarrow\begin{cases}a+b=1,\\ a-b=-1\end{cases}\Rightarrow\begin{cases}a=0,\\ b=1.\end{cases}$$

【练习】1.1.30　求函数$f(x)=\lim\limits_{n\to\infty}\dfrac{(1-x^{2n})x}{1+x^{2n}}$的间断点，并指出间断点的类型.

解： 当$|x|<1$时，$\lim\limits_{n\to\infty}\dfrac{(1-x^{2n})x}{1+x^{2n}}=x$. 当$|x|=1$时，$\lim\limits_{n\to\infty}\dfrac{(1-x^{2n})x}{1+x^{2n}}=0$.

当$|x|>1$时，$\lim\limits_{n\to\infty}\dfrac{(1-x^{2n})x}{1+x^{2n}}=\lim\limits_{n\to\infty}\dfrac{\left(\dfrac{1}{x^{2n}}-1\right)x}{\dfrac{1}{x^{2n}}+1}=-x$.

故

$$f(x)=\begin{cases}x, & |x|<1,\\ 0, & |x|=1,\\ -x, & |x|>1.\end{cases}$$

$$\lim_{x\to-1^-}f(x)=\lim_{x\to-1^-}(-x)=1,\ \lim_{x\to-1^+}f(x)=\lim_{x\to-1^+}x=-1,$$

$$\lim_{x\to1^-}f(x)=\lim_{x\to1^-}x=1,\quad \lim_{x\to1^+}f(x)=\lim_{x\to1^+}(-x)=-1,$$

$$\lim_{x\to-1^-}f(x)\neq\lim_{x\to-1^+}f(x),\quad \lim_{x\to1^-}f(x)\neq\lim_{x\to1^+}f(x).$$

因此$x=\pm1$为第一类间断点（跳跃间断点）.

【练习】1.1.31　设$f(x)$在$[a,\ b]$上连续，且恒为正，证明：对任意的x_1，$x_2\in(a,b)$，$x_1<x_2$，必存在一点$\xi\in[x_1,x_2]$，使$f(\xi)=\sqrt{f(x_1)f(x_2)}$.

证明 1： 用介值定理证. $f(x)$在$[x_1,\ x_2]$上存在最大值M和最小值m，又因为$m\leqslant\sqrt{f(x_1)f(x_2)}\leqslant M$，由介值定理知存在$\xi\in[x_1,x_2]\subset(a,b)$，使

$$f(\xi)=\sqrt{f(x_1)f(x_2)}.$$

证明 2： 令$F(x)=f^2(x)-f(x_1)f(x_2)$，则$F(x)\in C[a,b]$

$$F(x_1)F(x_2)=-f(x_1)f(x_2)[f(x_1)-f(x_2)]^2\leqslant0.$$

当$f(x_1)=f(x_2)$时，取$\xi=x_1$或$\xi=x_2$，则有

$$f(\xi)=\sqrt{f(x_1)f(x_2)}.$$

当$f(x_1)\neq f(x_2)$时，因为$f(x)>0$，所以$F(x_1)F(x_2)<0$，故由零点定理知，存在$\xi\in(x_1,x_2)$，使$F(\xi)=0$，即

$$f(\xi)=\sqrt{f(x_1)f(x_2)}.$$

【练习】1.1.32　设$f(x)$在$[0,\ 1]$上连续，且$0\leqslant f(x)\leqslant1$，证明：在$[0,\ 1]$上至少有一点$\xi$，使$f(\xi)=\xi$.

证明： 设$F(x)=f(x)-x$，则$F(x)$在$[0,\ 1]$上连续，由条件$0\leqslant f(x)\leqslant1$可得：

$$F(0)\cdot F(1)=f(0)\cdot[f(1)-1]\leqslant0.$$

(1) 若$f(0)=0$，则取$\xi=0$，有$f(\xi)=\xi$；

（2）若$f(1)-1=0$，则取$\xi=1$，有$f(\xi)=\xi$；

（3）若$f(0)\neq 0$且$f(1)-1\neq 0$，此时$F(0)\cdot F(1)<0$.

由零点定理得：至少存在一点$\xi\in(0,1)$，使得$f(\xi)=\xi$，由(1)(2)(3)可知在［0，1］上至少有一点ξ，使$f(\xi)=\xi$.

【练习】1.1.33 证明：若$f(x)$在$[a, b]$上连续，且$a<x_1<x_2<\cdots<x_n<b$，则在$[x_1, x_n]$上必有一点ξ，使$f(\xi)=\frac{1}{n}[f(x_1)+f(x_2)+\cdots+f(x_n)]$.

证明：因为$[x_1,x_n]\subset[a,b]$，由$f(x)$在$[a, b]$上连续知：$f(x)$在$[x_1, x_n]$上连续，故$f(x)$在$[x_1, x_n]$上取得最大值M和最大值m，即

$$m\leqslant f(x_1)\leqslant M,$$
$$m\leqslant f(x_2)\leqslant M,$$
$$\cdots$$
$$m\leqslant f(x_n)\leqslant M.$$

不等式相加得：$m\leqslant\frac{1}{n}[f(x_1)+f(x_2)+\cdots+f(x_n)]\leqslant M$.

令$\mu=\frac{1}{n}[f(x_1)+f(x_2)+\cdots+f(x_n)]$，则$m\leqslant\mu\leqslant M$.

（1）若$\mu=m$或$\mu=M$，则由最值定理知，$\exists\xi\in[x_1,x_n]$，使得$f(\xi)=\mu$；

（2）若$m<\mu<M$，则由介值定理知，$\exists\xi\in(x_1,x_n)$，使得$f(\xi)=\mu$，总之，$\exists\xi\in[x_1,x_n]$，使得$f(\xi)=\frac{1}{n}[f(x_1)+f(x_2)+\cdots+f(x_n)]$.

1.2 综合例题

【例】1.2.1 设a_1，a_2，…，a_n为n个正实数，且

$$f(x)=\left(\frac{a_1^x+a_2^x+\cdots+a_n^x}{n}\right)^{\frac{1}{x}}.$$

则有

（1）$\lim\limits_{x\to 0}f(x)=\sqrt[n]{a_1\cdot a_2\cdot\cdots\cdot a_n}$，可由第二个重要极限，洛必达法则证明.

（2）$\lim\limits_{x\to+\infty}f(x)=\max\{a_1, a_2, \cdots, a_n\}$. 可由迫敛性准则证明.

● 特别地，设a_1，a_2，…，a_m为m个正实数，则有

$$\lim_{n\to+\infty}\sqrt[n]{a_1^n+a_2^n+\cdots+a_m^n}=\max\{a_1,a_2,\cdots,a_m\}. \qquad (例 1.2.6)$$

【例】1.2.2 设$f(x)=\lim\limits_{n\to\infty}\frac{\ln(e^x+x^n)}{\sqrt{n}}$，求$f(x)$的定义域.

解： 当 $x\leqslant -1$ 时，$e^x+x^n<0$，$f(x)$ 无定义.

当 $|x|<1$ 时，$\lim\limits_{n\to\infty}x^n=0$，故 $\lim\limits_{n\to\infty}\dfrac{\ln(e^x+x^n)}{\sqrt{n}}=0$.

当 $x=1$ 时，$\lim\limits_{n\to\infty}\dfrac{\ln(e^x+x^n)}{\sqrt{n}}=\lim\limits_{n\to\infty}\dfrac{\ln(e+1)}{\sqrt{n}}=0$.

当 $x>1$ 时，
$$\lim_{n\to\infty}\frac{\ln(e^x+x^n)}{\sqrt{n}}=\lim_{n\to\infty}\frac{\ln\left[x^n\left(\dfrac{e^x}{x^n}+1\right)\right]}{\sqrt{n}}$$
$$=\lim_{n\to\infty}\frac{n\ln x+\ln\left(\dfrac{e^x}{x^n}+1\right)}{\sqrt{n}}=\infty\quad\left(\lim_{n\to\infty}\frac{e^x}{x^n}=0\right).$$

综上，$f(x)=\lim\limits_{n\to\infty}\dfrac{\ln(e^x+x^n)}{\sqrt{n}}=0,\quad x\in(-1,1]$.

【例】1.2.3　设 $p(x)$ 是多项式，且 $\lim\limits_{x\to\infty}\dfrac{p(x)-x^3}{x^2}=2$，$\lim\limits_{x\to 0}\dfrac{p(x)}{x}=1$，求 $p(x)$.

解： 因为 $\lim\limits_{x\to\infty}\dfrac{p(x)-x^3}{x^2}=2$，故可设 $p(x)=x^3+2x^2+ax+b$，其中 a，b 为待定系数.

又因为 $\lim\limits_{x\to 0}\dfrac{p(x)}{x}=1$，故 $p(x)=x^3+2x^2+ax+b\sim x(x\to 0)$. 从而得 $b=0$，$a=1$. 即 $p(x)=x^3+2x^2+x$.

【例】1.2.4　设 $\lim\limits_{n\to\infty}x_n=a\in\mathbf{R}$，证明 $\lim\limits_{n\to\infty}\dfrac{x_1+\cdots+x_n}{n}=a$.

证明： $\forall\varepsilon>0$，由于 $\lim\limits_{n\to\infty}x_n=a$，故 $\exists N_1$，使当 $n>N_1$ 时，有
$$|x_n-a|<\frac{\varepsilon}{2}.$$
对于取定的正整数 N_1，由于
$$|x_1-a|+|x_2-a|+\cdots+|x_{N_1}-a|$$
是常数，因此有
$$\lim_{n\to\infty}\frac{|x_1-a|+|x_2-a|+\cdots+|x_{N_1}-a|}{n}=0,$$
于是存在正整数 $N_2>0$，当 $n>N_2$ 时，有
$$\frac{|x_1-a|+|x_2-a|+\cdots+|x_{N_1}-a|}{n}<\frac{\varepsilon}{2}.$$

现在取 $N=\max\{N_1,N_2\}$，则当 $n>N$ 时，有
$$\left|\frac{x_1+\cdots+x_n}{n}-a\right|\leqslant\frac{|x_1-a|+|x_2-a|+\cdots+|x_n-a|}{n}$$

$$=\frac{|x_1-a|+\cdots+|x_{N_1}-a|}{n}+\frac{|x_{N_1+1}-a|+\cdots+|x_n-a|}{n}$$

$$=\frac{\varepsilon}{2}+\frac{n-N_1}{2n}\varepsilon<\varepsilon,$$

从而有$\lim\limits_{n\to\infty}\frac{x_1+\cdots+x_n}{n}=a.$

【例】1.2.5 证明$\lim\limits_{n\to\infty}\frac{n}{\sqrt[n]{n!}}=\mathrm{e}.$

证明：

$$\frac{(n+1)^n}{n!}=\prod_{k=1}^{n}\left(1+\frac{1}{k}\right)^k<\mathrm{e}^n<\prod_{k=1}^{n}\left(1+\frac{1}{k}\right)^{k+1}=\frac{(n+1)^{n+1}}{n!},$$

由此可得

$$\left(\frac{n+1}{\mathrm{e}}\right)^n<n!<\left(\frac{n+1}{\mathrm{e}}\right)^n(n+1),$$

从而

$$\frac{n+1}{\mathrm{e}}<\sqrt[n]{n!}<\frac{n+1}{\mathrm{e}}\sqrt[n]{n+1}.$$

所以

$$\lim_{n\to\infty}\frac{n}{\sqrt[n]{n!}}=\mathrm{e}.$$

【例】1.2.6 求$\lim\limits_{n\to\infty}\sqrt[n]{a_1^n+a_2^n+\cdots+a_m^n}\,(a_i>0,i=1,2,\cdots,m).$

解： 令$A=\max\{a_1,a_2,\cdots,a_m\}$，则有

$$A^n\leqslant a_1^n+a_2^n+\cdots+a_m^n\leqslant mA^n.$$

于是

$$A\leqslant\sqrt[n]{a_1^n+a_2^n+\cdots+a_m^n}\leqslant\sqrt[n]{m}A.$$

由于$\lim\limits_{n\to\infty}\sqrt[n]{m}=1$，由迫敛性准则，得

$$\lim_{n\to\infty}\sqrt[n]{a_1^n+a_2^n+\cdots+a_m^n}=\max\{a_1,a_2,\cdots,a_m\}.$$

【例】1.2.7 $\lim\limits_{n\to\infty}\left(\frac{\sqrt[n]{a}+\sqrt[n]{b}}{2}\right)^n\,(a,b>0).$

解： 极限为1^∞型，考虑用第二个重要极限，将括号里加一减一，凑成“外大内小，内外互倒”的形式. 即

$$\lim_{n\to\infty}\left(\frac{\sqrt[n]{a}+\sqrt[n]{b}}{2}\right)^n=\lim_{n\to\infty}\left(1+\frac{\sqrt[n]{a}-1+\sqrt[n]{b}-1}{2}\right)^n=\lim_{n\to\infty}(1+\triangle)^{\frac{1}{\triangle}\cdot\frac{\triangle}{\frac{1}{n}}},$$

其中$\triangle = \dfrac{\sqrt[n]{a}-1+\sqrt[n]{b}-1}{2}$.

故只需考虑

$$\lim_{n\to+\infty}\frac{1}{2}\cdot\frac{\sqrt[n]{a}-1+\sqrt[n]{b}-1}{\frac{1}{n}}=\frac{1}{2}\ln(ab),$$

上式用到了等价无穷小代换$a^{\frac{1}{n}}-1\sim\dfrac{\ln a}{n}$.

所以

$$原极限 = e^{\frac{1}{2}\ln(ab)} = \sqrt{ab}.$$

【例】**1.2.8**　$\lim\limits_{x\to\infty}\left(\dfrac{1}{x}+2^{\frac{1}{x}}\right)^x$.

解：

$$\begin{aligned}\lim_{x\to\infty}\left(\frac{1}{x}+2^{\frac{1}{x}}\right)^x &= e^{\lim\limits_{x\to\infty}x\ln\left[1+\left(\frac{1}{x}+2^{\frac{1}{x}}-1\right)\right]}\\ &= e^{\lim\limits_{x\to\infty}x\left(\frac{1}{x}+2^{\frac{1}{x}}-1\right)} = e^{1+\lim\limits_{x\to\infty}x\left(2^{\frac{1}{x}}-1\right)}\\ &= e^{1+\lim\limits_{x\to\infty}x\left(\frac{1}{x}\ln 2\right)} = e^{1+\ln 2} = 2e.\end{aligned}$$

【例】**1.2.9**　$\lim\limits_{x\to-\infty}\dfrac{\sqrt{4x^2+x-1}+x+1}{\sqrt{x^2+\sin x}}$.

解：分子、分母同时除以x，

$$原式 = \lim_{x\to-\infty}\frac{-\sqrt{4+\frac{1}{x}-\frac{1}{x^2}}+1+\frac{1}{x}}{-\sqrt{1+\frac{\sin x}{x^2}}} = 1.$$

【例】**1.2.10**　确定常数c，使极限$\lim\limits_{x\to\infty}[(x^5+7x^4+2)^c-x]$存在且不为零，并求出极限的值.

解：由于$\lim\limits_{x\to\infty}[(x^5+7x^4+2)^c-x]$存在，且不为零，可知$c>0$，且函数的最高次幂为$5c$，故$\lim\limits_{x\to\infty}\dfrac{(x^5+7x^4+2)^c-x}{x^{5c}}=0$，即

$$\lim_{x\to\infty}\left[\left(1+\frac{7}{x}+\frac{2}{x^5}\right)^c-x^{1-5c}\right]=0.$$

又$\lim\limits_{x\to\infty}\left(1+\dfrac{7}{x}+\dfrac{2}{x^5}\right)^c=1$，得$\lim\limits_{x\to\infty}x^{1-5c}=1$，推得$1-5c=0$，即$c=\dfrac{1}{5}$.

$$\lim_{x\to\infty}[(x^5+7x^4+2)^{\frac{1}{5}}-x] = \lim_{x\to\infty}x\cdot\left[\left(1+\frac{7}{x}+\frac{2}{x^5}\right)^{\frac{1}{5}}-1\right]$$

$$=\lim_{x\to\infty} x\cdot\frac{1}{5}\left(\frac{7}{x}+\frac{2}{x^5}\right)=\frac{7}{5}.$$

【例】1.2.11 已知$\lim\limits_{x\to0}\dfrac{\sqrt{1+\dfrac{f(x)}{\sin x}}-1}{x(\mathrm{e}^x-1)}=A\neq0$，求 c 及 k 使当 $x\to0$ 时，$f(x)\sim cx^k$.

解：由

$$\lim_{x\to0}\frac{\sqrt{1+\dfrac{f(x)}{\tan x}}-1}{x\ln(1+x)}=A\neq0,\ \text{可得}\lim_{x\to0}\frac{f(x)}{\tan x}=0.$$

所以

$$\lim_{x\to0}\frac{\sqrt{1+\dfrac{f(x)}{\tan x}}-1}{x\ln(1+x)}=\lim_{x\to0}\frac{f(x)}{2x^2\cdot\tan x}=\lim_{x\to0}\frac{f(x)}{2x^2\cdot x}=\lim_{x\to0}\frac{f(x)}{2x^3}=A,$$

即 $f(x)\sim2Ax^3$，所以 $c=2A$，$k=3$.

【例】1.2.12 设函数 $f(x)$ 对一切 x_1，x_2 满足 $f(x_1+x_2)=f(x_1)f(x_2)$，且 $f(x)$ 在 $x=0$ 处连续，证明 $f(x)$ 在 $(-\infty,+\infty)$ 内连续.

证明：由于 $f(x+\Delta x)=f(x)\cdot f(\Delta x)$，$f(x)=f(x+0)=f(x)\cdot f(0)$，因此

$$\Delta y=f(x+\Delta x)-f(x)=f(x)[f(\Delta x)-f(0)].$$

由 $f(x)$ 在 $x=0$ 点连续性得：$\lim\limits_{\Delta x\to0}[f(\Delta x)-f(0)]=0$. 从而有

$$\lim_{\Delta x\to0}\Delta y=\lim_{\Delta x\to0}f(x)[f(\Delta x)-f(0)]=f(x)\lim_{\Delta x\to0}[f(\Delta x)-f(0)]=0,$$

即 $f(x)$ 在任一点 x 处都连续.

【例】1.2.13 证明方程 $\sin x+x+1=0$ 在开区间 $\left(-\dfrac{\pi}{2},\dfrac{\pi}{2}\right)$ 内至少有一个根.

证明：设 $f(x)=\sin x+x+1$，则 $f(x)$ 在闭区间 $\left[-\dfrac{\pi}{2},\dfrac{\pi}{2}\right]$ 连续. 又因为

$$f\left(-\frac{\pi}{2}\right)=\sin\left(-\frac{\pi}{2}\right)-\frac{\pi}{2}+1=-\frac{\pi}{2}<0,$$

$$f\left(\frac{\pi}{2}\right)=\sin\frac{\pi}{2}+\frac{\pi}{2}+1=\frac{\pi}{2}+2>0,$$

由介值定理，至少存在一点 $\xi\in\left(-\dfrac{\pi}{2},\dfrac{\pi}{2}\right)$，使 $f(\xi)=0$，即 $\sin\xi+\xi+1=0$. 所以方程 $\sin x+x+1=0$ 在 $\left(-\dfrac{\pi}{2},\dfrac{\pi}{2}\right)$ 内至少有一个根.

【例】1.2.14 设函数 $f(x)=x^n+a_1x^{n-1}+\cdots+a_{n-1}x+a_n$，证明：

(1) 若 $a_n>0$，且 n 为奇数，则方程 $f(x)=0$ 至少有一负根；

(2) 若 $a_n<0$，则方程 $f(x)=0$ 至少有一正根；

(3) 若 $a_n<0$，且 n 为偶数，则方程 $f(x)=0$ 至少有一个正根和一个负根.

证明：(1) n 为奇数，故有 $\lim\limits_{x\to-\infty}f(x)=-\infty$，由负无穷大定义知：$\exists a<0$，使得 $f(a)<0$，又 $f(0)=a_n>0$，在 $[a,0]$ 上应用零点定理：$\exists\xi\in(a,0)$，使得 $f(\xi)=0$ 即方程 $f(x)=0$ 至少有一负根.

(2) $\lim\limits_{x\to+\infty}f(x)=+\infty$，由正无穷大定义可知：$\exists b>0$，使得 $f(b)>0$，又 $f(0)=a_n<0$，在 $[0,b]$ 上应用零点定理：$\exists\xi\in(0,b)$，使得 $f(\xi)=0$ 即方程 $f(x)=0$ 至少有一正根.

(3) n 为偶数，故有 $\lim\limits_{x\to\infty}f(x)=+\infty$，由正无穷大定义知：$\exists a<0$，使得 $f(a)>0$，$\exists b>0$，使得 $f(b)>0$，又 $f(0)=a_n<0$，分别在 $[a,0]$ 及 $[0,b]$ 上应用零点定理可得：$\exists\xi_1\in(a,0)$，$\xi_2\in(0,b)$，使得 $f(\xi_i)=0(i=1,2)$，即方程 $f(x)=0$ 至少有一个正根和一个负根.

【例】1.2.15　证明 $\lim\limits_{n\to\infty}\sqrt[n]{a}=1$，其中 $a>0$.

证明：当 $a=1$ 时，结论显然成立. 现设 $a>1$. 记 $\alpha=a^{\frac{1}{n}}-1$，则 $\alpha>0$. 由

$$a=(1+\alpha)^n\geqslant1+n\alpha=1+n(a^{\frac{1}{n}}-1)$$

得

$$a^{\frac{1}{n}}-1\leqslant\frac{a-1}{n}<\varepsilon,$$

任给 $\varepsilon>0$，由上式可知，当 $n>\frac{a-1}{\varepsilon}=N$ 时，就有 $a^{\frac{1}{n}}-1<\varepsilon$，即 $|a^{\frac{1}{n}}-1|<\varepsilon$. 所以 $\lim\limits_{n\to\infty}\sqrt[n]{a}=1$. 对于 $0<a<1$ 的情形，证明类似.

【例】 *1.2.15　求数列 $\{\sqrt[n]{n}\}$ 的极限.

解：记 $a_n=\sqrt[n]{n}=1+h_n$，这里 $h_n>0(n>1)$，则有

$$n=(1+h_n)^n>\frac{n(n-1)}{2}h_n^2.$$

由上式得 $0<h_n<\sqrt{\frac{2}{n-1}}(n>1)$，从而有

$$1\leqslant a_n=1+h_n\leqslant1+\sqrt{\frac{2}{n-1}}. \tag{1.1}$$

数列 $\left\{1+\sqrt{\frac{2}{n-1}}\right\}$ 收敛到 1，因对任给的 $\varepsilon>0$，取 $N=1+\frac{2}{\varepsilon^2}$，当 $n>N$ 时，有 $\left|1+\sqrt{\frac{2}{n-1}}-1\right|<\varepsilon$. 于是，不等式 (1.1) 的左右两边的极限皆为 1，故由迫敛性证得 $\lim\limits_{n\to\infty}\sqrt[n]{n}=1$.

【例】 *1.2.16　证明：Dirichlet 函数 $D(x)=\begin{cases}1, & x\in\mathbf{Q},\\0, & x\notin\mathbf{Q}\end{cases}$ 处处不连续.

证明：$\forall x_0\in\mathbf{R}$. 在 $\left(x_0-\frac{1}{n},x_0+\frac{1}{n}\right)-\{x_0\}$ 中分别取有理数 x_n'，无理数 x_n''.

$$\lim_{n\to+\infty} x'_n = \lim_{n\to+\infty} x''_n = x_0.$$

但是 $D(x'_n)=1$，$D(x''_n)=0$. 所以 $\lim\limits_{x\to x_0} D(x)$ 不存在. 从而 $y=D(x)$ 在每一点都不连续.

【例】 ***1.2.17** 证明黎曼（Riemann）函数在有理点处不连续，在无理点处连续.

$$R(x)=\begin{cases}\dfrac{1}{p}, & x\text{ 为有理数}\dfrac{q}{p}, \\ 0, & x\text{ 为无理数}.\end{cases} \quad x\in(0,1)$$

证明： $\forall \varepsilon>0$，满足 $\dfrac{1}{p}\geqslant\varepsilon$ 的正整数 p 只有有限多个. 由于 $0<q<p$，相应的有理数 $\dfrac{q}{p}$ 也只有有限多个. 可取空心邻域 $(x_0-\delta,x_0+\delta)\setminus\{x_0\}$ 充分小，不含上述有理数. 则当 $0<|x-x_0|<\delta$ 时，$|R(x)-0|<\varepsilon$. 于是 $\lim\limits_{x\to x_0} R(x)=0$. 所以黎曼函数在有理点处不连续，在无理点处连续.

1.3 自测题

【练习】1.3.1 设 $0<c<1$，$a_1=\dfrac{c}{2}$，$a_{n+1}=\dfrac{c}{2}+\dfrac{a_n^2}{2}$，证明：$\{a_n\}$ 收敛，并求其极限.

【练习】1.3.2 设 $g(x)=\begin{cases}\dfrac{(\tan x+\sin x)f(x)}{x^2}, & x\neq 0,\\ f'(0), & x=0,\end{cases}$ 其中 $f(x)$ 仅在 $x=0$ 处可导，且有 $f(0)=0$，$f'(0)\neq 0$. 判断函数 $g(x)$ 在 $x=0$ 处是否连续. 若它在 $x=0$ 处不连续，请指出间断点的类型.

【练习】1.3.3 设数列 $\{x_n\}$ 满足：$x_1>0$，$x_{n+1}=\sin x_n>0$，$n=1,2,\cdots$.（1）证明数列 $\{x_n\}$ 收敛，并求其极限值；（2）求极限 $\lim\limits_{n\to\infty} nx_n^2$.

【练习】1.3.4 计算 $\lim\limits_{x\to\infty}\left(1-\dfrac{2}{x}\right)^x$.

【练习】1.3.5 已知 $\lim\limits_{x\to\infty}\left(\dfrac{2x^2-x}{x+1}-ax-b\right)=0$，试确定常数 a 和 b 的值.

【练习】1.3.6 设数列 $\{x_n\}$ 满足 $-1<x_0<0$，$x_{n+1}=x_n^2+2x_n$（$n=0,1,2,\cdots$），证明 $\{x_n\}$ 收敛，并求 $\lim\limits_{n\to\infty} x_n$.

【练习】1.3.7 设 $f(x)$ 在闭区间 $[a,b]$ 上连续，试证：

（1）若 a_1，a_2 是满足 $a_1+a_2=1$ 的正实数，则至少存在一点 $\xi\in[a,b]$，使得

$$a_1f(a)+a_2f(b)=f(\xi);$$

（2）对任意正实数 k_1，k_2，至少存在一点 $\eta\in[a,b]$，使得

$$k_1f(a)+k_2f(b)=(k_1+k_2)f(\eta).$$

自测题解答

【练习】1.3.1　证明：易知 $a_n>0$ 且

$$a_{n+1}-a_n=\frac{a_n^2}{2}-\frac{a_{n-1}^2}{2}=\frac{(a_n+a_{n-1})(a_n-a_{n-1})}{2},$$

因此 $a_{n+1}-a_n$ 与 a_n-a_{n-1} 同号．又由 $a_2>a_1$ 知 $\{a_n\}$ 单调递增．由 $0<c<1$ 知 $a_1=\frac{c}{2}<c<\sqrt{c}$，若 $a_n<\sqrt{c}$，则 $a_{n+1}=\frac{c}{2}+\frac{a_n^2}{2}<c<\sqrt{c}$．由数学归纳法可知 $a_n<\sqrt{c}$ 对一切正整数 n 成立．因此 $\{a_n\}$ 是一个单调递增有上界的数列，由单调有界准则知 $\{a_n\}$ 收敛．设 $\lim\limits_{n\to\infty}a_n=a$，则对 $a_{n+1}=\frac{c}{2}+\frac{a_n^2}{2}$ 两边取极限可得

$$a=\frac{c}{2}+\frac{a^2}{2}.$$

又因为 $a<1$，解得 $a=1-\sqrt{1-c}$.

【练习】1.3.2　解：因为

$$\lim_{x\to0}\frac{(\tan x+\sin x)f(x)}{x^2}=\lim_{x\to0}\frac{\tan x+\sin x}{x}\lim_{x\to0}\frac{f(x)-f(0)}{x}=2f'(0)\neq f'(0),$$

故函数 $g(x)$ 在 $x=0$ 处不连续，且为第一类间断点（可去间断点）.

【练习】1.3.3　证明：（1）$x_{n+1}=\sin x_n<x_n$，所以数列 $\{x_n\}$ 单调递减，且有下界 0，根据单调有界准则可知数列 $|x_n|$ 收剑．设 $\lim\limits_{n\to\infty}x_n=A$，则 $A=\sin A\Rightarrow A=0$.

（2）

$$\begin{aligned}\lim_{n\to\infty}nx_n^2&=\lim_{n\to\infty}\frac{n}{\frac{1}{x_n^2}}=\lim_{n\to\infty}\frac{1}{\frac{1}{x_n^2}-\frac{1}{x_{n-1}^2}}=\lim_{n\to\infty}\frac{x_n^2x_{n-1}^2}{x_{n-1}^2-x_n^2}\\&=\lim_{n\to\infty}\frac{(\sin x_{n-1})^2x_{n-1}^2}{x_{n-1}^2-(\sin x_{n-1})^2}=\lim_{x\to0}\frac{(\sin x)^2x^2}{x^2-(\sin x)^2}\\&=\lim_{x\to0}\frac{x^4}{(x+\sin x)(x-\sin x)}=\frac{1}{2}\lim_{x\to0}\frac{x^3}{x-\sin x}=3.\end{aligned}$$

【练习】1.3.4　解：由第二个重要极限

$$\begin{aligned}\lim_{x\to\infty}\left(1-\frac{2}{x}\right)^x&=\lim_{x\to\infty}\left(1+\frac{-2}{x}\right)^{\frac{x}{-2}\cdot(-2)}=\left[\lim_{x\to\infty}\left(1+\frac{-2}{x}\right)^{\frac{x}{-2}}\right]^{-2}\\&=\mathrm{e}^{-2}.\end{aligned}$$

【练习】**1.3.5** **解**：由已知条件知

$$\lim_{x\to\infty}\frac{\dfrac{2x^2-x}{x+1}-ax-b}{x}=0,$$

所以，

$$a=\lim_{x\to\infty}\frac{2x^2-x}{x(x+1)}=2,$$

$$b=\lim_{x\to\infty}\left(\frac{2x^2-x}{x+1}-2x\right)=\lim_{x\to\infty}\frac{-3x}{x+1}=-3.$$

【练习】**1.3.6** **证明**：$x_1=x_0^2+2x_0=(x_0+1)^2-1$，因为 $-1<x_0<0$，所以 $-1<x_1<0$；设 $-1<x_n<0$，由 $x_{n+1}=(x_n+1)^2-1$，得 $-1<x_{n+1}<0$，故对 $\forall n$，有 $-1<x_n<0$. 又由 $x_{n+1}=x_n^2+2x_n$ 及 $-1<x_n<0$，得 $\dfrac{x_{n+1}}{x_n}=x_n+2>1$，故 $x_{n+1}<x_n$，即 $\{x_n\}$ 单调减少有下界，所以 $\{x_n\}$ 收敛.

设 $\lim\limits_{n\to\infty}x_n=A$，由 $x_{n+1}=x_n^2+2x_n$ 得 $A=A^2+2A$，解得 $A=-1$，$A=0$（舍去），故

$$\lim_{n\to\infty}x_n=-1.$$

【练习】**1.3.7** **证明**：（1）若 $f(a)=f(b)$，则令 $\xi=a$ 或 $\xi=b$，有 $f(\xi)=f(a)=f(b)$，于是由 $a_1+a_2=1$ 得

$$f(\xi)=(a_1+a_2)f(\xi)=a_1f(a)+a_2f(b),$$

结论成立.

若 $f(a)\neq f(b)$，不妨设 $f(a)>f(b)$，则由 $a_1+a_2=1$ 且 $a_1>0$，$a_2>0$ 得

$$a_1f(a)+a_2f(b)<a_1f(a)+a_2f(a)=(a_1+a_2)f(a)=f(a),$$

$$a_1f(a)+a_2f(b)>a_1f(b)+a_2f(b)=(a_1+a_2)f(b)=f(b),$$

即

$$f(b)<a_1f(a)+a_2f(b)<f(a),$$

又 $f(x)$ 在闭区间 $[a,b]$ 上连续，所以由闭区间上连续函数介值定理得，至少存在一点 $\xi\in[a,b]$，使得

$$a_1f(a)+a_2f(b)=f(\xi).$$

（2）令 $a_1=\dfrac{k_1}{k_1+k_2}$，$a_2=\dfrac{k_2}{k_1+k_2}$，则由（1）可知，至少存在一点 $\eta\in[a,b]$，使得

$$\frac{k_1}{k_1+k_2}f(a)+\frac{k_2}{k_1+k_2}f(b)=f(\eta),$$

即

$$k_1f(a)+k_2f(b)=(k_1+k_2)f(\eta).$$

1.4　硕士入学考试试题及高等数学竞赛试题选编

【例】1.4.1（2018赛）　求极限$\lim\limits_{n\to\infty}\left[\dfrac{1\cdot 3\cdot\cdots\cdot(2n-3)\cdot(2n-1)}{2\cdot 4\cdot\cdots\cdot(2n-2)\cdot(2n)}\right]^2$.

解：记 $a_n=\dfrac{1^2\cdot 3^2\cdot\cdots\cdot(2n-1)^2}{2^2\cdot 4^2\cdot\cdots\cdot(2n)^2}$，因为$\dfrac{(2k-1)\cdot(2k+1)}{(2k)^2}<1$（其中 $k\in\mathbf{N}$），所以

$$0<a_n=\frac{1\cdot 3}{2^2}\cdot\frac{3\cdot 5}{4^2}\cdot\frac{5\cdot 7}{6^2}\cdot\cdots\cdot\frac{(2n-3)\cdot(2n-1)}{(2n-2)^2}\cdot\frac{2n-1}{(2n)^2}<\frac{2n-1}{(2n)^2}.$$

又因为$\lim\limits_{n\to\infty}\dfrac{2n-1}{(2n)^2}=0$，由迫敛性准则得$\lim\limits_{n\to\infty}a_n=0$.

【例】1.4.2（2017赛）　设$\{a_n\}$为一个数列，p为固定的正整数，若

$$\lim_{n\to\infty}(a_{n+p}-a_n)=\lambda.$$

证明：$\lim\limits_{n\to\infty}\dfrac{a_n}{n}=\dfrac{\lambda}{p}$.

证明：对于 $i=0,1,\cdots,p-1$，记

$$A_n^{(i)}=a_{(n+1)p+i}-a_{np+i}.$$

由题设$\lim\limits_{n\to\infty}A_n^{(i)}=\lambda$，从而

$$\lim_{n\to\infty}\frac{A_1^{(i)}+A_2^{(i)}+\cdots+A_n^{(i)}}{n}=\lambda.$$

而 $A_1^{(i)}+A_2^{(i)}+\cdots+A_n^{(i)}=a_{(n+1)p+i}-a_{p+i}$，所以

$$\lim_{n\to\infty}\frac{a_{(n+1)p+i}}{n}=\lambda,$$

即$\lim\limits_{n\to\infty}\dfrac{a_{(n+1)p+i}}{(n+1)p+i}=\dfrac{\lambda}{p}$，故$\lim\limits_{n\to\infty}\dfrac{a_n}{n}=\dfrac{\lambda}{p}$.

【例】1.4.3（2017赛）　求极限$\lim\limits_{n\to\infty}\sin^2(\pi\sqrt{n^2+n})$.

解：

$$\begin{aligned}\lim_{n\to\infty}\sin^2(\pi\sqrt{n^2+n})&=\lim_{n\to\infty}\sin^2(\pi\sqrt{n^2+n}-n\pi)\\&=\lim_{n\to\infty}\sin^2\frac{n\pi}{\sqrt{n^2+n}+n}=\lim_{n\to\infty}\sin^2\frac{\pi}{2}=1.\end{aligned}$$

【例】1.4.4（2013赛）　求极限$\lim\limits_{n\to\infty}(1+\sin\pi\sqrt{1+4n^2})^n$.

解：因为

$$\sin(\pi\sqrt{1+4n^2})=\sin(\pi\sqrt{1+4n^2}-2n\pi)=\sin\frac{\pi}{\sqrt{1+4n^2}+2n},$$

$$\text{原式}=\lim_{n\to\infty}\left(1+\sin\frac{\pi}{\sqrt{1+4n^2}+2n}\right)^n$$

$$=\exp\left[\lim_{n\to\infty}n\ln\left(1+\sin\frac{\pi}{\sqrt{1+4n^2}+2n}\right)\right]$$

$$=\exp\left[\lim_{n\to\infty}n\sin\frac{\pi}{\sqrt{1+4n^2}+2n}\right]=\exp\left[\lim_{n\to\infty}\frac{n\pi}{\sqrt{1+4n^2}+2n}\right]=e^{\frac{\pi}{4}}.$$

【例】1.4.5（2012 赛） 求极限$\lim_{n\to\infty}(n!)^{\frac{1}{n^2}}$.

解： 因为$(n!)^{\frac{1}{n^2}}=e^{\frac{1}{n^2}\ln(n!)}$，而

$$\frac{1}{n^2}\ln(n!)\leqslant\frac{1}{n}\left(\frac{\ln 1}{1}+\frac{\ln 2}{2}+\cdots+\frac{\ln n}{n}\right),$$

且

$$\lim_{n\to\infty}\frac{\ln n}{n}=0,$$

由例 1.2.4，有

$$\lim_{n\to\infty}\frac{1}{n}\left(\frac{\ln 1}{1}+\frac{\ln 2}{2}+\cdots+\frac{\ln n}{n}\right)=0.$$

即

$$\lim_{n\to\infty}\frac{1}{n^2}\ln(n!)=0\Rightarrow\lim_{n\to\infty}(n!)^{\frac{1}{n^2}}=1.$$

（注：也可由迫敛性，$\sqrt[n^2]{n}\leqslant\sqrt[n^2]{n!}\leqslant\sqrt[n]{n}$，且左右式极限均为 1）

【例】1.4.6 设函数$f(x)$对一切实数满足$f(x^2)=f(x)$，且在$x=0$与$x=1$处连续，证明：$f(x)$恒为常数.

证明： $\forall x_0>0$，有

$$f(x_0)=f(\sqrt{x_0})=f(x_0^{\frac{1}{4}})=f(x_0^{\frac{1}{8}})=\cdots=f(x_0^{\frac{1}{2^n}}).$$

由于$n\to\infty$时$u=x_0^{\frac{1}{2^n}}\to 1$，且$f(x)$在$x=1$处连续，因此

$$f(x_0)=\lim_{n\to\infty}f(x_0^{\frac{1}{2^n}})=\lim_{u\to 1}f(u)=f(1).$$

又$\forall x_1<0$，有

$$f(x_1)=f(x_1^2)=f(|x_1|^2)=f(|x_1|)=f(|x_1|^{\frac{1}{2}})=\cdots=f(|x_1|^{\frac{1}{2^n}}),$$

于是

$$f(x_1)=\lim_{n\to\infty}f(|x_1|^{\frac{1}{2^n}})=\lim_{u\to 1}f(u)=f(1).$$

由于$f(x)$在$x=0$处连续，因此$f(0)=f(1)$. 故$\forall x\in\mathbf{R}$，$f(x)=f(1)$.

【例】1.4.7 设函数$f(x)$在区间（0，1）内连续，且存在两两互异的点x_1，x_2，x_3，$x_4\in(0,1)$，使得

$$\alpha=\frac{f(x_1)-f(x_2)}{x_1-x_2}<\frac{f(x_3)-f(x_4)}{x_3-x_4}=\beta.$$

证明：对任意 $\lambda\in(\alpha,\beta)$，存在互异的点 x_5，$x_6\in(0,1)$，使得 $\lambda=\frac{f(x_5)-f(x_6)}{x_5-x_6}$.

证明： 不妨设 $x_1<x_2$，$x_3<x_4$，作辅助函数

$$F(t)=\frac{f[(1-t)x_1+tx_3]-f[(1-t)x_2+tx_4]}{[(1-t)x_1+tx_3]-[(1-t)x_2+tx_4]}.$$

显然 $F(t)\in C[0,1]$，且 $F(0)=\alpha<\lambda<\beta=F(1)$. 由连续函数的介值定理，存在 $t_0\in(0,1)$，使得 $F(t_0)=\lambda$，即

$$\lambda=\frac{f[(1-t_0)x_1+t_0x_3]-f[(1-t_0)x_2+t_0x_4]}{[(1-t_0)x_1+t_0x_3]-[(1-t_0)x_2+t_0x_4]}.$$

令 $x_5=(1-t_0)x_1+t_0x_3$，$x_6=(1-t_0)x_2+t_0x_4$，则有 $x_5<x_6$，且 $x_5\in(x_1,x_3)$，$x_6\in(x_2,x_4)$，于是 $x_5,x_6\in(0,1)$，使得

$$\lambda=\frac{f(x_5)-f(x_6)}{x_5-x_6}.$$

【例】1.4.8　求极限 $\lim\limits_{n\to\infty}\frac{1!+2!+\cdots+n!}{n!}$.

解： 原式 $=1+\lim\limits_{n\to\infty}\frac{1!+2!+\cdots+(n-1)!}{n!}$，由于

$$0<\frac{1!+2!+\cdots+(n-1)!}{n!}<\frac{(n-2)(n-2)!+(n-1)!}{n!}$$

$$<\frac{2(n-1)!}{n!}=\frac{2}{n}.$$

因为 $\frac{2}{n}\to0$，由迫敛性准则得 $\lim\limits_{n\to\infty}\frac{1!+2!+\cdots+(n-1)!}{n!}=0$，故原式 $=1+0=1$.

【例】1.4.9　求极限

$$\lim_{n\to\infty}\left(\frac{2^3-1}{2^3+1}\cdot\frac{3^3-1}{3^3+1}\cdot\frac{4^3-1}{4^3+1}\cdot\cdots\cdot\frac{n^3-1}{n^3+1}\right).$$

解： 原极限可整理为

$$\begin{aligned}原式&=\lim_{n\to\infty}\prod_{k=2}^{n}\frac{k^3-1}{k^3+1}\\&=\lim_{n\to\infty}\prod_{k=2}^{n}\frac{(k-1)[(k+1)^2-(k+1)+1]}{(k+1)(k^2-k+1)}\\&=\lim_{n\to\infty}\frac{1\cdot2\cdot3\cdot\cdots\cdot(n-1)}{3\cdot4\cdot5\cdot\cdots\cdot(n+1)}\cdot\prod_{k=2}^{n}\frac{(k+1)^2-(k+1)+1}{k^2-k+1}\\&=\lim_{n\to\infty}\frac{2}{n(n+1)}\frac{n^2+n+1}{3}=\frac{2}{3}.\end{aligned}$$

【例】1.4.10 求极限$\lim\limits_{n\to\infty}\frac{1}{n}\cdot|1-2+3-\cdots+(-1)^{n+1}n|$.

解： 令$x_n=\frac{1}{n}\cdot|1-2+3-\cdots+(-1)^{n+1}n|$，则

$$\begin{aligned}x_{2n}&=\frac{1}{2n}\cdot|1-2+3-\cdots+(2n-1)-2n|\\&=\frac{1}{2n}\cdot|[1+3+\cdots+(2n-1)]-(2+4+\cdots+2n)|\\&=\frac{1}{2n}\cdot|n^2-(n^2+n)|=\frac{1}{2},\end{aligned}$$

$$\begin{aligned}x_{2n+1}&=\frac{1}{2n+1}\cdot|1-2+3-\cdots-2n+(2n+1)|\\&=\frac{1}{2n+1}\cdot|[1+3+\cdots+(2n+1)]-(2+4+\cdots+2n)|\\&=\frac{1}{2n+1}\cdot|(n^2+2n+1)-(n^2+n)|=\frac{n+1}{2n+1}.\end{aligned}$$

由于

$$\lim_{n\to\infty}x_{2n}=\frac{1}{2},\quad \lim_{n\to\infty}x_{2n+1}=\frac{1}{2},$$

故

$$\lim_{n\to\infty}\frac{1}{n}\cdot|1-2+3-\cdots+(-1)^{n+1}n|=\lim_{n\to\infty}x_n=\frac{1}{2}.$$

第2章　导数与微分

2.1　知识点总结

2.1.1　导数概念

1. 引例. 几何、物理中的两个简单例子，线密度定义等.

2. 导数定义.（1）函数增量与自变量**增量比式的极限**.

设 $y=f(x)$，则 $f'(x_0)=\lim\limits_{\Delta x\to 0}\dfrac{\Delta y}{\Delta x}$，也即是 $f(x)$ 在 x_0 点处函数值增量与自变量增量比式之极限.

记作

$$y'(x_0),\quad f'(x_0),\quad y'|_{x=x_0},\quad \left.\frac{\mathrm{d}y}{\mathrm{d}x}\right|_{x=x_0},\quad \left.\frac{\mathrm{d}f}{\mathrm{d}x}\right|_{x=x_0}.$$

（2）左、右导数定义类似. 借助于左、右极限和极限的关系，引出可导的一个充要条件.

（3）函数在区间的可导性，导函数.

3. 导数的几何意义及物理意义. 几何意义：切线斜率. 物理意义：变化率（速度、加速度、线密度、电流等）.

4. 函数在某点导数的求法（练习 2.1.1）$\begin{cases}\text{①定义；}\\ \text{②导数极限定理.}\end{cases}$

导数极限定理. 设函数 $y=f(x)$ 满足：

条件（1）函数 $f(x)$ 在点 x_0 的某实心邻域 $U(x_0)$ 内连续；

条件（2）函数 $f(x)$ 在点 x_0 的去心邻域内 $\mathring{U}(x_0)$ 内可导；

条件（3）若导函数极限 $\lim\limits_{x\to x_0}f'(x)$ 存在或为∞.

结论：则 $f'(x_0)$ 也存在或为∞，且

$$f'(x_0)=\lim_{x\to x_0}f'(x).$$

证明见例 2.2.8.

注 2.1 导数极限定理对于单侧极限仍然成立. 即可由导函数在 x_0 处左、右极限分别得到原函数在 x_0 处的左、右导数. 或写为 $f'_{\pm}(x_0)=f'(x_0\pm 0)$，其中，等式左侧为函数 $f(x)$ 在 x_0 处左、右导数，等式右侧为导函数 $f'(x)$ 在 x_0 处左、右极限.

导数极限定理的应用.

①导函数极限为有限数或无穷大，直接判断（练习 2.1.1 ~ 2.1.3）.
②导函数极限为震荡型不存在，不能判定（练习 2.1.4）.

5. 一元函数在某点可导和连续的关系.

- 可导必连续，连续不一定可导.

【练习】2.1.1 判断函数 $f(x)=\begin{cases}\sin x, & x\geqslant 0,\\ x^4, & x<0\end{cases}$ 在点 $x=0$ 处的可导性.

解：方法 1（由导数定义） 用定义求左、右导数. 由于

$$f'_+(0)=\lim_{x\to 0^+}\frac{f(x)-f(0)}{x-0}=\lim_{x\to 0^+}\frac{\sin x}{x}=1,$$

$$f'_-(0)=\lim_{x\to 0^-}\frac{f(x)-f(0)}{x-0}=\lim_{x\to 0^-}\frac{x^4}{x}=\lim_{x\to 0^-}x^3=0,$$

易知 $f'_+(0)\neq f'_-(0)$，从而 $f(x)$ 在点 $x=0$ 处不可导.

方法 2（由导数极限定理） 先求出当 $x\neq 0$ 时，$f(x)$ 的导函数，再计算 $f'(x)$ 在点 $x=0$ 处的左、右极限. 由于 $f(x)$ 在点 $x=0$ 处连续，当 $x>0$ 时，$f'(x)=\cos x$；当 $x<0$ 时. $f'(x)=4x^3$，从而

$$\lim_{x\to 0^+}f'(x)=\lim_{x\to 0^+}\cos x=1,$$

$$\lim_{x\to 0^-}f'(x)=\lim_{x\to 0^-}4x^3=0,$$

所以，$f'_+(0)=\lim\limits_{x\to 0^+}f'(x)=1$，$f'_-(0)=\lim\limits_{x\to 0^-}f'(x)=0$，左、右导数存在但不相等，故 $f(x)$ 在点 $x=0$ 处不可导.

【练习】2.1.2 设函数 $f(x)=\begin{cases}\dfrac{\sin^2 x}{x}, & x\neq 0,\\ 0, & x=0,\end{cases}$ 求 $f'(x)$.

解： 当 $x\neq 0$ 时，$f(x)=\dfrac{\sin^2 x}{x}$，那么有

$$f'(x)=\left(\frac{\sin^2 x}{x}\right)'=\frac{(2\sin x\cos x)x-\sin^2 x}{x^2}$$
$$=\frac{\sin 2x}{x}-\frac{\sin^2 x}{x^2}.$$

当 $x=0$ 时，可验证其满足导数极限定理条件 1，条件 2，对于条件 3，

$$\lim_{x\to 0}f'(x)=\lim_{x\to 0}\left(\frac{\sin 2x}{x}-\frac{\sin^2 x}{x^2}\right)=2-1=1.$$

由导数极限定理，可得

$$f'(x)=\begin{cases}\dfrac{\sin 2x}{x}-\dfrac{\sin^2 x}{x^2}, & x\neq 0,\\ 1, & x=0.\end{cases}$$

注：也可由导数定义直接计算 $f(x)$ 在 0 点处导数. 即

$$f'(0)=\lim_{x\to 0}\frac{f(x)-f(0)}{x-0}=\lim_{x\to 0}\frac{\dfrac{\sin^2 x}{x}-0}{x}$$

$$=\lim_{x\to 0}\frac{\sin^2 x}{x^2}=1.$$

上面给出的例题是导函数极限是有限数时，可直接判断原函数在此处导数即为此有限数. 当导函数极限为无穷时，结论仍然成立，如下题.

【练习】2.1.3　设 $f(x)=x^{\frac{1}{3}}$，求 $f(x)$ 在 $x=0$ 处右导数.

解：方法 1　易知 $f(x)$ 在 $(-\infty,\ \infty)$ 内连续，当 $x\neq 0$ 时，$f'(x)=\dfrac{1}{3}x^{-\frac{2}{3}}$，所以

$$f'(0+0)=\lim_{x\to 0^+}\frac{1}{3}x^{-\frac{2}{3}}=+\infty.$$

由导数极限定理可知

$$f'_+(0)=f'(0+0)=+\infty,$$

可得到 $f(x)$ 在 0 处右导数为正无穷大.

方法 2　由导数定义

$$f'_+(0)=\lim_{x\to 0^+}\frac{f(x)-f(0)}{x-0}=\lim_{x\to 0^+}\frac{x^{\frac{1}{3}}}{x}=+\infty.$$

以上两例是导函数极限为有限数或无穷大时，可直接判断原函数的导数为相同有限数或无穷大. 但导函数极限为震荡型不存在时，不能判断原函数在此点处导数是否存在.

【练习】2.1.4　设函数 $f(x)=\begin{cases}x^2\sin\dfrac{1}{x}, & x>0,\\ 0, & x\leqslant 0,\end{cases}$ 求 $f'(0)$.

解：方法 1　由导数极限定理考察函数 $f(x)$ 在 0 处的右导数. 首先 $f(x)$ 在 $x=0$ 处连续. 当 $x>0$ 时，

$$f'(x)=2x\sin\frac{1}{x}+x^2\cos\frac{1}{x}\cdot\left(-\frac{1}{x^2}\right)$$

$$=2x\sin\frac{1}{x}-\cos\frac{1}{x}.$$

当 $x\to 0^+$ 时，$f'(x)$ 极限震荡不存在，导数极限定理无法判断.

方法 2　由导数定义.

$$f'_+(0)=\lim_{x\to0^+}\frac{f(x)-f(0)}{x-0}=\lim_{x\to0^+}\frac{x^2\sin\frac{1}{x}}{x}$$

$$=\lim_{x\to0^+}x\sin\frac{1}{x}=0,$$

$f(x)$在0处右导数为0. 由于$f(x)$在0处的左导数也为0，因此$f'(0)=0$.

由练习2.1.4可知，虽然$f(x)$的导函数在0点处极限震荡不存在，但函数$f(x)$在0点仍然可导. 当然，当导函数在一点处的极限震荡不存在时，函数本身也可能在此点处不可导，如练习2.1.5.

【练习】2.1.5 设函数$f(x)=\begin{cases}x\cos\frac{1}{x}, & x\neq0,\\ 0, & x=0,\end{cases}$ 求$f'(0)$.

解：方法1 $f(x)$在$x=0$处连续，当$x\neq0$时，

$$f'(x)=\cos\frac{1}{x}-x\sin\frac{1}{x}\cdot\left(-\frac{1}{x^2}\right)=\cos\frac{1}{x}+\frac{1}{x}\sin\frac{1}{x}.$$

当$x\to0$时，$f'(x)$的极限震荡不存在，导数极限定理无法判断.

方法2 由导数定义，

$$f'(0)=\lim_{x\to0}\frac{f(x)-f(0)}{x-0}=\lim_{x\to0}\frac{x\cos\frac{1}{x}}{x}=\lim_{x\to0}\cos\frac{1}{x},$$

由于极限不存在，因此$f(x)$在0处不可导.

【练习】2.1.6 设函数在点处可导，试用$f'(x_0)$表示下列极限.

(1) $\lim\limits_{h\to0}\dfrac{f(x_0+2h)-f(x_0)}{h}$.

解： $\lim\limits_{h\to0}\dfrac{f(x_0+2h)-f(x_0)}{h}=2\lim\limits_{h\to0}\dfrac{f(x_0+2h)-f(x_0)}{2h}=2f'(x_0)$.

(2) $\lim\limits_{h\to0}\dfrac{f(x_0)-f(x_0-h)}{h}$.

解： $\lim\limits_{h\to0}\dfrac{f(x_0)-f(x_0-h)}{h}=\lim\limits_{h\to0}\dfrac{f(x_0-h)-f(x_0)}{-h}=f'(x_0)$.

(3) $\lim\limits_{n\to\infty}n\left[f\left(x_0-\dfrac{1}{n}\right)-f(x_0)\right]$.

解： $\lim\limits_{n\to\infty}n\left[f\left(x_0-\dfrac{1}{n}\right)-f(x_0)\right]=-\lim\limits_{n\to\infty}\dfrac{f\left(x_0-\frac{1}{n}\right)-f(x_0)}{-\frac{1}{n}}=-f'(x_0)$.

(4) $\lim\limits_{h\to0}\dfrac{f(x_0+2h)-f(x_0-h)}{h}$.

解：

$$\lim_{h\to 0}\frac{f(x_0+2h)-f(x_0-h)}{h}$$

$$=\lim_{h\to 0}\frac{[f(x_0+2h)-f(x_0)]-[f(x_0-h)-f(x_0)]}{h}$$

$$=\lim_{h\to 0}\frac{f(x_0+2h)-f(x_0)}{h}-\lim_{h\to 0}\frac{f(x_0-h)-f(x_0)}{h}$$

$$=2f'(x_0)-[-f'(x_0)]=3f'(x_0).$$

【练习】2.1.7　当 $x\in(-\delta,\delta)$ 时，恒有 $|f(x)|\leqslant x^2$，问：$f(x)$ 是否在 $x=0$ 处可导?

解： 由题设可知 $f(0)=0$，又 $0\leqslant\left|\frac{f(x)-f(0)}{x-0}\right|\leqslant|x|$. 由迫敛性准则得 $\lim\limits_{x\to 0}\frac{f(x)-f(0)}{x-0}=0$，故 $f(x)$ 在 $x=0$ 可导，且 $f'(0)=0$.

2.1.2　求导法则和求导基本公式

1. 导数的四则运算法则. 两函数和、差、积、商的求导运算.

定理　如果函数 $u(x)$，$v(x)$ 在点 x 处可导，则它们的和、差、积、商（分母不为零）在点 x 处也可导，且

(1) $[u(x)\pm v(x)]'=u'(x)\pm v'(x)$.

(2) $[Cu(x)]'=Cu'(x)$.

(3) $[u(x)\cdot v(x)]'=u'(x)v(x)+u(x)v'(x)$.

(4) $\left[\frac{u(x)}{v(x)}\right]=\frac{u'(x)v(x)-u(x)v'(x)}{v^2(x)}$　$(v(x)\neq 0)$.

2. 反函数的求导法则. 将 $y=f(x)$ 的反函数记为 $x=f^{-1}(y)$，设 $y_0=f(x_0)$，则

$$\left.\frac{\mathrm{d}x}{\mathrm{d}y}\right|_{y_0}=\frac{1}{\left.\frac{\mathrm{d}y}{\mathrm{d}x}\right|_{x_0}}.$$

注 2.2　在求反函数的导数时，若反函数记为 $Y=f^{-1}(X)$，仍有倒数关系成立.

$$\left.\frac{\mathrm{d}Y}{\mathrm{d}X}\right|_{X=y_0}=\frac{1}{\left.\frac{\mathrm{d}y}{\mathrm{d}x}\right|_{x=x_0}}.$$

3. 复合函数求导的链式法则. 由外到内，逐层求导. 例如，设 $y=y(u)$，$u=u(v)$，$v=v(x)$，则

$$\frac{\mathrm{d}y}{\mathrm{d}x}=\frac{\mathrm{d}y}{\mathrm{d}u}\cdot\frac{\mathrm{d}u}{\mathrm{d}v}\cdot\frac{\mathrm{d}v}{\mathrm{d}x}.$$

● 用导数定义以及本节的求导法则，可得到**基本初等函数以及常见初等函数的导数公式**. 注意辨析容易混淆的导数公式，如 $\tan x$，$\arctan x$，$\sec x$，$\arcsin x$，$\arctan x$ 等.

【练习】2.1.8 设$f(x)=x(x-1)(x-2)\cdots(x-99)$，求$f'(0)$.

解：方法1 利用导数定义.

$$f'(0)=\lim_{x\to 0}\frac{f(x)-f(0)}{x-0}=\lim_{x\to 0}(x-1)(x-2)\cdots(x-99)=-99!.$$

方法2 利用求导公式.

$$f'(x)=(x)'\cdot[(x-1)(x-2)\cdots(x-99)]+x\cdot[(x-1)(x-2)\cdots(x-99)]',$$

所以

$$f'(0)=-99!.$$

【练习】2.1.9 设$y=\arcsin\sqrt{x}+f^2\left(\arctan\frac{1}{x}\right)$，求$y'$.

解：

$$y'=\frac{1}{\sqrt{1-x}}\cdot\frac{1}{2\sqrt{x}}+2f\left(\arctan\frac{1}{x}\right)\cdot f'\left(\arctan\frac{1}{x}\right)\frac{1}{1+\frac{1}{x^2}}\left(-\frac{1}{x^2}\right)$$

$$=\frac{1}{2\sqrt{x-x^2}}-2f\left(\arctan\frac{1}{x}\right)f'\left(\arctan\frac{1}{x}\right)\frac{1}{x^2+1}.$$

【练习】2.1.10 设$y=[u(x)]^{v(x)}$，求y'，其中$u(x)$，$v(x)$都是可导函数，且$u(x)>0$.

解：方法1 函数y可写作$y=[u(x)]^{v(x)}=e^{v(x)\ln u(x)}$.

$$y'=e^{v(x)\ln u(x)}\left[v'(x)\ln u(x)+v(x)\frac{1}{u(x)}u'(x)\right]$$

$$=[u(x)]^{v(x)}\left[v'(x)\ln u(x)+\frac{v(x)u'(x)}{u(x)}\right].$$

方法2 两边取对数得$\ln y=v(x)\ln u(x)$. 式子两边同时对x求导得

$$\frac{1}{y}y'=v'(x)\ln u(x)+v(x)\frac{1}{u(x)}u'(x).$$

所以

$$y'=y\left[v'(x)\ln u(x)+\frac{v(x)u'(x)}{u(x)}\right]=[u(x)]^{v(x)}\left[v'(x)\ln u(x)+\frac{v(x)u'(x)}{u(x)}\right].$$

【练习】2.1.11 设函数$f(x)$二阶可导，$f'(x)\neq 0$，其反函数$f^{-1}(x)$存在，求$\frac{d^2}{dx^2}[f^{-1}(x)]$.

解： 设$y=f^{-1}(x)$，即$x=f(y)$.

$$\frac{dy}{dx}=\frac{d[f^{-1}(x)]}{dx}=\frac{1}{\frac{dx}{dy}}=\frac{1}{f'(y)}=\frac{1}{f'[f^{-1}(x)]},$$

$$\frac{d^2y}{dx^2}=\frac{d^2[f^{-1}(x)]}{dx^2}=\frac{d}{dx}\left[\frac{1}{f'(y)}\right]=\frac{d}{dy}\left[\frac{1}{f'(y)}\right]\cdot\frac{dy}{dx}$$

$$= -\frac{1}{[f'(y)]^2} \cdot f''(y) \cdot \frac{1}{f'(y)} = -\frac{f''[f^{-1}(x)]}{\{f'[f^{-1}(x)]\}^3}.$$

2.1.3　隐函数和参数方程的导数

1. 隐函数的导数.

①$F(x,y)=0$ 两边关于 x 求导；②由包含 x，y，y'关系式解出 y'.

2. 对数求导法求幂指函数 $u(x)^{v(x)}$ 的导数. 对 $y=u(x)^{v(x)}$ 两边取对数得 $\ln y = v\ln u$，然后两边求导，

$$\frac{1}{y}y' = v'\ln u + \frac{u'v}{u} \Rightarrow y' = u^v\left(v'\ln u + \frac{u'v}{u}\right).$$

注 2.3　由 $y' = u^v \ln u \cdot v' + vu^{v-1} \cdot u'$，式中第一项可看作按指数函数求导公式，第二项按幂函数求导公式.

3. 参数方程及极坐标确定的函数求导.

（1）参数方程求导. 设 $y=\psi(t)$，$x=\phi(t)$，则$\frac{\mathrm{d}y}{\mathrm{d}x} = \frac{\mathrm{d}y/\mathrm{d}t}{\mathrm{d}x/\mathrm{d}t} = \frac{\psi'(t)}{\phi'(t)}$.

（2）极坐标确定的函数求导.

极坐标表示的曲线求切线，利用直角坐标和极坐标的关系，将转换方程看成以 θ 为参数的参数方程，即 $x=\rho(\theta)\cos\theta$，$y=\rho(\theta)\sin\theta$，再根据参数方程求导公式得到切线斜率.

4. 相关变化率. $\frac{\mathrm{d}x}{\mathrm{d}t}$与$\frac{\mathrm{d}y}{\mathrm{d}t}$的关系问题.

解法：①建立 x 与 y 的关系式. ②关系式两边关于 t 求导. ③由已知变化率求得未知变化率.

注意导数的符号，即所求变化率的正负.

【练习】2.1.12　设 $y(x)=x^{x^x}$，求导数.

解：两边取对数得 $\ln y = x^x \cdot \ln x$，关于 x 求导

$$\frac{y'}{y} = (x^x)' \cdot \ln x + x^x \cdot \frac{1}{x}$$

$$= x^x \cdot \ln x \cdot \ln x + x \cdot x^{x-1} \cdot \ln x + x^x \cdot \frac{1}{x},$$

移项有

$$y' = x^{x^x} \cdot x^x\left(\ln^2 x + \ln x + \frac{1}{x}\right).$$

【练习】2.1.13　求 $y = x^{x^2} + 2^{x^x}$ 的导数.

解：设 $y_1 = x^{x^2}$，$y_2 = 2^{x^x}$，则 $y' = y_1' + y_2'$，而 $\ln y_1 = x^2\ln x$，$\ln y_2 = x^x\ln 2 = \mathrm{e}^{x\ln x}\ln 2$.

两式两端对 x 求导：

$$\frac{y_1'}{y_1}=2x\ln x+x=x(2\ln x+1),\quad y_1'=x^{x^2+1}(2\ln x+1).$$

整理得

$$\frac{y_2'}{y_2}=x^x(\ln x+1)\cdot\ln 2,\quad y_2'=2^{x^x}\cdot x^x(\ln x+1)\cdot\ln 2,$$

故 $y'=x^{x^2+1}(2\ln x+1)+2^{x^x}\cdot x^x(\ln x+1)\cdot\ln 2$.

【练习】2.1.14 落在平静水面上的石头，产生同心波纹，若最外一圈波半径的增长率总是6 m/s，问：在2 s时，扰动水面面积的增长率为多少？

解：设在时刻 t 最外一圈波的半径为 $r(t)$，水面面积为 $s(t)$，

由题意知 $\frac{\mathrm{d}r}{\mathrm{d}t}=6\ \mathrm{m/s}$，$r(2)=12$，$s=\pi r^2$，

两端对 t 求导得 $\frac{\mathrm{d}s}{\mathrm{d}t}=2\pi r\cdot\frac{\mathrm{d}r}{\mathrm{d}t}$，

故 $\left.\frac{\mathrm{d}s}{\mathrm{d}t}\right|_{t=2}=2\pi r\cdot\frac{\mathrm{d}r}{\mathrm{d}t}=144\pi(\mathrm{m^2/s})$.

【练习】2.1.15 求曲线 $\rho=2\mathrm{e}^{\theta}$ 上 $\theta=0$ 点处的切线方程.

解：由直角坐标与极坐标关系，将极坐标视为参数为 θ 的参数方程.

$$\begin{cases}x=\rho(\theta)\cdot\cos\theta=2\mathrm{e}^{\theta}\cdot\cos\theta,\\ y=p(\theta)\cdot\sin\theta=2\mathrm{e}^{\theta}\cdot\sin\theta.\end{cases}$$

将 $\theta=0$ 代入上述方程得

$$\begin{cases}x=2,\\ y=0.\end{cases}$$

由参数方程求导公式 $\frac{\mathrm{d}y}{\mathrm{d}x}=\frac{\mathrm{d}y/\mathrm{d}\theta}{\mathrm{d}x/\mathrm{d}\theta}=\frac{2\mathrm{e}^{\theta}\sin\theta+2\mathrm{e}^{\theta}\cos\theta}{2\mathrm{e}^{\theta}\cos\theta-2\mathrm{e}^{\theta}\sin\theta}$.

将 $\theta=0$ 代入得 $\left.\frac{\mathrm{d}y}{\mathrm{d}x}\right|_{\theta=0}=1$. 于是切线方程为 $y=x-2$.

2.1.4 高阶导数

1. 高阶导数定义.

简单函数的 n 阶导数公式.

(1) $(a^x)^{(n)}=a^x\cdot\ln^n a\quad(a>0)$，$(\mathrm{e}^x)^{(n)}=\mathrm{e}^x$.

(2) $(\sin kx)^{(n)}=k^n\sin\left(kx+n\cdot\frac{\pi}{2}\right)$.

(3) $(\cos kx)^{(n)}=k^n\cos\left(kx+n\cdot\frac{\pi}{2}\right)$.

(4) $(x^{\alpha})^{(n)}=\alpha(\alpha-1)\cdots(\alpha-n+1)x^{\alpha-n}, (x^{n})^{(n)}=n!.$

(5) $\left(\frac{1}{x}\right)^{(n)}=(-1)^{n}\frac{n!}{x^{n+1}},\quad (\ln x)^{(n)}=(-1)^{n-1}\frac{(n-1)!}{x^{n}},$

$$\left(\frac{1}{x\pm1}\right)^{(n)}=(-1)^{n}\frac{n!}{(x\pm1)^{n+1}},\quad \left(\frac{1}{1-x}\right)^{(n)}=\frac{n!}{(1-x)^{n+1}}.$$

2. 高阶导数的运算法则. 莱布尼茨 (Leibniz) 公式. 设 u, v 为关于 x 的函数.

$$(u\cdot v)^{(n)}=u^{(n)}v+nu^{(n-1)}v'+\frac{n(n-1)}{2!}u^{(n-2)}v''+$$

$$\frac{n(n-1)\cdots(n-k+1)}{k!}u^{(n-k)}v^{(k)}+\cdots+uv^{(n)}$$

$$=\sum_{k=0}^{n}C_{n}^{k}u^{(n-k)}v^{(k)}.$$

注 2.4　求两函数乘积 n 阶导数的莱布尼茨公式类似于二项式公式, 只需将二项式公式右端的 k 次幂换成相应阶导数.

3. 隐函数和参数方程确定函数的高阶导数.

(1) 隐函数 $F(x,y)=0\xrightarrow{d/dx}$包含 x, y, y'等式$\xrightarrow{d/dx}$包含 x, y, y', y''等式 $\Longrightarrow$ 解出 y''.

(2) 参数方程确定的函数求高阶导数.

参数方程求二阶导数$\frac{d^2y}{dx^2}$时要注意$\frac{dy}{dx}$的形式 (注意一阶导数是关于 t 的函数, 或关于 y 的函数, 或 x 的函数时, 处理方法的区别).

【练习】2.1.16　设$\sqrt[x]{y}=\sqrt[y]{x}(x>0,y>0)$, 求$\frac{d^2y}{dx^2}$.

解: 两边取对数$\frac{1}{x}\ln y=\frac{1}{y}\ln x$, 即 $y\ln y=x\ln x$. 两边关于 x 求导:

$$(1+\ln y)y'=\ln x+1,$$

解得 $y'=\frac{\ln x+1}{1+\ln y}$. 或者两边求微分, 有

$$dy\ln y+y\cdot\frac{1}{y}dy=dx\ln x+x\cdot\frac{1}{x}dx\Rightarrow\frac{dy}{dx}=\frac{\ln x+1}{1+\ln y}.$$

在 $y'=\frac{\ln x+1}{1+\ln y}$的基础上继续求导, 得

$$y''=\frac{\frac{1}{x}(\ln y+1)-(\ln x+1)\frac{1}{y}\cdot y'}{(1+\ln y)^2}=\frac{y(\ln y+1)^2-x(\ln x+1)^2}{xy(\ln y+1)^3}.$$

【练习】2.1.17　设 $y=\arctan x$, 求 $y^{(n)}$.

解: 由于 $x=\tan y$,

$$y' = \frac{1}{1+x^2} = \frac{1}{1+\tan^2 y} = \cos^2 y,$$

$$y'' = -2\cos y\sin y \cdot y' = \cos^2 y\sin 2\left(y+\frac{\pi}{2}\right),$$

$$y''' = 2\cos^3 y(-\sin y)\sin 2\left(y+\frac{\pi}{2}\right) + 2\cos^4 y\cos 2\left(y+\frac{\pi}{2}\right)$$

$$= 2\cos^3 y\cos\left[2\left(y+\frac{\pi}{2}\right)+y\right]$$

$$= 2\cos^3 y\sin 3\left(y+\frac{\pi}{2}\right).$$

一般地，由数学归纳法可证

$$y^{(n)} = (n-1)!\ \cos^n y\sin n\left(y+\frac{\pi}{2}\right).$$

【练习】2.1.18 求 $y=x+x^5$ 的反函数的二阶导数.

解： 即求$\frac{d^2x}{dy^2}$，应先算反函数一阶导数$\frac{dx}{dy}$，

$$\frac{dx}{dy} = \frac{1}{\frac{dy}{dx}} = \frac{1}{1+5x^4}.$$

而

$$\frac{d^2x}{dy^2} = \frac{d}{dx}\left(\frac{dx}{dy}\right)\cdot\frac{dx}{dy} = \frac{-20x^3}{(1+5x^4)^2}\cdot\frac{1}{1+5x^4}$$

$$= \frac{-20x^3}{(1+5x^4)^3}.$$

【练习】2.1.19 设 $y=y(x)$ 为由方程$\begin{cases} x=e^t, \\ e^t+e^y=2 \end{cases}$确定的函数，求$\left.\frac{d^2y}{dx^2}\right|_{t=0}$.

解： 方程中第二式为隐式方程，按隐函数求导法可计算$\frac{dy}{dt}$. 即方程 $e^t+e^y=2$ 两端关于 t 求导，得

$$e^t + e^y\cdot\frac{dy}{dt} = 0,$$

解得$\frac{dy}{dt} = -e^{t-y}$，所以

$$\frac{dy}{dx} = \frac{\frac{dy}{dt}}{\frac{dx}{dt}} = \frac{-e^{t-y}}{e^t} = -e^{-y},$$

再对 x 求导，有

$$\frac{\mathrm{d}^2y}{\mathrm{d}x^2}=\frac{\mathrm{d}}{\mathrm{d}x}(-\mathrm{e}^{-y})=\frac{\mathrm{d}}{\mathrm{d}y}(-\mathrm{e}^{-y})\cdot\frac{\mathrm{d}y}{\mathrm{d}x}$$

$$=\mathrm{e}^{-y}\cdot(-\mathrm{e}^{-y})=-\mathrm{e}^{-2y}.$$

【练习】2.1.20　$y=\mathrm{e}^{a}x\sin bx$，求 $y^{(n)}$.

解： 设 $\sin\varphi=\dfrac{b}{\sqrt{a^2+b^2}}$，则 $\cos\varphi=\dfrac{a}{\sqrt{a^2+b^2}}$，$\varphi=\arctan\dfrac{b}{a}$，则

$$y'=a\mathrm{e}^{ax}\sin bx+b\mathrm{e}^{ax}\cos bx=\mathrm{e}^{ax}(a\sin bx+b\cos bx)$$

$$=\mathrm{e}^{ax}\sqrt{a^2+b^2}\left(\frac{a}{\sqrt{a^2+b^2}}\sin bx+\frac{b}{\sqrt{a^2+b^2}}\cos bx\right)$$

$$=\mathrm{e}^{ax}\sqrt{a^2+b^2}(\cos\varphi\sin bx+\sin\varphi\cos bx)=\mathrm{e}^{ax}\sqrt{a^2+b^2}\sin(bx+\varphi).$$

同理可得：

$$y^{(n)}=\mathrm{e}^{ax}(\sqrt{a^2+b^2})^{n}\sin(bx+n\varphi)=(a^2+b^2)^{\frac{n}{2}}\mathrm{e}^{ax}\sin\left(bx+n\arctan\frac{b}{a}\right).$$

2.1.5　函数的微分

1. 微分的概念.

（1）对于一元函数，可导$\Longleftrightarrow$可微，$\mathrm{d}y=f'(x)\mathrm{d}x$，微商的定义．判断函数在某一点可微.

（2）函数的微分 $\mathrm{d}y$ 几何意义：切线上的点纵坐标的增量.

2. 微分的计算.

（1）函数微分等于导数乘以自变量的微分．基本微分公式.

（2）运算法则．求导运算法则类似.

（3）一阶微分形式不变性.

- **应用微分运算法则算微分（导数）.**

3. 微分在近似计算中的应用．$\Delta y\approx\mathrm{d}y$.

（1）计算近似值．$f(x_0+\Delta x)\approx f(x_0)+f'(x_0)\Delta x$.

（2）误差分析与误差传递.

$$\varepsilon(\tilde{y})=|f'(x)|\cdot\varepsilon(\tilde{x}),\varepsilon_r(\tilde{y})=\left|\frac{\tilde{x}f'(\tilde{x})}{f(\tilde{x})}\right|\cdot\varepsilon_r(\tilde{x}).$$

4. 高阶微分．高阶微分没有形式不变性.

【练习】2.1.21　设 $y=y(x)$ 由方程 $x^3+y^3-\sin 3x+6y=0$ 确定，求 $|\mathrm{d}y|_{x=0}$.

解： 方程两边求微分，得

$$3x^2\mathrm{d}x+3y^2\mathrm{d}y-3\cos 3x\mathrm{d}x+6\mathrm{d}y=0,$$

当 $x=0$ 时 $y=0$，由上式得 $|\mathrm{d}y|_{x=0}=\dfrac{1}{2}\mathrm{d}x$.

2.1.6 微分中值定理

1. 极值及费马定理.

极值、最值定义及区别，费马定理.

2. 罗尔定理.

函数$f(x)$关于区间［a，b］$\begin{cases}①闭区间上连续\\②开区间内可导\\③f(a)=f(b)\end{cases}$

$\Longrightarrow \exists \xi \in (a,b)$，使得$f'(\xi)=0$.

3. 拉格朗日中值定理.

函数$f(x)$关于区间［a，b］$\begin{cases}①闭区间上连续\\②开区间内可导\end{cases}$

$\Longrightarrow \exists \xi \in (a,b)$，使得$f'(\xi)=\dfrac{f(b)-f(a)}{b-a}$.

3. 柯西中值定理.

函数$f(x)$，$g(x)$关于区间［a，b］$\begin{cases}①闭区间上连续\\②开区间内可导\\③g'(\xi)\neq 0\end{cases}$

$\Longrightarrow \exists \xi \in (a,b)$，使得$\dfrac{f(b)-f(a)}{g(b)-g(a)}=\dfrac{f'(\xi)}{g'(\xi)}$.

注 2.5 1. 了解各中值定理的几何意义，中值定理常用于证明根的存在性问题，以及不等式证明等.

2. 在用微分中值定理解决根的存在性问题时，根据等式形式构造辅助函数是关键. 例如

$$nf(\xi)+\xi f'(\xi)=0 \Longrightarrow F(x)=x^n f(x).$$

$$f(\xi)-\xi f'(\xi)=0 \Longrightarrow F(x)=\frac{f(x)}{x}.$$

$$f'(\xi)+f(\xi)\cot\xi=0 \Longrightarrow F(x)=f(x)\sin x.$$

$$(\pm C)f(\xi)+f'(\xi)=0 \Longrightarrow F(x)=\mathrm{e}^{\pm Cx}f(x).$$

$$g'(\xi)f(\xi)+f'(\xi)=0 \Longrightarrow F(x)=f(x)\mathrm{e}^{g(x)}.$$

【练习】2.1.22 设$f(x)$在区间［0，1］上可微，且$0<f(x)<1$，$f'(x)\neq 1$，则存在唯一的$\xi\in(0,1)$，使得$f(\xi)=\xi$.

证明：(1) 存在性：设$F(x)=f(x)-x$，则$F(x)$在区间［0，1］上连续且$F(0)=f(0)>0$，$F(1)=f(1)-1<0$，由介值定理：存在$\xi\in(0,1)$，使得$F(\xi)=0$，即$f(\xi)=\xi$.

（2）唯一性（反证法）：假设另有$\xi_1\neq\xi$，$\xi_1\in(0,1)$，使得$F(\xi_1)=0$，则在以ξ、ξ_1为端点的区间上$F(x)$满足拉格朗日定理，故存在$\xi_2\in(\xi,\xi_1)$，使得

$$F'(\xi_2)=\frac{F(\xi)-F(\xi_1)}{\xi-\xi_1}=0,$$

而由$F(x)=f(x)-x$得$F'(\xi_2)=f'(\xi_2)-1$，因而推得$f'(\xi_2)=1$，与已知条件矛盾.

【练习】2.1.23　设函数$f(x)$在闭区间$[a,b]$上连续，在开区间(a,b)内可导，且$a\cdot b>0$，证明：在(a,b)内至少存在一点ξ，使得$f(b)-f(a)=\xi f'(\xi)\ln\frac{b}{a}$.

证明：将待证等式变形为

$$\frac{f(b)-f(a)}{\ln|b|-\ln|a|}=\frac{f'(\xi)}{\frac{1}{\xi}},$$

设$g(x)=\ln|x|$，则$g'(x)=\frac{1}{x}$. 函数$g(x)$在闭区间$[a,b]$上连续，在开区间(a,b)内可导，对$f(x)$，$g(x)$应用柯西中值定理，即证.

【练习】2.1.24　设$ab>0$，证明在(a,b)内至少存在一点ξ，使得

$$a\mathrm{e}^b-b\mathrm{e}^a=(1-\xi)\mathrm{e}^\xi(a-b).$$

证明：将等式整理得$\frac{\mathrm{e}^b}{b}-\frac{\mathrm{e}^a}{a}=(1-\xi)\mathrm{e}^\xi\left(\frac{1}{b}-\frac{1}{a}\right)$，变形为

$$\frac{\frac{\mathrm{e}^b}{b}-\frac{\mathrm{e}^a}{a}}{\frac{1}{b}-\frac{1}{a}}=(1-\xi)\mathrm{e}^\xi.$$

令$f(x)=\frac{\mathrm{e}^x}{x}$，$g(x)=\frac{1}{x}$，由于$ab>0$，$f$，$g$满足柯西中值定理条件，故

$$\frac{\frac{\mathrm{e}^b}{b}-\frac{\mathrm{e}^a}{a}}{\frac{1}{b}-\frac{1}{a}}=\frac{\frac{\mathrm{e}^\xi(\xi-1)}{\xi^2}}{-\frac{1}{\xi^2}}=\mathrm{e}^\xi(1-\xi),\xi\in(a,b).$$

2.1.7　洛必达（L'Hôpital）法则

1. **不定式极限的求法**. “$\frac{0}{0}$”，“$\frac{\infty}{\infty}$”（$x\to x_0$，$x\to x_0^\pm$，$x\to\pm\infty$）.

$$\lim\frac{f(x)}{g(x)}\begin{cases}①\text{在极限点 } x_0 \text{ 的某空心领域内可导，} g'(x)\neq0.\\ ②\lim f(x)=\lim g(x)=0\text{ 或}\infty.\\ ③\lim\frac{f'(x)}{g'(x)}\text{存在(或为}\infty).\end{cases}$$

$\Longrightarrow \lim \dfrac{f(x)}{g(x)} = \lim \dfrac{f'(x)}{g'(x)}$.

注 2.16 (1) 对于某些"$0 \cdot \infty$"型极限，有时转化为"$\frac{\infty}{\infty}$"型计算较繁，则换为"$\frac{0}{0}$"型. 如练习 2.1.25.

(2) $x \to +\infty$时，函数 $\ln x$，x^n，e^x ($x>0$) 的增值性依次升高.

(3) 洛必达法则与其他求极限方法结合，计算更简便.

2. **其他不定式**. 对于"$\infty - \infty$"，"$0 \cdot \infty$"，"1^∞"，"∞^0"型不定式，均可通过通分，取倒数，取对数转化为第一部分中两种不定式极限.

【练习】2.1.25 求 $\lim\limits_{x \to 0^+} x^n \ln x (n=1,2,\cdots)$.

解:

$$原式 = \lim_{x \to 0^+} \frac{\ln x}{x^{-n}} = \lim_{x \to 0^+} \frac{\frac{1}{x}}{-nx^{-n-1}}$$

$$= \lim_{x \to 0^+} \left(-\frac{x^n}{n}\right) = 0.$$

【练习】2.1.26 若$\lim\limits_{x \to 0} \dfrac{\sin 6x + xf(x)}{x^3} = 0$，求$\lim\limits_{x \to 0} \dfrac{6+f(x)}{x^2}$.

解: 注意：因未知f可微性质，故不能直接用洛必达法则.

$$\lim_{x \to 0} \frac{6+f(x)}{x^2} = \lim_{x \to 0} \frac{6x + xf(x)}{x^3}$$

$$= \lim_{x \to 0} \frac{\sin 6x + xf(x)}{x^3} + \lim_{x \to 0} \frac{6x - \sin 6x}{x^3}$$

$$= \lim_{x \to 0} \frac{6 - 6\cos 6x}{3x^2} = 36.$$

【练习】2.1.27 求 $\lim\limits_{x \to 0^+} \left[\dfrac{\ln x}{(1+x)^2} - \ln \dfrac{x}{1+x}\right]$.

解:

$$\lim_{x \to 0^+} \left[\frac{\ln x}{(1+x)^2} - \ln \frac{x}{1+x}\right] = \lim_{x \to 0^+} \left[\frac{\ln x}{(1+x)^2} - \ln x + \ln(1+x)\right]$$

$$= \lim_{x \to 0^+} \left[\frac{\ln x}{(1+x)^2} - \ln x\right] = \lim_{x \to 0^+} \left[\frac{\ln x - (1+x)^2 \ln x}{(1+x)^2}\right]$$

$$= -\lim_{x \to 0^+} (x^2 + 2x) \ln x = -\lim_{x \to 0^+} \frac{\ln x}{(x^2+2x)^{-1}}$$

$$= -\lim_{x \to 0^+} \frac{x^{-1}}{-(2x+2)(x^2+2x)^{-2}} = -\frac{1}{2} \lim_{x \to 0^+} x(x+2)^2 = 0.$$

【练习】2.1.28　$\lim\limits_{x\to0}\left[\frac{1}{e}(1+x)^{\frac{1}{x}}\right]^{\frac{1}{x}}$.

解：

$$原式=\lim_{x\to0}e^{\frac{1}{x}\ln\left[\frac{1}{e}(1+x)^{\frac{1}{x}}\right]}=e^{\lim\limits_{x\to0}\frac{\ln(1+x)-x}{x^2}}=e^{\lim\limits_{x\to0}\frac{\frac{1}{1+x}-1}{2x}}=e^{-\frac{1}{2}}.$$

【练习】2.1.29　设函数$f(x)$二阶可导，求极限$\lim\limits_{h\to0}\frac{f(x+h)+f(x-h)-2f(x)}{h^2}$.

解：因为$f(x)$二阶可导，故函数$f(x)$在点x处连续，即有

$$\lim_{h\to0}f(x+h)=\lim_{h\to0}f(x-h)=f(x).$$

用洛必达法则，

$$\begin{aligned}&\lim_{h\to0}\frac{f(x+h)+f(x-h)-2f(x)}{h^2}\\&=\lim_{h\to0}\frac{f'(x+h)-f'(x-h)}{2h}（未知f二阶导数连续，下步需用导数定义）\\&=\lim_{h\to0}\frac{[f'(x+h)-f'(x)]-[f'(x-h)-f'(x)]}{2h}\\&=\frac{1}{2}\left[\lim_{h\to0}\frac{f'(x+h)-f'(x)}{h}+\lim_{h\to0}\frac{f'(x-h)-f'(x)}{-h}\right]\\&=\frac{1}{2}[f''(x)+f''(x)]=f''(x).\end{aligned}$$

【练习】2.1.30　确定a，b，使$\lim\limits_{x\to0}(x^{-3}\sin3x+ax^{-2}+b)=0$.

解：因为$\lim\limits_{x\to0}(x^{-3}\sin3x+ax^{-2}+b)=0$，

所以$\lim\limits_{x\to0}x^2(x^{-3}\sin3x+ax^{-2}+b)=\lim\limits_{x\to0}(x^{-1}\sin3x+a+bx^2)=3+a=0$，

解得$a=-3$. 类似地

$$\begin{aligned}b&=-\lim_{x\to0}(x^{-3}\sin3x-3x^{-2})=-\lim_{x\to0}\frac{\sin3x-3x}{x^3}=-\lim_{x\to0}\frac{3\cos3x-3}{3x^2}\\&=-\lim_{x\to0}\frac{\cos3x-1}{x^2}-\lim_{x\to0}\frac{-(3x)^2/2}{x^2}=\frac{9}{2}.\end{aligned}$$

2.1.8　函数的单调性与极值

1. 极值和最值.

单调性和一阶导数的关系（必要条件，充分条件），“判断不等式常用方法”.

2. 求极值的一般步骤.

①函数不可导点和驻点. ②判断不可导点是否为极值点. A. 定义. B. 极值的第一充分条件. C. 极值的第二充分条件.

3. 最值的求法.

闭区间上连续函数的最值：①驻点及不可导点．②端点．

实际问题求最值方法：

（1）建立目标函数；（2）求最值$\begin{cases}①驻点，不可导点，端点；\\ ②求函数值；\\ ③比较大小，得最值.\end{cases}$

注 2.7 在确定所考察区域内有最值时，若目标函数只有唯一驻点，则此驻点处函数值为最值.

【练习】2.1.31 求参数方程$\begin{cases}x=t^2,\\ y=3t+t^3\end{cases}$确定的函数 $x=x(y)$ 的单调区间和极值.

解： $\dfrac{\mathrm{d}x}{\mathrm{d}y}=\dfrac{x_t'}{y_t'}=\dfrac{2t}{3(1+t^2)}$，令$\dfrac{\mathrm{d}x}{\mathrm{d}y}=0$，得 $t=0$.

列表讨论：

t	$(-\infty,\ 0)$	0	$(0,\ +\infty)$
x'	$-$		$+$
x	单减	极小值点	单增

极小值为 $x(0)=0$.

【练习】2.1.32 求函数 $y=|x(x^2-1)|$的极值点和极值.

解： 将绝对值去掉分段讨论. $y'=\begin{cases}3x^2-1,\ x(x^2-1)>0.\\ 1-3x^2,\ x(x^2-1)<0.\\ 不存在,\ x(x^2-1)=0.\end{cases}$

令 $y'=0$，得驻点 $-\dfrac{\sqrt{3}}{3}$或$\dfrac{\sqrt{3}}{3}$，不可导点为 0，-1，1.

列表讨论：

x	$(-\infty,\ -1)$	-1	$\left(-1,\ \frac{-\sqrt{3}}{3}\right)$	$\frac{-\sqrt{3}}{3}$	$\left(\frac{-\sqrt{3}}{3},\ 0\right)$	0
$x(x^2-1)$	<0		>0		>0	
y'	$1-3x^2$		$3x^2-1$		$3x^2-1$	
y'符号	$-$		$+$		$-$	
y	单减	极小值点	单增	极大值点	单增	极大值点

所以 $x=-1$ 是极小值点，极小值为 0；$x=-\dfrac{\sqrt{3}}{3}$是极大值点，极大值为$\dfrac{2\sqrt{3}}{9}$；$x=0$ 是

极大值点，极大值为0.

由偶函数性质，类似地，有 $x=\frac{\sqrt{3}}{3}$ 是极大值点，极大值为 $\frac{2\sqrt{3}}{9}$；$x=1$ 是极小值点，极小值为0.

【练习】2.1.33　设货车以每小时 x km的速度匀速行驶130 km，规定 $50\leqslant x\leqslant 100$. 假设汽油的价格是2元/L，汽车耗油与行驶速度的关系是 $\left(2+\frac{x^2}{360}\right)$L/h，驾驶员的工资是14元/h. 试问：最经济的车速是多少？(L－升，h－小时).

解：当货车以每小时 x km的速度行驶时，共行驶了 $\frac{130}{x}$ 小时，每小时的费用为 $2\left(2+\frac{x^2}{360}\right)+14=2\left(9+\frac{x^2}{360}\right)$. 设行驶的总费用为 $R(x)$ 元，则

$$R(x)=2\left(9+\frac{x^2}{360}\right)\cdot\frac{130}{x}=260\left(\frac{9}{x}+\frac{x}{360}\right).$$

最经济的车速即 $R(x)$ 的最小值，因而令 $R'(x)=260\left(\frac{x^2-3\,240}{360x^2}\right)=0$，得满足 $50\leqslant x\leqslant 100$ 的唯一驻点 $x=18\sqrt{10}$. 因此 $x=18\sqrt{10}$ 为 $R(x)$ 的最小值点，故最经济的车速为 $18\sqrt{10}$ km/h.

【练习】2.1.34　证明不等式 $\left(\frac{1}{x}+\frac{1}{2}\right)\ln(1+x)>1$，　$x\in(0,+\infty)$.

证明：不等式可变形为 $(2+x)\ln(1+x)-2x>0$，$x\in(0,+\infty)$. 设 $f(x)=(2+x)\cdot\ln(1+x)-2x$，则

$$f'(x)=\frac{(1+x)\ln(1+x)-x}{1+x},$$

令 $g(x)=(1+x)\ln(1+x)-x$，由 $g'(x)=\ln(1+x)>0$，$g_{\min}(x)=g(0)=0$，得 $g(x)>0$，从而

$$f'(x)=\frac{(1+x)\ln(1+x)-x}{1+x}>0,$$

由 $f_{\min}(x)=f(0)=0$ 知，$f(x)>0$，$x\in(0,+\infty)$.

2.1.9　曲线的凹凸性和渐近线，函数作图

1. 函数的凸性与拐点.

(1) 函数的图形凸性概念（注意对应下凸，上凸）.

定义借助于曲线和切线位置关系，或曲线和割线（弦）的位置关系. 回顾一阶导数与单调性的关系，注意二阶导数与凹凸性的关系（必要条件，充分条件）. 辨别凹、凸函数与图形如何对应.

（2）拐点（x_0，$f(x_0)$）定义（要求是内点）．定义为左右邻域凹凸性相反．

拐点可疑点：二阶导数不存在的点，二阶导数为零的点．

①f''左、右邻域反号；

②$f''(x_0)=0$，$f'''(x_0)\neq 0$，拐点．

2. 渐近线的定义、分类．①水平渐近线；②垂直渐近线；③斜渐近线．

3. 曲线渐近线的求法．

（1）水平渐近线 $\xleftarrow{y=y_0}$ $\lim\limits_{x\to+\infty}f(x)=y_0$ 或 $\lim\limits_{x\to-\infty}f(x)=y_0$.

（2）垂直渐近线 $\xleftarrow{x=x_0}$ $\lim\limits_{x\to x_0^+}f(x)=\infty$或$\lim\limits_{x\to x_0^-}f(x)=\infty$.

（3）斜渐近线 $\xleftarrow{y=kx+b}$ $\lim\limits_{x\to+\infty}\dfrac{f(x)}{x}=k(k\neq 0,k\neq\infty)$，$\lim\limits_{x\to+\infty}f(x)-kx=b$.（或$x\to-\infty$）

注 2.8 对于（3）斜渐近线，任意一个极限不存在$\Longrightarrow$斜渐近线不存在．

4. 函数作图$\Longrightarrow$按步骤进行：**先整体，再局部，刻画变化趋势，描点作图．**

【练习】2.1.35 a，b 为何值时，点（1，3）为曲线 $y=ax^3+bx^2$ 的拐点？

解：

$$y'=3ax^2+2bx,\quad y''=6ax+2b,$$

欲使点（1，3）为曲线的拐点，必有$y''(1)=0$，即$6a+2b=0$，又点（1，3）满足曲线方程，即$a+b=3$，解得$a=-\dfrac{3}{2}$，$b=\dfrac{9}{2}$.

【练习】2.1.36 设$f(x)$在点x_0处三阶可导，且$f''(x_0)=0$，$f'''(x_0)\neq 0$，证明：点$(x_0,f(x_0))$为曲线$y=f(x)$的拐点．

证明：因为$f'''(x_0)\neq 0$，不妨设$f'''(x_0)>0$，由三阶导数的定义及$f''(x_0)=0$，有

$$f'''(x_0)=\lim_{x\to x_0}\frac{f''(x)-f''(x_0)}{x-x_0}=\lim_{x\to x_0}\frac{f''(x)}{x-x_0}>0.$$

由极限的保号性知，$\exists x_0$的去心邻域$\mathring{N}(x_0,\delta)$，使得$\dfrac{f''(x)}{x-x_0}>0$，因此，当$x\in(x_0-\delta,x_0)$时，$f''(x)<0$，即$f(x)$在区间$(x_0-\delta,x_0)$内严格上凸；当$x\in(x_0,x_0+\delta)$时，$f''(x)>0$，即$f(x)$在区间$(x_0,x_0+\delta)$内严格下凸；于是点$(x_0,f(x_0))$为曲线$y=f(x)$的拐点．

【练习】2.1.37 求函数$y=x-2\arctan x$的渐近线．

解：（1）由

$$\lim_{x\to+\infty}\frac{x-2\arctan x}{x}=1,\quad \lim_{x\to+\infty}(x-2\arctan x-x)=-\pi,$$

得$y=x-\pi$为函数的一条水平渐近线．

（2）由

$$\lim_{x\to-\infty}\frac{x-2\arctan x}{x}=1,\quad \lim_{x\to-\infty}(x-2\arctan x-x)=\pi,$$

得 $y=x+\pi$ 为函数的一条斜渐近线.

2.1.10　曲线的曲率

1. 弧微分. $\mathrm{d}s=\sqrt{(\mathrm{d}x)^2+(\mathrm{d}y)^2}$.

在三种坐标系下的计算:

$$\begin{cases}①直角坐标系\ y=f(x). & \mathrm{d}s=\sqrt{1+(y_x')^2}\,\mathrm{d}x.\\ ②参数方程\ x=\phi(t),y=\psi(t). & \mathrm{d}s=\sqrt{(\varphi_t')^2+(\psi_t')^2}\,\mathrm{d}t.\\ ③极坐标\ \rho=\rho(\theta). & \mathrm{d}s=\sqrt{\rho^2+(\rho_\theta')^2}\,\mathrm{d}\theta.\end{cases}$$

注 2.9　由弧微分公式，弧微分几何意义可简记为“以直代曲”.

2. 曲率的概念和计算. 曲率是刻画曲线弯曲程度的量，由定义，曲率是切线转角关于弧长的变化率.

$$曲率\ k=\left|\frac{\mathrm{d}\alpha}{\mathrm{d}s}\right|=\frac{|y''|}{[1+(y')^2]^{3/2}}.$$

3. 曲率中心，曲率半径，曲率圆.

曲率中心 $(x_0,\ y_0)$: $x_0=x-\dfrac{y'[1+(y')^2]}{y''}$,　$y_0=y+\dfrac{1+(y')^2}{y''}$.

曲率半径为曲率的倒数，即 $R=\dfrac{1}{k}$.

注 2.10　曲率中心公式较繁，也可根据点 $(x,\ y)$ 处曲率中心 $(x_0,\ y_0)$ 满足①到 $(x,\ y)$ 距离为 R. ②在 $(x,\ y)$ 处曲线凹向侧法线上. 联立上述两个关系式解得.

【练习】2.1.38　求 $y=\ln(1-x^2)$ 的弧微分.

解: $y'=\dfrac{-2x}{1-x^2}$, $\mathrm{d}s=\sqrt{1+\left(\dfrac{-2x}{1-x^2}\right)^2}\,\mathrm{d}x=\dfrac{1+x^2}{1-x^2}\mathrm{d}x$.

【练习】2.1.39　求参数方程 $\begin{cases}x=a\cos t\\ y=b\sin t\end{cases}$ 在 $t=\dfrac{\pi}{2}$ 处的曲率.

解:

$$\frac{\mathrm{d}y}{\mathrm{d}x}=\frac{y_t'}{x_t'}=\frac{b\cos t}{-a\sin t},$$

所以 $\left.\dfrac{\mathrm{d}y}{\mathrm{d}x}\right|_{t=\frac{\pi}{2}}=0$.

$$\frac{\mathrm{d}^2y}{\mathrm{d}x^2}=\frac{\mathrm{d}}{\mathrm{d}x}\left(\frac{\mathrm{d}y}{\mathrm{d}x}\right)=\frac{\mathrm{d}}{\mathrm{d}t}\left(\frac{b\cos t}{-a\sin t}\right)\cdot\frac{\mathrm{d}t}{\mathrm{d}x}=\frac{\frac{\mathrm{d}}{\mathrm{d}t}\left(\frac{b\cos t}{-a\sin t}\right)}{x'(t)}=\frac{b}{-a^2\sin^3 t},$$

得$\left.\dfrac{\mathrm{d}^2y}{\mathrm{d}x^2}\right|_{t=\frac{\pi}{2}}=-\dfrac{b}{a^2}$. 故$t=\dfrac{\pi}{2}$处的曲率为

$$k=\frac{|y''|}{[1+(y')^2]^{3/2}}=\frac{b}{a^2}.$$

【**练习**】**2.1.40** 求曲线$y=\ln x$在与x轴交点处的曲率圆.

解：曲线与x轴交点为（1，0），由于$y'=\dfrac{1}{x}$，$y''=-\dfrac{1}{x^2}$，因此$y'(1)=1$，$y''(1)=-1$，

$$R=\frac{[1+y'^2(1)]^{3/2}}{|y''(1)|}=2^{3/2}.$$

设曲率中心为（ξ，η），则有

方法1 （由几何意义）

$$\begin{cases}(\xi-1)^2+(\eta-0)^2=R^2,\\ \dfrac{\eta-0}{\xi-1}=-\dfrac{1}{y'(1)},\end{cases}\quad 即\begin{cases}(\xi-1)^2+\eta^2=8,\\ \dfrac{\eta}{\xi-1}=-1.\end{cases}$$

解得：$(\xi-1)^2=4$，根据曲线的凸性得$\xi-1>0$，故得$\xi=3$，$\eta=-2$.

方法2（用公式） 曲率中心为

$$\xi=x-\frac{y'(1+y'^2)}{y^n}=1-\frac{1\times(1+1^2)}{-1}=3,$$

$$\eta=y+\frac{1+y'^2}{y''}=0+\frac{1+1^2}{-1}=-2,$$

故曲率圆方程为$(x-3)^2+(y+2)^2=8$.

2.1.11 泰勒（Taylor）公式

1. 泰勒公式. 若$f(x)$在包含x_0的某开区间（a，b）内具有直到$n+1$阶导数，则当$x\in(a,b)$时，有

$$f(x)=f(x_0)+f'(x_0)(x-x_0)+\frac{f''(x_0)}{2!}(x-x_0)^2+\cdots+\frac{f^{(n)}(x_0)}{n!}(x-x_0)^n+R_n(x).$$

余项$R_n(x)$可表示为$R_n(x)=\dfrac{f^{(n+1)}(\xi)}{(n+1)!}(x-x_0)^{n+1}$，其中$\xi$在$x_0$与$x$之间，此时$R_n(x)$称为拉格朗日型余项.

余项$R_n(x)$也可表示为$R_n(x)=o[(x-x_0)^n]$，此时$R_n(x)$称为皮亚诺型余项.

若$x_0=0$，泰勒公式也称为麦克劳林（Maclaurin）公式.

2. 几个简单函数的麦克劳林公式.

$$e^x = 1 + x + \frac{1}{2!}x^2 + \cdots + \frac{1}{n!}x^n + o(x^n),$$

$$\sin x = x - \frac{x^3}{3!} + \frac{x^5}{5!} - \cdots + (-1)^{n-1}\frac{x^{2n-1}}{(2n-1)!} + o(x^{2n}),$$

$$\cos x = 1 - \frac{x^2}{2!} + \frac{x^x}{4!} - \frac{x^6}{6!} + \cdots + (-1)^n \frac{x^{2n}}{(2n)!} + o(x^{2n+1}),$$

$$\ln(1+x) = x - \frac{x^2}{2} + \frac{x^3}{3} - \cdots + (-1)^{n-1}\frac{x^n}{n} + o(x^n),$$

$$\frac{1}{1-x} = 1 + x + x^2 + \cdots + x^n + o(x^n),$$

$$(1+x)^m = 1 + mx + \frac{m(m-1)}{2!}x^2 + \cdots + \frac{m(m-1)\cdots(m-n+1)}{n!}x^n + o(x^n).$$

3. 泰勒公式的求法和应用.

(1) 泰勒公式和麦克劳林公式：直接法、间接法.

(2) 近似计算、误差估计等，利用多项式逼近函数.

(3) 其他应用，求极限，证明不等式，求高阶无穷小的阶，求高阶导数等.

4. 高阶无穷小的运算.

注 2.11　如题目中提供了函数二阶导数及以上的信息，一般考虑多次使用微分中值公式或泰勒公式. 如练习 2.1.43.

【练习】2.1.41　求函数 $f(x) = \frac{1}{x}$ 在 $x_0 = -1$ 处泰勒公式.

解：

$f'(x) = -x^{-2}$，$f''(x) = 2x^{-3}$，$f'''(x) = -3!\,x^{-4}, \cdots, f^{(n)}(x) = (-1)^n n!\,x^{-(n+1)}$，

$f(-1) = -1$，$f'(-1) = -1$，$f''(-1) = -2$，$f'''(-1) = -3!, \cdots, f^{(n)}(-1) = -n!$，

所以 $f(x) = \frac{1}{x}$ 在点 $x_0 = -1$ 处的带拉格朗日余项的泰勒公式为

$$\frac{1}{x} = -1 - (x+1) - (x+1)^2 - \cdots - (x+1)^n + (-1)^{n+1}\frac{(x+1)^{n+1}}{[-1+\theta(x+1)]^{n+2}}. \ (0 < \theta < 1)$$

【练习】2.1.42　利用泰勒公式求极限 $\lim\limits_{x\to 0}\frac{x^2\ln(1+x^2)}{e^{x^2} - x - 1}$.

解：

$$\lim_{x\to 0}\frac{x^2\ln(1+x^2)}{e^{x^2}-x-1} = \lim_{x\to 0}\frac{x^2[x^2+o(x^2)]}{1+x^2+o(x^2)-x-1} = \lim_{x\to 0}\frac{x^4+o(x^4)}{x^2-x+o(x^2)}$$

$$= \lim_{x\to 0}\frac{x^3+\frac{o(x^4)}{x}}{x-1+\frac{o(x^2)}{x}} = 0.$$

【练习】2.1.43 若函数$f(x)$在区间（0，1）内二阶可导，且$\min\limits_{0<x<1} f(x)=0$，$f\left(\frac{1}{2}\right)=1$，求证：存在$\xi\in(0,1)$，使$f''(\xi)>8$.

证明：因为函数$f(x)$有最小值$\min\limits_{0<x<1} f(x)=0$，不妨设最小值点为$x_0$，即$f(x_0)=0$，由费马定理知必有$f'(x_0)=0$. 由$f(x)$在$x_0$处的一阶泰勒公式

$$f(x)=f(x_0)+f'(x_0)(x-x_0)+\frac{f''(\xi)}{2}(x-x_0)^2,$$

得

$$f(x)=\frac{f''(\xi)}{2}(x-x_0)^2,\quad \xi\in(x,x_0).$$

令$x=\frac{1}{2}$，得

$$1=\frac{f''(\xi)}{2}\left(\frac{1}{2}-x_0\right)^2<\frac{f''(\xi)}{2}\cdot\left(\frac{1}{2}\right)^2=\frac{f''(\xi)}{8},$$

即$f''(\xi)>8$.

2.2 综合例题

【例】2.2.1 设$f(x)=a_1\sin x+a_2\sin 2x+\cdots+a_n\sin nx$，其中$a_1$，$a_2$，$\cdots$，$a_n$是实数，且$|f(x)|<|\sin x|$，试证：$|a_1+2a_2+\cdots+na_n|\leqslant 1$.

证明：$f'(x)=a_1\cos(x)+2a_2\cos 2x+\cdots+na_n\cos nx$,

$$f'(0)=a_1+2a_2+\cdots+na_n.$$

另外，根据导数定义，有

$$f'(0)=\lim_{x\to 0}\frac{f(x)-f(0)}{x}=\lim_{x\to 0}\frac{f(x)}{x},$$

由已知条件得

$$\left|\frac{f(x)}{x}\right|\leqslant\left|\frac{\sin(x)}{x}\right|\leqslant 1,\ -1\leqslant\frac{f(x)}{x}\leqslant 1,$$

故

$$-1\leqslant\lim_{x\to 0}\frac{f(x)}{x}\leqslant 1,\ -1\leqslant f'(0)\leqslant 1,\ |f'(0)|\leqslant 1,$$

因此结果成立.

【例】2.2.2 设$f(x)=\lim\limits_{n\to\infty}\frac{x^2\mathrm{e}^{n(x-1)}+ax+b}{\mathrm{e}^{n(x-1)}+1}$，试确定常数$a$，$b$使$f(x)$处处可导，并求$f'(x)$.

解：将函数分段考察，$f(x)=\begin{cases}ax+b, & x<1,\\ \frac{1}{2}(a+b+1), & x=1,\\ x^2, & x>1.\end{cases}$

由 $f(x)$ 在 $x=1$ 处连续，有 $f(1-0)=f(1+0)=f(1)$，得：

$$a+b=1=\frac{1}{2}(a+b+1).$$

故

$$f(x)=\begin{cases}ax+1-a, & x<1,\\ 1, & x=1,\\ x^2, & x>1.\end{cases}$$

当 $x<1$ 时，$f'(x)=a$；当 $x>1$ 时，$f'(x)=2x$. 又

$$f'_-(1)=\lim_{x\to1^-}\frac{f(x)-f(1)}{x-1}=\lim_{x\to1^-}\frac{ax-a}{x-1}=a,$$

$$f'_+(1)=\lim_{x\to1^+}\frac{f(x)-f(1)}{x-1}=\lim_{x\to1^+}\frac{x^2-1}{x-1}=2.$$

由 $f(x)$ 在 $x=1$ 处可导，有 $f'_-(1)=f'_+(1)$，所以 $a=2$，从而 $b=-1$，于是

$$f'(x)=\begin{cases}2, & x\leqslant1,\\ 2x, & x>1.\end{cases}$$

【例】2.2.3　设 $y=\arcsin x$，求 $y^{(n)}(0)$.

解：由 $y'=\frac{1}{\sqrt{1-x^2}}$，可得

$$(1-x^2)\cdot y'^2=1.$$

对上式两边求导，得

$$(1-x^2)\cdot 2y'y''-2xy'^2=0,$$

当 $|x|<1$ 时，$y'\neq0$，化简得

$$(1-x^2)y''-xy'=0.$$

对上式两边求 $(n-2)$ 阶导数，并应用莱布尼茨公式，得

$$(1-x^2)y^{(n)}+C_{n-2}^1(-2x)y^{(n-1)}+C_{n-2}^2\cdot(-2)y^{(n-2)}-xy^{(n-1)}-C_{n-2}^1y^{(n-2)}=0.$$

将 $x=0$ 代入上式，得递推公式

$$y^{(n)}(0)=(n-2)^2y^{(n-2)}(0).$$

又因 $y^{(0)}(0)=0$，$y^{(1)}(0)=1$，所以 $y^{(2n)}(0)=0$，$y^{(2n+1)}(0)=[(2n-1)!!]^2$.

【例】2.2.4　设函数

$$f(x)=\begin{cases}e^{-\frac{1}{x^2}}, & x\neq0,\\ 0, & x=0.\end{cases}$$

证明$f(x)$无穷次可导.

证明：当$x\neq 0$时，$f'(x)=\frac{2}{x^3}e^{-\frac{1}{x^2}}$. 在$x=0$处，

$$f'(0)=\lim_{x\to 0}\frac{f(x)-f(0)}{x}=\lim_{x\to 0}\frac{e^{-\frac{1}{x^2}}}{x}=\lim_{t\to\infty}\frac{e^{-t^2}}{\frac{1}{t}}=\lim_{t\to\infty}\frac{t}{e^{t^2}}=0.$$

所以$f(x)$一阶可导.

下面由归纳法证明，$f(x)$的n阶导数存在，且有如下形式

$$f^{(n)}(x)=\begin{cases}P_{3n}\left(\frac{1}{x}\right)e^{-\frac{1}{x^2}}, & x\neq 0,\\ 0, & x=0,\end{cases}$$

其中$P_{3n}(u)$为$3n$次多项式.

当$n=1$时，上式成立. 假定$f(x)$的n阶导数存在，且有以上形式，下面证明$f(x)$的$n+1$阶导数存在，也有以上形式. 当$x\neq 0$时，

$$f^{(n+1)}(x)=\left[\frac{2}{x^3}P_{3n}\left(\frac{1}{x}\right)-\frac{1}{x^2}P'_{3n}\left(\frac{1}{x}\right)\right]e^{-\frac{1}{x^2}}=P_{3(n+1)}\left(\frac{1}{x}\right)e^{-\frac{1}{x^2}},$$

而

$$f^{(n+1)}(0)=\lim_{x\to 0}\frac{P_{3n}\left(\frac{1}{x}\right)e^{-\frac{1}{x^2}}}{x}=\lim_{t\to\infty}\frac{tP_{3n}(t)}{e^{t^2}}=0.$$

由数学归纳法，$f(x)$无穷次可导.

【例】2.2.5（达布定理） 设$f(x)$在$[a,b]$可导，且$f'(a)$与$f'(b)$异号，证明存在$\xi\in(a,b)$，使得$f'(\xi)=0$.

证明：不妨设$f'(a)>0$，$f'(b)<0$. 根据导数的定义，由$f'(a)>0$可导出，存在$\delta_1>0$，使得$\forall x\in[a,a+\delta_1]$，有

$$f(x)>f(a);$$

再由$f'(b)<0$可导出，存在$\delta_2>0$，使得$\forall x\in[b-\delta_2,b]$，有

$$f(x)>f(b).$$

函数$f(x)$在$[a,b]$上连续. 设$M=\max\limits_{x\in[a,b]}\{f(x)\}$，由以上分析可知，存在$\xi\in(a,b)$，使得$f(\xi)=M$，由费马定理，$f'(\xi)=0$.

【例】2.2.6 设$f(x)$在x_0连续，$|f(x)|$在x_0可导. 证明：$f(x)$在x_0可导.

证明：(1) 先设$f(x_0)\neq 0$. 不妨设$f(x_0)>0$. 由连续性，在x_0充分小的邻域，有$f(x)>0$. $|f(x)|$在x_0可导即$f(x)$在x_0可导.

(2) 再考虑$f(x_0)=0$.

$$\frac{d}{dx}|f(x)|=\lim_{x\to x_0}\frac{|f(x)|-|f(x_0)|}{x-x_0}=\lim_{x\to x_0}\frac{|f(x)|}{x-x_0}.$$

当 $x<x_0$ 时，上式$\leqslant 0$，当 $x>x_0$ 时，上式$\geqslant 0$. 所以

$$\lim_{x\to x_0}\frac{|f(x)|}{x-x_0}=0.$$

此时，$f'(x_0)=\lim\limits_{x\to x_0}\dfrac{f(x)}{x-x_0}=0$.

【例】2.2.7　求 $y=\begin{cases}x^2\sin\dfrac{1}{x}, & x\neq 0,\\ 0, & x=0\end{cases}$ 的导函数，并证明导函数在 $x=0$ 不连续.

证明：当 $x\neq 0$ 时，$y'=2x\sin\dfrac{1}{x}-\cos\dfrac{1}{x}$. 当 $x=0$ 时，

$$y'(0)=\lim_{x\to 0}\frac{x^2\sin\frac{1}{x}-0}{x-0}=0.$$

极限 $\lim\limits_{x\to 0}y'(x)$ 不存在，从而导函数在 $x=0$ 不连续.

【例】2.2.8（导数极限定理）　设 $f(x)$ 在 x_0 连续，在 x_0 的去心邻域可导. 证明：若导函数的左极限 $\lim\limits_{x\to x_0^-}f'(x)$ 存在，则左导数 $f'_-(x_0)$ 也存在，且

$$f'_-(x_0)=\lim_{x\to x_0^-}f'(x).$$

证明：由微分中值定理，左导数

$$f'_-(x_0)=\lim_{x\to x_0^-}\frac{f(x)-f(x_0)}{x-x_0}=\lim_{x\to x_0^-}f'(\xi).$$

由于 $\lim\limits_{x\to x_0^-}f'(x)$ 存在，因此 $\lim\limits_{x\to x_0^-}f'(\xi)$ 存在，且等于 $\lim\limits_{x\to x_0^-}f'(x)$. 于是左导数 $f'_-(x_0)$ 存在，且等于导函数的左极限 $\lim\limits_{x\to x_0^-}f'(x)$.

【例】2.2.9　设 $f(x)$ 在 $(a,\ b)$ 可导. 证明：$f'(x)$ 的不连续点为第二类间断点.

证明：反证法. 设 x_0 为 $f'(x)$ 的不连续点，且不为第二类. 则单侧极限 $\lim\limits_{x\to x_0^-}f'(x)$，$\lim\limits_{x\to x_0^+}f'(x)$ 都存在. 由上例，左导数 $f'_-(x_0)$ 存在，且 $f'_-(x_0)=\lim\limits_{x\to x_0^-}f'(x)$.

类似地，右导数 $f'_+(x_0)$ 存在，且 $f'_+(x_0)=\lim\limits_{x\to x_0^+}f'(x)$. 由于 $f(x)$ 在 x_0 可导，因此 $f'(x_0)=f'_-(x_0)=f'_+(x_0)$. 从而 $f'(x_0)=\lim\limits_{x\to x_0}f'(x)$. 与 x_0 为 $f'(x)$ 的不连续点矛盾.

【例】2.2.10　证明 $\lim\limits_{n\to\infty}\dfrac{\sqrt[n]{n}-\sqrt[n+1]{n+1}}{\dfrac{\ln n}{n^2}}=1$.

证明：由拉格朗日中值定理，

$$\frac{\ln\sqrt[n]{n}-\ln\sqrt[n+1]{n+1}}{\sqrt[n]{n}-\sqrt[n+1]{n+1}}=\frac{1}{\xi_n},$$

其中，ξ_n 介于 $\sqrt[n]{n}$ 与 $\sqrt[n+1]{n+1}$ 之间. 由于 $\lim\limits_{n\to\infty}\sqrt[n]{n}=1$，因此上式极限为 1. 于是转化为证明

$$\lim_{n\to\infty}\frac{\ln\sqrt[n]{n}-\ln\sqrt[n+1]{n+1}}{\dfrac{\ln n}{n^2}}=1.$$

事实上,

$$\begin{aligned}\lim_{n\to\infty}\frac{\ln\sqrt[n]{n}-\ln\sqrt[n+1]{n+1}}{\dfrac{\ln n}{n^2}}&=\lim_{n\to\infty}\frac{\dfrac{\ln n}{n}-\dfrac{\ln(n+1)}{n+1}}{\dfrac{\ln n}{n^2}}\\&=\lim_{n\to\infty}\frac{(n+1)\ln n-n\ln(n+1)}{\ln n}\\&=\lim_{n\to\infty}\frac{n[\ln n-\ln(n+1)]}{\ln n}+1\\&=1-\lim_{n\to\infty}\frac{\ln\left(1+\dfrac{1}{n}\right)^n}{\ln n}=1.\end{aligned}$$

【例】2.2.11 设函数$\lim\limits_{x\to0}f(x)=\lim\limits_{x\to0}g(x)=a>0$,试求

$$\lim_{x\to0}\frac{f(x)^{g(x)}-g(x)^{f(x)}}{f(x)-g(x)}.$$

解:

$$\begin{aligned}\lim_{x\to0}\frac{f(x)^{g(x)}-g(x)^{f(x)}}{f(x)-g(x)}&=\lim_{x\to0}\frac{e^{g(x)\ln f(x)}-e^{f(x)\ln g(x)}}{f(x)-g(x)}\\&=\lim_{x\to0}e^{f(x)\ln g(x)}\cdot\frac{e^{g(x)\ln f(x)-f(x)\ln g(x)}-1}{f(x)-g(x)}\\&=\lim_{x\to0}a^a\cdot\frac{e^{g(x)\ln f(x)-f(x)\ln g(x)}-1}{f(x)-g(x)}.\end{aligned}$$

由于当$u\to0$时,e^u-1与u为等价无穷小量,因此上式进一步化为

$$\begin{aligned}&\lim_{x\to0}\frac{f(x)^{g(x)}-g(x)^{f(x)}}{f(x)-g(x)}\\&=a^a\lim_{x\to0}\frac{g(x)\ln f(x)-f(x)\ln g(x)}{f(x)-g(x)}\\&=a^a\left[\lim_{x\to0}\frac{g(x)\ln f(x)-f(x)\ln f(x)}{f(x)-g(x)}+\lim_{x\to0}\frac{f(x)\ln f(x)-f(x)\ln g(x)}{f(x)-g(x)}\right]\\&=a^a(1-\ln a).\end{aligned}$$

上式中利用了

$$\lim_{x\to0}\frac{\ln f(x)-\ln g(x)}{f(x)-g(x)}=\frac{1}{a}.$$

【例】2.2.12 求极限$I=\lim\limits_{x\to\infty}\left\{\dfrac{ex}{2}+x^2\left[\left(1+\dfrac{1}{x}\right)^x-e\right]\right\}$.

解：

$$\left(1+\frac{1}{x}\right)^x=\mathrm{e}^{x\ln\left(1+\frac{1}{x}\right)}=\mathrm{e}^{x\left[\frac{1}{x}-\frac{1}{2x^2}+\frac{1}{3x^3}+o\left(\frac{1}{x^3}\right)\right]}=\mathrm{e}^{1-\frac{1}{2x}+\frac{1}{3x^2}+o\left(\frac{1}{x^2}\right)}.$$

由 e^x 的泰勒公式，

$$\begin{aligned}\text{上式}&=\mathrm{e}\cdot\mathrm{e}^{-\frac{1}{2x}+\frac{1}{3x^2}+o\left(\frac{1}{x^2}\right)}\\&=\mathrm{e}\cdot\left\{1+\left[-\frac{1}{2x}+\frac{1}{3x^2}+o\left(\frac{1}{x^2}\right)\right]+\frac{1}{2}\left[-\frac{1}{2x}+\frac{1}{3x^2}+o\left(\frac{1}{x^2}\right)\right]^2+o\left(\frac{1}{x^2}\right)\right\}.\end{aligned}$$

所以

$$\left(1+\frac{1}{x}\right)^x-\mathrm{e}=\mathrm{e}\cdot\left[-\frac{1}{2x}+\frac{1}{3x^2}+\frac{1}{8x^2}+o\left(\frac{1}{x^2}\right)\right]=\mathrm{e}\cdot\left[-\frac{1}{2x}+\frac{11}{24x^2}+o\left(\frac{1}{x^2}\right)\right].$$

代入得 $I=\frac{11\mathrm{e}}{24}$.

【例】2.2.13　设 $f(x)$ 在 $(-\infty,+\infty)$ 可导，且 $\lim\limits_{x\to-\infty}f(x)=\lim\limits_{x\to+\infty}f(x)$. 证明：存在 $c\in(-\infty,+\infty)$，使得 $f'(c)=0$.

证明：设极限为 l. 若 $f(x)\equiv l$，结论成立.

若 $f(x)$ 不恒为 l，则存在 $f(x_0)\neq l$. 记 $a=f(x_0)$，不妨设 $a>l$. 由于 $\lim\limits_{x\to-\infty}f(x)=\lim\limits_{x\to+\infty}f(x)=l$，从而可取包含 x_0 的区间 $[x_1,x_2]$，使得

$$f(x_1)<a,\quad f(x_2)<a.$$

函数 $f(x)$ 在 $[x_1,x_2]$ 的最大值大于等于 a，且在 (x_1,x_2) 内部取得，由费马定理，最大值点即为所求点 c.

【例】2.2.14　证明极限 $\lim\limits_{n\to\infty}\left(1+\frac{1}{2}+\cdots+\frac{1}{n}-\ln n\right)$ 存在.

证明：注意到

$$\frac{1}{x+1}<\ln\left(1+\frac{1}{x}\right)<\frac{1}{x}.$$

设 $f(x)=\ln x$，在 $[x,x+1]$ 中考虑拉格朗日中值定理即可.

由上式，

$$\frac{1}{n+1}<\ln\left(1+\frac{1}{n}\right)<\frac{1}{n}.$$

记 $a_n=1+\frac{1}{2}+\cdots+\frac{1}{n}-\ln n$，则有 $a_n>\ln(n+1)-\ln n>0$. 而

$$a_{n+1}-a_n=\frac{1}{n+1}-\ln(n+1)+\ln n<0.$$

所以 $\{a_n\}$ 单调减少有下界，由单调有界准则知 $\{a_n\}$ 收敛.

注1　上述极限值即欧拉常数 γ（$=0.577\,2\cdots$）.

【例】**2.2.15** 求极限$\lim\limits_{n\to\infty}\dfrac{n+n^{\frac{1}{2}}+n^{\frac{1}{3}}+\cdots+n^{\frac{1}{n}}}{n}$.

解：由斯托尔兹公式，

$$\lim_{n\to\infty}\frac{\sum\limits_{k=1}^{n}n^{\frac{1}{k}}}{n}=\lim_{n\to\infty}\left\{1+\sum_{k=2}^{n}\left[(n+1)^{\frac{1}{k}}-n^{\frac{1}{k}}\right]+(n+1)^{\frac{1}{n+1}}\right\}$$

$$=2+\lim_{n\to\infty}\sum_{k=2}^{n}\left[(n+1)^{\frac{1}{k}}-n^{\frac{1}{k}}\right].$$

对函数$f_k(x)=x^{\frac{1}{k}}$应用拉格朗日中值定理得，

$$(n+1)^{\frac{1}{k}}-n^{\frac{1}{k}}=(x^{\frac{1}{k}})'\big|_{x=\xi}=\frac{1}{k\xi^{1-\frac{1}{k}}},$$

于是

$$0\leqslant(n+1)^{\frac{1}{k}}-n^{\frac{1}{k}}\leqslant\frac{1}{kn^{1-\frac{1}{k}}}\leqslant\frac{1}{kn^{\frac{1}{2}}},$$

从而

$$0\leqslant\sum_{k=2}^{n}\left[(n+1)^{\frac{1}{k}}-n^{\frac{1}{k}}\right]\leqslant\frac{1}{n^{\frac{1}{2}}}\sum_{k=2}^{n}\frac{1}{k}.$$

由例2.2.14，$\lim\limits_{n\to\infty}\dfrac{\sum\limits_{k=1}^{n}\frac{1}{k}}{\ln n}=1$. 因此$\lim\limits_{n\to\infty}\dfrac{1}{n^{\frac{1}{2}}}\sum\limits_{k=2}^{n}\dfrac{1}{k}=\lim\limits_{n\to\infty}\dfrac{\ln n}{n^{\frac{1}{2}}}=0$. 由迫敛性准则得$\lim\limits_{n\to\infty}\sum\limits_{k=2}^{n}\left[(n+1)^{\frac{1}{k}}-n^{\frac{1}{k}}\right]=0$. 于是所求极限为

$$\lim_{n\to\infty}\frac{n+n^{\frac{1}{2}}+n^{\frac{1}{3}}+\cdots+n^{\frac{1}{n}}}{n}=2+\lim_{n\to\infty}\sum_{k=2}^{n}\left[(n+1)^{\frac{1}{k}}-n^{\frac{1}{k}}\right]=2.$$

2.3 自测题

【练习】**2.3.1** 求极限$\lim\limits_{x\to0}\left(\dfrac{1}{x^2}-\dfrac{\cos x}{x\sin x}\right)$.

【练习】**2.3.2** 求极限$\lim\limits_{x\to0}\dfrac{\int_0^{x^2}(1-\sin 2t)^{\frac{1}{t}}\mathrm{d}t}{(\mathrm{e}^x-1)\ln(1+x)}$.

【练习】**2.3.3** 利用等价代换及泰勒公式，求极限$\lim\limits_{x\to0}\left[\mathrm{e}^x\cos(x+x^2)-x\right]^{\frac{1}{\sin^3x}}$.

【练习】**2.3.4** 已知$a>0$，$y=\dfrac{a^2}{2}\arcsin\dfrac{x}{a}+\dfrac{x}{2}\sqrt{a^2-x^2}$，求$\dfrac{\mathrm{d}y}{\mathrm{d}x}$.

【练习】**2.3.5** 设$\mathrm{e}^y=\sin(x+y)$，求$\mathrm{d}y$.

【练习】**2.3.6** 设$y=y(x)$由方程$y^2f(x)+xf(y)=x^2$确定，其中$f(x)$是x的可微函

数，求$\frac{dy}{dx}$.

【练习】2.3.7　设函数$y=y(x)$由方程$e^{2x+y}-\cos(xy)=e-1$所确定，求$y'(0)$.

【练习】2.3.8　设$y=\sqrt{x}\arctan\sqrt{x-1}$，其中$x>1$，求$\frac{dy}{dx}$.

【练习】2.3.9　设$y=y(x)$由$\begin{cases}x=t^2+2t,\\ y=\ln(1+t)\end{cases}$确定，求$\frac{d^2y}{dx^2}$.

【练习】2.3.10　设星形线方程为$\begin{cases}x=\cos^3 t,\\ y=\sin^3 t\end{cases}$ $(0\leqslant t\leqslant 2\pi)$. 求当$t=\frac{\pi}{4}$时，对应星形线上的点的曲率.

【练习】2.3.11　设曲线C的极坐标方程为$\rho=2e^{\theta}$，求C上$\theta=\pi$对应点处切线的直角坐标方程.

【练习】2.3.12　求曲线$y=\frac{x^2-2}{x+5}$的渐近线.

【练习】2.3.13　设函数$f(x)$，$g(x)$在区间(a,b)内可导，记

$$F(x)=f'(x)g(x)-f(x)g'(x),\ x\in(a,b).$$

假设在(a,b)内恒有$F(x)>0$，证明在方程$f(x)=0$的两个不同实根之间一定有$g(x)=0$的实根.

【练习】2.3.14　讨论函数$y=\frac{x^3}{2(x-1)^2}$的单调性、凹凸性，并求其极值、曲线的拐点及渐近线.

自测题解答

【练习】2.3.1 解：

$$\lim_{x\to 0}\left(\frac{1}{x^2}-\frac{\cos x}{x\sin x}\right)=\lim_{x\to 0}\frac{\sin x-x\cos x}{x^2\sin x}=\lim_{x\to 0}\frac{\sin x-x\cos x}{x^3}$$

$$\xlongequal{\text{洛必达法则}}\lim_{x\to 0}\frac{x\sin x}{3x^2}=\frac{1}{3}.$$

【练习】2.3.2 解：由等价无穷小替换及洛必达法则得

$$\lim_{x\to 0}\frac{\int_0^{x^2}(1-\sin 2t)^{\frac{1}{t}}dt}{(e^x-1)\ln(1+x)}=\lim_{x\to 0}\frac{\int_0^{x^2}(1-\sin 2t)^{\frac{1}{t}}dt}{x^2}=\lim_{x\to 0}\frac{2x\,(1-\sin 2x^2)^{\frac{1}{x^2}}}{2x}$$

$$=\lim_{x\to 0}(1-\sin 2x^2)^{\frac{1}{-\sin 2x^2}\cdot\frac{-\sin 2x^2}{x^2}}=e^{-2}.$$

【练习】2.3.3 解：先计算

$$\lim_{x\to0}\frac{\ln[\mathrm{e}^x\cos(x+x^2)-x]}{\sin^3x}=\lim_{x\to0}\frac{\mathrm{e}^x\cos(x+x^2)-x-1}{x^3}$$

由泰勒公式可得

$$\begin{aligned}&\mathrm{e}^x\cos(x+x^2)-x-1\\&=\left[1+x+\frac{x^2}{2}+\frac{x^3}{6}+o(x^3)\right]\left[1-\frac{(x+x^2)^2}{2}+o(x^3)\right]-x-1\\&=-\frac{4}{3}x^3+o(x^3).\end{aligned}$$

因此

$$\lim_{x\to0}\frac{\ln[\mathrm{e}^x\cos(x+x^2)-x]}{\sin^3x}=\lim_{x\to0}\frac{-\frac{4}{3}x^3+o(x^3)}{x^3}=-\frac{4}{3}.$$

因此

$$\lim_{x\to0}[\mathrm{e}^x\cos(x+x^2)-x]^{\frac{1}{\sin^3x}}=\lim_{x\to0}\mathrm{e}^{\frac{\ln[\mathrm{e}^x\cos(x+x^2)-x]}{\sin^3x}}=\mathrm{e}^{-\frac{4}{3}}.$$

【练习】2.3.4 解:

$$\begin{aligned}\frac{\mathrm{d}y}{\mathrm{d}x}&=\frac{a^2}{2}\cdot\frac{1}{\sqrt{1-\left(\frac{x}{a}\right)^2}}\cdot\frac{1}{a}+\frac{1}{2}\sqrt{a^2-x^2}+\frac{x}{2}\cdot\frac{-2x}{2\sqrt{a^2-x^2}}\\&=\frac{a^2}{2\sqrt{a^2-x^2}}+\frac{\sqrt{a^2-x^2}}{2}-\frac{x^2}{2\sqrt{a^2-x^2}}\\&=\sqrt{a^2-x^2}.\end{aligned}$$

【练习】2.3.5 解: 将 y 视为 x 的函数，方程两边同时对 x 求导，得

$$\mathrm{e}^y\frac{\mathrm{d}y}{\mathrm{d}x}=\cos(x+y)\left(1+\frac{\mathrm{d}y}{\mathrm{d}x}\right).$$

解得 $\mathrm{d}y=\dfrac{\cos(x+y)}{\mathrm{e}^y-\cos(x+y)}\mathrm{d}x.$

【练习】2.3.6 解: 方程两边对 x 求导得

$$2yy'f(x)+y^2f'(x)+f(y)+xf'(y)y'=2x,$$

整理得

$$y'=\frac{2x-y^2f'(x)-f(y)}{2yf(x)+xf'(y)},$$

即

$$\frac{\mathrm{d}y}{\mathrm{d}x}=\frac{2x-y^2f'(x)-f(y)}{2yf(x)+xf'(y)}.$$

【练习】2.3.7 解: 当 $x=0$ 时，代入方程得 $y=1.$

方程 $\mathrm{e}^{2x+y}-\cos(xy)=\mathrm{e}-1$ 两边对 x 求导，得

$$e^{2x+y}(2+y')+\sin(xy)(y+xy')=0,$$

将 $x=0$，$y=1$ 代入上式，得

$$e[2+y'(0)]=0,$$

于是

$$y'(0)=-2.$$

【练习】2.3.8 解:

$$\frac{dy}{dx}=\frac{1}{2\sqrt{x}}\arctan\sqrt{x-1}+\sqrt{x}\cdot\frac{1}{1+x-1}\cdot\frac{1}{2\sqrt{x-1}}$$

$$=\frac{1}{2\sqrt{x}}\left(\arctan\sqrt{x-1}+\frac{1}{\sqrt{x-1}}\right).$$

【练习】2.3.9 解:

$$\frac{dy}{dx}=\frac{\frac{dy}{dt}}{\frac{dx}{dt}}=\frac{\frac{1}{1+t}}{2t+2}=\frac{1}{2(1+t)^2},$$

$$\frac{d^2y}{dx^2}=\frac{d}{dx}\left(\frac{dy}{dx}\right)=\frac{d}{dx}\left[\frac{1}{2(1+t)^2}\right]=\frac{\frac{d}{dt}\left[\frac{1}{2(1+t)^2}\right]}{\frac{dx}{dt}}=-\frac{1}{2(1+t)^4}.$$

【练习】2.3.10 解: $\frac{dy}{dx}=\frac{3\sin^2t\cos t}{3\cos^2t(-\sin t)}=-\tan t$，$\left.\frac{dy}{dx}\right|_{t=\frac{\pi}{4}}=-1$，

$$\frac{d^2y}{dx^2}=\frac{d\left(\frac{dy}{dx}\right)}{dx}=\frac{\frac{d(-\tan t)}{dt}}{\frac{dx}{dt}}=\frac{-\sec^2t}{3\cos^2t(-\sin t)}=\frac{1}{3\cos^4t\sin t},$$

$$\left.\frac{d^2y}{dx^2}\right|_{t=\frac{\pi}{4}}=\frac{4\sqrt{2}}{3},$$

所以所求的曲率 $\kappa=\left.\frac{|y''|}{(1+y'^2)^{\frac{3}{2}}}\right|_{t=\frac{\pi}{4}}=\frac{\frac{4\sqrt{2}}{3}}{2\sqrt{2}}=\frac{2}{3}.$

【练习】2.3.11 解: 曲线 C 的直角坐标系方程为

$$\begin{cases}x=\rho\cos\theta=2e^{\theta}\cos\theta,\\ y=\rho\sin\theta=2e^{\theta}\sin\theta.\end{cases}$$

则

$$\frac{dy}{dx}=\frac{\frac{dy}{d\theta}}{\frac{dx}{d\theta}}=\frac{2e^{\theta}(\sin\theta+\cos\theta)}{2e^{\theta}(\cos\theta-\sin\theta)}=\frac{\sin\theta+\cos\theta}{\cos\theta-\sin\theta}.$$

于是当 $\theta=\pi$ 时，$x=-2e^{\pi}$，$y=0$ 且 $\frac{dy}{dx}=1$，所以所求切线的直角坐标方程为

$$y=x+2e^{\pi}.$$

【练习】2.3.12 解：由于

$$k=\lim_{x\to+\infty}\frac{y}{x}=\lim_{x\to+\infty}\frac{x^2-2}{x(x+5)}=\lim_{x\to+\infty}\frac{x^2-2}{x^2+5x}=1,$$

$$b=\lim_{x\to+\infty}(y-kx)=\lim_{x\to+\infty}\left(\frac{x^2-2}{x+5}-x\right)=\lim_{x\to+\infty}\frac{-5x-2}{x+5}=-5,$$

所以曲线 $y=\frac{x^2-2}{x+5}$ 有斜渐近线：$y=x-5$.

【练习】2.3.13 证明：设 $c,d\in(a,b)$ 是 $f(x)=0$ 的两个不同实根，若在 (c,d) 内没有 $g(x)=0$ 的实根，则函数 $G(x)=\frac{f(x)}{g(x)}$ 在 (c,d) 内连续且可导. 又由 $F(c)=f'(c)\cdot g(c)-f(c)g'(c)>0$ 知 $g(c)\neq0$，同理 $g(d)\neq0$，因此 $G(x)=\frac{f(x)}{g(x)}$ 可在 $[c,d]$ 上定义且连续. 由 $f(c)=f(d)=0$ 知 $G(c)=G(d)=0$，因此存在 $\xi\in(c,d)$ 使得 $G'(\xi)=\frac{F(\xi)}{[g(\xi)]^2}=0$，与 $F(\xi)>0$ 矛盾.

【练习】2.3.14 解：函数 $y=\frac{x^3}{2(x-1)^2}$ 的定义域 $D=\{x\mid x\neq1\}$，并且

$$y'=\frac{x^2(x-3)}{2(x-1)^3},\quad y''=\frac{3x}{(x-1)^4}.$$

令 $y'=0$，解得驻点为 $x_1=0$，$x_2=3$.

令 $y''=0$，解得可能拐点横坐标为 $x=0$.

列表如下：

x	$(-\infty,0)$	0	$(0,1)$	1	$(1,3)$	3	$(3,+\infty)$
y'	+	0	+	不存在	−	0	+
y''	−	0	+	不存在	+		+
y	单增上凸	拐点	单增下凸	间断点	单减下凸	极小值	单增下凸

于是函数 y 的单调递增区间为 $(-\infty,1)\cup(3,+\infty)$，单调递减区间为 $(1,3)$；函数 y 的凹（下凸）区间为 $(0,1)\cup(1,+\infty)$，凸（上凸）区间为 $(-\infty,0)$；函数 y 的极小值为 $y|_{x=3}=\frac{27}{8}$；函数 y 的拐点为 $(0,0)$.

因为 $\lim\limits_{x\to1}y=+\infty$，所以曲线 $y=\frac{x^3}{2(x-1)^2}$ 有铅直渐近线 $x=1$；

因为 $\lim\limits_{x\to+\infty} y$ 不存在，$\lim\limits_{x\to-\infty} y$ 不存在，所以曲线 $y=\dfrac{x^3}{2(x-1)^2}$ 无水平渐近线；

因为 $k=\lim\limits_{x\to\infty}\dfrac{y}{x}=\dfrac{1}{2}$，$b=\lim\limits_{x\to\infty}\left(y-\dfrac{1}{2}x\right)=1$，所以曲线 $y=\dfrac{x^3}{2(x-1)^2}$ 有斜渐近线 $y=\dfrac{1}{2}x+1$.

2.4　硕士入学考试试题及高等数学竞赛试题选编

【例】2.4.1（2021 研）　函数 $f(x)=\begin{cases}\dfrac{e^x-1}{x}, & x\neq 0,\\ 1, & x=0\end{cases}$ 在 $x=0$ 处（　　）.

（A）连续且取极大值　　　　（B）连续且取极小值

（C）可导且导数为 0　　　　（D）可导且导数不为 0

解：因为

$$\lim_{x\to 0} f(x)=\lim_{x\to 0}\frac{e^x-1}{x}=1=f(0),$$

故 $f(x)$ 在 $x=0$ 处连续；因为

$$\lim_{x\to 0}\frac{f(x)-f(0)}{x-0}=\lim_{x\to 0}\frac{\dfrac{e^x-1}{x}-1}{x-0}=\lim_{x\to 0}\frac{e^x-1-x}{x^2}=\frac{1}{2},$$

故 $f'(0)=\dfrac{1}{2}$，正确答案为（D）.

【例】2.4.2（2021 研）　设函数 $f(x)=\dfrac{\sin x}{1+x^2}$ 在 $x=0$ 处的 3 次泰勒多项式为 $ax+bx^2+cx^3$，则（　　）.

（A）$a=1$，$b=0$，$c=-\dfrac{7}{6}$　　　　（B）$a=1$，$b=0$，$c=\dfrac{7}{6}$

（C）$a=-1$，$b=-1$，$c=-\dfrac{7}{6}$　　　　（D）$a=-1$，$b=-1$，$c=\dfrac{7}{6}$

解：

$$f(x)=\frac{\sin x}{1+x^2}=\left[x-\frac{x^3}{6}+o(x^3)\right]\cdot\left[1-x^2+o(x^3)\right]=x-\frac{7}{6}x^3+o(x^3),$$

故 $a=1$，$b=0$，$c=-\dfrac{7}{6}$，本题选（A）.

【例】2.4.3（2020 研）　设函数 $f(x)$ 在区间（-1，1）内有定义，且 $\lim\limits_{x\to 0} f(x)=0$，证明当 $f(x)$ 在 $x=0$ 处可导时，$\lim\limits_{x\to 0}\dfrac{f(x)}{\sqrt{|x|}}=0$.

证明：若$f(x)$在$x=0$处可导，则$f(x)$在$x=0$处连续，于是$f(0)=\lim\limits_{x\to0}f(x)=0$，由导数定义

$$f'(0)=\lim_{x\to0}\frac{f(x)-f(0)}{x-0}=\lim_{x\to0}\frac{f(x)}{x},$$

可得

$$\lim_{x\to0}\frac{f(x)}{\sqrt{|x|}}=\lim_{x\to0}\frac{f(x)}{x}\cdot\frac{x}{\sqrt{|x|}}=0.$$

【例】2.4.4（2020 研） 求$\lim\limits_{x\to0}\left[\dfrac{1}{\mathrm{e}^x-1}-\dfrac{1}{\ln(1+x)}\right]$.

解：

$$\begin{aligned}
&\lim_{x\to0}\left[\frac{1}{\mathrm{e}^x-1}-\frac{1}{\ln(1+x)}\right]\\
&=\lim_{x\to0}\frac{\ln(1+x)-\mathrm{e}^x+1}{(\mathrm{e}^x-1)\cdot\ln(1+x)}=\lim_{x\to0}\frac{\ln(1+x)-\mathrm{e}^x+1}{x^2}\\
&=\lim_{x\to0}\frac{x-\frac{x^2}{2}+o(x^2)-\left[1+x+\frac{x^2}{2!}+o(x^2)\right]+1}{x^2}=-1.
\end{aligned}$$

【例】2.4.5（2020 研） $\begin{cases}x=\sqrt{t^2+1},\\ y=\ln(t+\sqrt{t^2+1}),\end{cases}$ 求$\left.\dfrac{\mathrm{d}^2y}{\mathrm{d}x^2}\right|_{t=1}$.

解：

$$\frac{\mathrm{d}y}{\mathrm{d}x}=\frac{\mathrm{d}y/\mathrm{d}t}{\mathrm{d}x/\mathrm{d}t}=\frac{1+\dfrac{t}{\sqrt{t^2+1}}}{t+\sqrt{t^2+1}}\cdot\frac{\sqrt{t^2+1}}{t}=\frac{1}{t},$$

$$\frac{\mathrm{d}^2y}{\mathrm{d}x^2}=\frac{\mathrm{d}\left(\dfrac{1}{t}\right)}{\mathrm{d}t}\cdot\frac{\mathrm{d}t}{\mathrm{d}x}=-\frac{1}{t^2}\cdot\frac{\sqrt{t^2+1}}{t}=-\frac{\sqrt{t^2+1}}{t^3}.$$

所以$\left.\dfrac{\mathrm{d}^2y}{\mathrm{d}x^2}\right|_{t=1}=-\sqrt{2}$.

【例】2.4.6（2020 研） 设函数$f(x)$在区间[0，2]上具有连续导数，$f(0)=f(2)=0$，$M=\max\limits_{[0,2]}|f(x)|$，证明：

（1）$\exists\xi\in(0,2)$，使得$|f'(\xi)|\geqslant M$；

（2）若对任意的$x\in(0,2)$，$|f'(x)|\leqslant M$，则$M=0$.

解：（1）设$x=x_0$时$|f(x_0)|=M$，由拉格朗日定理得：$\exists\xi_1\in(0,x_0)$，使得

$$|f'(\xi_1)|=\left|\frac{f(x_0)-f(0)}{x_0-0}\right|=\frac{|f(x_0)|}{x_0}=\frac{M}{x_0}.$$

$\exists\xi_2\in(x_0,2)$，使得

$$|f'(\xi_2)|=\left|\frac{f(x_0)-f(2)}{x_0-2}\right|=\frac{|f(x_0)|}{2-x_0}=\frac{M}{2-x_0}.$$

若 $x_0\in(0,1]$，取 $\xi=\xi_1$，有 $|f'(\xi)|=|f'(\xi_1)|=\dfrac{M}{x_0}\geqslant M$，若 $x_0\in(1,2)$，取 $\xi=\xi_2$，有 $|f'(\xi)|=|f'(\xi_2)|=\dfrac{M}{2-x_0}\geqslant M$.

(2)

$$|f(x_0)|+|f(2)-f(x_0)|\leqslant\int_0^{x_0}|f'(x)|\mathrm{d}x+\int_{x_0}^2|f'(x)|\mathrm{d}x=\int_0^2|f'(x)|\mathrm{d}x,$$

左边为 $2M$，右边小于等于 $2M$. 所以上式中不等号均为等号，即 $|f'(x)|\equiv M$. 由于函数 $f(x)$ 在区间 $[0,2]$ 上具有连续导数，因此 $f'(x)\equiv\pm M$. 由于 $f(0)=f(2)=0$，必有 $M=0$.

【例】2.4.7（2019研） 设函数 $f(x)=\begin{cases}x|x|, & x\leqslant 0,\\ x\ln x, & x>0,\end{cases}$ 则 $x=0$ 是 $f(x)$ 的（　　）.

（A）可导点，极值点　　（B）不可导点，极值点

（C）可导点，非极值点　　（D）不可导点，非极值点

解：选（B）. 首先，

$$\lim_{x\to0^+}x\ln x=\lim_{x\to0^+}\frac{-\ln\dfrac{1}{x}}{\dfrac{1}{x}}=0,\quad \lim_{x\to0^-}x|x|=0,$$

又 $f(0)=0$，所以函数在 $x=0$ 处连续. 而

$$f'_+(0)=\lim_{x\to0^+}\frac{x\ln x}{x}=-\infty,$$

所以函数在 $x=0$ 处不可导.

当 $x<0$ 时，$f(x)=-x^2$，单调递增；当 $0<x<\dfrac{1}{\mathrm{e}}$ 时，$f'(x)=1+\ln x<0$，单调减少，所以函数在 $x=0$ 取得极大值.

【例】2.4.8（2019研） 当 $x\to0$ 时，若 $x-\tan x$ 与 x^k 是同阶无穷小，求 k.

解：当 $x\to0$ 时，$\tan x=x+\dfrac{1}{3}x^3+o(x^3)$，所以

$$x-\tan x=-\frac{1}{3}x^3+o(x^3),$$

得 $k=3$.

【例】2.4.9（2018研） 数列 $\{x_n\}$，$x_1>0$，$x_n\mathrm{e}^{x_{n+1}}=\mathrm{e}^{x_n}-1$. 证：$\{x_n\}$ 收敛，并求 $\lim\limits_{n\to\infty}x_n$.

证明：首先由数学归纳法可以证明 $x_n>0$. 事实上，$n=1$ 时，$x_1>0$，成立；假设 $n=k(k=1,2,\cdots)$ 时，有 $x_k>0$，则 $n=k+1$ 时有 $e^{x_{k+1}}=\dfrac{e^{x_k}-1}{x_k}>1$，所以 $x_{k+1}>0$.

又

$$x_{n+1}-x_n=\ln\frac{e^{x_n}-1}{x_n}-\ln e^{x_n}=\ln\frac{e^{x_n}-1}{x_n e^{x_n}},$$

设 $g(x)=e^x-1-xe^x$，当 $x>0$ 时，

$$g'(x)=e^x-e^x-xe^x=-xe^x<0.$$

所以 $g(x)$ 单调递减，$g(x)<g(0)=0$，即有 $e^x-1<xe^x$，因此 $x_{n+1}-x_n<0$，即 x_n 单调递减. 由单调有界准则可知 $\lim\limits_{n\to\infty}x_n$ 存在. 设 $\lim\limits_{n\to\infty}x_n=A$，则有

$$Ae^A=e^A-1.$$

因为 $g(x)=e^x-1-xe^x$ 只有唯一的零点 $x=0$，所以 $A=0$.

【例】2.4.10（2018 研） 下列函数不可导的是（　　）.

(A) $y=|x|\sin|x|$　　(B) $y=|x|\sin\sqrt{|x|}$

(C) $y=\cos|x|$　　(D) $y=\cos\sqrt{|x|}$

解：答案为 (D).

$$\lim_{x\to0^+}\frac{\cos\sqrt{|x|}-1}{x}=\lim_{x\to0^+}\frac{-\frac{1}{2}|x|}{x}=-\frac{1}{2},$$

$$\lim_{x\to0^-}\frac{\cos\sqrt{|x|}-1}{x}=\lim_{x\to0^-}\frac{-\frac{1}{2}|x|}{x}=\frac{1}{2}.$$

【例】2.4.11（2018 研） 已知 $\lim\limits_{x\to0}\left(\dfrac{1-\tan x}{1+\tan x}\right)^{\frac{1}{\sin kx}}=e$，求 k.

解：由已知条件

$$\lim_{x\to0}\frac{1}{\sin kx}\ln\left(\frac{1-\tan x}{1+\tan x}\right)=1,$$

所以

$$\lim_{x\to0}\frac{1}{\sin kx}\left(\frac{1-\tan x}{1+\tan x}-1\right)=1,$$

从而

$$\lim_{x\to0}\frac{1}{kx}\cdot\frac{-2\tan x}{1+\tan x}=-\frac{2}{k}=1,$$

得 $k=-2$.

【例】2.4.12（2018 研） $y=f(x)$ 的图像过 (0, 0)，且与 $y=2^x$ 相切于 (1, 2)，求

$\int_0^1 xf''(x)\mathrm{d}x$.

解：

$$\int_0^1 xf''(x)\mathrm{d}x = \int_0^1 x\mathrm{d}f'(x) = xf'(x)\big|_0^1 - \int_0^1 f'(x)\mathrm{d}x$$
$$= f'(1) - f(x)\big|_0^1 = 2\ln 2 - f(1) + f(0) = 2\ln 2 - 2.$$

【例】2.4.13（2017研） 若函数 $f(x)=\begin{cases}\dfrac{1-\cos\sqrt{x}}{ax}, & x>0,\\ b, & x\leqslant 0\end{cases}$ 在 $x=0$ 处连续，求 ab.

解：

$$\lim_{x\to 0^+}\frac{1-\cos\sqrt{x}}{ax} = \lim_{x\to 0^+}\frac{\frac{1}{2}x}{ax} = \frac{1}{2a},$$

由于 $f(x)$ 在 $x=0$ 处连续，因此 $\frac{1}{2a}=b$，从而 $ab=\frac{1}{2}$.

【例】2.4.14（2017研） 已知函数 $f(x)=\frac{1}{1+x^2}$，求 $f^{(3)}(0)$.

解：

$$f(x) = \frac{1}{1+x^2} = \frac{1}{1-(-x^2)} = \sum_{n=0}^{\infty}(-x^2)^n = \sum_{n=0}^{\infty}(-1)^n x^{2n},$$

由泰勒展开的系数公式，$f'''(0)=0$.

【例】2.4.15（2017研） 设函数 $f(x)$ 在区间 $[0, 1]$ 上具有2阶导数，且 $f(1)>0$，$\lim\limits_{x\to 0^+}\frac{f(x)}{x}<0$，证明：

（1）方程 $f(x)=0$ 在区间 $(0, 1)$ 内至少存在一个实根；

（2）方程 $f(x)f'(x)+[f'(x)]^2=0$ 在区间 $(0, 1)$ 内至少存在两个不同实根.

解：（1）由于 $\lim\limits_{x\to 0^+}\frac{f(x)}{x}<0$，根据极限的保号性，$\exists\delta>0$，使得 $f(\delta)<0$. 又 $f(x)$ 在 $[\delta, 1]$ 上连续，由 $f(\delta)<0$，$f(1)>0$，根据零点存在定理得：存在点 $\xi\in(\delta,1)$，使 $f(\xi)=0$.

（2）由（1）可知 $f(0)=0$，且 $\exists\xi\in(0,1)$，使 $f(\xi)=0$. 令 $F(x)=f(x)f'(x)$，由罗尔定理，$\exists\eta\in(0,\xi)$，使 $f'(\eta)=0$，则

$$F(0)=F(\eta)=F(\xi)=0.$$

对 $F(x)$ 在 $(0, \eta)$，(η, ξ) 分别使用罗尔定理：$\exists\eta_1\in(0,\eta)$，$\eta_2\in(\eta,\xi)$，使得 $F'(\eta_1)=F'(\eta_2)=0$，即

$$F'(x)=f(x)f''(x)+[f'(x)]^2=0$$

在 $(0, 1)$ 至少有两个不同实根. 得证.

【例】2.4.16（2016研） 已知函数$f(x)=\begin{cases} x, & x\leqslant 0, \\ \dfrac{1}{n}, & \dfrac{1}{n+1}<x\leqslant\dfrac{1}{n}, n=1,2,\cdots, \end{cases}$ 则（ ）.

（A） $x=0$ 是 $f(x)$ 的第一类间断点

（B） $x=0$ 是 $f(x)$ 的第二类间断点

（C） $f(x)$ 在 $x=0$ 处连续但不可导

（D） $f(x)$ 在 $x=0$ 处可导

解：因为

$$\lim_{x\to 0^-}f(x)=\lim_{x\to 0^-}x=0,\quad \lim_{x\to 0^+}f(x)=\lim_{n\to\infty}\frac{1}{n}=0,$$

可得

$$\lim_{x\to 0^-}f(x)=\lim_{x\to 0^+}f(x)=f(0).$$

故 $f(x)$ 在 $x=0$ 点连续. 又因为

$$f'_-(0)=\lim_{x\to 0^-}\frac{f(x)-f(0)}{x-0}=\lim_{x\to 0^-}\frac{x-0}{x-0}=1,$$

$$f'_+(0)=\lim_{x\to 0^+}\frac{f(x)-f(0)}{x-0}=\lim_{x\to 0^+}\frac{\frac{1}{n}}{x-0},$$

而$\dfrac{1}{n+1}<x\leqslant\dfrac{1}{n}$，有

$$n\leqslant\frac{1}{x}<n+1,$$

可得

$$1\leqslant\frac{1}{nx}<\frac{n+1}{n}\to 1\,(x\to 0^+),$$

那么 $f'_+(0)=1$. 所以，$f(x)$ 在 $x=0$ 点可导. 选择（D）.

【例】2.4.17（2016研） 设函数 $f(x)=\arctan x-\dfrac{x}{1+ax^2}$，且 $f'''(0)=1$，求 a.

解：由已知得

$$f'(x)=\frac{1}{1+x^2}-\frac{1-ax^2}{(1+ax^2)^2},\quad f''(x)=\frac{-2x}{(1+x^2)^2}+\frac{2ax(3-ax^2)}{(1+ax^2)^3},$$

所以

$$f'''(0)=\lim_{x\to 0}\frac{f''(x)-f''(0)}{x}=\lim_{x\to 0}\frac{\dfrac{-2x}{(1+x^2)^2}+\dfrac{2ax(3-ax^2)}{(1+ax^2)^3}}{x}=-2+6a.$$

即 $-2+6a=1$，所以 $a=\dfrac{1}{2}$.

【例】2.4.18（2015研）　设函数$f(x)=x+a\ln(1+x)+bx\sin x$，$g(x)=kx^3$，若$f(x)$与$g(x)$在$x\to0$是等价无穷小，求$a$，$b$，$k$的值.

解：利用泰勒展开，

$$\lim_{x\to0}\frac{x+a\ln(1+x)+bx\sin x}{kx^3}$$

$$=\lim_{x\to0}\frac{x+a\left[x-\frac{x^2}{2}+\frac{x^3}{3}+o(x^3)\right]+bx\left[x-\frac{x^3}{6}+o(x^3)\right]}{kx^3}$$

$$=\lim_{x\to0}\frac{(1+a)x+\left(b-\frac{a}{2}\right)x^2+\frac{a}{3}x^3+o(x^3)}{kx^3}.$$

已知上式为1，因此$1+a=0$，$b-\frac{a}{2}=0$，$\frac{a}{3k}=1$，即$a=-1$，$b=-\frac{1}{2}$，$k=-\frac{1}{3}$.

【例】2.4.19（2015研）　（1）设函数$u(x)$，$v(x)$可导，利用导数定义证明$[u(x)\cdot v(x)]'=u'(x)v(x)+u(x)v'(x)$.

（2）设函数$u_1(x)$，$u_2(x)$，…，$u_n(x)$可导，$f(x)=u_1(x)u_2(x)\cdots u_n(x)$，写出$f(x)$的求导公式.

解：（1）$[u(x)v(x)]'=\lim_{h\to0}\frac{u(x+h)v(x+h)-u(x)v(x)}{h}$

$$=\lim_{h\to0}\frac{u(x+h)v(x+h)-u(x+h)v(x)+u(x+h)v(x)-u(x)v(x)}{h}$$

$$=\lim_{h\to0}u(x+h)\frac{v(x+h)-v(x)}{h}+\lim_{h\to0}\frac{u(x+h)-u(x)}{h}v(x)$$

$$=u(x)v'(x)+u'(x)v(x).$$

（2）由题意得

$$f'(x)=[u_1(x)u_2(x)\cdots u_n(x)]'$$
$$=u_1'(x)u_2(x)\cdots u_n(x)+u_1(x)u_2'(x)\cdots u_n(x)+\cdots+u_1(x)u_2(x)\cdots u_n'(x).$$

【例】2.4.20（2014研）　设$f(x)$是周期为4的可导奇函数，且$f'(x)=2(x-1)$，$x\in[0,2]$，求$f(7)$.

解：$f(x)$是周期为4的可导函数，所以

$$f(7)=f(3)=f(-1)=-f(1),$$

同时$f(0)=0$. 又$f'(x)=2(x-1)$，得$f(x)=x^2-2x+C$. 将$f(0)=0$代入得$C=0$. 因此$f(x)=x^2-2x$，$x\in[0,2]$，所以

$$f(1)=-1,\ f(7)=-f(1)=1.$$

【例】2.4.21（2014研）　设函数$y=f(x)$由方程$y^3+xy^2+x^2y+6=0$确定，求$f(x)$的极值.

解：由 $y^3+xy^2+x^2y+6=0$ 得

$$3y^2\frac{\mathrm{d}y}{\mathrm{d}x}+y^2+2xy\frac{\mathrm{d}y}{\mathrm{d}x}+2xy+x^2\frac{\mathrm{d}y}{\mathrm{d}x}=0,$$

解得

$$\frac{\mathrm{d}y}{\mathrm{d}x}=-\frac{2xy+y^2}{x^2+2xy+3y^2},$$

由 $\frac{\mathrm{d}y}{\mathrm{d}x}=0$ 得 $y=-2x$，代入原式得

$$\begin{cases}x=1,\\y=-2.\end{cases}$$

$$\frac{\mathrm{d}^2y}{\mathrm{d}x^2}=-\frac{\left(2y+2x\frac{\mathrm{d}y}{\mathrm{d}x}+2y\frac{\mathrm{d}y}{\mathrm{d}x}\right)(x^2+2xy+3y^2)-(2xy+y^2)\left(2x+2y+2x\frac{\mathrm{d}y}{\mathrm{d}x}+6y\frac{\mathrm{d}y}{\mathrm{d}x}\right)}{(x^2+2xy+3y^2)^2}$$

将 $\begin{cases}x=1,\\y=-2\end{cases}$ 代入得 $\frac{\mathrm{d}^2y}{\mathrm{d}x^2}=\frac{4}{9}>0$，故 $x=1$ 为极小点，极小值为 $y=-2$.

【例】2.4.22（2013 研） 设函数 $y=f(x)$ 由方程 $y-x=\mathrm{e}^{x(1-y)}$ 确定，求 $\lim\limits_{n\to\infty}n\left[f\left(\frac{1}{n}\right)-1\right]$.

解：$x=0$ 时，$y=1$. 方程两边对 x 求导得 $y'-1=\mathrm{e}^{x(1-y)}(1-y-xy')$，所以 $y'(0)=1$.

$$\lim_{n\to\infty}n\left[f\left(\frac{1}{n}\right)-1\right]=\lim_{n\to\infty}\frac{f\left(\frac{1}{n}\right)-f(0)}{\frac{1}{n}}=f'(0)=1.$$

【例】2.4.23（2013 研） 设奇函数 $f(x)$ 在 $[-1,1]$ 上具有 2 阶导数，且 $f(1)=1$. 证明：

（1）存在 $\xi\in(0,1)$，使得 $f'(\xi)=1$.

（2）存在 $\eta\in(-1,1)$，使得 $f''(\eta)+f'(\eta)=1$.

证明：（1）由于 $f(x)$ 为奇函数，故 $f(0)=0$. 令 $F(x)=f(x)-x$，则 $F(x)$ 在 $[0,1]$ 上连续，在 $(0,1)$ 内可导，且 $F(1)=f(1)-1=0$，$F(0)=f(0)-0=0$，由罗尔定理，存在 $\xi\in(0,1)$，使得 $F'(\xi)=0$，即 $f'(\xi)=1$.

（2）由于 $f(x)$ 在 $[-1,1]$ 上为奇函数，则 $f'(x)$ 在 $[-1,1]$ 上为偶函数，因此由（1），$f'(-\xi)=f'(\xi)=1$. 令 $G(x)=\mathrm{e}^x[f'(x)-1]$，则 $G(x)$ 在 $[-1,1]$ 上连续，在 $(-1,1)$ 内可导，且 $G(\xi)=G(-\xi)=0$，由罗尔定理，存在 $\eta\in(-\xi,\xi)\subset(0,1)$，使得 $G'(\eta)=0$，即 $f''(\eta)+f'(\eta)=1$.

【例】2.4.24（2012 研） 设函数

$$f(x)=(\mathrm{e}^x-1)(\mathrm{e}^{2x}-2)\cdots(\mathrm{e}^{nx}-n),$$

其中 n 为正整数，则 $f'(0)=($　　$)$.

解：

$$f'(x)=e^x(e^{2x}-2)\cdots(e^{nx}-n)+(e^x-1)(2e^{2x})\cdots(e^{nx}-n)+(e^x-1)(e^{2x}-2)\cdots(ne^{nx}).$$

所以 $f'(0)=(-1)^{n-1}(n-1)!$.

【例】2.4.25（2012 研）　证明：$x\ln\frac{1+x}{1-x}+\cos x\geqslant 1+\frac{x^2}{2}$，$-1<x<1$.

解： 令 $f(x)=x\ln\frac{1+x}{1-x}+\cos x-1-\frac{x^2}{2}$，可得

$$f'(x)=\ln\frac{1+x}{1-x}+x\frac{1-x}{1+x}\frac{2}{(1-x)^2}-\sin x-x$$

$$=\ln\frac{1+x}{1-x}+\frac{2x}{1-x^2}-\sin x-x$$

$$=\ln\frac{1+x}{1-x}+x\frac{1+x^2}{1-x^2}-\sin x.$$

当 $0<x<1$ 时，有 $\ln\frac{1+x}{1-x}>0$，$\frac{1+x^2}{1-x^2}>1$，所以 $x\frac{1+x^2}{1-x^2}-\sin x\geqslant 0$. 故 $f'(x)\geqslant 0$，而 $f(0)=0$，即得 $f(x)\geqslant f(0)$.

当 $-1<x<0$，有 $\ln\frac{1+x}{1-x}<0$，$\frac{1+x^2}{1-x^2}>1$，所以 $x\frac{1+x^2}{1-x^2}-\sin x\leqslant 0$. 故 $f'(x)\leqslant 0$，即得 $f(x)\geqslant f(0)$. 综合起来，可知

$$x\ln\frac{1+x}{1-x}+\cos x\geqslant 1+\frac{x^2}{2},\ -1<x<1.$$

【例】2.4.26（2011 研）　求极限 $\lim\limits_{x\to 0}\left[\frac{\ln(1+x)}{x}\right]^{\frac{1}{e^x-1}}$.

解：

$$\lim_{x\to 0}\left[\frac{\ln(1+x)}{x}\right]^{\frac{1}{e^x-1}}=e^{\lim\limits_{x\to 0}\left[\frac{\ln(1+x)}{x}-1\right]\cdot\frac{1}{e^x-1}}$$

$$=e^{\lim\limits_{x\to 0}\frac{\ln(1+x)-x}{x^2}}=e^{\lim\limits_{x\to 0}\frac{x-\frac{1}{2}x^2+o(x^2)-x}{x^2}}$$

$$=e^{\lim\limits_{x\to 0}\frac{-\frac{1}{2}x^2+o(x^2)}{x^2}}=e^{-\frac{1}{2}}.$$

【例】2.4.27（2011 研）　求方程 $k\arctan x-x=0$ 不同实根的个数，其中 k 为参数.

解： 显然 $x=0$ 为方程一个实根.

当 $x\neq 0$ 时，令 $f(x)=\frac{x}{\arctan x}-k$，则

$$f'(x)=\frac{\arctan x-\dfrac{x}{1+x^2}}{(\arctan x)^2}.$$

令 $g(x)=\arctan x-\dfrac{x}{1+x^2}$,

$$g'(x)=\frac{1}{1+x^2}-\frac{1+x^2-x\cdot 2x}{(1+x^2)^2}=\frac{2x^2}{(1+x^2)^2}>0.$$

又因为 $g(0)=0$ 即当 $x<0$ 时，$g(x)<0$；当 $x>0$ 时，$g(x)>0$.

从而当 $x<0$ 时，$f'(x)<0$；当 $x>0$ 时，$f'(x)>0$. 所以当 $x<0$ 时，$f(x)$单调递减；当 $x>0$ 时，$f(x)$单调递增. 又由

$$\lim_{x\to\infty}f(x)=\lim_{x\to\infty}\frac{x}{\arctan x}-k=+\infty.$$

所以当 $1-k<0$ 时，由零点存在定理可知 $f(x)$在 $(-\infty,0)$，$(0,+\infty)$ 内各有一个零点；当 $1-k\geqslant 0$ 时，则 $f(x)$在 $(-\infty,0)$，$(0,+\infty)$ 内均无零点.

综上所述，当 $k>1$ 时，原方程有三个根. 当 $k\leqslant 1$ 时，原方程有一个根.

【例】2.4.28（2020 赛） 求极限 $\lim\limits_{x\to 0}\dfrac{(x-\sin x)e^{-x^2}}{\sqrt{1-x^3}-1}$.

解：利用等价无穷小：当 $x\to 0$ 时，有 $\sqrt{1-x^3}-1\sim-\dfrac{1}{2}x^3$，所以

$$\lim_{x\to 0}\frac{(x-\sin x)e^{-x^2}}{\sqrt{1-x^3}-1}=-2\lim_{x\to 0}\frac{x-\sin x}{x^3}=-2\lim_{x\to 0}\frac{1-\cos x}{3x^2}=-\frac{1}{3}.$$

【例】2.4.29（2020 赛） 设函数 $f(x)=(x+1)^n e^{-x^2}$，求 $f^{(n)}(-1)$.

解：利用莱布尼茨求导法则，得

$$f^{(n)}(x)=n!e^{-x^2}+\sum_{k=0}^{n-1}C_n^k[(x+1)^n]^{(k)}(e^{-x^2})^{(n-k)},$$

所以 $f^{(n)}(-1)=\dfrac{n!}{e}$.

【例】2.4.30（2020 赛） 设 $y=f(x)$是由方程 $\arctan\dfrac{x}{y}=\ln\sqrt{x^2+y^2}-\dfrac{1}{2}\ln 2+\dfrac{\pi}{4}$确定的隐函数，且满足 $f(1)=1$，求曲线 $y=f(x)$在点 $(1,1)$ 处的切线方程.

解：对所给方程两端关于 x 求导，得

$$\frac{\dfrac{y-xy'}{y^2}}{1+\left(\dfrac{x}{y}\right)^2}=\frac{x+yy'}{x^2+y^2},$$

即

$$(x+y)y'=y-x,$$

所以 $f'(1)=0$，曲线 $y=f(x)$ 在点 $(1,1)$ 处的切线方程为 $y=1$.

【例】2.4.31（2020 赛） 设 $f(x)$，$g(x)$ 在 $x=0$ 的某一邻域 U 内有定义，且 $\lim\limits_{x\to0}f(x)=\lim\limits_{x\to0}g(x)=a>0$，求 $\lim\limits_{x\to0}\dfrac{[f(x)]^{g(x)}-[g(x)]^{g(x)}}{f(x)-g(x)}$.

解：根据极限的保号性，存在 $x=0$ 的一个去心领域 U_1，使得 $x\in U_1$ 时 $f(x)>0$，$g(x)>0$.

$$\begin{aligned}\lim_{x\to0}\frac{[f(x)]^{g(x)}-[g(x)]^{g(x)}}{f(x)-g(x)}&=\lim_{x\to0}[g(x)]^{g(x)}\frac{\left[\dfrac{f(x)}{g(x)}\right]^{g(x)}-1}{f(x)-g(x)}\\&=a^a\lim_{x\to0}\frac{\left[\dfrac{f(x)}{g(x)}\right]^{g(x)}-1}{f(x)-g(x)}\\&=a^a\lim_{x\to0}\frac{e^{g(x)\ln\frac{f(x)}{g(x)}}-1}{f(x)-g(x)}\\&=a^a\lim_{x\to0}\frac{g(x)\ln\dfrac{f(x)}{g(x)}}{f(x)-g(x)}\\&=a^a\lim_{x\to0}\frac{g(x)\ln\left\{1+\left[\dfrac{f(x)}{g(x)}-1\right]\right\}}{f(x)-g(x)}\\&=a^a\lim_{x\to0}\frac{g(x)\left[\dfrac{f(x)}{g(x)}-1\right]}{f(x)-g(x)}=a^a.\end{aligned}$$

【例】2.4.32（2020 赛） 设 $f(x)$ 在 $[0,1]$ 上连续，$f(x)$ 在 $(0,1)$ 内可导，且 $f(0)=0$，$f(1)=1$. 证明：(1) 存在 $x_0\in(0,1)$ 使得 $f(x_0)=2-3x_0$；(2) 存在 $\xi,\eta\in(0,1)$，且 $\xi\neq\eta$，使得 $[1+f'(\xi)][1+f'(\eta)]=4$.

证明：(1) 令 $F(x)=f(x)-2+3x$，则 $F(x)$ 在 $[0,1]$ 上连续，且 $F(0)=-2$，$F(1)=2$. 根据连续函数介值定理，存在 $x_0\in(0,1)$ 使得 $F(x_0)=0$，即 $f(x_0)=2-3x_0$.

(2) 在区间 $[0,x_0]$，$[x_0,1]$ 上利用拉格朗日中值定理，存在 $\xi,\eta\in(0,1)$，且 $\xi\neq\eta$，使得

$$\frac{f(x_0)-f(0)}{x_0-0}=f'(\xi),\quad 且\ \frac{f(x_0)-f(1)}{x_0-1}=f'(\eta).$$

所以

$$[1+f'(\xi)][1+f'(\eta)]=4.$$

【例】2.4.33（2017 赛） 设 $f(x)$ 具有二阶连续导数，且 $f(0)=f'(0)=0$，$f''(0)=6$，求 $\lim\limits_{x\to0}\dfrac{f(\sin^2x)}{x^4}$.

解：在0点展开为二阶带皮亚诺余项的泰勒公式，即有

$$f(x)=f(0)+f'(0)x+\frac{f''(0)}{2!}x^2+o(x^2)=3x^2+o(x^2).$$

由此可得$f(\sin^2x)=3\sin^4x+o(\sin^4x)$，所以将其代入可得极限为

$$\lim_{x\to0}\frac{f(\sin^2x)}{x^4}=\lim_{x\to0}\frac{3\sin^4x+o(\sin^4x)}{x^4}=3.$$

【例】2.4.34（2016赛） 设$f(x)=\mathrm{e}^x\sin2x$，求$f^{(4)}(0)$.

解：由带皮亚诺余项的麦克劳林公式，有

$$f(x)=\left[1+x+\frac{1}{2!}x^2+\frac{1}{3!}x^3+o(x^3)\right]\cdot\left[2x-\frac{1}{3!}(2x)^3+o(x^4)\right],$$

所以$f(x)$展开式的4次项为$-\frac{1}{3!}(2x)^3\cdot x+\frac{2}{3!}x^4=-x^4$，即有

$$\frac{f^{(4)}(0)}{4!}=-1,$$

故$f^{(4)}(0)=-24$.

【例】2.4.35（2016赛） 若$f(1)=0$，$f'(1)$存在，求极限

$$I=\lim_{x\to0}\frac{f(\sin^2x+\cos x)\tan3x}{(\mathrm{e}^{x^2}-1)\sin x}.$$

解：

$$\begin{aligned}I&=\lim_{x\to0}\frac{f(\sin^2x+\cos x)\cdot3x}{x^2\cdot x}=3\lim_{x\to0}\frac{f(\sin^2x+\cos x)}{x^2}\\&=3\lim_{x\to0}\frac{f(\sin^2x+\cos x)-f(1)}{\sin^2x+\cos x-1}\cdot\frac{\sin^2x+\cos x-1}{x^2}\\&=3f'(1)\cdot\lim_{x\to0}\frac{\sin^2x+\cos x-1}{x^2}=3f'(1)\cdot\lim_{x\to0}\left(\frac{\sin^2x}{x^2}+\frac{\cos x-1}{x^2}\right)\\&=3f'(1)\cdot\left(1-\frac{1}{2}\right)=\frac{3}{2}f'(1).\end{aligned}$$

【例】2.4.36（2016赛） 若$f(x)$在点$x=a$处可导，$f(a)\neq0$，求

$$\lim_{n\to+\infty}\left[\frac{f(a+1/n)}{f(a)}\right]^n.$$

解：

$$\begin{aligned}\lim_{x\to+\infty}\left[\frac{f\left(a+\frac{1}{x}\right)}{f(a)}\right]^x&=\lim_{x\to0^+}\left[\frac{f(a+x)}{f(a)}\right]^{\frac{1}{x}}\\&=\lim_{x\to0^+}\left[1+\frac{f(a+x)-f(a)}{f(a)}\right]^{\frac{1}{x}}\\&=\lim_{x\to0^+}\left\{\left[1+\frac{f(a+x)-f(a)}{f(a)}\right]^{\frac{f(a)}{f(a+x)-f(a)}}\right\}^{\frac{f(a+x)-f(a)}{xf(a)}}\end{aligned}$$

$$= e^{\lim\limits_{x \to 0^+} \frac{f(a+x)-f(a)}{xf(a)}} = e^{\frac{f'(a)}{f(a)}}.$$

【例】2.4.37(2015赛)　设$f(x)$在(a,b)内二次可导，且存在常数α，β，使得对于$\forall x \in (a,b)$，有$f'(x)=\alpha f(x)+\beta f''(x)$，则$f(x)$在$(a,b)$内无穷次可导.

证明：(1) 若$\beta=0$. 对于$\forall x \in (a,b)$，有

$$f'(x)=\alpha f(x),\ f''(x)=\alpha f'(x)=\alpha^2 f(x),\ \cdots,\ f^{(n)}(x)=\alpha^n f(x),$$

从而$f(x)$在(a,b)内无穷次可导.

(2) 若$\beta \neq 0$. 对于$\forall x \in (a,b)$，有

$$f''(x)=\frac{f'(x)-\alpha f(x)}{\beta}=A_1 f'(x)+B_1 f(x),$$

其中，$A_1=\frac{1}{\beta}$，$B_1=\frac{\alpha}{\beta}$，因为(1)右端可导，从而有

$$f'''(x)=A_1 f''(x)+B_1 f'(x).$$

设$f^{(n)}(x)=A_1 f^{(n-1)}(x)+B_1 f^{(n-2)}(x)$，$n>1$，则

$$f^{(n+1)}(x)=A_1 f^{(n)}(x)+B_1 f^{(n-1)}(x).$$

所以$f(x)$在(a,b)内无穷次可导.

【例】2.4.38(2014赛)　已知$\lim\limits_{x \to 0}\left[1+x+\frac{f(x)}{x}\right]^{\frac{1}{x}}=e^3$，求$\lim\limits_{x \to 0}\frac{f(x)}{x^2}$.

解：由

$$\lim_{x \to 0}\left[1+x+\frac{f(x)}{x}\right]^{\frac{1}{x}}=e^3,$$

可得

$$\lim_{x \to 0}\frac{1}{x}\ln\left[1+x+\frac{f(x)}{x}\right]=3.$$

于是

$$\frac{1}{x}\ln\left[1+x+\frac{f(x)}{x}\right]=3+\alpha,\quad \alpha \to 0\ (x \to 0),$$

即有$\frac{f(x)}{x^2}=\frac{e^{3x+\alpha x}-1}{x}-1$，从而

$$\lim_{x \to 0}\frac{f(x)}{x^2}=\lim_{x \to 0}\frac{e^{3x+\alpha x}-1}{x}-1=\lim_{x \to 0}\frac{3x+\alpha x}{x}-1=2.$$

【例】2.4.39(2014赛)　设函数$f(x)$在$[0,1]$上有二阶导数，且有正常数A，B使得$|f(x)| \leq A$，$|f''(x)| \leq B$，证明：对于任意$x \in [0,1]$，有$|f'(x)| \leq 2A+\frac{B}{2}$.

证明：由泰勒公式，有

$$f(0)=f(x)+f'(x)(0-x)+\frac{f''(\xi)}{2}(0-x)^2,\quad \xi\in(0,x),$$

$$f(1)=f(x)+f'(x)(1-x)+\frac{f''(\eta)}{2}(1-x)^2,\quad \eta\in(x,1).$$

上面两式相减，得到

$$f'(x)=f(1)-f(0)-\frac{f''(\eta)}{2}(1-x)^2+\frac{f''(\xi)}{2}x^2.$$

由条件$|f(x)|\leqslant A$，$|f''(x)|\leqslant B$，得到

$$|f'(x)|\leqslant 2A+\frac{B}{2}[(1-x)^2+x^2].$$

由于 $(1-x)^2+x^2$ 在 [0，1] 的最大值为 1，因此有$|f'(x)|\leqslant 2A+\frac{B}{2}$.

【例】2.4.40（2013 赛） 设 $y=y(x)$ 由 $x^3+3x^2y-2y^3=2$ 所确定，求 $y(x)$ 的极值.

解：方程两边对 x 求导，得

$$3x^2+6xy+3x^2y'-6y^2y'=0\Rightarrow y'=\frac{x(x+2y)}{2y^2-x^2}.$$

令 $y'(x)=0\Rightarrow x=0$，$x=-2y$. 将 $x=0$，$x=-2y$ 代入所给方程，得 $x=0$，$y=-1$；$x=-2$，$y=1$. 又有

$$y''=\frac{(2y^2-x^2)(2x+2xy'+2y)+(x^2+2xy)(4yy'-2x)}{(2y^2-x^2)^2},$$

从而有

$$y''|_{x=0,y=-1}=-1<0,\quad y''|_{x=-2,y=1}=1>0.$$

所以，$y(0)=-1$ 为极大值，$y(-2)=1$ 为极小值.

第3章　定积分与不定积分

3.1　知识点总结

3.1.1　定积分的概念和性质

1. 定积分定义，积分变量无关性.

$$\int_a^b f(x)\,\mathrm{d}x = \lim_{\lambda\to 0}\sum_{k=1}^{n} f(\xi_k)\Delta x_k.$$

2. 可积函数类（f在$[a,b]$上）$\begin{cases}①连续函数必可积，\\②有界、有限个间断点，\\③单调函数必可积.\end{cases}$

f在$[a,b]$上可积（黎曼可积）的充要条件*(可积准则). 任给$\varepsilon>0$，总存在一个分割$T(\Delta_1,\Delta_2,\cdots,\Delta_n)$，使得

$$S(T)-s(T)<\varepsilon.$$

其中

$$S(T)=\sum_{i=1}^{n}M_i\Delta x_i,\ s(T)=\sum_{i=1}^{n}m_i\Delta x_i,$$
$$M_i=\sup_{x\in\Delta_i}f(x),\ m_i=\inf_{x\in\Delta_i}f(x),\ i=1,2,\cdots,n.$$

$S(T)$与$s(T)$分别称为f关于分割T的上和与下和（或称达布上和与达布下和，统称达布和）.

3. 几何意义. 与面积的关系，利用函数奇偶性简化对称区间上定积分的计算（偶倍奇零）.

4. 定积分的性质.

①线性性. ②可比性（不等式性质）. ③区间可加性. ④绝对可积性，f可积$\Rightarrow|f|$可积. ⑤估值定理. ⑥积分中值定理，$\int_a^b f(x)\,\mathrm{d}x=f(\xi)(b-a)$. ⑦广义积分中值定理，$f(x)$在$[a,b]$上连续，$g(x)$不变号，$\xi\in[a,b]$，则

$$\int_a^b f(x)g(x)\,\mathrm{d}x=f(\xi)\int_a^b g(x)\,\mathrm{d}x.$$

【练习】**3.1.1** 把定积分$\int_0^{\frac{\pi}{2}}\sin x\mathrm{d}x$写成积分和式的极限形式.

解: 在$\left[0,\ \frac{\pi}{2}\right]$内任意插入$n-1$个分点$0=x_0<x_1<\cdots<x_{n-1}<x_n=\frac{\pi}{2}$，把区间$\left[0,\ \frac{\pi}{2}\right]$分成$n$个小区间，记每个小区间$[x_{i-1},x_i](i=1,2,\cdots,n)$的长度$\Delta x_i$，在每个小区间$[x_{i-1},x_i]$上任取一点$\xi_i(x_{i-1}\leqslant\xi_i\leqslant x_i)$，记$\lambda=\max_{1\leqslant i\leqslant n}\{\Delta x_i\}$，则

$$\int_0^{\frac{\pi}{2}}\sin x\mathrm{d}x=\lim_{\lambda\to 0}\sum_{i=1}^{n}\sin\xi_i\Delta x_i.$$

【练习】**3.1.2** 用定积分定义计算$\int_a^b x\mathrm{d}x$.

解: 设$f(x)=x$，将区间$[a,b]$分成n等份，则每个小区间$[x_{i-1},x_i](i=1,2,\cdots,n)$的长度$\Delta x_i=\frac{b-a}{n}$，取$\xi_i=x_i=a+\frac{(b-a)i}{n}$，则

$$\begin{aligned}\int_a^b x\mathrm{d}x&=\lim_{n\to\infty}\sum_{i=1}^{n}\left[a+\frac{(b-a)i}{n}\right]\cdot\frac{b-a}{n}\\&=\lim_{n\to\infty}\sum_{i=1}^{n}a\cdot\frac{b-a}{n}+\lim_{n\to\infty}\sum_{i=1}^{n}\frac{(b-a)i}{n}\cdot\frac{b-a}{n}.\end{aligned}$$

【练习】**3.1.3** 计算$\int_0^2|1-x|\mathrm{d}x$.

解: $$\begin{aligned}\int_0^2|1-x|\mathrm{d}x&=\int_0^1(1-x)\mathrm{d}x+\int_1^2(x-1)\mathrm{d}x\\&=\left(x-\frac{1}{2}x^2\right)\Big|_0^1+\left(\frac{1}{2}x^2-x\right)\Big|_0^1=\frac{1}{2}+\frac{1}{2}=1.\end{aligned}$$

【练习】**3.1.4** 设$f(x)=\begin{cases}x^2,x\in[0,1),\\x,x\in[1,2],\end{cases}$求$\Phi(x)=\int_0^x f(t)\mathrm{d}t$在$[0,2]$上的表达式，并讨论$\Phi(x)$在$(0,2)$内的连续性.

解: 当$x\in[0,1)$时，$\Phi(x)=\int_0^x t^2\mathrm{d}t=\frac{x^3}{3}$，当$x\in[1,2]$时，$\Phi(x)=\int_0^1 t^2\mathrm{d}t+\int_1^x t\mathrm{d}t=\frac{1}{3}+\frac{t^2}{2}\Big|_1^x=\frac{x^2}{2}-\frac{1}{6}$.

故

$$\Phi(x)=\begin{cases}\frac{x^3}{3}, & x\in[0,1),\\ \frac{x^2}{2}-\frac{1}{6}, & x\in[1,2],\end{cases}$$ 由于$\Phi(1)=\frac{1}{3}$，$\lim\limits_{x\to 1^-}\Phi(x)=\lim\limits_{x\to 1^-}\frac{x^3}{3}=\frac{1}{3}=\Phi(1)$，

$\lim\limits_{x\to 1^+}\Phi(x)=\lim\limits_{x\to 1^+}\left(\frac{x^2}{2}-\frac{1}{6}\right)=\frac{1}{3}=\Phi(1)$，故$\Phi(x)$在$(0,2)$内连续.

3.1.2　微积分基本定理

1. 变限积分. 原函数的概念.

微积分第一基本定理. f 在$[a,b]$上连续, $\Phi(x)=\int_a^x f(t)\mathrm{d}t$ 在$[a,b]$上可导, 且导函数 $\Phi'(x)=f(x)$.

注 3.1　一般地, 如果 $f(x)$ 连续, $a(x)$, $b(x)$ 可导, 则 $F(x)=\int_{a(x)}^{b(x)}f(t)\mathrm{d}t$ 的导数 $F'(x)$ 为

$$F'(x)=\frac{\mathrm{d}}{\mathrm{d}x}\int_{a(x)}^{b(x)}f(t)\mathrm{d}t=f[b(x)]b'(x)-f[a(x)]a'(x).$$

注 3.2　若函数 $f'(x)$, $g'(x)$, $p(x)$ 均为连续函数, 且 $F(x)=\int_0^{f(x)}g(x)p(t)\mathrm{d}t$, 则

$$F'(x)=g(x)\cdot p[f(x)]\cdot f'(x)+\int_0^{f(x)}g'(x)p(t)\mathrm{d}t.$$

变限积分给出一种表示函数的方法, 注意对该类函数讨论函数性态的处理.

2. 牛顿—莱布尼茨公式. 微积分第二基本定理.

定理: 设函数 $f(x)$ 在$[a,b]$上连续, $F(x)$ 为 $f(x)$ 在$[a,b]$上的一个原函数, 则 $\int_a^b f(x)\mathrm{d}x=F(b)-F(a)$.

【练习】3.1.5　设 $f(x)$ 为连续正值函数, 证明: 当 $x>0$ 时, $F(x)=\dfrac{\int_0^x tf(t)\mathrm{d}t}{\int_0^x f(t)\mathrm{d}t}$ 为单调增加函数.

解: $$F'(x)=\frac{xf(x)\int_0^x f(t)\mathrm{d}t-f(x)\int_0^x tf(t)\mathrm{d}t}{\left[\int_0^x f(t)\mathrm{d}t\right]^2}=\frac{f(x)\int_0^x (x-t)f(t)\mathrm{d}t}{\left[\int_0^x f(t)\mathrm{d}t\right]^2}$$

由假设, 当 $0<t<x$ 时, $f(t)>0$, $(x-t)f(t)>0$, 所以 $\int_0^x(x-t)f(t)\mathrm{d}t>0$, 所以 $F'(x)>0(x>0)$, 从而当 $x>0$ 时, $F(x)$ 为单调增加函数.

【练习】3.1.6　求极限 $\lim\limits_{x\to 0}\dfrac{\left(\int_0^x \mathrm{e}^{t^2}\mathrm{d}t\right)^2}{\int_0^x t\mathrm{e}^{2t^2}\mathrm{d}t}$.

解: $$\lim_{x\to 0}\frac{\left(\int_0^x \mathrm{e}^{t^2}\mathrm{d}t\right)^2}{\int_0^x t\mathrm{e}^{2t^2}\mathrm{d}t}=\lim_{x\to 0}\frac{2\left(\int_0^x \mathrm{e}^{t^2}\mathrm{d}t\right)\mathrm{e}^{x^2}}{x\mathrm{e}^{2x^2}}=\lim_{x\to 0}\frac{2\left(\int_0^x \mathrm{e}^{t^2}\mathrm{d}t\right)}{x}$$

$$= \lim_{x\to 0}\frac{2e^{x^2}}{1} = 2.$$

【练习】3.1.7　设 $F(x) = \int_0^x (t^2 - x^2) f'(t)\,dt$，求 $F'(x)$.

解：由 $F(x) = \int_0^x t^2 f'(t)\,dt - x^2\int_0^x f'(t)\,dt$，得

$$F'(x) = x^2 f'(x) - 2x\int_0^x f'(t)\,dt - x^2 f'(x)$$

$$= -2x\int_0^x f'(t)\,dt = -2x\left[f(x)\big|_0^x\right] = -2x[f(x) - f(0)].$$

【练习】3.1.8　设 $f(x)$ 为连续函数，且 $f(x) = x + 2\int_0^1 f(t)\,dt$，求 $f(x)$.

解：令 $\int_0^1 f(t)\,dt = a$，则 $f(x) = x + 2a$，将 $f(x) = x + 2a$ 代入 $\int_0^1 f(t)\,dt = a$，得 $\int_0^1 (t + 2a)\,dt = a$，即 $\frac{1}{2} + 2a = a$，由此可得 $a = -\frac{1}{2}$，也即是

$$f(x) = x - 1.$$

3.1.3　不定积分—求原函数的问题

1. 概念. 原函数全体，积分曲线段.

定义：如果在区间 I 内，可导函数 $F(x)$ 的导函数为 $f(x)$，即 $\forall x\in I$，都有 $F'(x) = f(x)$ 或 $dF(x) = f(x)\,dx$，那么函数 $F(x)$ 就称为 $f(x)$ 或 $f(x)\,dx$ 在区间 I 内的原函数.

原函数不唯一，它们之间差一个常数.

2. 基本积分表. 注意容易混淆的几个.

$$\int\frac{dx}{\sqrt{a^2 - x^2}} = \arcsin\frac{x}{a} + C,\ \int\frac{dx}{a^2 + x^2} = \frac{1}{a}\arctan\frac{x}{a} + C,\ \int\frac{dx}{a^2 - x^2} = \frac{1}{2a}\ln\left|\frac{a + x}{a - x}\right|.$$

$\int\sec x\,dx$，$\int\csc x\,dx$，$\int\tan x\,dx$ 等.

3. 性质，线性.

$$\text{原函数}\begin{cases}①\ \int F'\,dx = F(x) + C.\\ ②\left(\int f\,dx\right)' = f(x).\\ ③\,d\left(\int f\,dx\right) = f(x)\,dx.\end{cases}$$

3.1.4　不定积分的计算

1. 第一换元积分法（凑微分法）. 注意 $\int \sin^2 x\mathrm{d}x$，$\int \sin^3 x\mathrm{d}x$ 的处理.

- **高次三角函数求不定积分：奇数次凑微分，偶数次倍角公式降次.**

2. 第二换元积分法，$x=\phi(t)$，$\phi'(t)$连续不变号.

三角代换，倒数代换，根式代换，一般情况下，可将被积函数复杂部分代换掉.

$$\int \frac{\mathrm{d}x}{\sqrt{x^2-a^2}} = \ln\left|x+\sqrt{x^2-a^2}\right|,\ \int \frac{\mathrm{d}x}{\sqrt{x^2+a^2}} = \ln\left|x+\sqrt{x^2+a^2}\right|.$$

3. 分部积分法. $\int u\mathrm{d}v = uv - \int v\mathrm{d}u$. 按照“反，对，幂，指，三”的顺序，越靠后，公式中先当作 v.

题目类型：分部化简（“好积”），循环解出，递推公式.

4. 有理函数的积分.

对于有理函数$\dfrac{P(x)}{Q(x)}$，首先可通过多项式除法化成真分式的形式，然后将真分式分解为若干最简分式的和（四类）. 以下给出最简分式的积分.

(1) $\int \dfrac{A}{x-a}\mathrm{d}x = A\ln|x-a| + C$；

(2) $\int \dfrac{A}{(x-a)^k}\mathrm{d}x = \dfrac{A}{(1-k)(x-a)^{k-1}} + C$；

(3) $\int \dfrac{Ax+B}{x^2+px+q}\mathrm{d}x = \dfrac{1}{2}A\ln|x^2+px+q| - \dfrac{Ap-2B}{2\sqrt{q-\frac{p^2}{4}}}\arctan\dfrac{x+\frac{p}{2}}{\sqrt{q-\frac{p^2}{4}}}$；

(4) $\int \dfrac{Ax+B}{(x^2+px+q)^k}\mathrm{d}x = \dfrac{A}{2(1-k)}\dfrac{1}{(x^2+px+q)^{k-1}} - \dfrac{Ap-2B}{2}\int \dfrac{\mathrm{d}x}{\left[\left(x+\frac{p}{2}\right)^2+\left(q-\frac{p^2}{4}\right)\right]^k}$.

注3.3　令 $I_k = \int \dfrac{\mathrm{d}x}{\left[\left(x+\frac{p}{2}\right)^2+\left(q-\frac{p^2}{4}\right)\right]^k} = \int \dfrac{\mathrm{d}t}{[t^2+r^2]^k}$. 由分部积分法可得：

$$I_k = \frac{2k-3}{2r^2(k-1)}I_{k-1} + \frac{t}{2r^2(k-1)(t^2+r^2)^{k-1}}.$$

5. 可化为有理函数的积分.

① $\int R(\cos x,\sin x)\mathrm{d}x$；② 简单无理式；③ $\int R(x,\sqrt[n_1]{ax+b},\sqrt[n_2]{ax+b},\cdots)\mathrm{d}x$；④ $\int R\left(x,\sqrt[n]{\dfrac{ax+b}{cx+d}}\right)\mathrm{d}x$；

⑤ $\int R(x, \sqrt{ax^2+bx+c}\mathrm{d}x)$ 配方，化为 $\begin{cases} \int \sqrt{a^2-u^2}\mathrm{d}u, \\ \int \sqrt{u^2 \pm a^2}\mathrm{d}u, \\ \int \dfrac{\mathrm{d}u}{\sqrt{u^2 \pm a^2}}. \end{cases}$

6. 利用三角代换（半角代换）.

如 $u = \tan\dfrac{x}{2}$，$\sin x = \dfrac{2u}{1+u^2}$，$\cos x = \dfrac{1-u^2}{1+u^2}$.

【练习】3.1.9 计算下列不定积分.

（1）$\int \dfrac{(1-x)^2}{x\sqrt{x}}\mathrm{d}x$.

解：

$$\int \frac{(1-x)^2}{x\sqrt{x}}\mathrm{d}x = \int \frac{1-2x+x^2}{x^{\frac{3}{2}}}\mathrm{d}x = \int \left(x^{-\frac{3}{2}} - 2x^{-\frac{1}{2}} + x^{\frac{1}{2}}\right)\mathrm{d}x$$

$$= -2x^{-\frac{1}{2}} - 4x^{\frac{1}{2}} + \frac{2}{3}x^{\frac{3}{2}} + C.$$

（2）$\int \dfrac{\mathrm{d}x}{\cos^2 x\sqrt{1+\tan x}}$.

解： $\int \dfrac{\mathrm{d}x}{\cos^2 x\sqrt{1+\tan x}} = \int \dfrac{\mathrm{d}(1+\tan x)}{\sqrt{1+\tan x}} = 2\sqrt{1+\tan x} + C$.

（3）$\int \dfrac{\sqrt{x}}{\sqrt{x}-\sqrt[3]{x}}\mathrm{d}x$.

解：

$$\int \frac{\sqrt{x}}{\sqrt{x}-\sqrt[3]{x}}\mathrm{d}x \xlongequal{\sqrt[6]{x}=t} \int \frac{t^3}{t^3-t^2}6t^5\mathrm{d}t = 6\int \frac{t^6}{t-1}\mathrm{d}t = 6\int \frac{(t^6-1)+1}{t-1}\mathrm{d}t$$

$$= 6\int \left(t^5+t^4+t^3+t^2+t+1-\frac{1}{t-1}\right)\mathrm{d}t$$

$$= 6\left(\frac{t^6}{6}+\frac{t^5}{5}+\frac{t^4}{4}+\frac{t^3}{3}+\frac{t^2}{2}+t-\ln|t-1|\right)+C$$

$$= x + \frac{6}{5}x^{\frac{5}{6}} + \frac{3}{2}x^{\frac{2}{3}} + 2x^{\frac{1}{2}} + 3x^{\frac{1}{3}} + 6x^{\frac{1}{6}} - \ln|\sqrt[6]{x}-1|\,)+C.$$

3.1.5 定积分的计算

1. 定积分换元积分法（$\phi'(t)$连续且不变号）.

奇、偶函数对称区间上的积分，周期函数积分的简化.

2. 分部积分法. $\int_a^b u\mathrm{d}v = uv\Big|_a^b - \int_a^b v\mathrm{d}u$.

3. 特殊积分法．复杂的三角函数，特殊角度积分上下限．递推式．

如 $\int_0^{\pi/2}\sin^n x\mathrm{d}x=\int_0^{\pi/2}\cos^n x\mathrm{d}x$，见注3.4．

4. 定积分在求极限中的应用．

注3.4　对于定积分**积分区间**包含特殊角度θ，如$\theta=\pi$，$\pi/2$，$\pi/4$等，**被积函数**是含有三角函数的复杂形式，可尝试做变量代换$t=\theta-x$．

若$f(x)$在$[0,\pi]$上连续，有

(1) $\int_0^{\frac{\pi}{2}}f(\sin x)\mathrm{d}x=\int_0^{\frac{\pi}{2}}f(\cos x)\mathrm{d}x$；

(2) $\int_0^{\pi}xf(\sin x)\mathrm{d}x=\frac{\pi}{2}\int_0^{\pi}f(\sin x)\mathrm{d}x$.

【练习】3.1.10　计算下列定积分．

(1) $\int_0^{\frac{\pi}{2}}\cos^5 x\sin^2 x\mathrm{d}x$.

解：
$$\int_0^{\frac{\pi}{2}}\cos^5 x\sin^2 x\mathrm{d}x=\int_0^{\frac{\pi}{2}}\cos^5 x\mathrm{d}x-\int_0^{\frac{\pi}{2}}\cos^7 x\mathrm{d}x$$
$$=\frac{4}{5}\times\frac{2}{3}-\frac{6}{7}\times\frac{4}{5}\times\frac{2}{3}=\frac{1}{7}\times\frac{4}{5}\times\frac{2}{3}=\frac{8}{105}.$$

(2) $\int_{\ln 2}^{2\ln 2}\frac{\mathrm{d}x}{\mathrm{e}^x-1}$.

解：
$$\int_{\ln 2}^{2\ln 2}\frac{\mathrm{d}x}{\mathrm{e}^x-1}=\int_{\ln 2}^{2\ln 2}\frac{1-\mathrm{e}^x+\mathrm{e}^x}{\mathrm{e}^x-1}=\int_{\ln 2}^{2\ln 2}\frac{\mathrm{d}(\mathrm{e}^x-1)}{\mathrm{e}^x-1}-\int_{\ln 2}^{2\ln 2}\mathrm{d}x$$
$$=[\ln|\mathrm{e}^x-1|-x]\Big|_{\ln 2}^{2\ln 2}=\ln\frac{3}{2}.$$

(3) $\int_3^8\frac{x}{\sqrt{1+x}}\mathrm{d}x$.

解：
$$\int_3^8\frac{x}{\sqrt{1+x}}\mathrm{d}x=\int_3^8\left(\sqrt{1+x}-\frac{1}{\sqrt{1+x}}\right)\mathrm{d}(1+x)$$
$$=\left[\frac{2}{3}(1+x)^{\frac{3}{2}}-2(1+x)^{\frac{1}{2}}\right]_3^8=\frac{32}{3}.$$

(4) $\int_1^2\frac{\sqrt{x^2-1}}{x}\mathrm{d}x$.

解：
$$\int_1^2\frac{\sqrt{x^2-1}}{x}\mathrm{d}x\xlongequal{x=\sec t}\int_0^{\frac{\pi}{3}}\frac{\tan t}{\sec t}\cdot\sec t\tan t\mathrm{d}t=\int_0^{\frac{\pi}{3}}\tan^2 t\mathrm{d}t$$
$$=\int_0^{\frac{\pi}{3}}(\sec^2 t-1)\mathrm{d}t=(\tan t-t)\Big|_0^{\frac{\pi}{3}}=\sqrt{3}-\frac{\pi}{3}.$$

(5) $\int_0^{\pi}\sin^8\dfrac{x}{2}\mathrm{d}x$.

解： $\int_0^{\pi}\sin^8\dfrac{x}{2}\mathrm{d}x=2\int_0^{\frac{\pi}{2}}\sin^8 t\mathrm{d}t=2\times\dfrac{7}{8}\times\dfrac{5}{6}\times\dfrac{3}{4}\times\dfrac{1}{2}\times\dfrac{\pi}{2}=\dfrac{35}{128}\pi$.

(6) $\int_{-\frac{1}{2}}^{\frac{1}{2}}\dfrac{x\arcsin x}{\sqrt{1-x^2}}\mathrm{d}x$.

解：

$$\begin{aligned}\int_{-\frac{1}{2}}^{\frac{1}{2}}\frac{x\arcsin x}{\sqrt{1-x^2}}\mathrm{d}x&=2\int_0^{\frac{1}{2}}\frac{x\arcsin x}{\sqrt{1-x^2}}\mathrm{d}x=2\int_0^{\frac{1}{2}}\arcsin x\mathrm{d}(-\sqrt{1-x^2})\\&=2\left(-\sqrt{1-x^2}\arcsin x\Big|_0^{\frac{1}{2}}+\int_0^{\frac{1}{2}}\mathrm{d}x\right)=2\left(-\frac{\sqrt{3}}{12}\pi+\frac{1}{2}\right)\\&=1-\frac{\sqrt{3}}{6}\pi.\end{aligned}$$

【练习】3.1.11 设 $I_n=\int_0^{\frac{\pi}{4}}\tan^n x\mathrm{d}x$，其中 n 为大于 1 的整数，证明：$I_n=\dfrac{1}{n-1}-I_{n-2}$，并利用此递推公式计算 $\int_0^{\frac{\pi}{4}}\tan^5 x\mathrm{d}x$.

证明：

$$\begin{aligned}I_n&=\int_0^{\frac{\pi}{4}}\tan^n x\mathrm{d}x=\int_0^{\frac{\pi}{4}}\tan^{n-2}x(\sec^2 x-1)\mathrm{d}x=\int_0^{\frac{\pi}{4}}\tan^{n-2}x\mathrm{d}(\tan x)-I_{n-2},\\&=\frac{\tan^{n-1}x}{n-1}\Big|_0^{\frac{\pi}{4}}-I_{n-2}=\frac{1}{n-1}-I_{n-2}.\end{aligned}$$

$$\begin{aligned}\int_0^{\frac{\pi}{4}}\tan^5 x\mathrm{d}x&=I_5=\frac{1}{4}-I_3=\frac{1}{4}-\left(\frac{1}{2}-I_1\right)=-\frac{1}{4}+\int_0^{\frac{\pi}{4}}\tan x\mathrm{d}x\\&=-\frac{1}{4}-\ln|\cos x|\Big|_0^{\frac{\pi}{4}}=\frac{1}{2}\ln 2-\frac{1}{4}.\end{aligned}$$

3.1.6 非正常积分

非正常积分：积分区域无界，被积函数无界.

1. 无穷区间上的广义积分. 通过正常积分的极限来定义非正常积分.

定义： 设 $f(x)\in[a,+\infty)$，取 $b>a$，若 $\lim\limits_{b\to+\infty}\int_a^b f(x)\mathrm{d}x$ 存在，则称此极限为 $f(x)$ 的无穷限广义积分或无穷积分.

记作
$$\int_a^{+\infty}f(x)\mathrm{d}x=\lim_{b\to+\infty}\int_a^b f(x)\mathrm{d}x,$$

此时称无穷积分 $\int_a^{+\infty}f(x)\mathrm{d}x$ 收敛，如果上述极限不存在，则称无穷积分 $\int_a^{+\infty}f(x)\mathrm{d}x$ 发散或

不存在.

若 $F(x)$ 是 $f(x)$ 的原函数，引入记号 $F(+\infty)=\lim\limits_{x\to+\infty}F(x)$，则有类似于牛顿—莱布尼茨公式的计算表达式

$$\int_a^{+\infty}f(x)\,\mathrm{d}x=F(x)\Big|_a^{+\infty}=F(+\infty)-F(a).$$

$\int_{-\infty}^{a}$，$\int_{-\infty}^{+\infty}$ 类似.

①无穷限积分的敛散性与 a 的选取无关.

②先求原函数再求极限.

2. 无界函数的广义积分，瑕积分，无穷型间断点，瑕点.

定义：设函数 $f(x)$ 在区间 $(a,b]$ 上连续，而在点 a 的右邻域内无界. 取 $\varepsilon>0$，如果极限 $\lim\limits_{\varepsilon\to0^+}\int_{a+\varepsilon}^{b}f(x)\,\mathrm{d}x$ 存在，则称此极限为函数 $f(x)$ 在区间 $(a,b]$ 上的广义积分，记作 $\int_a^b f(x)\,\mathrm{d}x$.

$$\int_a^b f(x)\,\mathrm{d}x=\lim_{\varepsilon\to0^+}\int_{a+\varepsilon}^{b}f(x)\,\mathrm{d}x,$$

当极限存在时，称广义积分收敛，否则，称广义积分发散. 其中 a 称为瑕点，该广义积分也称为瑕积分.

设 $F(x)$ 是 $f(x)$ 的原函数，则也有类似牛顿—莱布尼茨公式的计算表达式：

若 b 为瑕点，则 $\int_a^b f(x)\,\mathrm{d}x=F(b^-)-F(a)$.

若 a 为瑕点，则 $\int_a^b f(x)\,\mathrm{d}x=F(b)-F(a^+)$.

若 a，b 都为瑕点，则 $\int_a^b f(x)\,\mathrm{d}x=F(b^-)-F(a^+)$.

重要例子. $\int_a^{+\infty}\frac{\mathrm{d}x}{x^p}$，$\int_a^b\frac{\mathrm{d}x}{x^p}$. 见练习 3.1.12 ~ 3.1.13.

【练习】3.1.12　$a>0$，讨论广义积分 $\int_a^{+\infty}\frac{\mathrm{d}x}{x^p}$ 的敛散性.

证明：当 $p=1$ 时，有 $\int_a^{+\infty}\frac{\mathrm{d}x}{x}=[\ln x]_a^{+\infty}=+\infty$ 积分发散.

当 $p\neq1$ 时，有

$$\int_a^{+\infty}\frac{\mathrm{d}x}{x^p}=\left[\frac{x^{1-p}}{1-p}\right]_a^{+\infty}=\lim_{x\to+\infty}\frac{x^{1-p}}{1-p}-\frac{a^{1-p}}{1-p}=\begin{cases}+\infty, & p<1,\\ \dfrac{a^{1-p}}{p-1}, & p>1.\end{cases}$$

因此，当 $p>1$ 时，积分收敛，其值为 $\frac{a^{1-p}}{p-1}$，当 $p\leqslant1$ 时，积分发散.

【练习】3.1.13 证明广义积分$\int_0^1 \frac{1}{x^q}dx$当$q<1$时收敛，当$q\geqslant 1$时发散.

证明：(1) $q=1$，$\int_0^1 \frac{1}{x^q}dx = \lim\limits_{\varepsilon\to 0+}\int_\varepsilon^1 \frac{1}{x}dx = \lim\limits_{\varepsilon\to 0^+}[\ln x]_\varepsilon^1 = +\infty$；

(2) $q\neq 1$，$\int_0^1 \frac{1}{x^q}dx = \lim\limits_{\varepsilon\to 0^+}\left[\frac{x^{1-q}}{1-q}\right]_\varepsilon^1 = \begin{cases} +\infty, q>1, \\ \frac{1}{1-q}, q<1, \end{cases}$ 因此当$q<1$时广义积分收敛，其值为$\frac{1}{1-q}$；当$q\geqslant 1$时广义积分发散.

【练习】3.1.14 积分$\int_0^1 \frac{\ln x}{x-1}dx$的瑕点有哪些？

解：积分$\int_0^1 \frac{\ln x}{x-1}dx$的可能的瑕点是$x=0$，$x=1$.

因为$\lim\limits_{x\to 1}\frac{\ln x}{x-1}=\lim\limits_{x\to 1}\frac{1}{x}=1$，故$x=1$不是瑕点. 因此$\int_0^1 \frac{\ln x}{x-1}dx$的瑕点是$x=0$.

3.1.7 定积分的应用

1. 微元法的应用需满足：

①所求量关于区间代数可加，即总量等于小区间上局部量的和.

②局部量ΔU_i可用$f(\xi)\Delta x_i$近似代替，二者仅差一个关于Δx_i的高阶无穷小.

如路程、面积、体积、功、质量等.

2. 几何应用. **平面图形的面积**. 尽量利用对称性.

(1) X-型区域上的积分，$\int_a^b [f(x)-g(x)]dx$. Y-型区域上的积分，$\int_c^d [\psi(y)-\phi(y)]dy$.

(2) 参数方程$x=\phi(t)$，$y=\psi(t)$，$A=\int_{t_1}^{t_2}\psi(t)\phi'(t)dt$，"看作$X$-型区域积分公式".

- 正向（顺时针方向，围成的图形在左手边）.

(3) 极坐标下. $A=\int_\alpha^\beta \frac{1}{2}\rho^2(\theta)d\theta$. θ-型区域.

立体的体积.

(1) 已知截面面积求体积. $V=\int_a^b A(x)dx$.

(2) 旋转体体积. 薄片法（切片法），柱壳法.

$$\left.\begin{aligned} &y=f(x)\text{ 绕 }x\text{ 轴}：V=\int_a^b \pi[f(x)]^2dx \\ &x=\varphi(y)\text{ 绕 }y\text{ 轴}：V=\int_c^d \pi[\varphi(y)]^2dy \end{aligned}\right\}\text{(切片法)}.$$

$$\left.\begin{aligned} &y=f(x)\text{ 绕 }y\text{ 轴：}V=2\pi\int_a^b|xf(x)|\,\mathrm{d}x\\ &x=\varphi(y)\text{ 绕 }x\text{ 轴：}V=2\pi\int_a^b|y\varphi(y)|\,\mathrm{d}y\end{aligned}\right\}(\text{柱壳法}).$$

- 常见极坐标、参数方程表示函数的图像，摆线，螺线，双扭线，星形线等. 见第一章.

曲线的弧长公式，参照弧微分公式，分为直角坐标、参数方程、极坐标等情形.

3. 物理应用. 结合微元法及物理意义.

（1）变力做功. 拉铁链、拉电梯.

（2）液体侧压力. 侧面为圆，椭圆，梯形.

（3）引力. 万有引力公式.

注3.5　理解微元、求和. 注意建立坐标系方法.

【练习】3.1.15　求星形线$\begin{cases}x=a\cos^3t,\\y=a\sin^3t\end{cases}$与圆$\begin{cases}x=a\cos t,\\y=a\sin t\end{cases}$所围图形的面积.

解： 设 A_1 为星形线与 x 轴在第一象限围成的图形的面积，则 $\mathrm{d}A_1=y\mathrm{d}x$.

$$A=\pi a^2-4A_1=\pi a^2-4\int_0^a y\mathrm{d}x=\pi a^2-4\int_{\frac{\pi}{2}}^0 a\sin^3t\cdot 3a\cos^2t(-\sin t)\mathrm{d}t$$

$$=\pi a^2-12a^2\int_0^{\frac{\pi}{2}}(\sin^4t-\sin^6t)\mathrm{d}t=\pi a^2-12a^2(I_4-I_6)=\frac{5}{8}\pi a^2.$$

【练习】3.1.16　求双纽线 $\rho^2=4\sin 2\theta$ 所围图形的面积.

解： 由题意知双纽线方程中 $\sin 2\theta\geqslant 0$，即 $0\leqslant 2\theta\leqslant\pi$ 或 $2\pi\leqslant 2\theta\leqslant 3\pi$，得 $0\leqslant\theta\leqslant\frac{\pi}{2}$ 或 $\pi\leqslant\theta\leqslant\frac{3}{2}\pi$，故双纽线的两个分支分别位于第一象限和第三象限，由对称性

$$A=2\int_0^{\frac{\pi}{2}}\frac{1}{2}\rho^2\mathrm{d}\theta=4\int_0^{\frac{\pi}{2}}\sin 2\theta\mathrm{d}\theta=-2\cos 2\theta\Big|_0^{\frac{\pi}{2}}=4.$$

【练习】3.1.7　求圆 $\rho=1$ 与心形线 $\rho=1+\sin\theta$ 所围图形公共部分的面积.

解： 设 A_1 为心形线与 x 轴在第四象限围成的图形的面积，则 $\mathrm{d}A_1=\frac{1}{2}(1+\sin\theta)^2\mathrm{d}\theta$，由对称性

$$A=\text{半圆的面积}+2A_1=\frac{1}{2}\pi\cdot 1^2+2\int_{-\frac{\pi}{2}}^0\frac{1}{2}(1+\sin\theta)^2\mathrm{d}\theta$$

$$=\frac{\pi}{2}+\int_{-\frac{\pi}{2}}^0(1+2\sin\theta+\sin^2\theta)\mathrm{d}\theta=\frac{5}{4}\pi-2.$$

【练习】3.1.18 求心形线$\rho=a(1+\cos\theta)$的全长.

解: 计算弧长微元

$$\mathrm{d}s=\sqrt{\rho^2(\theta)+[\rho'(\theta)]^2}\mathrm{d}\theta=\sqrt{a^2(1+\cos\theta)^2+(-a\sin\theta)^2}\mathrm{d}\theta$$
$$=2a\left|\cos\frac{\theta}{2}\right|\mathrm{d}\theta.$$

则由对称性，心形线全长为

$$s=2\int_0^{\pi}2a\left|\cos\frac{\theta}{2}\right|\mathrm{d}\theta=8a\int_0^{\frac{\pi}{2}}\cos t\mathrm{d}t=8a.$$

【练习】3.1.19 求曲线$\rho=2\theta^2$从$\theta=0$到$\theta=3$之间的弧长.

解: 计算弧长微元

$$\mathrm{d}s=\sqrt{\rho^2+(\rho')^2}\mathrm{d}\theta=2\theta\sqrt{\theta^2+2^2}\mathrm{d}\theta=\sqrt{\theta^2+2^2}\mathrm{d}(\theta^2+2^2),$$

则

$$s=\int_0^3\sqrt{\theta^2+2^2}\mathrm{d}(\theta^2+2^2)=\frac{2}{3}(\theta^2+2^2)^{\frac{3}{2}}\Big|_0^3=\frac{2}{3}[(13)^{\frac{3}{2}}-8].$$

3.2 综合例题

【例】3.2.1 一曲线通过点$(\mathrm{e}^2,3)$，且在任一点处切线的斜率等于该点横坐标的倒数，求该曲线的方程.

解: 由题意，曲线$y=f(x)$在点(x,y)处的切线斜率为$\frac{\mathrm{d}y}{\mathrm{d}x}=\frac{1}{x}$，于是

$$y=\int\frac{\mathrm{d}x}{x}=\ln|x|+C,$$

将点$(\mathrm{e}^2,3)$代入，得$C=1$，所以曲线的方程为$y=\ln|x|+1$.

【例】3.2.2 已知一质点沿直线运动的加速度满足$\frac{\mathrm{d}^2s}{\mathrm{d}t^2}=5-2t$，又当$t=0$时$s=0$，$\frac{\mathrm{d}s}{\mathrm{d}t}=2$，求质点的运动规律.

解: 速度可写为

$$\frac{\mathrm{d}s}{\mathrm{d}t}=\int\frac{\mathrm{d}^2s}{\mathrm{d}t^2}\mathrm{d}t=\int(5-2t)\mathrm{d}t=5t-t^2+C,$$

当$t=0$时$\frac{\mathrm{d}s}{\mathrm{d}t}=2$，代入上式得$C=2$.

位移函数为

$$s=\int\frac{\mathrm{d}s}{\mathrm{d}t}\mathrm{d}t=\int(5t-t^2+2)\mathrm{d}t=\frac{5}{2}t^2-\frac{t^3}{3}+2t+C,$$

当 $t=0$ 时，$s=0$，代入上式得 $C=0$. 所求质点的运动规律为 $s=\frac{5}{2}t^2-\frac{1}{3}t^3+2t$.

【例】**3.2.3**　计算下列不定积分.

(1) $\int \frac{\cos 2x}{\sin^2 x}\mathrm{d}x$.

解：原式 $=\int \frac{1-2\sin^2 x}{\sin^2 x}\mathrm{d}x=\int \csc^2 x-2\mathrm{d}x=-\cot x-2x+C$.

(2) $\int \frac{\cos 2x}{\cos x-\sin x}\mathrm{d}x$.

解：原式 $=\int \frac{\cos^2 x-\sin^2 x}{\cos x-\sin x}\mathrm{d}x=\int(\cos x+\sin x)\mathrm{d}x=\sin x-\cos x+C$.

(3) $\int \frac{\ln\tan x}{\cos x\sin x}\mathrm{d}x$.

解：原式 $=\int \ln\tan x\mathrm{d}(\ln\tan x)=\frac{1}{2}(\ln\tan x)^2+C$.

(4) $\int \frac{\mathrm{d}x}{x^4(2x^2-1)}$.

解：$x=\frac{1}{t}$，

$$原式=\int \frac{t^4\mathrm{d}t}{t^2-2}=\int \frac{(t^4-4)+4}{t^2-2}\mathrm{d}t$$

$$=\int\left(t^2+2+\frac{4}{t^2-(\sqrt{2})^2}\right)\mathrm{d}t=\frac{t^3}{3}+2t+\sqrt{2}\ln\left|\frac{t-\sqrt{2}}{t+\sqrt{2}}\right|+C$$

$$=\frac{1}{3x^3}+\frac{2}{x}+\sqrt{2}\ln\left|\frac{1-\sqrt{2}x}{1+\sqrt{2}x}\right|+C.$$

(5) $\int \frac{\mathrm{d}x}{3+\sin^2 x}$.

解：原式 $=\int \frac{\mathrm{d}x}{3\cos^2 x+4\sin^2 x}=\frac{1}{2}\int \frac{\mathrm{d}(2\tan x)}{3+(2\tan x)^2}=\frac{1}{2\sqrt{3}}\arctan\frac{2\tan x}{\sqrt{3}}+C$.

(6) $\int \frac{1}{\sqrt{x}}\arcsin\sqrt{x}\mathrm{d}x$.

解：令 $\sqrt{x}=t$，

$$原式=2\int \arcsin t\mathrm{d}t=2t\arcsin t-2\int \frac{t\mathrm{d}t}{\sqrt{1-t^2}}$$

$$=2t\arcsin t+\int \frac{\mathrm{d}(1-t^2)}{\sqrt{1-t^2}}=2t\arcsin t+2\sqrt{1-t^2}+C$$

$$=2\sqrt{x}\arcsin\sqrt{x}+2\sqrt{1-x}+C.$$

(7) $\int e^{\sin x} \frac{x\cos^3 x - \sin x}{\cos^2 x} dx.$

解:

$$原式 = \int e^{\sin x} x d\sin x - \int e^{\sin x} d\sec x$$

$$= e^{\sin x}(x - \sec x) - \int e^{\sin x} dx + \int \sec x e^{\sin x} \cos x dx$$

$$= e^{\sin x}(x - \sec x) + C.$$

(8) $\int \frac{\arctan e^x}{e^{2x}} dx.$

解: 令 $t = e^x$，则

$$原式 = \int \frac{\arctan t}{t^3} dt = -\frac{1}{2} \int \arctan t d\left(\frac{1}{t^2}\right)$$

$$= -\left(\frac{1}{t^2} \arctan t - \int \frac{1}{t^2} \frac{1}{1 + t^2} dt\right)$$

$$= -\frac{1}{2}(e^{-2x} \arctan e^x + e^{-x} + \arctan e^x) + C.$$

(9) $\int \frac{dx}{\sin 2x + 2\sin x}.$

解:

$$原式 = \int \frac{dx}{2\sin x(1 + \cos x)} = \frac{1}{8} \int \frac{dx}{\sin \frac{x}{2} \cos^3 \frac{x}{2}}$$

$$= \frac{1}{4} \int \frac{1 + \tan^2 \frac{x}{2}}{\tan \frac{x}{2}} d\tan \frac{x}{2} \quad \left(令 \tan \frac{x}{2} = t\right)$$

$$= \frac{1}{4} \int \frac{1 + t^2}{t} dt = \frac{1}{4} \ln \left| \tan \frac{x}{2} \right| + \frac{1}{8} \tan^2 \frac{x}{2} + C.$$

(10) $\int \frac{\arctan x}{x^2(1 + x^2)} dx.$

解:

$$原式 = \int \frac{\arctan x}{x^2} dx - \int \frac{\arctan x}{(1 + x^2)} dx$$

$$= -\int \arctan x d\left(\frac{1}{x}\right) - \frac{1}{2}(\arctan x)^2$$

$$= -\left(\frac{1}{x} \arctan x - \int \frac{1}{x} \cdot \frac{1}{1 + x^2} dx\right) - \frac{1}{2}(\arctan x)^2$$

$$= -\frac{\arctan x}{x} + \int\left(\frac{1}{x} - \frac{x}{1+x^2}\right)dx - \frac{1}{2}(\arctan x)^2$$

$$= -\frac{\arctan x}{x} + \ln\frac{|x|}{\sqrt{1+x^2}} - \frac{1}{2}(\arctan x)^2 + C.$$

(11) $\int \frac{xe^x}{\sqrt{e^x-2}}dx.$

解:

$$原式 = \int \frac{xe^x}{\sqrt{e^x-2}}dx \xlongequal{\sqrt{e^x-2}=t} 2\int \ln(2+t^2)dt$$

$$= 2\left[t\ln(2+t^2) - \int\frac{2t^2}{2+t^2}dt\right]$$

$$= 2t\ln(2+t^2) - 4\left(t - \sqrt{2}\arctan\frac{t}{\sqrt{2}}\right)$$

$$= 2(x-2)\sqrt{e^x-2} + 4\sqrt{2}\arctan\sqrt{\frac{e^x-2}{2}} + C.$$

(12) $\int e^{2x}(\tan x+1)^2dx.$

解:

$$原式 = \int e^{2x}(\tan^2 x + 2\tan x + 1)dx = \int e^{2x}(\sec^2 x + 2\tan x)dx$$

$$= \int e^{2x}d\tan x + 2\int e^{2x}\tan x dx$$

$$= e^{2x}\tan x - 2\int e^{2x}\tan x dx + 2\int e^{2x}\tan x dx$$

$$= e^{2x}\tan x + C.$$

【例】3.2.4　计算下列定积分.

(1) $\int_0^1 \sqrt{(1-x^2)^3}dx.$

解:

$$原式 = \int_0^{\frac{\pi}{2}} \sqrt{(1-\sin^2 t)^3}\cos t dt = \int_0^{\frac{\pi}{2}} \cos^4 t dt = \frac{3}{4}\times\frac{1}{2}\times\frac{\pi}{2} = \frac{3\pi}{16}.$$

(2) $\int_1^3 \frac{dx}{x\sqrt{x^2+5x+1}}.$

解:

$$\text{原式}\xlongequal{x=\frac{1}{t}}-\int_1^{\frac{1}{3}}\frac{\mathrm{d}t}{\sqrt{t^2+5t+1}}=-\int_1^{\frac{1}{3}}\frac{\mathrm{d}\left(t+\frac{5}{2}\right)}{\sqrt{\left(t+\frac{5}{2}\right)^2-\frac{21}{4}}}$$

$$=-\ln\left|t+\frac{5}{2}+\sqrt{t^2+5t+1}\right|\Bigg|_1^{\frac{1}{3}}=\ln\left(\frac{7}{2}+\sqrt{7}\right)-\ln\frac{9}{2}$$

$$=\ln\frac{7+2\sqrt{7}}{9}.$$

(3) $\int_0^{\pi}\sqrt{\sin^3x-\sin^5x}\mathrm{d}x.$

解:

$$\text{原式}=\int_0^{\pi}\sqrt{\sin^3x\cdot|\cos x|}\mathrm{d}x$$

$$=\int_0^{\frac{\pi}{2}}(\sin x)^{\frac{3}{2}}\cos x\mathrm{d}x-\int_{\frac{\pi}{2}}^{\pi}(\sin x)^{\frac{3}{2}}\cos x\mathrm{d}x$$

$$=\int_0^{\frac{\pi}{2}}(\sin x)^{\frac{3}{2}}\mathrm{d}(\sin x)-\int_{\frac{\pi}{2}}^{\pi}(\sin x)^{\frac{3}{2}}\mathrm{d}(\sin x)$$

$$=\frac{2}{5}(\sin x)^{\frac{5}{2}}\Big|_0^{\frac{\pi}{2}}-\frac{2}{5}(\sin x)^{\frac{5}{2}}\Big|_{\frac{\pi}{2}}^{\pi}=\frac{4}{5}.$$

(4) $\int_0^{-\ln 2}\sqrt{1-\mathrm{e}^{2x}}\mathrm{d}x.$

解: 令 $\sqrt{1-\mathrm{e}^{2x}}=t$,

$$\text{原式}=\int_0^{\frac{\sqrt{3}}{2}}\frac{-t^2}{1-t^2}\mathrm{d}t=\int_0^{\frac{\sqrt{3}}{2}}\left(1-\frac{1}{1-t^2}\right)\mathrm{d}t$$

$$=\int_0^{\frac{\sqrt{3}}{2}}\left(1-\frac{1}{2}\cdot\frac{1}{1-t}-\frac{1}{2}\cdot\frac{1}{1+t}\right)\mathrm{d}t$$

$$=\left(t+\frac{1}{2}\ln\left|\frac{1-t}{1+t}\right|\right)\Bigg|_0^{\frac{\sqrt{3}}{2}}=\frac{\sqrt{3}}{2}+\ln(2-\sqrt{3}).$$

(5) $\int_0^3\arcsin\sqrt{\frac{x}{1+x}}\mathrm{d}x.$

解: 令 $\sqrt{\frac{x}{1+x}}=t$,

$$\text{原式}=\int_0^{\frac{\sqrt{3}}{2}}\arcsin t\mathrm{d}\left(\frac{1}{1-t^2}\right)=\frac{\arcsin t}{1-t^2}\Bigg|_0^{\frac{\sqrt{3}}{2}}-\int_0^{\frac{\sqrt{3}}{2}}\frac{1}{(1-t^2)^{\frac{3}{2}}}\mathrm{d}t$$

$$=\frac{4}{3}\pi-\int_0^{\frac{\pi}{3}}\frac{1}{\cos^2y}\mathrm{d}y=\frac{4}{3}\pi-\tan y\Big|_0^{\frac{\pi}{3}}=\frac{4}{3}\pi-\sqrt{3}.$$

(6) $\int_1^e \sin \ln x \mathrm{d}x$.

解：由

$$I = \int_1^e \sin(\ln x)\mathrm{d}x = x\sin(\ln x)\Big|_1^e - \int_1^e \cos(\ln x)\mathrm{d}x$$

$$= e\sin 1 - \left[x\cos(\ln x)\Big|_1^e + \int_1^e \sin(\ln x)\mathrm{d}x\right]$$

$$= e\sin 1 - e\cos 1 + 1 - I,$$

因此，$I = \frac{e}{2}(\sin 1 - \cos 1) + \frac{1}{2}$.

(7) $\int_0^{\frac{\pi}{4}} \ln(1+\tan x)\mathrm{d}x$.

解：方法 1

$$\text{原式} \xlongequal{u=\frac{\pi}{4}-x} \int_0^{\frac{\pi}{4}} \ln\left(1+\frac{1-\tan u}{1+\tan u}\right)\mathrm{d}u = \int_0^{\frac{\pi}{4}} \ln\left(\frac{2}{1+\tan u}\right)\mathrm{d}u$$

$$= \int_0^{\frac{\pi}{4}} \ln 2\mathrm{d}u - \int_0^{\frac{\pi}{4}} \ln(1+\tan u)\mathrm{d}u$$

$$= \frac{\pi}{4}\ln 2 - \int_0^{\frac{\pi}{4}} \ln(1+\tan x)\mathrm{d}x = \frac{\pi}{8}\ln 2.$$

方法 2

$$\int_0^{\frac{\pi}{4}} \ln(1+\tan x)\mathrm{d}x = \int_0^{\frac{\pi}{4}} \ln\left(\frac{\cos x+\sin x}{\cos x}\right)\mathrm{d}x$$

$$= \int_0^{\frac{\pi}{4}} \ln(\cos x+\sin x)\mathrm{d}x - \int_0^{\frac{\pi}{4}} \ln\cos x\mathrm{d}x.$$

而

$$\int_0^{\frac{\pi}{4}} \ln(\cos x+\sin x)\mathrm{d}x = \int_0^{\frac{\pi}{4}} \ln\left[\sqrt{2}\cos\left(\frac{\pi}{4}-x\right)\right]\mathrm{d}x$$

$$= -\int_{\frac{\pi}{4}}^0 [\ln\sqrt{2} + \ln\cos u]\mathrm{d}u \quad \left(令\ u = \frac{\pi}{4}-x\right)$$

$$= \frac{\pi}{8}\ln 2 + \int_0^{\frac{\pi}{4}} \ln\cos x\mathrm{d}x.$$

所以原式 $= \frac{\pi}{8}\ln 2$.

(8) $\int_0^{n\pi} \sqrt{1-\sin 2x}\mathrm{d}x$ (n 是正整数).

解：被积函数 $\sqrt{1-\sin 2x}$ 以 π 为周期，所以

$$\text{原式} = n\int_0^{\pi} \sqrt{1-\sin 2x}\mathrm{d}x = n\int_0^{\pi} \left|\sin x - \cos x\right|\mathrm{d}x$$

$$= n\left[-\int_0^{\frac{\pi}{4}} (\sin x - \cos x)\mathrm{d}x + \int_{\frac{\pi}{4}}^{\pi} (\sin x - \cos x)\mathrm{d}x \right]$$

$$= 2n\sqrt{2}.$$

(9) $\int_0^{\ln 2} \sqrt{1 - \mathrm{e}^{-2x}}\mathrm{d}x.$

解:

$$原式 \xlongequal{\sqrt{1-\mathrm{e}^{-2x}} = t} \int_0^{\frac{\sqrt{3}}{2}} \frac{t^2}{1-t^2}\mathrm{d}t = -\int_0^{\frac{\sqrt{3}}{2}} \left(1 - \frac{1}{1-t^2}\right)\mathrm{d}t$$

$$= -\int_0^{\frac{\sqrt{3}}{2}} \left(1 - \frac{1}{2}\cdot\frac{1}{1-t} - \frac{1}{2}\cdot\frac{1}{1+t}\right)\mathrm{d}t$$

$$= -\left(t + \frac{1}{2}\ln\left|\frac{1-t}{1+t}\right|\right)\Bigg|_0^{\frac{\sqrt{3}}{2}} = -\frac{\sqrt{3}}{2} - \frac{1}{2}\ln\left(\frac{2-\sqrt{3}}{2+\sqrt{3}}\right)$$

$$= \ln(2+\sqrt{3}) - \frac{\sqrt{3}}{2}.$$

【例】**3.2.5** 计算下列广义积分.

(1) $\int_1^{+\infty} \frac{\arctan x}{x^2}\mathrm{d}x.$

解:

$$原式 = -\int_1^{+\infty} \arctan x\,\mathrm{d}\left(\frac{1}{x}\right)$$

$$= -\left(\frac{1}{x}\arctan x\Big|_1^{+\infty} - \int_1^{+\infty} \frac{1}{x}\cdot\frac{1}{1+x^2}\mathrm{d}x\right)$$

$$= \frac{\pi}{4} + \int_1^{+\infty} \left(\frac{1}{x} - \frac{x}{1+x^2}\right)\mathrm{d}x = \frac{\pi}{4} + \ln\frac{x}{\sqrt{1+x^2}}\Bigg|_1^{+\infty}$$

$$= \frac{\pi}{4} + \frac{1}{2}\ln 2.$$

(2) $\int_1^{+\infty} \frac{\mathrm{d}x}{\mathrm{e}^{1+x} + \mathrm{e}^{3-x}}.$

解:

$$原式 = \mathrm{e}^{-2}\int_1^{+\infty} \frac{\mathrm{d}x}{\mathrm{e}^{x-1} + \mathrm{e}^{1-x}} = \mathrm{e}^{-2}\int_0^{+\infty} \frac{\mathrm{d}x}{\mathrm{e}^{x} + \mathrm{e}^{-x}}$$

$$= \mathrm{e}^{-2}\int_0^{+\infty} \frac{\mathrm{d}(\mathrm{e}^x)}{(\mathrm{e}^x)^2 + 1} = \mathrm{e}^{-2}\int_1^{+\infty} \frac{\mathrm{d}t}{t^2+1} = \frac{\pi}{4}\mathrm{e}^{-2}.$$

(3) $\int_0^1 \frac{x}{\sqrt{1-x^2}}\mathrm{d}x.$

解：

$$\text{原式}=\lim_{s\to0^+}-\frac{1}{2}\int_s^1\frac{d(1-x^2)}{\sqrt{1-x^2}}=-\frac{1}{2}\lim_{s\to0^+}2\sqrt{1-x^2}\Big|_s^1$$

$$=-\lim_{s\to0^+}[0-\sqrt{1-s^2}]=1.$$

【例】3.2.6　求下列函数的导数.

(1) $f(x)=\int_{\sqrt{x}}^{\sqrt[3]{x}}\ln(1+t^6)dt$，求 $f'(x)$.

解：

$$f'(x)=\ln[1+(\sqrt[3]{x})^6](\sqrt[3]{x})'-\ln[1+(\sqrt{x})^6](\sqrt{x})'$$

$$=\frac{\ln(1+x^2)}{3\sqrt[3]{x^2}}-\frac{\ln(1+x^3)}{2\sqrt{x}}.$$

(2) 设 $f(x)=\int_0^x\left[\int_1^{\sin t}\sqrt{1+u^4}du\right]dt$，求 $f''(x)$.

解：

$$f'(x)=\int_1^{\sin x}\sqrt{1+u^4}du,\ f''(x)=\sqrt{1+\sin^4x}\cos x.$$

【例】3.2.7　证明 $\int_x^1\frac{dt}{1+t^2}=\int_1^{\frac{1}{x}}\frac{dt}{1+t^2}\quad(x>0)$.

证明： 令 $t=\frac{1}{s}$，则

$$\int_x^1\frac{dt}{1+t^2}=\int_{\frac{1}{x}}^1\frac{-\frac{1}{s^2}ds}{1+\left(\frac{1}{s}\right)^2}=\int_1^{\frac{1}{x}}\frac{ds}{1+s^2}=\int_1^{\frac{1}{x}}\frac{dt}{1+t^2}.$$

【例】3.2.8　设 $f(x)=\int_0^{g(x)}\frac{1}{\sqrt{1+t^3}}dt$，其中 $g(x)=\int_0^{\cos x}(1+\sin t^2)dt$ 求 $f'\left(\frac{\pi}{2}\right)$.

解： 由于 $f'(x)=\frac{1}{\sqrt{1+[g(x)]^3}}g'(x)$，而

$$g'(x)=[1+\sin^2(\cos x)](-\sin x),$$

因此

$$f'\left(\frac{\pi}{2}\right)=\frac{1}{\sqrt{1+\left[g\left(\frac{\pi}{2}\right)\right]^3}}g'\left(\frac{\pi}{2}\right)=-1.$$

【例】3.2.9　设 $f(x)$ 在 $[a,b]$ 上连续，在 (a,b) 内可导，且 $f'(x)\leqslant0$，

$$F(x)=\frac{1}{x-a}\int_a^xf(t)dt.$$

证明在(a,b)内有$F'(x)\leqslant 0$.

证明：由于$f'(x)\leqslant 0$，$f(x)$在$[a,b]$上单调减小，因此

$$F'(x)=\frac{(x-a)f(x)-\int_a^x f(t)\,\mathrm{d}t}{(x-a)^2}\leqslant 0.$$

【例】3.2.10 求下列各曲线所围图形的面积：

(1) $y=\frac{x^2}{4}$与直线$3x-2y-4=0$.

解：联立曲线方程$\begin{cases}y=\frac{x^2}{4},\\3x-2y-4=0,\end{cases}$得交点$(2,1)$，$(4,4)$，选取$x$作为积分变量，

$$\mathrm{d}A=\left(\frac{3}{2}x-2-\frac{x^2}{4}\right)\mathrm{d}x$$

$$A=\int_2^4\left(\frac{3}{2}x-2-\frac{x^2}{4}\right)\mathrm{d}x=\left(\frac{3}{4}x^2-2x-\frac{x^3}{12}\right)\Big|_2^4=\frac{1}{3}.$$

(2) $y^2=-4(x-1)$与$y^2=-2(x-2)$.

解：联立曲线方程$\begin{cases}y^2=-4(x-1),\\y^2=-2(x-2),\end{cases}$得交点$(0,-2)$，$(0,2)$，选取$y$作为积分变量，设$A_1$为两条曲线在第一象限围成的图形的面积

$$\mathrm{d}A_1=\left[\left(-\frac{y^2}{2}+2\right)-\left(-\frac{y^2}{4}+1\right)\right]\mathrm{d}y=\left(-\frac{y^2}{4}+1\right)\mathrm{d}y,$$

由对称性

$$A=2A_1=2\int_0^2\left(-\frac{y^2}{4}+1\right)\mathrm{d}y=2\left(-\frac{y^3}{12}+y\right)\Big|_0^2=\frac{8}{3}.$$

【例】3.2.11 求下列旋转体的体积：

(1) 双曲线$xy=9$与直线$x+y=10$所围成的图形绕y轴旋转.

解：联立曲线方程$\begin{cases}xy=9,\\x+y=10,\end{cases}$得交点$(1,9)$，$(9,1)$，选取$y$作为积分变量，

$$\mathrm{d}V_y=\pi\left[(10-y)^2-\frac{9^2}{y^2}\right]\mathrm{d}y,$$

$$V_y=\pi\int_1^9\left[(10-y)^2-\frac{9^2}{y^2}\right]\mathrm{d}y=\frac{512}{3}\pi.$$

若选取x作为积分变量，则

$$V_y=2\pi\int_1^9 x\left[(10-x)-\frac{9}{x}\right]\mathrm{d}x=\frac{512}{3}\pi.$$

(2) 曲线 $x^2+y^2=25$ ($x\geqslant 0$) 与 $16x=3y^2$ 所围成的图形绕 x 轴旋转.

解：联立曲线方程 $\begin{cases} x^2+y^2=25, \\ 16x=3y^2, \end{cases}$ 得曲线在第一象限的交点 $(3,4)$，选取 x 作为积分变量，则 $V_x=V_1+V_2$，

$$\mathrm{d}V_1=\pi\frac{16}{3}x\mathrm{d}x,\ V_2=\pi(25-x^2)\mathrm{d}x,$$

$$V_x=\frac{16\pi}{3}\int_0^3 x\mathrm{d}x+\pi\int_3^5(25-x^2)\mathrm{d}x=\frac{124}{3}\pi.$$

若选取 y 作为积分变量，则

$$V_x=2\pi\int_0^4 y\left(\sqrt{25-y^2}-\frac{3}{16}y^2\right)\mathrm{d}y=\frac{124}{3}\pi.$$

(3) 星形线 $x^{\frac{2}{3}}+y^{\frac{2}{3}}=a^{\frac{2}{3}}$ 所围成的图形绕 x 轴旋转.

解：星形线的参数方程为

$$x=a\cos^3 t,\ y=a\sin^3 t,\ t\in[0,2\pi],$$

则绕 x 轴旋转体的体积：

$$V_x=\int_{-a}^{a}\pi y^2\mathrm{d}x=\int_{\pi}^{0}\pi a^2\sin^6 t\cdot 3a\cos^2 t(-\sin t)\mathrm{d}t$$

$$=3\pi a^3\int_0^{\pi}\sin^7 t\cos^2 t\mathrm{d}t=\frac{32}{105}\pi a^3.$$

【例】3.2.12　计算下列各曲线的弧长.

(1) 曲线 $y=\operatorname{ch}x$，$x\in[-1,1]$；

解：

$$\mathrm{d}s=\sqrt{1+(y')^2}\mathrm{d}x=\cosh x,$$

$$s=\int_{-1}^{1}\cosh x\mathrm{d}x=\sinh x\Big|_{-1}^{1}=\mathrm{e}-\mathrm{e}^{-1}.$$

(2) 曲线 $x=\frac{y^2}{4}-\frac{1}{2}\ln y$，$y\in[1,\mathrm{e}]$；

解：

$$\mathrm{d}s=\sqrt{1+(x')^2}\mathrm{d}y=\frac{1}{2}\left(y+\frac{1}{y}\right)\mathrm{d}y,$$

$$s=\frac{1}{2}\int_1^{\mathrm{e}}\left(y+\frac{1}{y}\right)\mathrm{d}y=\frac{1}{2}\left(\frac{y^2}{2}+\ln y\right)\Big|_1^{\mathrm{e}}=\frac{1}{4}(\mathrm{e}^2+1).$$

【例】3.2.13　用铁锤将一铁针击入木板，设木板对铁针的阻力与铁针击入木板的深度成正比，在击第一次时，将铁针击入木板 1 cm，如果铁针每次打击铁针所做的功相等，问：针击第二次时，铁针又击入多少？

解：设阻力为 $f(x)=kx$，设第二次共击入 h cm. 第一次针击时所做的功为

$$w_1=\int_0^1 kx\mathrm{d}x=\frac{k}{2}.$$

第二次针击所做的总功为

$$w_h = \int_0^h kx\mathrm{d}x = \frac{kh^2}{2},$$

$$w_h = 2w_1 \Rightarrow \frac{kh^2}{2} = 2 \cdot \frac{k}{2} \Rightarrow h = \sqrt{2}.$$

第二次击入的深度为$\sqrt{2}-1$ cm.

【例】3.2.14 若$f(t)$是连续函数且为奇函数，证明$\int_0^x f(t)\mathrm{d}t$是偶函数，若$f(t)$是连续函数且为偶函数，证明$\int_0^x f(t)\mathrm{d}t$是奇函数.

证明： 若$f(t)$是连续函数且为奇函数，则

$$\int_0^{-x} f(t)\mathrm{d}t = -\int_0^x f(-t)\mathrm{d}t = \int_0^x f(t)\mathrm{d}t.$$

所以$\int_0^x f(t)\mathrm{d}t$是偶函数，类似可证若$f(t)$是连续函数且为偶函数，则$\int_0^x f(t)\mathrm{d}t$是奇函数.

【例】3.2.15 设$F(x) = \int_x^{x+2\pi} \mathrm{e}^{\sin t}\sin t\mathrm{d}t$，证明$F(x)$为正的常数.

证明： 首先$F'(x) = \mathrm{e}^{\sin(x+2\pi)}\sin(x+2\pi) - \mathrm{e}^{\sin x}\sin x = 0$，所以$F(x)$为常数.

$$F(-\pi) = \int_{-\pi}^{\pi} \mathrm{e}^{\sin t}\sin t\mathrm{d}t = \int_{-\pi}^{0} \mathrm{e}^{\sin t}\sin t\mathrm{d}t + \int_0^{\pi} \mathrm{e}^{\sin t}\sin t\mathrm{d}t,$$

由于

$$\int_{-\pi}^{0} \mathrm{e}^{\sin t}\sin t\mathrm{d}t = -\int_0^{\pi} \mathrm{e}^{-\sin t}\sin t\mathrm{d}t,$$

所以

$$F(-\pi) = \int_0^{\pi} (\mathrm{e}^{\sin t} - \mathrm{e}^{-\sin t})\sin t\mathrm{d}t > 0,$$

说明$F(x)$为正常数.

【例】3.2.16 设$f(x) = \frac{1}{1+x^2} + \sqrt{1-x^2}\int_0^1 f(x)\mathrm{d}x$，求$f(x)$.

解： 两边积分，得

$$\int_0^1 f(x)\mathrm{d}x = \int_0^1 \frac{1}{1+x^2}\mathrm{d}x + \int_0^1 f(x)\mathrm{d}x \int_0^1 \sqrt{1-x^2}\mathrm{d}x.$$

计算得

$$\int_0^1 f(x)\mathrm{d}x = \frac{\pi}{4-\pi}.$$

即$f(x) = \frac{1}{1+x^2} + \frac{\pi}{4-\pi}\sqrt{1-x^2}$.

【例】3.2.17　设 $f(x)=\int_1^x \frac{\ln t}{t+1}\mathrm{d}t\quad(x>0)$，计算 $f(x)+f\left(\frac{1}{x}\right)$.

解：首先

$$f\left(\frac{1}{x}\right)=\int_1^{\frac{1}{x}}\frac{\ln t}{1+t}\mathrm{d}t=\int_1^x\frac{\ln\frac{1}{y}}{1+\frac{1}{y}}\mathrm{d}\left(\frac{1}{y}\right)=\int_1^x\frac{\ln y}{y(1+y)}\mathrm{d}y.$$

所以

$$\begin{aligned}f(x)+f\left(\frac{1}{x}\right)&=\int_1^x\frac{\ln t}{1+t}\mathrm{d}t+\int_1^x\frac{\ln t}{t(1+t)}\mathrm{d}t\\&=\int_1^x\frac{t\ln t+\ln t}{t(1+t)}\mathrm{d}t=\int_1^x\frac{\ln t}{t}\mathrm{d}t=\int_1^x\ln t\mathrm{d}(\ln t)\\&=\frac{1}{2}(\ln t)^2\Big|_1^x=\frac{1}{2}(\ln x)^2.\end{aligned}$$

【例】3.2.18　设函数 $f(x)$ 在区间 $[a,b]$ 上连续，在 (a,b) 内可导，且 $f'(x)>0$，若 $\lim\limits_{x\to a^+}\frac{f(2x-a)}{x-a}$ 存在，证明：

(1) 在 (a,b) 内，$f(x)>0$；

(2) 在 (a,b) 内存在 ξ，使 $\dfrac{b^2-a^2}{\int_a^b f(x)\mathrm{d}x}=\dfrac{2\xi}{f(\xi)}$.

证明：(1) 由于 $\lim\limits_{x\to a^+}\frac{f(2x-a)}{x-a}$ 存在，知 $f(a)=0$. 又 $f'(x)>0$，函数 $f(x)$ 严格单调增加，因此在 (a,b) 内，$f(x)>0$.

(2) 设函数 $F(x)=\int_a^x f(x)\mathrm{d}x$，$G(x)=x^2$. 考虑柯西中值定理，存在 $\xi\in(a,b)$，使

$$\frac{b^2-a^2}{\int_a^b f(x)\mathrm{d}x}=\frac{G(b)-G(a)}{F(b)-F(a)}=\frac{G'(\xi)}{F'(\xi)}=\frac{2\xi}{f(\xi)}.$$

【例】3.2.19　设 $f(x)$ 在 $(-\infty,+\infty)$ 内连续，且 $F(x)=\int_0^x(x-2t)f(t)\mathrm{d}t$. 证明：

(1) 若 $f(x)$ 是偶函数，则 $F(x)$ 也是偶函数；

(2) 若在 $(0,+\infty)$ 内 $f(x)$ 是单调减少函数，则 $F(x)$ 是单调增加函数.

证明：(1) 由题意，

$$F(x)=\int_0^x(x-2t)f(t)\mathrm{d}t=x\int_0^x f(t)\mathrm{d}t-2\int_0^x tf(t)\mathrm{d}t.$$

由上一题，$\int_0^x f(t)\mathrm{d}t$ 是奇函数，从而 $x\int_0^x f(t)\mathrm{d}t$ 是偶函数. 而 $\int_0^x tf(t)\mathrm{d}t$ 是偶函数，所以 $F(x)$ 是偶函数.

(2) 由于

$$F'(x) = \int_0^x f(t)\,\mathrm{d}t + xf(x) - 2xf(x) = \int_0^x f(t)\,\mathrm{d}t - xf(x),$$

且 $f(x)$ 单调减少，因此 $F'(x) \geqslant 0$. 从而 $F(x)$ 是单调增加函数.

【例】3.2.20 设 $f(x)$ 在 $[a,b]$ 上连续，且 $f(x)>0$，$F(x) = \int_a^x f(t)\,\mathrm{d}t + \int_b^x \frac{1}{f(t)}\mathrm{d}t$，$x \in [a,b]$，证明

(1) $F'(x) \geqslant 2$；

(2) 方程 $F(x)=0$ 在区间 (a,b) 内有且仅有一个根.

证明：(1)

$$F'(x) = f(x) + \frac{1}{f(x)} \geqslant 2;$$

(2) 首先 $F(a) = \int_b^a \frac{1}{f(t)}\mathrm{d}t < 0$，$F(b) = \int_a^b f(t)\,\mathrm{d}t > 0$. 由零点存在定理：$F(x)$ 在 $[a,b]$ 存在实根. 又

$$F'(x) = f(x) + \frac{1}{f(x)} > 0,$$

即 $F(x)$ 在 $[a,b]$ 上单调增加，因此 $F(x)$ 在 $[a,b]$ 只有一个实根.

【例】3.2.21 设 $f(x) = \frac{(x+1)^2(x-1)}{x^3(x-2)}$，求 $\int_{-1}^3 \frac{f'(x)}{1+f^2(x)}\mathrm{d}x$.

解：函数 $f(x)$ 在 $x=2$ 处没有定义，所求积分为瑕积分.

$$\int_{-1}^3 \frac{f'(x)}{1+f^2(x)}\mathrm{d}x = \int_{-1}^2 \frac{f'(x)}{1+f^2(x)}\mathrm{d}x + \int_2^3 \frac{f'(x)}{1+f^2(x)}\mathrm{d}x,$$

$$\int_{-1}^2 \frac{f'(x)}{1+f^2(x)}\mathrm{d}x = \lim_{x\to 2-0} \arctan f(x) - \arctan f(-1) = -\pi,$$

$$\int_2^3 \frac{f'(x)}{1+f^2(x)}\mathrm{d}x = \arctan f(3) - \lim_{x\to 2+0} \arctan f(x) = \arctan \frac{32}{27} - \pi.$$

故原积分为 $\arctan \frac{32}{27} - 2\pi$.

【例】3.2.22 求函数 $f(x)$ 及常数 c，使

$$\int_c^x tf(t)\,\mathrm{d}t = \sin x - x\cos x - \frac{1}{2}x^2.$$

解：两边求导，得 $f(x) = \sin x - 1$. 代入积分

$$\int_c^x t(\sin t - 1)\,\mathrm{d}t = \frac{c^2}{2} + c\cos c - \sin c + \sin x - x\cos x - \frac{1}{2}x^2.$$

所以 $c=0$.

【例】3.2.23 已知$f(\pi)=2$，且$\int_0^{\pi}[f(x)+f''(x)]\sin x\mathrm{d}x=5$，求$f(0)$.

解：

$$\int_0^{\pi}[f''(x)]\sin x\mathrm{d}x=f'(x)\sin x\Big|_0^{\pi}-\int_0^{\pi}[f'(x)]\cos x\mathrm{d}x=-\int_0^{\pi}[f'(x)]\cos x\mathrm{d}x$$
$$=-f(x)\cos x\Big|_0^{\pi}-\int_0^{\pi}f(x)\sin x\mathrm{d}x$$
$$=2+f(0)-\int_0^{\pi}f(x)\sin x\mathrm{d}x,$$

所以$2+f(0)=5$，即$f(0)=3$.

【例】3.2.24 设$y=y(x)$是由方程$\int_0^{y}\mathrm{e}^{t^2}\mathrm{d}t+\int_0^{3\sqrt{x}}(1-t)^3\mathrm{d}t=0$所确定的函数，求它的极值点，并判断是极大值点还是极小值点.

解：方程两边关于x求导，得

$$\mathrm{e}^{y^2}y'(x)+(1-3\sqrt{x})^3\frac{3}{2\sqrt{x}}=0,$$

令$y'(x)=0$，有$x=\frac{1}{9}$. 在$x=\frac{1}{9}$左侧邻域，$y'(x)<0$；在$x=\frac{1}{9}$右侧邻域，$y'(x)>0$. 所以$x=\frac{1}{9}$是极小值点.

【例】3.2.25 设$\lim\limits_{x\to\infty}\left(\frac{x+2a}{x-a}\right)^x=\int_0^{+\infty}\frac{8x}{\mathrm{e}^x}\mathrm{d}x(a\neq0)$，求$a$的值.

解：分别计算等式两边，

$$\lim_{x\to\infty}\left(\frac{x+2a}{x-a}\right)^x=\lim_{x\to\infty}\left(1+\frac{3a}{x-a}\right)^{\frac{x-a}{3a}\cdot\frac{3ax}{x-a}}=\mathrm{e}^{3a},$$
$$\int_0^{+\infty}\frac{8x}{\mathrm{e}^x}\mathrm{d}x=8\left(-x\mathrm{e}^{-x}\Big|_0^{+\infty}+\int_0^{+\infty}\mathrm{e}^{-x}\mathrm{d}x\right)=8.$$

故$a=\ln 2$.

【例】3.2.26 在椭圆$x^2+\frac{y^2}{4}=1$绕其长轴旋转所成的椭球体上沿其长轴方向穿心打一圆孔，使剩下部分的体积恰好等于椭球体体积的一半，求该圆孔的直径.

解：设圆孔的直径为$2r$，由方程知y轴是椭圆的长轴，所求旋转体可视为由x轴正向上的图形绕y轴所得，选取x为积分变量，在$[x,x+\mathrm{d}x]$上的体积微元

$$\mathrm{d}V_y=2\pi x\cdot2|y|\mathrm{d}x=2\pi x\cdot2\sqrt{4-4x^2}\mathrm{d}x=8\pi x\sqrt{1-x^2}\mathrm{d}x,$$
$$V_{椭球}=\int_0^1 8\pi x\sqrt{1-x^2}\mathrm{d}x=-\frac{8}{3}\pi(1-x^2)^{\frac{3}{2}}\Big|_0^1=\frac{8}{3}\pi,$$
$$V_{剩}=\int_r^1 8\pi x\sqrt{1-x^2}\mathrm{d}x=-\frac{8}{3}\pi(1-x^2)^{\frac{3}{2}}\Big|_r^1=\frac{8}{3}\pi(1-r^2)^{\frac{3}{2}}.$$

由题意，$V_{剩}=\frac{1}{2}V_{椭球}$，得 $\frac{8}{3}\pi(1-r^2)^{\frac{3}{2}}=\frac{1}{2}\cdot\frac{8}{3}\pi$，解得 $r=\sqrt{1-\frac{1}{\sqrt[3]{4}}}$.

故圆孔的直径 $2r=2\sqrt{1-\frac{1}{\sqrt[3]{4}}}$.

【例】3.2.27 设抛物线 $y=ax^2+bx+c$ 通过点$(0,0)$，且当 $x\in[0,1]$ 时 $y\geqslant 0$，试确定 a，b，c 的值，使得该抛物线与直线 $x=1$，$y=0$ 所围图形的面积为$\frac{4}{9}$，且使该图形绕 x 轴旋转而成的旋转体的体积最小.

解： 首先由于抛物线 $y=ax^2+bx+c$ 通过点$(0,0)$，有 $c=0$. 该抛物线与直线 $x=1$，$y=0$ 所围图形的面积

$$\int_0^1(ax^2+bx)\mathrm{d}x=\frac{a}{3}+\frac{b}{2},$$

所以$\frac{a}{3}+\frac{b}{2}=\frac{4}{9}$，即 $b=\frac{8}{9}-\frac{2a}{3}$. 旋转体的体积为

$$V=\int_0^1\pi(ax^2+bx)^2\mathrm{d}x=\left(\frac{64}{243}+\frac{4a}{81}+\frac{2a^2}{135}\right)\pi.$$

所以当 $a=-\frac{5}{3}$时旋转体的体积最小，此时 $b=2$.

【例】3.2.28 设有抛物线 Γ：$y=a-bx^2$（$a>0$，$b>0$），试确定常数 a，b 的值，使得：

（1）Γ 与直线 $y=x+1$ 相切；

（2）Γ 与 x 轴所围图形绕 y 轴旋转所得旋转体的体积为最大.

解： 设两曲线在(x_0,y_0)相切. 由斜率相同，得 $-2bx_0=1$. 从而(x_0,y_0)为$\left(-\frac{1}{2b},\ 1-\frac{1}{2b}\right)$. 同时，由$(x_0,y_0)$在抛物线上，代入得 $a=1-\frac{1}{4b}$.

Γ 与 x 轴所围图形绕 y 轴旋转所得旋转体的体积为

$$V=\int_0^a\pi\frac{a-y}{b}\mathrm{d}y=\pi\frac{\left(1-\frac{1}{4b}\right)^2}{2b}.$$

令 $V'(b)=0$，则 $b_1=\frac{3}{4}$，$b_2=4$. 其中 $b=\frac{3}{4}$处体积取到最大. 所以所求常数为 $a=\frac{2}{3}$，$b=\frac{3}{4}$.

【例】3.2.29 设 $f(x)$ 和 $g(x)$ 在$[a,b]$上连续，$f(x)\geqslant g(x)$，且 $\int_a^b f(x)\mathrm{d}x=\int_a^b g(x)\mathrm{d}x$，证明在$[a,b]$上 $f(x)\equiv g(x)$.

证明：反证法．假设存在点 $x_0\in(a,b)$，使得 $f(x_0)-g(x_0)>0$．由 $f(x)$ 和 $g(x)$ 在 x_0 连续，存在 $c>0$ 与 $\delta>0$，使得当 $x\in(x_0-\delta,x_0+\delta)$ 时，成立 $f(x)-g(x)>c$．于是

$$\int_a^b[f(x)-g(x)]\mathrm{d}x\geqslant\int_{x_0-\delta}^{x_0+\delta}[f(x)-g(x)]\mathrm{d}x\geqslant 2c\delta>0.$$

这与 $\int_a^b f(x)\mathrm{d}x=\int_a^b g(x)\mathrm{d}x$ 矛盾．

对于 $x_0=a$ 或 $x_0=b$ 的情况可类似证明．

【**例**】**3.2.30**　设 $f(x)$ 在 $[a,b]$ 上连续，$f(x)\geqslant 0$，且不恒为零，证明 $\int_a^b f(x)\mathrm{d}x>0$．

证明：不妨设 $f(x_0)>0$，$x_0\in(a,b)$．$x_0=a$ 或 $x_0=b$ 的情况可类似证明．

由 $f(x)$ 在 x_0 连续，存在 $c>0$ 与 $\delta>0$，使得当 $x\in(x_0-\delta,x_0+\delta)$ 时，成立 $f(x)>c$，于是

$$\int_a^b f(x)\mathrm{d}x\geqslant\int_{x_0-\delta}^{x_0+\delta}f(x)\mathrm{d}x\geqslant 2c\delta>0.$$

【**例**】**3.2.31**　设 $f(x)$ 在 $[a,b]$ 上连续，证明

$$\lim_{h\to 0}\frac{1}{h}\int_a^x[f(t+h)-f(t)]\mathrm{d}t=f(x)-f(a).$$

证明：首先

$$\lim_{h\to 0}\int_a^b\frac{f(x+h)-f(x)}{h}\mathrm{d}x=\lim_{h\to 0}\frac{1}{h}\left[\int_a^b f(x+h)\mathrm{d}x-\int_a^b f(x)\mathrm{d}x\right].$$

而

$$\int_a^b f(x+h)\mathrm{d}x=\int_{a+h}^{b+h}f(t)\mathrm{d}t=\int_{a+h}^{a}f(t)\mathrm{d}t+\int_a^b f(t)\mathrm{d}t+\int_b^{b+h}f(t)\mathrm{d}t,$$

所以

$$\lim_{h\to 0}\int_a^b\frac{f(x+h)-f(x)}{h}\mathrm{d}x=\lim_{h\to 0}\frac{1}{h}\left[\int_b^{b+h}f(t)\mathrm{d}t-\int_a^{a+h}f(t)\mathrm{d}t\right].$$

由积分中值定理及 $f(x)$ 的连续性，

$$\lim_{h\to 0}\frac{1}{h}\left[\int_b^{b+h}f(t)\mathrm{d}t-\int_a^{a+h}f(t)\mathrm{d}t\right]=\lim_{h\to 0}[f(\xi_1)-f(\xi_2)]=f(b)-f(a).$$

【**例**】**3.2.32**　证明当 $x\in\left(0,\dfrac{\pi}{2}\right)$，

$$\int_0^{\sin^2x}\arcsin\sqrt{t}\mathrm{d}t+\int_0^{\cos^2x}\arccos\sqrt{t}\mathrm{d}t=\frac{\pi}{4}.$$

证明：令

$$f(x)=\int_0^{\sin^2x}\arcsin\sqrt{t}\mathrm{d}t+\int_0^{\cos^2x}\arccos\sqrt{t}\mathrm{d}t,$$

则 $f'(x)=2x\sin x\cos x-2x\sin x\cos x=0$.

因此 $f(x)$ 为常数，又

$$f\left(\frac{\pi}{4}\right)=\int_0^{\frac{1}{2}}(\arcsin\sqrt{t}+\arccos\sqrt{t})\,\mathrm{d}t=\int_0^{\frac{1}{2}}\frac{\pi}{2}\mathrm{d}t=\frac{\pi}{4},$$

故所证等式成立.

【例】3.2.33 设 $F(x)=\int_0^{x^2}\mathrm{e}^{-t^2}\mathrm{d}t$，求：

(1) $F(x)$ 的极值；(2) 曲线 $y=F(x)$ 的拐点的横坐标；(3) $\int_{-2}^{3}x^2F'(x)\,\mathrm{d}x$ 的值.

解： $F'(x)=2x\mathrm{e}^{-x^4}$.

(1) 令 $F'(x)=0$，得驻点 $x=0$，由于 $x<0$ 时，$F'(x)<0$，$x>0$ 时，$F'(x)>0$，故 $x=0$ 为极小值点，极小值 $F(0)=0$.

(2) 令 $F''(x)=2\mathrm{e}^{-x^4}(1-4x^4)=0$，得 $x=\pm\frac{1}{\sqrt{2}}$，在所求点两侧 $F''(x)$ 变号，因而曲线 $y=F(x)$ 的拐点的横坐标为 $x=\pm\frac{1}{\sqrt{2}}$.

(3)

$$\begin{aligned}\int_{-2}^{3}x^2F'(x)\,\mathrm{d}x&=2\int_{-2}^{3}x^3\mathrm{e}^{-x^4}\mathrm{d}x=-\frac{1}{2}\int_{-2}^{3}\mathrm{e}^{-x^4}\mathrm{d}(-x^4)\\&=-\frac{1}{2}\mathrm{e}^{-x^4}\Big|_{-2}^{3}=\frac{1}{2}(\mathrm{e}^{-16}-\mathrm{e}^{-81}).\end{aligned}$$

【例】3.2.34 设 $f(x)$ 是 $(0,+\infty)$ 内单调减少的连续函数，且 $f(x)>0$，证明数列 $\{a_n\}$ 收敛，其中 $a_n=\sum_{k=1}^{n}f(k)-\int_1^n f(x)\,\mathrm{d}x$.

证明： 由于 $a_n-a_{n-1}=f(n)-\int_{n-1}^{n}f(x)\,\mathrm{d}x<0$，因此 $\{a_n\}$ 为单调减小的数列. 又由于

$$a_n=\left[f(1)-\int_1^2 f(x)\,\mathrm{d}x\right]+\left[f(2)-\int_2^3 f(x)\,\mathrm{d}x\right]+\cdots+f(n)>0.$$

因此 $\{a_n\}$ 有下界，从而数列 $\{a_n\}$ 收敛.

【例】3.2.35 设 $f'(x)$ 在 $[0,a]$ 上连续，$f(a)=0$，$M=\max\limits_{0\leqslant x\leqslant a}|f'(x)|$. 证明：

$$\left|\int_0^a f(x)\,\mathrm{d}x\right|\frac{Ma^2}{2}.$$

解：方法1 由于

$$\int_0^a f(x)\,\mathrm{d}x=xf(x)\Big|_0^a-\int_0^a xf'(x)\,\mathrm{d}x=-\int_0^a xf'(x)\,\mathrm{d}x,$$

因此

$$\left|\int_0^a f(x)\,\mathrm{d}x\right| = \left|\int_0^a xf'(x)\,\mathrm{d}x\right| \leqslant \int_0^a x\,|f'(x)|\,\mathrm{d}x \leqslant M\int_0^a x\mathrm{d}x = \frac{Ma^2}{2}.$$

方法 2　由微分中值定理，

$$f(x) = f(a) + f'(\xi)(x-a) = f'(\xi)(x-a).$$

所以 $|f(x)| \leqslant M(a-x)$. 从而

$$\left|\int_0^a f(x)\,\mathrm{d}x\right| \leqslant \int_0^a |f(x)|\,\mathrm{d}x \leqslant M\int_0^a (a-x)\,\mathrm{d}x = \frac{M}{2}a^2.$$

【例】3.2.36　设 $f(x)$ 在区间 $[a,b]$ 上连续，且 $f(x)>0$，证明：

$$\int_a^b f(x)\,\mathrm{d}x \cdot \int_a^b \frac{\mathrm{d}x}{f(x)}\,(b-a)^2.$$

解：方法 1　设

$$f(t) = \int_a^t f(x)\,\mathrm{d}x \cdot \int_a^t \frac{1}{f(x)}\mathrm{d}x - (t-a)^2,\ t\in[a,b].$$

则

$$\begin{aligned} f'(t) &= f(t)\int_a^t \frac{1}{f(x)}\mathrm{d}x + \frac{1}{f(t)}\int_a^t f(x)\,\mathrm{d}x - 2(t-a) \\ &= \int_a^t \frac{f(t)}{f(x)}\mathrm{d}x + \int_a^t \frac{f(x)}{f(t)}\mathrm{d}x - \int_a^t 2\mathrm{d}x \\ &= \int_a^t \left[\frac{f(t)}{f(x)} - 2 + \frac{f(x)}{f(t)}\right]\mathrm{d}x \\ &= \int_a^t \left(\sqrt{\frac{f(t)}{f(x)}} - \sqrt{\frac{f(x)}{f(t)}}\right)^2\mathrm{d}x > 0, \end{aligned}$$

即 $f(t)$ 在区间 $[a,b]$ 上单调增加，故 $f(b)\geqslant f(a)$，所以

$$\int_a^b f(x)\,\mathrm{d}x \cdot \int_a^b \frac{\mathrm{d}x}{f(x)} \geqslant (b-a)^2.$$

方法 2　利用柯西—施瓦兹不等式

$$\left(\int_a^b f(x)g(x)\,\mathrm{d}x\right)^2 \leqslant \int_a^b f^2(x)\,\mathrm{d}x \cdot \int_a^b g^2(x)\,\mathrm{d}x,$$

得

$$\int_a^b [\sqrt{f(x)}]^2\mathrm{d}x \cdot \int_a^b \frac{\mathrm{d}x}{[\sqrt{f(x)}]^2} \geqslant \left(\int_a^b \sqrt{f(x)} \cdot \frac{1}{\sqrt{f(x)}}\mathrm{d}x\right)^2 = (b-a)^2.$$

【例】3.2.37　计算积分 $I = \int_0^1 \frac{\arctan x}{1+x}\mathrm{d}x$.

解：设 $\theta = \arctan x$，换元

$$I = \int_0^{\frac{\pi}{4}} \frac{\theta}{1+\tan\theta}\sec^2\theta\mathrm{d}\theta = \int_0^{\frac{\pi}{4}} \frac{\theta}{\cos^2\theta + \sin\theta\cos\theta}\mathrm{d}\theta.$$

令 $t=2\theta$，则

$$I=\frac{1}{2}\int_0^{\frac{\pi}{2}}\frac{t}{1+\cos t+\sin t}\mathrm{d}t.$$

设 $u=\frac{\pi}{2}-t$，则上式

$$I=\frac{1}{2}\int_0^{\frac{\pi}{2}}\frac{\frac{\pi}{2}-u}{1+\cos u+\sin u}\mathrm{d}u=\frac{1}{2}\int_0^{\frac{\pi}{2}}\frac{\frac{\pi}{2}}{1+\cos u+\sin u}\mathrm{d}u-I.$$

所以

$$I=\frac{\pi}{8}\int_0^{\frac{\pi}{2}}\frac{1}{1+\cos u+\sin u}\mathrm{d}u=\frac{\pi}{8}\int_0^{\frac{\pi}{4}}\frac{1}{\cos^2\theta+\sin\theta\cos\theta}\mathrm{d}\theta\quad(\text{令 }u=2\theta)$$

$$=\frac{\pi}{8}\int_0^{\frac{\pi}{4}}\frac{1}{1+\tan\theta}\sec^2\theta\mathrm{d}\theta=\frac{\pi}{8}\ln(1+\tan\theta)\Big|_0^{\frac{\pi}{4}}=\frac{\pi}{8}\ln 2.$$

【例】3.2.38 设函数 $f(x)$ 在 $[0,1]$ 上可导，且 $|f'(x)|<M$. 证明：

$$\left|\int_0^1 f(x)\mathrm{d}x-\sum_{k=1}^{n}f\left(\frac{k}{n}\right)\cdot\frac{1}{n}\right|\leqslant\frac{M}{2n}.$$

解： 记

$$I_n=\int_0^1 f(x)\mathrm{d}x-\sum_{k=1}^{n}f\left(\frac{k}{n}\right)\cdot\frac{1}{n}.$$

将区间 $[0,1]$ 等分为 n 段，分点 $x_k=\frac{k}{n}$.

$$I_n=\sum_{k=1}^{n}\int_{x_{k-1}}^{x_k}f(x)\mathrm{d}x-\sum_{k=1}^{n}f(x_k)\Delta x_k=\sum_{k=1}^{n}\int_{x_{k-1}}^{x_k}[f(x)-f(x_k)]\mathrm{d}x.$$

所以

$$|I_n|\leqslant\sum_{k=1}^{n}\int_{x_{k-1}}^{x_k}|f(x)-f(x_k)|\mathrm{d}x.$$

考虑微分中值定理，存在 $\xi_k\in(x,x_k)$，使得

$$|I_n|\leqslant\sum_{k=1}^{n}\int_{x_{k-1}}^{x_k}|f'(\xi_k)(x_k-x)|\mathrm{d}x\leqslant\sum_{k=1}^{n}\int_{x_{k-1}}^{x_k}M(x_k-x)\mathrm{d}x$$

$$=M\sum_{k=1}^{n}\left\{\frac{k}{n^2}-\frac{1}{2}\left[\frac{k^2}{n^2}-\frac{(k-1)^2}{n^2}\right]\right\}=\frac{M}{2n}.$$

【例】3.2.39（沃利斯公式） 证明 $\lim\limits_{n\to\infty}\left[\frac{(2n)!!}{(2n-1)!!}\right]^2\frac{1}{2n+1}=\frac{\pi}{2}$.

证明： 由于

$$\int_0^{\frac{\pi}{2}}\sin^{2n+1}x\mathrm{d}x<\int_0^{\frac{\pi}{2}}\sin^{2n}x\mathrm{d}x<\int_0^{\frac{\pi}{2}}\sin^{2n-1}x\mathrm{d}x,$$

因此

$$\frac{(2n)!!}{(2n+1)!!} < \frac{(2n-1)!!}{(2n)!!}\frac{\pi}{2} < \frac{(2n-2)!!}{(2n-1)!!}.$$

从而

$$J_n \triangleq \left[\frac{(2n)!!}{(2n-1)!!}\right]^2 \frac{1}{2n+1} < \frac{\pi}{2} < \left[\frac{(2n)!!}{(2n-1)!!}\right]^2 \frac{1}{2n} \triangleq J'_n.$$

于是

$$0 \leqslant \lim_{n\to\infty}(J'_n - J_n) = \lim_{n\to\infty}\left[\frac{(2n)!!}{(2n-1)!!}\right]^2 \frac{1}{(2n)(2n+1)} \leqslant \lim_{n\to\infty}\frac{1}{2n}\frac{\pi}{2} = 0.$$

【例】3.2.40　(Stirling 公式)　证明 $\lim\limits_{n\to\infty}\dfrac{n!}{\sqrt{2\pi n}\left(\dfrac{n}{\mathrm{e}}\right)^n} = 1.$

证明： 设 $a_n = \dfrac{n!}{\sqrt{2\pi n}\left(\dfrac{n}{\mathrm{e}}\right)^n}$，首先证明 a_n 收敛，且极限为正数.

$$\ln\frac{a_n}{a_{n+1}} = \left(n+\frac{1}{2}\right)\ln\left(1+\frac{1}{n}\right) - 1.$$

考虑泰勒展开，

$$\begin{aligned}\left(n+\frac{1}{2}\right)\ln\left(1+\frac{1}{n}\right)-1 &= \left(n+\frac{1}{2}\right)\left[\frac{1}{n} - \frac{\left(\frac{1}{n}\right)^2}{2} + \frac{\left(\frac{1}{n}\right)^3}{3} + o\left(\frac{1}{n^3}\right)\right] - 1\\ &= \frac{1}{12n^2} + o\left(\frac{1}{n^2}\right),\quad n\to\infty.\end{aligned}$$

由于 $\lim\limits_{n\to\infty}\dfrac{\ln\dfrac{a_n}{a_{n+1}}}{\dfrac{1}{12n^2}} = 1$，存在常数 c_1，$c_2>0$，当 $n\geqslant N$ 时，有

$$c_1\frac{1}{n^2} < \ln\frac{a_n}{a_{n+1}} < c_2\frac{1}{n^2}.$$

由 $0 < \ln\dfrac{a_n}{a_{n+1}}$ 得 a_n 严格单减. 由此 a_n 有极限，设为 a. 由 $\ln\dfrac{a_n}{a_{n+1}} < c_2\dfrac{1}{n^2}$ 得

$$\sum_{k=N}^{n-1}\ln\frac{a_k}{a_{k+1}} \leqslant c_2\sum_{k=N}^{n-1}\frac{1}{k^2},$$

注意到：

$$\frac{1}{1^2}+\frac{1}{2^2}+\cdots+\frac{1}{n^2} < 1+\left(1-\frac{1}{2}\right)+\cdots+\left(\frac{1}{n-1}-\frac{1}{n}\right),$$

所以 $\sum\limits_{k=N}^{n-1}\ln\dfrac{a_k}{a_{k+1}}$ 有上界. 从而 $\ln\dfrac{a_N}{a_n}<C$，即 $a_n>\dfrac{a_N}{\mathrm{e}^C}$. 所以极限 $a>0$.

由沃利斯公式，

$$\begin{aligned}\frac{\pi}{2}&=\lim_{n\to\infty}\left\{\frac{[(2n)!!]^2}{(2n)!}\right\}^2\frac{1}{2n+1}=\lim_{n\to\infty}\left[\frac{(2^n n!)^2}{(2n)!}\right]^2\frac{1}{2n+1}\\&=\lim_{n\to\infty}\left\{\frac{\left[2^n a\sqrt{2\pi\cdot n}\left(\frac{n}{\mathrm{e}}\right)^n\right]^2}{a\sqrt{2\pi\cdot 2n}\left(\frac{2n}{\mathrm{e}}\right)^{2n}}\right\}^2\frac{1}{2n+1}\\&=\lim_{n\to\infty}\left[\frac{\sqrt{2\pi}an}{\sqrt{2n}}\right]^2\frac{1}{2n+1}=\frac{\pi a^2}{2}.\end{aligned}$$

所以 $a=1$.

3.3 自测题

【练习】3.3.1 已知 e^{-x} 是 $f(x)$ 的一个原函数，求 $\int x^2f(\ln x)\mathrm{d}x$.

【练习】3.3.2 计算不定积分 $\int\ln(1+x^2)\mathrm{d}x$.

【练习】3.3.3 求 $\int\frac{1}{x^2}\sin\frac{1}{x}\mathrm{d}x$.

【练习】3.3.4 设 $f(x)$，$g(x)$ 在 $[0,1]$ 上的导数连续，且 $f(0)=0$，$f'(x)\geqslant 0$，$g'(x)\geqslant 0$，证明：$\forall a\in[0,1]$，有

$$\int_0^a g(x)f'(x)\mathrm{d}x+\int_0^1 f(x)g'(x)\mathrm{d}x\geqslant f(a)g(1).$$

【练习】3.3.5 计算定积分 $\int_{-1}^{1}\frac{1-x^4\arcsin x}{\sqrt{4-x^2}}\mathrm{d}x$.

【练习】3.3.6 设在 $f(x)$ 在 $[0,1]$ 上有连续的二阶导数，且 $f(0)=f(1)=0$，又 $f(x)$ 不恒为零，证明：

$$\int_0^1|f''(x)|\mathrm{d}x\geqslant 4\max_{x\in[0,1]}|f(x)|.$$

（提示：$|f(x)|$ 在 $(0,1)$ 内取到最大值）

【练习】3.3.7 已知 $f(x)$ 在闭区间 $[0,1]$ 上连续，在开区间 $(0,1)$ 内可导，且 $f(1)=2\int_0^{\frac{1}{2}}xf(x)\mathrm{d}x$. 证明：存在 $\xi\in(0,1)$，使 $\xi f'(\xi)+f(\xi)=0$ 成立.

【练习】3.3.8 设星形线方程为 $\begin{cases}x=\cos^3t,\\y=\sin^3t,\end{cases}$ $0\leqslant t\leqslant 2\pi$. 求星形线所围图形绕 x 轴旋转一周所成旋转体的体积.

【练习】3.3.9 设曲线 $y=x^2$ 与直线 $y=x$ 围成一平面图形 D. 求：

（1）平面图形 D 的面积；

（2）平面图形 D 绕 y 轴旋转所得旋转体的体积.

【练习】3.3.10　设一长为 l 的均匀细杆，线密度为 μ，在杆的一端的延长线上有一质量为 m 的质点，质点与该端的距离为 a.

（1）求细杆与质点间的引力；

（2）分别求如果将质点由距离杆端 a 处移到 b 处（$b>a$）与无穷远处时克服引力所做的功.

【练习】3.3.11　设有边长为 a 的等边三角形平板，将其垂直放入水中，使三角形的一边与水面重合，设水的密度为 ρ，求平板所受到的水压力.

【练习】3.3.12　设函数 $f(x)$ 在 $[0,\pi]$ 上连续，满足 $\int_0^{\pi} f(x)\mathrm{d}x=0$，$\int_0^{\pi} f(x)\cos x\mathrm{d}x=0$. 证明：函数 $f(x)$ 在 $(0,\pi)$ 内至少存在两个零点.（提示：在 $[0,\xi]$，$[\xi,\pi]$ 上分别应用罗尔定理，可得 $F'(x)$ 即 $f(x)$ 在 $(0,\pi)$ 内至少存在两个零点.）

自测题解答

【练习】3.3.1　**解**：由题设知，$f(x)=(\mathrm{e}^{-x})'=-\mathrm{e}^{-x}$. 于是

$$\int x^2 f(\ln x)\mathrm{d}x=\int x^2\left(-\frac{1}{x}\right)\mathrm{d}x=\int(-x)\mathrm{d}x=-\frac{1}{2}x^2+C.$$

【练习】3.3.2　**解**：

$$\begin{aligned}\int \ln(1+x^2)\mathrm{d}x&=x\ln(1+x^2)-\int\frac{2x^2}{1+x^2}\mathrm{d}x\\&=x\ln(1+x^2)-2x+2\arctan x+C.\end{aligned}$$

【练习】3.3.3　**解**：

$$\int\frac{1}{x^2}\sin\frac{1}{x}\mathrm{d}x=\int\sin\frac{1}{x}\mathrm{d}\left(-\frac{1}{x}\right)=\cos\frac{1}{x}+C.$$

【练习】3.3.4　**证明**：令 $F(x)=\int_0^x g(t)f'(t)\mathrm{d}x+\int_0^1 f(t)g'(t)\mathrm{d}t-f(x)g(1)$，$x\in[0,1]$，则 $F'(x)=g(x)f'(x)-f'(x)g(1)=f'(x)[g(x)-g(1)]$. 因为 $f'(x)\geqslant 0$，$g'(x)\geqslant 0$，所以 $F'(x)\leqslant 0$. 故

$$\begin{aligned}F(x)\geqslant F(1)&=\int_0^1 g(t)f'(t)\mathrm{d}x+\int_0^1 f(t)g'(t)\mathrm{d}t-f(1)g(1)\\&=\int_0^1[g(t)f(t)]'\mathrm{d}t-f(1)g(1)\\&=f(1)g(1)-f(0)g(0)-f(1)g(1)=0.\end{aligned}$$

令 $x=a$，有 $F(a)\geqslant 0$，故

$$\int_0^a g(x)f'(x)\mathrm{d}x+\int_0^1 f(x)g'(x)\mathrm{d}x\geqslant f(a)g(1).$$

【练习】3.3.5　解：

$$\int_{-1}^{1}\frac{1-x^4\arcsin x}{\sqrt{4-x^2}}\mathrm{d}x=\int_{-1}^{1}\frac{1}{\sqrt{4-x^2}}\mathrm{d}x+\int_{-1}^{1}\frac{x^4\arcsin x}{\sqrt{4-x^2}}\mathrm{d}x$$

$$=2\int_0^1\frac{1}{\sqrt{4-x^2}}\mathrm{d}x+0=2\arcsin\frac{x}{2}\bigg|_0^1=\frac{\pi}{3}.$$

【练习】3.3.6　证明：由条件知 $|f(x)|$ 在 $(0,1)$ 内取到最大值，假定 $x_0\in(0,1)$ 为最大值点，即 $f(x_0)=\max_{x\in[0,1]}|f(x)|$.

在 $[0,x_0]$，$[x_0,1]$ 上分别对 $f(x)$ 使用拉格朗日中值定理可得 $\exists\xi\in(0,x_0)$，$\eta\in(x_0,1)$，满足 $\dfrac{f(x_0)-f(0)}{x_0-0}=f'(\xi)$，$\dfrac{f(1)-f(x_0)}{1-x_0}=f'(\eta)$. 则

$$\int_0^1|f''(x)|\mathrm{d}x\geqslant\int_\xi^\eta|f''(x)|\mathrm{d}x\geqslant\left|\int_\xi^\eta f''(x)\mathrm{d}x\right|$$

$$=|f'(\eta)-f'(\xi)|$$

$$=\left|\frac{-f(x_0)}{1-x_0}-\frac{f(x_0)}{x_0}\right|=|f(x_0)|\left(\frac{1}{1-x_0}+\frac{1}{x_0}\right)$$

$$=|f(x_0)|\frac{1}{x_0(1-x_0)}\geqslant 4|f(x_0)|.$$

故有 $\int_0^1|f''(x)|\mathrm{d}x\geqslant 4\max_{x\in[0,1]}|f(x)|$ 成立.

【练习】3.3.7　证明：因为 $f(x)$ 在闭区间 $\left[0,\frac{1}{2}\right]$ 上连续，则由积分中值定理得，存在 $\eta\in\left[0,\frac{1}{2}\right]$，使得

$$2\int_0^{\frac{1}{2}}xf(x)\mathrm{d}x=2\cdot\frac{1}{2}\eta f(\eta)=\eta f(\eta).$$

于是由已知条件得 $f(1)=\eta f(\eta)$.

构造辅助函数 $F(x)=xf(x)$. 则有 $F(1)=F(\eta)$，且由题设可知，$F(x)$ 在 $[\eta,1]$ 上连续，在 $(\eta,1)$ 内可导，于是由罗尔定理得，存在 $\xi\in(\eta,1)\subset(0,1)$，使得 $F'(\xi)=0$，即

$$\xi f'(\xi)+f(\xi)=0.$$

【练习】3.3.8　解：由对称性可知，所成旋转体的体积

$$V_x=2\int_0^1\pi y^2\mathrm{d}x,$$

于是由 $x=\cos^3 t$，$y=\sin^3 t$ 代入得

$$V_x = 2\int_{\frac{\pi}{2}}^{0}\pi\,(\sin^3 t)^2 3\cos^2 t(-\sin t)\,dt$$

$$= 6\pi\int_0^{\frac{\pi}{2}}(\sin^7 t - \sin^9 t)\,dt = \frac{32}{105}\pi.$$

【练习】3.3.9　解：(1) 曲线与直线的交点为(0,0)和(1,1)，取 x 为积分变量，则平面图形 D 的面积

$$A = \int_0^1 (x - x^2)\,dx = \frac{1}{6}.$$

(2) 所求旋转体的体积应为曲边梯形和三角形分别绕 y 轴旋转所得旋转体体积的差，故

$$V = \pi\int_0^1 (\sqrt{y})^2 dy - \pi\int_0^1 y^2 dy = \frac{1}{6}\pi.$$

【练习】3.3.10　解：建立坐标系，使细杆位于区间$[0,l]$上，质点 m 位于 $l+a$ 处.

(1) 在$[0,l]$上任取小区间$[x,x+dx]$，长为 dx 的细杆可以近似地看成质点，其质量为 μdx，它与质点 m 的引力近似地等于

$$dF = G\frac{m\mu dx}{(a+l-x)^2},$$

其中 G 为引力常数. 上式积分得

$$F = \int_0^l \frac{Gm\mu}{(a+l-x)^2}dx = Gm\mu\left(\frac{1}{a} - \frac{1}{a+l}\right) = \frac{Gm\mu l}{a(a+l)}.$$

(2) 当质点向右移至距杆端 $x(x\geqslant a)$ 处时，细杆与质点间的引力为

$$F(x) = \frac{Gm\mu l}{x(x+l)}.$$

将质点由 a 处移到 b 处与无穷远处时克服引力所做的功分别记作 W_b 和 W_∞，在$[a,b]$上任取小区间$[x,x+dx]$，质点由 x 处移到 $x+dx$ 处时克服引力所做的功近似等于

$$dW = F(x)\,dx = \frac{Gm\mu l}{x(x+l)}dx,$$

积分得

$$W_b = \int_a^b F(x)\,dx = \int_a^b \frac{Gm\mu l}{x(x+l)}dx = Gm\mu\int_a^b\left(\frac{1}{x} - \frac{1}{x+l}\right)dx = Gm\mu\ln\frac{b(a+l)}{a(b+l)};$$

$$W_\infty = \lim_{b\to+\infty} W_b = \lim_{b\to+\infty} Gm\mu\ln\frac{b(a+l)}{a(b+l)} = Gm\mu\ln\frac{a+l}{a}.$$

【练习】3.3.11　解：以该三角形的与水面重合的那一边作为 y 轴（方向向右），该边的中垂线作为 x 轴（方向向下）建立直角坐标系，则该三角形位于第一象限的一边的方程为：

$$y = \frac{1}{2}a - \frac{\sqrt{3}}{3}x.$$

在 x 轴的区间$\left[0,\ \frac{\sqrt{3}}{2}a\right]$上任取小区间$[x,x+\mathrm{d}x]$，则水压力微元：

$$\mathrm{d}P=\rho g x\cdot 2\left(\frac{1}{2}a-\frac{\sqrt{3}}{3}x\right)\mathrm{d}x,$$

于是平板所受到的水压力：

$$P=\int_0^{\frac{\sqrt{3}}{2}a}\rho g x\cdot 2\left(\frac{1}{2}a-\frac{\sqrt{3}}{3}x\right)\mathrm{d}x$$

$$=\rho g\int_0^{\frac{\sqrt{3}}{2}a}\left(ax-\frac{2\sqrt{3}}{3}x^2\right)\mathrm{d}x=\frac{\rho g a^3}{8}.$$

【练习】3.3.12　证明：若$f(x)\equiv 0$，则结论成立；若连续函数$f(x)$不恒为0，则$f(x)$必在$(0,\pi)$内存在零点．否则，若函数在区间$[0,\pi]$上不变号，这与已知条件$\int_0^{\pi}f(x)\mathrm{d}x=0$矛盾．（或由积分中值定理，$\exists\xi\in(0,\pi)$，满足$0=\int_0^{\pi}f(x)\mathrm{d}x=f(\xi)(\pi-0)$，即$f(\xi)=0$.）假定$f(x)$在$(0,\pi)$内只有唯一零点$x_0$，$f(x_0)=0$，则$f(x)$在$(0,x_0)$及$(x_0,\pi)$内异号，从而$g(x)=f(x)(\cos x-\cos x_0)$在$[0,\pi]$上不变号，且$g(x)$不恒为0，所以$\int_0^{\pi}f(x)(\cos x-\cos x_0)\mathrm{d}x$严格大于0或小于0，而由已知条件

$$\int_0^{\pi}f(x)(\cos x-\cos x_0)\mathrm{d}x=\int_0^{\pi}f(x)\cos x\mathrm{d}x-\cos x_0\int_0^{\pi}f(x)\mathrm{d}x=0,$$

产生矛盾，所以假设不成立，$f(x)$在$(0,\pi)$内至少存在两个零点.

3.4　硕士入学考试试题及高等数学竞赛试题选编

【例】3.4.1（2021 研）　设函数$f(x)$在区间$[0,1]$上连续，则$\int_0^1 f(x)\mathrm{d}x=$（　　）.

(A) $\lim\limits_{n\to\infty}\sum\limits_{k=1}^{n}f\left(\frac{2k-1}{2n}\right)\frac{1}{2n}$　　(B) $\lim\limits_{n\to\infty}\sum\limits_{k=1}^{n}f\left(\frac{2k-1}{2n}\right)\frac{1}{n}$

(C) $\lim\limits_{n\to\infty}\sum\limits_{k=1}^{2n}f\left(\frac{k-1}{2n}\right)\frac{1}{n}$　　(D) $\lim\limits_{n\to\infty}\sum\limits_{k=1}^{2n}f\left(\frac{k}{2n}\right)\cdot\frac{2}{n}$

解：由定积分的定义知，将(0,1)分成 n 份，取中间点的函数值，则

$$\int_0^1 f(x)\mathrm{d}x=\lim_{n\to\infty}\sum_{k=1}^{n}f\left(\frac{2k-1}{2n}\right)\frac{1}{n},$$

即选（B).

【例】3.4.2（2021 研）　求极限$\lim\limits_{x\to 0}\left(\frac{1+\int_0^x \mathrm{e}^{t^2}\mathrm{d}t}{\mathrm{e}^x-1}-\frac{1}{\sin x}\right)$.

解：

$$原式=\lim_{x\to 0}\frac{\left(1+\int_0^x e^{t^2}dt\right)\sin x-e^x+1}{(e^x-1)\sin x}$$

$$=\lim_{x\to 0}\frac{\left(1+\int_0^x e^{t^2}dt\right)\sin x-e^x+1}{x^2}$$

$$=\lim_{x\to 0}\frac{e^{x^2}\sin x+\left(1+\int_0^x e^{t^2}dt\right)\cos x-e^x}{2x}$$

$$=\lim_{x\to 0}\frac{e^{x^2}\sin x+\int_0^x e^{t^2}dt\cos x+\cos x-e^x}{2x}=\frac{1}{2}.$$

【例】3.4.3（2020 研） 当 $x\to 0^+$ 时，下列无穷小量中最高阶的是（　　）.

(A) $\int_0^x (e^{t^2}-1)dt$　　(B) $\int_0^x \ln(1+\sqrt{t^3})dt$

(C) $\int_0^{\sin x}\sin t^2 dt$　　(D) $\int_0^{1-\cos x}\sqrt{\sin^3 t}dt$

解：（A）选项中 $\int_0^x (e^{t^2}-1)dt$ 求导得到 $e^{x^2}-1\sim x^2$，则（A）选项阶数为 3 阶.

（B）选项中 $\int_0^x \ln(1+\sqrt{t^3})dt$ 求导得到 $\ln(1+\sqrt{x^3})\sim\sqrt{x^3}$，则（B）选项中阶数为 $\frac{5}{2}$阶.

（C）选项中 $\int_0^{\sin x}\sin t^2 dt$ 求导得到 $\sin(\sin^2 x)\sim x^2$，则（C）选项中阶数为 3 阶.

（D）选项中 $\int_0^{1-\cos x}\sqrt{\sin^3 t}dt$ 求导得到 $\sqrt{\sin^3(1-\cos x)}\sin x\sim\frac{1}{2}x^4$，则（D）选项中阶数为 5 阶.

故选（D）.

【例】3.4.4（2019 研） 设 $a_n=\int_0^1 x^n\sqrt{1-x^2}dx\quad(n=0,1,2,\cdots)$.

（1）证明：数列 $\{a_n\}$ 单调减少，且 $a_n=\frac{n-1}{n+2}a_{n-2}(n=2,3,\cdots)$；

（2）求极限 $\lim_{n\to\infty}\frac{a_n}{a_{n-1}}$.

解：（1）当 $x\in(0,1)$ 时，有 $x^{n+1}<x^n$，

$$a_{n+1}-a_n=\int_0^1 (x^{n+1}-x^n)\sqrt{1-x^2}dx<0,$$

所以数列$\{a_n\}$单调减少.

令$x=\sin t$，$t\in\left[0,\frac{\pi}{2}\right]$，则

$$a_n=\int_0^1 x^n\sqrt{1-x^2}\mathrm{d}x=\int_0^{\frac{\pi}{2}}\sin^n t\cos^2 t\mathrm{d}t=\int_0^{\frac{\pi}{2}}\sin^n t\mathrm{d}t-\int_0^{\frac{\pi}{2}}\sin^{n+2}t\mathrm{d}t.$$

先设$I_n=\int_0^{\frac{\pi}{2}}\sin^n x\mathrm{d}x$，$n=0,1,2,\cdots$，则当$n\geqslant 2$时，

$$\begin{aligned}I_n&=\int_0^{\frac{\pi}{2}}\sin^n x\mathrm{d}x=-\int_0^{\frac{\pi}{2}}\sin^{n-1}x\mathrm{d}\cos x=(n-1)\int_0^{\frac{\pi}{2}}\sin^{n-2}x\cos^2 x\mathrm{d}x\\&=(n-1)(I_{n-2}-I_n),\end{aligned}$$

也就是得到$I_n=\frac{n+2}{n+1}I_{n+2}$，$n=0,1,\cdots$，所以

$$a_n=I_n-I_{n+2}=\frac{1}{n+2}I_n.$$

同理，

$$a_{n-2}=I_{n-2}-I_n=\frac{1}{n-1}I_n.$$

综合上述，可知对任意的正整数n，均有

$$a_n=\frac{n-1}{n+2}a_{n-2}\quad(n=2,3,\cdots).$$

（2）由（1）的结论数列$\{a_n\}$单调减少，且$a_n=\frac{n-1}{n+2}a_{n-2}$ $(n=2,3,\cdots)$，所以

$$1>\frac{a_n}{a_{n-1}}>\frac{n-1}{n+2}.$$

由迫敛性准则，可知$\lim\limits_{n\to\infty}\frac{a_n}{a_{n-1}}=1$.

【例】3.4.5（2018研） 设

$$M=\int_{-\frac{\pi}{2}}^{\frac{\pi}{2}}\frac{(1+x)^2}{1+x^2}\mathrm{d}x,\ N=\int_{-\frac{\pi}{2}}^{\frac{\pi}{2}}\frac{1+x}{\mathrm{e}^x}\mathrm{d}x,\ K=\int_{-\frac{\pi}{2}}^{\frac{\pi}{2}}(1+\sqrt{\cos x})\mathrm{d}x,$$

则M，N，K的大小关系为（　　）.

（A）$M>N>K$　　（B）$M>K>N$　　（C）$K>M>N$　　（D）$N>M>K$

解：

$$M=\int_{-\frac{\pi}{2}}^{\frac{\pi}{2}}\frac{1+x^2+2x}{1+x^2}\mathrm{d}x=\int_{-\frac{\pi}{2}}^{\frac{\pi}{2}}\mathrm{d}x=\pi,$$

$$K=\int_{-\frac{\pi}{2}}^{\frac{\pi}{2}}(1+\sqrt{\cos x})\mathrm{d}x>\pi,$$

所以$K>M$. 答案为（C）.

【例】3.4.6（2017研） 已知函数$y(x)$由方程$x^3+y^3-3x+3y-2=0$确定，求$y(x)$的极值.

解：两边求导得

$$3x^2+3y^2y'-3+3y'=0.$$

令$y'=0$得$x=\pm1$. 两边再关于x求导得

$$6x+6y(y')^2+3y^2y''+3y''=0.$$

将$x=\pm1$代入原题给的等式中，得

$$\begin{cases}x=1,\\ y=1,\end{cases} \text{或} \begin{cases}x=-1,\\ y=0.\end{cases}$$

将$x=1$，$y=1$代入得$y''(1)=-1<0$. 将$x=-1$，$y=0$代入得$y''(-1)=2>0$. 故$x=1$为极大值点，$y(1)=1$；$x=-1$为极小值点，$y(-1)=0$.

【例】3.4.7（2016研） 已知函数$f(x)=\begin{cases}2(x-1),x<1,\\ \ln x,x\geqslant 1,\end{cases}$则$f(x)$的一个原函数是（　　）.

(A) $F(x)=\begin{cases}(x-1)^2,x<1,\\ x(\ln x-1),x\geqslant 1\end{cases}$

(B) $F(x)=\begin{cases}(x-1)^2,x<1,\\ x(\ln x+1)-1,x\geqslant 1\end{cases}$

(C) $F(x)=\begin{cases}(x-1)^2,x<1,\\ x(\ln x+1)+1,x\geqslant 1\end{cases}$

(D) $F(x)=\begin{cases}(x-1)^2,x<1,\\ x(\ln x-1)+1,x\geqslant 1\end{cases}$

解：当$x<1$时，

$$F(x)=\int 2(x-1)\mathrm{d}x=x^2-2x+C_1.$$

当$x\geqslant1$时，

$$F(x)=\int \ln x\mathrm{d}x=x\ln x-x+C_2;$$

且

$$\lim_{x\to1^-}F(x)=\lim_{x\to1^-}(x^2-2x+C_1)=-1+C_1,$$

$$\lim_{x\to1^+}F(x)=\lim_{x\to1^+}(x\ln x-x+C_2)=-1+C_2.$$

由$\lim\limits_{x\to1^-}F(x)=\lim\limits_{x\to1^+}F(x)=F(1)$可知：$C_1=C_2$. 所以其原函数为

$$F(x)=\begin{cases}x^2-2x+C,x<1,\\ x\ln x-x+C,x\geqslant 1.\end{cases}$$

当$C=1$时，对应的原函数为（D）.

【例】3.4.8（2017 研） 求 $\lim\limits_{n\to\infty}\sum\limits_{k=1}^{n}\frac{k}{n^2}\ln\left(1+\frac{k}{n}\right)$.

解：

$$\lim_{n\to\infty}\sum_{k=1}^{n}\frac{k}{n^2}\ln\left(1+\frac{k}{n}\right)=\int_0^1 x\ln(1+x)\mathrm{d}x=\frac{1}{2}\int_0^1\ln(1+x)\mathrm{d}x^2$$

$$=\frac{1}{2}\left[\ln(1+x)\cdot x^2\Big|_0^1-\int_0^1\frac{x^2-1+1}{1+x}\mathrm{d}x\right]=\frac{1}{4}.$$

【例】3.4.9（2014 研） 若

$$\int_{-\pi}^{\pi}(x-a_1\cos x-b_1\sin x)^2\mathrm{d}x=\min_{a,b\in\mathbf{R}}\left\{\int_{-\pi}^{\pi}(x-a\cos x-b\sin x)^2\mathrm{d}x\right\},$$

$a_1\cos x+b_1\sin x=$（　　）.

（A）$2\sin x$　　（B）$2\cos x$　　（C）$2\pi\sin x$　　（D）$2\pi\cos x$

解：令 $Z(a,b)=\int_{-\pi}^{\pi}(x-a\cos x-b\sin x)^2\mathrm{d}x$

$$\begin{cases}Z'_a=2\int_{-\pi}^{\pi}(x-a\cos x-b\sin x)(-\cos x)\mathrm{d}x=0,\\ Z'_b=2\int_{-\pi}^{\pi}(x-a\cos x-b\sin x)(-\sin x)\mathrm{d}x=0.\end{cases}\tag{3.1}$$

由（3.1）第一式得 $2a\int_0^{\pi}\cos^2 x\mathrm{d}x=0$，故 $a=0$. 由（3.1）第二式得

$$b=\frac{\int_0^{\pi}x\sin x\mathrm{d}x}{\int_0^{\pi}\sin^2 x\mathrm{d}x}=2.$$

故答案为（A）.

【例】3.4.10（2013 研） 计算 $\int_0^1\frac{f(x)}{\sqrt{x}}\mathrm{d}x$，其中 $f(x)=\int_1^x\frac{\ln(t+1)}{t}\mathrm{d}t$.

解：

$$\int_0^1\frac{f(x)}{\sqrt{x}}\mathrm{d}x=2\int_0^1 f(x)\mathrm{d}\sqrt{x}=2[f(x)\sqrt{x}]\Big|_0^1-2\int_0^1\sqrt{x}f'(x)\mathrm{d}x$$

$$=-2\int_0^1\frac{\ln(x+1)}{\sqrt{x}}\mathrm{d}x=-4\int_0^1\ln(x+1)\mathrm{d}\sqrt{x}$$

$$=-4\left[\ln(x+1)\sqrt{x}\Big|_0^1-\int_0^1\frac{\sqrt{x}}{1+x}\mathrm{d}x\right]$$

$$=-4\ln 2+4\int_0^1\frac{\sqrt{x}}{1+x}\mathrm{d}x.$$

其中

$$\int_0^1 \frac{\sqrt{x}}{1+x}\mathrm{d}x = \int_0^1 \frac{t}{1+t^2}\cdot 2t\mathrm{d}t = 2\int_0^1 \frac{t^2}{1+t^2}\mathrm{d}t = 2\int_0^1 \mathrm{d}t - 2\int_0^1 \frac{1}{1+t^2}\mathrm{d}t$$

$$= 2\left[t - \arctan t\right]_0^1 = 2\left(1-\frac{\pi}{4}\right).$$

所以 原式 $= -4\ln 2 + 8\left(1-\frac{\pi}{4}\right) = 8 - 2\pi - 4\ln 2.$

【例】3.4.11（2012 研） 设 $I_k = \int_e^k \mathrm{e}^{x^2}\sin x\mathrm{d}x (k=1,2,3)$，则有（　　）.

（A）$I_1 < I_2 < I_3$　　（B）$I_2 < I_2 < I_3$　　（C）$I_1 < I_3 < I_1$　　（D）$I_1 < I_2 < I_3$

解： $I'_k = \mathrm{e}^{k^2}\sin k \geqslant 0$，$k \in (0,\pi)$，即可知 $I_k = \int_e^k \mathrm{e}^{x^2}\sin x\mathrm{d}x$ 关于 k 在 $(0,\pi)$ 内为单调增函数，又由于 $1,2,3 \in (0,\pi)$，则 $I_1 < I_2 < I_3$，故选（D）.

【例】3.4.12（2012 研） $\int_0^2 x\sqrt{2x-x^2}\mathrm{d}x.$

解： 令 $t = x-1$，有

$$\text{原式} = \int_{-1}^1 (t+1)\sqrt{1-t^2}\mathrm{d}t = \int_{-1}^1 \sqrt{1-t^2}\mathrm{d}t = \frac{\pi}{2}.$$

【例】3.4.13（2012 研） 已知曲线 $L:\begin{cases} x = f(t), \\ y = \cos t, \end{cases}$ $0 \leqslant t < \frac{\pi}{2}$，其中函数 $f(t)$ 具有连续导数，且 $f(0) = 0$，$f'(t) > 0\left(0 < t < \frac{\pi}{2}\right)$. 若曲线 L 的切线与 x 轴的交点到切点的距离恒为 1，求函数 $f(t)$ 的表达式，并求此曲线 L 与 x 轴与 y 轴无边界的区域的面积.

解： 切线方程为：$Y - \cos t = \frac{-\sin t}{f'(t)}[X - f(t)]$，令 $Y = 0$ 得 $X = f'(t)\cot t + f(t)$. 由于曲线 L 与 x 轴和 y 轴的交点到切点的距离恒为 1. 故有

$$[f'(t)\cot t + f(t) - f(t)]^2 + \cos^2 t = 1,$$

又因为 $f'(t) > 0$，所以 $f'(t) = \frac{\sin t}{\cot t}$，作不定积分得

$$f(t) = \ln|\sec t + \tan t| - \sin t + C,$$

又由于 $f(0) = 0$，因此 $C = 0$. 故函数 $f(t) = \ln|\sec t + \tan t| - \sin t$.

（2）此曲线 L 与 x 轴和 y 轴所围成的无边界的区域的面积为：

$$S = \int_0^{\frac{\pi}{2}} \cos t \cdot f'(t)\mathrm{d}t = \frac{\pi}{4}.$$

【例】3.4.14（2011 研） 设 $I = \int_0^{\frac{\pi}{4}} \ln\sin x\mathrm{d}x$，$J = \int_0^{\frac{\pi}{4}} \ln\cot x\mathrm{d}x$，$K = \int_0^{\frac{\pi}{4}} \ln\cos x\mathrm{d}x$，则 I，J，K 的大小关系是（　　）.

(A) $I<J<K$　　(B) $I<K<J$　　(C) $J<I<K$　　(D) $K<J<I$

解： 因为$0<x<\dfrac{\pi}{4}$时，

$$0<\sin x<\cos x<1<\cot x.$$

又因$\ln x$是单调递增的函数，所以$\ln\sin x<\ln\cos x<\ln\cot x$．故正确答案为B.

【例】3.4.15（2011研） 求曲线$y=\int_0^x \tan t\mathrm{d}t\left(0\leqslant x\leqslant\dfrac{\pi}{4}\right)$的弧长$s$.

解： 选取x为参数，则弧微元

$$\mathrm{d}s=\sqrt{1+(y')^2}\mathrm{d}x=\sqrt{1+\tan^2 x}\mathrm{d}x=\sec x\mathrm{d}x,$$

所以

$$s=\int_0^{\frac{\pi}{4}}\sec x\mathrm{d}x=\ln\left|\sec x+\tan x\right|\Big|_0^{\frac{\pi}{4}}=\ln(1+\sqrt{2}).$$

【例】3.4.16（2020赛） 已知$\int_0^{+\infty}\dfrac{\sin x}{x}\mathrm{d}x=\dfrac{\pi}{2}$，求$\int_0^{+\infty}\int_0^{+\infty}\dfrac{\sin x\sin(x+y)}{x(x+y)}\mathrm{d}x\mathrm{d}y$.

解： 令$u=x+y$，得

$$\begin{aligned}I&=\int_0^{+\infty}\frac{\sin x}{x}\mathrm{d}x\int_0^{+\infty}\frac{\sin(x+y)}{x+y}\mathrm{d}y=\int_0^{+\infty}\frac{\sin x}{x}\mathrm{d}x\int_x^{+\infty}\frac{\sin u}{u}\mathrm{d}u\\&=\int_0^{+\infty}\frac{\sin x}{x}\mathrm{d}x\left(\int_0^{+\infty}\frac{\sin u}{u}\mathrm{d}u-\int_0^{x}\frac{\sin u}{u}\mathrm{d}u\right)\\&=\left(\int_0^{+\infty}\frac{\sin x}{x}\mathrm{d}x\right)^2-\int_0^{+\infty}\frac{\sin x}{x}\mathrm{d}x\int_0^{x}\frac{\sin u}{u}\mathrm{d}u.\end{aligned}$$

令$F(x)=\int_0^x\dfrac{\sin u}{u}\mathrm{d}u$，则$F'(x)=\dfrac{\sin x}{x}$，$\lim\limits_{x\to+\infty}F(x)=\dfrac{\pi}{2}$，所以

$$I=\frac{\pi^2}{4}-\int_0^{+\infty}F(x)F'(x)\mathrm{d}x=\frac{\pi^2}{4}-\frac{1}{2}\left[F(x)\right]^2\Big|_0^{+\infty}=\frac{\pi^2}{4}-\frac{1}{2}\left(\frac{\pi}{2}\right)^2=\frac{\pi^2}{8}.$$

【例】3.4.17（2020赛） 证明$f(n)=\sum\limits_{m=1}^{n}\int_0^m\cos\dfrac{2\pi n[x+1]}{m}\mathrm{d}x$等于$n$的所有因子（包括1和$n$本身）之和，其中$[x+1]$表示不超过$x+1$的最大整数，并计算$f(2\,021)$.

解：

$$\begin{aligned}\int_0^m\cos\frac{2\pi n[x+1]}{m}\mathrm{d}x&=\sum_{k=1}^{m}\int_{k-1}^{k}\cos\frac{2\pi n[x+1]}{m}\mathrm{d}x\\&=\sum_{k=1}^{m}\int_{k-1}^{k}\cos\frac{2\pi nk}{m}\mathrm{d}x=\sum_{k=1}^{m}\cos k\frac{2\pi n}{m}.\end{aligned}$$

如果m是n的因子，那么$\int_0^m\cos\dfrac{2\pi n[x+1]}{m}\mathrm{d}x=m$；否则，

$$\sum_{k=1}^{m}\cos kt = \cos\frac{m+1}{2}t\cdot\frac{\sin\frac{mt}{2}}{\sin\frac{t}{2}},$$

此时有

$$\int_0^m \cos\frac{2\pi n[x+1]}{m}\mathrm{d}x = \cos\left(\frac{m+1}{2}\cdot\frac{2\pi n}{m}\right)\cdot\frac{\sin\left(\frac{m}{2}\cdot\frac{2\pi n}{m}\right)}{\sin\frac{2\pi n}{2m}} = 0,$$

因此得证. 由此可得$f(2\,021)=1+43+47+2\,021=2\,112$.

【例】3.4.18（2019赛） 设隐函数$y=y(x)$由方程$y^2(x-y)=x^2$所确定，则$\int\frac{\mathrm{d}x}{y^2}=$（　　）.

解： 令$y=tx$，则

$$x=\frac{1}{t^2(1-t)},\ y=\frac{1}{t(1-t)},\ \mathrm{d}x=\frac{-2+3t}{t^3(1-t)^2}\mathrm{d}t,$$

这样，

$$\int\frac{\mathrm{d}x}{y^2}=\int\frac{-2+3t}{t}\mathrm{d}t = 3t-2\ln|t|+C=\frac{3y}{x}-2\ln\left|\frac{y}{x}\right|+C.$$

【例】3.4.19（2019赛） 求定积分$I=\int_0^{\frac{\pi}{2}}\frac{\mathrm{e}^x(1+\sin x)}{1+\cos x}\mathrm{d}x$.

解：

$$\begin{aligned}I &= \int_0^{\frac{\pi}{2}}\frac{\mathrm{e}^x}{1+\cos x}\mathrm{d}x+\int_0^{\frac{\pi}{2}}\frac{\sin x}{1+\cos x}\mathrm{d}\mathrm{e}^x\\ &= \int_0^{\frac{\pi}{2}}\frac{\mathrm{e}^x}{1+\cos x}\mathrm{d}x+\left.\frac{\sin x\mathrm{e}^x}{1+\cos x}\right|_0^{\frac{\pi}{2}}-\int_0^{\frac{\pi}{2}}\mathrm{e}^x\frac{\cos x(1+\cos x)+\sin^2 x}{(1+\cos x)^2}\mathrm{d}x\\ &= \int_0^{\frac{\pi}{2}}\frac{\mathrm{e}^x}{1+\cos x}\mathrm{d}x+\left.\frac{\sin x\mathrm{e}^x}{1+\cos x}\right|_0^{\frac{\pi}{2}}-\int_0^{\frac{\pi}{2}}\frac{\mathrm{e}^x}{1+\cos x}\mathrm{d}x=\mathrm{e}^{\frac{\pi}{2}}.\end{aligned}$$

【例】3.4.20（2018赛） 求$I=\int\frac{\ln(x+\sqrt{1+x^2})}{(1+x^2)^{3/2}}\mathrm{d}x$.

解： 令$x=\tan t$，$\mathrm{d}x=\sec^2 t\mathrm{d}t$，所以

$$\begin{aligned}I &= \int\frac{\ln(\sec t+\tan t)}{\sec t}\mathrm{d}t\\ &= \int\ln(\sec t+\tan t)\mathrm{d}(\sin t) = \sin t\ln(\sec t+\tan t)-\int\frac{\sin t}{\cos t}\mathrm{d}t\\ &= \sin t\ln(\sec t+\tan t)+\ln|\cos t|+C.\end{aligned}$$

由于$\tan t=x$，因此$\cos t=\frac{1}{\sqrt{1+x^2}}$，$\sin t=\frac{x}{\sqrt{1+x^2}}$，$\sec t=\sqrt{1+x^2}$，代入得原积分

为

$$F(x)=\frac{x}{\sqrt{1+x^2}}\ln(\sqrt{1+x^2}+x)+\ln\frac{1}{\sqrt{1+x^2}}+C$$

$$=\frac{x}{\sqrt{1+x^2}}\ln(\sqrt{1+x^2}+x)-\frac{1}{2}\ln(1+x^2)+C.$$

【例】3.4.21（2018 赛） 设$f(x)$在区间$[0,1]$上连续，$1\leqslant f(x)\leqslant 3$.
证明：

$$1\leqslant\int_0^1 f(x)\mathrm{d}x\int_0^1\frac{1}{f(x)}\mathrm{d}x\leqslant\frac{4}{3}.$$

证明：由柯西不等式，得

$$\int_0^1 f(x)\mathrm{d}x\int_0^1\frac{1}{f(x)}\mathrm{d}x\geqslant\left[\int_0^1\sqrt{f(x)}\sqrt{\frac{1}{f(x)}}\mathrm{d}x\right]^2=1.$$

又由于$[f(x)-1][f(x)-3]\leqslant 0$，则

$$\frac{[f(x)-1][f(x)-3]}{f(x)}\leqslant 0,$$

即$f(x)+\frac{3}{f(x)}\leqslant 4$，所以

$$\int_0^1\left[f(x)+\frac{3}{f(x)}\right]\mathrm{d}x\leqslant 4.$$

由于

$$\int_0^1 f(x)\mathrm{d}x\int_0^1\frac{3}{f(x)}\mathrm{d}x\leqslant\frac{1}{4}\left[\int_0^1 f(x)\mathrm{d}x+\int_0^1\frac{3}{f(x)}\mathrm{d}x\right]^2\leqslant 4.$$

因此

$$1\leqslant\int_0^1 f(x)\mathrm{d}x\int_0^1\frac{1}{f(x)}\mathrm{d}x\leqslant\frac{4}{3}.$$

【例】3.4.22（2018 赛） 证明：对于连续函数$f(x)>0$，有

$$\ln\int_0^1 f(x)\mathrm{d}x\geqslant\int_0^1\ln f(x)\mathrm{d}x.$$

证明：由于$f(x)$在$[0,1]$上连续，因此

$$\int_0^1 f(x)\mathrm{d}x=\lim_{n\to+\infty}\frac{1}{n}\sum_{k=1}^n f(x_k),\ x_k\in\left[\frac{k-1}{n},\frac{k}{n}\right],$$

由均值不等式$[f(x_1)f(x_2)\cdots f(x_n)]^{\frac{1}{n}}\leqslant\frac{1}{n}\sum_{k=1}^n f(x_k)$. 于是有

$$\frac{1}{n}\sum_{k=1}^n\ln f(x_k)\leqslant\ln\left[\frac{1}{n}\sum_{k=1}^n f(x_k)\right],$$

根据$\ln x$的连续性，两边取极限，得

$$\lim_{n\to+\infty}\frac{1}{n}\sum_{k=1}^{n}\ln f(x_k)\leqslant\lim_{n\to+\infty}\ln\left[\frac{1}{n}\sum_{k=1}^{n}f(x_k)\right],$$

即 $\ln\int_0^1 f(x)\,\mathrm{d}x\geqslant\int_0^1\ln f(x)\,\mathrm{d}x$.

【例】3.4.23（2016赛） 设函数$f(x)$在区间$[0,1]$上连续，且$I=\int_0^1 f(x)\,\mathrm{d}x\neq 0$. 证明：在$(0,1)$内存在不同的两点$x_1$，$x_2$，使得$\dfrac{1}{f(x_1)}+\dfrac{1}{f(x_2)}=\dfrac{2}{I}$.

证明： 设$F(x)=\dfrac{1}{I}\int_0^x f(t)\,\mathrm{d}t$，则$F(0)=0$，$F(1)=1$. 由介值定理，存在$\xi\in(0,1)$使得$F(\xi)=\dfrac{1}{2}$. 在两个子区间$(0,\xi)$，$(\xi,1)$上分别应用拉格朗日中值定理：

$$F'(x_1)=\frac{F(\xi)-F(0)}{\xi-0}=\frac{1/2}{\xi},\ x_1\in(0,\xi),$$

$$F'(x_2)=\frac{F(1)-F(\xi)}{1-\xi}=\frac{1/2}{1-\xi},\ x_2\in(\xi,1),$$

所以有

$$\frac{I}{f(x_1)}+\frac{I}{f(x_2)}=\frac{\xi}{1/2}+\frac{1-\xi}{1/2}=2.$$

【例】3.4.24（2016赛） 设$f(x)$在$[0,1]$上可导，$f(0)=0$，且当$x\in(0,1)$，$0<f'(x)<1$. 试证：当$a\in(0,1)$时，有$\left[\int_0^a f(x)\,\mathrm{d}x\right]^2>\int_0^a f^3(x)\,\mathrm{d}x$.

解： 设$F(x)=\left[\int_0^x f(x)\,\mathrm{d}x\right]^2-\int_0^x f^3(x)\,\mathrm{d}x$. 求导，

$$F'(x)=2f(x)\int_0^x f(t)\,\mathrm{d}t-f^3(x)=2f(x)\left[\int_0^x f(t)\,\mathrm{d}t-f^2(x)\right].$$

由$0<f'(x)<1$，所以函数$f(x)$在$(0,1)$内单调增加，即$f(x)>f(0)=0$. 设$g(x)=2\int_0^x f(t)\,\mathrm{d}t-f^2(x)$. 由于

$$g'(x)=2f(x)-2f(x)f'(x)=2f(x)[1-f'(x)]>0.$$

因此$g(x)$单调增加，$g(x)>g(0)=0$，$x>0$. 从而$F'(x)>0$，可得$F(x)$单调增加，所以$F(a)>F(0)=0$.

【例】3.4.25（2016赛） 设函数$f(x)$在闭区间$[0,1]$上具有连续导数，$f(0)=0$，$f(1)=1$. 证明：

$$\lim_{n\to\infty}n\left[\int_0^1 f(x)\,\mathrm{d}x-\frac{1}{n}\sum_{k=1}^{n}f\left(\frac{k}{n}\right)\right]=-\frac{1}{2}.$$

证明： 将区间$[0,1]$等分为n段，分点$x_k=\dfrac{k}{n}$，则$\Delta x_k=\dfrac{1}{n}$，

$$\text{原式} = \lim_{n\to\infty} n\left[\sum_{k=1}^{n}\int_{x_{k-1}}^{x_k} f(x)\,\mathrm{d}x - \sum_{k=1}^{n} f(x_k)\Delta x_k\right]$$

$$= \lim_{n\to\infty} n\left\{\sum_{k=1}^{n}\int_{x_{k-1}}^{x_k} [f(x) - f(x_k)]\,\mathrm{d}x\right\}$$

$$= \lim_{n\to\infty} n\left[\sum_{k=1}^{n}\int_{x_{k-1}}^{x_k} \frac{f(x) - f(x_k)}{x - x_k}(x - x_k)\,\mathrm{d}x\right]$$

$$= \lim_{n\to\infty} n\left[\sum_{k=1}^{n}\frac{f(\xi_k) - f(x_k)}{\xi_k - x_k}\int_{x_{k-1}}^{x_k} (x - x_k)\,\mathrm{d}x\right],\quad \xi_k \in (x_{k-1}, x_k),$$

应用微分中值定理，

$$\text{上式} = \lim_{n\to\infty} n\left[\sum_{k=1}^{n} f'(\eta_k)\int_{x_{k-1}}^{x_k} (x - x_k)\,\mathrm{d}x\right]$$

$$= \lim_{n\to\infty} n\left\{\sum_{k=1}^{n} f'(\eta_k)\left[-\frac{1}{2}(x_k - x_{k-1})^2\right]\right\}$$

$$= -\frac{1}{2}\lim_{n\to\infty}\left[\sum_{k=1}^{n} f'(\eta_k)(x_k - x_{k-1})\right] = -\frac{1}{2}\int_0^1 f'(x)\,\mathrm{d}x = -\frac{1}{2}.$$

【例】3.4.26（2015 赛） 设函数 f 在 $[0,1]$ 上连续，且 $\int_0^1 f(x)\,\mathrm{d}x = 0$，$\int_0^1 xf(x)\,\mathrm{d}x = 1$. 试证：

(1) $\exists x_0 \in [0,1]$ 使得 $|f(x_0)| > 4$；

(2) $\exists x_1 \in [0,1]$ 使得 $|f(x_1)| = 4$.

证明：(1) 若 $\forall x \in [0,1]$，$|f(x)| \leqslant 4$，则

$$1 = \int_0^1 \left(x - \frac{1}{2}\right) f(x)\,\mathrm{d}x \leqslant \int_0^1 \left|x - \frac{1}{2}\right| |f(x)|\,\mathrm{d}x \leqslant 4\int_0^1 \left|x - \frac{1}{2}\right|\mathrm{d}x = 1.$$

因此 $\int_0^1 \left|x - \frac{1}{2}\right| |f(x)|\,\mathrm{d}x = 1$. 而 $4\int_0^1 \left|x - \frac{1}{2}\right|\mathrm{d}x = 1$，故

$$\int_0^1 \left|x - \frac{1}{2}\right|(4 - |f(x)|)\,\mathrm{d}x = 0.$$

所以对于任意的 $\forall x \in [0,1]$，$|f(x)| = 4$，由连续性知 $f(x) \equiv 4$ 或 $f(x) \equiv -4$. 这与条件 $\int_0^1 f(x)\,\mathrm{d}x = 0$ 矛盾. 所以存在 $x_0 \in [0,1]$，使得 $|f(x_0)| > 4$.

(2) 先证 $\exists x_2 \in [0,1]$ 使得 $|f(x_2)| < 4$. 若不然，对于 $\forall x \in [0,1]$，$|f(x)| \geqslant 4$ 成立，则 $f(x) \geqslant 4$ 或 $f(x) \leqslant -4$ 恒成立，与 $\int_0^1 f(x)\,\mathrm{d}x = 0$ 矛盾. 再由 $f(x)$ 的连续性及 (1) 的结果，利用介值定理，可得 $\exists x_1 \in [0,1]$ 使得 $|f(x_1)| = 4$.

【例】3.4.27（2015 赛） 设区间 $(0, +\infty)$ 内的函数 $u(x)$ 定义为 $u(x) = \int_0^{+\infty} \mathrm{e}^{-xt^2}\,\mathrm{d}t$，求 $u(x)$ 的初等函数表达式.

解：由于

$$u^2(x) = \int_0^{+\infty} e^{-xt^2} dt \int_0^{+\infty} e^{-xs^2} ds = \iint_{s\geqslant 0, t\geqslant 0} e^{-x(t^2+s^2)} ds dt,$$

因此

$$u^2(x) = \int_0^{\frac{\pi}{2}} d\theta \int_0^{+\infty} e^{-x\rho^2} \rho d\rho = \frac{\pi}{4x} \int_0^{+\infty} e^{-x\rho^2} d_\rho(x\rho^2) \frac{\pi}{4x}.$$

所以有 $u(x) = \dfrac{\sqrt{\pi}}{2\sqrt{x}}$.

【例】3.4.28（2014 赛） 设 f 在 $[a,b]$ 上非负连续，严格单增，且存在 $x_n \in [a,b]$ 使得

$$[f(x_n)]^n = \frac{1}{b-a}\int_a^b [f(x)]^n dx,$$

求 $\lim\limits_{n\to\infty} x_n$.

解：任给 $\varepsilon > 0$，取 $c = b - \dfrac{\varepsilon}{2}$，则 $f(b-\varepsilon) < f(c)$，于是 $\exists N$，$\forall n > N$ 时有 $\left[\dfrac{f(b-\varepsilon)}{f(c)}\right]^n < \dfrac{b-c}{b-a}$. 从而

$$f^n(b-\varepsilon) < \frac{b-c}{b-a}[f(c)]^n \leqslant \frac{1}{b-a}\int_c^b [f(x)]^n dx \leqslant \frac{1}{b-a}\int_a^b [f(x)]^n dx = f^n(x_n),$$

于是得到 $b - \varepsilon < x_n$. 注意到 $x_n \in [a,b]$，由 ε 的任意性得 $\lim\limits_{n\to\infty} x_n = b$.

【例】2.4.29（2014 赛） 设

$$A_n = \frac{n}{n^2+1} + \frac{n}{n^2+2^2} + \cdots + \frac{n}{n^2+n^2},$$

求 $\lim\limits_{n\to\infty} n\left(\dfrac{\pi}{4} - A_n\right)$.

解: $A_n = \dfrac{1}{n}\sum\limits_{i=1}^{n} \dfrac{1}{1+\left(\dfrac{i}{n}\right)^2}$，令 $f(x) = \dfrac{1}{1+x^2}$，则

$$\lim_{n\to\infty} A_n = \int_0^1 f(x) dx = \frac{\pi}{4}.$$

记 $x_i = \dfrac{i}{n}$，则 $A_n = \sum\limits_{i=1}^{n} \int_{x_{i-1}}^{x_i} f(x_i) dx$，记 $I_n = n\left(\dfrac{\pi}{4} - A_n\right)$，则

$$I_n = n\sum_{i=1}^{n} \int_{x_{i-1}}^{x_i} [f(x) - f(x_i)] dx.$$

由拉格朗日中值定理，存在 $\zeta_i \in (x_{i-1}, x_i)$ 使得

$$I_n = n\sum_{i=1}^{n} \int_{x_{i-1}}^{x_i} f'(\xi_i)(x - x_i) dx.$$

记 m_i，M_i 分别是 $f'(x)$ 在 $[x_{i-1},x_i]$ 上的最小值和最大值，则 $m_i \leqslant f'(\xi_i) \leqslant M_i$，故积分 $\int_{x_{i-1}}^{x_i} f'(\xi)(x-x_i)\mathrm{d}x$ 介于 $m_i\int_{x_{i-1}}^{x_i}(x-x_i)\mathrm{d}x$，$M_i\int_{x_{i-1}}^{x_i}(x-x_i)\mathrm{d}x$ 之间，所以存在 $\eta_i \in (x_{i-1},x_i)$ 使得

$$\int_{x_{i-1}}^{x_i} f'(\xi_i)(x-x_i)\mathrm{d}x = -f'(\eta_i)(x_i-x_{i-1})^2/2.$$

于是，有

$$I_n = -\frac{n}{2}\sum_{i=1}^{n} f'(\eta_i)(x_i-x_{i-1})^2 = -\frac{1}{2n}\sum_{i=1}^{n} f'(\eta_i).$$

从而

$$\lim_{n\to\infty} n\left(\frac{\pi}{4}-A_n\right) = \lim_{n\to\infty} I_n = -\frac{1}{2}\int_0^1 f'(x)\mathrm{d}x = -\frac{1}{2}[f(1)-f(0)] = \frac{1}{4}.$$

【例】4.4.30（2013 赛） 证明广义积分 $\int_0^{+\infty}\frac{\sin x}{x}\mathrm{d}x$ 不是绝对收敛的.

证明： 设 $a_n = \int_{n\pi}^{(n+1)\pi}\frac{|\sin x|}{x}\mathrm{d}x$. 因为

$$a_n \geqslant \frac{1}{(n+1)\pi}\int_{n\pi}^{(n+1)\pi}|\sin x|\mathrm{d}x = \frac{1}{(n+1)\pi}\int_0^{\pi}\sin x\mathrm{d}x = \frac{2}{(n+1)\pi}.$$

由正项级数的比较判别法可知，$\sum_{n=0}^{\infty} a_n$ 发散，即 $\int_0^{+\infty}\frac{\sin x}{x}\mathrm{d}x$ 不绝对收敛.

【例】3.4.31（2013 赛） 过曲线 $y=\sqrt[3]{x}\,(x\geqslant 0)$ 上的点 A 作切线，使得该切线与曲线及 x 轴所围成的平面图形的面积为 $\frac{3}{4}$. 求点 A 的坐标.

解： 设切点 A 的坐标为 $(t,\ \sqrt[3]{t})$，曲线过 A 点的切线为 $y-\sqrt[3]{t}=\frac{1}{3\sqrt[3]{t^2}}(x-t)$. 令 $y=0$，可得切线与 x 轴交点的横坐标为 $x=-2t$. 因此平面图形的面积 S 为三角形的面积减去曲边梯形的面积，

$$S = \frac{1}{2}\sqrt[3]{t}\cdot 3t - \int_0^t \sqrt[3]{x}\mathrm{d}x = \frac{3}{4}t\sqrt[3]{t} = \frac{3}{4},$$

解得 $t=1$，所以 A 的坐标为 $(1,1)$.

【例】3.4.32（2013 赛） 计算定积分 $I=\int_{-\pi}^{\pi}\frac{x\sin x\cdot\arctan \mathrm{e}^x}{1+\cos^2 x}\mathrm{d}x$.

解：

$$\begin{aligned} I &= \int_{-\pi}^{0}\frac{x\sin x\cdot\arctan \mathrm{e}^x}{1+\cos^2 x}\mathrm{d}x + \int_0^{\pi}\frac{x\sin x\cdot\arctan \mathrm{e}^x}{1+\cos^2 x}\mathrm{d}x \\ &= \int_0^{\pi}\frac{x\sin x\cdot\arctan \mathrm{e}^{-x}}{1+\cos^2 x}\mathrm{d}x + \int_0^{\pi}\frac{x\sin x\cdot\arctan \mathrm{e}^x}{1+\cos^2 x}\mathrm{d}x \end{aligned}$$

$$= \int_0^{\pi} (\arctan e^{-x} + \arctan e^{x}) \frac{x\sin x}{1+\cos^2 x} dx$$

$$= \frac{\pi}{2}\int_0^{\pi} \frac{x\sin x}{1+\cos^2 x}dx = \left(\frac{\pi}{2}\right)^2 \int_0^{\pi} \frac{\sin x}{1+\cos^2 x}dx$$

$$= -\left(\frac{\pi}{2}\right)^2 \arctan(\cos x)\Big|_0^{\pi} = \frac{\pi^3}{8}.$$

其中 $\arctan e^{-x} + \arctan e^{x} = \frac{\pi}{2}$，另外

$$\int_0^{\pi} \frac{x\sin x}{1+\cos^2 x}dx = \int_0^{\pi} \frac{(\pi-u)\sin u}{1+\cos^2 u}du$$

$$= -\int_0^{\pi} \frac{x\sin x}{1+\cos^2 x}dx + \pi\int_0^{\pi} \frac{\sin x}{1+\cos^2 x}dx.$$

这样可以得到第二个$\frac{\pi}{2}$.

【例】3.4.33（2013 赛） 设$|f(x)|\leqslant\pi$，$f'(x)\geqslant m>0(a\leqslant x\leqslant b)$，证明：

$$\left|\int_a^b \sin f(x)\,dx\right| \leqslant \frac{2}{m}.$$

证明：因为$f'(x)>0$，所以$f(x)$在$[a,b]$上严格单调增加. 设φ是f的反函数，则

$$0 < \varphi'(y) = \frac{1}{f'(x)} \leqslant \frac{1}{m}.$$

设$A=f(a)$，$B=f(b)$，由$|f(x)|\leqslant\pi$，则$-\pi\leqslant A<B\leqslant\pi$，所以

$$\left|\int_a^b \sin f(x)\,dx\right| = \left|\int_A^B \varphi'(y)\sin y\,dy\right| \leqslant \int_0^{\pi} \frac{\sin y}{m}dy = \frac{2}{m}.$$

【例】3.4.34（2012 赛） 计算 $I = \int_0^{+\infty} e^{-2x}|\sin x|\,dx$.

解：由于

$$I = \sum_{k=1}^{n} \int_{(k-1)\pi}^{k\pi} e^{-2x}|\sin x|\,dx = \sum_{k=1}^{n} \int_{(k-1)\pi}^{k\pi} (-1)^{k-1} e^{-2x}\sin x\,dx,$$

应用分部积分法，有

$$\int_{(k-1)\pi}^{k\pi} (-1)^{k-1} e^{-2x}\sin x\,dx = \frac{1}{5}e^{-2k\pi}(1+e^{2\pi}).$$

因此有

$$\int_0^{n\pi} e^{-2x}|\sin x|\,dx = \frac{1}{5}(1+e^{2\pi})\sum_{k=1}^{n} e^{-2k\pi} = \frac{1}{5}(1+e^{2\pi})\frac{e^{-2\pi}-e^{-2(n+1)\pi}}{1-e^{-2\pi}}.$$

当 $n\pi\leqslant x\leqslant(n+1)\pi$ 时，

$$\int_0^{n\pi} e^{-2x}|\sin x|\,dx \leqslant \int_0^{x} e^{-2x}|\sin x|\,dx \leqslant \int_0^{(n+1)\pi} e^{-2x}|\sin x|\,dx,$$

当 $n\to\infty$，由迫敛性准则，得

$$\int_0^{\infty} e^{-2x} |\sin x| dx = \lim_{x\to\infty}\int_0^{x} e^{-2x} |\sin x| dx = \frac{1}{5}\frac{e^{2\pi}+1}{e^{2\pi}-1}.$$

【例】3.4.35（2012 赛） 求最小实数 C，使得对满足 $\int_0^1 |f(x)| dx = 1$ 的连续函数 $f(x)$，都有

$$\int_0^1 f(\sqrt{x}) dx \leqslant C.$$

解： 首先

$$\int_0^1 |f(\sqrt{x})| dx = \int_0^1 |f(t)| 2t dt \leqslant 2\int_0^1 |f(t)| dt = 2.$$

取 $f_n(x) = (n+1)x^n$，则有

$$\int_0^1 |f_n(x)| dx = 1.$$

而

$$\int_0^1 f_n(\sqrt{x}) dx = 2\int_0^1 t f_n(t) dt = 2\frac{n+1}{n+2} \to 2.$$

因此最小的实数为 $C=2$.

第4章　常微分方程

4.1　知识点总结

4.1.1　基本概念

含有未知函数的导数或微分的方程叫**微分方程**.

微分方程（常微，偏微，阶），解（通解，特解），积分曲线（族），定解条件（初始条件），初值问题，线性、非线性方程.

【练习】4.1.1　已知从原点到曲线 $y=f(x)$ 上任一点处的切线的距离等于该切点的横坐标. 试建立未知函数 y 的微分方程.

解：设切点为 (x,y)，切线方程为 $Y-y=y'(X-x)$，即

$$y'X-Y+(y-xy')=0.$$

利用点到直线的距离公式，由题意可得 $\frac{|y-xy'|}{\sqrt{(y')^2+1}}=x$，即

$$(y-xy')^2=x^2[(y')^2+1],$$

所以未知函数 y 满足的微分方程为 $2xyy'+x^2-y^2=0$.

4.1.2　一阶微分方程

一阶微分方程的一般形式：$F(x,y,y')=0$. 若关于一阶导数是线性的还可以写成

$$y'=(x,y)\quad 或\quad X(x,y)\mathrm{d}y+Y(x,y)\mathrm{d}x=0.$$

通解可写为 $y=y(x,C)$ 或 $\varphi(x,y,C)=0$.

1. 可分离变量的微分方程. 形如 $y'(x)=f(x)g(y)$ 或 $\psi(y)\mathrm{d}y=\phi(x)\mathrm{d}x$ 的方程. 可以通过分离变量、两边积分得到方程通解，本质是计算不定积分.

$$求特解方法\begin{cases}①\ 求通解,代定解条件;\\ ②\ 直接由公式\ \int_{y_0}^{y}\psi(y)\mathrm{d}y=\int_{x_0}^{x}\phi(x)\mathrm{d}x.\end{cases}$$

注4.1　注奇解的概念：不包含在通解中的微分方程的解. 方程的通解不一定是方程的全部解.

2. 可化为可分离变量的微分方程.

（1）奇次方程：$y'=f\left(\frac{y}{x}\right)$. 令 $u=\frac{y}{x}\Rightarrow y=u\cdot x\Rightarrow\frac{dy}{dx}=u+x\frac{du}{dx}$.

（2）可化为奇次方程的形式：$y'(x)=f\left(\frac{a_1x+b_1y+c_1}{a_2x+b_2y+c_2}\right)$.

记 $a_1x+b_1y+c_1=0$，$a_2x+b_2y+c_2=0$ 为两直线方程.

①两直线相交. 令 $x=X+a$，$y=Y+b$，(a,b)为交点坐标.

②两直线平行. $u=a_2x+b_2y$.

（3）其他类型. 凑微分形式，dx，dy 的组合微分. 可以通过变量代换或凑微分将其转换为可分离变量方程的微分方程.

注 4.2 常用的凑微分公式：

（1）$f(x\pm y)(dx\pm dy)=g(x)dx$，方法：令 $u=x\pm y$，所以 $du=dx\pm dy\Rightarrow f(u)du=g(x)dx$.

（2）$f(xy)(xdy+ydx)=g(x)dx$，方法：令 $u=x\cdot y$，所以 $du=xdy+ydx\Rightarrow f(u)du=g(x)dx$.

（3）$f\left(\frac{y}{x}\right)(xdy-ydx)=g(x)dx$，方法：令 $u=\frac{y}{x}$，所以 $du=\frac{xdy-ydx}{x^2}\Rightarrow f(u)du=\frac{g(x)}{x^2}dx$.

（4）$f(x^2+y^2)(xdx+ydy)=g(x)dx$，方法：令 $u=x^2+y^2$，所以 $du=2xdx+2ydy\Rightarrow f(u)du=2g(x)dx$.

3. 一阶线性微分方程. 标准形式$\frac{dy}{dx}+P(x)y=Q(x)$.

齐次方程($Q(x)\equiv0$)的通解：

$$y=C\cdot e^{-\int P(x)dx}. \tag{4.1}$$

非齐次方程($Q(x)\neq0$)的通解：

$$y=C\cdot e^{-\int P(x)dx}+e^{-\int P(x)dx}\int Q(x)\cdot e^{\int P(x)dx}dx. \tag{4.2}$$

注 4.3 式（4.1）、式（4.2）分别可通过分离变量法、常数变易法求得.

4. 伯努利方程：$y'+P(x)y=Q(x)y^n$.

当 $n=0$，1 时，方程为线性微分方程. 当 $n\neq0$，1 时，方程为非线性微分方程.

解法：两边同乘 y^{-n}，令 $u=y^{1-n}$.

注 4.4 某些情况下可将 x 视为 y 的函数，解关于$\frac{dx}{dy}$的方程. 如练习 4.1.2.

【练习】4.1.2 求方程 $y'=\frac{y}{x+y^3}$的通解.

解：

$$\frac{\mathrm{d}y}{\mathrm{d}x}=\frac{y}{x+y^3}\quad\Rightarrow\frac{\mathrm{d}x}{\mathrm{d}y}=\frac{x+y^3}{y}=\frac{1}{y}x+y^2.$$

即$\frac{\mathrm{d}x}{\mathrm{d}y}-\frac{1}{y}x=y^2$. 该方程可看作关于未知函数$x=x(y)$的线性非齐次方程，其中

$$P(y)=-\frac{1}{y},\ Q(y)=y^2.$$

代入通解公式，得$x=\mathrm{e}^{\int\frac{1}{y}\mathrm{d}y}\left(\int y^2\mathrm{e}^{\int-\frac{1}{y}\mathrm{d}y}\mathrm{d}x+C\right)=y\cdot\left(\frac{y^2}{2}+C\right)$.

【练习】4.1.3　解下列可分离变量方程.

(1) $xyy'=1-x^2$.

解：分离变量得$y\mathrm{d}y=\frac{1-x^2}{x}\mathrm{d}x$，两端积分得

$$\frac{1}{2}y^2=\ln|x|-\frac{1}{2}x^2+C_1,$$

故方程的通解为$x^2+y^2-\ln x^2=C$.

(2) $x\sqrt{1+y^2}\mathrm{d}x+y\sqrt{1+x^2}\mathrm{d}y=0$.

解：分离变量得$\frac{y}{\sqrt{1+y^2}}\mathrm{d}y=-\frac{x}{\sqrt{1+x^2}}\mathrm{d}x$，两端积分得

$$\sqrt{1+y^2}=-\sqrt{1+x^2}+C,$$

故方程的通解为$\sqrt{1+x^2}+\sqrt{1+y^2}=C$.

(3) $\begin{cases}y'=\dfrac{1+y^2}{1+x^2},\\ y|_{x=0}=1.\end{cases}$

解：分离变量得$\frac{\mathrm{d}y}{1+y^2}=\frac{\mathrm{d}x}{1+x^2}$，两端积分得

$$\arctan y=\arctan x+C,$$

由初始条件$y|_{x=0}=1$得$C=\frac{\pi}{4}$，故方程的通解为$\arctan y=\arctan x+\frac{\pi}{4}$，即$y=\frac{1+x}{1-x}$.

注：上述方程也可通过两端积分$\int_1^y\frac{\mathrm{d}y}{1+y^2}=\int_0^x\frac{\mathrm{d}x}{1+x^2}$，直接得方程的通解.

(4) $\begin{cases}(1+\mathrm{e}^x)yy'=\mathrm{e}^x,\\ y|_{x=1}=1.\end{cases}$

解：分离变量得$y\mathrm{d}y=\frac{\mathrm{e}^x}{1+\mathrm{e}^x}\mathrm{d}x$，两端积分得

$$\frac{1}{2}y^2=\ln(1+e^x)+C_1,$$

即 $y^2=2\ln(1+e^x)+C$. 由初始条件 $y|_{x=1}=1$，得 $C=1-2\ln(1+e)$. 故方程的通解为 $y^2=2\ln(1+e^x)+1-2\ln(1+e)$.

【练习】4.1.4 解下列微分方程.

(1) $y'+2xy=xe^{-x^2}$.

解：上式为一阶线性非齐次微分方程，其中 $P(x)=2x$，$Q(x)=xe^{-x^2}$，故方程的通解为

$$\begin{aligned}y&=e^{-\int 2x\mathrm{d}x}\left(\int xe^{-x^2}e^{\int 2x\mathrm{d}x}\mathrm{d}x+C\right)\\&=e^{-x^2}\left(\int x\mathrm{d}x+C\right)=e^{-x^2}\left(\frac{1}{2}x^2+C\right).\end{aligned}$$

(2) $\begin{cases}xy'+y-e^x=0,\\y|_{x=a}=b.\end{cases}$

解：将方程化为标准形式 $y'+\frac{1}{x}y=\frac{e^x}{x}$，其中 $P(x)=\frac{1}{x}$，$Q(x)=\frac{e^x}{x}$，故方程的通解为

$$\begin{aligned}y&=e^{-\int\frac{1}{x}\mathrm{d}x}\left[\int\frac{e^x}{x}e^{\int\frac{1}{x}\mathrm{d}x}\mathrm{d}x+C\right]\\&=\frac{1}{x}\left(\int e^x\mathrm{d}x+C\right)=\frac{1}{x}(e^x+C).\end{aligned}$$

由初始条件可得 $C=ab-e^a$，故满足方程的特解为 $y=\frac{1}{x}(e^x+ab-e^a)$.

(3) $2y\mathrm{d}x+(y^2-6x)\mathrm{d}y=0$.

解：方程变形为

$$\frac{\mathrm{d}x}{\mathrm{d}y}-\frac{3}{y}x=-\frac{y}{2}.$$

将 x 视为因变量，y 视为自变量，则为一阶线性非齐次微分方程，其中 $P(y)=-\frac{3}{y}$，$Q(y)=-\frac{y}{2}$，故方程的通解为

$$x=e^{\int\frac{3}{y}\mathrm{d}y}\left(\int-\frac{y}{2}e^{-\int\frac{3}{y}\mathrm{d}y}\mathrm{d}y+C_1\right)=y^3\left(\int-\frac{1}{2y^2}\mathrm{d}y+C_1\right)=y^3\left(\frac{1}{2y}+C_1\right),$$

整理得 $Cy^3+y^2-2x=0$.

(4) $xy'+y=y^2\ln x$.

解：方程为 $n=2$ 的伯努利方程，化为标准形式

$$y'+\frac{1}{x}y=\frac{\ln x}{x}\cdot y^2,$$

方程两端同除 y^2：$\frac{y'}{y^2}+\frac{1}{x}y^{-1}=\frac{\ln x}{x}$，令 $u=y^{-1}$，则

$$-u'+\frac{1}{x}u=\frac{\ln x}{x},$$

此为一阶线性非齐次微分方程，化为标准形式 $u'-\frac{1}{x}u=-\frac{\ln x}{x}$，其中 $P(x)=-\frac{1}{x}$，$Q(x)=-\frac{\ln x}{x}$，故通解为

$$\begin{aligned} u &= e^{\int\frac{1}{x}dx}\left(\int -\frac{\ln x}{x}e^{-\int\frac{1}{x}dx}dx+C\right) \\ &= x\left(\int -\frac{\ln x}{x^2}dx+C\right)=x\left(\frac{\ln x}{x}+\frac{1}{x}+C\right)=\ln x+1+Cx. \end{aligned}$$

所以原微分方程的通解为 $\frac{1}{y}=\ln x+1+Cx$.

(5) $\begin{cases} x\ln x dy+(y-\ln x)dx=0, \\ y(e)=1. \end{cases}$

解：令 $u=\ln x$，则 $x=e^u$，$dx=e^u du$，代入方程得

$$e^u u dy+(y-u)e^u du=0,$$

所以 $(u dy+y du)-u du=0$，即 $d(uy)-d\left(\frac{1}{2}u^2\right)=0$，所以 $uy-\frac{1}{2}u^2=C$，即 $y\ln x-\frac{1}{2}\ln^2 x=C$，由初始条件可得 $C=\frac{1}{2}$. 故满足初始条件的方程的特解为 $y\ln x-\frac{1}{2}\ln^2 x=\frac{1}{2}$，或写为 $y=\frac{1}{2}\left(\ln x+\frac{1}{\ln x}\right)$.

4.1.3　可降阶的高阶方程

某些特殊的高阶微分方程，可通过适当变量代换，化为低阶微分方程，当该低阶微分方程可解时，可求得原方程的解. 这种类型的方程称为可降阶的方程.

1. $y^{(n)}=f(x)$. 解法：直接积分.

2. $y''=f(x,y')$. 特点：方程右端不显含 y.

解法：令 $y'(x)=p(x)\Rightarrow y''=\frac{dp}{dx}=p'$.

推广 $y^{(n)}=f(x,y^{(k)},\cdots,y^{(n-1)})$ 型.

特点：不显含未知函数 y 及 $y',\cdots,y^{(k-1)}$.

解法：令 $y^{(k)}=p(x)$，则 $y^{(k+1)}=p'$，$y^{(n)}=p^{(n-k)}$.

3. $y''=f(y,y')$，特点：方程右端不显含 x.

解法：令 $y'=p(y)\Rightarrow y''=\frac{\mathrm{d}p(y)}{\mathrm{d}x}=\frac{\mathrm{d}p}{\mathrm{d}y}\cdot\frac{\mathrm{d}y}{\mathrm{d}x}=p\frac{\mathrm{d}p}{\mathrm{d}y}$.

【练习】4.1.5 求解下列方程.

（1）$(1+x^2)y''=1$.

解：令 $y'=P(x)$，则 $y''=P'(x)$，代入方程得 $(1+x^2)\frac{\mathrm{d}P}{\mathrm{d}x}=1$，即

$$\mathrm{d}P=\frac{\mathrm{d}x}{1+x^2},$$

积分得 $P=\arctan x+C_1$，即 $y'=\arctan x+C_1$. 所以

$$y=x\arctan x-\frac{1}{2}\ln(1+x^2)+C_1x+C_2.$$

（2）$xy''=y'$.

解：令 $y'=P(x)$，则 $y''=P'(x)$，代入方程得

$$x\frac{\mathrm{d}P}{\mathrm{d}x}=P,\frac{\mathrm{d}P}{P}=\frac{\mathrm{d}x}{x},\ \Rightarrow P=C_0x,$$

即 $y'=C_0x$，所以 $y=C_1x^2+C_2$.

【练习】4.1.6 求方程 $y'y'''-3(y'')^2=0$ 的通解.

解：令 $y'=P(x)$，则 $y''=P'(x)$，$y'''=P''(x)$，代入方程得

$$PP''-3(P')^2=0,$$

此为可降阶方程（右端不显含 x），可设 $P'=T(P)$，则 $P''=\frac{\mathrm{d}T}{\mathrm{d}P}\cdot\frac{\mathrm{d}P}{\mathrm{d}x}=T\frac{\mathrm{d}T}{\mathrm{d}P}$，代入方程得

$$PT\frac{\mathrm{d}T}{\mathrm{d}P}-3T^2=0,$$

故 $P\frac{\mathrm{d}T}{\mathrm{d}P}-3T=0$ 或 $T=0$，解 $T=0$ 得 $y=E_1x+E_2$，因只有两个独立的任意的常数，则该解不是通解；$P\frac{\mathrm{d}T}{\mathrm{d}P}-3T=0$ 是可分离变量的方程，解得

$$\ln T=3\ln P+\ln C_1\Rightarrow P'=T=C_1P^3,$$

分离变量并积分得

$$\frac{\mathrm{d}P}{P^3}=C_1\mathrm{d}x\Rightarrow -\frac{1}{2P^2}=C_1x+C_2\Rightarrow P^2=\frac{1}{D_1x+D_2},$$

所以

$$y'=P=\frac{1}{\pm\sqrt{D_1x+D_2}}\Rightarrow y=\pm\frac{2}{D_1}\sqrt{D_1x+D_2}+D_3.$$

故方程的通解为 $(y-E_3)^2=E_1x+E_2$.

【练习】**4.1.7**　求解微分方程初值问题$\begin{cases}(x^2+1)y''=2xy',\\ y(0)=1,y'(0)=3.\end{cases}$

解：令 $y'=P(x)$，则 $y''=P'$，代入方程得

$$(x^2+1)P'=2xP,$$

所以

$$\frac{\mathrm{d}P}{P}=\frac{2x}{1+x^2}\mathrm{d}x \Rightarrow \ln P=\ln(1+x^2)+\ln C \Rightarrow P=C_1(1+x^2),$$

即 $y'=C_1(1+x^2)$，所

$$y=\int C_1(1+x^2)\mathrm{d}x=C_1x+\frac{C_1}{3}x^3+C_2,$$

由初始条件得 $C_1=3$，$C_2=1$，所以该微分方程解为 $y=x^3+3x+1$.

4.1.4　线性微分方程解的结构

1. 齐次：线性性质（叠加原理），复数性质，通解结构.

非齐次：叠加原理，复数性质，通解结构. 共六个定理.

注 4.5　函数组线性无关、线性相关的概念.

如 $1,\cos^2x,\sin^2x$，在任何区间 I 上都线性相关.

如 $1,x,x^2,x^3,\cdots$ 在任何区间 I 上都线性无关.

注 4.6　已知齐次、非齐次方程解 $\Rightarrow$ 求方程.

2. 已知齐次（二阶）方程一解求另一线性无关解（降阶法）.

$$y''+P(x)y'+Q(x)y=0. \tag{4.3}$$

已知 y_1 为方程（4.3）的解找 y_2(y_1,y_2 线性无关).

解法：将 $y_2=u(x)y_1$ 代入方程（4.3）（常数变易），解得 $u(x)$，或利用刘维尔公式.

$$y_2=y_1\int\frac{1}{y_1^2}\mathrm{e}^{-\int p(x)\mathrm{d}x}\mathrm{d}x.$$

3. 二阶非齐次线性方程. **常数变易法.**

设 $y=C_1(x)y_1+C_2(x)y_2\Rightarrow\begin{cases}C_1'(x)y_1+C_2'(x)y_2=0,\\ C_1'(x)y_1'+C_2'(x)y_2'=f(x).\end{cases}$

非齐次方程通解为

$$y=C_1y_1+C_2y_2-y_1\int\frac{y_2f(x)}{V(x)}\mathrm{d}x+y_2\int\frac{y_1f(x)}{V(x)}\mathrm{d}x.$$

其中，$V=\begin{vmatrix}y_1 & y_2\\ y_1' & y_2'\end{vmatrix}\neq0$ 为 y_1，y_2 的二阶朗斯基行列式.

【练习】**4.1.8**　验证 $y_1=\mathrm{e}^{x^2}$ 和 $y_2=x\mathrm{e}^{x^2}$ 都是方程 $y''-4xy'+(4x^2-2)y=0$ 的解，并写

出该方程的通解.

证明：$y_1' = 2xe^{x^2}$，$y_1'' = 2e^{x^2} + 4x^2e^{x^2}$，把 y_1, y_1', y_1'' 代入方程，得：

$$(2e^{x^2} + 4x^2e^{x^2}) - 4x \cdot 2xe^{x^2} + (4x^2 - 2)e^{x^2} = 0,$$

所以 $y_1 = e^{x^2}$ 是方程的解；另由 $y_2' = e^{x^2} + 2x^2e^{x^2}$，$y_2'' = 6xe^{x^2} + 4x^3e^{x^2}$，把 y_2, y_2', y_2'' 代入方程，得

$$(6xe^{x^2} + 4x^3e^{x^2}) - 4x \cdot (e^{x^2} + 2x^2e^{x^2}) + (4x^2 - 2)xe^{x^2} = 0,$$

所以 $y_2 = xe^{x^2}$ 也是方程的解；又由于 $y_1 = e^{x^2}$ 和 $y_2 = xe^{x^2}$ 线性无关，故该方程的通解为 $y = C_1e^{x^2} + C_2xe^{x^2}$.

【练习】4.1.9 证明：如果 y_1 和 y_2 是二阶线性非齐次方程 $y'' + p(x)y' + q(x)y = f(x)$ 的两个线性无关解，则 $y_1 - y_2$ 是对应的齐次方程的解.

证明：因为 y_1 是二阶线性非齐次方程 $y'' + p(x)y' + q(x)y = f(x)$ 的解，所以

$$y_1'' + p(x)y_1' + q(x)y_1 = f(x).$$

因为 y_2 是二阶线性非齐次方程 $y'' + p(x)y' + q(x)y = f(x)$ 的解，所以

$$y_2'' + p(x)y_2' + q(x)y_2 = f(x),$$

两式左右两端分别相减，得

$$(y_1 - y_2)'' + p(x)(y_1 - y_2)' + q(x)(y_1 - y_2) = 0,$$

即 $y_1 - y_2$ 是对应的齐次方程的解.

【练习】4.1.10 已知微分方程 $(x^2 - 2x)y'' - (x^2 - 2)y' + (2x - 2)y = 6x - 6$ 有三个特解 $y_1 = 3$，$y_2 = 3 + x^2$，$y_3 = 3 + x^2 + e^x$，求该方程的通解.

解：该方程为二阶线性非齐次微分方程，由于给定的三个特解线性无关，另由 $y_2 - y_1 = x^2$，$y_3 - y_2 = e^x$ 为对应的齐次方程的两个线性无关的特解，故对应的齐次方程的通解为 $\bar{y} = C_1x^2 + C_2e^x$，由线性非齐次方程通解的结构定理知其通解为 $\bar{y} = C_1x^2 + C_2e^x + 3$.

4.1.5 常系数齐次线性微分方程

n 阶常系数线性微分方程的标准形式

$$y^{(n)} + P_1y^{(n-1)} + \cdots + P_{n-1}y' + P_ny = f(x).$$

二阶常系数齐次线性方程的标准形式

$$y'' + py' + qy = 0. \tag{4.4}$$

二阶常系数非齐次线性方程的标准形式

$$y'' + py' + qy = f(x).$$

其中 $P_i(i = 1, \cdots, n)$，p, q 均为常数.

1. 特征方程，特征根. $r^2 + pr + q = 0$ 称为微分方程（4.4）的特征方程，其根称为特征根.

$$\text{特征根}\begin{cases}\text{不等实根}, r_1 \neq r_2 \Rightarrow y = C_1 e^{r_1 x} + C_2 e^{r_2 x};\\ \text{相等实根}, r_1 = r_2 \Rightarrow y = C_1 e^{r_1 x} + C_2 x e^{r_1 x};\\ \text{共轭复根}, r = \alpha \pm \beta i \Rightarrow y = e^{\alpha x}(C_1 \cos\beta x + C_2 \sin\beta x).\end{cases}$$

注 4.7　由常系数齐次线性方程的特征方程的根确定其通解的方法称为特征方程法.

注 4.8　欧拉公式：$e^{\alpha \pm i\beta} = \cos\alpha \pm i\sin\beta$.

2. 高阶方程. 根据相应特征根求通解.

$$y^{(n)} + P_1 y^{(n-1)} + \cdots + P_{n-1} y' + P_n y = 0.$$

其对应特征方程为 $r^n + P_1 r^{n-1} + \cdots + P_{n-1} r + P_n = 0$.

特征方程的根	通解中的对应项
若 r 是 k 重根	$(C_0 + C_1 x + \cdots + C_{k-1} x^{k-1}) e^{rx}$
若是 k 重共轭复根 $\alpha \pm j\beta$	$[(C_0 + C_1 x + \cdots + C_{k-1} x^{k-1}) \cos\beta x + (D_0 + D_1 x + \cdots + D_{k-1} x^{k-1}) \sin\beta x] e^{\alpha x}$

注 4.9　n 次代数方程有 n 个根，而特征方程的每一个根都对应着通解中的一项，且每一项包含一个任意常数.

【练习】4.1.11　用常数变易法求方程 $y'' + y = \tan x$ 的通解.

解：方程所对应的齐次方程的特征方程为 $r^2 + 1 = 0$，特征根为 $r_{1,2} = \pm i$，故方程所对应的齐次方程的通解为 $\bar{y} = C_1 \cos x + C_2 \sin x$，设非齐次方程的特解为 $y_0 = C_1'(x) \cos x + C_2'(x) \sin x$，则

$$y_0' = C_1'(x) \cos x - C_1(x) \sin x + C_2'(x) \sin x + C_2(x) \cos x,$$

令 $C_1'(x) \cos x + C_2'(x) \sin x = 0$，得 $y_0' = -C_1(x) \sin x + C_2(x) \cos x$.

$$y_0'' = -C_1'(x) \sin x - C_1(x) \cos x + C_2'(x) \cos x - C_2(x) \sin x.$$

代入原方程得 $-C_1'(x) \sin x + C_2'(x) \cos x = \tan x$，联立解得

$$C_1'(x) = -\frac{\sin^2 x}{\cos x},\ C_2'(x) = \sin x,$$

解得

$$C_1(x) = \int -\frac{\sin^2 x}{\cos x} dx = \sin x - \ln|\sec x + \tan x|,$$

$$C_2(x) = \int \sin x dx = -\cos x.$$

故该方程的通解为 $y = C_1 \cos x + C_2 \sin x - \cos x \cdot \ln|\sec x + \tan x|$.

【练习】4.1.12　求方程 $y^{(5)} + y^{(4)} + 2y^{(3)} + 2y'' + y' + y = 0$ 的通解.

解：特征方程为 $r^5 + r^4 + 2r^3 + 2r^2 + r + 1 = 0$，

$$(r+1)(r^2+1)^2=0,$$

特征根为：$r_1=-1$，$r_2=r_3=\mathrm{i}$，$r_4=r_5=-\mathrm{i}$，故所求通解为

$$y=C_1\mathrm{e}^{-x}+(C_2+C_3x)\cos x+(C_4+C_5x)\sin x.$$

【练习】4.1.13 求下列初值问题的解.

(1) $\begin{cases} y''+4y'+4y=0, \\ y\big|_{x=0}=1,\ y'\big|_{x=0}=1. \end{cases}$

解：方程对应特征方程为 $r^2+4r+4=0$，特征根为 $r_{1,2}=-2$，齐次方程的通解为 $y=(C_1+C_2x)\mathrm{e}^{-2x}$，代入初始条件得 $C_1=1$，$C_2=3$，所求初值问题的解为 $y=(1+3x)\mathrm{e}^{-2x}$.

(2) $\begin{cases} 4y''+9y=0, \\ y(0)=2, y'(0)=-1. \end{cases}$

解：方程对应特征方程为 $4r^2+9=0$，特征根为 $r_{1,2}=\pm\dfrac{3}{2}\mathrm{i}$，齐次方程的通解为 $y=C_1\cos\dfrac{3}{2}x+C_2\sin\dfrac{3}{2}x$，代入初始条件得 $C_1=2$，$C_2=-\dfrac{2}{3}$，所求初值问题的解为 $y=2\cos\dfrac{3}{2}x-\dfrac{2}{3}\sin\dfrac{3}{2}x$.

4.1.6 常系数非齐次线性微分方程

二阶常系数非齐次线性微分方程：

$$y''+py'+qy=f(x) \quad (p,q\text{ 为常数}).$$

根据非齐次方程通解结构定理，其通解为 $y=Y+y^*$，其中 Y 为其次方程通解，y^* 为非齐次方程特解.

待定系数法. 根据 $f(x)$ 的特殊形式，给出特解 y^* 的待定形式，代入原方程比较两端表达式以确定待定系数. 关键是根据非齐次项（右端项）特点写出特解的形式.

1. 非齐次方程求解问题.

$$y''+py'+qy=P_m(x)\mathrm{e}^{\omega x}. \tag{4.5}$$

根据式（4.5）的右端形式，特解 y^* 为

$$y^*=Q(x)\mathrm{e}^{\omega x}\Rightarrow\begin{cases} \omega\text{ 不是特征根}, & P(x),Q(x)\text{同为 } m \text{ 次}. \\ \omega\text{ 是单根}, & Q(x)=x\cdot Q_m(x). \\ \omega\text{ 是重根}, & Q(x)=x^2\cdot Q_m(x). \end{cases}$$

注 4.10 $Q_m(x)$ 是一个待定系数的 m 次多项式.

特别地，若右端为多项式，三角函数，指数函数（或上述函数之和），注意处理方法. 如练习 4.1.14.

2. 另外. 特殊情形时，如

$$f(x)=\mathrm{e}^{\alpha x}[P_l(x)\cos\beta x+P_m(x)\sin\beta x],\alpha,\beta\in\mathbf{R}.$$

此时，可以通过非齐次方程解的叠加原理，将右端项分解为 $f_1(x)=P_l(x)\mathrm{e}^{\alpha x}\cos\beta x$ 和 $f_2(x)=P_m(x)\mathrm{e}^{\alpha x}\sin\beta x$，分别解出非齐次方程特解，再求和得到原非齐次方程特解.

也可以将 y^* 简化为：

$$y^*=x^k\mathrm{e}^{\alpha x}[Q_n(x)\cos\beta x+R_n(x)\sin\beta x]\ (\alpha\pm\mathrm{i}\beta \text{ 是 } k \text{ 重根}).$$

如果 $f(x)$ 为 $\sin\beta x$，$\cos\beta x$，$a\sin\beta x+b\cos\beta x$，如练习 4.1.15. 则

$$y^*=x^k(A\cos\beta x+B\sin\beta x)\ (\alpha\pm\mathrm{i}\beta \text{ 是 } k \text{ 重根}).$$

注意高阶方程.

3. 欧拉方程.

$$x^ny^{(n)}+p_1x^{n-1}y^{(n-1)}+\cdots+p_{n-1}xy'+p_ny=f(x)\ (p_k \text{ 为常数}).$$

解法：令 $x=\mathrm{e}^t\Rightarrow t=\ln x$，转化为常线性系数微分方程.

注 4.11　可记 $D=\dfrac{\mathrm{d}}{\mathrm{d}t}$，$D^k=\dfrac{\mathrm{d}^k}{\mathrm{d}t^k}$，$xy'=Dy$，$x^2y''=D(D-1)y,\cdots,x^ky^{(k)}=D(D-1)\cdot\cdots\cdot(D-k+1)y$，上式可按算子 D 多项式展开.

4. 线性方程组.

解法：消元得到高阶方程，解此高阶方程，回代，求原方程的解.

【练习】4.1.14　求 $y''+y=\cos x$ 的通解.

解：对应的特征方程为 $r^2+1=0$，特征根为 $r_{1,2}=\pm\mathrm{i}$，齐次方程通解为 $\overline{y}=c_1\cos x+c_2\sin x$.

先求辅助方程 $y''+y=\mathrm{e}^{\mathrm{i}x}=\cos x+\mathrm{i}\sin x$ 的特解，则辅助方程的特解的实部就是原方程的特解. 由于 $\omega=\mathrm{i}$ 是特征方程的单根，$P_n(x)$ 为 0 次多项式，故辅助方程的特解为 $y^*=ax\mathrm{e}^{\mathrm{i}x}$. 代入辅助方程 $2a\mathrm{i}\mathrm{e}^{\mathrm{i}x}=\mathrm{e}^{\mathrm{i}x}$，得 $2a\mathrm{i}=1$，解得 $a=-\dfrac{1}{2}\mathrm{i}$. 因此，

$$y^*=-\frac{1}{2}\mathrm{i}x\mathrm{e}^{\mathrm{i}x}=\frac{1}{2}x\sin x-\left(\frac{1}{2}x\cos x\right)\mathrm{i}.$$

所求非齐方程特解为 $y_0=\dfrac{1}{2}x\sin x$（取实部）. 故原方程通解为 $y=C_1\cos x+C_2\sin x+\dfrac{1}{2}x\sin x$.

【练习】4.1.15　求 $y''+y=\sin x$ 的通解.

解：对应的特征方程为 $r^2+1=0$，$r=\pm\mathrm{i}$. 故齐次方程的通解为 $\overline{y}=c_1\cos x+c_2\sin x$. 由于 i 是特征方程的根，设原方程的特解为 $y_0=x(a\cos x+b\sin x)$，代入方程，化简得

$$2(b\cos x-a\sin x)=\sin x,$$

解得 $b=0$，$a=-\dfrac{1}{2}$. 特解为 $y_0=-\dfrac{1}{2}x\cos x$，故通解为 $y=c_1\cos x+c_2\sin x-\dfrac{1}{2}x\cos x$.

【练习】**4.1.16** 求下列方程通解.

(1) $y''+y=\mathrm{e}^x+\cos x$.

解：对应的特征方程为 $r^2+1=0$，特征根为 $r_{1,2}=\pm\mathrm{i}$，故原方程对应的齐次方程的通解为 $\bar{y}=C_1\cos x+C_2\sin x$.

设 y_1 为方程 $y''+y=\mathrm{e}^x$ 的一个特解，$y_1=a\mathrm{e}^x$（1 不是特征根）代入方程得 $a=\dfrac{1}{2}$，所以 $y_1=\dfrac{1}{2}\mathrm{e}^x$. 设 y_2 为方程 $y''+y=\cos x$ 的一个特解，$y_2=x(b\cos x+c\sin x)$（i 是特征根），代入方程得 $b=0$，$c=\dfrac{1}{2}$，所以 $y_2=\dfrac{x}{2}\sin x$.

由非齐次线性方程解的性质知：原方程的特解 $y_0=y_1+y_2=\dfrac{1}{2}\mathrm{e}^x+\dfrac{x}{2}\sin x$. 所以原方程的通解为 $y=C_1\cos x+C_2\sin x+\dfrac{1}{2}\mathrm{e}^x+\dfrac{x}{2}\sin x$.

(2) $y''-6y'+9y=(x+1)\mathrm{e}^{3x}$.

解：对应的特征方程为 $r^2-6r+9=0$，特征根为 $r_1=r_2=3$，对应的齐次方程的通解为 $\bar{y}=(C_1+C_2x)\mathrm{e}^{3x}$.

设原方程的特解为 $y_0=x^2(ax+b)\mathrm{e}^{3x}$（3 是 2 重特征根），代入原方程得 $(6ax+2b)\cdot\mathrm{e}^{3x}=(x+1)\mathrm{e}^{3x}$，故得 $a=\dfrac{1}{6}$，$b=\dfrac{1}{2}$，即 $y_0=x^2\left(\dfrac{1}{6}x+\dfrac{1}{2}\right)\mathrm{e}^{3x}$. 所以原方程的通解为 $y=\left(C_1+C_2x+\dfrac{1}{2}x^2+\dfrac{1}{6}x^3\right)\mathrm{e}^{3x}$.

【练习】**4.1.17** 求初值问题 $\begin{cases}2y''+y'=8\sin 2x+\mathrm{e}^{-x},\\ y(0)=1,\quad y'(0)=0\end{cases}$ 的解.

解：对应的齐次方程的特征方程为 $2r^2+r=0$，特征根为 $r_1=0$，$r_2=-\dfrac{1}{2}$. 对应的齐次方程的通解为 $\bar{y}=C_1+C_2\mathrm{e}^{-\frac{x}{2}}$.

设 y_1 为 $2y''+y'=8\sin 2x$ 方程的一个特解，$y_1=a\cos 2x+b\sin 2x$（$0+2\mathrm{i}$ 不是特征根），代入方程得 $a=-\dfrac{4}{17}$，$b=-\dfrac{16}{17}$，所以 $y_1=-\dfrac{4}{17}(\cos 2x+4\sin 2x)$. 设 y_2 为方程 $2y''+y'=\mathrm{e}^{-x}$ 的一个特解，$y_2=c\mathrm{e}^{-x}$（-1 不是特征根）代入方程得 $c=1$，所以 $y_2=\mathrm{e}^{-x}$.

由非齐次线性方程解的性质知：$y_0=y_1+y_2=-\dfrac{4}{17}(\cos 2x+4\sin 2x)+\mathrm{e}^{-x}$，所以原方程的通解为 $y=C_1+C_2\mathrm{e}^{-\frac{x}{2}}-\dfrac{4}{17}(\cos 2x+4\sin 2x)+\mathrm{e}^{-x}$. 代入初始条件得 $C_1=6$，$C_2=-\dfrac{98}{17}$，所求初值问题的解为 $y=6-\dfrac{98}{17}\mathrm{e}^{-\frac{x}{2}}-\dfrac{4}{17}(\cos 2x+4\sin 2x)+\mathrm{e}^{-x}$.

【练习】4.1.18　解方程 $x^3y''-x^2y'+xy=x^2+1$.

解：上式是欧拉方程，令 $x=\mathrm{e}^t$，则 $t=\ln x$，代入方程得

$$\left(\frac{\mathrm{d}^2y}{\mathrm{d}t^2}-\frac{\mathrm{d}y}{\mathrm{d}t}\right)-\frac{\mathrm{d}y}{\mathrm{d}t}+y=\mathrm{e}^t+\mathrm{e}^{-t},$$

整理得 $\frac{\mathrm{d}^2y}{\mathrm{d}t^2}-2\frac{\mathrm{d}y}{\mathrm{d}t}+y=\mathrm{e}^t+\mathrm{e}^{-t}$，为二阶常系数非齐次线性方程. 对应的齐次方程的特征根为 $r_{1,2}=1$，对应的齐次方程的通解为 $\bar{y}=(C_1+C_2t)\mathrm{e}^t$.

设 y_1 为 $\frac{\mathrm{d}^2y}{\mathrm{d}t^2}-2\frac{\mathrm{d}y}{\mathrm{d}t}+y=\mathrm{e}^t$ 方程的一个特解，$y_1=at^2\mathrm{e}^t$（1 是二重特征根）代入方程得 $a=\frac{1}{2}$，所以 $y_1=\frac{t^2}{2}\mathrm{e}^t$. 设 y_2 为 $\frac{\mathrm{d}^2y}{\mathrm{d}t^2}-2\frac{\mathrm{d}y}{\mathrm{d}t}+y=\mathrm{e}^{-t}$ 方程的一个特解，$y_2=b\mathrm{e}^{-t}$（-1 不是特征根），代入方程得 $b=\frac{1}{4}$，所以 $y_2=\frac{1}{4}\mathrm{e}^{-t}$. 由非齐次线性方程解的性质知：$y_0=y_1+y_2=\frac{t^2}{2}\mathrm{e}^t+\frac{1}{4}\mathrm{e}^{-t}$.

原方程的通解为 $y=(C_1+C_2t)\mathrm{e}^t+\frac{t^2}{2}\mathrm{e}^t+\frac{1}{4}\mathrm{e}^{-t}=(C_1+C_2\ln x)x+\frac{x}{2}\ln^2x+\frac{1}{4x}$.

【练习】4.1.19　解

$$\begin{cases}\frac{\mathrm{d}y}{\mathrm{d}x}+5y+z=0, & y(0)=0, \quad (4.6)\\ \frac{\mathrm{d}z}{\mathrm{d}x}-2y+3z=0, & z(0)=1. \quad (4.7)\end{cases}$$

解：重写式（4.6）得

$$z=-\frac{\mathrm{d}y}{\mathrm{d}x}-5y. \tag{4.8}$$

式（4.8）两端对 x 求导有

$$\frac{\mathrm{d}z}{\mathrm{d}x}=-\frac{\mathrm{d}^2y}{\mathrm{d}x^2}-5\frac{\mathrm{d}y}{\mathrm{d}x}. \tag{4.9}$$

将式（4.8），式（4.9）代入式（4.7）整理得

$$\frac{\mathrm{d}^2y}{\mathrm{d}x^2}+8\frac{\mathrm{d}y}{\mathrm{d}x}+17y=0. \tag{4.10}$$

式（4.10）是二阶常系数齐次线性微分方程，其特征根为 $r_{1,2}=-4\pm\mathrm{i}$，故其通解为

$$y=\mathrm{e}^{-4x}(C_1\cos x+C_2\sin x). \tag{4.11}$$

将式（4.11）代入式（4.8）得 $z=\mathrm{e}^{-4x}[(C_2+C_1)\cos x-(C_1-C_2)\sin x]$. 因而方程的通解为

$$\begin{cases}y=\mathrm{e}^{-4x}(C_1\cos x+C_2\sin x),\\ z=\mathrm{e}^{-4x}[(C_2+C_1)\cos x-(C_1-C_2)\sin x].\end{cases}$$

由初始条件 $y(0)=0$，$z(0)=1$，得 $C_1=0$，$C_2=1$. 故初始问题的解为

$$\begin{cases} y=e^{-4x}\sin x, \\ z=e^{-4x}(\cos x+\sin x). \end{cases}$$

4.1.7 求解实际问题

借助于导数的物理意义，常微分方程在求解实际问题、数学建模等问题中有着重要应用. 建模一般遵循以下步骤：

1. 模型准备：分析具体问题；
2. 模型假设：抓住主要因素；
3. 模型建立：找出关系建立方程；
4. 模型求解：解析解，数值解；
5. 模型分析：量的影响和依赖性；
6. 模型检验：实际验证分析结果.

一般过程：建立方程 $\Rightarrow$ 求解 $\Rightarrow$ 分析.

列方程常用方法. **①微元分析法；②明确的变化率问题；③物理定律问题；④运动路线（追击）问题.**

注：理解此类题意，注意建立坐标系方法.

【练习】4.1.20 一圆柱形水桶内有 40 L 盐溶液，每升溶液中含盐 1 kg. 现有质量浓度为 1.5 kg/L 的盐溶液以 4 L/min 的流速注入桶内，搅拌均匀后以 4 L/min 的速度流出. 求任意时刻桶内溶液所含盐的质量.

解：设 $m=m(t)$ 为时刻 t 的含盐量，则时刻 t 流出的溶液的浓度为$\frac{m(t)}{40}$，在时间微元 $[t,t+\mathrm{d}t]$上，溶液含盐的变化量等于流入的盐量减去流出的盐量，即

$$\mathrm{d}m=1.5\times 4\mathrm{d}t-\frac{m}{40}\times 4\mathrm{d}t=\left(6-\frac{m}{10}\right)\mathrm{d}t.$$

因而所求初值问题为$\begin{cases} \frac{\mathrm{d}m}{\mathrm{d}t}=6-\frac{m}{10}, \\ m\big|_{t=0}=40, \end{cases}$解方程得：$m=60-Ce^{-\frac{t}{10}}$，又由初始条件 $m\big|_{t=0}=40$ 得 $C=20$. 故时刻 t 桶内溶液所含盐的质量 $m=60-20e^{-\frac{t}{10}}$.

【练习】4.1.21 质量为 0.2 kg 的物体悬挂于弹簧上呈平衡状态. 现将物体下拉使弹簧伸长 2 cm，然后轻轻放开，使之振动，试求其运动方程. 假定介质阻力与速度成正比，当速度为 1 cm/s 时，阻力为 9.8×10^{-4} N，弹性系数 $\mu=49$ N/cm.

解：设从物体放开时开始计时，时间用 t 表示，弹簧的伸长长度设为 x，则 $x=x(t)$，由题意，利用牛顿第二运动定律，得

$$\begin{cases} m\dfrac{d^2x}{dt^2}=-k\dfrac{dx}{dt}-\mu x, \\ x\big|_{t=0}=0.02,\dfrac{dx}{dt}\Big|_{t=0}=0. \end{cases}$$

其中，$-\mu x$ 为弹性力，$-k\dfrac{dx}{dt}=-kv$ 为阻力，负号表示力阻碍运动进行. 由题设 $k\cdot 0.01=9.8\times10^{-4}$，得 $k=9.8\times10^{-2}$，$\mu=49\ \text{N/cm}=4\,900\ \text{N/m}$.

方程变形为$\dfrac{d^2x}{dt^2}+\dfrac{k}{m}\dfrac{dx}{dt}+\dfrac{\mu}{m}x=0$，即$\dfrac{d^2x}{dt^2}+0.49\dfrac{dx}{dt}+24\,500x=0$. 此为二阶常系数线性齐次微分方程，其特征根为 $r_{1,2}=-0.245\pm156.5\mathrm{i}$. 通解为 $x=e^{-0.245t}$（$C_1\cos156.5t+C_2\sin156.5t$）. 代入初始条件得 $C_1=0.02$，$C_2=0.313\times10^{-4}$.

故初值问题的解为 $x=e^{-0.245t}$（$0.02\cos156.5t+0.313\times10^{-4}\sin156.5t$）（$x$ 的单位为 m，t 的单位为 s）.

4.2　综合例题

【例】**4.2.1**　设有微分方程

$$y'-2y=\varphi(x)\text{，其中 }\varphi(x)=\begin{cases}2,x<1,\\0,x>1.\end{cases}$$

试求$(-\infty,+\infty)$内的连续函数 $y=y(x)$，使之在$(-\infty,1)$和$(1,+\infty)$内都满足所给方程，且满足条件 $y(0)=0$.

解：先解初值问题$\begin{cases}y'-2y=2,\\y(0)=0,\end{cases}$（常系数齐次微分方程），解得：

$$y=e^{\int2dx}\left(\int2e^{-\int2dx}dx+C\right)=e^{2x}(C-e^{-2x})=Ce^{2x}-1.$$

由初始条件可得：$C=1$，故 $y=e^{2x}-1$，由此得：$y(1)=e^2-1$.

再解初值问题$\begin{cases}y'-2y=0,\\y(1)=e^2-1,\end{cases}$（一阶线性齐次微分方程），解得：$y=(1-e^{-2})e^{2x}$. 所以方程的解为：$\begin{cases}y=e^{2x}-1, & x\leqslant1,\\y=(1-e^{-2})e^{2x}, & x>1.\end{cases}$

【例】**4.2.2**　利用代换 $y=\dfrac{u}{\cos x}$，将方程 $y''\cos x-2y'\sin x+3y\cos x=e^x$ 化简，并求出原方程的通解.

解：令 $y(x)=\dfrac{u(x)}{\cos x}$，则 $u(x)=y(x)\cos x$，$\dfrac{\mathrm{d}u}{\mathrm{d}x}=\dfrac{\mathrm{d}y}{\mathrm{d}x}\cos x+y(-\sin x)$. 所以

$$\frac{\mathrm{d}y}{\mathrm{d}x}=\frac{1}{\cos x}\left(\frac{\mathrm{d}u}{\mathrm{d}x}+y\sin x\right).$$

又$\dfrac{\mathrm{d}^2u}{\mathrm{d}x^2}=\dfrac{\mathrm{d}^2y}{\mathrm{d}x^2}\cos x+2\dfrac{\mathrm{d}y}{\mathrm{d}x}(-\sin x)+y(-\cos x)$，故

$$\frac{\mathrm{d}^2y}{\mathrm{d}x^2}=\frac{1}{\cos x}\left(\frac{\mathrm{d}^2u}{\mathrm{d}x^2}+2\sin x\frac{\mathrm{d}y}{\mathrm{d}x}+y\cos x\right).$$

将$\dfrac{\mathrm{d}y}{\mathrm{d}x}$，$\dfrac{\mathrm{d}^2y}{\mathrm{d}x^2}$的表达式代入原方程，并整理得

$$\frac{\mathrm{d}^2u}{\mathrm{d}x^2}+4u=\mathrm{e}^x,$$

解此二阶方程得：$u=C_1\cos 2x+C_2\sin 2x+\dfrac{1}{5}\mathrm{e}^x$. 所以原方程的通解为：$y=C_1\dfrac{\cos 2x}{\cos x}+2C_2\sin x+\dfrac{\mathrm{e}^x}{5\cos x}$.

【例】4.2.3 设位于第一象限的曲线 $y=f(x)$ 过点$\left(\dfrac{\sqrt{2}}{2},\dfrac{1}{2}\right)$，其点 $P(x,y)$ 处的法线与 y 轴的交点为 Q，且线段 PQ 被 x 轴平分.

(1) 求曲线 $y=f(x)$ 的方程；

(2) 已知曲线 $y=\sin x$ 在$[0,\pi]$上的弧长为 l，试用 l 表示曲线 $y=f(x)$ 的弧长 s.

解：(1) 过 P 点的法线方程为 $Y-y=-\dfrac{1}{y'}(X-x)$，令 $X=0$，则得法线与 y 轴的交点坐标 $Q\left(0,\ y+\dfrac{x}{y'}\right)$，令 $Y=0$，则得法线与 x 轴的交点坐标记为 $N(x+yy',0)$，由题意得 $|PN|=|NQ|$，即

$$\sqrt{(yy')^2+y^2}=\sqrt{(x+yy')^2+\left(y+\frac{x}{y'}\right)^2},$$

展开后整理得 $2y(y')^3+x(y')^2+2yy'+x=0$，即$[(y')^2+1](2yy'+x)=0$. 所以 $2yy'+x=0$，为可分离变量的方程，解得 $y^2=-\dfrac{x^2}{2}+C$，由于曲线过点$\left(\dfrac{\sqrt{2}}{2},\dfrac{1}{2}\right)$，代入得 $C=\dfrac{1}{2}$，故曲线方程为 $x^2+2y^2=1$ ($x\geqslant 0$，$y\geqslant 0$).

(2) 由题意得

$$l=\int_0^{\pi}\sqrt{1+\cos^2x}\,\mathrm{d}x=2\int_0^{\frac{\pi}{2}}\sqrt{1+\cos^2x}\,\mathrm{d}x=2\int_0^{\frac{\pi}{2}}\sqrt{1+\sin^2\theta}\,\mathrm{d}\theta,$$

对方程 $x^2+2y^2=1$ 求导得 $x+2yy'=0$，$y'=-\dfrac{x}{2y}$. 所以

$$s = \int_0^1 \sqrt{1 + \frac{x^2}{4y^2}}\mathrm{d}x = \int_0^1 \sqrt{1 + \frac{x^2}{4y^2}}\mathrm{d}x,$$

令$\begin{cases} x = \cos\theta, \\ y = \dfrac{1}{\sqrt{2}}\sin\theta, \end{cases}$则

$$s = \int_0^{\frac{\pi}{2}} \sqrt{1 + \frac{\cos^2\theta}{4\sin^2\theta}} \cdot \sin\theta \mathrm{d}\theta = \frac{1}{\sqrt{2}}\int_0^{\frac{\pi}{2}} \sqrt{1 + \sin^2\theta}\mathrm{d}\theta = \frac{l}{2\sqrt{2}}.$$

【例】4.2.4 某湖泊的水量为V，每年排入湖泊内含污染物A的污水量为$\frac{V}{6}$，流入湖泊内不含A的水量为$\frac{V}{6}$，流出湖泊的水量为$\frac{V}{3}$. 已知1999年年底湖中A的质量为$5m_0$，为了治理污染，从2000年年初起，限定排入湖泊中含A污水的质量依度不超过$\frac{m_0}{V}$. 问：至多需经过多少年，湖泊中污染物A的质量降至m_0以内？（注：设湖水中A的质量浓度是均匀的）.

解：以$t=0$表示2000年年初，第t年湖泊中污染物A的总量为$m(t)$，浓度为$\frac{m(t)}{V}$. 在时间间隔$[t,t+\mathrm{d}t]$内，排入湖泊中A的量为$\frac{m_0}{V}\cdot\frac{V}{6}\mathrm{d}t$，流出湖泊的水中$A$的量为$\frac{m}{V}\cdot\frac{V}{3}\mathrm{d}t$，故$\mathrm{d}t$时间内$A$的改变量为

$$\mathrm{d}m = \left(\frac{m_0}{6} - \frac{m}{3}\right)\mathrm{d}t.$$

即$\begin{cases} \dfrac{\mathrm{d}m}{\mathrm{d}t} + \dfrac{m}{3} = \dfrac{m_0}{6}, \\ m(0) = 5m_0, \end{cases}$为一阶线性非齐次方程，所以

$$m = \mathrm{e}^{-\int\frac{1}{3}\mathrm{d}t}\left(\int\frac{m_0}{6}\mathrm{e}^{\int\frac{1}{3}\mathrm{d}t}\mathrm{d}t + C\right) = \frac{m_0}{2} + C\mathrm{e}^{-\frac{t}{3}},$$

由初始条件得$C=\frac{9}{2}m_0$，$m=\frac{m_0}{2}(1+9\mathrm{e}^{-\frac{t}{3}})$，当$m=m_0$时，得$t=6\ln 3$.

【例】4.2.5 一个半球体状的雪堆，其融化的速率（体积）与半球面面积A成正比，比例常数$k>0$. 假设在融化过程中雪堆始终保持半球体状，已知半径为r_0的雪堆在开始融化的3 h内，融化了其体积的$\frac{7}{8}$，问：雪堆全部融化需要多长时间？

解：由题意得：

$$\begin{cases}\dfrac{\mathrm{d}V}{\mathrm{d}t}=-kA,\\ R(0)=r_0,\end{cases}$$

其中 $V=\dfrac{2}{3}\pi R^3$，$A=2\pi R^2$. 因此

$$\frac{\mathrm{d}V}{\mathrm{d}t}=2\pi R^2\frac{\mathrm{d}R}{\mathrm{d}t}=A\frac{\mathrm{d}R}{\mathrm{d}t}\Rightarrow\frac{\mathrm{d}R}{\mathrm{d}t}=-k.$$

解得 $R=-kt+C$，由初始条件得 $C=r_0$，故 $R=r_0-kt$. 因此

$$V=\frac{2}{3}\pi(r_0-kt)^3,$$

由 $V(3)=\dfrac{1}{8}V(0)=\dfrac{2}{3}\pi\left(\dfrac{r_0}{2}\right)^3$，得 $k=\dfrac{r_0}{6}$，即 $R=r_0-\dfrac{r_0}{6}t$，也即 $t=6\left(1-\dfrac{R}{r_0}\right)$，当 $R=0$ 时，$t=6$. 所以雪堆全部融化需要 6 h.

【例】4.2.6 有直径 $D=1$ m，高 $H=2$ m 的直立圆柱形桶，充满液体，液体从其底部直径 $d=1$ cm 的圆孔流出. 问：需要多长时间桶内的液体全部流出（流速为 $v=c\sqrt{2gh}$，其中 $c=0.6$，h 为液面高，$g=9.8\ \mathrm{m/s^2}$）.

解：考虑时间段 $[t,t+\mathrm{d}t]$，对应的液面高度的微元为 $[h,h+\mathrm{d}h]$，且 $\mathrm{d}t$ 与 $\mathrm{d}h$ 反号，在 $[t,t+\mathrm{d}t]$ 内液体的变化量等于桶内液体的流出量，当 $\mathrm{d}t>0$ 时，流出量 $\mathrm{d}Q_1>0$，

$$\mathrm{d}Q_1=\pi\left(\frac{0.01}{2}\right)^2\cdot v\mathrm{d}t=\frac{\pi c}{4}\sqrt{2gh}\cdot10^{-4}\mathrm{d}t,$$

桶内液体的减少量为 $\mathrm{d}Q_2=\pi(0.5)^2(-\mathrm{d}h)=-\dfrac{\pi}{4}\mathrm{d}h$，由于桶内液体的减少量 $\mathrm{d}Q_2$ 与流出量 $\mathrm{d}Q_1$ 相等，即 $\dfrac{\pi c}{4}\sqrt{2gh}\cdot10^{-4}\mathrm{d}t=-\dfrac{\pi}{4}\mathrm{d}h$，从而得初值问题

$$\begin{cases}\mathrm{d}t=\dfrac{10^{-4}}{c\sqrt{2g}}\dfrac{\mathrm{d}h}{\sqrt{h}},\\ h|_{t=0}=2,\end{cases}$$

设 T 时桶内液体流完，对方程两端积分得 $\displaystyle\int_0^T\mathrm{d}t=\int_2^0\frac{10^{-4}}{c\sqrt{2g}}\frac{\mathrm{d}h}{\sqrt{h}}$. 于是有

$$T=\frac{10^4}{0.6\sqrt{2g}}\cdot2\sqrt{h}\Big|_0^2=\frac{2\times10^4}{0.6\sqrt{9.8}}\approx10\ 648(\mathrm{s})\approx3h.$$

【例】4.2.7 质量为 1×10^{-3} kg 的质点受力作用做直线运动，力与时间成正比，且与质点的运动速度成正比，在 $t=10$ s 时，速度等于 0.5 m/s 所受力为 4×10^{-5} N，问：运动开始后 60 s 质点的速度是多少.

解：由题设得

$$F=\frac{kt}{v},\tag{1}$$

且$v\big|_{t=10}=0.5$，$F\big|_{t=10}=4\times10^{-5}$. 由牛顿第二运动定律得

$$10^{-3}\frac{\mathrm{d}v}{\mathrm{d}t}=\frac{kt}{v}.\tag{2}$$

由初始条件$F\big|_{t=10}=4\times10^{-5}$，代入式（1）可得$k=2\times10^{-6}$. 式（2）变为$2v\mathrm{d}v=4\times10^{-3}t\mathrm{d}t$. 两端积分得

$$v^2=2\times10^{-3}t^2+C,$$

代入初始条件$v\big|_{t=10}=0.5$，可得$C=0.05$，故$v(t)=\sqrt{2\times10^{-3}t^2+0.05}$，$v(60)=\sqrt{7.25}\approx2\ 693(\mathrm{m/s})$，即运动开始后60 s质点的速度大约是2.693(m/s).

4.3　自测题

【练习】4.3.1　设$y'+2xy=x\mathrm{e}^{-x^2}$，求$y$.

【练习】4.3.2　求$\frac{\mathrm{d}y}{\mathrm{d}x}=\cos(x+y)$的通解.

【练习】4.4.3　求微分方程$\frac{\mathrm{d}y}{\mathrm{d}x}=\frac{1}{x+y}$的通解.

【练习】4.3.4　已知二阶常系数齐次线性微分方程的一个特解为$y=x\mathrm{e}^x$，求此微分方程.

【练习】4.3.5　求微分方程$y''+y'-2y=(x-1)\mathrm{e}^x$的通解.

【练习】4.3.6　设$f(x)=x\mathrm{e}^x+\int_0^x(x-t)f(t)\mathrm{d}t$，其中$f(x)$连续，求$f(x)$的表达式.

【练习】4.3.7　设函数$f(x)$连续，且满足$\int_0^x f(x-t)\mathrm{d}t=\int_0^x(x-t)f(t)\mathrm{d}t+\mathrm{e}^{-x}-1$，求$f(x)$的表达式.

【练习】4.3.8　设函数$f(x)$连续，且满足方程$\int_0^x(x-t)f(t)\mathrm{d}t=x\mathrm{e}^x-f(x)$，求$f(x)$.

【练习】4.3.9　设$f(x)$具有二阶导数，且$f(x)+f'(\pi-x)=\sin x$，$f\left(\frac{\pi}{2}\right)=0$.

（1）证明：$f''(x)-f'(\pi-x)=\cos x$；

（2）求$f(x)$的表达式.

【练习】4.3.10　某游艇在速度为5 m/s时关闭发动机靠惯性在河道滑行. 假设游艇滑行时所受到的阻力与其速度成正比. 已知4 s后游艇的速度为2.5 m/s. 求游艇速度v与时间t的关系$v(t)$，并求游艇滑行的最长距离.

自测题解答

【练习】4.3.1 解：

$$y = e^{\int(-2x)dx}\left(\int xe^{-x^2}e^{\int 2xdx}dx + C\right) = e^{-x^2}\left(\frac{x^2}{2} + C\right).$$

【练习】4.3.2 解： 令 $u=x+y$，则$\frac{dy}{dx}=\frac{du}{dx}-1$，代入原方程，得：

$$\frac{du}{dx}=1+\cos u=2\cos^2\frac{u}{2},$$

分离变量法得：$\tan\frac{u}{2}=x+C$，解得通解为 $\tan\frac{x+y}{2}=x+C$.

【练习】4.3.3 解： 将 x 视为 y 的函数，方程可化为

$$\frac{dx}{dy}=x+y,$$

这是未知函数 $x=x(y)$ 的非齐次线性方程，则由一阶非齐次线性微分方程的通解公式得

$$x = e^{\int 1dy}\left(\int ye^{\int -1dy}dy + C\right) = e^y\left(\int ye^{-y}dy + C\right)$$

$$= e^y\left(-ye^{-y} + \int e^{-y}dy + C\right) = -y-1+Ce^y.$$

所以所求微分方程的通解为 $x=-y-1+Ce^y$ 或 $y=\ln|1+x+y|+C$.

【练习】4.3.4 解： 设该二阶常系数齐次线性微分方程为

$$Ay''+By'+Cy=0,$$

由于 $y=xe^x$ 是该方程的一个特解，且 $y'=(x+1)e^x$，$y''=(x+2)e^x$，则将特解代入微分方程得

$$A(x+2)e^x+B(x+1)e^x+Cxe^x=0,$$

即$[(A+B+C)x+(2A+B)]e^x=0$，则有

$$\begin{cases}A+B+C=0,\\2A+B=0\end{cases}\Rightarrow\begin{cases}A=C,\\B=-2C.\end{cases}$$

于是微分方程为 $Cy''-2Cy'+Cy=0$，其中 C 是任意非零常数，整理得

$$y''-2y'+y=0,$$

此即以 $y=xe^x$ 为特解的二阶常系数齐次线性微分方程.

【练习】4.3.5 解： 原方程对应的齐次方程为 $y''+y'-2y=0$，特征方程为 $r^2+r-2=0$，特征根为 $r_1=1$，$r_2=-2$，所以齐次方程的通解为 $\bar{y}=C_1e^x+C_2e^{-2x}$. 由于 1 是方程的单特征根，因此原方程的特解可设为

$$y^*=x(Ax+B)e^x,$$

则

$$y^{*\prime}=(Ax^2+2Ax+Bx+B)\mathrm{e}^x,$$

$$y^{*\prime\prime}=(Ax^2+4Ax+Bx+2A+2B)\mathrm{e}^x,$$

代入原方程，化简得

$$(6Ax+2A+3B)\mathrm{e}^x=(x-1)\mathrm{e}^x,$$

则 $6A=1$，$2A+3B=-1$，解得 $A=\dfrac{1}{6}$，$B=-\dfrac{4}{9}$. 故特解为 $y^*=\left(\dfrac{x^2}{6}-\dfrac{4}{9}x\right)\mathrm{e}^x$. 所以原方程的通解为 $y=C_1\mathrm{e}^x+C_2\mathrm{e}^{-2x}+\left(\dfrac{x^2}{6}-\dfrac{4}{9}x\right)\mathrm{e}^x$.

【练习】4.3.6　解：

$$f(x)=x\mathrm{e}^x+\int_0^x(x-t)f(t)\,\mathrm{d}t=x\mathrm{e}^x+x\int_0^x f(t)\,\mathrm{d}t-\int_0^x tf(t)\,\mathrm{d}t,$$

上式两端对 x 求导，得 $f'(x)=(x+1)\mathrm{e}^x+\int_0^x f(t)\,\mathrm{d}t$，再次对 x 求导得

$$f''(x)=(x+2)\mathrm{e}^x+f(x).$$

则 $f(x)$ 满足初值问题：

$$\begin{cases}f''(x)-f(x)=(x+2)\mathrm{e}^x,\\ f(0)=0,\quad f'(0)=1.\end{cases}$$

第一个方程为常系数非齐次线性微分方程，其对应的齐次方程的通解为：$Y(x)=C_1\mathrm{e}^x+C_2\mathrm{e}^{-x}$. 设该非齐次方程的特解为

$$y^*=x(ax+b)\mathrm{e}^x,$$

代入原方程，得：$4ax+2a+2b=x+2$，解得：$a=\dfrac{1}{4}$，$b=\dfrac{3}{4}$. 于是原非齐次方程的通解为：$y(x)=C_1\mathrm{e}^x+C_2\mathrm{e}^{-x}+\dfrac{1}{4}(x^2+3x)\mathrm{e}^x$，代入初始条件，解得：$C_1=\dfrac{1}{8}$，$C_2=-\dfrac{1}{8}$. 所以

$$f(x)=\frac{1}{8}\mathrm{e}^x-\frac{1}{8}\mathrm{e}^{-x}+\frac{1}{4}(x^2+3x)\mathrm{e}^x.$$

【练习】4.3.7　解：令 $u=x-t$，则 $\int_0^x f(x-t)\,\mathrm{d}t=\int_0^x f(u)\,\mathrm{d}u$，代入方程可得：

$$\int_0^x f(u)\,\mathrm{d}u=x\int_0^x f(t)\,\mathrm{d}t-\int_0^x tf(t)\,\mathrm{d}t+\mathrm{e}^{-x}-1,$$

再对 x 求导得：$f(x)=\int_0^x f(t)\,\mathrm{d}t-\mathrm{e}^{-x}$，由于 $f(x)$ 连续，可知 $\int_0^x f(t)\,\mathrm{d}t$ 可导，从而由上式知 $f(x)$ 也可导，于是对上式两边再求导，得：$f'(x)=f(x)+\mathrm{e}^{-x}$，则 $f(x)$ 满足初值问题：

$$\begin{cases}f'(x)=f(x)+\mathrm{e}^{-x},\\ f(0)=-1.\end{cases}$$

解此微分方程可得$f(x)=-\frac{1}{2}\mathrm{e}^{x}-\frac{1}{2}\mathrm{e}^{-x}$.

【练习】4.3.8 **解**：由题设得，

$$x\int_0^x f(t)\,\mathrm{d}t-\int_0^x tf(t)\,\mathrm{d}t=x\mathrm{e}^{x}-f(x), \tag{1}$$

上式两端对x求导得：

$$\int_0^x f(t)\,\mathrm{d}t=\mathrm{e}^{x}+x\mathrm{e}^{x}-f'(x), \tag{2}$$

再对x求导得：$f(x)=\mathrm{e}^{x}+\mathrm{e}^{x}+x\mathrm{e}^{x}-f''(x)$，即$f''(x)+f(x)=(2+x)\mathrm{e}^{x}$；另外由式（1）和式（2）得：$f(0)=0$，$f'(0)=1$，则$f(x)$满足初值问题：

$$\begin{cases}f''(x)+f(x)=(2+x)\mathrm{e}^{x},\\ f(0)=0,\ f'(0)=1.\end{cases}$$

第一个方程为常系数非齐次线性微分方程，其对应的齐次方程的特征方程为$r^2+1=0$，特征根为$r=\pm\mathrm{i}$，于是对应的齐次方程的通解为：

$$\bar{f}(x)=C_1\cos x+C_2\sin x.$$

设该非齐次方程的一个特解为：$f^*(x)=(Ax+B)\mathrm{e}^{x}$，代入该非齐次方程解得$A=\frac{1}{2}$，$B=\frac{1}{2}$，于是特解$f^*(x)=\frac{1}{2}(x+1)\mathrm{e}^{x}$，所以原非齐次方程的通解为：

$$f(x)=C_1\cos x+C_2\sin x+\frac{1}{2}(x+1)\mathrm{e}^{x}.$$

代入初始条件，解得：$C_1=-\frac{1}{2}$，$C_2=0$. 故$f(x)=-\frac{1}{2}\cos x+\frac{1}{2}(x+1)\mathrm{e}^{x}$.

【练习】4.3.9 **证明**：（1）对原方程两边关于x求导，得

$$f'(x)-f''(\pi-x)=\cos x,$$

令$x=\pi-u$，则$f'(\pi-u)-f''(u)=-\cos u$，再将变量u换成x，得到：$f''(x)-f'(\pi-x)=\cos x$.

（2）由题设和（1）即得

$$f(x)+f''(x)=\sin x+\cos x.$$

齐次方程$y''+y=0$的通解为：$y=C_1\cos x+C_2\sin x$. 设$y=Ax\cos x+Bx\sin x$是方程$y''+y=\cos x+\sin x$的解，代入方程后得：$A=-\frac{1}{2}$，$B=\frac{1}{2}$，故方程$y''+y=\cos x+\sin x$的通解为

$$f(x)=C_1\cos x+C_2\sin x-\frac{x}{2}\cos x+\frac{x}{2}\sin x.$$

由$f\left(\frac{\pi}{2}\right)=0$得到$f'\left(\frac{\pi}{2}\right)=1$，所以$C_1=\frac{\pi}{4}-\frac{1}{2}$，$C_2=-\frac{\pi}{4}$，于是，

$$f(x)=\left(\frac{\pi}{4}-\frac{1}{2}-\frac{x}{2}\right)\cos x+\left(\frac{x}{2}-\frac{\pi}{4}\right)\sin x.$$

【练习】4.3.10　解：设游艇的质量为 m，由于游艇滑行时所受到的阻力与其速度成正比，设其比例系数为 k，则由题意知：

$$\begin{cases}m\dfrac{\mathrm{d}v}{\mathrm{d}t}=-kv,\\ v(0)=5,v(4)=2.5.\end{cases}$$

解第一个方程得 $v(t)=C\mathrm{e}^{-\frac{k}{m}t}$. 由 $v(0)=5$，得 $C=5$；由 $v(4)=2.5$，得 $\dfrac{k}{m}=\dfrac{\ln 2}{4}$，所以游艇速度 v 与时间 t 的关系 $v(t)=5\mathrm{e}^{-\frac{\ln 2}{4}t}$. 游艇滑行的最长距离为

$$S=\int_0^{+\infty}v(t)\,\mathrm{d}t=\int_0^{+\infty}5\mathrm{e}^{-\frac{\ln 2}{4}t}\mathrm{d}t=\frac{20}{\ln 2}.$$

4.4　硕士入学考试试题及高等数学竞赛试题选编

【例】4.4.1（2021 研）　求欧拉方程 $x^2y''+xy'-4y=0$ 满足 $y(1)=1$，$y'(1)=2$ 的解.

解：令 $x=\mathrm{e}^t$，则

$$xy'=\frac{\mathrm{d}y}{\mathrm{d}t},\ x^2y''=\frac{\mathrm{d}^2y}{\mathrm{d}t^2}-\frac{\mathrm{d}y}{\mathrm{d}t}.$$

于是原方程化为 $\dfrac{\mathrm{d}^2y}{\mathrm{d}t^2}-4y=0$. 特征方程为 $r^2-4=0$，则特征值为 $r_1=2$，$r_2=-2$，于是可知该齐次线性方程的通解为

$$y=C_1\mathrm{e}^{2t}+C_2\mathrm{e}^{-2t}=C_1x^2+C_2x^{-2}.$$

将初始条件 $y(1)=1$，$y'(1)=2$ 代入可知 $C_1=1$，$C_2=0$，故满足条件的特解为 $y=x^2$.

【例】4.4.2（2020 研）　若函数 $f(x)$ 满足 $f''(x)+af'(x)+f(x)=0\,(a>0)$，且 $f(0)=m$，$f'(0)=n$，则 $\int_0^{+\infty}f(x)\,\mathrm{d}x=(\quad)$.

解：

$$\int_0^{+\infty}f(x)\,\mathrm{d}x=-\int_0^{+\infty}[f''(x)+af'(x)]\,\mathrm{d}x=-f'(x)\big|_0^{+\infty}-af(x)\big|_0^{+\infty}.$$

该微分方程的特征方程为 $\lambda^2+a\lambda+1=0$，设 λ_1，λ_2 为其两个根.

若 $a>2$，则 λ_1，λ_2 为两个负实根，$f(x)$ 的通解具有 $C_1\mathrm{e}^{\lambda_1x}+C_2\mathrm{e}^{\lambda_2x}$ 的形式，故必有 $\lim\limits_{x\to+\infty}f(x)=0$，$\lim\limits_{x\to+\infty}f'(x)=0$.

若 $a=2$，则 $\lambda_1=\lambda_2=-1$，$f(x)$ 的通解具有 $(C_1x+C_2)\mathrm{e}^{-x}$ 的形式，同样有 $\lim\limits_{x\to+\infty}f(x)=$

0，$\lim\limits_{x\to+\infty} f'(x)=0$.

若$0<a<2$，则$\lambda_1=-\dfrac{a}{2}+b\mathrm{i}$，$\lambda_2=-\dfrac{a}{2}-b\mathrm{i}$，其中$b=\dfrac{\sqrt{4-a^2}}{2}$，$f(x)$的通解具有$\mathrm{e}^{-\frac{a}{2}x}(C_1\cos bx+C_2\sin bx)$的形式，易知$\lim\limits_{x\to+\infty} f(x)=0$，$\lim\limits_{x\to+\infty} f'(x)=0$.

故不论哪种情形，都有$\int_0^{+\infty} f(x)\mathrm{d}x=f'(0)+af(0)=n+am$.

【例】4.4.3（2019研） 设函数$y(x)$是微分方程$y'+xy=\mathrm{e}^{-\frac{x^2}{2}}$满足条件$y(0)=0$的特解.

（1）求$y(x)$；

（2）求曲线$y=y(x)$的凹凸区间及拐点.

解：（1）这是一个一阶非齐次线性微分方程. 先求解对应的齐次线性方程$y'+xy=0$的通解：$y=C\mathrm{e}^{-\frac{x^2}{2}}$. 再用常数变易法求$y'+xy=\mathrm{e}^{-\frac{x^2}{2}}$通解，设$y=C(x)\mathrm{e}^{-\frac{x^2}{2}}$为其解，代入方程，得$C(x)=x+C_1$，即通解为

$$y=(x+C_1)\mathrm{e}^{-\frac{x^2}{2}}.$$

把初始条件$y(0)=0$代入，得$C_1=0$，从而得到$y(x)=x\mathrm{e}^{-\frac{x^2}{2}}$.

（2）

$$y(x)=x\mathrm{e}^{-\frac{x^2}{2}},\ y'(x)=\mathrm{e}^{-\frac{x^2}{2}}(1-x^2),$$

$$y''(x)=(x^3-3x)\mathrm{e}^{-\frac{x^2}{2}}=x(x-\sqrt{3})(x+\sqrt{3})\mathrm{e}^{-\frac{x^2}{2}}.$$

令$y''(x)=0$得$x_1=-\sqrt{3}$，$x_2=0$，$x_3=\sqrt{3}$. 当$x<-\sqrt{3}$或$0<x<\sqrt{3}$时，$y''<0$. 当$-\sqrt{3}<x<0$或$x>\sqrt{3}$时，$y''>0$. 所以曲线的拐点有三个，分别为$(-\sqrt{3},-\sqrt{3}\mathrm{e}^{-\frac{3}{2}})$，$(0,0)$，$(\sqrt{3},\sqrt{3}\mathrm{e}^{-\frac{3}{2}})$.

【例】4.4.4（2019研） 求微分方程$2yy'-y^2-2=0$满足条件$y(0)=1$的特解.

解：把方程变形得$(y^2+2)'-y^2-2=0$，即

$$\frac{\mathrm{d}(y^2+2)}{y^2+2}=\mathrm{d}x,$$

积分得$y^2+2=C\mathrm{e}^x$. 由初始条件$y(0)=1$确定$C=3$，所以$y=\sqrt{3\mathrm{e}^x-2}$.

【例】4.4.5（2018研） 已知微分方程$y'+y=f(x)$.

（1）当$f(x)=x$时，求微分方程的通解.

（2）当$f(x)$为周期函数时，证微分方程有解与其对应，且该解也为周期函数.

解：（1）通解

$$\begin{aligned} y(x)&=\mathrm{e}^{-\int 1\mathrm{d}x}\left(\int x\mathrm{e}^{\int 1\mathrm{d}x}\mathrm{d}x+C\right)\\ &=\mathrm{e}^{-x}\left(\int x\mathrm{e}^x\mathrm{d}x+C\right)=\mathrm{e}^{-x}[(x-1)\mathrm{e}^x+C]=(x-1)+C\mathrm{e}^{-x}.\end{aligned}$$

（2）设$f(x+T)=f(x)$，即 T 是$f(x)$的周期. 通解

$$y(x)=\mathrm{e}^{-\int 1\mathrm{d}x}\left[\int f(x)\mathrm{e}^{\int 1\mathrm{d}x}\mathrm{d}x+C\right]$$

$$=\mathrm{e}^{-x}\left[\int f(x)\mathrm{e}^{x}\mathrm{d}x+C\right]=\mathrm{e}^{-x}\int f(x)\mathrm{e}^{x}\mathrm{d}x+C\mathrm{e}^{-x}.$$

不妨设 $y(x)=\mathrm{e}^{-x}\int_T^x f(x)\mathrm{e}^{x}\mathrm{d}x+C\mathrm{e}^{-x}$，则有

$$y(x+T)=\mathrm{e}^{-(x+T)}\int_T^{x+T}f(t)\mathrm{e}^{t}\mathrm{d}t+C\mathrm{e}^{-(x+T)}$$

$$=\mathrm{e}^{-(x+T)}\int_0^x f(u+T)\mathrm{e}^{u+T}\mathrm{d}(u+T)+(C\mathrm{e}^{-T})\cdot\mathrm{e}^{-x}$$

$$=\mathrm{e}^{-x}\int_0^x f(u)\mathrm{e}^{u}\mathrm{d}u+(C\mathrm{e}^{-T})\cdot\mathrm{e}^{-x}$$

$$=\mathrm{e}^{-x}\int_T^x f(u)\mathrm{e}^{u}\mathrm{d}u+\mathrm{e}^{-x}\int_0^T f(u)\mathrm{e}^{u}\mathrm{d}u+(C\mathrm{e}^{-T})\cdot\mathrm{e}^{-x}.$$

为了使得 $y(x)$为周期函数，只需 $\int_0^T f(u)\mathrm{e}^{u}\mathrm{d}u+C\mathrm{e}^{-T}=C$，即 $C=\dfrac{\int_0^T f(u)\mathrm{e}^{u}\mathrm{d}u}{1-\mathrm{e}^{-T}}$. 由此得到微分方程的一个周期函数解

$$y(x)=\mathrm{e}^{-x}\int_T^x f(x)\mathrm{e}^{x}\mathrm{d}x+\frac{\int_0^T f(u)\mathrm{e}^{u}\mathrm{d}u}{1-\mathrm{e}^{-T}}\mathrm{e}^{-x}.$$

【例】4.4.6（2017 研） 求微分方程 $y''+2y'+3y=0$ 的通解.

解： 齐次特征方程为

$$\lambda^2+2\lambda+3=0\Rightarrow\lambda_{1,2}=-1+\sqrt{2}\mathrm{i},$$

故通解为 $\mathrm{e}^{-x}(c_1\cos\sqrt{2}x+c_2\sin\sqrt{2}x)$.

【例】4.4.7（2016 研） 若 $y_1=(1+x^2)^2-\sqrt{1+x^2}$，$y_2=(1+x^2)^2+\sqrt{1+x^2}$是微分方程 $y'+p(x)y=q(x)$的两个解，求 $q(x)$.

解： $y_2(x)-y_1(x)=2\sqrt{1+x^2}$为 $y'+p(x)y=0$ 的解，代入该齐次方程可得

$$\frac{2x}{\sqrt{1+x^2}}+p(x)\cdot 2\sqrt{1+x^2}=0,$$

故 $p(x)=-\dfrac{x}{1+x^2}$. 再将 $y_2(x)=(1+x^2)^2+\sqrt{1+x^2}$代入原方程可得

$$4x(1+x^2)+\frac{x}{\sqrt{1+x^2}}-\frac{x}{1+x^2}\left[(1+x^2)^2+\sqrt{1+x^2}\right]=q(x),$$

所以 $q(x)=3x(1+x^2)$.

【例】4.4.8（2016 研） 设函数 $y(x)$满足方程 $y''+2y'+ky=0$，其中 $0<k<1$.

（1）证明：反常积分 $\int_0^{+\infty} y(x)\,dx$ 收敛.

（2）若 $y(0)=1$，$y'(0)=1$，求 $\int_0^{+\infty} y(x)\,dx$ 的值.

解：（1）证明：原方程对应的特征方程为 $\lambda^2+2\lambda+k=0$. 由于 $\Delta=2^2-4k>0$，方程有两个不同的实根 $\lambda_1=-1-\sqrt{1-k}$，$\lambda_2=-1+\sqrt{1-k}$. 原方程的通解为 $y(x)=C_1e^{\lambda_1 x}+C_2e^{\lambda_2 x}$.

$$\int_0^{+\infty} y(x)\,dx=\int_0^{+\infty}(C_1e^{\lambda_1 x}+C_2e^{\lambda_2 x})\,dx$$
$$=\left(\frac{C_1}{\lambda_1}e^{\lambda_1 x}+\frac{C_2}{\lambda_2}e^{\lambda_2 x}\right)\bigg|_0^{+\infty}=-\left(\frac{C_1}{\lambda_1}+\frac{C_2}{\lambda_2}\right),$$

即 $\int_0^{+\infty} y(x)\,dx$ 收敛.

（2）由 $y(0)=1$，$y'(0)=1$ 及 $y(x)=C_1e^{\lambda_1 x}+C_2e^{\lambda_2 x}$ 可得

$$\begin{cases}C_1+C_2=1,\\ C_1\lambda_1+C_2\lambda_2=1.\end{cases}$$

解得 $C_1=\dfrac{1-\lambda_2}{\lambda_1-\lambda_2}$，$C_2=\dfrac{\lambda_1-1}{\lambda_1-\lambda_2}$. 从而 $\int_0^{+\infty} y(x)\,dx=-\left(\dfrac{C_1}{\lambda_1}+\dfrac{C_2}{\lambda_2}\right)=\dfrac{3}{k}$.

【例】4.4.9（2015 研） 设 $y=\frac{1}{2}e^{2x}+\left(x-\frac{1}{3}\right)e^x$ 是二阶常系数非齐次线性微分方程 $y''+ay'+by=ce^x$ 的一个特解，则（　　）.

（A）$a=-3$，$b=2$，$c=-1$

（B）$a=3$，$b=2$，$c=-1$

（C）$a=-3$，$b=2$，$c=1$

（D）$a=3$，$b=2$，$c=1$

解：由题意可知，e^{2x}，e^x 为二阶常系数齐次微分方程 $y''+ay'+by=0$ 的解，所 2，1 为特征方程 $r^2+ar+b=0$ 的根，从而 $a=-(1+2)=-3$，$b=1\times2=2$，从而原方程变为 $y''-3y'+2y=ce^x$，再将特解 $y=xe^x$ 代入得 $c=-1$. 故选（A）.

【例】4.4.10（2015 研） 设函数 $f(x)$ 在定义域 I 上的导数大于零，若对任意的 $x_0\in I$，由线 $y=f(x)$ 在点 $(x_0,f(x_0))$ 处的切线与直线 $x=x_0$ 及 x 轴所围成区域的面积恒为4，且 $f(0)=2$，求 $f(x)$ 的表达式.

解：设 $f(x)$ 在点 $(x_0,f(x_0))$ 处的切线方程为：$y-f(x_0)=f'(x_0)(x-x_0)$. 令 $y=0$，得到 $x=-\dfrac{f(x_0)}{f'(x_0)}+x_0$. 由题意，不论 $f(x_0)$ 为正数或负数，总有

$$\frac{1}{2}f(x_0)\cdot(x_0-x)=4,$$

即$\frac{1}{2}f(x_0)\cdot\frac{f(x_0)}{f'(x_0)}=4$，可以转化为一阶微分方程，即$y'=\frac{y^2}{8}$，分离变量得到通解为

$$\frac{1}{y}=-\frac{1}{8}x+C.$$

已知$y(0)=2$，得到$C=\frac{1}{2}$，因此$\frac{1}{y}=-\frac{1}{8}x+\frac{1}{2}$，即$f(x)=\frac{8}{-x+4}$.

【例】4.4.11（2014研） 求微分方程$xy'+y(\ln x-\ln y)=0$满足条件$y(1)=e^3$的解.

解：方程可化为

$$y'+\frac{y}{x}\ln\frac{x}{y}=0.$$

令$u=\frac{y}{x}$，则$y=xu$，$\frac{dy}{dx}=u+x\frac{du}{dx}$. 代入上式得

$$u+x\frac{du}{dx}+u\ln\frac{1}{u}=0.$$

整理得$\frac{du}{u(\ln u-1)}=\frac{1}{x}dx$. 两端积分得$\ln u-1=Cx$，所以$u=e^{Cx+1}$，从而$y=xe^{Cx+1}$. 将$y(1)=e^3$代入上式得$C=2$，所以$y=xe^{2x+1}$.

【例】4.4.12（2013研） 已知$y_1=e^{3x}-xe^{2x}$，$y_2=e^x-xe^{2x}$，$y_3=-xe^{2x}$是某二阶常系数非齐次线性微分方程的3个解，求该方程的通解.

解：$y_1-y_2=e^{3x}-e^x$，$y_2-y_3=e^x$. 对应齐次微分方程的通解

$$y=c_1(e^{3x}-e^x)+c_2e^x,$$

非齐次微分方程的通解$y=c_1(e^{3x}-e^x)+c_2e^x-xe^{2x}$.

【例】4.4.13（2012研） 若函数$f(x)$满足方程$f''(x)+f'(x)-2f(x)=0$及$f'(x)+f(x)=2e^x$，则$f(x)=(\quad)$.

解：特征方程为$r^2+r-2=0$，特征根为$r_1=1$，$r_2=-2$，齐次微分方程$f''(x)+f'(x)-2f(x)=0$的通解为

$$f(x)=C_1e^x+C_2e^{-2x}.$$

再由$f'(x)+f(x)=2e^x$得$2C_1e^x-C_2e^{-2x}=2e^x$，可知$C_1=1$，$C_2=0$，故$f(x)=e^x$.

【例】4.4.14（2011研） 微分方程$y'+y=e^{-x}\cos x$满足条件$y(0)=0$的解为$y=(\quad)$.

解：由通解公式得

$$\begin{aligned}y&=e^{-\int dx}\left(\int e^{-x}\cos x\cdot e^{\int dx}dx+C\right)\\&=e^{-x}\left(\int\cos x\,dx+C\right)=e^{-x}(\sin x+C).\end{aligned}$$

由于$y(0)=0$，故$C=0$. 所以$y=e^{-x}\sin x$.

【例】4.4.15（2019 赛） 设函数$f(x)$在$[0,+\infty)$内具有连续导数，满足

$$3[3+f^2(x)]f'(x)=2[1+f^2(x)]^2\mathrm{e}^{-x^2},$$

且$f(0)\leqslant 1$. 证明：存在常数$M>0$，使得$x\in[0,+\infty)$时，恒有$|f(x)|\leqslant M$.

证明：记$y=f(x)$，将所给等式分离变量并积分得

$$\int\frac{3+y^2}{(1+y^2)^2}\mathrm{d}y=\frac{2}{3}\int\mathrm{e}^{-x^2}\mathrm{d}x,$$

即

$$\frac{y}{1+y^2}+2\arctan y=\frac{2}{3}\int_0^x\mathrm{e}^{-t^2}\mathrm{d}t+C,\qquad(*)$$

其中$C=g[f(0)]$，这里$g(u)=\dfrac{u}{1+u^2}+2\arctan u$. 由于$g'(u)=\dfrac{3+u^2}{(1+u^2)^2}>0$，因此函数$g(u)$在$(-\infty,+\infty)$内严格单调增加. 因此，由$f(0)\leqslant 1$，得

$$C=g(f(0))\leqslant g(1)=\frac{1+\pi}{2}.$$

由于$f'(x)>0$，因此$f(x)$是$[0,+\infty)$内的严格增函数. 为证$f(x)$在$[0,+\infty)$内有界，只需证明$\lim\limits_{x\to+\infty}f(x)\neq+\infty$. 若$\lim\limits_{x\to+\infty}f(x)=+\infty$，则对式（$*$）取极限$x\to+\infty$，并利用$\int_0^{+\infty}\mathrm{e}^{-t^2}\mathrm{d}t=\dfrac{\sqrt{\pi}}{2}$，得$C=\pi-\dfrac{\sqrt{\pi}}{3}$. 这与$C\leqslant\dfrac{1+\pi}{2}$矛盾.

【例】4.4.16（2018 赛） 设函数$f(t)$在$t\neq 0$时一阶连续可导，且$f(1)=0$，求函数$f(x^2-y^2)$使得曲线积分$\int_L y[2-f(x^2-y^2)]\mathrm{d}x+xf(x^2-y^2)\mathrm{d}y$与路径无关，其中$L$为任一不与直线$y=\pm x$相交的分段光滑曲线.

解：令$P(x,y)=y[2-f(x^2-y^2)]$，$Q(x,y)=xf(x^2-y^2)$，于是

$$\begin{aligned}\frac{\partial P(x,y)}{\partial y}&=2-f(x^2-y^2)+y[-f'(x^2-y^2)(-2y)]\\&=2-f(x^2-y^2)+2y^2f'(x^2-y^2),\end{aligned}$$

$$\frac{\partial Q(x,y)}{\partial x}=f(x^2-y^2)+2x^2f'(x^2-y^2).$$

由积分与路径无关的条件$\dfrac{\partial P(x,y)}{\partial y}=\dfrac{\partial Q(x,y)}{\partial x}$，代入结果整理得

$$(x^2-y^2)f'(x^2-y^2)+f(x^2-y^2)-1=0.$$

令$x^2-y^2=u$，即$uf'(u)+f(u)-1=0$，分离变量得

$$\frac{\mathrm{d}f(u)}{1-f(u)}=\frac{1}{u}\mathrm{d}u,$$

积分得$\dfrac{1}{1-f(u)}=C_1u$，即$f(u)=1+\dfrac{C}{u}$，由$f(1)=0$，得$C=-1$，即

$$f(x^2-y^2)=1-\frac{1}{x^2-y^2}.$$

【例】4.4.17（2017 赛） 已知可导函数$f(x)$满足$f(x)\cos x+2\int_0^x f(t)\sin t\mathrm{d}t=x+1$，求$f(x)$.

解：首先令$x=0$，则由等式可得$f(0)=1$；对等式两端求导数，则有

$$f'(x)\cos x-f(x)\sin x+2f(x)\sin x=1,$$

即$f'(x)\cos x+f(x)\sin x=1$，整理得

$$f'(x)+f(x)\tan x=\sec x.$$

这是一个一阶非齐次线性微分方程，由计算公式可得

$$\begin{aligned}f(x)&=\mathrm{e}^{-\int\tan x\mathrm{d}x}\left(\int\sec x\mathrm{e}^{\int\tan x\mathrm{d}x}\mathrm{d}x+C\right)\\&=\mathrm{e}^{\ln\cos x}\left(\int\frac{1}{\cos x}\mathrm{e}^{-\ln\cos x}\mathrm{d}x+C\right)\\&=\cos x\left(\int\frac{1}{\cos^2x}\mathrm{d}x+C\right)\\&=\cos x(\tan x+C)=\sin x+C\cos x.\end{aligned}$$

代入初值$f(0)=1$，得$C=1$，所以$f(x)=\cos x+\sin x$.

【例】4.4.8（2016 赛） 设$f(x)$有连续导数，且$f(1)=2$. 已知$z=f(\mathrm{e}^xy^2)$，若$\frac{\partial z}{\partial x}=z$，$f(x)$在$x>0$的表达式为（　　）.

解：由题设，得

$$\frac{\partial z}{\partial x}=f'(\mathrm{e}^xy^2)\mathrm{e}^xy^2=f(\mathrm{e}^xy^2).$$

令$u=\mathrm{e}^xy^2$，得到当$u>0$，有$f'(u)u=f(u)$，即

$$\frac{f'(u)}{f(u)}=\frac{1}{u},$$

解得$\ln f(u)=\ln u+C_1$，即$f(u)=Cu$. 再由初值条件$f(1)=2$，可得$C=2$，即$f(u)=2u$. 所以当$x>0$时，有$f(x)=2x$.

【例】4.4.19（2014 赛） 已知$y_1=\mathrm{e}^x$和$y_2=x\mathrm{e}^x$是二阶常系数齐次线性微分方程的解，则该微分方程是（　　）.

解：由解的表达式可知微分方程对应的特征方程有二重根$r=1$，故所求微分方程为

$$y''(x)-2y'(x)+y(x)=0.$$

第5章　上册易考知识点及题型总结

第一部分：小题

5.1　极限的计算

极限的概念贯穿整个微积分学，求极限的方法也有很多，注意根据极限类型选择合适处理技巧. 主要方法包括：极限定义及左、右极限，四则运算法则，复合函数及有理分式，单调有界及迫敛性准则，两个重要极限，△**等价无穷小替换**，函数在某点连续定义，函数在某点可导定义，△**洛必达法则**，泰勒公式，定积分定义等.

【例】5.1.1　已知$f(2)=0$，$f'(2)$存在，求极限$\lim\limits_{x\to 0}\dfrac{f(2+\arctan x^3)}{e^{2x^3}-1}$.

解：
$$\lim_{x\to 0}\frac{f(2+\arctan x^3)}{e^{2x^3}-1}=\lim_{x\to 0}\left[\frac{f(2+\arctan x^3)-f(2)}{\arctan x^3}\cdot\frac{\arctan x^3}{e^{2x^3}-1}\right]$$
$$=\lim_{x\to 0}\frac{f(2+\arctan x^3)-f(2)}{\arctan x^3}\cdot\lim_{x\to 0}\frac{\arctan x^3}{e^{2x^3}-1}$$
$$=f'(2)\cdot\lim_{x\to 0}\frac{x^3}{2x^3}=\frac{1}{2}f'(2).$$

【例】5.1.2　求极限$\lim\limits_{x\to+\infty}\left[\dfrac{x^2}{(x-a)(x-b)}\right]^x$，其中$a$，$b$为常数.

解：
$$\lim_{x\to+\infty}\left[\frac{x^2}{(x-a)(x-b)}\right]^x$$
$$=\lim_{x\to+\infty}\left\{\left[1+\frac{(a+b)x-ab}{(x-a)(x-b)}\right]^{\frac{(x-a)(x-b)}{(a+b)x-ab}}\right\}^{\frac{(a+b)x-ab}{(x-a)(x-b)}\cdot x}$$
$$=e^{\lim\limits_{x\to+\infty}\frac{(a+b)x-ab}{x^2-(a+b)x+ab}\cdot x}=e^{a+b}.$$

【例】5.1.3　设$y=f(x)$是由方程$y-x=e^{x(1-y)}$确定的，求极限$\lim\limits_{n\to\infty}n\left[f\left(\dfrac{1}{n}\right)-1\right]$.

解：由方程$y-x=e^{x(1-y)}$可知，若$x=0$，则$y=1$，于是$f(0)=1$.

此方程两边对 x 求导，有

$$y'-1=e^{x(1-y)}[(1-y)+x(-y')],$$

整理得

$$f'(x)=y'=\frac{1+e^{x(1-y)}(1-y)}{1+xe^{x(1-y)}}.$$

因为 $f(0)=1$，则 $\lim\limits_{x\to0}\frac{f(x)-1}{x}$ 是未定式极限，于是由洛必达法则得

$$\lim_{x\to0}\frac{f(x)-1}{x}=\lim_{x\to0}f'(x)=\lim_{x\to0}\frac{1+e^{x(1-y)}(1-y)}{1+xe^{x(1-y)}}=\frac{1+1\times0}{1+0\times1}=1,$$

所以

$$\lim_{n\to\infty}n\left[f\left(\frac{1}{n}\right)-1\right]=\lim_{n\to\infty}\frac{f\left(\frac{1}{n}\right)-1}{\frac{1}{n}}\xlongequal{令 x=\frac{1}{n}}\lim_{x\to0}\frac{f(x)-1}{x}=1.$$

【例】5.1.4　已知 $\lim\limits_{x\to2}\frac{x^2+ax+b}{x^2-3x+2}=6$，求实数 a 和 b 的值.

解： $\lim\limits_{x\to2}(x^2-3x+2)=0$，所以 $\lim\limits_{x\to2}(x^2+ax+b)=0$.

令 $x^2+ax+b=(x-2)(x+k)$，则

$$\lim_{x\to2}\frac{x^2+ax+b}{x^2-3x+2}=\lim_{x\to2}\frac{(x-2)(x+k)}{(x-2)(x-1)}=2+k=6.$$

所以 $k=4$，从而有 $a=2$，$b=-8$.

【例】5.1.5　已知 $\lim\limits_{x\to+\infty}(\sqrt{x^2-x+1}-ax-b)=0$，试确定常数 a 和 b 的值.

解： 由已知条件知：

$$\lim_{x\to\infty}\frac{\sqrt{x^2-x+1}-ax-b}{x}=\lim_{x\to\infty}\frac{1}{x}\cdot(\sqrt{x^2-x+1}-ax-b)=0\times0=0,$$

则

$$a=\lim_{x\to+\infty}\frac{\sqrt{x^2-x+1}}{x}=\lim_{x\to+\infty}\sqrt{1-\frac{1}{x}+\frac{1}{x^2}}=1,$$

$$b=\lim_{x\to\infty}(\sqrt{x^2-x+1}-x)=\lim_{x\to\infty}\left(\frac{-x+1}{\sqrt{x^2-x+1}+x}\right)$$

$$=\lim_{x\to\infty}\left(\frac{-1+\frac{1}{x}}{\sqrt{1-\frac{1}{x}+\frac{1}{x^2}}+1}\right)=-\frac{1}{2}.$$

【例】5.1.6　已知 $\lim\limits_{x\to\infty}\left(\frac{x+a}{x-a}\right)^x=9$，求 a 的值.

解:

$$\lim_{x\to\infty}\left(\frac{x+a}{x-a}\right)^x=\lim_{x\to\infty}\left(1+\frac{2a}{x-a}\right)^{\frac{x-a}{2a}\cdot\frac{2ax}{x-a}}$$

$$=\lim_{x\to\infty}\left[\left(1+\frac{2a}{x-a}\right)^{\frac{x-a}{2a}}\right]^{\frac{2ax}{x-a}}$$

$$=e^{\lim\limits_{x\to\infty}\frac{2ax}{x-a}}=e^{2a},$$

所以，$e^{2a}=9$，从而 $a=\ln 3$.

【例】**5.1.7** 已知$f(x)$是连续函数，且$\lim\limits_{x\to1}\dfrac{f(x)}{x-1}=5$，求 $\lim\limits_{x\to0}\dfrac{f\left(\frac{\sin x}{x}\right)}{\ln(1+x^2)}$.

解:

$$\lim_{x\to0}\frac{f\left(\frac{\sin x}{x}\right)}{\ln(1+x^2)}=\lim_{x\to0}\frac{f\left(\frac{\sin x}{x}\right)}{x^2}=\lim_{x\to0}\frac{f\left(\frac{\sin x}{x}\right)}{\frac{\sin x}{x}-1}\cdot\frac{\frac{\sin x}{x}-1}{x^2}$$

$$=\lim_{x\to0}\frac{f\left(\frac{\sin x}{x}\right)}{\frac{\sin x}{x}-1}\cdot\lim_{x\to0}\frac{\sin x-x}{x^3},$$

由于$f(x)$是连续函数，且$\lim\limits_{x\to0}\dfrac{\sin x}{x}=1$，$\lim\limits_{x\to1}\dfrac{f(x)}{x-1}=5$，因此

$$\lim_{x\to0}\frac{f\left(\frac{\sin x}{x}\right)}{\frac{\sin x}{x}-1}=\lim_{y\to1}\frac{f(y)}{y-1}=5,$$

于是

$$\lim_{x\to0}\frac{f\left(\frac{\sin x}{x}\right)}{\ln(1+x^2)}=5\cdot\lim_{x\to0}\frac{\sin x-x}{x^3}=5\cdot\lim_{x\to0}\frac{\cos x-1}{3x^2}=5\cdot\lim_{x\to0}\frac{-\sin x}{6x}=-\frac{5}{6}.$$

【例】**5.1.8** 求极限$\lim\limits_{n\to\infty}n^3\left(\sin\dfrac{1}{n}-\dfrac{1}{2}\sin\dfrac{2}{n}\right)$.

解：方法1 考察函数极限

$$\lim_{x\to\infty}x^3\left(\sin\frac{1}{x}-\frac{1}{2}\sin\frac{2}{x}\right)=\lim_{x\to\infty}\frac{\sin\frac{1}{x}-\frac{1}{2}\sin\frac{2}{x}}{\frac{1}{x^3}}$$

$$=\lim_{t\to0}\frac{\sin t-\frac{1}{2}\sin(2t)}{t^3}$$

$$=\lim_{t\to0}\frac{\sin t}{t}\cdot\frac{1-\cos t}{t^2}=\frac{1}{2}.$$

所以，由归结原则原数列极限为$\frac{1}{2}$.

方法 2

$$\lim_{x\to\infty}x^3\left(\sin\frac{1}{x}-\frac{1}{2}\sin\frac{2}{x}\right)\xlongequal{t=\frac{1}{x}}\lim_{t\to 0}\frac{\sin t-\frac{1}{2}\sin(2t)}{t^3}.$$

利用泰勒公式，有

$$\sin(t)=t-\frac{1}{3!}t^3+o(t^3),\ \sin(2t)=2t-\frac{1}{3!}(2t)^3+o(t^3),$$

于是

$$\begin{aligned}&\lim_{x\to\infty}x^3\left(\sin\frac{1}{x}-\frac{1}{2}\sin\frac{2}{x}\right)\\&=\lim_{t\to 0}\frac{\left[t-\frac{1}{3!}t^3+o(t^3)\right]-\frac{1}{2}\left[2t-\frac{1}{3!}(2t)^3+o(t^3)\right]}{t^3}\\&=\lim_{t\to 0}\frac{\frac{1}{2}t^3+o(t^3)}{t^3}=\frac{1}{2}.\end{aligned}$$

由归结原则原数列极限为$\frac{1}{2}$.

【例】5.1.9　求极限

$$\lim_{x\to+\infty}\left[\sqrt[4]{x^4+x^3+x^2+x+1}-\sqrt[3]{x^3+x^2+x+1}\cdot\frac{\ln(x+e^x)}{x}\right].$$

解：因为 $x\to+\infty$，限定 $x>0$. 又

$$\frac{\ln(x+e^x)}{x}=1+\frac{\ln\left(\frac{x}{e^x}+1\right)}{x}.$$

将上式代入原极限并将原极限写作“$I-II$”. 其中

$$\begin{aligned}I&=\lim_{x\to+\infty}\left(\sqrt[4]{x^4+x^3+x^2+x+1}-\sqrt[3]{x^3+x^2+x+1}\right)\\&=\lim_{x\to+\infty}\frac{\sqrt[4]{1+\frac{1}{x}+\frac{1}{x^2}+\frac{1}{x^3}+\frac{1}{x^4}}-1+1-\sqrt[3]{1+\frac{1}{x}+\frac{1}{x^2}+\frac{1}{x^3}}}{\frac{1}{x}}\\&=\lim_{x\to+\infty}\frac{\frac{1}{4}\left(\frac{1}{x}+\frac{1}{x^2}+\frac{1}{x^3}+\frac{1}{x^4}\right)}{\frac{1}{x}}-\lim_{x\to+\infty}\frac{\frac{1}{3}\left(\frac{1}{x}+\frac{1}{x^2}+\frac{1}{x^3}\right)}{\frac{1}{x}}\\&=\frac{1}{4}-\frac{1}{3}=-\frac{1}{12}.\end{aligned}$$

$$II=\lim_{x\to+\infty}\sqrt[3]{1+\frac{1}{x}+\frac{1}{x^2}+\frac{1}{x^3}}\cdot\ln\left(\frac{x}{e^x}+1\right)=0.$$

故原极限为 $I-II=-\frac{1}{12}$.

【例】**5.1.10** 求极限$\lim\limits_{x\to0}\frac{\ln(1+x)-\sin x}{\sqrt{1+x^2}-\cos x}$.

解：分子、分母均是简单函数，利用泰勒公式

$$\lim_{x\to0}\frac{\ln(1+x)-\sin x}{\sqrt{1+x^2}-\cos x}=\lim_{x\to0}\frac{x-\frac{1}{2}x^2+o(x^2)-\left[x-\frac{1}{3!}x^3+o(x^3)\right]}{1+\frac{1}{2}x^2+o(x^2)-\left[1-\frac{1}{2!}x^2+o(x^2)\right]}$$

$$=\lim_{x\to0}\frac{-\frac{1}{2}x^2+o(x^2)}{x^2+o(x^2)}=-\frac{1}{2}.$$

【例】**5.1.11** 计算 $\lim\limits_{x\to0}(e^x+x)^{\frac{1}{x}}$.

解：$\lim\limits_{x\to0}(e^x+x)^{\frac{1}{x}}=\lim\limits_{x\to0}\left[e^x\left(1+\frac{x}{e^x}\right)\right]^{\frac{1}{x}}=\lim\limits_{x\to0}e\left(1+\frac{x}{e^x}\right)^{\frac{e^x}{x}\cdot\frac{1}{e^x}}$

$$=e\left[\lim_{x\to0}\left(1+\frac{x}{e^x}\right)^{\frac{e^x}{x}}\right]^{\lim\limits_{x\to0}\frac{1}{e^x}}$$

$$=e\cdot e=e^2.$$

【例】**5.1.12** 求极限

$$\lim_{n\to\infty}\frac{1}{n^2}(\sqrt[3]{n^2}+\sqrt[3]{2n^2}+\cdots+\sqrt[3]{n\cdot n^2}).$$

解：凑定积分定义

$$\lim_{n\to\infty}\frac{1}{n^2}(\sqrt[3]{n^2}+\sqrt[3]{2n^2}+\cdots+\sqrt[3]{n\cdot n^2})$$

$$=\lim_{n\to\infty}\frac{1}{n}\left(\sqrt[3]{\frac{1}{n}}+\sqrt[3]{\frac{2}{n}}+\cdots+\sqrt[3]{\frac{n}{n}}\right)=\lim_{n\to\infty}\sum_{i=1}^{n}\sqrt[3]{\frac{i}{n}}\cdot\frac{1}{n}=\int_0^1\sqrt[3]{x}\mathrm{d}x$$

$$=\frac{3}{4}.$$

【例】**5.1.13** （1）证明：当 $x>0$ 时，$x>\sin x$；

（2）设 $0<x_1<\pi$，$x_{n+1}=\sin x_n$，$n=1,2,\cdots$，证明：数列$\{x_n\}$极限存在，并求此极限；

（3）计算$\lim\limits_{n\to\infty}\left(\frac{x_{n+1}}{x_n}\right)^{\frac{1}{x_n^2}}$.

证明：（1）设$f(x)=x-\sin x$，则$f(0)=0$，$f'(x)=1-\cos x\geqslant0(x>0)$，所以$f(x)$是

单调增加函数，于是当 $x>0$ 时，$f(x)>f(0)=0$，即

当 $x>0$ 时，有 $x>\sin x$.

(2) 由 (1) 知，对自然数 n，有 $x_n>\sin x_n=x_{n+1}$.

又 $0<x_{n+1}=\sin x_n\leqslant 1$，所以 $\{x_n\}$ 是单调减少且有下界的数列，则由单调有界准则，$\{x_n\}$ 必存在极限.

设 $\lim\limits_{n\to\infty}x_n=a$，则由 $x_{n+1}=\sin x_n$ 两边取极限得 $a=\sin a$，而由 $0<x_n<\pi$ 和极限的保号性知，$a\geqslant 0$，由于当 $x>0$ 时，$x>\sin x$，故 $a=0$.

(3) $\lim\limits_{n\to\infty}\left(\dfrac{x_{n+1}}{x_n}\right)^{\frac{1}{x_n^2}}=\lim\limits_{n\to\infty}\left(\dfrac{\sin x_n}{x_n}\right)^{\frac{1}{x_n^2}}$，此为 1^∞ 型极限，由于数列极限不能直接用洛必达法则，先考虑 $\lim\limits_{t\to 0}\left(\dfrac{\sin t}{t}\right)^{\frac{1}{t^2}}$ 的极限：

$$\lim_{t\to 0}\left(\frac{\sin t}{t}\right)^{\frac{1}{t^2}}=e^{\lim\limits_{t\to 0}\frac{1}{t^2}\ln\left(\frac{\sin t}{t}\right)}=e^{\lim\limits_{t\to 0}\frac{t\cos t-\sin t}{2t^3}}=e^{-\frac{1}{6}},$$

故 $\lim\limits_{n\to\infty}\left(\dfrac{x_{n+1}}{x_n}\right)^{\frac{1}{x_n^2}}=e^{-\frac{1}{6}}$.

【例】5.1.14　已知 $b>0$，$b_1>0$，$b_{n+1}=\dfrac{1}{2}\left(b_n+\dfrac{b}{b_n}\right)$ $(n=1,2,\cdots)$. 证明：数列 $\{b_n\}$ 极限存在，并求此极限.

证明：

$$b_n=\frac{1}{2}\left(b_{n-1}+\frac{b}{b_{n-1}}\right)\geqslant\sqrt{b_{n-1}\cdot\frac{b}{b_{n-1}}}=\sqrt{b},$$

$$\frac{b_{n+1}}{b_n}=\frac{1}{2}\left(1+\frac{b}{b_n^2}\right)\leqslant\frac{1}{2}\left(1+\frac{b}{b}\right)=1,$$

所以数列 $\{b_n\}$ 单调递减有下界，$\lim\limits_{n\to\infty}b_n$ 存在. 设 $\lim\limits_{n\to\infty}b_n=a$，则有 $a=\dfrac{1}{2}\left(a+\dfrac{b}{a}\right)$，得 $a=\sqrt{b}$，$a=-\sqrt{b}$（舍去）. 所以，$\lim\limits_{n\to\infty}b_n=\sqrt{b}$.

5.2　连续性概念及间断点判断、分类

【例】5.2.1　求函数 $F(x)=\begin{cases}\dfrac{x(\pi+2x)}{2\cos x}, & x\leqslant 0,\\ \sin\dfrac{1}{x^2-1}, & x>0\end{cases}$ 间断点，并判定它们的类型.

解： 对于分段点 $x=0$，因

$$\lim_{x\to 0^-}F(x)=\lim_{x\to 0^-}\frac{x(\pi+2x)}{2\cos x}=0,$$

$$\lim_{x\to0^+}F(x)=\lim_{x\to0^+}\sin\frac{1}{x^2-1}=-\sin1,$$

故 $x=0$ 是第一类跳跃型间断点；

当 $x>0$ 时，考虑 $x=1$，极限 $\lim\limits_{x\to1}\sin\dfrac{1}{x^2-1}$ 不存在，故 $x=1$ 是第二类震荡型间断点；

当 $x<0$ 时，函数在点列 $x_k=-k\pi-\dfrac{\pi}{2},k=0,1,2,\cdots$ 处没有定义，

$x_0=-\dfrac{\pi}{2}$ 时，有 $\lim\limits_{x\to-\frac{\pi}{2}}F(x)=\lim\limits_{x\to-\frac{\pi}{2}}\dfrac{x(\pi+2x)}{2\cos x}=-\dfrac{\pi}{2}$，

故 $x=-\dfrac{\pi}{2}$ 是第一类可去型间断点；

$x_k=-k\pi-\dfrac{\pi}{2}$，$k=1,2,\cdots$ 时，$\lim\limits_{x\to x_k}F(x)=\lim\limits_{x\to x_x}\dfrac{x(\pi+2x)}{2\cos x}=\infty$，

故 $x_k=-k\pi-\dfrac{\pi}{2}$，$k=1,2,\cdots$ 是第二类无穷型间断点.

【例】5.2.2 设 $f(x)=\begin{cases}\dfrac{1}{x}-\dfrac{1}{e^x-1}, & x<0,\\ \dfrac{1}{2}, & x=0,\\ \dfrac{1-\cos x}{x^2}, & x>0,\end{cases}$ 讨论 $f(x)$ 在 $x=0$ 处的连续性和可导性，并求 $f'(x)$.

解：(1) 连续性. $f(0)=\dfrac{1}{2}$，

$$f(0+)=\lim_{x\to0^+}\frac{1-\cos x}{x^2}=\frac{1}{2},$$

$$f(0-)=\lim_{x\to0^-}\left(\frac{1}{x}-\frac{1}{e^x-1}\right)=\lim_{x\to0^-}\frac{e^x-1-x}{x(e^x-1)}=\frac{1}{2},$$

因为 $f(0+)=f(0-)=f(0)$，所以 $f(x)$ 在 $x=0$ 处连续.

(2) 可导性.

$$f'_+(0)=\lim_{x\to0^+}\frac{\dfrac{1-\cos x}{x^2}-\dfrac{1}{2}}{x}=\lim_{x\to0^+}\frac{2-2\cos x-x^2}{2x^3}=0,$$

$$f'_-(0)=\lim_{x\to0^-}\frac{\left(\dfrac{1}{x}-\dfrac{1}{e^x-1}\right)-\dfrac{1}{2}}{x}=\lim_{x\to0^+}\frac{2e^x-2-x-xe^x}{2x^2(e^x-1)}=-\frac{1}{12},$$

因为 $f'_-(0)\neq f'_+(0)$，所以 $f(x)$ 在 $x=0$ 处不可导.

于是

$$f'(x)=\begin{cases}-\dfrac{1}{x^2}+\dfrac{e^x}{(e^x-1)^2}, & x<0,\\ \text{不存在}, & x=0,\\ \dfrac{x\sin x-2+2\cos x}{x^3}, & x>0.\end{cases}$$

5.3　求导数、微分、高阶导数、反函数求导（参数方程、极坐标确定的函数）等

【例】5.3.1　已知 $y=\dfrac{x}{2}\sqrt{x^2+1}+\dfrac{1}{2}\ln(x+\sqrt{x^2+1})$，求$\dfrac{dy}{dx}$.

解：

$$\begin{aligned}\frac{dy}{dx}&=\frac{1}{2}\sqrt{x^2+1}+\frac{x}{2}\cdot\frac{2x}{2\sqrt{x^2+1}}+\frac{1}{2}\cdot\frac{1+\dfrac{2x}{2\sqrt{x^2+1}}}{x+\sqrt{x^2+1}}\\&=\frac{\sqrt{x^2+1}}{2}+\frac{x^2}{2\sqrt{x^2+1}}+\frac{1}{2\sqrt{x^2+1}}\\&=\frac{\sqrt{x^2+1}}{2}+\frac{x^2+1}{2\sqrt{x^2+1}}=\sqrt{x^2+1}.\end{aligned}$$

【例】5.3.2　设 $y=x^2\sin 2x$，求 $y^{(21)}(0)$.

解：方法1　由莱布尼茨公式得

$$y^{(21)}(x)=(\sin 2x)^{(21)}\cdot x^2+21(\sin 2x)^{(20)}\cdot 2x+\frac{21\times 20}{2}(\sin 2x)^{(19)}\cdot 2+0,$$

所以

$$\begin{aligned}y^{(21)}(0)&=\frac{21\times 20}{2}(\sin 2x)^{(19)}\cdot 2\Big|_{x=0}=21\times 20\times 2^{19}\sin\left(\frac{19}{2}\pi\right)\\&=-420\times 2^{19}.\end{aligned}$$

方法2　$x^2\sin 2x$ 的麦克劳林展开式为

$$\begin{aligned}x^2\sin 2x&=x^2\left[2x-\frac{(2x)^3}{3!}+\frac{(2x)^5}{5!}+\cdots+(-1)^9\frac{(2x)^{19}}{(19)!}+o(x^{19})\right]\\&=2x^3-\frac{8}{3!}x^5+\frac{32}{5!}x^7+\cdots+\frac{-2^{19}}{19!}x^{21}+o(x^{21}).\end{aligned}$$

由麦克劳林公式系数的唯一性，有$\dfrac{y^{(21)}(0)}{21!}=a_{21}=\dfrac{-2^{19}}{19!}$，所以

$$y^{(21)}(0)=\frac{21!\times(-2^{19})}{19!}=-420\times 2^{19}.$$

【例】5.3.3　已知$f(x)$是连续函数，且$\lim\limits_{x\to 1}\dfrac{f(x)}{x-1}=5$，求$f'(1)$.

解：由$f(x)$是连续函数得

$$f(1)=\lim_{x\to 1}f(x)=\lim_{x\to 1}\frac{f(x)}{x-1}(x-1)=\lim_{x\to 1}\frac{f(x)}{x-1}\cdot\lim_{x\to 1}(x-1)=5\times 0=0,$$

于是

$$f'(1)=\lim_{x\to 1}\frac{f(x)-f(1)}{x-1}=\lim_{x\to 1}\frac{f(x)}{x-1}=5.$$

【例】5.3.4　$y=x^{\sin x}+\sin^2 x$，求$\mathrm{d}y$.

解：

$$\begin{aligned}\frac{\mathrm{d}y}{\mathrm{d}x}&=(\mathrm{e}^{\sin x\ln x})'+2\sin x\cos x\\&=\mathrm{e}^{\sin x\ln x}\cdot(\sin x\ln x)'+\sin 2x\\&=x^{\sin x}\cdot\left(\cos x\ln x+\frac{\sin x}{x}\right)+\sin 2x,\end{aligned}$$

因此，$\mathrm{d}y=\left[x^{\sin x}\cdot\left(\cos x\ln x+\dfrac{\sin x}{x}\right)+\sin 2x\right]\mathrm{d}x.$

【例】5.3.5　设方程$x-y+\cos y=1$确定隐函数$y=y(x)$，求$\dfrac{\mathrm{d}y}{\mathrm{d}x}$，$\dfrac{\mathrm{d}^2y}{\mathrm{d}x^2}$.

解：方程两边对x求导得

$$1-\frac{\mathrm{d}y}{\mathrm{d}x}-\sin y\cdot\frac{\mathrm{d}y}{\mathrm{d}x}=0,$$

整理得

$$\frac{\mathrm{d}y}{\mathrm{d}x}=\frac{1}{1+\sin y}.$$

于是

$$\begin{aligned}\frac{\mathrm{d}^2y}{\mathrm{d}x^2}&=\frac{\mathrm{d}}{\mathrm{d}x}\left(\frac{\mathrm{d}y}{\mathrm{d}x}\right)=\frac{-\cos y\cdot\dfrac{\mathrm{d}y}{\mathrm{d}x}}{(1+\sin y)^2}\\&=\frac{-\cos y\cdot\dfrac{1}{1+\sin y}}{(1+\sin y)^2}=\frac{-\cos y}{(1+\sin y)^3}.\end{aligned}$$

【例】5.3.6　设$y=y(x)$是由方程$x+y=\arctan(x-y)$所确定的隐函数，求导数$\dfrac{\mathrm{d}y}{\mathrm{d}x}$.

解：**方法1**　方程两边对x求导得

$$1+y'=\frac{1-y'}{1+(x-y)^2},$$

整理得

$$-(x-y)^2=[(x-y)^2+2]y'$$

于是

$$\frac{dy}{dx}=y'=\frac{-(x-y)^2}{(x-y)^2+2}.$$

方法 2　方程两边取微分得

$$dx+dy=d[\arctan(x-y)]=\frac{1}{1+(x-y)^2}(dx-dy),$$

整理得

$$\left[1+\frac{1}{1+(x-y)^2}\right]dy=\left[\frac{1}{1+(x-y)^2}-1\right]dx,$$

于是

$$\frac{dy}{dx}=\frac{-(x-y)^2}{(x-y)^2+2}.$$

【例】5.3.7　设函数 $y=y(x)$ 由方程 $2^{xy}=x+y$ 所确定，求 $dy|_{x=0}$.

解：当 $x=0$ 时，代入方程得 $y=1$.

方程 $2^{xy}=x+y$ 两边对 x 求导，得

$$2^{xy}\ln 2(y+xy')=1+y',$$

将 $x=0$，$y=1$ 代入上式，得 $y'|_{x=0}=\ln 2-1$，于是，$dy|_{x=0}=(\ln 2-1)dx$.

【例】5.3.8　已知函数 $f(x)$ 在 $x=0$ 处可导，且

$\lim\limits_{x\to 0}\left[\frac{f(x)}{x}+\frac{\sin x}{x^2}\right]=1$，试求 $f'(0)$.

解：由 $\lim\limits_{x\to 0}\left[\frac{f(x)}{x}+\frac{\sin x}{x^2}\right]=\lim\limits_{x\to 0}\left[\frac{\frac{\sin x}{x}+f(x)}{x}\right]=1$ 可知

$$\lim_{x\to 0}\left[\frac{\sin x}{x}+f(x)\right]=0,$$

从而

$$f(0)=\lim_{x\to 0}f(x)=-\lim_{x\to 0}\frac{\sin x}{x}=-1.$$

于是

$$\begin{aligned}1&=\lim_{x\to 0}\left[\frac{f(x)}{x}+\frac{\sin x}{x^2}\right]=\lim_{x\to 0}\left[\frac{f(x)+1}{x}+\frac{\sin x}{x^2}-\frac{1}{x}\right]\\&=\lim_{x\to 0}\left[\frac{f(x)-f(0)}{x}+\frac{\sin x-x}{x^2}\right]=f'(0)+\lim_{x\to 0}\frac{\sin x-x}{x^2}\\&=f'(0)+\lim_{x\to 0}\frac{\cos x-1}{2x}=f'(0)-\lim_{x\to 0}\frac{\sin x}{2}=f'(0),\end{aligned}$$

所以，$f'(0)=1$.

【例】5.3.9　设 $x=x(y)$ 是 $y=y(x)$ 的反函数，且$\frac{\mathrm{d}y}{\mathrm{d}x}=x\mathrm{e}^x$. 当 $x>0$ 时，求$\frac{\mathrm{d}^2x}{\mathrm{d}y^2}$.

解：当 $x>0$ 时，$\frac{\mathrm{d}y}{\mathrm{d}x}=x\mathrm{e}^x\neq 0$，则由反函数求导法则得，

$$\frac{\mathrm{d}x}{\mathrm{d}y}=\frac{1}{\frac{\mathrm{d}y}{\mathrm{d}x}}=\frac{1}{x\mathrm{e}^x},$$

所以当 $x>0$ 时，

$$\begin{aligned}\frac{\mathrm{d}^2x}{\mathrm{d}y^2}&=\frac{\mathrm{d}}{\mathrm{d}y}\left(\frac{\mathrm{d}x}{\mathrm{d}y}\right)=\frac{\mathrm{d}}{\mathrm{d}y}\left(\frac{1}{x\mathrm{e}^x}\right)=\frac{\mathrm{d}}{\mathrm{d}x}\left(\frac{1}{x\mathrm{e}^x}\right)\cdot\frac{\mathrm{d}x}{\mathrm{d}y}\\&=\left(-\frac{\mathrm{e}^x+x\mathrm{e}^x}{x^2\mathrm{e}^{2x}}\right)\cdot\frac{1}{x\mathrm{e}^x}=-\frac{1+x}{x^3\mathrm{e}^{2x}}.\end{aligned}$$

【例】5.3.10　设$\begin{cases}x=t\sin t,\\y=\cos t,\end{cases}$ 求$\frac{\mathrm{d}y}{\mathrm{d}x}$，$\frac{\mathrm{d}^2y}{\mathrm{d}x^2}$及$\left.\frac{\mathrm{d}^2y}{\mathrm{d}x^2}\right|_{t=\frac{\pi}{2}}$.

解：

$$\frac{\mathrm{d}y}{\mathrm{d}x}=\frac{\frac{\mathrm{d}y}{\mathrm{d}t}}{\frac{\mathrm{d}x}{\mathrm{d}t}}=\frac{-\sin t}{\sin t+t\cos t},$$

$$\begin{aligned}\frac{\mathrm{d}^2y}{\mathrm{d}x^2}&=\frac{\mathrm{d}}{\mathrm{d}x}\left(\frac{\mathrm{d}y}{\mathrm{d}x}\right)=\frac{\mathrm{d}}{\mathrm{d}x}\left(\frac{-\sin t}{\sin t+t\cos t}\right)\\&=\frac{\frac{\mathrm{d}}{\mathrm{d}t}\left(\frac{-\sin t}{\sin t+t\cos t}\right)}{\frac{\mathrm{d}x}{\mathrm{d}t}}=\frac{\sin t\cos t-t}{(\sin t+t\cos t)^3}.\end{aligned}$$

故$\left.\frac{\mathrm{d}^2y}{\mathrm{d}x^2}\right|_{t=\frac{\pi}{2}}=-\frac{\pi}{2}$.

【例】5.3.11　设函数$f(x)=\begin{cases}g(x)\sin\frac{1}{x}, & x\neq 0,\\0, & x=0,\end{cases}$ 其中 $g(x)$是可导函数，且$g(0)=g'(0)=0$，试对任意实数 x，求$f'(x)$.

解：当 $x\neq 0$ 时，$f'(x)=g'(x)\sin\frac{1}{x}-\frac{1}{x^2}g(x)\cos\frac{1}{x}$；当 $x=0$ 时，

$$\lim_{x\to 0}\frac{f(x)-f(0)}{x}=\lim_{x\to 0}\frac{g(x)\sin\frac{1}{x}}{x}=\lim_{x\to 0}\frac{g(x)-g(0)}{x}\sin\frac{1}{x}.$$

由已知条件知：$\lim\limits_{x\to 0}\frac{g(x)-g(0)}{x}=g'(0)=0$，$\left|\sin\frac{1}{x}\right|\leqslant 1$，所以

$$f'(0)=\lim_{x\to 0}\frac{f(x)-f(0)}{x}=0.$$

于是

$$f'(x)=\begin{cases} g'(x)\sin\frac{1}{x}-\frac{1}{x^2}g(x)\cos\frac{1}{x}, & x\neq 0, \\ 0, & x=0. \end{cases}$$

5.4 泰勒公式及应用

【例】5.4.1 已知$f(x)$二阶可导，且$\lim\limits_{x\to 1}\frac{f(x)}{(x-1)^2}=5$，求$f''(1)$.

解：由于$f(x)$二阶可导，则$f(x)$是连续函数且$f'(x)$存在，于是

$$f(1)=\lim_{x\to 1}f(x)=\lim_{x\to 1}\frac{f(x)(x-1)^2}{(x-1)^2}=\lim_{x\to 1}\frac{f(x)}{(x-1)^2}\cdot\lim_{x\to 1}(x-1)^2=5\times 0=0,$$

$$f'(1)=\lim_{x\to 1}\frac{f(x)-f(1)}{x-1}=\lim_{x\to 1}\frac{f(x)(x-1)}{(x-1)^2}=\lim_{x\to 1}\frac{f(x)}{(x-1)^2}\cdot\lim_{x\to 1}(x-1)=0.$$

因为$f(x)$二阶可导，则$f(x)$在$x=1$处具有二阶带皮亚诺余项的泰勒公式：

$$f(x)=f(1)+f'(1)(x-1)+\frac{f''(1)}{2}(x-1)^2+o[(x-1)^2],$$

于是在$x=1$的小邻域内，

$$f(x)=\frac{f''(1)}{2}(x-1)^2+o[(x-1)^2],$$

从而

$$\lim_{x\to 1}\frac{f(x)}{(x-1)^2}=\lim_{x\to 1}\frac{\frac{f''(1)}{2}(x-1)^2+o[(x-1)^2]}{(x-1)^2}=\frac{f''(1)}{2}.$$

由题设，$\lim\limits_{x\to 1}\frac{f(x)}{(x-1)^2}=5$，故$\frac{f''(1)}{2}=5$，所以$f''(1)=10$.

【例】5.4.2 设函数$f(x)=x-(a+b\cos x)\sin x$，$g(x)=c(\sqrt[3]{1+x^5}-1)$，若当$x\to 0$时，函数$f(x)$与函数$g(x)$是等价无穷小，求$a,b,c$的值.

解：$\lim\limits_{x\to 0}\frac{f(x)}{g(x)}=\lim\limits_{x\to 0}\frac{x-(a+b\cos x)\sin x}{c(\sqrt[3]{1+x^5}-1)}=\lim\limits_{x\to 0}\frac{x-a\sin x-\frac{b}{2}\sin 2x}{c(\sqrt[3]{1+x^5}-1)}$

$=\lim\limits_{x\to 0}\frac{x-a\sin x-\frac{b}{2}\sin 2x}{\frac{c}{3}x^5}$ （等价无穷小替换）

$$=\lim_{x\to 0}\frac{x-a\left[x-\frac{x^3}{3!}+\frac{x^5}{5!}+o(x^5)\right]-\frac{b}{2}\left[2x-\frac{(2x)^3}{3!}+\frac{(2x)^5}{5!}+o(x^5)\right]}{\frac{c}{3}x^5}$$

$$=\lim_{x\to 0}\frac{(1-a-b)x+\left(\frac{a}{6}+\frac{2}{3}b\right)x^3-\left(\frac{a}{120}+\frac{2}{15}b\right)x^5+o(x^5)}{\frac{c}{3}x^5}.$$

由于$\lim\limits_{x\to 0}\frac{f(x)}{g(x)}=1$，因此$\begin{cases}1-a-b=0,\\ \frac{a}{6}+\frac{2}{3}b=0,\\ -\left(\frac{a}{120}+\frac{2}{15}b\right)=\frac{c}{3},\end{cases}$ 解得$a=\frac{4}{3}$，$b=-\frac{1}{3}$，$c=\frac{1}{10}$.

【例】5.4.3 设函数$f(x)$在区间$[-a,a]$ $(a>0)$上有二阶连续导数，且$f(0)=0$.

(1) 写出$f(x)$的带拉格朗日余项的一阶麦克劳林公式；

(2) 证明至少存在一点$\eta\in[-a,a]$，使$a^3f''(\eta)=3\int_{-a}^{a}f(x)\mathrm{d}x$.

解：(1) $f(x)$的带拉格朗日余项的一阶麦克劳林公式为：

$$f(x)=f'(0)x+\frac{f''(\xi)}{2!}x^2\quad(\xi\text{ 介于 }0\text{ 与 }x\text{ 之间}).$$

(2) 由于$f''(x)$在$[-a,a]$上连续，则由最值定理知：$f''(x)$在$[-a,a]$上存在最大值M和最小值m，即对$\forall x\in[-a,a]$，有

$$m\leqslant f''(x)\leqslant M.$$

因为$f(x)=f'(0)x+\frac{f''(\xi)}{2!}x^2$，该式两边从$-a$到$a$积分得：

$$\int_{-a}^{a}f(x)\mathrm{d}x=\int_{-a}^{a}f'(0)x\mathrm{d}x+\int_{-a}^{a}\frac{f''(\xi)}{2!}x^2\mathrm{d}x=\frac{1}{2}\int_{-a}^{a}f''(\xi)x^2\mathrm{d}x.$$

由于$m\leqslant f''(x)\leqslant M$，则

$$\frac{ma^3}{3}=\frac{m}{2}\int_{-a}^{a}x^2\mathrm{d}x\leqslant\frac{1}{2}\int_{-a}^{a}f''(\xi)x^2\mathrm{d}x\leqslant\frac{M}{2}\int_{-a}^{a}x^2\mathrm{d}x=\frac{Ma^3}{3},$$

即

$$\frac{ma^3}{3}\leqslant\int_{-a}^{a}f(x)\mathrm{d}x\leqslant\frac{Ma^3}{3},$$

从而

$$m\leqslant\frac{3}{a^3}\int_{-a}^{a}f(x)\mathrm{d}x\leqslant M.$$

由于$f''(x)$在$[-a,a]$上连续，且在$[-a,a]$上有最大值为M和最小值m，于是由闭区间上连续函数的介值定理知，至少存在一点$\eta\in[-a,a]$，使得

$$f''(\eta)=\frac{3}{a^3}\int_{-a}^{a}f(x)\mathrm{d}x,$$

即$a^3f''(\eta)=3\int_{-a}^{a}f(x)\mathrm{d}x$成立.

5.5 曲率、曲率半径

【例】5.5.1 设曲线C的方程为$\begin{cases}x=(t-1)\mathrm{e}^t,\\y=1-t^4,\end{cases}$求$\frac{\mathrm{d}y}{\mathrm{d}x}$，$\frac{\mathrm{d}^2y}{\mathrm{d}x^2}$及曲线$C$在参数$t=0$对应点处的曲率半径.

解：

$$\frac{\mathrm{d}y}{\mathrm{d}x}=\frac{-4t^3}{t\mathrm{e}^t}=-4t^2\mathrm{e}^{-t}.$$

$$\frac{\mathrm{d}^2y}{\mathrm{d}x^2}=\frac{\mathrm{d}\left(\frac{\mathrm{d}y}{\mathrm{d}x}\right)}{\mathrm{d}x}=\frac{\frac{\mathrm{d}(-4t^2\mathrm{e}^{-t})}{\mathrm{d}t}}{\frac{\mathrm{d}x}{\mathrm{d}t}}=\frac{(4t^2-8t)\mathrm{e}^{-t}}{t\mathrm{e}^t}=(4t-8)\mathrm{e}^{-2t}.$$

因为$\left.\frac{\mathrm{d}y}{\mathrm{d}x}\right|_{t=0}=0$，$\left.\frac{\mathrm{d}^2y}{\mathrm{d}x^2}\right|_{t=0}=-8$，所以曲线$C$在参数$t=0$对应点处的曲率$\kappa=\left.\frac{|y''|}{(1+y'^2)^{\frac{3}{2}}}\right|_{t=0}=8$，于是所求的曲率半径$R=\frac{1}{\kappa}=\frac{1}{8}$.

【例】5.5.2 求抛物线$y=x^2-x$在点$(1,0)$处的曲率.

解：

$$y'=2x-1,\ y'|_{x=1}=1,$$
$$y''=2,\ y''|_{x=1}=2,$$

所以所求的曲率$\kappa=\left.\frac{|y''|}{(1+y'^2)^{\frac{3}{2}}}\right|_{x=1}=\frac{2}{2\sqrt{2}}=\frac{\sqrt{2}}{2}$.

5.6 极坐标方程求切线

【例】5.6.1 等速（阿基米德）螺线的极坐标方程为$\rho=a\theta$，求其在$\theta=\frac{\pi}{2}$处的切线的直角坐标方程.

解： 螺线的直角坐标系方程为

$$\begin{cases}x=\rho\cos\theta=a\theta\cos\theta,\\y=\rho\sin\theta=a\theta\sin\theta.\end{cases}$$

则

$$\frac{dy}{dx}=\frac{\frac{dy}{d\theta}}{\frac{dx}{d\theta}}=\frac{\sin\theta+\theta\cos\theta}{\cos\theta-\theta\sin\theta}.$$

于是所求切线的斜率 $k=\left.\frac{dy}{dx}\right|_{\theta=\frac{\pi}{2}}=-\frac{2}{\pi}$. 又 $\theta=\frac{\pi}{2}$对应点$\left(0,\ \frac{\pi}{2}a\right)$. 所以所求切线的直角坐标方程为 $y-\frac{\pi}{2}a=-\frac{2}{\pi}(x-0)$，即 $y+\frac{2}{\pi}x=\frac{\pi}{2}a$.

【例】5.6.2　求极坐标方程为 $\rho=e^{\theta}$ 的曲线 C 上 $\theta=\frac{\pi}{2}$对应点处切线的直角坐标方程.

解：曲线 C 的直角坐标系方程为

$$\begin{cases}x=\rho\cos\theta=e^{\theta}\cos\theta,\\ y=\rho\sin\theta=e^{\theta}\sin\theta.\end{cases}$$

则

$$\frac{dy}{dx}=\frac{\frac{dy}{d\theta}}{\frac{dx}{d\theta}}=\frac{e^{\theta}(\sin\theta+\cos\theta)}{e^{\theta}(\cos\theta-\sin\theta)}=\frac{\sin\theta+\cos\theta}{\cos\theta-\sin\theta}.$$

于是当 $\theta=\frac{\pi}{2}$时，$x=0$，$y=e^{\frac{\pi}{2}}$且$\frac{dy}{dx}=-1$，所以所求切线的直角坐标方程为 $x+y=e^{\frac{\pi}{2}}$.

5.7　定积分、不定积分、广义积分、变上限积分

【例】5.7.1　已知$\int\frac{f'(\ln x)}{x}dx=x^2+C$，求$f(x)$.

解：$\int\frac{f'(\ln x)}{x}dx=x^2+C$ 两边对 x 求导得

$$\frac{f'(\ln x)}{x}=2x,$$

令 $t=\ln x$，代入上式并整理得

$$f'(t)=2e^{2t},$$

解得$f(t)=e^{2t}+C$，即$f(x)=e^{2x}+C$.

【例】5.7.2　（1）证明等式$\int_0^a x^3f(x^2)dx=\frac{1}{2}\int_0^{a^2}xf(x)dx$，其中$f(x)$连续，$a>0$.

（2）计算$\int_0^{\sqrt{\frac{\pi}{2}}}x^3\sin(x^2)dx$.

证明：(1) 作定积分换元，令 $x^2=u$，则 $du=2xdx$，于是

$$\int_0^a x^3f(x^2)\,dx = \int_0^{a^2}\frac{u}{2}f(u)\,du = \frac{1}{2}\int_0^{a^2}xf(x)\,dx.$$

(2) 由 (1) 得

$$\int_0^{\sqrt{\frac{\pi}{2}}}x^3\sin(x^2)\,dx = \frac{1}{2}\int_0^{\frac{\pi}{2}}x\sin x\,dx = \frac{1}{2}\int_0^{\frac{\pi}{2}}x\,d(-\cos x)$$

$$= \frac{1}{2}\left(-x\cos x\Big|_0^{\frac{\pi}{2}} + \int_0^{\frac{\pi}{2}}\cos x\,dx\right) = \frac{1}{2}.$$

【例】5.7.3　已知$\dfrac{\sin x}{x}$是函数$f(x)$的原函数，求不定积分$\int xf'(x)\,dx$.

解：由题意得

$$f(x) = \left(\frac{\sin x}{x}\right)' = \frac{x\cos x-\sin x}{x^2},$$

$$\int f(x)\,dx = \frac{\sin x}{x}+C_1.$$

所以

$$\int xf'(x)\,dx = \int x\,df(x) = xf(x) - \int f(x)\,dx$$

$$= \frac{x\cos x-\sin x}{x} - \frac{\sin x}{x} + C$$

$$= \cos x - \frac{2\sin x}{x} + C.$$

【例】5.7.4　设$f(x)=\begin{cases}x+x^2, & x<0,\\ e^x, & x\geqslant 0,\end{cases}$ 求值$\int_1^3 f(x-2)\,dx$.

解：由题设知$f(x-2)=\begin{cases}x^2-3x+2, & x<2,\\ e^{x-2}, & x\geqslant 2,\end{cases}$ 于是

$$\int_1^3 f(x-2)\,dx = \int_1^2(x^2-3x+2)\,dx + \int_2^3 e^{x-2}\,dx$$

$$= -\frac{1}{6}+(e-1) = e-\frac{7}{6}.$$

【例】5.7.6　求函数$f(x)=\max\{1,x^2\}$在区间$(-\infty,+\infty)$内的一个原函数$F(x)$，使得$F(0)=1$.

解：由于$f(x)=\max\{1,x^2\}=\begin{cases}x^2, & x\geqslant 1,\\ 1, & -1<x<1,\\ x^2, & x\leqslant -1,\end{cases}$

所以
$$F(x)=\begin{cases}\frac{1}{3}x^3+C_1, & x\geqslant 1,\\ x+C_2, & -1<x<1,\\ \frac{1}{3}x^3+C_3, & x\leqslant -1.\end{cases}$$

已知 $F(0)=1$，故 $C_2=1$；

因为 $F(x)$ 在 $(-\infty,+\infty)$ 内连续，则

由 $F(x)$ 在 $x=1$ 处连续得 $C_1+\frac{1}{3}=C_2+1=2$，解得 $C_1=\frac{5}{3}$；

由 $F(x)$ 在 $x=-1$ 处连续得 $C_3-\frac{1}{3}=C_2-1=0$，解得 $C_3=\frac{1}{3}$；

于是所求的原函数 $F(x)=\begin{cases}\frac{1}{3}x^3+\frac{5}{3}, & x\geqslant 1,\\ x+1, & -1<x<1,\\ \frac{1}{3}x^3+\frac{1}{3}, & x\leqslant -1.\end{cases}$

【例】5.7.6 计算定积分 $\int_0^{\pi}\sqrt{\sin x-\sin^3 x}\,\mathrm{d}x$.

解:

$$\int_0^{\pi}\sqrt{\sin x-\sin^3 x}\,\mathrm{d}x=\int_0^{\pi}\sqrt{\sin x}\cdot|\cos x|\,\mathrm{d}x$$
$$=\int_0^{\frac{\pi}{2}}\sqrt{\sin x}\cos x\,\mathrm{d}x-\int_{\frac{\pi}{2}}^{\pi}\sqrt{\sin x}\cos x\,\mathrm{d}x$$
$$=\int_0^{\frac{\pi}{2}}\sqrt{\sin x}\,\mathrm{d}(\sin x)-\int_{\frac{\pi}{2}}^{\pi}\sqrt{\sin x}\,\mathrm{d}(\sin x)$$
$$=\frac{2}{3}(\sin x)^{\frac{3}{2}}\Big|_0^{\frac{\pi}{2}}-\frac{2}{3}(\sin x)^{\frac{3}{2}}\Big|_{\frac{\pi}{2}}^{\pi}=\frac{4}{3}.$$

【例】5.7.7 已知函数 $f(x)$ 连续，请讨论 $\int_0^{\frac{\pi}{2}}f(\sin x)\,\mathrm{d}x$ 与 $\int_0^{\frac{\pi}{2}}f(\cos x)\,\mathrm{d}x$ 的大小关系，并计算定积分

$$\int_0^{\frac{\pi}{2}}\frac{\ln(1+\sqrt{\sin x})-\ln(1+\sqrt{\cos x})+\sin^3 x}{2}\mathrm{d}x.$$

解: 令 $t=\frac{\pi}{2}-x$，则

$$\int_0^{\frac{\pi}{2}}f(\sin x)\,\mathrm{d}x=-\int_{\frac{\pi}{2}}^{0}f\left[\sin\left(\frac{\pi}{2}-t\right)\right]\mathrm{d}t=\int_0^{\frac{\pi}{2}}f(\cos t)\,\mathrm{d}t$$
$$=\int_0^{\frac{\pi}{2}}f(\cos x)\,\mathrm{d}x.$$

因此

$$\int_0^{\frac{\pi}{2}} \frac{\ln(1+\sqrt{\sin x})-\ln(1+\sqrt{\cos x})+\sin^3 x}{2}dx$$

$$=\int_0^{\frac{\pi}{2}} \frac{\ln(1+\sqrt{\sin x})}{2}dx-\int_0^{\frac{\pi}{2}} \frac{\ln(1+\sqrt{\cos x})}{2}dx+\frac{1}{2}\int_0^{\frac{\pi}{2}}\sin^3 x dx$$

$$=\frac{1}{3}.$$

【例】5.7.8　求值 $\int_{-\frac{\pi}{2}}^{\frac{\pi}{2}}\left(\frac{x^3\sin^2 x}{1+\cos x}+|x|\right)dx$.

解：因为 $y=\frac{x^3\sin^2 x}{1+\cos x}$ 是奇函数，则

$$\int_{-\frac{\pi}{2}}^{\frac{\pi}{2}}\frac{x^3\sin^2 x}{1+\cos x}dx=0;$$

因为 $y=|x|$ 是偶函数，则

$$\int_{-\frac{\pi}{2}}^{\frac{\pi}{2}}|x|dx=2\int_0^{\frac{\pi}{2}}xdx=\frac{\pi^2}{4},$$

所以

$$\int_{-\frac{\pi}{2}}^{\frac{\pi}{2}}\left(\frac{x^3\sin^2 x}{1+\cos x}+|x|\right)dx=\int_{-\frac{\pi}{2}}^{\frac{\pi}{2}}\frac{x^3\sin^2 x}{1+\cos x}dx+\int_{-\frac{\pi}{2}}^{\frac{\pi}{2}}|x|dx=\frac{\pi^2}{4}.$$

【例】5.7.9　(1) 求不定积分 $\int\frac{\ln(1+e^x)}{e^x}dx$;

(2) 求广义积分 $\int_1^{+\infty}\frac{dx}{(1+x)\sqrt{x}}$.

解：(1) $\int\frac{\ln(1+e^x)}{e^x}dx=-\int\ln(1+e^x)de^{-x}$

$$=-e^{-x}\ln(1+e^x)+\int\frac{dx}{1+e^x}$$

$$=-e^{-x}\ln(1+e^x)+\int\frac{1+e^x-e^x}{1+e^x}dx$$

$$=-(e^{-x}+1)\ln(1+e^x)+x+C.$$

(2) 令 $\sqrt{x}=t$，则 $x=t^2$，$dx=2tdt$，于是

$$\int_1^{+\infty}\frac{dx}{(1+x)\sqrt{x}}=\int_1^{+\infty}\frac{2tdt}{(1+t^2)t}=2\arctan t\Big|_1^{+\infty}=\frac{\pi}{2}.$$

【例】5.7.10　设 $f(x)=\begin{cases}x^2, & x\in[0,1),\\ x, & x\in[1,2],\end{cases}$ 求 $F(x)=\int_0^x f(t)dt$ 在 $[0,2]$ 上的表达式，并讨论 $F(x)$ 在 $(0,2)$ 内的连续性和可导性.

解： 当 $x\in[0,1)$ 时，有 $F(x)=\int_0^x t^2\mathrm{d}t=\frac{x^3}{3}$；当 $x\in[1,2]$ 时，有 $F(x)=\int_0^1 t^2\mathrm{d}t+\int_1^x t\mathrm{d}t=\frac{x^2}{2}-\frac{1}{6}$，所以

$$F(x)=\begin{cases}\frac{x^3}{3}, & x\in[0,1),\\ \frac{x^2}{2}-\frac{1}{6}, & x\in[1,2].\end{cases}$$

下面讨论 $F(x)$ 在 $(0,2)$ 内的连续性和可导性.

方法1 由 $f(x)$ 的表达式可知 $f(x)$ 在区间 $[0,1)$ 及 $(1,2]$ 上连续，又

$$\lim_{x\to1^-}f(x)=\lim_{x\to1^-}x^2=1=f(1),$$

$$\lim_{x\to1^+}f(x)=\lim_{x\to1^-}x=1=f(1),$$

故 $\lim\limits_{x\to1}f(x)=f(1)$，所以 $f(x)$ 在 $x=1$ 处连续，于是 $f(x)$ 在 $[0,2]$ 上连续，而 $F(x)$ 是 $f(x)$ 的原函数，所以 $F(x)$ 在 $(0,2)$ 内连续且可导.

方法2 由 $F(x)$ 的表达式可知 $F(x)$ 在区间 $(0,1)$ 及 $(1,2)$ 内连续且可导，又

$$\lim_{x\to1^-}F(x)=\lim_{x\to1^-}\frac{x^3}{3}=\frac{1}{3}=F(1),$$

$$\lim_{x\to1^+}F(x)=\lim_{x\to1^+}\left(\frac{x^2}{2}-\frac{1}{6}\right)=\frac{1}{3}=F(1),$$

故 $\lim\limits_{x\to1}F(x)=F(1)$，所以 $F(x)$ 在 $x=1$ 处连续，从而在 $(0,2)$ 内连续. 此外，

$$F'_-(1)=\lim_{x\to1^-}\frac{F(x)-F(1)}{x-1}=\lim_{x\to1^-}\frac{\frac{x^3}{3}-\frac{1}{3}}{x-1}=1,$$

$$F'_+(1)=\lim_{x\to1^+}\frac{F(x)-F(1)}{x-1}=\lim_{x\to1^+}\frac{\left(\frac{x^2}{2}-\frac{1}{6}\right)-\frac{1}{3}}{x-1}=1,$$

所以 $F'_-(1)=F'_+(1)=1$，所以 $F(x)$ 在 $x=1$ 处可导，从而在 $(0,2)$ 内可导.

【例】5.7.11 计算不定积分 $\int\frac{\arctan x}{x^2(1+x^2)}\mathrm{d}x$.

解：

$$\int\frac{\arctan x}{x^2(1+x^2)}\mathrm{d}x=\int\frac{\arctan x}{x^2}\mathrm{d}x-\int\frac{\arctan x}{1+x^2}\mathrm{d}x=I+II.$$

其中

$$\begin{aligned}I&=-\int\arctan x\mathrm{d}\left(\frac{1}{x}\right)=-\frac{1}{x}\arctan x+\int\frac{1}{x(1+x^2)}\mathrm{d}x\\&=-\frac{1}{x}\arctan x+\int\frac{1}{x}\mathrm{d}x-\int\frac{x}{1+x^2}\mathrm{d}x\end{aligned}$$

$$= -\frac{1}{x}\arctan x + \ln|x| - \frac{1}{2}\ln(1+x^2) + C.$$

$$II = \int \frac{\arctan x}{1+x^2}\mathrm{d}x = -\frac{1}{2}(\arctan x)^2 + C.$$

【例】5.7.12　已知 $\int f(x)\mathrm{d}x = F(x) + C$，且 $x = at + b$ $(a \neq 0)$，求 $\int f(t)\mathrm{d}t$.

解：由 $\int f(x)\mathrm{d}x = F(x) + C$，得 $\mathrm{d}F(x) = f(x)\mathrm{d}x$，则有 $\frac{\mathrm{d}F(x)}{\mathrm{d}x} = f(x)$．又由 $x = at + b$ 得 $t = \frac{x-b}{a}$，于是

$$\mathrm{d}F(t) = \mathrm{d}F\left(\frac{x-b}{a}\right) = \left[\frac{\mathrm{d}F\left(\frac{x-b}{a}\right)}{\mathrm{d}x}\right]\mathrm{d}x = \left[\frac{\mathrm{d}F\left(\frac{x-b}{a}\right)}{\mathrm{d}\left(\frac{x-b}{a}\right)} \cdot \frac{\mathrm{d}\left(\frac{x-b}{a}\right)}{\mathrm{d}x}\right]\mathrm{d}x$$

$$= \left[f\left(\frac{x-b}{a}\right) \cdot \frac{1}{a}\right]\mathrm{d}x = f\left(\frac{x-b}{a}\right) \cdot \left(\frac{1}{a}\mathrm{d}x\right)$$

$$= f\left(\frac{x-b}{a}\right)\mathrm{d}\left(\frac{x-b}{a}\right) = f(t)\mathrm{d}t,$$

所以

$$\int f(t)\mathrm{d}t = F(t) + C.$$

【例】5.7.13　计算广义积分 $\int_0^1 \frac{\mathrm{d}x}{(2-x)\sqrt{1-x}}$.

解：易知瑕点为：$x = 1$．令 $\sqrt{1-x} = t$，则 $x = 1 - t^2$，$\mathrm{d}x = -2t\mathrm{d}t$．于是

$$\int_0^1 \frac{\mathrm{d}x}{(2-x)\sqrt{1-x}} = \lim_{\varepsilon \to 0^+}\int_0^{1-\varepsilon}\frac{\mathrm{d}x}{(2-x)\sqrt{1-x}} = \lim_{\varepsilon \to 0^+}\int_1^{\sqrt{\varepsilon}}\frac{-2t\mathrm{d}t}{(1+t^2)t}$$

$$= \lim_{\varepsilon \to 0^+}\int_{\sqrt{\varepsilon}}^1 \frac{2\mathrm{d}t}{1+t^2} = \lim_{\varepsilon \to 0^+} 2\arctan t\Big|_{\sqrt{\varepsilon}}^1 = \frac{\pi}{2}.$$

【例】5.7.14　求反常积分 $\int_1^{+\infty}\frac{1}{x^2}\arctan x\mathrm{d}x$.

解：

$$\int_1^{+\infty}\frac{1}{x^2}\arctan x\mathrm{d}x = -\int_1^{+\infty}\arctan x\mathrm{d}\left(\frac{1}{x}\right)$$

$$= -\frac{1}{x}\arctan x\Big|_1^{+\infty} + \int_1^{+\infty}\frac{1}{x(1+x^2)}\mathrm{d}x$$

$$= \frac{\pi}{4} + \int_1^{+\infty}\left(\frac{1}{x} - \frac{x}{1+x^2}\right)\mathrm{d}x$$

$$= \frac{\pi}{4} + \frac{1}{2}\ln\frac{x^2}{1+x^2}\Big|_1^{+\infty} = \frac{\pi}{4} + \frac{1}{2}\ln 2.$$

5.8 微分方程求解

【例】5.8.1 求具有特解 $y_1=e^{-x}$，$y_2=xe^{-x}$，$y_3=e^{x}$ 的三阶常系数齐次线性微分方程.

解： 设该三阶常系数齐次线性微分方程为

$$Ay'''+By''+Cy'+Dy=0,$$

将特解 $y_1=e^{-x}$，$y_2=xe^{-x}$，$y_3=e^{x}$ 分别代入方程得

$$\begin{cases}(-A+B-C+D)e^{-x}=0,\\(3A-2B+C)e^{-x}+(-A+B-C+D)xe^{-x}=0,\\(A+B+C+D)e^{x}=0.\end{cases}$$

于是

$$\begin{cases}-A+B-C+D=0,\\3A-2B+C=0,\\A+B+C+D=0.\end{cases}\Rightarrow\begin{cases}A=-C,\\B=-C,\\D=C.\end{cases}$$

所以微分方程为

$$-Cy'''-Cy''+Cy'+Cy=0,$$

其中 C 是任意非零常数，整理得

$$y'''+y''-y'-y=0,$$

此即所求的三阶常系数线性齐次微分方程.

【例】5.8.2 求微分方程 $y''-2y'-3y=e^{-x}+x$ 的通解.

解： 原方程对应的齐次方程为 $y''-2y'-3y=0$,

特征方程为 $r^2-2r-3=0$,

特征根为 $r_1=-1$，$r_2=3$,

所以对应齐次方程通解为 $Y(x)=C_1e^{-x}+C_2e^{3x}$.

由于 -1 是方程的单特征根，则可设非齐次方程（1）：

$$y''-2y'-3y=e^{-x},$$

的特解为 $y_1^*=Axe^{-x}$，代入方程（1），解得 $A=-\dfrac{1}{4}$，所以

$$y_1^*=-\frac{1}{4}xe^{-x}.$$

由于 0 不是方程的单特征根，则可设非齐次方程（2）：

$$y''-2y'-3y=x$$

的特解为 $y_2^* = ax + b$，代入方程（2），解得 $a = -\frac{1}{3}$，$b = \frac{2}{9}$，所以

$$y_2^* = -\frac{1}{3}x + \frac{2}{9}.$$

由解的叠加原理知 $y_1^* + y_2^*$ 是原非齐次方程的特解，所以原方程的通解为

$$y(x) = C_1\mathrm{e}^{-x} + C_2\mathrm{e}^{3x} - \frac{1}{4}x\mathrm{e}^{-x} - \frac{1}{3}x + \frac{2}{9}.$$

【例】5.8.3　求微分方程 $xy' + y(\ln x - \ln y) = 0$ 满足 $y(1) = \mathrm{e}^3$ 的特解.

解：原微分方程变形得

$$y' = \frac{y}{x}\ln\frac{y}{x},$$

此为齐次方程. 令 $u = \frac{y}{x}$，则 $y = ux$，$y' = u + xu'$，代入方程得

$$u + xu' = u\ln u,$$

由初始条件知：$u \neq 0$，$u \neq \mathrm{e}$，则上面方程分离变量得

$$\frac{\mathrm{d}u}{u(\ln u - 1)} = \frac{\mathrm{d}x}{x},$$

两边积分，得

$$\int\frac{\mathrm{d}u}{u(\ln u - 1)} = \int\frac{\mathrm{d}x}{x},$$

解得

$$u = \mathrm{e}^{Cx+1},$$

于是原方程的通解为

$$y = x\mathrm{e}^{Cx+1}.$$

由 $y(1) = \mathrm{e}^3$ 得 $C = 2$，从而原方程的特解为

$$y = x\mathrm{e}^{2x+1}.$$

【例】5.8.4　求 $\frac{\mathrm{d}y}{\mathrm{d}x} = (x + y)^2$ 的通解.

解：令 $u = x + y$，则 $\frac{\mathrm{d}y}{\mathrm{d}x} = \frac{\mathrm{d}u}{\mathrm{d}x} - 1$，

代入原方程，得：$\frac{\mathrm{d}u}{\mathrm{d}x} = u^2 + 1$，

分离变量法解得：$\arctan u = x + C$，

代入得 $\arctan(x + y) = x + C$，从而通解为：$y = \tan(x + C) - x$.

【例】5.8.5　求方程 $yy'' - y'^2 = 0$ 的通解.

解：方法1　设 $y' = p(y)$，则 $y'' = p\frac{\mathrm{d}p}{\mathrm{d}y}$代入原方程，得

$$p\left(y\frac{\mathrm{d}p}{\mathrm{d}y}-p\right)=0.$$

于是有 $p=0$ 或 $y\frac{\mathrm{d}p}{\mathrm{d}y}-p=0$. 由一阶方程分离变量法得，$p=C_1y$，即

$$\frac{\mathrm{d}y}{\mathrm{d}x}=C_1y,$$

故原方程的通解为

$$y=C_2\mathrm{e}^{C_1x}.$$

由 $p=0$，即 $y'=0$，得 $y=C$，此式包含在通解中（$C_1=0$ 的情况）.

方法 2 两端同乘以不为零因子 $\frac{1}{y^2}$（$y\neq0$）（$y=0$ 也是解）.

则
$$\frac{yy''-y'^2}{y^2}=\frac{\mathrm{d}}{\mathrm{d}x}\left(\frac{y'}{y}\right)=0,$$

故
$$\frac{\mathrm{d}y}{\mathrm{d}x}=C_1y,$$

所以原方程的通解为
$$y=C_2\mathrm{e}^{C_1x}.$$

方法 3 原方程变为：$\frac{y''}{y'}=\frac{y'}{y}$，两边积分，得 $\ln y'=\ln y+\ln C_1$，即 $\frac{\mathrm{d}y}{\mathrm{d}x}=C_1y$，故原方程的通解为 $y=C_2\mathrm{e}^{C_1x}$.

【例】5.8.6 求微分方程 $y\ln y\mathrm{d}x+(x-\ln y)\mathrm{d}y=0$ 的通解.

解：将 x 视为 y 的函数，方程可化为

$$\frac{\mathrm{d}x}{\mathrm{d}y}=-\frac{1}{y\ln y}x+\frac{1}{y},$$

这是未知函数 $x=x(y)$ 的非齐次线性方程，则由一阶非齐次线性微分方程的通解公式得

$$\begin{aligned}x&=\mathrm{e}^{\int\left(-\frac{1}{y\ln y}\right)\mathrm{d}y}\left[\int\frac{1}{y}\mathrm{e}^{\int\left(\frac{1}{y\ln y}\right)\mathrm{d}y}\mathrm{d}y+C\right]\\&=\frac{1}{\ln y}\left(\int\frac{\ln y}{y}\mathrm{d}y+C\right)=\frac{1}{\ln y}\left[\frac{(\ln y)^2}{2}+C\right]=\frac{\ln y}{2}+\frac{C}{\ln y}.\end{aligned}$$

第二部分：大题

5.9 用导数研究函数形态（连续性、单调区间、极值点、凹凸区间、拐点、渐近线等）

【例】5.9.1 已知函数 $f(x)=\mathrm{e}^{-x}\ln(ax)$ 在 $x=\frac{1}{2}$ 处取得极值，求 a 的值.

解：由于$f(x)$在$x=\frac{1}{2}$处取得极值，则$f'\left(\frac{1}{2}\right)=0$.

因为　$f'(x)=-\mathrm{e}^{-x}\ln(ax)+\mathrm{e}^{-x}\cdot\frac{a}{ax}=\mathrm{e}^{-x}\left[\frac{1}{x}-\ln(ax)\right]$,

所以　$0=f'\left(\frac{1}{2}\right)=\mathrm{e}^{-\frac{1}{2}}[2-\ln a+\ln 2]$;

于是　$a=2\mathrm{e}^2$.

【例】5.9.2　已知点$(1,3)$是曲线$y=ax^3+bx^2$的拐点，求a,b的值.

解：因为点$(1,3)$是曲线$y=ax^3+bx^2$的拐点，则

$$y\big|_{x=1}=3,\ y''\big|_{x=1}=0.$$

由于

$$y'=3ax^2+2bx,\ y''=6ax+2b,$$

故

$$\begin{cases}a+b=3,\\6a+2b=0\end{cases}\Rightarrow a=-\frac{3}{2},\ b=\frac{9}{2}.$$

【例】5.9.3　求曲线$y=\frac{x^3}{1+x^2}+\arctan(1+x^2)$的斜渐近线.

解：设$f(x)=\frac{x^3}{1+x^2}+\arctan(1+x^2)$，则

$$\lim_{x\to\infty}\frac{f(x)}{x}=\lim_{x\to\infty}\frac{x^2}{1+x^2}+\lim_{x\to\infty}\frac{\arctan(1+x^2)}{x}=1+0=1,$$

$$\lim_{x\to\infty}f(x)-x=\lim_{x\to\infty}\left[\frac{x^3-x-x^3}{1+x^2}+\arctan(1+x^2)\right]=0+\frac{\pi}{2}=\frac{\pi}{2}.$$

所以曲线$y=\frac{x^3}{1+x^2}+\arctan(1+x^2)$有斜渐近线$y=x+\frac{\pi}{2}$.

【例】5.9.4　判断方程$\ln x=\frac{x}{\mathrm{e}}-\int_0^1\mathrm{e}^{x^2}\mathrm{d}x$在区间$(0,+\infty)$内有几个不同实根.

解：设$f(x)=\ln x-\frac{x}{\mathrm{e}}+\int_0^1\mathrm{e}^{x^2}\mathrm{d}x$，则$f'(x)=\frac{1}{x}-\frac{1}{\mathrm{e}}$.

令$f'(x)=0$，得$x=\mathrm{e}$，于是$f(x)$在$(0,\mathrm{e})$和$(\mathrm{e},+\infty)$内单调. 因为

$$\lim_{x\to0^-}f(x)=-\infty,\quad \lim_{x\to+\infty}f(x)=-\infty,\quad f(\mathrm{e})=\int_0^1\mathrm{e}^{x^2}\mathrm{d}x>0,$$

所以$f(x)$在$(0,\mathrm{e})$和$(\mathrm{e},+\infty)$内各有一个实根，于是方程在$(0,+\infty)$内有两个不同实根.

【例】5.9.5　已知函数$f(x)=\frac{x^3}{(1+x)^2}+3$，请列表给出：函数$f(x)$的增减区间、凹凸区间、极值点以及图像的拐点；并给出函数$f(x)$的所有渐近线.

解：函数$f(x)$的定义域$D(x)=(-\infty,-1)\cup(-1,+\infty)$，并且

$$f'(x)=\frac{3x^2+x^3}{(1+x)^3},\ f''(x)=\frac{6x}{(1+x)^4}.$$

令 $f'(x)=0$，解得驻点 $x=0$ 或 $x=-3$；令 $f''(x)=0$，解得 $x=0$.

列表：

x	$(-\infty,-3)$	-3	$(-3,-1)$	-1	$(-1,0)$	0	$(0,+\infty)$
$f'(x)$	+	0	−	不存在	+	0	+
$f''(x)$	−		−		−	0	+
$f(x)$	单增上凸	极大值	单减上凸	间断点	单增上凸	拐点	单增下凸
		$-\frac{15}{4}$				$(0,3)$	

于是函数 $f(x)$ 的单调递增区间为 $(-\infty,-3)$ 和 $(-1,+\infty)$，单调递减区间为 $(-3,-1)$；上凸区间为 $(-\infty,-1)$ 和 $(-1,0)$，下凸区间为 $(0,+\infty)$.

因为 $\lim\limits_{x\to-1}f(x)=\infty$，所以曲线 $y=f(x)$ 有铅直渐近线 $x=-1$；

因为 $\lim\limits_{x\to+\infty}f(x)$ 不存在，$\lim\limits_{x\to-\infty}f(x)$ 不存在，所以曲线 $y=f(x)$ 无水平渐近线；

因为 $\lim\limits_{x\to\infty}\frac{f(x)}{x}=1$，$\lim\limits_{x\to\infty}f(x)-x=1$，所以曲线 $y=f(x)$ 有斜渐近线 $y=x+1$.

【例】5.9.6 设 $y=f(x)=|x|e^{-x}$，试确定 $f(x)$ 的增减区间并求所有极值.

解：当 $x<0$ 时，$f'(x)=(x-1)e^{-x}$；当 $x>0$ 时，$f'(x)=(1-x)e^{-x}$.

列表得：

x	$(-\infty,0)$	0	$(0,1)$	1	$(1,+\infty)$
y'	−	不存在	+	0	−
y	↘		↗		↘

所以，$y=f(x)$ 在区间 $(-\infty,0)$ 和 $(1,\infty)$ 内单调递减，在区间 $(0,1)$ 内单调递增.

$y=f(x)$ 的极小值为 $f(0)=0$，极大值为 $f(1)=e^{-1}$.

5.10 证明单调性、不等式等

证明不等式方法较多．如利用单调性（变常数为 x），凹凸性，中值定理（拉格朗日公式、泰勒公式），求最值，经典不等式等.

【例】5.10.1 设 $f(x)$ 在 $(-\infty,+\infty)$ 内连续，单调增加，且是奇函数，设

$$F(x)=\int_0^x (2t-x)f(x-t)\,\mathrm{d}t,$$

证明 $F(x)$ 单调减少，且是奇函数.

证明：令 $x-t=u$，得

$$F(x)=\int_x^0[2(x-u)-x]f(u)\,\mathrm{d}(x-u)=\int_0^x(x-2u)f(u)\,\mathrm{d}u$$

$$=x\int_0^x f(u)\,\mathrm{d}u-2\int_0^x uf(u)\,\mathrm{d}u,$$

所以 $F'(x)=\int_0^x f(u)\,\mathrm{d}u+xf(x)-2xf(x)=\int_0^x[f(u)-f(x)]\,\mathrm{d}u.$

因为 $f(x)$ 单调增加，故当 $u\in(0,x)$ 时，有 $f(u)<f(x)$，所以 $F'(x)<0$，于是 $F(x)$ 单调减少.

此外，

$$F(-x)=\int_0^{-x}(-x-2u)f(u)\,\mathrm{d}u.$$

令 $t=-u$，得

$$F(-x)=-\int_0^x(-x+2t)f(-t)\,\mathrm{d}t=-\int_0^x(x-2t)f(t)\,\mathrm{d}t$$

$$=-\int_0^x(x-2u)f(u)\,\mathrm{d}u=-F(x),$$

故 $F(x)$ 是奇函数.

【例】5.10.2　求证：对任意实数 x，$2x\arctan x\geqslant\ln(1+x^2)$.

证明：令 $f(x)=2x\arctan x-\ln(1+x^2)$，则 $f(0)=0$. $f'(x)=2\arctan x$. 当 $x>0$ 时，有 $f'(x)>0$，$f(x)$ 在 $(0,+\infty)$ 内严格单增，有 $f(x)>0$. 当 $x<0$ 时，有 $f'(x)<0$，$f(x)$ 在 $(-\infty,0)$ 内严格单减，有 $f(x)>0$，所以对任意实数 x，$f(x)\geqslant0$，结论成立.

【例】5.10.3　证明：当 $0<x_1<x_2<\dfrac{\pi}{2}$ 时，$\dfrac{\tan x_2}{\tan x_1}>\dfrac{x_2}{x_1}$.

证明：设 $f(x)=\dfrac{\tan x}{x}$，则

$$f'(x)=\frac{x\sec^2x-\tan x}{x^2}=\frac{x-\cos x\sin x}{x^2\cos^2x}.$$

当 $x\in\left(0,\dfrac{\pi}{2}\right)$ 时，有 $0<\cos x<1$，$\sin x<x$，所以 $x-\cos x\sin x>x-\sin x>0$，有 $f'(x)>0$ $\left(x\in\left(0,\dfrac{\pi}{2}\right)\right)$，$f(x)$ 在 $\left(0,\dfrac{\pi}{2}\right)$ 内单增，对任意 $0<x_1<x_2<\dfrac{\pi}{2}$，有 $f(x_1)<f(x_2)$. 即 $\dfrac{\tan x_1}{x_1}<\dfrac{\tan x_2}{x_2}$，也就是 $\dfrac{\tan x_2}{\tan x_1}>\dfrac{x_2}{x_1}$.

【例】5.10.4　求实数 α 的取值范围，使得不等式 $x\leqslant\dfrac{\alpha-1}{\alpha}y+\dfrac{1}{\alpha}x^{\alpha}y^{1-\alpha}$ 对一切正数 x

与 y 成立.

解：当 $\alpha=1$ 时原式化为 $x\leqslant x$，故 $\alpha=1$ 满足条件. 当 $\alpha\neq 1$ 时，令

$$f(y)=\frac{\alpha-1}{\alpha}y+\frac{1}{\alpha}x^{\alpha}y^{1-\alpha}\quad (y>0),$$

上式中视 x 为正常数，则

$$f'(y)=\frac{\alpha-1}{\alpha}\left[1-\left(\frac{x}{y}\right)^{\alpha}\right],\ f''(y)=\frac{\alpha-1}{y}\left(\frac{x}{y}\right)^{\alpha}.$$

由 $f'(y)=0$ 解得驻点为 $y=x$，又

$$f''(x)=\frac{\alpha-1}{x}\begin{cases}<0, & \alpha<1,\\ >0, & \alpha>1,\end{cases}$$

则 $\alpha<1$ 时，$f(y)$ 在 $y=x$ 处取极大值 $f(x)=x$，即 $f(y)\leqslant x$，不合题意；$\alpha>1$ 时，$f(y)$ 在 $y=x$ 处取极小值 $f(x)=x$，即 $f(y)\geqslant x$，原不等式成立. 综上，可得实数 α 的取值范围是 $[1,+\infty)$.

5.11 根的存在性（"ξ" 型题）

主要利用闭区间上连续函数性质定理，微分中值定理，积分及广义积分中值定理等内容.

【例】5.11.1 已知 $f(x)$ 在闭区间 $[0,1]$ 上连续，在开区间 $(0,1)$ 内可导，且 $f(0)=-f(1)=1$. 证明：存在 $\xi\in(0,1)$，使 $\xi f'(\xi)+3f(\xi)=0$ 成立.

证明：由于 $f(x)$ 在 $[0,1]$ 上连续，且 $f(0)\cdot f(1)=-1<0$，则由零点定理得，必有一点 $\eta\in(0,1)$，使得 $f(\eta)=0$.

构造辅助函数 $F(x)=x^3f(x)$. 则有 $F(0)=F(\eta)=0$，所以 $F(x)$ 在 $[0,\eta]$ 上满足罗尔定理的条件，则由罗尔定理得，存在 $\xi\in(0,\eta)\subset(0,1)$，使得 $F'(\xi)=0$，即

$$\xi^3f'(\xi)+3\xi^2f(\xi)=0,$$

因 $\xi\neq 0$，上式两边同除以 ξ^2 得

$$\xi f'(\xi)+3f(\xi)=0.$$

【例】5.11.2 设 $f(x)$ 在 $[-1,1]$ 上具有三阶连续导数，且 $f(-1)=0$，$f(1)=1$，$f'(0)=0$，证明在开区间 $(-1,1)$ 内至少存在一点 ξ，使 $f^{(3)}(\xi)=3$.

证明：由麦克劳林公式得

$$f(x)=f(0)+f'(0)x+\frac{f''(0)}{2!}x^2+\frac{f^{(3)}(\eta)}{3!}x^3,$$

其中，η 在 0 与 x 之间，则

$$0=f(-1)=f(0)+\frac{f''(0)}{2!}-\frac{f^{(3)}(\xi_1)}{3!}\quad (-1<\xi_1<0),$$

$$1=f(1)=f(0)+\frac{f''(0)}{2!}+\frac{f^{(3)}(\xi_2)}{3!}\ (0<\xi_2<1).$$

两式相减，得

$$f^{(3)}(\xi_1)+f^{(3)}(\xi_2)=6.$$

因为$f^{(3)}(x)$在$[\xi_1,\xi_2]\subset(-1,1)$内连续，所以$f^{(3)}(x)$在$[\xi_1,\xi_2]$上必有最小值$m$和最大值$M$，从而

$$m\leqslant\frac{f^{(3)}(\xi_1)+f^{(3)}(\xi_2)}{2}\leqslant M.$$

于是由介值定理，至少存在一点$\xi\in[\xi_1,\xi_2]\subset(-1,1)$，使得

$$f^{(3)}(\xi)=\frac{f^{(3)}(\xi_1)+f^{(3)}(\xi_2)}{2}=3.$$

【例】5.11.3　已知$f(x)$在闭区间$[1,6]$上连续，在开区间$(1,6)$内可导，且

$$f(1)=5,\ f(5)=1,\ f(6)=12.$$

证明：存在$\xi\in(1,6)$，使$f'(\xi)+f(\xi)-2\xi=2$成立.

证明：构造辅助函数$F(x)=e^x[f(x)-2x]$，有$F(1)=e[f(1)-2]=3e>0$，$F(5)=e^5[f(5)-10]=-9e^5<0$，$F(x)$在$[1,5]$上连续，由零点定理，至少存在一点$\eta\in(1,5)$，使得$F(\eta)=0$. 又因为$F(x)$在$[\eta,6]$上连续，在$(\eta,6)$内可导，且$F(6)=e^6[f(6)-12]=0=F(\eta)$，由罗尔定理可知，存在$\xi\in(\eta,6)\subset(1,6)$，使$F'(\xi)=0$，即$f'(\xi)+f(\xi)-2\xi=2$.

【例】5.11.4　设奇函数$f(x)$在$[-1,1]$上具有2阶导数，且$f(1)=1$. 证明：(1) 存在$\xi\in(0,1)$，使得$f'(\xi)=1$；

(2) 存在$\eta\in(-1,1)$，使得$f''(\eta)+f'(\eta)=1$.

证明：(1) 由于$f(x)$为奇函数，则$f(0)=0$，由拉格朗日中值定理，存在$\xi\in(0,1)$，使得

$$f'(\xi)=\frac{f(1)-f(0)}{1-0}=1.$$

(2) 令$\varphi(x)=f'(x)+f(x)$，则$\varphi(x)$在$[-1,1]$上可导，由拉格朗日中值定理，存在$\eta\in(-1,1)$，使得$\dfrac{\varphi(1)-\varphi(-1)}{1-(-1)}=\varphi'(\eta)$，即

$$\frac{f'(1)+f(1)-f'(-1)-f(-1)}{2}=\varphi'(\eta).$$

由于$f(x)$为奇函数，故$f'(x)$为偶函数，又$f(1)=1$，则由上式得$\varphi'(\eta)=1$，即

$$f''(\eta)+f'(\eta)=1.$$

【例】5.11.5　设$f(x)$在$[0,2]$上连续，在$(0,2)$内有二阶导数，且$\lim\limits_{x\to0^+}\dfrac{\ln\left[1+\dfrac{f(x)}{x}\right]}{\sin x}=$

3，$\int_1^2 f(x)\,dx=0$.

(1) 求$f'(0)$；

(2) 证明：$\exists\xi\in(0,2)$，使$f'(\xi)+f''(\xi)=0$.

(1) **解**：由于$\lim\limits_{x\to0^+}\dfrac{\ln\left[1+\dfrac{f(x)}{x}\right]}{\sin x}=3$，因此$\lim\limits_{x\to0^+}\dfrac{f(x)}{x}=0$，故$f(0)=0$，于是

$$f'(0)=\lim_{x\to0^+}\frac{f(x)-f(0)}{x}=0.$$

(2) **证明**：由于$f(x)$在$[1,2]$上连续，根据积分中值定理，$\exists c\in[1,2]$，使得

$$f(c)=\int_1^2 f(x)\,dx=0.$$

又$f(0)=0$，且$f(x)$在$[0,c]$上连续，在$(0,c)$内可导，于是由罗尔定理得，$\exists c_1\in(0,c)$，使$f'(c_1)=0$.

构造辅助函数$F(x)=f'(x)e^x$，则$F(x)$在$[0,c_1]$上连续，在$(0,c_1)$内可导，且$F(0)=f'(0)=0=f'(c_1)=F(c_1)$，于是由罗尔定理得，$\exists\xi\in(0,c_1)\subset(0,2)$，使$F'(\xi)=0$，即$f''(\xi)e^{\xi}+f'(\xi)e^{\xi}=0$，所以

$$f'(\xi)+f''(\xi)=0.$$

【例】5.11.6 设函数$f(x)$在$[a,b]$上连续，在(a,b)内可导，且$f'(x)>0$，若$\lim\limits_{x\to a^+}\dfrac{f(2x-a)}{x-a}$存在，证明：

(1) 在(a,b)内，$f(x)>0$；

(2) $\exists\xi\in(a,b)$，使$\dfrac{b^2-a^2}{\int_a^b f(x)\,dx}=\dfrac{2\xi}{f(\xi)}$；

(3) 在(a,b)内存在与(2)中ξ相异的点η，使$f'(\eta)(b^2-a^2)=\dfrac{2\xi}{\xi-a}\int_a^b f(x)\,dx$.

证明：(1) 因为$f(x)$在$[a,b]$上连续，且$\lim\limits_{x\to a^+}\dfrac{f(2x-a)}{x-a}$存在，则有$\lim\limits_{x\to a^+}f(2x-a)=f(2a-a)=f(a)$且$\lim\limits_{x\to a^+}f(2x-a)=0$，于是$f(a)=0$. 又$f'(x)>0$，则$f(x)$在$[a,b]$上单调递增，故

$$f(x)>f(a)=0,\ x\in(a,b).$$

(2) 设$F(x)=x^2$，$g(x)=\int_a^x f(t)\,dt\ (a\leqslant x\leqslant b)$，则$g'(x)=f(x)>0$，故$F(x)$，$g(x)$满足柯西中值定理条件，于是$\exists\xi\in(a,b)$，使得

$$\frac{b^2-a^2}{\int_a^b f(t)\,dt-\int_a^a f(t)\,dt}=\frac{F(b)-F(a)}{g(b)-g(a)}=\left.\frac{(x^2)'}{\left[\int_a^x f(t)\,dt\right]'}\right|_{x=\xi},$$

即

$$\frac{b^2-a^2}{\int_a^b f(x)\mathrm{d}x}=\frac{2\xi}{f(\xi)}.$$

(3) 因为$f(\xi)=f(\xi)-f(a)$，在$[a,\xi]$上应用拉格朗日中值定理，$\exists\eta\in(a,\xi)$，使得

$$f(\xi)=f'(\eta)(\xi-a).$$

从而由 (2) 的结论得，

$$\frac{b^2-a^2}{\int_a^b f(x)\mathrm{d}x}=\frac{2\xi}{f'(\eta)(\xi-a)},$$

即

$$f'(\eta)(b^2-a^2)=\frac{2\xi}{\xi-a}\int_a^b f(x)\mathrm{d}x.$$

【例】5.11.7　已知函数$f(x)$在$[a,b]$上二阶可导，对于$[a,b]$内的每一点x，有$f''(x)\geqslant 0$，且在$[a,b]$的任一子区间上$f(x)$不恒等于0，求证：$f(x)$在$[a,b]$中至多有一个零点.

证明：用反证法. 假设$f(x)$在$[a,b]$中至少有两个零点，由于$f(x)$在$[a,b]$的任一子区间上不恒等于0，且$f(x)$在$[a,b]$上二阶可导，从而连续，则可设$x_1,x_2(x_1<x_2)$是$f(x)$的两个零点，且$f(x)$在区间(x_1,x_2)内恒不等于0.

不妨设$f(x)$在(x_1,x_2)内恒大于0($f(x)$在(x_1,x_2)内恒小于0，同理可证)，则由题设知，对于任意$x\in(x_1,x_2)$，$f''(x)\geqslant 0$. 任取$x_0\in(x_1,x_2)$，有$f(x_0)>0$. 由于$f(x)$在$[a,b]$上二阶可导，则$f(x)$在点x_0处的一阶泰勒公式为

$$f(x)=f(x_0)+f'(x_0)(x-x_0)+\frac{1}{2!}f''(\xi)(x-x_0)^2,$$

其中ξ为x与x_0之间的某一值. 分别令$x=x_1$，$x=x_2$，得

$$0=f(x_1)=f(x_0)+f'(x_0)(x_1-x_0)+\frac{1}{2!}f''(\xi_1)(x_1-x_0)^2,$$

$$0=f(x_2)=f(x_0)+f'(x_0)(x_2-x_0)+\frac{1}{2!}f''(\xi_2)(x_2-x_0)^2,$$

其中，ξ_1介于x_1与x_0之间，ξ_2介于x_2与x_0之间，则有$f''(\xi_1)\geqslant 0$，$f''(\xi_2)\geqslant 0$，于是由上面两式得

$$f'(x_0)=\frac{f(x_0)+\frac{1}{2!}f''(\xi_1)(x_1-x_0)^2}{x_0-x_1}>0,$$

$$f'(x_0)=\frac{f(x_0)+\frac{1}{2!}f''(\xi_2)(x_2-x_0)^2}{x_0-x_2}<0,$$

矛盾，假设不成立，因此$f(x)$在$[a,b]$中至多有一个零点.

【例】5.11.8 设$f(x)$在$[0,1]$上连续，在$(0,1)$内可导，且满足$f(1)=2\int_0^{\frac{1}{2}}xe^{1-x}f(x)\mathrm{d}x$. 证明：至少存在一点$\xi\in(0,1)$，使得$f'(\xi)=(1-\xi^{-1})f(\xi)$.

证明：构造辅助函数：$F(x)=xe^{1-x}f(x)$，

因为$f(1)=2\int_0^{\frac{1}{2}}xe^{1-x}f(x)\mathrm{d}x$，由积分中值定理知，存在$\eta\in\left(0,\dfrac{1}{2}\right)$，使得$f(1)=\eta e^{1-\eta}\cdot f(\eta)$，即$F(1)=F(\eta)$.

$F(x)$在$[\eta,1]$上连续，在$(\eta,1)$内可导，且$F(\eta)=F(1)$，由罗尔定理得，至少存在一点$\xi\in(\eta,1)\subset(0,1)$，使得

$$F'(\xi)=0.$$

又$F'(x)=e^{1-x}[f(x)+xf'(x)-xf(x)]$，即

$$F'(\xi)=e^{1-\xi}[f(\xi)+\xi f'(\xi)-\xi f(\xi)]=0,$$

因为$e^{1-\xi}\neq0$，所以$f(\xi)+\xi f'(\xi)-\xi f(\xi)=0$，即$f'(\xi)=(1-\xi^{-1})f(\xi)$.

5.12 变上限积分的应用

【例】5.12.1 函数$f(x)$在$(0,+\infty)$内有一阶连续导数，且对任意的$x\in(0,+\infty)$满足

$$x\int_0^1 f(tx)\mathrm{d}t=2\int_0^x f(t)\mathrm{d}t+xf(x)+x^3,$$

且$f(1)=0$，求$f(x)$.

解：令$u=tx$，则$\int_0^1 f(tx)\mathrm{d}t=\dfrac{1}{x}\int_0^x f(u)\mathrm{d}u$，即$x\int_0^1 f(tx)\mathrm{d}t=\int_0^x f(u)\mathrm{d}u$，于是由题设条件得，

$$\int_0^x f(u)\mathrm{d}u=2\int_0^x f(t)\mathrm{d}t+xf(x)+x^3,$$

上式两边关于x求导得，

$$f(x)=2f(x)+f(x)+xf'(x)+3x^2,$$

即

$$f'(x)+\frac{2}{x}f(x)=-3x.$$

解此微分方程得

$$f(x)=e^{-\int\frac{2}{x}\mathrm{d}x}\left(\int(-3x)e^{\int\frac{2}{x}\mathrm{d}x}\mathrm{d}x+C\right)=-\frac{3}{4}x^2+\frac{C}{x^2}.$$

将$f(1)=0$代入得$C=\frac{3}{4}$，于是

$$f(x)=-\frac{3}{4}x^2+\frac{3}{4x^2}.$$

【例】5.12.2　设$f(x)$在$\mathbf{R}$上连续、二阶可导，且对任意x，有

$$f(x)+\int_0^x tf(x-t)\mathrm{d}t+\sin x=0.$$

（1）求证：对任意x，有

$$\int_0^x tf(x-t)\mathrm{d}t=x\int_0^x f(t)\mathrm{d}t-\int_0^x tf(t)\mathrm{d}t.$$

（2）试求$f(x)$的表达式.

证明：（1）作变量替换，令$u=x-t$，则$\mathrm{d}t=-\mathrm{d}u$，于是

$$\begin{aligned}\int_0^x tf(x-t)\mathrm{d}t&=\int_x^0(x-u)f(u)(-\mathrm{d}u)\\&=x\int_0^x f(u)\mathrm{d}u-\int_0^x uf(u)\mathrm{d}u\\&=x\int_0^x f(t)\mathrm{d}t-\int_0^x tf(t)\mathrm{d}t.\end{aligned}$$

（2）将（1）代入已知等式，有

$$f(x)+x\int_0^x f(t)\mathrm{d}t-\int_0^x tf(t)\mathrm{d}t+\sin x=0,$$

两边对x求导，有

$$f'(x)+\int_0^x f(t)\mathrm{d}t+\cos x=0,$$

再求导，有

$$f''(x)+f(x)-\sin x=0,$$

而$f(0)=0$，$f'(0)=-1$，即$f(x)$满足：

$$\begin{cases}y''+y=\sin x,\\y(0)=0,y'(0)=-1,\end{cases}$$

方程的特征根为$r=\pm\mathrm{i}$，通解为

$$Y(x)=c_1\cos x+c_2\sin x.$$

作辅助方程：

$$y''+y=\mathrm{e}^{x\mathrm{i}},$$

由于i是特征方程的单根，可设辅助方程的特解为$\tilde{y}=Ax\mathrm{e}^{x\mathrm{i}}$，代入辅助方程解得：$A=-\frac{1}{2}\mathrm{i}$，从而$\tilde{y}=-\frac{1}{2}\mathrm{i}x\mathrm{e}^{x\mathrm{i}}$，取其虚部，可得方程$y''+y=\sin x$的一个特解为$\bar{y}=-\frac{1}{2}x\cos x$，从而该方程的通解为：

$$y=c_1\cos x+c_2\sin x-\frac{1}{2}x\cos x,$$

代入初始条件，解得：$c_1=0$，$c_2=-\frac{1}{2}$，故

$$y=f(x)=-\frac{1}{2}\sin x-\frac{1}{2}x\cos x.$$

5.13 定积分几何应用（面积、弧长、旋转体体积）

【例】5.13.1 求曲线段$\begin{cases}x=t^3+1,\\ y=\frac{3}{2}t^2-1\end{cases}(0\leqslant t\leqslant 1)$的弧长.

解：曲线段的弧长

$$\begin{aligned}s&=\int_0^1\sqrt{[x'(t)]^2+[y'(t)]^2}\,\mathrm{d}t=\int_0^1\sqrt{(3t^2)^2+(3t)^2}\,\mathrm{d}t\\&=3\int_0^1 t\sqrt{t^2+1}\,\mathrm{d}t=(t^2+1)^{\frac{3}{2}}\Big|_0^1=2\sqrt{2}-1.\end{aligned}$$

【例】5.13.2 求心形线$\rho=2(1+\cos\theta)$的全长及所围成图形的面积.

解：由$\rho'(\theta)=-2\sin\theta$，

$$\begin{aligned}\mathrm{d}s&=\sqrt{\rho^2(\theta)+[\rho'(\theta)]^2}\,\mathrm{d}\theta=\sqrt{4(1+\cos\theta)^2+4\sin^2\theta}\,\mathrm{d}\theta\\&=4\left|\cos\frac{\theta}{2}\right|\mathrm{d}\theta.\end{aligned}$$

由对称性可知，心形线全长为

$$s=2\int_0^{\pi}4\left|\cos\frac{\theta}{2}\right|\mathrm{d}\theta\xlongequal{令t=\frac{\theta}{2}}16\int_0^{\frac{\pi}{2}}\cos t\,\mathrm{d}t=16.$$

心形线所围成图形的面积为

$$\begin{aligned}A&=2\int_0^{\pi}\frac{1}{2}\rho^2(\theta)\,\mathrm{d}\theta=4\int_0^{\pi}(1+\cos\theta)^2\,\mathrm{d}\theta=4\int_0^{\pi}\left(2\cos^2\frac{\theta}{2}\right)^2\mathrm{d}\theta\\&\xlongequal{令t=\frac{\theta}{2}}32\int_0^{\frac{\pi}{2}}\cos^4t\,\mathrm{d}t=6\pi.\end{aligned}$$

【例】5.13.3 记曲线段$x^2+y^2=4(y\geqslant 0,0\leqslant x\leqslant 1)$与直线$x=0$，$x=1$及$x$轴所围的平面图形为$D$. 求：

（1）平面图形D的面积；

（2）图形D分别绕x轴、y轴旋转一周所成旋转体的体积.

解：（1）平面图形D的面积可表示为$A=\int_0^1 y\,\mathrm{d}x=\int_0^1\sqrt{4-x^2}\,\mathrm{d}x$. 令$x=2\sin t$，则

$\mathrm{d}x=2\cos t\mathrm{d}t$. 当 $x=0$ 时，$t=0$；当 $x=1$ 时，$t=\frac{\pi}{6}$. 于是所求面积

$$A=4\int_0^{\frac{\pi}{6}}\cos^2 t\mathrm{d}t=2\int_0^{\frac{\pi}{6}}(1+\cos 2t)\mathrm{d}t=(2t+\sin 2t)\Big|_0^{\frac{\pi}{6}}=\frac{\pi}{3}+\frac{\sqrt{3}}{2}.$$

(2) 图形 D 绕 x 轴旋转一周所成旋转体的体积

$$V_x=\int_0^1\pi y^2\mathrm{d}x=\pi\int_0^1(4-x^2)\mathrm{d}x=\pi\left(4x-\frac{x^3}{3}\right)\Big|_0^1=\frac{11}{3}\pi.$$

曲线段 $x^2+y^2=4(y\geqslant 0,0\leqslant x\leqslant 1)$ 与直线 $x=1$ 的交点为 $(1,\sqrt{3})$，则图形 D 绕 y 轴旋转一周所成的旋转体由球半径为 2，高为 $2-\sqrt{3}$ 的球缺和底面圆半径为 1，高为 $\sqrt{3}$ 的圆柱体所组成. 于是取 y 为积分变量，可得该旋转体的体积

$$\begin{aligned}V_y&=\int_{\sqrt{3}}^2\pi x^2\mathrm{d}y+\sqrt{3}\pi=\pi\int_{\sqrt{3}}^2(4-y^2)\mathrm{d}y+\sqrt{3}\pi\\&=\pi\left(4y-\frac{y^3}{3}\right)\Big|_{\sqrt{3}}^2+\sqrt{3}\pi=\left(\frac{16}{3}-3\sqrt{3}\right)\pi+\sqrt{3}\pi\\&=\left(\frac{16}{3}-2\sqrt{3}\right)\pi.\end{aligned}$$

【例】5.13.4　求由平面曲线 $y=x\sin x$，$y=x\left(0\leqslant x\leqslant\frac{\pi}{2}\right)$ 所围成图形的面积，并求此图形绕 x 轴旋转所得旋转体的体积.

解： 因为 $x\sin x\leqslant x, x\in\left[0,\frac{\pi}{2}\right]$，所以所围成图形的面积

$$\begin{aligned}A&=\int_0^{\frac{\pi}{2}}(x-x\sin x)\mathrm{d}x=\frac{x^2}{2}\Big|_0^{\frac{\pi}{2}}+\int_0^{\frac{\pi}{2}}x\mathrm{d}(\cos x)\\&=\frac{\pi^2}{8}+x\cos x\Big|_0^{\frac{\pi}{2}}-\int_0^{\frac{\pi}{2}}\cos x\mathrm{d}x=\frac{\pi^2}{8}-1.\end{aligned}$$

所求旋转体的体积 V 可视为由 x 轴、直线 $x=\frac{\pi}{2}$、直线 $y=x$ 所围成的直角三角形绕 x 轴旋转所得圆锥体与由 x 轴、直线 $x=\frac{\pi}{2}$ 和曲线 $y=x\sin x$ 所围成的曲边三角形绕 x 轴旋转所得旋转体体积的差，故

$$V=\int_0^{\frac{\pi}{2}}\pi(x^2-x^2\sin^2 x)\mathrm{d}x=\int_0^{\frac{\pi}{2}}\pi x^2\cos^2 x\mathrm{d}x=\frac{\pi}{2}\int_0^{\frac{\pi}{2}}x^2(1+\cos 2x)\mathrm{d}x.$$

直接计算有 $\int_0^{\frac{\pi}{2}}x^2\mathrm{d}x=\frac{\pi^3}{24}$.

另由分部积分得

$$\int_0^{\frac{\pi}{2}}x^2\cos 2x\mathrm{d}x=-\frac{\pi}{4}.$$

所以 $V=\dfrac{\pi^4}{48}-\dfrac{\pi^2}{8}$.

【例】5.13.5 设 D 是由曲线 $y=\sqrt{1-x^2}$ $(0\leqslant x\leqslant 1)$ 与星形线 $\begin{cases}x=\cos^3 t,\\ y=\sin^3 t\end{cases}$ $\left(0\leqslant t\leqslant \dfrac{\pi}{2}\right)$所围成的平面区域. 求:

(1) D 的面积; (2) D 绕 x 轴旋转一周所得旋转体的体积.

解: D 由单位圆在第一象限内的圆弧和星形线在第一象限内的部分所围成，其面积等于 1/4 单位圆面积减去星形线在第一象限与坐标轴所围成图形的面积；其绕 x 轴旋转一周所得旋转体的体积等于单位球体积的一半减去星形线在第一象限内的部分绕 x 轴旋转一周所得旋转体的体积. 设星形线的直角坐标方程为：$y=y(x)$，则

(1) D 的面积 $S=\dfrac{\pi}{4}-\int_0^1 y(x)\mathrm{d}x=\dfrac{\pi}{4}-\int_{\frac{\pi}{2}}^0 \sin^3 t\cdot 3\cos^2 t\cdot(-\sin t)\mathrm{d}t$

$$=\frac{\pi}{4}-3\int_0^{\frac{\pi}{2}}\sin^4 t\cos^2 t\mathrm{d}t=\frac{\pi}{4}-3\int_0^{\frac{\pi}{2}}(\sin^4 t-\sin^6 t)\mathrm{d}t$$

$$=\frac{\pi}{4}-3\left(\frac{3}{4}\times\frac{1}{2}\times\frac{\pi}{2}-\frac{5}{6}\times\frac{3}{4}\times\frac{1}{2}\times\frac{\pi}{2}\right)=\frac{5}{32}\pi.$$

(2) D 绕 x 轴旋转一周所得旋转体的体积

$$V=\frac{2\pi}{3}-\pi\int_0^1 y^2(x)\mathrm{d}x=\frac{2\pi}{3}-\pi\int_{\frac{\pi}{2}}^0 \sin^6 t\cdot 3\cos^2 t\cdot(-\sin t)\mathrm{d}t$$

$$=\frac{2\pi}{3}-3\pi\int_0^{\frac{\pi}{2}}\sin^7 t\cos^2 t\mathrm{d}t=\frac{2\pi}{3}-3\pi\int_0^{\frac{\pi}{2}}(\sin^7 t-\sin^9 t)\mathrm{d}t$$

$$=\frac{2\pi}{3}-3\pi\left(\frac{6}{7}\times\frac{4}{5}\times\frac{2}{3}-\frac{8}{9}\times\frac{6}{7}\times\frac{4}{5}\times\frac{2}{3}\right)=\frac{18}{35}\pi.$$

【例】5.13.6 求曲线 $y=2x^2$，直线 $x=1$ 及 x 轴所围平面图形绕直线 $x=3$ 旋转所得的旋转体的体积.

解: 曲线 $y=2x^2$ 与直线 $x=1$ 的交点为$(1,2)$.

方法 1 取 x 为积分变量，在区间$[0,1]$上任取一小区间$[x,x+\mathrm{d}x]$，与这个小区间对应的曲边梯形绕直线 $x=3$ 旋转所得的小旋转体的体积近似地等于长为 $2\pi(3-x)$、宽为 $y=2x^2$、高为 $\mathrm{d}x$ 的薄长方体体积，故体积微元

$$\mathrm{d}V=2\pi(3-x)\cdot 2x^2\mathrm{d}x,$$

积分得所求旋转体的体积

$$V=\int_0^1 2\pi(3-x)\cdot 2x^2\mathrm{d}x=4\pi\left(\int_0^1 3x^2\mathrm{d}x-\int_0^1 x^3\mathrm{d}x\right)=3\pi.$$

方法 2 取 y 为积分变量，所求旋转体的体积为由曲线 $y=2x^2$，直线 $y=2$，直线 $x=3$ 及 x 轴所围成的曲边梯形绕直线 $x=3$ 旋转所得旋转体体积与由直线 $x=1$，直线 $y=2$，直

线 $x=3$ 及 x 轴所围成的正方形绕直线 $x=3$ 旋转所得圆柱体体积之差，故所求旋转体的体积

$$V=\int_0^2\pi\left(3-\sqrt{y/2}\right)^2\mathrm{d}y-\pi\cdot 2^2\cdot 2=3\pi.$$

【例】5.13.7　设 D_1 是由抛物线 $y=2x^2$ 和直线 $x=a$，$x=2$ 及 $y=0$ 所围成的平面区域；D_2 是由抛物线 $y=2x^2$ 和直线 $y=0$，$x=a$ 所围成的平面区域，其中 $0<a<2$.

（1）求 D_1 绕 x 轴旋转而成的旋转体体积 V_1；D_2 绕 y 轴旋转而成的旋转体体积 V_2；

（2）当 a 为何值时，V_1+V_2 取得最大值？试求此最大值.

解：（1）D_1 是曲边梯形，其绕 x 轴旋转而成的旋转体体积

$$V_1=\int_a^2\pi y^2\mathrm{d}x=\pi\int_a^2(2x^2)^2\mathrm{d}x=\frac{4\pi}{5}(32-a^5);$$

D_2 是曲边三角形，其顶点分别为 $(0,0)$，$(a,0)$ 和抛物线 $y=2x^2$ 与直线 $x=a$ 的交点 $(a,2a^2)$，则 D_2 绕 y 轴旋转而成的旋转体体积 V_2 可视为由 x 轴、直线 $x=a$、直线 $y=2a^2$ 和 y 轴所围成的矩形绕 y 轴旋转所得圆柱体与由抛物线 $y=2x^2$、直线 $y=2a^2$ 和 y 轴所围成的曲边三角形绕 y 轴旋转所得旋转体体积的差，故

$$\begin{aligned}V_2&=\pi a^2\cdot 2a^2-\int_0^{2a^2}\pi x^2\mathrm{d}y=2\pi a^4-\pi\int_0^{2a^2}\frac{y}{2}\mathrm{d}y\\&=2\pi a^4-\pi a^4=\pi a^4.\end{aligned}$$

注：求解体积 V_2 还可以利用“柱壳法”：取 x 为积分变量，在区间 $[0,a]$ 上任取一小区间 $[x,x+\mathrm{d}x]$，与这个小区间对应的曲边梯形绕 y 轴旋转所得的小旋转体的体积近似地等于长为 $2\pi x$、宽为 $y=2x^2$、高为 $\mathrm{d}x$ 的薄长方体体积，故体积微元

$$\mathrm{d}V=2\pi x\cdot 2x^2\mathrm{d}x,$$

积分得所求旋转体的体积

$$V_2=2\pi\int_0^a x\cdot 2x^2\mathrm{d}x=\pi a^4.$$

（2）由 $V=V_1+V_2=\frac{4\pi}{5}(32-a^5)+\pi a^4$，得

$$\frac{\mathrm{d}V}{\mathrm{d}a}=4\pi a^3(1-a).$$

令 $\frac{\mathrm{d}V}{\mathrm{d}a}=0$，解得 $a=1$ 或 $a=0$，由于 $0<a<2$，故 $a=1$.

当 $0<a<1$ 时，$\frac{\mathrm{d}V}{\mathrm{d}a}>0$，则 V 单调递增；当 $a>1$ 时，$\frac{\mathrm{d}V}{\mathrm{d}a}<0$，则 V 单调递减.

所以当 $a=1$ 时 V_1+V_2 取得最大值，且最大值为 $\frac{4\pi}{5}(32-1)+\pi=\frac{129}{5}\pi$.

【例】5.13.8　求微分方程 $x\mathrm{d}y-(x+2y)\mathrm{d}x=0$ 的一个解 $y=y(x)$，使得由曲线 $y=$

$y(x)$，直线 $x=0$，$x=1$ 以及 x 轴所围成的平面图形绕 x 轴旋转一周所得旋转体体积最小.

解：微分方程化为 $\frac{\mathrm{d}y}{\mathrm{d}x}=\frac{2}{x}y+1$，这是一阶非齐次线性微分方程，由通解公式得

$$y = \mathrm{e}^{\int\frac{2}{x}\mathrm{d}x}\left(C+\int \mathrm{e}^{\int -\frac{2}{x}\mathrm{d}x}\mathrm{d}x\right)=x^2\left(C+\int\frac{1}{x^2}\mathrm{d}x\right)$$

$$= x^2\left(C-\frac{1}{x}\right)=Cx^2-x.$$

于是题设中旋转体的体积

$$V(C)=\int_0^1 \pi y^2\mathrm{d}x=\int_0^1\pi(Cx^2-x)^2\mathrm{d}x=\pi\left(\frac{1}{5}C^2-\frac{1}{2}C+\frac{1}{3}\right).$$

$V(C)$ 对 C 求导得

$$V'(C)=\pi\left(\frac{2}{5}C-\frac{1}{2}\right).$$

令 $V'(C)=0$，得 $C=\frac{5}{4}$.

由于 $V''\left(\frac{5}{4}\right)=\frac{2}{5}\pi>0$，故 $C=\frac{5}{4}$ 是极小值点也是最小值点，所以所求解为

$$y=\frac{5}{4}x^2-x.$$

5.14 定积分物理应用（变力做功，液体侧压力，引力，平均值）

【例】5.14.1 设一容器是由曲线 $y=x^3(0\leqslant x\leqslant 1)$ 绕 y 轴旋转一周形成，y 轴垂直地面.

（1）以每秒 3 的速度向容器中注水，求容器中水高为 $h(0<h<1)$ 时，水面上升速度；

（2）容器中注满水后，把全部水抽出至少需要做多少功？

解：（1）设注水 t s 后，液面的高度为 $h=h(t)$，则容器内水的容积是

$$V=\int_0^h \pi x^2\mathrm{d}y=\int_0^h \pi y^{\frac{2}{3}}\mathrm{d}y.$$

两边对 t 求导得

$$\frac{\mathrm{d}V}{\mathrm{d}t}=\pi h^{\frac{2}{3}}\frac{\mathrm{d}h}{\mathrm{d}t},$$

已知 $\frac{\mathrm{d}V}{\mathrm{d}t}=3$，则水面上升的速度为

$$\frac{\mathrm{d}h}{\mathrm{d}t}=\frac{3}{\pi h^{\frac{2}{3}}}.$$

（2）设 y 为容器内的水深，则 $y\in[0,1]$. 设想水分层抽出，在区间$[0,1]$上任取小区间$[y,y+\mathrm{d}y]$，与之对应的水层重为 $\mu g\pi x^2\mathrm{d}y$（其中 μ 为水的密度，g 为重力加速度），把它提到容器口所做功近似为

$$\mathrm{d}W=(\mu g\pi x^2\mathrm{d}y)(1-y)=\mu g\pi(1-y)y^{\frac{2}{3}}\mathrm{d}y,$$

所以把全部水抽出至少需要做功

$$W=\int_0^1\pi\mu g(1-y)y^{\frac{2}{3}}\mathrm{d}y=\frac{9}{40}\pi\mu g.$$

【例】5.14.2　某物体的一个侧面为等腰梯形，上底长 10 m，下底长 6 m，高为 20 m，铅直立于水中，在下列条件下分别计算这个侧面所受到的水压力.（重力加速度为 $g(\mathrm{m/s^2})$，水的密度为 $\mu(\mathrm{kg/m^3})$）.

（1）上底与水面相齐；

（2）上底位于水深 2 m 处.

解： 以上底作为 y 轴（方向向右），两底的中垂线作为 x 轴（方向向下）建立直角坐标系，则位于第一象限的侧边方程为 $y=5-\frac{x}{10}$.

在 x 轴的区间$[0,20]$上任取小区间$[x,x+\mathrm{d}x]$，得面积微元

$$\mathrm{d}A=2y\mathrm{d}x=2\left(5-\frac{x}{10}\right)\mathrm{d}x=\left(10-\frac{x}{5}\right)\mathrm{d}x.$$

（1）上底与水面相齐时，x 处水的压强为 μgx，故侧面水压力微元

$$\mathrm{d}P=\mu gx\left(10-\frac{x}{5}\right)\mathrm{d}x,$$

积分得所求压力

$$P=\int_0^{20}\mu gx\left(10-\frac{x}{5}\right)\mathrm{d}x=\frac{4\,400}{3}\mu g.$$

（2）上底位于水深 2 m 处时，x 处水深为 $x+2$，故水的压强为 $\mu g(x+2)$，于是侧面水压力微元

$$\mathrm{d}P=\mu g(x+2)\left(10-\frac{x}{5}\right)\mathrm{d}x,$$

积分得所求压力

$$P=\int_0^{20}\mu g(x+2)\left(10-\frac{x}{5}\right)\mathrm{d}x=\frac{5\,360}{3}\mu g.$$

【例】5.14.3　水平放置着一根长为 L，密度为 ρ 的均匀细棒，在其左端的垂线上与棒相距 b 处有一质量为 m 的质点，求棒对质点的引力沿 x 轴方向的分力（设引力常数为 k）.

解： 建立坐标系，使细棒位于 x 轴区间$[0,L]$上，质点 m 位于$(0,b)$处. 选 x 作为积

分变量，则 $x\in[0,L]$. 在$[0,L]$上任取小区间$[x,x+\mathrm{d}x]$，长为 $\mathrm{d}x$ 的细棒可以近似地看成质点，其质量为$\rho\mathrm{d}x$，它对质点 m 的引力沿 x 轴方向的分力，即沿 x 轴方向引力微元近似地等于

$$\mathrm{d}F=\frac{km\rho\mathrm{d}x}{b^2+x^2}\cdot\frac{x}{\sqrt{b^2+x^2}},$$

上式积分得到棒对质点的引力沿 x 轴方向的分力：

$$F=\int_0^L\mathrm{d}F=\int_0^L\frac{km\rho}{b^2+x^2}\cdot\frac{x}{\sqrt{b^2+x^2}}\mathrm{d}x$$

$$=\frac{1}{2}\int_0^L km\rho(b^2+x^2)^{-\frac{3}{2}}\mathrm{d}(x^2+b^2)=km\rho\left(\frac{1}{b}-\frac{1}{\sqrt{b^2+L^2}}\right).$$

【例】5.14.4 设有一半径为 R，中心角为 φ 的圆弧形细棒，其线密度为常数μ，在圆心处有一质量为 m 的质点 M，求细棒对质点 M 的引力.

解：以圆心处为极点，平分中心角 φ 的射线为极轴，建立极坐标系. 则细棒的极坐标方程为：$r=R$，$\theta\in\left(-\frac{\varphi}{2},\frac{\varphi}{2}\right)$.

在细棒上任取极角为$[\theta,\theta+\mathrm{d}\theta]$的一小段弧，其对应的弧长为 $\mathrm{d}s=R\mathrm{d}\theta$，该小段弧可以近似地看成质点，其质量为$\mu\mathrm{d}s=\mu R\mathrm{d}\theta$，它对质点 M 的引力近似地等于

$$\mathrm{d}F=k\frac{m\mu R\mathrm{d}\theta}{R^2},$$

其中 k 为引力常数. 该引力微元在水平方向的分力为

$$\mathrm{d}F_x=k\frac{m\mu R\mathrm{d}\theta}{R^2}\cdot\cos\theta,$$

积分得

$$F_x=\int_{-\frac{\varphi}{2}}^{\frac{\varphi}{2}}\frac{km\mu}{R}\cdot\cos\theta\mathrm{d}\theta=\frac{2km\mu}{R}\sin\frac{\varphi}{2}.$$

由对称性知，引力在铅直方向分力为 $F_y=0$，因此细棒对质点 M 的引力大小

$$F=\sqrt{F_x^2+F_y^2}=\frac{2km\mu}{R}\sin\frac{\varphi}{2},$$

方向为水平指向细棒，即沿着中心角 φ 的角平分线指向细棒.

注：坐标系的建立可以有其他形式，力的大小不变，方向都是沿着中心角 φ 的角平分线指向细棒.

5.15 有关微分方程应用（微元法、明确变化率、物理定律、运动路线等）

【例】5.15.1 一单位质点（质量为 1 kg）沿 x 轴运动. 已知质点所受到的力为$f(x)=$

$-\sin x$（单位：N，方向与 x 轴平行）．若质点的初始位置在原点，初速度 $v_0=2$ m/s，求质点的位置 x 与速度 v 所满足的微分方程，并求出此微分方程的解．

解：设质点的加速度为 a，则

$$a=\frac{\mathrm{d}v}{\mathrm{d}t}=\frac{\mathrm{d}v}{\mathrm{d}x}\frac{\mathrm{d}x}{\mathrm{d}t}=v\frac{\mathrm{d}v}{\mathrm{d}x}.$$

又该质点的质量 $m=1$ kg，于是由牛顿第二定律得

$$f=ma=a,$$

从而由题设得质点的位置 x 与速度 v 满足的微分方程为

$$\begin{cases}v\dfrac{\mathrm{d}v}{\mathrm{d}x}=-\sin x,\\ v\big|_{x=0}=2.\end{cases}$$

解此方程，分离变量得　　$v\mathrm{d}v=-\sin x\mathrm{d}x$，

两边积分得　　$\frac{1}{2}v^2=\cos x+C$，

将初值 $v\big|_{x=0}=2$ 代入得　　$C=1$，

所以微分方程的解为

$$v^2=2(\cos x+1).$$

【例】5.15.2　已知高温物体放置于低温介质中，任一时刻物体的温度 T 对时间 t 的变化率与该时刻物体与介质的温度差成正比，现将一初始温度为 120 ℃ 的物体放在 20 ℃ 恒温介质中冷却，30 min 后该物体的温度降至 30 ℃，求该物体的温度 T 与时间 t 的函数关系；若要物体的温度继续降至 21 ℃，还需要多少时间？

解：设任一时刻 t 该物体的温度为 $T=T(t)$，由题意有

$$\begin{cases}\dfrac{\mathrm{d}T}{\mathrm{d}t}=-k(T-20),\ (k>0\text{ 为比例系数})\\ T(0)=120,T(30)=30,\end{cases}$$

第一个方程分离变量得其通解为：$T=20+C\mathrm{e}^{-kt}$，代入 $T(0)=120$，$T(30)=30$，得 $C=100$，$k=\frac{\ln 10}{30}$，所以该物体的温度和时间的函数关系为：

$$T=20+100\mathrm{e}^{-\frac{\ln 10}{30}t}.$$

令 $T=21$，得 $21=20+100\mathrm{e}^{-\frac{\ln 10}{30}t}$，解得 $t=60(\min)$，故若要物体的温度继续降至 21 ℃，还需要 $60-30=30(\min)$．

【例】5.15.3　跳伞运动员从高空自飞机上跳下，经若干秒后打开降落伞．开伞后的运动过程中所受到空气阻力为 kv^2，其中常数 $k>0$，v 为下降速度，设人与伞的质量共为 m，且不计空气浮力．试证明：只要打开降落伞后有足够的降落时间才着地，则降落的速

度将近似地等于$\sqrt{\dfrac{mg}{k}}$.

证明：记运动员开伞时刻为$t=0$，且记此刻运动员的速度为v_0. 由牛顿第二运动定律知，运动员的速度满足下列微分方程初值问题：

$$\begin{cases} m\dfrac{\mathrm{d}v}{\mathrm{d}t}=mg-kv^2, \\ v(0)=v_0. \end{cases}$$

分离变量，得微分方程的解为：

$$\frac{v-\sqrt{\dfrac{mg}{k}}}{v+\sqrt{\dfrac{mg}{k}}}=\frac{v_0-\sqrt{\dfrac{mg}{k}}}{v_0+\sqrt{\dfrac{mg}{k}}}\mathrm{e}^{-\frac{2k}{m}\sqrt{\frac{mg}{k}}t}.$$

在上式中令$t\to+\infty$，得$v\to\sqrt{\dfrac{mg}{k}}$. 所以只要打开降落伞后有足够的降落时间才着地，则降落的速度将近似地等于$\sqrt{\dfrac{mg}{k}}$.

第6章 向量代数、空间解析几何

6.1 知识点总结

解析几何的实质是用代数的方法研究几何. 将空间几何结构代数化、数量化，从而将代数运算引到几何中来. 矢量的引入和运算是解析几何的基础，同时在工程技术等中也有重要的应用.

空间形式（点、线、面）⇔数量关系（坐标，方程（组））. 基本方法：坐标法，向量法.

6.1.1 空间直角坐标系

1. 基本概念. 一个中心，三个轴，三个面，八个卦限.

2. 空间两点的距离公式 $M(x_1,y_1,z_1)$，(x_2,y_2,z_2).

$$d=\sqrt{(x_2-x_1)^2+(y_2-y_1)^2+(z_2-z_1)^2}.$$

3. 坐标轴平移及新、旧坐标变换. $\begin{cases}x'=x-a,\\y'=y-b,\\z'=z-c,\end{cases}$其中$(a,b,c)$是新坐标系原点 O'在旧坐标系中的坐标，(x',y',z')与(x,y,z)分别是点在新、旧坐标系中的坐标.

【练习】6.1.1 证明：以 $A(4,1,9)$，$B(10,-1,6)$，$C(2,4,3)$为顶点的三角形是等腰直角三角形.

证明：计算三角形三条边长

$$|AB|=\sqrt{(10-4)^2+(-1-1)^2+(6-9)^2}=7,$$

$$|AC|=\sqrt{(2-4)^2+(4-1)^2+(3-9)^2}=7,$$

$$|BC|=\sqrt{(2-10)^2+(4+1)^2+(3-6)^2}=\sqrt{98}.$$

因为$|AB|=|AC|$，$|BC|^2=|AB|^2+|AC|^2$，所以$\triangle ABC$是等腰直角三角形.

【练习】6.1.2 在 yOz 面上求与点 $A(3,1,2)$，$B(4,-2,-2)$和 $C(0,5,1)$等距离的点.

解：设所求点为 $M(0,y,z)$，由于 $|AM|=|BM|=|CM|$，故

$$(0-3)^2+(y-1)^2+(z-2)^2=(0-4)^2+(y+2)^2+(z+2)^2,$$
$$(0-0)^2+(y-5)^2+(z-1)^2=(0-4)^2+(y+2)^2+(z+2)^2,$$

解得 $y=1$，$z=-2$，故所求点为 $M(0,1,-2)$.

6.1.2 向量及其线性运算

1. 向量的基本概念. 零向量，单位向量，自由向量，负向量，向径（矢径）.

2. 向量的线性运算.

(1) 加、减法. 平行四边形法则，三角形法则，运算律.

(2) 数乘法. 运算律.

3. 向量的投影和夹角.

投影定义（投影为数量，可正可负）. 投影性质.

(1) $(\vec{a})_{\vec{b}}=|\vec{a}|\cos(\vec{a},\vec{b})$.

(2) $(\vec{a}+\vec{b})_{\vec{c}}=(\vec{a})_{\vec{c}}+(\vec{b})_{\vec{c}}$.

向量夹角范围 $(0\leqslant\phi\leqslant\pi)$.

4. 向量的坐标表示，平行条件，定比分点，中点公式.

5. 向量的模、方向角与方向余弦.

设 $\vec{a}=\{x,y,z\}$，则模为 $\sqrt{x^2+y^2+z^2}$.

方向角：$\vec{a}$ 与三个坐标轴正向的夹角 $\alpha,\beta,\gamma(0\leqslant\alpha,\beta,\gamma\leqslant\pi)$.

方向余弦：

$$\cos\alpha=\frac{x}{|\vec{a}|}=\frac{x}{\sqrt{x^2+y^2+z^2}},$$

$$\cos\beta=\frac{y}{|\vec{a}|}=\frac{y}{\sqrt{x^2+y^2+z^2}},$$

$$\cos\gamma=\frac{z}{|\vec{a}|}=\frac{z}{\sqrt{x^2+y^2+z^2}}.$$

注 6.1 方向角或方向余弦唯一地确定了向量的方向.

方向余弦的性质：$\cos^2\alpha+\cos^2\beta+\cos^2\gamma=1$，向量 $\vec{a}$ 对应的单位向量：$\vec{a}^\circ=\dfrac{\vec{a}}{|\vec{a}|}=(\cos\alpha,\cos\beta,\cos\gamma)$.

【练习】6.1.3 正六边形 $ABCDEF$（字母按逆时针方向排列），设 $\overrightarrow{AB}=\vec{a}$，$\overrightarrow{AE}=\vec{b}$，试用向量 $\vec{a}$，$\vec{b}$ 表示向量 $\overrightarrow{AC}$、$\overrightarrow{AD}$、$\overrightarrow{AF}$ 和 $\overrightarrow{CB}$.

解：$\overrightarrow{AC}=\overrightarrow{AB}+\overrightarrow{BC}=\overrightarrow{AB}+\overrightarrow{BG}+\overrightarrow{GC}=\vec{a}+\dfrac{1}{2}\vec{b}+\dfrac{1}{2}\vec{a}=\dfrac{3}{2}\vec{a}+\dfrac{1}{2}\vec{b}$,

$\overrightarrow{AD}=\overrightarrow{AB}+\overrightarrow{BD}=\vec{a}+\vec{b}$,

$\overrightarrow{AF}=\overrightarrow{AH}+\overrightarrow{HF}=\frac{1}{2}\vec{b}-\frac{1}{2}\vec{a}$,

$\overrightarrow{CB}=\overrightarrow{CG}+\overrightarrow{CB}=-\frac{1}{2}\vec{a}-\frac{1}{2}\vec{b}$.

【练习】6.1.4　设向量$\overrightarrow{AB}=8\vec{i}+9\vec{j}-12\vec{k}$，其中点$A$的坐标为$(2,-1,7)$，求点$B$的坐标.

解：设点B的坐标为(x,y,z)，故

$$\overrightarrow{AB}=(x-2)\vec{i}+(y+1)\vec{j}+(z-7)\vec{k}=8\vec{i}+9\vec{j}-12\vec{k},$$

即$x-2=8$，$y+1=9$，$z-7=-12$，解得：$x=10$，$y=8$，$z=-5$，故点B的坐标为$(10,8,-5)$.

【练习】6.1.5　设点A、B、M在同一直线上，$A(1,2,3)$，$B(-1,2,3)$，且$AM:MB=-\frac{3}{2}$，求点M的坐标.

解：因$A(1,2,3)$，$B(-1,2,3)$，且点A,B,M在同一直线上，所以设点M的坐标为$(x,2,3)$，由于$AM:MB=-\frac{3}{2}$，因此有

$$\frac{x-1}{-1-x}=-\frac{3}{2},$$

解得：$x=-5$，故所求点M的坐标为$(-5,2,3)$.

【练习】6.1.6　向量$\vec{a}$平行于两向量$\vec{b}=\{7,-4,-4\}$和$\vec{c}=\{-2,-1,2\}$夹角的平分线，且$|\vec{a}|=5\sqrt{6}$，求$\vec{a}$.

解：将$\vec{b}$，$\vec{c}$单位化，得$\vec{b}_0=\left\{\frac{7}{9},-\frac{4}{9},-\frac{4}{9}\right\}$，$\vec{c}_0=\left\{-\frac{2}{3},-\frac{1}{3},\frac{2}{3}\right\}$,

$$\vec{b}_0+\vec{c}_0=\left\{\frac{1}{9},-\frac{7}{9},\frac{2}{9}\right\}.$$

又$|\vec{b}_0+\vec{c}_0|=\frac{\sqrt{6}}{3}$，所以

$$\vec{b}_0+\vec{c}_0=\frac{\sqrt{6}}{3}\left\{\frac{1}{3\sqrt{6}},-\frac{7}{3\sqrt{6}},\frac{2}{3\sqrt{6}}\right\}.$$

故

$$\vec{a}=\pm5\sqrt{6}\left\{\frac{1}{3\sqrt{6}},-\frac{7}{3\sqrt{6}},\frac{2}{3\sqrt{6}}\right\}=\pm\left\{\frac{5}{3},-\frac{35}{3},\frac{10}{3}\right\}.$$

6.1.3 向量乘积

1. 两向量的数量积.

(1) 定义. 设向量 $\vec{a}$, $\vec{b}$ 的夹角为 θ, 称

$$\vec{a}\cdot\vec{b}=|\vec{a}||\vec{b}|\cos\theta=|\vec{a}||\vec{b}|\cos(\vec{a},\vec{b})$$

为 $\vec{a}$ 与 $\vec{b}$ 的数量积 (点积, 内积).

几何意义. 平形四边形面积, 三角形面积.

(2) 性质. ① $0\cdot\vec{a}=0$, $\vec{a}\cdot\vec{a}=|\vec{a}|^2$. ② $\vec{a}$, $\vec{b}$ 垂直充要条件, $\vec{a}\cdot\vec{b}=0$.

(3) 运算律. 交换律, 结合律, 分配律. 内积运算可像多项式运算一样展开. 如 $(2\vec{a}+\vec{b})\cdot(\vec{a}+3\vec{b})$.

(4) 数量积的坐标表示.

向量 $\vec{a}=(a_1,a_2,a_3)$ 与 $\vec{b}=(b_1,b_2,b_3)$ 的数量积为

$$\begin{aligned}\vec{a}\cdot\vec{b}&=(a_1,a_2,a_3)\cdot(b_1,b_2,b_3)\\&=a_1b_1+a_2b_2+a_3b_3=|\vec{a}|\cdot|\vec{b}|\cos\theta.\end{aligned}$$

其中 θ 为向量 $\vec{a}$ 与 $\vec{b}$ 之夹角.

- 两向量的夹角公式.

$$\cos\theta=\frac{\vec{a}\cdot\vec{b}}{|\vec{a}|\cdot|\vec{b}|}=\frac{a_1b_1+a_2b_2+a_3b_3}{\sqrt{a_1^2+a_2^2+a_3^2}\sqrt{b_1^2+b_2^2+b_3^2}}.$$

注 6.2 数量积的几何应用.

(1) 向量垂直关系的判定. 零向量与任何向量垂直.

(2) 向量的投影.

$$\mathrm{Prj}_{\vec{b}}\vec{a}=(\vec{a})_{\vec{b}}=|\vec{a}|\cos\theta=\frac{\vec{a}\cdot\vec{b}}{|\vec{b}|}.$$

2. 两向量的向量积.

(1) 定义. 设 $\vec{a}$, $\vec{b}$ 的夹角为 θ, 定义

$$\text{向量 }\vec{c}\begin{cases}\text{方向: }\vec{c}\perp\vec{a},\ \vec{c}\perp\vec{b}\text{ 且 }\vec{a},\ \vec{b},\ \vec{c}\text{ 符合右手规则},\\\text{模: }|\vec{c}|=|\vec{a}||\vec{b}|\sin\theta,\end{cases}$$

称 $\vec{c}$ 为向量 $\vec{a}$ 与 $\vec{b}$ 的向量积, 记作

$$\vec{c}=\vec{a}\times\vec{b}\quad(\text{叉积}).$$

(2) 性质. ① $\vec{a}\times\vec{a}=\vec{0}$. ②非零向量 $\vec{a}$, $\vec{b}$ 平行充要条件 $\vec{a}/\!/\vec{b}$.

(3) 运算律. 反交换律, 分配律, 结合律. 向量积运算也可像多项式运算一样展开, 只需注意反交换律.

(4) 向量积的坐标表示.

两向量 $\vec{a}=(a_1,a_2,a_3)$，$\vec{b}=(b_1,b_2,b_3)$ 的向量积

$$\vec{a}\times\vec{b}=\begin{vmatrix}\vec{i}&\vec{j}&\vec{k}\\a_1&a_2&a_3\\b_1&b_2&b_3\end{vmatrix}=\begin{vmatrix}a_2&a_3\\b_2&b_3\end{vmatrix}\vec{i}+\begin{vmatrix}a_3&a_1\\b_3&b_1\end{vmatrix}\vec{j}+\begin{vmatrix}a_1&a_2\\b_1&b_2\end{vmatrix}\vec{k}.$$

注 6.3　关于向量 $\vec{a}$，$\vec{b}$ 的向量积，有

(1) $\vec{a}\times\vec{b}$ 与 $\vec{a}$，$\vec{b}$ 分别垂直.

(2) $\vec{a}$，$\vec{b}$ 与 $\vec{a}\times\vec{b}$ 服从右手法则.

(3) $|\vec{a}\times\vec{b}|=|\vec{a}||\vec{b}|\sin\theta$，其中 θ 为向量 $\vec{a}$，$\vec{b}$ 间的夹角.

注 6.4　向量积的几何应用.

(1) $\vec{a}/\!/\vec{b}\Leftrightarrow\vec{a}\times\vec{b}=\vec{0}\Leftrightarrow\dfrac{a_1}{b_1}=\dfrac{a_2}{b_2}=\dfrac{a_3}{b_3}$.

$\Leftrightarrow\exists\lambda,\mu\in\mathbf{R}(\lambda\mu\neq0)$，$\lambda\vec{a}+\mu\vec{b}=\vec{0}$.

- 零向量与任何向量平行.

(2) 三点 A，B，C 共线 $\Leftrightarrow\overrightarrow{AB}\times\overrightarrow{AC}=\vec{0}$.

(3) $S_{\triangle ABC}=\dfrac{1}{2}|\overrightarrow{AB}\times\overrightarrow{AC}|$.

(4) $S_{\text{平行四边形}ABCD}=|\overrightarrow{AB}\times\overrightarrow{AD}|$.

注 6.5　向量积的物理应用. 设 O 为一根杠杆 L 的支点，有一个力 $\vec{F}$ 作用于这杠杆上点 P 处，则力 $\vec{F}$ 对支点 O 的力矩 $\vec{M}=\vec{F}\times\overrightarrow{OP}$.

3. 向量的混合积.

(1) 定义. 已知三向量 $\vec{a}$，$\vec{b}$，$\vec{c}$，则三向量混合积为数量 $(\vec{a}\times\vec{b})\cdot\vec{c}\triangleq(\vec{a},\vec{b},\vec{c})$.

(2) 性质. 轮换对称性，调换的反对称性（均可由三阶行列式性质推出）.

(3) 混合积的坐标表示.

设三个向量 $\vec{a}=(a_1,a_2,a_3)$，$\vec{b}=(b_1,b_2,b_3)$，$\vec{c}=(c_1,c_2,c_3)$，则

$$(\vec{a},\vec{b},\vec{c})=\begin{vmatrix}a_1&a_2&a_3\\b_1&b_2&b_3\\c_1&c_3&c_3\end{vmatrix}.$$

注 6.6　混合积的几何应用.

1. 以 $\vec{a}$，$\vec{b}$，$\vec{c}$ 为棱作平行六面体，则该平行六面体的体积为三向量混合积的绝对值 $|(\vec{a},\vec{b},\vec{c})|$.

2. 判别空间四点 A，B，C，D 共面.

3. 以 $\vec{a}$，$\vec{b}$，$\vec{c}$ 为棱的四面体体积为混合积绝对值的六分之一.

【练习】6.1.7 已知四边形顶点为 $A(2,-3,1)$，$B(1,4,0)$，$C(-4,1,1)$和 $D(-5,-5,3)$，证明它的两条对角线 AC 和 BD 互相垂直.

证明：因为$\overrightarrow{AC}=\{-6,4,0\}$，$\overrightarrow{BD}=\{-6,-9,3\}$，

$$\overrightarrow{AC}\cdot\overrightarrow{BD}=(-6)\times(-6)+4\times(-9)+0\times3=0,$$

故两条对角线 AC 和 BD 互相垂直.

【练习】6.1.8 已知向量 $\vec{a}=3\vec{i}-\vec{j}+5\vec{k}$，$\vec{b}=\vec{i}+2\vec{j}-3\vec{k}$，求一向量 $\vec{p}$，使 $\vec{p}$ 与 z 轴垂直，且 $\vec{a}\cdot\vec{p}=9$，$\vec{b}\cdot\vec{p}=4$.

解：设所求向量为 $\vec{p}=\{x,y,z\}$，由题意得：

$$\begin{cases}z=0,\\3x-y+5z=9,\\x+2y-3z=4,\end{cases}$$

解上述方程组，得 $x=\dfrac{22}{7}$，$y=\dfrac{3}{7}$，$z=0$，故所求向量 $\vec{p}=\left\{\dfrac{22}{7},\ \dfrac{3}{7},\ 0\right\}$.

【练习】6.1.9 λ 为何值时，四点$(0,-1,-1)$，$(3,0,4)$，$(-2,-2,2)$和$(4,1,\lambda)$在一个平面上.

解：依次记四点为 A，B，C，D，则

$$\overrightarrow{AB}=\{3,1,5\},\ \overrightarrow{AC}=\{-2,-1,3\},\ \overrightarrow{AD}=\{4,2,\lambda+1\}.$$

由题意得：向量$\overrightarrow{AB}$、$\overrightarrow{AC}$、$\overrightarrow{AD}$ 共面，即$(\overrightarrow{AB}\times\overrightarrow{AC})\cdot\overrightarrow{AD}=0$，亦即

$$\begin{vmatrix}3&1&5\\-2&-1&3\\4&2&\lambda+1\end{vmatrix}=-\lambda-7=0,$$

解得 $\lambda=-7$.

【练习】6.1.10 应用向量证明不等式

$$\sqrt{a_1^2+a_2^2+a_3^2}\sqrt{b_1^2+b_2^2+b_3^2}\geqslant|a_1b_1+a_2b_2+a_3b_3|$$

成立，其中 a_1，a_2，a_3，b_1，b_2，b_3 为任意实数，并指出式中等号成立的条件.

证明：令 $\vec{a}=\{a_1,a_2,a_3\}$，$\vec{b}=\{b_1,b_2,b_3\}$，因为

$$|\vec{a}\cdot\vec{b}|=|\vec{a}||\vec{b}||\cos\theta|\leqslant|\vec{a}||\vec{b}|,$$

即

$$|a_1b_1+a_2b_2+a_3b_3|\leqslant\sqrt{a_1^2+a_2^2+a_3^2}\sqrt{b_1^2+b_2^2+b_3^2},$$

当 $|\cos\theta|=1$ 时，有 $\vec{a}/\!/\vec{b}$，即当 a_1，a_2，a_3 与 b_1，b_2，b_3 成比例时，原不等式中等号成立.

【练习】6.1.11 已知向量 $\vec{a}$，$\vec{b}$，$\vec{c}$ 不共面，证明：$2\vec{a}+3\vec{b}$，$3\vec{b}-5\vec{c}$，$2\vec{a}+5\vec{c}$ 共面.

证明 1：由 $2\vec{a}+5\vec{c}=2\vec{a}+3\vec{b}-(3\vec{b}-5\vec{c})$，即向量 $2\vec{a}+5\vec{c}$ 可由向量 $2\vec{a}+3\vec{b}$，$3\vec{b}-5\vec{c}$

线性表出，亦即 $2\vec{a}+3\vec{b}$，$3\vec{b}-5\vec{c}$，$2\vec{a}+5\vec{c}$ 共面.

证明 2：由于

$$
\begin{aligned}
(2\vec{a}+3\vec{b},3\vec{b}-5\vec{c},2\vec{a}+5\vec{c}) &= (2\vec{a}+3\vec{b})\times(3\vec{b}-5\vec{c})\cdot(2\vec{a}+5\vec{c}) \\
&= (6\vec{a}\times\vec{b}-10\vec{a}\times\vec{c}-15\vec{b}\times\vec{c})\cdot(2\vec{a}+5\vec{c}) \\
&= -30\vec{b}\times\vec{c}\cdot\vec{a}+30\vec{a}\times\vec{b}\times\vec{c} \\
&= -30\vec{a}\times\vec{b}\times\vec{c}+30\vec{a}\times\vec{b}\times\vec{c}=0,
\end{aligned}
$$

由向量混合积性质知 $2\vec{a}+3\vec{b}$，$3\vec{b}-5\vec{c}$，$2\vec{a}+5\vec{c}$ 共面.

6.1.4　平面的方程

1. 平面的方程.

（1）平面点法式方程.

设一平面通过已知点 $M_0(x_0,y_0,z_0)$ 且垂直于非零向量 $\vec{n}=(A,B,C)$，则该平面可由点法式方程

$$A(x-x_0)+B(y-y_0)+C(z-z_0)=0$$

表出，其中 $\vec{n}$ 称为平面的法向量.

（2）平面的一般方程. $Ax+By+Cz+D=0$.

当 $D=0$ 时，$Ax+By+Cz=0$ 表示通过原点的平面.

当 $A=0$ 时，$By+Cz+D=0$ 的法向量 $\vec{n}=(0,B,C)\perp\vec{i}$，平面平行于 x 轴.

$Ax+Cz+D=0$ 表示平行于 y 轴的平面.

$Ax+By+D=0$ 表示平行于 z 轴的平面.

$Cz+D=0$ 表示平行于 xOy 面的平面.

$Ax+D=0$ 表示平行于 yOz 面的平面.

$By+D=0$ 表示平行于 zOx 面的平面.

（3）平面的点位式方程. 过点 (x_0,y_0,z_0)，与 $\{X_1,Y_1,Z_1\}$，$\{X_2,Y_2,Z_2\}$ 平行，点位式方程为

$$\begin{vmatrix} x-x_0 & y-y_0 & z-z_0 \\ X_1 & Y_1 & Z_1 \\ X_2 & Y_2 & Z_2 \end{vmatrix}=0.$$

（4）平面的三点式方程.

设 $M_1(x_1,y_1,z_1)$，$M_2(x_2,y_2,z_2)$，$M_3(x_3,y_3,z_3)$ 是某平面上不共线的三点，则由四点共面、四点构成的三个向量的混合积为零，可得平面的三点式方程：

$$\begin{vmatrix} x-x_1 & y-y_1 & z-z_1 \\ x_2-x_1 & y_2-y_1 & z_2-z_1 \\ x_3-x_1 & y_3-y_1 & z_3-z_1 \end{vmatrix}=0.$$

（5）平面的截距式方程（三点式方程特例）.

如果三点取为坐标轴上的点$(a,0,0)$，$(0,b,0)$，$(0,0,c)$，其中$abc\neq 0$，或者已知平面在三坐标轴上的截距为a，b，c，则平面的截距式方程为

$$\frac{x}{a}+\frac{y}{b}+\frac{z}{c}=1.$$

2. 平面夹角θ. 范围$\left[0,\ \frac{\pi}{2}\right]$，取二平面法向量夹角中的锐角.

（1）夹角公式. 设平面Π_1的法向量为$\vec{n}_1=(A_1,B_1,C_1)$，平面Π_2的法向量为$\vec{n}_2=(A_2,B_2,C_2)$，则两平面夹角θ的余弦为

$$\cos\theta=\frac{|\vec{n}_1\cdot\vec{n}_2|}{|\vec{n}_1||\vec{n}_2|},$$

即

$$\cos\theta=\frac{|A_1A_2+B_1B_2+C_1C_2|}{\sqrt{A_1^2+B_1^2+C_1^2}\sqrt{A_2^2+B_2^2+C_2^2}}.$$

（2）点到平面距离公式.

平面法向量为$\vec{n}=(A,B,C)$，在平面上任取一点$P_1(x_1,y_1,z_1)$，则P_0到平面的距离为

$$d=|(\overrightarrow{P_1P_0})_{\vec{n}}|=\frac{|\overrightarrow{P_1P_0}\cdot\vec{n}|}{|\vec{n}|},$$

或

$$d=\frac{|A(x_0-x_1)+B(y_0-y_1)+C(z_0-z_1)|}{\sqrt{A^2+B^2+C^2}}=\frac{|Ax_0+By_0+Cz_0+D|}{\sqrt{A^2+B^2+C^2}}.$$

（3）平面束方程.

设平面Π_1：$A_1x+B_1y+C_1z+D_1=0$，Π_2：$A_2x+B_2y+C_2z+D_2=0$，交于一直线L，所有过L的平面构成一个平面束. 此平面束的方程为

$$\mu(A_1x+B_1y+C_1z+D_1)+\lambda(A_2x+B_2y+C_2z+D_2)=0.$$

其中λ，μ为参数.

3. 平面位置关系，相交（垂直），平行（重合）.

平面Π_1：$A_1x+B_1y+C_1z+D_1=0$，$\vec{n}_1=(A_1,B_1,C_1)$.

平面Π_2：$A_2x+B_2y+C_2z+D_2=0$，$\vec{n}_2=(A_2,B_2,C_2)$.

垂直：$\vec{n_1}\cdot\vec{n_2}=0\Leftrightarrow A_1A_2+B_1B_2+C_1C_2=0$.

平行：$\vec{n_1}\cdot\vec{n_2}=0\Leftrightarrow\frac{A_1}{A_2}=\frac{B_1}{B_2}=\frac{C_1}{C_2}$.

平面夹角公式（用法向量夹角中锐角描述）：$\cos\theta=\frac{|\vec{n}_1\cdot\vec{n}_2|}{|\vec{n}_1||\vec{n}_2|}$.

【练习】6.1.12　已知两点 $A(2,-1,2)$ 和 $B(8,-7,5)$，求过点 B 且与 A，B 两点的连线垂直的平面方程.

解：所求平面的法向量 $\vec{n}=\overrightarrow{AB}=\{6,-6,3\}$，故所求平面的方程为

$$6(x-8)-6(y+7)+3(z-5)=0,$$

即 $2x-2y+z-35=0$.

【练习】6.1.13　求平面 $2x-2y+z+5=0$ 与各坐标面夹角的余弦.

解：已知平面与 xOy 坐标面、yOz 坐标面、zOx 坐标面的夹角可由平面的法向量 $\vec{n}$ 分别与 z 轴、x 轴、y 轴的方向角 γ、α、β 表示. 由 $\vec{n}=\{2,-2,1\}$，$\vec{n}^0=\left\{\frac{2}{3},-\frac{2}{3},\frac{1}{3}\right\}=\{\cos\alpha,\cos\beta,\cos\gamma\}$，得平面与 xOy 坐标面夹角的余弦为 $\frac{1}{3}$，平面与 yOz 坐标而夹角的余弦为 $\frac{2}{3}$，平面与 zOx 坐标面夹角的余弦为 $-\frac{2}{3}$.

【练习】6.1.14　在 z 轴上求一点，使它与两平面 $12x+9y+20z-19=0$ 和 $16x-12y+15z-9=0$ 等距离.

解：设所求点为 $M(0,0,z)$，由题意得：

$$\frac{|20z-19|}{\sqrt{12^2+9^2+20^2}}=\frac{|15z-9|}{\sqrt{16^2+12^2+15^2}}$$

解得：$z=2$ 或 $z=\frac{4}{5}$，故所求点为 $(0,0,2)$，或 $\left(0,\ 0,\ \frac{4}{5}\right)$.

【练习】6.1.15　求两平面 $2x-y+z=7$ 和 $x+y+2z=11$ 夹角的平分面方程.

解：记两个已知平面的法向量分别为 $\vec{n}_1=\{2,-1,1\}$，$\vec{n}_2=\{1,1,2\}$. 设所求的平分面方程为 $2x-y+z-7+\lambda(x+y+2z-11)=0$，即 $(2+\lambda)x+(\lambda-1)y+(2\lambda+1)z-7-11\lambda=0$. 其法向量为 $\vec{n}=\{2+\lambda,\lambda-1,2\lambda+1\}$. 由题意得：$\frac{|\vec{n}\cdot\vec{n}_1|}{|\vec{n}||\vec{n}_1|}=\frac{|\vec{n}\cdot\vec{n}_2|}{|\vec{n}||\vec{n}_2|}$，即 $|3\lambda+6|=|6\lambda+3|$，解得：$\lambda=1$ 或 $\lambda=-1$. 故所求的平分面方程为 $x+z-6=0$ 或 $x-2y-z+4=0$.

6.1.5　空间直线方程

1. 空间直线的方程.

（1）一般方程. 直线可视为两平面交线，因此其一般式方程

$$\begin{cases}A_1x+B_1y+C_1z+D_1=0,\\A_2x+B_2y+C_2z+D_2=0,\end{cases}$$

其中 A_1，B_1，C_1 与 A_2，B_2，C_2 不成比例.（表示方式不唯一）

（2）标准方程.

$$\frac{x-x_0}{l}=\frac{y-y_0}{m}=\frac{z-z_0}{n}$$

称为直线的标准方程（或对称方程）. $\vec{s}=(l,m,n)$ 称为直线 L 的方向向量，l，m，n 称为直线的方向数.

（3）参数方程 $\begin{cases}x=x_0+lt,\\y=y_0+mt,\\z=z_0+nt,\end{cases}$ 其中，$t\in(-\infty,+\infty)$.

（4）两点式方程.

已知空间直线 L 上的相异的两点 $A(x_1,y_1,z_1)$，$B(x_2,y_2,z_2)$，则两点的连线构成的直线的两点式方程为

$$\frac{x-x_1}{x_2-x_1}=\frac{y-y_1}{y_2-y_1}=\frac{z-z_1}{z_2-z_1}.$$

2. 直角之间的夹角（方向向量夹角中的锐角），$\varphi\in\left[0,\ \frac{\pi}{2}\right]$.

设直线 L_1，L_2 的方向向量分别为

$$\vec{s}_1=(l_1,m_1,n_1),\vec{s}_2=(l_2,m_2,n_2),$$

则两直线夹角 φ 满足

$$\cos\varphi=\frac{|\vec{s}_1\cdot\vec{s_2}|}{|\vec{s_1}||\vec{s_2}|}=\frac{|l_1l_2+m_1m_2+n_1n_2|}{\sqrt{l_1^2+m_1^2+n_1^2}\sqrt{l_2^2+m_2^2+n_2^2}}.$$

3. 直角与平面之间的夹角（方向向量与法向量的夹角），$\varphi\in\left[0,\ \frac{\pi}{2}\right]$.

设直线 L 的方向向量为 $\vec{s}=(m,n,p)$，平面 Π 的法向量为 $\vec{n}=(A,B,C)$，则直线与平面夹角 φ 满足

$$\sin\varphi=|\cos(\vec{s},\vec{n})|=\frac{|\vec{s}\cdot\vec{n}|}{|\vec{s}||\vec{n}|}=\frac{|Al+Bm+Cn|}{\sqrt{l^2+m^2+n^2}\sqrt{A^2+B^2+C^2}}.$$

4. 直线与平面位置关系．相交、平行（平面上）、垂直.

平面 Π：$Ax+By+Cz+D=0$，$\vec{n}=(A,B,C)$.

直线 L：$\dfrac{x-x_0}{l}=\dfrac{y-y_0}{m}=\dfrac{z-z_0}{n}$，$s=(l,m,n)$.

$L\perp\Pi\Leftrightarrow\vec{s}\cdot\vec{n}=0\Leftrightarrow\dfrac{l}{A}=\dfrac{m}{B}=\dfrac{n}{C}$.

$L /\!/ \Pi \Leftrightarrow \vec{s} \cdot \vec{n} = 0 \Leftrightarrow lA + mB + nC = 0.$

夹角公式（切、法夹角中的锐角）：$\sin\varphi = \dfrac{|\vec{s} \cdot \vec{n}|}{|\vec{s}||\vec{n}|}.$

5. 直线与直线位置关系．异面、相交、平行、重合、垂直．

直线 L_1：$\dfrac{x - x_1}{l_1} = \dfrac{y - y_1}{m_1} = \dfrac{z - z_1}{n_1}$，$\vec{s}_1 = (l_1, m_1, n_1)$.

直线 L_2：$\dfrac{x - x_2}{l_2} = \dfrac{y - y_2}{m_2} = \dfrac{z - z_2}{n_2}$，$\vec{s}_2 = (l_2, m_2, n_2)$.

$L_1 \perp L_2 \Leftrightarrow \vec{s}_1 \cdot \vec{s_2} = 0 \Leftrightarrow l_1 l_2 + m_1 m_2 + n_1 n_2 = 0.$

$L_1 /\!/ L_2 \Leftrightarrow \vec{s}_1 \times \vec{s}_2 = 0 \Leftrightarrow \dfrac{l_1}{l_2} = \dfrac{m_1}{m_2} = \dfrac{n_1}{n_2}.$

夹角公式：$\cos\varphi = \dfrac{|\vec{s_1} \cdot \vec{s_2}|}{|\vec{s_1}||\vec{s_2}|}.$

6. 点到直线距离公式（见图 1）．

$$d = \frac{|\vec{s} \times \overrightarrow{M_1M_0}|}{|\vec{s}|}.$$

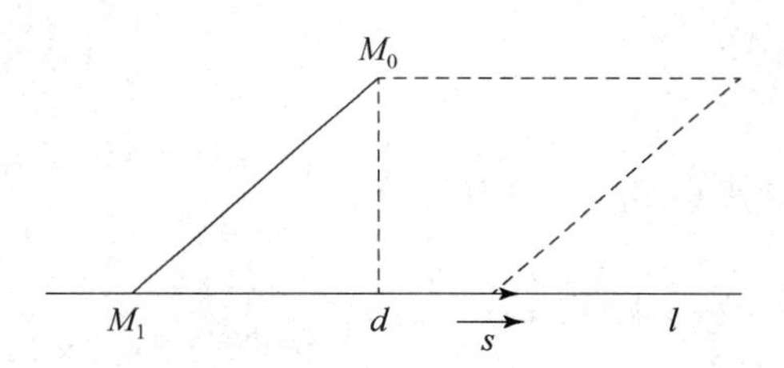

图 1　点到直线距离

7. 公垂线长度（见图 2）．

$$d_0 = |(\overline{M_1M_0})_{\overline{N_1N_0}}| = \frac{|\overrightarrow{M_1M_0} \cdot \overrightarrow{N_1N_0}|}{|\overrightarrow{N_1N_0}|} = \frac{|\overrightarrow{A_1M_0} \cdot (\overrightarrow{S_1} \times \overrightarrow{S_2})|}{|\overrightarrow{S_1} \times \overrightarrow{S_2}|}.$$

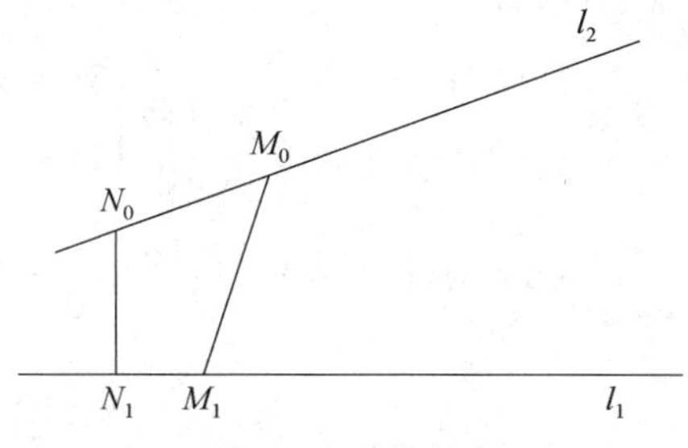

图 2　公垂线长度

【练习】6.1.16 将直线的一般方程$\begin{cases}x-y+z+5=0,\\5x-8y+4z+36=0\end{cases}$化为标准方程.

解：在联立方程中消去x得：$3y+z-11=0$，即$y=\frac{11}{3}-\frac{1}{3}z$. 若消去$y$，则得$3x+4z+4=0$，即$x=-\frac{4}{3}-\frac{4}{3}z$. 令$z=3t$，得直线的参数方程为$\begin{cases}x=-\frac{4}{3}-4t,\\y=\frac{11}{3}-t,\\z=3t,\end{cases}$ 故直线的标准方程为：$\frac{x+\frac{4}{3}}{-4}=\frac{y-\frac{11}{3}}{-1}=\frac{z}{3}$.

【练习】6.1.17 求过点$(2,4,-4)$且与三坐标轴夹角正向相等的直线方程.

解：设所求直线的方向向量为$\vec{S}=\{l,m,n\}$，由题意知：$\vec{s}$与$\vec{i}$、$\vec{j}$、$\vec{k}$夹角相等，因而$\frac{l}{\sqrt{l^2+m^2+n^2}}=\frac{m}{\sqrt{l^2+m^2+n^2}}=\frac{n}{\sqrt{l^2+m^2+n^2}}$. 解得$l=m=n$，故直线方程为$\frac{x-2}{l}=\frac{y-4}{l}=\frac{z+4}{l}$，即$x-2=y-4=z+4$.

【练习】6.1.18 求过点$(2,0,-3)$且与直线$\begin{cases}x-2y+4z-7=0,\\3x+5y-2z+1=0\end{cases}$垂直的平面方程.

解：记直线方程为$\begin{cases}x-2y+4z-7=0 & (1),\\3x+5y-2z+1=0 & (2),\end{cases}$ 方程(1)+2×(2)有$\begin{cases}x-2y+4z-7=0,\\7x+8y-5=0,\end{cases}$令$y=t$，则$x=\frac{5}{7}-\frac{8}{7}t$，$z=\frac{11}{7}+\frac{11}{14}t$，由于所求平面与已知直线垂直，故可将直线的方向向量当作所求平面的法向量即$n=\left\{-\frac{8}{7},\ 1,\ \frac{11}{14}\right\}$. 所求平面的方程为$-\frac{8}{7}(x-2)+y+\frac{11}{14}(z+3)=0$，化简为$16x-14y-11z-65=0$.

【练习】6.1.19 证明：直线$\begin{cases}x+2y-z=7,\\-2x+y+z=9\end{cases}$与直线$\begin{cases}3x+6y-3z=8,\\2x-y-z=0\end{cases}$平行.

证明：将直线$\begin{cases}x+2y-z=7,\\-2x+y+z=9\end{cases}$化为标准方程有$\frac{x+16}{3}=\frac{y}{0}=\frac{z+23}{5}$.

将直线$\begin{cases}3x+6y-3z=8,\\2x-y-z=0\end{cases}$化为标准方程有$\frac{x+\frac{8}{3}}{3}=\frac{y}{0}=\frac{z+\frac{16}{3}}{5}$.

得$\vec{s}_1=\{3,0,5\}$，$\vec{s}_2=\{3,0,5\}$，显然两条直线平行.

6.1.6　空间曲面与空间曲线

1. 曲面的方程.

如果曲面 S 与方程 $F(x,y,z)=0$ 有下述关系：

（1）曲面 S 上的任意点的坐标都满足此方程；

（2）不在曲面 S 上的点的坐标不满足此方程，则 $F(x,y,z)=0$ 叫作曲面 S 的方程，曲面 S 叫作方程 $F(x,y,z)=0$ 的图形.

两个基本问题：

（1）已知一曲面作为点的几何轨迹，求曲面方程；

（2）已知方程，研究它所表示的几何形状（必要时需作图）.

一般方程 $F(x,y,z)=0$. 参数方程（两个参数）.

有时可将曲面上点的坐标 (x,y,z) 表示为两个变量 u，v 的函数，即

$$\begin{cases} x=x(u,v), \\ y=y(u,v), \\ z=z(u,v). \end{cases}$$

上式也是曲面的方程，称为曲面的**参数方程**，u，v 称为参数.

2. 空间曲线的方程. 空间曲线可视为两曲面的交线，其上点的坐标应满足方程组

$$\begin{cases} F(x,y,z)=0, \\ G(x,y,z)=0. \end{cases}$$

上式称为曲线的一般方程，形式不唯一。

3. 常见的曲面.

（1）柱面. 平行定直线并沿定曲线 C 移动的直线 l 形成的轨迹叫作柱面，C 叫作准线，l 叫作母线.

任何一个不含 z 的方程 $F(x,y)=0$ 都对应一个母线平行于 z 轴的柱面. 如

$y^2=2x$ 表示抛物柱面，母线平行于 z 轴，准线为 xOy 面上的抛物线.

$\dfrac{x^2}{a^2}+\dfrac{y^2}{b^2}=1$ 表示母线平行于 z 轴的椭圆柱面.

$x-y=0$ 表示母线平行于 z 轴的平面（且 z 轴在平面上）.

（2）旋转曲面. 一条平面曲线绕其平面上一条定直线旋转一周所形成的曲面叫作旋转曲面. 该定直线称为旋转轴.

注 6.7　当坐标平面内的曲线 γ 绕此坐标面的一个坐标轴旋转时，为了得到旋转曲面方程，只需将曲线 γ 所对应方程保留和旋转轴同名的坐标，以其他两个坐标平方和的平方根代替曲线方程中的另一个坐标.（绕谁旋转谁不动，把平面曲线方程中剩下的坐标换成

剩下两个坐标的平方和的平方根).

(3) 椭圆锥面. 设 L 是一椭圆, P 是不在 L 上的定点, 过 P 和 L 上每一点作一直线, 所有这些直线形成的曲面称为椭圆锥面, 这些直线称为母线, 椭圆 L 称为准线, 点 P 称为顶点.

椭圆锥面也可以看作是由过 P 点且沿 L 移动一周的动直线形成的.

4. 空间曲线在坐标面上的投影. 设 C 为一空间曲线, 以 C 为准线作一母线平行于 z 轴的柱面, 此柱面称为曲线 C 的投影柱面.

投影柱面与 xOy 面的交线 C_{xy} 称为曲线 C 在 xOy 面上的投影曲线, 简称投影.

注 6.8 代数上的消元对应的几何意义就是求空间曲线的投影柱面. 将投影柱面限制到坐标平面上即得投影曲线.

5. 柱面坐标系和球坐标系.

(1) 柱面坐标系.

柱面坐标 $(x,y,z)\to(\rho,\theta,z)$,

$$\begin{cases} x=\rho\cos\theta, & 0\leqslant\rho<+\infty \\ y=\rho\sin\theta, & 0\leqslant\theta\leqslant 2\pi, \\ z=z, & -\infty<z<+\infty. \end{cases}$$

(2) 球坐标系.

球面坐标 $(x,y,z)\to(r,\theta,\varphi)$,

$$\begin{cases} x=r\sin\varphi\cos\theta, \\ y=r\sin\varphi\sin\theta, \quad 0\leqslant r<+\infty, 0\leqslant\theta\leqslant 2\pi, 0\leqslant\varphi\leqslant\pi. \\ z=r\cos\varphi, \end{cases}$$

【练习】6.1.20 求通过点 $(0,0,0)$, $(3,0,0)$, $(2,2,0)$ 及 $(1,-1,-3)$ 的球面方程.

解: 设所求球面方程为 $x^2+y^2+z^2+Ax+By+Cz+D=0$, 将 4 个已知点坐标代入并联立方程, 解得: $A=-3$, $B=-1$, $C=3$, $D=0$, 故所求球面方程为 $x^2+y^2+z^2-3x-y+3z=0$.

【练习】6.1.21 求球面 $x^2+y^2+z^2-12x+4y-6z=0$ 的球心和半径.

解: 将球面方程化为标准形式 $(x-6)^2+(y+2)^2+(z-3)^2=7^2$. 故球心为 $(6,-2,3)$, 半径 $R=7$.

【练习】6.1.22 求内切于由平面 $3x-2y+6z-8=0$ 与三个坐标面围成的四面体的球面方程.

解: 设球心为 (a,b,c), 将已知平面化为截距式方程 $\frac{x}{8}+\frac{y}{-4}+\frac{z}{\frac{4}{3}}=1$, 由题意: $a>0$, $b<0$, $c>0$. 又三坐标面方程可写为 $x=0$, $y=0$, $z=0$, 故球心到三个坐标面及已知平面

的距离相等，由点到平面的距离公式得 $\frac{a}{1}=\frac{-b}{1}=\frac{c}{1}=\frac{|3a-2b+6c-8|}{\sqrt{3^2+2^2+6^2}}=R$，解得：$a=\frac{4}{9}$，$b=-\frac{4}{9}$，$c=\frac{4}{9}$，$R=\frac{4}{9}$.（注：解出 $R=2$，此时将点 $(2,-2,2)$ 代入已知平面的左端得 $3\times2-2\times(-2)+6\times2-8=14>0$，说明点 $(2,-2,2)$ 在已知平面的上方，即此点不可能是球心，应舍去）

【练习】6.1.23　求母线分别平行于 x 轴及 y 轴且通过曲线

$$\begin{cases}2x^2+y^2+z^2=16, & (6.1)\\ x^2+z^2-y^2=0 & (6.2)\end{cases}$$

的柱面方程.

解：先求母线平行于 x 轴的柱面方程：

由式(6.1) $-2\times$ 式(6.2)消去 x 得

$$3y^2-z^2=16,$$

即母线平行于 x 轴的柱面方程为 $3y^2-z^2=16$.

再求母线平行于 y 轴的柱面方程：由式(6.1) + 式(6.2)消去 y 得

$$3x^2+2z^2=16,$$

即母线平行于 y 轴的柱面方程为 $3x^2+2z^2=16$.

6.1.7　二次曲面

由三元二次方程（二次项系数不全为 0）

$$Ax^2+By^2+Cz^2+Dxy+Eyx+Fzx+Gx+Hy+Iz+J=0$$

所确定的曲面称为二次曲面.

适当选取直角坐标系可得到二次曲面的标准方程，根据标准方程的特点可以进行分类. 常见类型：椭球面、椭圆锥面、抛物面、双曲面等.

（1）椭球面. $\frac{x^2}{a^2}+\frac{y^2}{b^2}+\frac{z^2}{c^2}=1$.

（2）抛物面. 椭圆抛物面，双曲抛物面（p，q 同号）.

$$\frac{x^2}{2p}+\frac{y^2}{2q}=z,\quad -\frac{x^2}{2p}+\frac{y^2}{2q}=z.$$

（3）双曲面. 单叶双曲面，双叶双曲面.

$$\frac{x^2}{a^2}+\frac{y^2}{b^2}-\frac{z^2}{c^2}=1,\ \frac{x^2}{a^2}+\frac{y^2}{b^2}-\frac{z^2}{c^2}=-1.$$

（4）椭圆锥面. $\frac{x^2}{a^2}+\frac{y^2}{b^2}=z^2$.

6.2 综合例题

【例】6.2.1 向量$\vec{a}$，$\vec{b}$，$\vec{c}$具有相等的模且两两所夹的角相等，如果$\vec{a}=\{1,1,0\}$，$\vec{b}=\{0,1,1\}$，试求向量$\vec{c}$.

解：记$\vec{c}=\{x,y,z\}$，由$|\vec{a}|=\sqrt{2}$，$|\vec{b}|=\sqrt{2}$，$\vec{a}\cdot\vec{b}=1$，则得：

$$\begin{cases}|\vec{c}|=\sqrt{2},\\ \vec{a}\cdot\vec{c}=1,\\ \vec{b}\cdot\vec{c}=1\end{cases}\Leftrightarrow\begin{cases}\sqrt{x^2+y^2+c^2}=\sqrt{2},\\ x+y=1,\\ y+z=1.\end{cases}$$

由上述方程解得：$\begin{cases}x=1,\\ y=0,\\ z=1,\end{cases}$ 或 $\begin{cases}x=-\dfrac{1}{3},\\ y=\dfrac{4}{3},\\ z=-\dfrac{1}{3}.\end{cases}$

故$\vec{c}=\{1,0,1\}$或$\vec{c}=\left\{-\dfrac{1}{3},\dfrac{4}{3},-\dfrac{1}{3}\right\}$.

【例】6.2.2 设向量$\vec{a}$，$\vec{b}$，$\vec{c}$为单位向量，且满足$\vec{a}+\vec{b}+\vec{c}=\vec{0}$，求$\vec{a}\cdot\vec{b}+\vec{b}\cdot\vec{c}+\vec{c}\cdot\vec{a}$.

解：由题意知，$|\vec{a}|=|\vec{b}|=|\vec{c}|=1$，$\vec{a}+\vec{b}=-\vec{c}$，$\vec{b}+\vec{c}=-\vec{a}$，$\vec{a}+\vec{c}=-\vec{b}$.

于是

$$\begin{aligned}2(\vec{a}\cdot\vec{b}+\vec{b}\cdot\vec{c}+\vec{c}\cdot\vec{a})&=\vec{a}\cdot\vec{b}+\vec{b}\cdot\vec{c}+\vec{c}\cdot\vec{a}+\vec{a}\cdot\vec{b}+\vec{b}\cdot\vec{c}+\vec{c}\cdot\vec{a}\\&=\vec{b}\cdot(\vec{a}+\vec{c})+\vec{a}\cdot(\vec{c}+\vec{b})+\vec{c}\cdot(\vec{b}+\vec{a})\\&=-\vec{b}^2-\vec{a}^2-\vec{c}^2=-|\vec{b}|^2-|\vec{a}|^2-|\vec{c}|^2=-3,\end{aligned}$$

故$\vec{a}\cdot\vec{b}+\vec{b}\cdot\vec{c}+\vec{c}\cdot\vec{a}=-\dfrac{3}{2}$.

【例】6.2.3 已知点$A(1,0,0)$和点$B(0,2,1)$，试在z轴上求一点C，使$\triangle ABC$的面积最小.

解：设所求点为$C(0,0,z)$，则$\overrightarrow{CA}=\{1,0,-z\}$，$\overrightarrow{CB}=\{0,2,1-z\}$. 于是

$$\begin{aligned}\triangle ABC\text{ 的面积}=f(z)&=\frac{1}{2}|\overrightarrow{CA}\times\overrightarrow{CB}|=\frac{1}{2}|\{2z,z-1,2\}|\\&=\frac{1}{2}\sqrt{(2z)^2+(z-1)^2+2^2}=\frac{1}{2}\sqrt{5z^2-2z+5}.\end{aligned}$$

设$F(z)=4f^2(z)=5z^2-2z+5$（$F(z)$与$f(z)$有相同的极值点）.

则 $F'(z)=10z-2$，令 $F'(z)=0$ 得唯一驻点 $z=\frac{1}{5}$，由问题的实际意义及驻点的唯一性知当 z 轴上的点为 $C\left(0,0,\frac{1}{5}\right)$时，$\triangle ABC$ 的面积最小.

【例】6.2.4　求点$(3,-1,-1)$关于平面 $6x+2y-9z+96=0$ 的对称点.

解：记过点$(3,-1,-1)$且与已知平面垂直的直线 L 为$\frac{x-3}{6}=\frac{y+1}{2}=\frac{z+1}{-9}$，点$(3,-1,-1)$到已知平面的距离

$$d=\frac{|6\times3+2\times(-1)-9\times(-1)+96|}{\sqrt{6^2+2^2+(-9)^2}}=\frac{121}{11}=11,$$

设所求点为 $M(x_0,y_0,z_0)$，则点 M 在直线 L 上，且 M 到已知平面的距离也是 11，

$$\begin{cases}\frac{x_0-3}{6}=\frac{y_0+1}{2}=\frac{z_0+1}{-9},\\ \frac{|6x_0+2y_0-9z_0+96|}{\sqrt{6^2+2^2+(-9)^2}}=11\end{cases}\Rightarrow\begin{cases}x_0=3+6t,\\ y_0=-1+2t,\\ z_0=-1-9t,\\ |6x_0+2y_0-9z_0+96|=121.\end{cases}$$

解得 $t=-2$，$x_0=-9$，$y_0=-5$，$z_0=17$，故所求点为 $M(-9,-5,17)$.

【例】6.2.5　求曲线$\begin{cases}z=2-x^2-y^2,\\ z=(x-1)^2+(y-1)^2\end{cases}$在 xOy 面上的投影曲线 C_{xy}的方程以及 C_{xy}绕 y 轴旋转所成曲面的方程.

解：曲线方程消去 z 得投影柱面方程 $2-x^2-y^2=(x-1)^2+(y-1)^2$. 整理得 $x^2+y^2=x+y$，故投影曲线 C_{xy}的方程为$\begin{cases}x^2+y^2=x+y,\\ z=0,\end{cases}$则 C_{xy}绕 y 轴旋转所成曲面的方程为 $x^2+z^2+y^2=\pm\sqrt{x^2+z^2}+y$.

【例】6.2.6　(1) 求点$(-1,2,0)$在平面 $x+2y-z+1=0$ 上的投影.

(2) 求点$(2,3,1)$在直线 $x+7=\frac{y+2}{2}=\frac{z+2}{3}$上的投影.

解：(1) 过点$(-1,2,0)$且与平面垂直的直线方程为$\frac{x+1}{1}=\frac{y-2}{2}=\frac{z}{-1}$，所求投影就是垂线与平面的交点，联立已知平面和垂线的方程. 解得$\left(-\frac{5}{3},\frac{2}{3},\frac{2}{3}\right)$.

(2) 过点$(2,3,1)$且垂直于已知直线的平面方程为$(x-2)+2(y-3)+3(z-1)=0$，即 $x+2y+3z-11=0$，所求投影就是已知直线与平面的交点，故联立已知直线与平面的方程. 解得$(-5,2,4)$.

【例】6.2.7　一平面通过平面 $4x-y+3z-6=0$ 和 $x+5y-z+10=0$ 的交线，且垂直于平面 $2x-y+5z-5=0$，试求其方程.

解：平面 $2x-y+5z-5=0$ 的法向量为 $\vec{n}_1=\{2,-1,5\}$. 设所求平面的方程为 $4x-y+3z-6+\lambda(x+5y-z+10)=0$，整理得 $(4+\lambda)x+(5\lambda-1)y+(3-\lambda)z+10\lambda-6=0$，其法向量为 $\vec{n}_2=\{4+\lambda,5\lambda-1,3-\lambda\}$，由题意：$\vec{n}_1\cdot\vec{n}_2=0$，即 $2(4+\lambda)-(5\lambda-1)+5(3-\lambda)=0$，解得 $\lambda=3$，故所求平面方程为 $7x+14y+24=0$.

【例】6.2.8 设一平面垂直于平面 $z=0$，并通过点 $(1,-1,1)$ 到直线 $\begin{cases}y-z+1=0,\\x=0\end{cases}$ 的垂线，求平面的方程.

解：记已知点为 $A(1,-1,1)$，将直线 L：$\begin{cases}y-z+1=0,\\x=0\end{cases}$ 化为参数方程 $\begin{cases}x=0,\\y=-1+t,\\z=t,\end{cases}$ 记其方向向量为 $\vec{S}=\{0,1,1\}$，作过点 A 且垂直于直线 L 的平面 π_1：$y+z=0$.

方法1 联立直线 L 与平面 π_1 的方程得垂线与直线 L 的交点 $B\left(0,-\frac{1}{2},\frac{1}{2}\right)$，因而垂线的方向向量为 $\overrightarrow{AB}=\left\{1,-\frac{1}{2},\frac{1}{2}\right\}$，垂线方程为 $\frac{x-1}{2}=\frac{y+1}{-1}=\frac{z-1}{1}$.

垂线方程可化为 $\begin{cases}x+2y+1=0,\\y+z=0,\end{cases}$ 因为平面 π_1 与平面 $z=0$ 不垂直，故设过垂线的平面束方程为 $x+2y+1+\lambda(y+z)=0$，即 $x+(2+\lambda)y+\lambda z+1=0$，又所求平面垂直于平面 $z=0$，故 $0\times1+0\times(2+\lambda)+1\times\lambda=0$，得 $\lambda=0$ 所求平面方程为 $x+2y+1=0$.

方法2 在直线 L 上找一点 $C(0,0,1)$，则 $\overrightarrow{AC}=\{1,-1,0\}$，记 $\vec{n}=\vec{s}\times\overrightarrow{AC}=\{1,1,-1\}$，作过点 A 且以 $\vec{n}$ 为法向量的平面 π_2：$(x-1)+(y+1)-(z-1)=0$. 则垂线方程为 $\begin{cases}\pi,\quad x+y-z+1=0,\\\pi_1,\quad x+y=0,\end{cases}$ 故过垂线的平面束方程为 $x+y-z+1+\lambda(y+z)=0$，即 $x+(\lambda+1)y+(\lambda-1)z+1=0$，又所求平面垂直于平面 $z=0$，故 $0\times1+0\times(\lambda+1)+1\times(\lambda-1)=0$，得 $\lambda=1$，所求平面方程为 $x+2y+1=0$.

6.3 自测题

【练习】6.3.1 求曲线 $x=t^2$，$y=-t$，$z=t^3$ 与平面 $3x+9y+z-1=0$ 平行的切线方程.

【练习】6.3.2 分别求曲线 Γ：$\begin{cases}x^2+y^2+2z^2=7,\\2x+y+z=1\end{cases}$ 在点 $M(1,-2,1)$ 处的切线 L 的方程和曲面 Σ：$2z=y^2-2x^2$ 在点 $M(1,-2,1)$ 处的切平面 π 的方程，并求直线 L 与平面 π 的夹角.

【练习】6.3.3　在曲面 $3x^2+y^2+z^2=16$ 上求一点，使曲面在此点的切平面与直线 L_1：$\frac{x-3}{4}=\frac{y-6}{5}=\frac{z+1}{8}$ 和 L_2：$x=y=z$ 都平行.

【练习】6.3.4　设直线 L 过点 $(1,-1,2)$ 且平行于平面 π：$2x-3y+z+6=0$，又与直线 $\frac{x-1}{2}=\frac{y}{-1}=\frac{2-z}{1}$ 相交，求直线 L 的方程.

【练习】6.3.5　设长方体的三个面在坐标面上，其一个顶点 (x_0,y_0,z_0) 位于第一卦限且在平面 $\frac{x}{2}+\frac{y}{3}+\frac{z}{4}=1$ 上，求该顶点坐标值，使得此长方体的体积最大.

【练习】6.3.6　已知向量 $\vec{a}=\{1,1,1\}$，$\vec{b}=\{1,2,-2\}$，$\vec{c}=\{3,-5,4\}$. (1) 求向量 $\vec{d}=(\vec{a}\cdot\vec{c})\vec{b}+(\vec{a}\cdot\vec{b})\vec{c}$. (2) 求 $\vec{d}$ 在 $\vec{a}$ 上的投影. (3) 求 $\vec{a}\times\vec{d}$.

【练习】6.3.7　设直线 L 过点 $M(1,-1,2)$，并与直线 L_1：$\frac{x-1}{2}=\frac{y}{-1}=\frac{2-z}{1}$ 垂直相交，求直线 L 的参数方程.

【练习】6.3.8　求经过直线 L：$\begin{cases}x-y-z=1,\\2x-y=1\end{cases}$ 与曲面 $z=xy$ 相切的平面方程.

【练习】6.3.9　设曲面 S：$z=x+f(y-z)$，其中 f 可导，求该曲面 S 在任意点处的切平面的法向量 $\vec{n}$ 与向量 $(1,1,1)$ 的夹角 θ.

【练习】6.3.10　直线 L：$\frac{x-1}{0}=\frac{y}{1}=\frac{z}{1}$ 绕 z 轴旋转一周，求此旋转曲面的方程.

自测题解答

【练习】6.3.1　解： $\vec{T}=\{2t,-1,3t^2\}$，由题设 $6t-9+3t^2=0$，即 $t^2+2t-3=0$，解得 $t=1$，$t=-3$. 切点为 $(1,-1,1)$ 或 $(9,3,-27)$，$\vec{T}=\{2,-1,3\}$ 或 $T=\{-6,-1,27\}$. 切线为 $\frac{x-1}{2}=\frac{y+1}{-1}=\frac{z-1}{3}$ 或 $\frac{x-9}{-6}=\frac{y-3}{-1}=\frac{z+27}{27}$.

【练习】6.3.2　解： (1) 切线 L 的方程：$\begin{cases}2x+2y\frac{\mathrm{d}y}{\mathrm{d}x}+4z\frac{\mathrm{d}z}{\mathrm{d}x}=0,\\2+\frac{\mathrm{d}y}{\mathrm{d}x}+\frac{\mathrm{d}z}{\mathrm{d}x}=0\end{cases}$ 在点 $M(1,-2,1)$ 处

解得：$\begin{cases}\frac{\mathrm{d}y}{\mathrm{d}x}=-\frac{3}{4},\\\frac{\mathrm{d}z}{\mathrm{d}x}=-\frac{5}{4},\end{cases}$ 可得切向量为 $\vec{\tau}=\{4,-3,-5\}$，所以切线 L 的方程为：$\frac{x-1}{4}=$

$\frac{y+2}{-3}=\frac{z-1}{-5}$.

(2) 切平面 π 的方程：法向量 $\vec{n}=\{4x,-2y,2\}\mid_M=2\{2,2,1\}$，所以切平面 π 的方程为：

$$2x+2y+z+1=0.$$

(3) 夹角：$\sin\varphi=\frac{|\vec{\tau}\cdot\vec{n}|}{|\vec{\tau}||\vec{n}|}=\frac{1}{5\sqrt{2}}$，所以夹角 $\varphi=\arcsin\frac{1}{5\sqrt{2}}$.

【练习】6.3.3　解：设切点为 $P(x_0,y_0,z_0)$，则 $3x_0^2+y_0^2+z_0^2=16$. 切平面法向量为 $\vec{n}=\{6x_0,2y_0,2z_0\}$，$L_1$，$L_2$ 的方向向量分别为 $\vec{s}_1=\{4,5,8\}$，$\vec{s}_2=\{1,1,1\}$.

$$\vec{s}=\vec{s}_1\times\vec{s}_2=\{-3,4,-1\}.$$

由题意，有 $\vec{n}/\!/\vec{s}$，故 $\frac{3x_0}{-3}=\frac{y_0}{4}=\frac{z_0}{-1}$. 解得

$$x_0=\pm\frac{2}{\sqrt{5}},\quad y_0=\mp\frac{8}{\sqrt{5}},\quad z_0=\pm\frac{2}{\sqrt{5}}.$$

所求点为 $\left(-\frac{2}{\sqrt{5}},\frac{8}{\sqrt{5}},-\frac{2}{\sqrt{5}}\right)$ 或 $\left(\frac{2}{\sqrt{5}},-\frac{8}{\sqrt{5}},\frac{2}{\sqrt{5}}\right)$.

【练习】6.3.4　解：设直线 L 的方向向量为 $\vec{s}=\{m,n,p\}$，平面 π 的法向量为：$\vec{n}=\{2,-3,1\}$. 由题意，$L/\!/\pi$，所以有 $2m-3n+p=0$. 又已知直线的方向向量为 $\vec{s}_1=\{2,-1,-1\}$，$M(1,-1,2)$，$N(1,0,2)$，$\overrightarrow{MN}=\{0,1,0\}$，由题意有：$\vec{s}$，$\overrightarrow{MN}$，$\vec{s}_1$ 共面，故

$$\begin{vmatrix} m & n & p \\ 2 & -1 & -1 \\ 0 & 1 & 0 \end{vmatrix}=m+2p=0.$$

有 $m=-2p$，$n=-p$，所以

$$L:\ \frac{x-1}{-2}=\frac{y+1}{-1}=\frac{z-2}{1}.$$

【练习】6.3.5　解：目标函数为：$V=x_0y_0z_0$，约束条件为：$\frac{x_0}{2}+\frac{y_0}{3}+\frac{z_0}{4}=1$. 构造拉格朗日函数：$F(x_0,y_0,z_0)=x_0y_0z_0+\lambda\left(\frac{x_0}{2}+\frac{y_0}{3}+\frac{z_0}{4}-1\right)$.

$$\begin{cases} F'_{x_0}=y_0z_0+\frac{\lambda}{2}=0, \\ F'_{y_0}=x_0z_0+\frac{\lambda}{3}=0, \\ F'_{z_0}=x_0y_0+\frac{\lambda}{4}=0, \\ \frac{x_0}{2}+\frac{y_0}{3}+\frac{z_0}{4}=1 \end{cases} \xrightarrow{\text{解得唯一驻点}} \begin{cases} x_0=\frac{2}{3}, \\ y_0=1, \\ z_0=\frac{4}{3}. \end{cases}$$

由问题的实际意义知，当$\begin{cases} x_0=\dfrac{2}{3}, \\ y_0=1, \\ z_0=\dfrac{4}{3} \end{cases}$时，此长方体的体积最大，最大值为 $=\dfrac{8}{9}$.

【练习】6.3.6　解：(1) $\vec{d}=\{5,-1,0\}$. (2) $(\vec{d})_{\vec{a}}=\dfrac{\vec{a}\cdot\vec{d}}{|\vec{a}|}=\dfrac{4\sqrt{3}}{3}$. (3) $\vec{a}\times\vec{d}=\begin{vmatrix} \vec{i} & \vec{j} & \vec{k} \\ 1 & 1 & 1 \\ 5 & -1 & 0 \end{vmatrix}=\{1,5,-6\}$.

【练习】6.3.7　解：设直线 L 的方向向量为 $\vec{s}=\{m,n,p\}$，直线 L_1 的方向向量为 $\vec{s}_1=\{2,-1,-1\}$. 由题意，$L\perp L_1\Rightarrow\vec{s}\cdot\vec{s}_1=0$，所以有 $2m-n-p=0$. 取点 $M_1(1,0,2)\in L_1$，又因为 L 与 L_1 相交，所以向量 $\vec{s}$，$\vec{s}_1$，$\overrightarrow{MM_1}=\{0,1,0\}$ 共面，有 $\begin{vmatrix} m & n & p \\ 2 & -1 & -1 \\ 0 & 1 & 0 \end{vmatrix}=m+2p=0$. 有 $m=-2p$，$n=-5p$. 所以 L 的方向向量为：$\vec{s}=\{-5p,-2p,p\}\,/\!/\,\{2,5,-1\}$. 故 L 的参数方程为：$\begin{cases} x=1+2t, \\ y=-1+5t, \\ z=2-t. \end{cases}$

【练习】6.3.8　解：经过 L 的平面族可写为 $x-y-z-1+\lambda(2x-y-1)=0$，即

$$(1+2\lambda)x+(-1-\lambda)y-z-1-\lambda=0.$$

曲面 $z=xy$ 上 (x,y,z) 点处的法向量为 $\{-y,-x,1\}$. 令 $\dfrac{1+2\lambda}{-y}=\dfrac{-1-\lambda}{-x}=\dfrac{-1}{1}$，则 $x=-\lambda-1$，$y=2\lambda+1$. 代入曲面方程 $z=-2\lambda^2-3\lambda-1$，再代入平面族方程得 $-2\lambda^2-4\lambda-2=0$，因此 $\lambda=-1$，所求切平面方程为 $x+z=0$.

【练习】6.3.9　解：依题意，曲面 S 在 (x,y,z) 处的法向量可写作 $(1,f'(u),-f'(u)-1)$. 令 $\vec{a}=(1,1,1)$，联系内积定义有

$$\cos\theta=\frac{\vec{n}\cdot\vec{a}}{|\vec{n}||\vec{a}|}=0,$$

故 $\theta=\dfrac{\pi}{2}$.

【练习】6.3.10　解：在 L 上任取一点 $M_0(1,y_0,z_0)$，设 $M(x,y,z)$ 为 M_0 绕 z 轴旋转轨迹上任一点，则有

$$\begin{cases} z=z_0, \\ x^2+y^2=1+y_0^2. \end{cases}$$

M_0 在直线 L 上，故满足 $y_0=z_0$，因此有 $x^2+y^2-1=z^2$，即 $x^2+y^2-z^2=1$，此即为所求旋转曲面的方程.

6.4 硕士入学考试试题及高等数学竞赛试题选编

【例】6.4.1 设 $\vec{a}$ 和 $\vec{b}$ 是非零常向量，$|\vec{b}|=2$，$\langle\vec{a},\vec{b}\rangle=\frac{\pi}{3}$，求极限 $\lim\limits_{x\to 0}\frac{|\vec{a}+x\vec{b}|-|\vec{a}|}{x}$.

解：

$$\text{原式}=\lim_{x\to 0}\frac{(\vec{a}+x\vec{b})\cdot(\vec{a}+x\vec{b})-\vec{a}\cdot\vec{a}}{x(|\vec{a}+x\vec{b}|+|\vec{a}|)}=\lim_{x\to 0}\frac{2x\vec{a}\cdot\vec{b}+x^2|\vec{b}|^2}{2|\vec{a}|x}$$

$$=\frac{\vec{a}\cdot\vec{b}}{|\vec{a}|}+0=|\vec{b}|\cos\langle\vec{a},\vec{b}\rangle=2\cdot\frac{1}{2}=1.$$

【例】6.4.2 已知 $\vec{a}$ 为单位向量，$\vec{a}+3\vec{b}$ 垂直于 $7\vec{a}-5\vec{b}$，$\vec{a}-4\vec{b}$ 垂直于 $7\vec{a}-2\vec{b}$，求向量 $\vec{a}$ 与 $\vec{b}$ 的夹角.

解： a 为单位向量，故 $|a|=1$. 向量垂直的充要条件是它们的数量积为 0，故

$$\begin{cases}(\vec{a}+3\vec{b})\cdot(7\vec{a}-5\vec{b})=7|\vec{a}|^2+16\vec{a}\cdot\vec{b}-15|\vec{b}|^2=0,\\(\vec{a}-4\vec{b})\cdot(7\vec{a}-2\vec{b})=7|\vec{a}|^2-30\vec{a}\cdot\vec{b}+8|\vec{b}|^2=0.\end{cases}$$

即

$$\begin{cases}16\vec{a}\cdot\vec{b}-15|\vec{b}|^2=-7,\\30\vec{a}\cdot\vec{b}-8|\vec{b}|^2=7.\end{cases}$$

由此可解得 $\vec{a}\cdot\vec{b}=\frac{1}{2}$，$|\vec{b}|^2=1$，于是

$$\langle\vec{a},\vec{b}\rangle=\arccos\frac{\vec{a}\cdot\vec{b}}{|\vec{a}||\vec{b}|}=\arccos\frac{1}{2}=\frac{\pi}{3}.$$

【例】6.4.3（2009 研） 椭球面 S_1 是椭圆 $\frac{x^2}{4}+\frac{y^2}{3}=1$ 绕 x 轴旋转而成，圆锥面 S_2 是过点 $(4,0)$ 且与椭圆 $\frac{x^2}{4}+\frac{y^2}{3}=1$ 相切的直线绕 x 轴旋转而成.

（1）求 S_1 及 S_2 的方程；

（2）求 S_1 及 S_2 之间的立体体积.

解：（1）S_1 的方程为 $\frac{x^2}{4}+\frac{y^2+z^2}{3}=1$. 过点 $(4,0)$ 与 $\frac{x^2}{4}+\frac{y^2}{3}=1$ 相切的直线方程为 $y=\pm\left(\frac{1}{2}x-2\right)$，切点为 $\left(1,\pm\frac{3}{2}\right)$，所以 S_2 的方程为 $y^2+z^2=\left(\frac{1}{2}x-2\right)^2$.

（2）S_1 及 S_2 之间的体积等于一个底面半径为 $\frac{3}{2}$、高为 3 的锥体体积 $\frac{9}{4}\pi$ 与部分椭球

体体积V之差，其中$V=\frac{3}{4}\pi\int_1^2(4-x^2)\mathrm{d}x=\frac{5}{4}\pi$．故所求体积为$\frac{9}{4}\pi-\frac{5}{4}\pi=\pi$.

【例】6.4.4（2019赛）　设a，b，c，$\mu>0$，曲面$xyz=\mu$与$\frac{x^2}{a^2}+\frac{y^2}{b^2}+\frac{z^2}{c^2}=1$相切，求$\mu$.

解：设切点为(x_0,y_0,z_0)，则$x_0y_0z_0=\mu$，$\frac{x_0^2}{a^2}+\frac{y_0^2}{b^2}+\frac{z_0^2}{c^2}=1$．因为$\mu>0$，所以$x_0$，$y_0$，$z_0$均不为0．又曲面$\frac{x^2}{a^2}+\frac{y^2}{b^2}+\frac{z^2}{c^2}=1$与曲面$xyz=\mu$在点$(x_0,y_0,z_0)$的法向量分别为$\left(\frac{x_0}{a^2},\frac{y_0}{b^2},\frac{z_0}{c^2}\right)$与$(y_0z_0,x_0z_0,x_0y_0)$，所以

$$\frac{\frac{x_0}{a^2}}{y_0z_0}=\frac{\frac{y_0}{b^2}}{x_0z_0}=\frac{\frac{z_0}{c^2}}{x_0y_0}\Leftrightarrow\frac{\frac{x_0^2}{a^2}}{x_0y_0z_0}=\frac{\frac{y_0^2}{b^2}}{x_0y_0z_0}=\frac{\frac{z_0^2}{c^2}}{x_0y_0z_0},$$

由此可得$\frac{x_0^2}{a^2}=\frac{y_0^2}{b^2}=\frac{z_0^2}{c^2}=\frac{1}{3}$，$\frac{x_0^2}{a^2}\frac{y_0^2}{b^2}\frac{z_0^2}{c^2}=\frac{1}{27}$．因$\mu>0$，于是$\mu=x_0y_0z_0=\frac{abc}{3\sqrt{3}}$.

【例】6.4.5（2017赛）　已知直线L_1：$\frac{x-5}{1}=\frac{y+1}{0}=\frac{z-3}{2}$与$L_2$：$\frac{x-8}{2}=\frac{y-1}{-1}=\frac{z-1}{1}$.

（1）证明L_1与L_2是异面直线.

（2）若直线L与L_1，L_2皆垂直且相交，交点分别为P，Q，试求点P与Q的坐标.

（3）求异面直线L_1与L_2的距离.

证明：（1）直线L_1通过点$A(5,-1,3)$，方向向量为$\vec{l}_1=(1,0,2)$，直线L_2通过点$B(8,1,1)$，方向向量为$\vec{l}_2=(2,-1,1)$，$\overrightarrow{AB}=(3,2,-2)$，由于$(\overrightarrow{AB},l_1,l_2)=\begin{vmatrix}3&2&-2\\1&0&2\\2&-1&1\end{vmatrix}=14\neq0$．所以$L_1$与$L_2$是异面直线.

（2）直线L的方向向量为

$$\vec{l}=\vec{l}_1\times\vec{l}_2=(1,0,2)\times(2,-1,1)=(2,3,-1).$$

设交点坐标为$P(x_1,y_1,z_1)$，$Q(x_2,y_2,z_2)$，令

$$\begin{cases}x_1=5+t,\\y_1=-1,\\z_1=3+2t,\end{cases}\quad\begin{cases}x_2=8+2s,\\y_2=1-s,\\z_2=1+s.\end{cases}$$

因线段 PQ 与 $\vec{l}$ 平行，所以

$$\frac{x_2-x_1}{2}=\frac{y_2-y_1}{3}=\frac{z_2-z_1}{-1}\Leftrightarrow\frac{3+2s-t}{2}=\frac{2-s}{3}=\frac{-2+s-2t}{-1}$$

$$\Leftrightarrow\begin{cases}8s-3t=-5,\\ s-3t=2.\end{cases}$$

由此解得 $s=-1$，$t=-1$. 于是点 P 与 Q 的坐标分别为 $P(4,-1,1)$，$Q(6,2,0)$.

(3) 由第 (2) 步可知异面直线 L_1 与 L_2 的距离为

$$d=|PQ|=\sqrt{(6-4)^2+(2+1)^2+(0-1)^2}=\sqrt{14}.$$

【例】6.4.6 (2015 赛) 设 M 是以三个正半轴为母线的半圆锥面，求其方程.

解： 显然 $O(0,0,0)$ 为 M 的顶点，$A(1,0,0)$，$B(0,1,0)$，$C(0,0,1)$ 在 M 上. 由三点决定的平面 $x+y+z=1$ 与球面 $x^2+y^2+z^2=1$ 的交线 L 是 M 的准线. 设 $P(x,y,z)$ 是 M 上的点，(u,v,w) 是 M 的母线 OP 与 L 的交点，则存在 $t\in\mathbf{R}$，使得

$$u=xt,\quad v=yt,\quad z=zt.$$

代入准线方程，得

$$\begin{cases}(x+y+z)t=1,\\ (x^2+y^2+z^2)t^2=1.\end{cases}$$

消去 t，得圆锥面 M 的方程为 $xy+yz+zx=0$.

【例】6.4.7 (2012 赛) 求通过直线 L：$\begin{cases}2x+y-3z+2=0,\\ 5x+5y-4z+3=0\end{cases}$ 的两个相互垂直的平面 π_1，π_2，使其中一个平面过点 $(4,-3,1)$.

解： 过直线 L 的平面束方程为

$$\lambda(2x+y-3z+2)+\mu(5x+5y-4z+3)=0,$$

即

$$(2\lambda+5\mu)x+(\lambda+5\mu)y-(3\lambda+4\mu)z+2\lambda+3\mu=0.$$

若平面 π_1 过点 $(4,-3,1)$，代入得 $\lambda+\mu=0$，即 $\mu=-\lambda$，从而 π_1 的方程为 $3x+4y-z+1=0$.

平面 π_2 与 π_1 垂直，所以

$$3(2\lambda+5\mu)+4(\lambda+5\mu)+1(3\lambda+4\mu)=0.$$

解得 $\lambda=-3\mu$，从而平面 π_2 的方程为 $x-2y-5z+3=0$.

第7章　多元函数微分学

7.1　知识点总结

7.1.1　多元函数的极限与连续

1. 多元函数的概念：邻域、去心邻域，区域、开区域、闭区域，有界区域（内点、外点、边界点、聚点），平面点集，连通集，n－维空间.

2. 多元函数的极限（“$\varepsilon-\delta$”定义）. 平面上两点间距离. 自变量以**任意方式**趋于极限点，注意等价无穷小求极限方法.

定义　设函数$f(x,y)$在点$P_0(x_0,y_0)$的某一邻域内有定义（点P_0可除外），如果对于$\forall\varepsilon>0$，都存在$\delta>0$，使得对于满足不等式

$$0<|PP_0|=\sqrt{(x-x_0)^2+(y-y_0)^2}<\delta$$

的一切点$P(x,y)$，都有

$$|f(x,y)-A|<\varepsilon$$

成立，则称当$x\to x_0$，$y\to y_0$时（即$(x,y)\to(x_0,y_0)$时），$f(x,y)$以A为极限，记作$\lim\limits_{\substack{x\to x_0\\y\to y_0}}f(x,y)=A$或$\lim\limits_{P\to P_0}f(P)=A$.

- 多元函数有类似于一元函数的四则运算及复合运算法则.

注7.1　确定极限不存在的方法：

1. 找$P(x,y)$趋向于$P_0(0,0)$的一条路径，若沿此路径极限不存在，则原极限不存在；

2. 找多条不同趋近方式，极限存在但不相等，此时，可断言$f(x,y)$在点$P_0(x_0,y_0)$处极限不存在.

注7.2　二重极限$\lim\limits_{\substack{x\to x_0\\y\to y_0}}f(x,y)$与累次极限$\lim\limits_{x\to x_0}\lim\limits_{y\to y_0}f(x,y)$及$\lim\limits_{y\to y_0}\lim\limits_{x\to x_0}f(x,y)$不同. 如果它们都存在，则三者相等. 若仅知其中一个存在，推不出其他二者存在.

3. 多元函数连续性. 多元函数在某点连续定义.

(1) 定义. 设函数$f(x,y)$在点$P_0(x_0,y_0)$的某邻域内有定义，如果$\lim\limits_{\substack{x\to x_0\\y\to y_0}}f(x,y)=$

$f(x_0,y_0)$，则称$f(x,y)$在点$P_0(x_0,y_0)$处连续.

（2）多元初等函数连续性，有界闭域上连续函数的有界、最值、介值定理.

（3）＊一致连续性定理.

注 7.3 1. 多元初等函数：（常量，一元函数，有限次四则运算或复合）在定义区域内连续.

2. 多元连续函数的和、差、积、商（分母不为零）仍为连续函数，连续函数的复合函数也是连续函数.

【练习】7.1.1 讨论函数$f(x,y)=\dfrac{xy}{x^2+y^2}$在点$(0,0)$的极限.

解：设点$P(x,y)$沿直线$y=kx$趋于点$(0,0)$，则有

$$\lim_{\substack{x\to 0\\ y=kx}}f(x,y)=\lim_{x\to 0}\frac{kx^2}{x^2+k^2x^2}=\frac{k}{1+k^2},$$

极限依赖于k，故$f(x,y)$在点$(0,0)$极限不存在.

【练习】7.1.2 若$f\left(x+y,\dfrac{y}{x}\right)=x^2-y^2$，求$f(x,y)$.

解：令$u=x+y$，$v=\dfrac{y}{x}$，解得：$x=\dfrac{u}{1+v}$，$y=\dfrac{uv}{1+v}$，所以

$$f\left(x+y,\frac{y}{x}\right)=(x-y)(x+y)=\left(\frac{u}{1+v}-\frac{uv}{1+v}\right)u=\frac{u^2(1-v)}{1+v},$$

即$f(x,y)=\dfrac{x^2(1-y)}{1+y}$.

【练习】7.1.3 求下列极限.

（1）$\lim\limits_{\substack{x\to 0\\ y\to 0}}\dfrac{2-\sqrt{xy+4}}{xy}$.

解：$\lim\limits_{\substack{x\to 0\\ y\to 0}}\dfrac{2-\sqrt{xy+4}}{xy}=\lim\limits_{\substack{x\to 0\\ y\to 0}}\dfrac{-xy}{xy(2+\sqrt{xy+4})}=\lim\limits_{\substack{x\to 0\\ y\to 0}}\dfrac{-1}{2+\sqrt{xy+4}}=-\dfrac{1}{4}$.

（2）$\lim\limits_{\substack{x\to 0\\ y\to 0}}(x+y)\sin\dfrac{1}{x}\sin\dfrac{1}{y}$.

解：因为$\lim\limits_{\substack{x\to 0\\ y\to 0}}(x+y)=0$，$\left|\sin\dfrac{1}{x}\sin\dfrac{1}{y}\right|\leqslant 1$，所以$\lim\limits_{\substack{x\to 0\\ y\to 0}}(x+y)\sin\dfrac{1}{x}\sin\dfrac{1}{y}=0$.

【练习】7.1.4 研究函数$f(x,y)=\begin{cases}1, & xy=0,\\ 0, & xy\neq 0\end{cases}$在点$(0,0)$的连续性.

解：当点(x,y)沿$y=0$趋近于$(0,0)$时，$\lim\limits_{\substack{x\to 0\\ y\to 0}}f(x,y)=1$，当点$(x,y)$沿$y=x$趋近于$(0,0)$时，$\lim\limits_{\substack{x\to 0\\ y\to 0}}f(x,y)=0$，故$\lim\limits_{\substack{x\to 0\\ y\to 0}}f(x,y)$不存在，从而函数$f(x,y)$在点$(0,0)$处不连续.

【练习】7.1.5　$\lim\limits_{\substack{x\to0\\y\to0}} x\dfrac{\ln(1+xy)}{x+y}$是否存在？

解：利用 $\ln(1+xy)\sim xy$，取 $y=x^{\alpha}-x$，有

$$\lim_{\substack{x\to0\\y\to0}} x\frac{\ln(1+xy)}{x+y}=\lim_{x\to0}\frac{x^2y}{x+y}=\lim_{x\to0}\frac{x^{\alpha+2}-x^3}{x^{\alpha}}$$

$$=\lim_{x\to0}(x^2-x^{3-\alpha})=\begin{cases}-1, & \alpha=3,\\ 0, & 0<\alpha<3,\\ \infty, & \alpha>3.\end{cases}$$

所以极限不存在.

7.1.2　偏导数

1. 偏导数的定义. 函数值偏增量与自变量**增量之比的极限.**

定义：设函数 $z=f(x,y)$ 在点 (x_0,y_0) 的某邻域内有定义，将 y 固定为 y_0，当 x 在 x_0 取得增量 Δx 时，函数 $f(x,y)$ 有相应的增量（称为关于 x 的偏增量）

$$\Delta_x z=f(x_0+\Delta x,y_0)-f(x_0,y_0),$$

如果极限

$$\lim_{\Delta x\to0}\frac{\Delta_x z}{\Delta x}=\lim_{\Delta x\to0}\frac{f(x_0+\Delta x,y_0)-f(x_0,y_0)}{\Delta x}$$

存在，则称此极限为 $z=f(x,y)$ 在点 (x_0,y_0) 处对 x 的偏导数. 记作

$$\left.\frac{\partial z}{\partial x}\right|_{(x_0,y_0)},\ \left.\frac{\partial f}{\partial x}\right|_{(x_0,y_0)},\ z'_x\big|_{(x_0,y_0)},\ f'_x(x_0,y_0)\text{或}f'_1(x_0,y_0).$$

注 7.4　1. 偏导数$\dfrac{\partial u}{\partial x}$，有时也写作$\dfrac{\partial}{\partial x}u$，$\dfrac{\partial}{\partial x}f(x,y)$.

2. 计算法. 把其中一个或几个变量看作常量，化为一元函数的求导问题.

3. 求边界点、不连续点以及其他特殊点处的偏导数要用定义求.

注 7.5　1. $f'_x(x,y)$，$f'_y(x,y)$ 存在 $\not\Rightarrow f(x,y)$ 在点 (x,y) 连续.

2. $f'_x(x,y)$ 存在 $\Rightarrow f(x,y)$ 关于自变量 x 连续. 即 $\lim\limits_{\Delta x\to0}f(x+\Delta x,y)=f(x,y)$ 或 $\lim\limits_{\Delta x\to0}\Delta_x z=0$.

2. 注意一元、多元函数在连续、导数存在关系上的区别.

一元函数：可导必连续.

多元函数：偏导存在与连续无必然联系，如练习 7.1.8. 偏导数只是刻画了函数在该点处沿 x 轴方向、y 轴方向的变化特征.

3. 二元函数偏导数的几何意义. 用 $y=y_0$ 平面去截曲面 $z=f(x,y)$，则偏导数 $f'_x(x_0,y_0)$ 为所截得平面曲线在点 (x_0,y_0) 处切线的斜率. 注意联系一元函数导数的几何意义.

4. 高阶偏导数. 混合偏导数（相等条件）对低阶偏导数继续求偏导.

定理： 若$f_{xy}(x,y)$和$f_{yx}(x,y)$都在某区域内连续，则在该区域内必有

$$f_{xy}(x_0,y_0)=f_{yx}(x_0,y_0).$$

【练习】7.1.6 求下列函数的偏导数.

（1） $z=\sin(xy)+\cos^2(xy)$.

解： 将y视作常量，计算得

$$\frac{\partial z}{\partial x}=y\cos(xy)-2y\cos(xy)\sin(xy)=y[\cos(xy)-\sin(2xy)],$$

将x视作常量（或利用函数关于自变量的对称性），得

$$\frac{\partial z}{\partial y}=x\cos(xy)-2x\cos(xy)\sin(xy)=x[\cos(xy)-\sin(2xy)].$$

（2） $z=\ln\left(\tan\frac{x}{y}\right)$.

解： 将y视作常量，得

$$\frac{\partial z}{\partial x}=\frac{1}{\tan\frac{x}{y}}\cdot\sec^2\frac{x}{y}\cdot\frac{1}{y}=\frac{2}{y}\csc\frac{2x}{y},$$

将x视作常量，得

$$\frac{\partial z}{\partial y}=\frac{1}{\tan\frac{x}{y}}\cdot\sec^2\frac{x}{y}\cdot\left(-\frac{x}{y^2}\right)=-\frac{2x}{y^2}\csc\frac{2x}{y}.$$

【练习】7.1.7 曲面$z=x^2+\frac{y^2}{6}$和$z=\frac{x^2+y^2}{3}$被平面$y=2$所截，得两条平面曲线，求这两条曲线交点处切线的夹角.

解： 将$y=2$分别代入两个曲面方程得两条平面曲线方程$z=x^2+\frac{2}{3}$，$z=\frac{x^2+4}{3}$，联立上述两个方程得xOz坐标面上的两条平面曲线的交点$\left(1,\frac{5}{3}\right)$，$\left(-1,\frac{5}{3}\right)$，

$$k_{11}=\left(x^2+\frac{2}{3}\right)'\bigg|_{\left(1,\frac{5}{3}\right)}=2x\bigg|_{\left(1,\frac{5}{3}\right)}=2,$$

$$k_{12}=\left(x^2+\frac{2}{3}\right)'\bigg|_{\left(-1,\frac{5}{3}\right)}=2x\bigg|_{\left(-1,\frac{5}{3}\right)}=-2,$$

$$k_{21}=\left(\frac{x^2+4}{3}\right)'\bigg|_{\left(1,\frac{5}{3}\right)}=\frac{2x}{3}\bigg|_{\left(1,\frac{5}{3}\right)}=\frac{2}{3},$$

$$k_{22}=\left(\frac{x^2+4}{3}\right)'\bigg|_{\left(-1,\frac{5}{3}\right)}=\frac{2x}{3}\bigg|_{\left(-1,\frac{5}{3}\right)}=-\frac{2}{3},$$

由 $\tan(\alpha-\beta)=\dfrac{\tan\alpha-\tan\beta}{1+\tan\alpha\cdot\tan\beta}$及直线夹角的定义$\left(0\leqslant\theta\leqslant\dfrac{\pi}{2}\right)$，得

$$\tan\theta_1=\left|\frac{k_{11}-k_{21}}{1+k_{11}\cdot k_{21}}\right|=\frac{4}{7},\ \tan\theta_2=\left|\frac{k_{12}-k_{22}}{1+k_{12}\cdot k_{22}}\right|=\frac{4}{7},$$

故 $\theta=\arctan\dfrac{4}{7}$.

【练习】7.1.8　设$f(x,y)=\begin{cases}\dfrac{xy}{\sqrt{x^2+y^2}}, & (x,y)\neq(0,0),\\ 0, & (x,y)=(0,0),\end{cases}$ 求$f'_x(0,0)$，$f'_y(0,0)$.

解：由定义直接计算，得

$$f'_x(0,0)=\lim_{x\to0}\frac{f(x,0)-f(0,0)}{x}=\lim_{x\to0}\frac{0-0}{x}=0,$$

$$f'_y(0,0)=\lim_{y\to0}\frac{f(0,y)-f(0,0)}{y}=\lim_{x\to0}\frac{0-0}{y}=0.$$

由于函数在$(0,0)$处极限不存在（沿不同直线趋于不同值），故$f(x,y)$在该点不连续.

【练习】7.1.9　设 $u=\dfrac{1}{\sqrt{x^2+y^2+z^2}}$，求$\dfrac{\partial^2u}{\partial x^2}+\dfrac{\partial^2u}{\partial y^2}+\dfrac{\partial^2u}{\partial z^2}$.

解：设 $r=\sqrt{x^2+y^2+z^2}$，则

$$\frac{\partial u}{\partial x}=-\frac{x}{r^3},\ \frac{\partial^2u}{\partial x^2}=-\frac{1}{r^3}+\frac{3x}{r^4}\cdot\frac{\partial r}{\partial x}=-\frac{1}{r^3}+\frac{3x^2}{r^5}.$$

同理，得

$$\frac{\partial^2u}{\partial y^2}=-\frac{1}{r^3}+\frac{3y^2}{r^5},\ \frac{\partial^2u}{\partial z^2}=-\frac{1}{r^3}+\frac{3z^2}{r^5}.$$

将上述偏导数代入整理，有

$$\frac{\partial^2u}{\partial x^2}+\frac{\partial^2u}{\partial y^2}+\frac{\partial^2u}{\partial z^2}=-\frac{1}{r^3}+\frac{3x^2}{r^5}-\frac{1}{r^3}+\frac{3y^2}{r^5}-\frac{1}{r^3}+\frac{3z^2}{r^5}=0.$$

【练习】7.1.10　设 $z=\ln(e^x+e^y)$，证明：$\dfrac{\partial^2z}{\partial x^2}\dfrac{\partial^2z}{\partial y^2}-\left(\dfrac{\partial^2z}{\partial x\,\partial y}\right)^2=0$.

解：直接计算有

$$\frac{\partial z}{\partial x}=\frac{e^x}{e^x+e^y},\ \frac{\partial z}{\partial y}=\frac{e^y}{e^x+e^y},$$

$$\frac{\partial^2z}{\partial x^2}=\frac{e^x\cdot e^y}{(e^x+e^y)^2},\quad \frac{\partial^2z}{\partial y^2}=\frac{e^x\cdot e^y}{(e^x+e^y)^2},\quad \frac{\partial^2z}{\partial x\,\partial y}=\frac{-e^x\cdot e^y}{(e^x+e^y)^2},$$

将上述三个二阶偏导数代入即得原等式.

7.1.3　全微分

回顾：一元函数 $y=f(x)$的微分

$$\Delta y = A\Delta x + o(\Delta x).$$

$$\mathrm{d}y = f'(x)\Delta x \xRightarrow{\text{应用}} \begin{cases} \text{近似计算}, \\ \text{估计误差}. \end{cases}$$

1. 多元函数可微及全微分定义.

(1) **定义：**如果函数 $z=f(x,y)$ 在点 (x,y) 的全增量可表示为

$$\Delta z = A\Delta x + B\Delta y + o(\rho),\ \rho = \sqrt{(\Delta x)^2 + (\Delta y)^2},$$

其中，A，B 不依赖于 Δx，Δy，仅与 x，y 有关，则称函数 $f(x,y)$ 在点 (x,y) 可微，$A\Delta x + B\Delta y$ 称为函数 $f(x,y)$ 在点 (x,y) 的全微分，记作 $\mathrm{d}z$ 或 $\mathrm{d}f$，即

$$\mathrm{d}z = \mathrm{d}f = A\Delta x + B\Delta y.$$

若函数在域 D 内各点都可微，则称此函数在 D 内可微.

(2) 可微的必要条件. 对于多元函数在某点处：可微⇒连续，可微⇒偏导存在. 偏导存在不一定可微，如练习 7.1.11.

$$\Delta z - \mathrm{d}z = o(\rho),\ \rho = \sqrt{(\Delta x)^2 + (\Delta y)^2}.$$

(3) 可微的充分条件. 偏导连续⇒可微.

2. 多元函数的全微分.

(1) 计算全微分.

(2) 微分的应用. 近似计算，估计误差. 实质是用微分近似函数值增量，误差是 ρ 的高阶无穷小.

令 $z=f(x,y)$，则误差估计公式可写为

① $\varepsilon(z_0) = |f'_x(x_0,y_0)|\varepsilon(x_0) + |f'_y(x_0,y_0)|\varepsilon(y_0).$

② $\varepsilon_r(z_0) = \left|\dfrac{f'_x(x_0,y_0)}{f(x_0,y_0)}\right|\varepsilon(x_0) + \left|\dfrac{f'_y(x_0,y_0)}{f(x_0,y_0)}\right|\varepsilon(y_0)$

$$= \left|\frac{x_0 f'_x(x_0,y_0)}{f(x_0,y_0)}\right|\varepsilon_r(x_0) + \left|\frac{y_0 f'_y(x_0,y_0)}{f(x_0,y_0)}\right|\varepsilon_r(y_0).$$

(3) 判断可微和不可微.

可微. 充分条件，定义.

不可微. 两个必要条件，定义.

【练习】7.1.11 函数 $z=\sqrt{|xy|}$，由偏导数的定义，计算得

$$\left.\frac{\partial z}{\partial x}\right|_{(0,0)} = \lim_{x\to 0}\frac{f(x,0)-f(0,0)}{x} = \lim_{x\to 0}\frac{0-0}{x} = 0,\ \left.\frac{\partial z}{\partial y}\right|_{(0,0)} = 0.$$

但此函数在点 $(0,0)$ 的全微分不存在. 若不然，由定义有

$$\Delta z = \left.\frac{\partial z}{\partial x}\right|_{(0,0)}\Delta x + \left.\frac{\partial z}{\partial y}\right|_{(0,0)}\Delta y + o(\rho),\ \text{即}\ \Delta z = o(\rho).$$

但$\lim\limits_{\rho\to 0}\dfrac{\Delta z}{\rho}=\lim\limits_{\rho\to 0}\dfrac{\sqrt{|\Delta x\Delta y|}}{\rho}=\lim\limits_{\rho\to 0}\sqrt{\dfrac{|\Delta x\Delta y|}{(\Delta x)^2+(\Delta y)^2}}$不存在，推出矛盾，故函数在点(0,0)不可微.

【练习】7.1.12　求下列函数的全微分.

(1) $z=xy+\dfrac{x}{y}$.

解：

$$\frac{\partial z}{\partial x}=y+\frac{1}{y},\ \frac{\partial z}{\partial y}=x-\frac{x}{y^2}=x\left(1-\frac{1}{y^2}\right),$$

所以

$$\mathrm{d}z=\left(y+\frac{1}{y}\right)\mathrm{d}x+x\left(1-\frac{1}{y^2}\right)\mathrm{d}y.$$

(2) $z=\dfrac{y}{\sqrt{x^2+y^2}}$.

解：

$$\frac{\partial z}{\partial x}=-\frac{xy}{\sqrt{(x^2+y^2)^3}},\ \frac{\partial z}{\partial y}=\frac{x^2}{\sqrt{(x^2+y^2)^3}},$$

所以

$$\mathrm{d}z=-\frac{xy}{\sqrt{(x^2+y^2)^3}}\mathrm{d}x+\frac{x^2}{\sqrt{(x^2+y^2)^3}}\mathrm{d}y=\frac{-x}{\sqrt{(x^2+y^2)^3}}(y\mathrm{d}x-x\mathrm{d}y).$$

【练习】7.1.13　设 $f(x,y)=\begin{cases}\dfrac{x^2y}{x^4+y^2}, & (x,y)\neq(0,0),\\ 0, & (x,y)=(0,0),\end{cases}$ 问：$f(x,y)$在(0,0)是否可微?

解：当点(x,y)沿 $y=0$ 趋近于(0,0)时，

$$\lim_{\substack{x\to 0\\y\to 0}}f(x,y)=\lim_{\substack{x\to 0\\y\to 0}}\frac{x^2\cdot 0}{x^4+0^2}=\lim_{\substack{x\to 0\\y\to 0}}\frac{0}{x^4}=0,$$

当点(x,y)沿 $y=x^2$ 趋近于(0,0)时，

$$\lim_{\substack{x\to 0\\y\to 0}}f(x,y)=\lim_{\substack{x\to 0\\y\to 0}}\frac{x^2\cdot x^2}{x^4+(x^2)^2}=\lim_{\substack{x\to 0\\y\to 0}}\frac{x^4}{2x^4}=\frac{1}{2},$$

即$\lim\limits_{\substack{x\to 0\\y\to 0}}f(x,y)$不存在，从而函数$f(x,y)$在点(0,0)处不连续，因此在该点不可微.

7.1.4　复合函数与隐函数的微分法

回顾：一元复合函数. $y=f[\varphi(x)]$.

求导法则. $\frac{dy}{dx}=\frac{dy}{du}\cdot\frac{du}{dx}$.

微分法则. $dy=f'(u)\varphi'(x)dx=f'(u)du$.

1. 复合函数微分法. 分清自变量、中间变量（内函数，外函数）. 分析复合函数结构. 全导数，链式法则.

定理：如果函数 $u=\varphi(x,y)$，$v=\psi(x,y)$ 在点(x,y)的各偏导数都存在，$z=f(u,v)$在对应点(u,v)可微，则复合函数 $z=f[\varphi(x,y),\psi(x,y)]$ 在点(x,y)的偏导数存在，且

$$\frac{\partial z}{\partial x}=\frac{\partial z}{\partial u}\cdot\frac{\partial u}{\partial x}+\frac{\partial z}{\partial v}\cdot\frac{\partial v}{\partial x},\quad \frac{\partial z}{\partial y}=\frac{\partial z}{\partial u}\cdot\frac{\partial u}{\partial y}+\frac{\partial z}{\partial v}\cdot\frac{\partial v}{\partial y}.$$

注 7.6　特殊地，$z=f(u,x,y)$，其中 $u=\phi(x,y)$，即

$$\frac{\partial z}{\partial x}=\frac{\partial f}{\partial u}\cdot\frac{\partial u}{\partial x}+\frac{\partial f}{\partial x},\quad \frac{\partial z}{\partial y}=\frac{\partial f}{\partial u}\cdot\frac{\partial u}{\partial y}+\frac{\partial f}{\partial y}.$$

$\frac{\partial z}{\partial x}$：把复合函数 $z=f[\phi(x,y),x,y]$ 中的 y 看作不变而对 x 的偏导数. $\frac{\partial f}{\partial x}$：把 $z=f(u,x,y)$ 中的 u 及 y 看作不变而对 x 的偏导数.

2. 多元复合函数全微分形式不变性：求全微分.

定理：设 $z=f(x,y)$，不论 u，v 是自变量还是中间变量，其全微分总可以写成

$$dz=\frac{\partial z}{\partial u}du+\frac{\partial z}{\partial v}dv,$$

此性质叫作全微分形式的不变性. 对一般多元函数有同样的性质.

3. 隐函数的微分法. 隐函数存在定理、隐函数求导（求导运算规则，微分形式不变性，公式）. 认清“几个等式，几个变量”.

隐函数存在定理. 设函数 $F(x,y)$ 在点 $P(x_0,y_0)$ 的某一邻域内满足：

（1）具有连续的偏导数；（2）$F(x_0,y_0)=0$；（3）$F_y(x_0,y_0)\neq 0$.

则方程 $F(x,y)=0$ 在点 x_0 的某邻域内可唯一确定单值连续函数 $y=f(x)$，满足条件 $y_0=f(x_0)$，并有连续导数$\frac{dy}{dx}=-\frac{F'_x}{F'_y}$（隐函数求导公式）.

注 7.7　其他类型隐函数及隐函数组存在定理中条件类似.

（1）单个方程. 如练习 7.1.14.

若 $F(x,y)=0$，则

$$\frac{dy}{dx}=-\frac{F'_x}{F'_y}.$$

若 $F(x,y,z)=0$，则

$$\frac{\partial z}{\partial x}=-\frac{F'_x}{F'_z},\ \frac{\partial z}{\partial y}=-\frac{F'_y}{F'_z}.$$

（2）由方程组确定的隐函数．“两边分别对某个变量求导”．如练习 7.1.15.

若$\begin{cases}F(x,u,v)=0,\\G(x,u,v)=0,\end{cases}$并假定它能确定隐函数 $u=u(x)$，$v=v(x)$，且这两个函数都是可导的，其中 F，G 有连续偏导数，则

$$\frac{\mathrm{d}u}{\mathrm{d}x}=-\frac{\dfrac{\partial(F,G)}{\partial(x,v)}}{\dfrac{\partial(F,G)}{\partial(u,v)}},\quad \frac{\mathrm{d}v}{\mathrm{d}x}=-\frac{\dfrac{\partial(F,G)}{\partial(u,x)}}{\dfrac{\partial(F,G)}{\partial(u,v)}}.$$

若$\begin{cases}F(x,y,u,v)=0,\\G(x,y,u,v)=0,\end{cases}$并假定它能确定隐函数 $u=u(x,y)$，$v=v(x,y)$，且这两个函数都是可微的，其中 F，G 有连续偏导数，则

$$\frac{\partial u}{\partial x}=-\frac{\dfrac{\partial(F,G)}{\partial(x,v)}}{\dfrac{\partial(F,G)}{\partial(u,v)}},\quad \frac{\partial v}{\partial x}=-\frac{\dfrac{\partial(F,G)}{\partial(u,x)}}{\dfrac{\partial(F,G)}{\partial(u,v)}}.$$

类似地，可求得

$$\frac{\partial u}{\partial y}=-\frac{\dfrac{\partial(F,G)}{\partial(y,v)}}{\dfrac{\partial(F,G)}{\partial(u,v)}},\quad \frac{\partial v}{\partial y}=-\frac{\dfrac{\partial(F,G)}{\partial(u,y)}}{\dfrac{\partial(F,G)}{\partial(u,v)}}.$$

【练习】7.1.14　已知方程 $f(x^2-y^2,2xyz)=0$ 确定 z 是 x，y 的函数，其中 f 有连续偏导数，求$\dfrac{\partial z}{\partial x}$，$\dfrac{\partial z}{\partial y}$.

解：方法 1　设 $F(x,y,z)=f(x^2-y^2,2xyz)$，则

$$F'_x=2xf'_1+2yzf'_2,\ F'_y=-2yf'_1+2xzf'_2,\ F'_z=2xyf'_2.$$

由导数计算公式可得

$$\frac{\partial z}{\partial x}=-\frac{2xf'_1+2yzf'_2}{2xyf'_2}=-\frac{xf'_1+yzf'_2}{xyf'_2},$$

$$\frac{\partial z}{\partial y}=-\frac{-2yf'_1+2xzf'_2}{2xyf'_2}=\frac{yf'_1-xzf'_2}{xyf'_2}.$$

方法 2　方程两边取全微分

$$f'_1\cdot\mathrm{d}(x^2-y^2)+f'_2\cdot\mathrm{d}(2xyz)=0,$$

即

$$f'_1(2x\mathrm{d}x-2y\mathrm{d}y)+f'_2(2yz\mathrm{d}x+2xz\mathrm{d}y+2xy\mathrm{d}z)=0.$$

解得

$$\mathrm{d}z=-\frac{xf'_1+yzf'_2}{xyf'_2}\mathrm{d}x+\frac{yf'_1-xzf'_2}{xyf'_2}\mathrm{d}y.$$

因此有

$$\frac{\partial z}{\partial x}=-\frac{xf_1'+yzf_2'}{xyf_2'},\ \frac{\partial z}{\partial y}=\frac{yf_1'-xzf_2'}{xyf_2'}.$$

【练习】7.1.15 设$\begin{cases}xu-yv=0,\\ yu+xv=1,\end{cases}$求$\frac{\partial u}{\partial x}$，$\frac{\partial u}{\partial y}$，$\frac{\partial v}{\partial x}$，$\frac{\partial v}{\partial y}$.

解： 方程组确定隐函数 $u=u(x,y)$，$v=v(x,y)$. 方程组两边分别对 x 求偏导，得

$$\begin{cases}u+x\frac{\partial u}{\partial x}-y\frac{\partial v}{\partial x}=0,\\ y\frac{\partial u}{\partial x}+v+x\frac{\partial v}{\partial x}=0.\end{cases}$$

解得

$$\frac{\partial u}{\partial x}=-\frac{xu+yv}{x^2+y^2},\ \frac{\partial v}{\partial x}=\frac{yu-xv}{x^2+y^2}.$$

类似地，方程组两边分别对 y 求偏导，有

$$\begin{cases}x\frac{\partial u}{\partial y}-v-y\frac{\partial v}{\partial y}=0,\\ u+y\frac{\partial u}{\partial y}+x\frac{\partial v}{\partial y}=0.\end{cases}$$

解得

$$\frac{\partial u}{\partial y}=\frac{xv-yu}{x^2+y^2},\ \frac{\partial v}{\partial y}=-\frac{xu+yv}{x^2+y^2}.$$

【练习】7.1.16 求下列函数导数.

（1）设 $z=\mathrm{e}^{x-2y}$，$x=\sin t$，$y=t^3$，求$\frac{\mathrm{d}z}{\mathrm{d}t}$.

解：

$$\frac{\mathrm{d}z}{\mathrm{d}t}=\frac{\partial z}{\partial x}\frac{\mathrm{d}x}{\mathrm{d}t}+\frac{\partial z}{\partial y}\frac{\mathrm{d}y}{\mathrm{d}t}=\mathrm{e}^{x-2y}\cos t-6t^2\mathrm{e}^{x-2y}=(\cos t-6t^2)\mathrm{e}^{\sin t-2t^3}.$$

（2）设 $z=\arctan(xy)$，$y=\mathrm{e}^x$，求$\frac{\mathrm{d}z}{\mathrm{d}x}$.

解：

$$\frac{\mathrm{d}z}{\mathrm{d}x}=\frac{\partial z}{\partial x}+\frac{\partial z}{\partial y}\frac{\mathrm{d}y}{\mathrm{d}x}=\frac{y}{1+x^2y^2}+\frac{x}{1+x^2y^2}\mathrm{e}^x=\frac{y+x\mathrm{e}^x}{1+x^2y^2}=\frac{(1+x)\mathrm{e}^x}{1+x^2\mathrm{e}^2x}.$$

【练习】7.1.17 设 $z=f\left(2x,\frac{x}{y}\right)$，其中 f 具有二阶连续偏导数，求$\frac{\partial^2 z}{\partial x^2}$，$\frac{\partial^2 z}{\partial y^2}$.

解： 由$\frac{\partial z}{\partial x}=2f_1'+\frac{1}{y}f_2'$，得

$$\frac{\partial^2 z}{\partial x^2}=2\left(f''_{11}\cdot 2+\frac{1}{y}f''_{12}\right)+\frac{1}{y}\left(f''_{21}\cdot 2+\frac{1}{y}f''_{22}\right)=4f''_{11}+\frac{4}{y}f''_{12}+\frac{1}{y^2}f''_{22}.$$

又由$\frac{\partial z}{\partial y}=-\frac{x}{y^2}f'_2$，得

$$\frac{\partial^2 z}{\partial y^2}=\frac{2x}{y^3}f'_2-\frac{x}{y^2}\cdot\left(-\frac{x}{y^2}\right)f''_{22}=\frac{2x}{y^3}f'_2+\frac{x^2}{y^4}f''_{22}.$$

【练习】7.1.18　设 $u=yf\left(\frac{x}{y}\right)+xg\left(\frac{y}{x}\right)$，其中 f，g 具有二阶连续导数，求 $x\frac{\partial^2 u}{\partial x^2}+y\frac{\partial^2 u}{\partial x\partial y}$.

解：在 u 两边关于 x 求导数，有

$$\frac{\partial u}{\partial x}=yf'\cdot\frac{1}{y}+g+x\cdot g'\cdot\left(-\frac{y}{x^2}\right)=f'+g-\frac{y}{x}g'.$$

于是

$$\frac{\partial^2 u}{\partial x^2}=f''\cdot\frac{1}{y}+g'\cdot\left(-\frac{y}{x^2}\right)+\frac{y}{x^2}\cdot g'-\frac{y}{x}g''\cdot\left(-\frac{y}{x^2}\right)=\frac{1}{y}f''+\frac{y^2}{x^3}g'',$$

$$\frac{\partial^2 u}{\partial x\partial y}=f''\cdot\left(-\frac{x}{y^2}\right)+g'\cdot\frac{1}{x}-\frac{1}{x}\cdot g'-\frac{y}{x}g''\cdot\frac{1}{x}=-\frac{x}{y^2}f''-\frac{y}{x^2}g''.$$

将上述两式代入整理，有

$$x\frac{\partial^2 u}{\partial x^2}+y\frac{\partial^2 u}{\partial x\partial y}=\frac{x}{y}f''+\frac{y^2}{x^2}g''-\frac{x}{y}f''-\frac{y^2}{x^2}g''=0.$$

【练习】7.1.19　设 $y=f(x,t)$，$F(x,y,t)=0$，其中 f，F 都具有一阶连续偏导数，证明：

$$\frac{\mathrm{d}y}{\mathrm{d}x}=\frac{f'_xF'_t-f'_tF'_x}{f'_tF'_y+F'_t}.$$

证明：方程组两端分别对 x 求导得$\begin{cases}y'_x-f'_x-f'_t\cdot t'_x=0,\\ F'_x+F'_y\cdot y'_x+F'_t\cdot t'_x=0,\end{cases}$解得

$$y'_x=\frac{\mathrm{d}y}{\mathrm{d}x}=\frac{\begin{vmatrix}f'_x & -f'_t\\ -F'_x & F'_t\end{vmatrix}}{\begin{vmatrix}1 & -f'_t\\ F'_y & F'_t\end{vmatrix}}=\frac{f'_xF'_t-f'_tF'_x}{f'_tF'_y+F'_t}.$$

【练习】7.1.20　计算极坐标变换 $x=r\cos\theta$，$y=r\sin\theta$ 的反变换的偏导数.

解：记 $J=\frac{\partial(x,y)}{\partial(r,\theta)}=\begin{vmatrix}\cos\theta & -r\sin\theta\\ \sin\theta & r\cos\theta\end{vmatrix}=r$. 所以

$$\frac{\partial r}{\partial x}=\frac{1}{J}\frac{\partial y}{\partial\theta}=\frac{1}{r}r\cos\theta=\cos\theta=\frac{x}{\sqrt{x^2+y^2}},$$

$$\frac{\partial\theta}{\partial x}=-\frac{1}{J}\frac{\partial y}{\partial r}=-\frac{1}{r}\sin\theta=-\frac{y}{x^2+y^2},$$

同样有$\frac{\partial r}{\partial y}=\frac{y}{\sqrt{x^2+y^2}}$，$\frac{\partial\theta}{\partial y}=\frac{x}{x^2+y^2}$.

7.1.5 方向导数与梯度

1. 方向导数. 函数在一点沿着某一方向的变化率，方向导数存在与连续无必然联系，如练习 7.1.21. 方向导数与偏导存在也无必然联系，如函数 $z=\sqrt{x^2+y^2}$在原点处.

(1) 若 $z=f(x,y)$，注意 $\Delta_l z$ 含义. 在点(x,y)沿 l 方向导数定义为

$$\frac{\partial z}{\partial l}=\lim_{\rho\to 0}\frac{f(x+\Delta x,y+\Delta y)-f(x,y)}{\rho},\ \rho=\sqrt{(\Delta x)^2+(\Delta y)^2}.$$

定理： 函数可微，则任何方向 l 上的方向导数都存在，若 $\vec{e}=(\cos\alpha,\cos\beta)$为 l 上的单位向量，有$\frac{\partial z}{\partial v}=\frac{\partial z}{\partial x}\cos\alpha+\frac{\partial z}{\partial y}\cos\beta$. 三元函数类似.

注 7.8 1. 当 l 与 x 轴正向同向$\left(\alpha=0,\ \beta=\frac{\pi}{2}\right)$时，即 $\vec{e}=\vec{i}$，此时 $\rho=\Delta x$，故$\frac{\partial z}{\partial l}=\frac{\partial z}{\partial \vec{i}}=\frac{\partial z}{\partial x}$. 当 l 与 x 轴正相反向时，$\vec{e}=-\vec{i}$，$\rho=|\Delta x|=-\Delta x$,

$$\frac{\partial z}{\partial l}=\frac{\partial z}{\partial(-\vec{i})}=\frac{\partial z}{\partial x}.$$

2. 当 l 与 y 轴正向同向时，$\frac{\partial z}{\partial l}=\frac{\partial z}{\partial \vec{j}}=\frac{\partial z}{\partial y}$. 当 l 与 y 轴正向反向时，$\frac{\partial z}{\partial l}=\frac{\partial z}{\partial(-\vec{j})}=\frac{\partial z}{\partial y}$.

(2) 等值面. $u(x,y,z)=C$. 了解数量场 u 在点 $P(x,y,z)$沿各个方向 l 的变化情况，借助方向导数$\frac{\partial u}{\partial l}$.

2. 数量场的梯度.

(1) 定义. 沿着坐标轴方向的导数组成的向量.

$$\operatorname{grad} u=\left\{\frac{\partial u}{\partial x},\frac{\partial u}{\partial y},\frac{\partial u}{\partial z}\right\}=\frac{\partial u}{\partial x}\vec{i}+\frac{\partial u}{\partial y}\vec{j}+\frac{\partial u}{\partial z}\vec{k}.$$

(2) f 在点 p_0 可微时，梯度方向是 f 的值增长最快的方向，变化率就是梯度的模. 函数的方向导数为梯度在该方向上的投影.

(3) 梯度的几何意义. 函数在一点的梯度垂直于该点等值面（或等值线），指向函数增大的方向. 梯度为等值线上的法向量.

注 7.9 1. $f(x,y)=\begin{cases}\dfrac{2xy^3}{x^2+y^2}, & x^2+y^2\neq 0,\\ 0, & x^2+y^2=0.\end{cases}$

在点$(0,0)$连续，各方向方向导数存在，偏导存在，但不可微.

2. $f(x,y)=\begin{cases}1, & 0<y<x^2,\\ 0, & \text{其他}.\end{cases}$

在点$(0,0)$不连续，任何方向方向导数存在.

3. $f(x,y)=\sqrt{x^2+y^2}$.

在点$(0,0)$偏导不存在，各方向方向导数存在.

【练习】7.1.21　二元函数$f(x,y)$在点(x_0,y_0)沿任何方向的方向导数都存在，问：f在这点是否连续？

答：考察函数$f(x,y)=\begin{cases}\dfrac{xy^2}{x^2+y^4}, & x^2+y^2\neq 0,\\ 0, & x^2+y^2=0,\end{cases}$在点$(0,0)$的情况. 它在任意方向上的方向导数为：

$$\left.\frac{\partial z}{\partial l}\right|_{(0,0)}=\lim_{\rho\to 0}\frac{z(\rho\cos\alpha,\rho\cos\beta)-z(0,0)}{\rho}$$

$$=\lim_{\rho\to 0}\frac{\cos\alpha\cos^2\beta}{\cos^2\alpha+\rho^2\cos^4\beta}=\begin{cases}\dfrac{\cos^2\beta}{\cos\alpha}, & \cos\alpha\neq 0,\\ 0, & \cos\alpha=0,\end{cases}$$

这一结果表明在点$(0,0)$处沿任意方向的方向导数都存在. 但是

$$\lim_{\substack{y=\sqrt{x}\\ x\to 0^+}} z=\lim_{x\to 0^+}\frac{x^2}{x^2+x^2}=\frac{1}{2}\neq z(0,0),$$

即函数在该点不连续.

【练习】7.1.22　求$z=1-\left(\dfrac{x^2}{a^2}+\dfrac{y^2}{b^2}\right)$，在点$\left(\dfrac{a}{\sqrt{2}},\ \dfrac{b}{\sqrt{2}}\right)$处沿曲线$\dfrac{x^2}{a^2}+\dfrac{y^2}{b^2}=1$在此点内法线方向上的方向导数.

解：设$F(x,y)=\dfrac{x^2}{a^2}+\dfrac{y^2}{b^2}-1$，则曲线在点$\left(\dfrac{a}{\sqrt{2}},\dfrac{b}{\sqrt{2}}\right)$处的法向量为

$$\vec{n}=\{F'_x,F'_y\}\Big|_{\left(\frac{a}{\sqrt{2}},\frac{b}{\sqrt{2}}\right)}=\left.\left\{\frac{2x}{a^2},\frac{2y}{b^2}\right\}\right|_{\left(\frac{a}{\sqrt{2}},\frac{b}{\sqrt{2}}\right)}=\left\{\frac{\sqrt{2}}{a},\frac{\sqrt{2}}{b}\right\}.$$

曲线在该点处的内法线的单位向量为$\vec{e}=-\overrightarrow{n^0}=\left\{-\dfrac{b}{\sqrt{a^2+b^2}},-\dfrac{a}{\sqrt{a^2+b^2}}\right\}$，

$$\operatorname{grad} z\left(\frac{a}{\sqrt{2}},\frac{b}{\sqrt{2}}\right)=\left.\left\{\frac{\partial z}{\partial x},\frac{\partial z}{\partial y}\right\}\right|_{\left(\frac{a}{\sqrt{2}},\frac{b}{\sqrt{2}}\right)}$$

$$=\left.\left\{-\frac{2x}{a^2},-\frac{2y}{b^2}\right\}\right|_{\left(\frac{a}{\sqrt{2}},\frac{b}{\sqrt{2}}\right)}=\left\{-\frac{\sqrt{2}}{a},-\frac{\sqrt{2}}{b}\right\},$$

故

$$\left.\frac{\partial z}{\partial \vec{e}}\right|_{\left(\frac{a}{\sqrt{2}},\frac{b}{\sqrt{2}}\right)}=\operatorname{grad} z\left(\frac{a}{\sqrt{2}},\frac{b}{\sqrt{2}}\right)\cdot \vec{e}$$

$$=\left\{-\frac{\sqrt{2}}{a},-\frac{\sqrt{2}}{b}\right\}\cdot\left\{-\frac{b}{\sqrt{a^2+b^2}},-\frac{a}{\sqrt{a^2+b^2}}\right\}=\frac{\sqrt{2(a^2+b^2)}}{ab}.$$

【练习】7.1.23 设 $z=f(x,y)$，其中 f 具有一阶连续偏导数，已知四点 $A(1,3)$，$B(3,3)$，$C(1,7)$，$D(6,15)$，如果 $f(x,y)$ 在点 A 处沿 $\overrightarrow{AB}$ 方向的方向导数等于 3，沿 $\overrightarrow{AC}$ 方向的方向导数等于 26，求 $f(x,y)$ 在 A 处沿 $\overrightarrow{AD}$ 方向的方向导数.

解： $\overrightarrow{AB}=\{2,0\}$，$\overrightarrow{AC}=\{0,4\}$，所以与 $\overrightarrow{AB}$、$\overrightarrow{AC}$ 同方向的单位向量分别是 x 轴正向单位向量、y 轴正向单位向量，根据偏导数与方向导数之间的关系：$\left.\frac{\partial z}{\partial \vec{x}}\right|_A=3$，$\left.\frac{\partial z}{\partial \vec{y}}\right|_A=26$. 与 $\overrightarrow{AD}=\{5,12\}$ 同向的单位向量是 $\vec{l}^0=\left\{\frac{5}{13},\frac{12}{13}\right\}$，故所求方向导数为 $\left.\frac{\partial z}{\partial \vec{l}}\right|_A=3\times\frac{5}{13}+26\times\frac{12}{13}+=\frac{327}{13}$.

【练习】7.1.24 求数量场 $u=\frac{x}{x^2+y^2+z^2}$ 在点 $A(1,2,2)$ 及点 $B(-3,1,0)$ 处的梯度之间的夹角.

解：

$$\frac{\partial u}{\partial x}=\frac{-x^2+y^2+z^2}{(x^2+y^2+z^2)^2},\ \frac{\partial u}{\partial y}=\frac{-2xy}{(x^2+y^2+z^2)^2},\ \frac{\partial u}{\partial z}=\frac{-2xz}{(x^2+y^2+z^2)^2},$$

在点 A 处：

$$\frac{\partial u}{\partial x}=\frac{7}{81},\ \frac{\partial u}{\partial y}=-\frac{4}{81},\ \frac{\partial u}{\partial z}=-\frac{4}{81}.$$

在点 B 处：

$$\frac{\partial u}{\partial x}=-\frac{4}{50},\ \frac{\partial u}{\partial y}=\frac{3}{50},\ \frac{\partial u}{\partial z}=0.$$

所以

$$\operatorname{grad} u\,|_A=\left\{\frac{7}{81},-\frac{4}{81},-\frac{4}{81}\right\}\triangleq\vec{a},\ \operatorname{grad} u\,|_B=\left\{-\frac{4}{50},\frac{5}{50},0\right\}\triangleq\vec{b},$$

$$\cos\langle\vec{a},\vec{b}\rangle=\frac{\vec{a}\cdot\vec{b}}{|\vec{a}|\cdot|\vec{b}|}=-\frac{8}{9},$$

故 $\langle\vec{a},\vec{b}\rangle=\arccos\left(-\frac{8}{9}\right)$.

【练习】7.1.25 设数量场 $z=\frac{1}{2}\ln(x^2+y^2)$，求 $\operatorname{grad} z$，并证明此数量场的等值线上任一点 (x,y) 处的切线与 $\operatorname{grad} z$ 垂直.

证明：

$$\operatorname{grad} z=\left\{\frac{\partial z}{\partial x},\frac{\partial z}{\partial y}\right\}=\left\{\frac{x}{x^2+y^2},\frac{y}{x^2+y^2}\right\}\triangleq\vec{g}.$$

数量场的等值线为$\frac{1}{2}\ln(x^2+y^2)=C$，即 $x^2+y^2=R^2$.

上式两端对 x 求导得 $2x+2y\frac{\mathrm{d}y}{\mathrm{d}x}=0$，故有$\frac{\mathrm{d}y}{\mathrm{d}x}=-\frac{x}{y}$，而等值线上任一点$(x,y)$处切线的切向量 $\vec{T}=\left\{1,\frac{\mathrm{d}y}{\mathrm{d}x}\right\}=\left\{1,-\frac{x}{y}\right\}$，由于 $\vec{g}\cdot\vec{T}=\left\{\frac{x}{x^2+y^2},\frac{y}{x^2+y^2}\right\}$、$\left\{1,-\frac{x}{y}\right\}=0$，即 $\vec{g}\perp\vec{T}$，故等值线上任一点(x,y)处的切线与 $\operatorname{grad} z$ 垂直.

7.1.6　微分学在几何上的应用

回顾：已知平面光滑曲线 $y=f(x)$ 在点 (x_0,y_0) 有切线方程：

$$y-y_0=f'(x_0)(x-x_0).$$

法线方程：

$$y-y_0=-\frac{1}{f'(x_0)}(x-x_0).$$

若平面光滑曲线方程为 $F(x,y)=0$，因$\frac{\mathrm{d}y}{\mathrm{d}x}=-\frac{F_x(x,y)}{F_y(x,y)}$. 故在点$(x_0,y_0)$有切线方程：

$$F_x(x_0,y_0)(x-x_0)+F_y(x_0,y_0)(y-y_0)=0.$$

法线方程：

$$F_y(x_0,y_0)(x-x_0)-F_x(x_0,y_0)(y-y_0)=0.$$

1. 空间曲线的切线与法平面. 空间曲线以不同形式给出（如一般方程，参数方程），关键是求出**切向量.**

（1）曲线方程满足$\begin{cases}F(x,y,z)=0,\\G(x,y,z)=0.\end{cases}$在点 $P_0(x_0,y_0,z_0)$处切向量可写为

$$\vec{s}=\left(1,\left.\frac{\mathrm{d}y}{\mathrm{d}x}\right|_{P_0},\left.\frac{\mathrm{d}z}{\mathrm{d}x}\right|_{P_0}\right)\text{或}(\mathrm{d}x,\mathrm{d}y,\mathrm{d}z)\big|_{P_0}.$$

（2）曲线方程满足$(x(t),y(t),z(t))$. 在点 $P_0(x_0,y_0,z_0)_{t0}$ 处切向量可写为

$$\vec{s}=(x'(t_0),y'(t_0),z'(t_0))\text{或}(\mathrm{d}x,\mathrm{d}y,\mathrm{d}z)\big|_{P_0}.$$

2. 向量函数与曲线运动.

（1）定义. 称$\vec{A}(t)=\{\varphi(t),\psi(t),\omega(t)\}$为向量函数，其中 $\varphi(t)$，$\psi(t)$，$\omega(t)$都是定义在区间 $[\alpha,\beta]$ 的函数.

向量值函数极限，四则运算，连续，可导，积分等.

（2）空间曲线的向量表示.

设空间曲线的参数方程为：$L\begin{cases}x=\varphi(t),\\ y=\psi(t),\\ z=\omega(t),\end{cases}\alpha\leqslant t\leqslant\beta$，引进向量函数

$$\vec{r}(t)=\{\varphi(t),\psi(t),\omega(t)\},$$

则当 t 由 α 变到 β 时，$\vec{r}(t)$ 的轨迹就是曲线 L：$\vec{r}(t)$ 称为曲线 L 的向量方程.

3. 曲面的切平面与法线. 空间曲面以不同形式给出（如显函数，隐函数），关键是求出**法向量.**

（1）$z=f(x,y)$，注意其他曲面表现形式，如 $y=f(z,x)$，$x=f(y,z)$.

$$\vec{n}=\left(\left.\frac{\partial z}{\partial x}\right|_{(x_0,y_0)},\left.\frac{\partial z}{\partial y}\right|_{(x_0,y_0)},-1\right).$$

（2）$F(x,y,z)=0$.

$$\vec{n}=\operatorname{grad}F(x_0,y_0,z_0).$$

切平面定义、求法.

曲面 S 上过点 P_0 的任何曲线在该点的切线都在同一平面上，此平面即为曲面 S 在该点的**切平面.**

求法：切点坐标，法向量按平面点法式方程组装.

【练习】7.1.26 求曲线 $x=a\sin^2 t$，$y=b\sin t\cos t$，$z=c\cos^2 t$ 在 $t=\dfrac{\pi}{3}$ 处的切线方程（a，b，c 为常数）.

解：曲线的切向量为 $\vec{T}=\{a\sin 2t,b\cos 2t,-c\sin 2t\}$，当 $t=\dfrac{\pi}{3}$ 时，对应曲线上的点为 $\left(\dfrac{3}{4}a,\dfrac{\sqrt{3}}{4}b,\dfrac{1}{4}c\right)$，过此点切线的切向量为 $\left\{\dfrac{\sqrt{3}}{2}a,-\dfrac{1}{2}b,-\dfrac{\sqrt{3}}{2}c\right\}$，故所求切线方程为

$$\frac{x-\frac{3}{4}a}{\frac{\sqrt{3}}{2}a}=\frac{y-\frac{\sqrt{3}}{4}b}{-\frac{1}{2}b}=\frac{z-\frac{1}{4}c}{-\frac{\sqrt{3}}{2}c},$$

即

$$\frac{x-\frac{3}{4}a}{\sqrt{3}a}=\frac{y-\frac{\sqrt{3}}{4}b}{-b}=\frac{z-\frac{1}{4}c}{-\sqrt{3}c}.$$

【练习】7.1.27 求曲线 $\begin{cases}x^2+y^2+z^2=6,\\ x+y+z=0\end{cases}$ 在点 $(1,-2,1)$ 处的切线及法平面方程.

解：方程组两端分别对 x 求导得

$$\begin{cases}2x+2y\dfrac{dy}{dx}+2z\dfrac{dz}{dx}=0,\\1+\dfrac{dy}{dx}+\dfrac{dz}{dx}=0.\end{cases}$$

将点(1，−2,1)代入有

$$\begin{cases}2-4\dfrac{dy}{dx}+2\dfrac{dz}{dx}=0,\\1+\dfrac{dy}{dx}+\dfrac{dz}{dx}=0,\end{cases}\quad 解得:\frac{dy}{dx}=0,\ \frac{dz}{dx}=-1.$$

故曲线在点(1，−2,1)处的切向量为 $\vec{T}=\{1,0,-1\}$，所求的切线方程为

$$\frac{x-1}{1}=\frac{y+2}{0}=\frac{z-1}{-1},$$

所求的法平面方程为

$$1\times(x-1)+0\times(y+2)+(-1)\times(z-1)=0,$$

即 $x-z=0$.

【练习】7.1.28　求由曲线 $\begin{cases}3x^2+2y^2=12,\\z=0\end{cases}$ 绕 y 轴旋转一周所成的旋转曲面在点 $(0,\sqrt{3},\sqrt{2})$ 处指向外侧的单位法向量.

解：曲线 $\begin{cases}3x^2+2y^2=12,\\z=0\end{cases}$ 绕 y 轴旋转一周所成的旋转曲面为

$$3(x^2+z^2)+2y^2=12,$$

此曲面在点 $(0,\sqrt{3},\sqrt{2})$ 处指向外侧的法向量

$$\vec{n}=\{6x,4y,6z\}_{(0,\sqrt{3},\sqrt{2})}=\{0,4\sqrt{3},6\sqrt{2}\},$$

所以单位法向量为 $\vec{n}^0=\left\{0,\dfrac{2}{\sqrt{10}},\dfrac{3}{\sqrt{15}}\right\}$ 或 $\vec{n}^0=\left\{0,\sqrt{\dfrac{2}{5}},\sqrt{\dfrac{3}{5}}\right\}$.

7.1.7　二元函数的泰勒公式

二元函数 $z=f(x,y)$ 的 n 阶泰勒公式及余项.

$$\begin{aligned}f(x_0+h,y_0+k)=&f(x_0,y_0)+\left(h\frac{\partial}{\partial x}+k\frac{\partial}{\partial y}\right)f(x_0,y_0)+\\&\frac{1}{2!}\left(h\frac{\partial}{\partial x}+k\frac{\partial}{\partial y}\right)^2f(x_0,y_0)+\cdots+\\&\frac{1}{n!}\left(h\frac{\partial}{\partial x}+k\frac{\partial}{\partial y}\right)^nf(x_0,y_0)+R_n.\end{aligned}$$

其中

$$\left(h\frac{\partial}{\partial x}+k\frac{\partial}{\partial y}\right)^n f(x_0,y_0)=\sum_{r=0}^{n}C_n^r\frac{\partial^n f(x_0,y_0)}{\partial x^r\partial y^{n-r}}h^r k^{n-r},$$

R_n 称为 n 阶泰勒公式的**拉格朗日型余项.**

$$\begin{aligned}R_n&=\frac{1}{(n+1)!}\left(h\frac{\partial}{\partial x}+k\frac{\partial}{\partial y}\right)^{n+1}f(x_0+\theta h,y_0+\theta k)\\&=\frac{1}{(n+1)!}\sum_{r=0}^{n+1}C_{n+1}^r\frac{\partial^{n+1}f(x_0+\theta h,y_0+\theta k)}{\partial x^r\partial y^{n+1-r}}h^r k^{n+1-r}(0<\theta<1).\end{aligned}$$

也可以将 R_n 写成 $o(\rho^n)$，其中 $\rho=\sqrt{h^2+k^2}$，称为 n 阶泰勒公式的**皮亚诺型余项.** 当 $(x_0,y_0)=(0,0)$ 时，泰勒公式又称为**麦克劳林公式.**

【练习】7.1.29 将 $f(x,y)=\sin(x^2+y^2)$ 展成二阶麦克劳林公式.（皮亚诺余项）

解： $f(0,0)=0$. $f'_x(x,y)=2x\cos(x^2+y^2)$，$f'_y(x,y)=2y\cos(x^2+y^2)$，可得：$f'_x(0,0)=f'_y(0,0)=0$.

$$f''_{xx}(x,y)=2\cos(x^2+y^2)-4x^2\sin(x^2+y^2),$$

$$f''_{yy}(x,y)=2\cos(x^2+y^2)-4y^2\sin(x^2+y^2),$$

$$f''_{xy}(x,y)=-4xy\sin(x^2+y^2),$$

由此得：$f''_{xx}(0,0)=f''_{yy}(0,0)=2$，$f''_{xy}(0,0)=0$. 从而，

$$\begin{aligned}f(x,y)&=f(0,0)+f'_x(0,0)x+f'_y(0,0)y+\\&\quad\frac{1}{2!}[f''_{xx}(0,0)x^2+2f''_{xy}(0,0)xy+f''_{yy}(0,0)y^2]+o(\rho^2)\\&=x^2+y^2+o(\rho^2).\end{aligned}$$

7.1.8 多元函数的极值

1. 多元函数的极值. 必要条件和充分条件.

(1) 极值点的必要条件：偏导存在的极值点一定是驻点.

定理（必要条件）： 函数 $z=f(x,y)$ 在点 (x_0,y_0) 存在偏导数，且在该点取得极值，则有

$$f'_x(x_0,y_0)=0,\ f'_y(x_0,y_0)=0.$$

(2) 极值存在的充分条件. 判别式，极值可疑点（驻点，偏导不存在点）. 求极值步骤（从极值可疑点出发）.

定理（极值的充分条件）： 设函数 $f(x,y)$ 在驻点 (x_0,y_0) 的某邻域内有二阶连续偏导数，记 $f''_{xx}(x_0,y_0)=A$，$f''_{xy}(x_0,y_0)=B$，$f''_{yy}(x_0,y_0)=C$，则有

(1) 当 $AC-B^2>0$，且 $A<0$ 时，$f(x_0,y_0)$ 是极大值；当 $AC-B^2>0$，且 $A>0$ 时，$f(x_0,y_0)$ 是极小值；

（2）当 $AC-B^2<0$ 时，$f(x_0,y_0)$ 不是极值；

（3）当 $AC-B^2=0$ 时，$f(x_0,y_0)$ 可能是极值，也可能不是极值，需另行讨论.

2. 最值的求法和最值可疑点. 最值可疑点包括三类. ①驻点；②偏导数不存在的点（可微函数无此类）；③区域边界点.

求最值步骤. 计算、比较可疑点处函数值，即可得最值.

3. 条件极值. 目标函数，约束条件.

（1）代入法. 将约束条件代入目标函数.

（2）**拉格朗日（Lagrange）乘数法**. 约束条件（多个），解方程关键：根据目标函数形式，方程两边同乘相应变量.

【练习】7.1.30　求 $x^2+y^2+z^2-2x+2y-4z-10=0$ 确定的函数 $z=f(x,y)$ 的极值.

解：方程两边分别对 x，y 求导得

$$2x+2z\frac{\partial z}{\partial x}-2-4\frac{\partial z}{\partial x}=0,（1）\quad 2y+2z\frac{\partial z}{\partial x}+2-4\frac{\partial z}{\partial x}=0.（2）$$

令 $\frac{\partial z}{\partial x}=0$，$\frac{\partial z}{\partial y}=0$，解得：$x=1$，$y=-1$，代入原方程得 $z=6$ 或 $z=-2$，即得到两个驻点：$M(1,-1,6)$，$N(1,-1,-2)$.

由式（1）、式（2）整理得 $\frac{\partial z}{\partial x}=\frac{x-1}{2-z}$，$\frac{\partial z}{\partial y}=\frac{y+1}{2-z}$，故

$$A=\frac{\partial^2 z}{\partial x^2}=\frac{(2-z)-(x-1)\left(-\frac{\partial z}{\partial x}\right)}{(2-z)^2},$$

$$B=\frac{\partial^2 z}{\partial x\partial y}=\frac{-(x-1)\frac{\partial z}{\partial y}}{(2-z)^2},$$

$$C=\frac{\partial^2 z}{\partial y^2}=\frac{(2-z)-(y+1)\left(-\frac{\partial z}{\partial y}\right)}{(2-z)^2}.$$

在点 M 处，$A=-\frac{1}{4}$，$B=0$，$C=-\frac{1}{4}$，$AC-B^2=\frac{1}{16}>0$，且 $A<0$，故 $z=6$ 是极大值；点 N 处，$A=\frac{1}{4}$，$B=0$，$C=\frac{1}{4}$，$AC-B^2=\frac{1}{16}>0$，且 $A>0$，故 $z=-2$ 是极小值；

【练习】7.1.31　在 xOy 面上求一点，使它到 x 轴、y 轴及直线 $x+2y+6=0$ 的距离的平方和最小.

解：设 $M(x,y)$ 为 xOy 面上的一点，则 M 到 x 轴、y 轴及已知直线的距离分别为 $|y|$，$|x|$，$\frac{1}{\sqrt{5}}|x+2y+6|$，由题意，需求 $z=x^2+y^2+\frac{1}{5}(x+2y+6)^2$ 的最小值. 令

$$z'_x=2x+\frac{2}{5}(x+2y+6)=0,\ z'_y=2y+\frac{4}{5}(x+2y+6)=0,$$

解得唯一驻点$\left(-\frac{3}{5},-\frac{6}{5}\right)$，由问题的实际意义知：$z$必有最小值，故点$\left(-\frac{3}{5},-\frac{6}{5}\right)$为所求的点，而$z_{\min}=z\left(-\frac{3}{5},-\frac{6}{5}\right)=\frac{666}{125}$.

【练习】7.1.32 求抛物线$y=x^2$到直线$x-y-2=0$的最短距离.

解：设(x,y)是抛物线上任一点，它到已知直线的距离为$d=\frac{|x-y-2|}{\sqrt{2}}$，为计算简便设目标函数$f(x,y)=(x-y-2)^2$，将原问题转化为在条件$y=x^2$下求$f(x,y)$的最小值问题，故拉格朗日函数可写为

$$F(x,y)=(x-y-2)^2+\lambda(x^2-y).$$

则由

$$\begin{cases}F'_x=2(x-y-2)+2\lambda x=0,\\ F'_y=-2(x-y-2)-\lambda=0,\\ y=x^2\end{cases}$$

解得驻点：$x=\frac{1}{2}$，$y=\frac{1}{4}$.

由问题的实际意义知：d有最小值，因而$f(x,y)$有最小值，又$F(x,y)$有唯一的驻点，在点$\left(\frac{1}{2},\frac{1}{4}\right)$处$d$取得最小值：$d_{\min}=d\left(\frac{1}{2},\frac{1}{4}\right)=\frac{7}{4\sqrt{2}}$.

【练习】7.1.33 求曲线$\begin{cases}z=x^2+2y^2,\\ z=6-2x^2-y^2\end{cases}$上点的$z$坐标的最小值和最大值.

解：将曲线方程改写为$\begin{cases}z=x^2+2y^2,\\ x^2+2y^2=6-2x^2-y^2,\end{cases}$即$\begin{cases}z=x^2+2y^2,\\ x^2+y^2=2.\end{cases}$故目标函数为$z=x^2+2y^2$，约束条件为$x^2+y^2-2=0$，设拉格朗日函数$F=x^2+2y^2+\lambda(x^2+y^2-2)$，则令

$$\begin{cases}F'_x=2x+2\lambda x=2x(1+\lambda)=0,\\ F'_y=4y+2\lambda y=2y(2+\lambda)=0,\\ x^2+y^2=2,\end{cases}\text{解得}\begin{cases}\lambda=-1,\\ y=0,\\ x=\pm\sqrt{2},\end{cases}\quad\begin{cases}\lambda=-2,\\ x=0,\\ y=\pm\sqrt{2}.\end{cases}$$

而$z(0,\pm\sqrt{2})=4$，$z(\pm\sqrt{2},0)=2$，由问题的实际意义知：z坐标必有最小值和最大值. 故$z_{\max}=z(0,\pm\sqrt{2})=4$，$z_{\min}=z(\pm\sqrt{2},0)=2$.

7.2 综合例题

【例】7.2.1 求极限$\lim\limits_{(x,y)\to(0,0)}\frac{\arcsin(x^4+y^4)}{x^2+y^2}$.

解：由于 $\arcsin u \sim u$，$u\to 0$，因此

$$\lim_{(x,y)\to(0,0)}\left|\frac{\arcsin(x^4+y^4)}{x^2+y^2}\right|=\lim_{(x,y)\to(0,0)}\left|\frac{x^4+y^4}{x^2+y^2}\right|.$$

而 $|x^4+y^4|\leqslant(x^2+y^2)^2$，因此

$$\lim_{(x,y)\to(0,0)}\left|\frac{x^4+y^4}{x^2+y^2}\right|\leqslant\lim_{(x,y)\to(0,0)}(x^2+y^2)=0,$$

从而

$$\lim_{(x,y)\to(0,0)}\frac{\arcsin(x^4+y^4)}{x^2+y^2}=0.$$

【例】7.2.2　证明函数 $z=\begin{cases}\dfrac{\rho}{\theta}, & 0<\theta<2\pi,\\ 0, & \theta=0\end{cases}$ 在点(0,0)处沿每条射线极限存在，但在点(0,0)处极限不存在.

证明：在点(0,0)处沿每条射线，函数 z 极限都为0. 考虑函数 z 在点(0,0)处整体的极限，若极限存在，则必为0. 但由二元函数在一点处极限的定义，对于给定的 $\varepsilon>0$，不存在 $\delta>0$，使得当 $\rho<\delta$ 时，函数 z 和0的距离小于 ε. 所以函数 z 在点(0,0)处极限不存在.

【例】7.2.3　设 $f(x,y)=\dfrac{xy}{x^2+y^2}$，$(x,y)\neq(0,0)$，问：当 $(x,y)\to(0,0)$ 时，$f(x,y)$ 是否存在极限？

解：取 $y=kx$，则

$$\lim_{x\to0}f(x,kx)=\lim_{x\to0}\frac{kx^2}{(1+k^2)x^2}=\frac{k}{1+k^2},$$

这说明自变量沿射线 $y=kx$ 趋于(0,0)时，$f(x,y)$ 的极限依赖于射线的选取，从而 $\lim\limits_{(x,y)\to(0,0)}f(x,y)$ 不存在极限.

【例】7.2.4　讨论 $f(x,y)=\begin{cases}x\sin\dfrac{1}{y}, & xy\neq0,\\ 0, & xy=0\end{cases}$ 的连续性.

解：显然当 $(x_0,y_0)\in\mathbf{R}^2$ 且 $x_0y_0\neq0$ 时，$f(x,y)$ 在 (x_0,y_0) 连续. 又由于 $\left|x\sin\dfrac{1}{y}\right|<|x|$，于是

$$\lim_{(x,y)\to(0,y_0)}f(x,y)=0=f(0,y_0),$$

这说明 $f(x,y)$ 在 y 轴上连续.

当 $x_0\neq0$ 时，由于

$$\lim_{(x_0,y)\to(x_0,0)}f(x_0,y)=\lim_{(x,y)\to(x_0,0)}x\sin\frac{1}{y}$$

不存在，因此 $\lim\limits_{(x,y)\to(x_0,0)} f(x,y)$ 也不存在，因此 $f(x,y)$ 在 $\mathbf{R}^2$ 中的不连续点集是正负实轴构成的集合.

【例】7.2.5　设 $f(x,y)=\tan\dfrac{x^2}{y}$，求 $\dfrac{\partial f(0,1)}{\partial x}$ 及 $\dfrac{\partial f(0,1)}{\partial y}$.

解：

$$\frac{\partial f(0,1)}{\partial x}=(\tan x^2)'\big|_{x=0}=2x\sec^2 x^2\big|_{x=0}=0,$$

$$\frac{\partial f(0,1)}{\partial y}=(0)'\big|_{y=1}=0.$$

【例】7.2.6　设 $u=\mathrm{e}^{x^2+y^2+z^2}$，$z=x^2\sin y$，求 $\dfrac{\partial u}{\partial x}$，$\dfrac{\partial u}{\partial y}$.

解：

$$\begin{aligned}\frac{\partial u}{\partial x}&=\frac{\partial u}{\partial x}+\frac{\partial u}{\partial z}\cdot\frac{\partial z}{\partial x}\\&=2x\mathrm{e}^{x^2+y^2+z^2}+\mathrm{e}^{x^2+y^2+z^2}(2z)(2x\sin y)\\&=2x(1+2x^2\sin^2 y)\mathrm{e}^{x^2+y^2+z^2},\end{aligned}$$

$$\begin{aligned}\frac{\partial u}{\partial y}&=\frac{\partial u}{\partial y}+\frac{\partial u}{\partial z}\cdot\frac{\partial z}{\partial y}\\&=2y\mathrm{e}^{x^2+y^2+z^2}+2zx^2\cos y\mathrm{e}^{x^2+y^2+z^2}\\&=(2y+x^4\sin 2y)\cdot\mathrm{e}^{x^2+y^2+z^2}.\end{aligned}$$

【例】7.2.7　设 $u=f\left(xy,\dfrac{y}{x},yz\right)$，并设 f 是可微函数，求 $\dfrac{\partial u}{\partial x}$，$\dfrac{\partial u}{\partial y}$ 和 $\dfrac{\partial u}{\partial z}$.

解：

$$\frac{\partial u}{\partial x}=f_1'\frac{\partial(xy)}{\partial x}+f_2'\frac{\partial\left(\dfrac{y}{x}\right)}{\partial x}=yf_1'-\frac{y}{x^2}f_2',$$

$$\frac{\partial u}{\partial y}=f_1'\frac{\partial(xy)}{\partial y}+f_2'\frac{\partial\left(\dfrac{y}{x}\right)}{\partial y}+f_3'\frac{\partial(yz)}{\partial y}=xf_1'+\frac{1}{x}f_2'+zf_3'.$$

$$\frac{\partial u}{\partial z}=f_3'\frac{\partial(yz)}{\partial z}=yf_3'.$$

【例】7.2.8　设 $f(x,y)=\arcsin\dfrac{x}{\sqrt{x^2+y^2}}$，求 $f_x'(x,y)$ 及 $f_y'(x,y)$.

解：

$$f'_x(x,y)=\frac{1}{\sqrt{1-\frac{x^2}{x^2+y^2}}}\cdot\frac{1}{x^2+y^2}\left(\sqrt{x^2+y^2}-\frac{x^2}{\sqrt{x^2+y^2}}\right)$$

$$=\frac{1}{\sqrt{y^2}}\cdot\frac{y^2}{x^2+y^2}=\frac{y\operatorname{sgn} y}{x^2+y^2},$$

同理，

$$f'_y(x,y)=\frac{1}{\sqrt{1-\frac{x^2}{x^2+y^2}}}\left(-\frac{xy}{(x^2+y^2)\frac{\frac{3}{2}}{2}}\right)=\frac{x\operatorname{sgn} x}{x^2+y^2}.$$

【例】7.2.9　设 $u=f\left(xy,\frac{y}{x}\right)$，求$\frac{\partial^2 u}{\partial x^2}$及$\frac{\partial u}{\partial x\partial y}$.

解：由$\frac{\partial u}{\partial x}=yf'_1-\frac{y}{x^2}f'_2$，得

$$\frac{\partial^2 u}{\partial x^2}=y^2f''_{11}-\frac{y^2}{x^2}f''_{12}-\frac{y^2}{x^2}f''_{12}+\frac{y^2}{x^4}f''_{22}+\frac{2y}{x^3}f'_2$$

$$=y^2f''_{11}-\frac{2y^2}{x^2}f''_{12}+\frac{y^2}{x^4}f''_2+\frac{2y}{x^3}f'_2.$$

$$\frac{\partial u}{\partial x\partial y}=f'_1+xyf''_{11}+\frac{y}{x}f''_{12}-\frac{1}{x^2}f'_2-\frac{xy}{x^2}f''_{12}-\frac{y}{x^3}f''_{22}$$

$$=xyf''_{11}-\frac{y}{x^3}f''_{22}+f'_1-\frac{1}{x^2}f'_2.$$

【例】7.2.10　设 $u=f(r)$，$r=\sqrt{x^2+y^2+z^2}$，假设 u 满足拉普拉斯方程，

$$\frac{\partial^2 u}{\partial x^2}+\frac{\partial^2 u}{\partial y^2}+\frac{\partial^2 u}{\partial z^2}=0,$$

求 $f(r)$ 的表达式.

解：直接计算，

$$\frac{\partial u}{\partial x}=f'(r)\frac{x}{r},\quad \frac{\partial^2 u}{\partial x^2}=f''(r)\frac{x^2}{r^2}+f'(r)\frac{r-\frac{x^2}{r}}{r^2}.$$

同理，

$$\frac{\partial^2 u}{\partial y^2}=f''(r)\frac{y^2}{r^2}+f'(r)\frac{r-\frac{y^2}{r}}{r^2},$$

$$\frac{\partial^2 u}{\partial z^2}=f''(r)\frac{z^2}{r^2}+f'(r)\frac{r-\frac{z^2}{r}}{r^2}.$$

由

$$\Delta u=f''(r)\frac{x^2+y^2+z^2}{r^2}+f'(r)\frac{3r^2-(x^2+y^2+z^2)}{r^3}=f''(r)+\frac{2}{r}f'(r)=0,$$

推出

$$[r^2f'(r)]'=r^2f''(r)+2rf'(r)=r^2\Delta u=0.$$

因此存在常数 C_1，使得 $f'(r)=\frac{C_1}{r^2}$，两边求积分得

$$f(r)=\frac{C_1}{r}+C_2,$$

其中 C_1，C_2 为常数.

【例】7.2.11 证明：函数

$$y(x,t)=\varphi(x+at)+\varphi(x-at)+\int_{x-at}^{x+at}f(z)\,\mathrm{d}z$$

满足方程 $\frac{\partial^2 y}{\partial t^2}=a^2\frac{\partial^2 y}{\partial x^2}$（其中 f，φ 可微）.

证明：直接计算函数 y 的偏导数，有

$$\frac{\partial y}{\partial x}=\varphi'(x+at)+\varphi'(x-at)+f(x+at)-f(x-at),$$

$$\frac{\partial^2 y}{\partial x^2}=\varphi''(x+at)+\varphi''(x-at)+f'(x+at)-f'(x-at),$$

$$\frac{\partial y}{\partial t}=a\varphi'(x+at)-a\varphi'(x-at)+af(x+at)+af(x-at),$$

$$\frac{\partial^2 y}{\partial t^2}=a^2\varphi''(x+at)+a^2\varphi''(x-at)+a^2f'(x+at)-a^2f'(x-at),$$

代入二阶导数，验证得

$$\frac{\partial^2 y}{\partial t^2}=a^2[\varphi''(x+at)+\varphi''(x-at)+f'(x+at)-f'(x-at)]=a^2\frac{\partial^2 y}{\partial x^2}.$$

【例】7.2.12 设 $z=f(x,y)=\sqrt{x^2+y^2}$，求 $f(x,y)$ 在 $(0,0)$ 处各个方向的方向导数.

解：设 $\boldsymbol{l}=(\cos\theta,\sin\theta)\quad(0\leqslant\theta<2\pi)$，则

$$\begin{aligned}\frac{\partial f(0,0)}{\partial \boldsymbol{l}}&=\lim_{t\to0^+}\frac{f(t\cos\theta,t\sin\theta)-f(0,0)}{t}\\&=\lim_{t\to0^+}\frac{\sqrt{t^2\cos^2\theta+t^2\sin^2\theta}}{t}\\&=\lim_{t\to0^+}\frac{t}{t}=1.\end{aligned}$$

【例】7.2.13 设

$$f(x,y)=\begin{cases}1, & y=x^2,\text{且}\, x\neq 0,\\ 0, & \text{其他}.\end{cases}$$

证明对任意方向$\boldsymbol{l}$，有$\dfrac{\partial f(0,0)}{\partial \boldsymbol{l}}=0$，但$f(x,y)$在$(0,0)$不连续.

证明：$\boldsymbol{l}$方向的直线在原点充分小的邻域与抛物线不交，此时$f(x,y)=0=f(0,0)$，因此$\dfrac{\partial f(0,0)}{\partial \boldsymbol{l}}=0$. 由于

$$\lim_{k\to\infty} f\left(\frac{1}{k},\frac{1}{k^2}\right)=1\neq f(0,0),$$

因此$f(x,y)$在$(0,0)$不连续.

【例】7.2.14　证明

$$f(x,y)=\begin{cases}(x^2+y^2)\sin\dfrac{1}{x^2+y^2}, & x^2+y^2\neq 0,\\ 0, & x^2+y^2=0\end{cases}$$

在$(0,0)$可微，但$f'_x(x,y)$及$f'_y(x,y)$在$(0,0)$不连续.

证明：显然$f'_x(0,0)=f'_y(0,0)=0$. 由于

$$f(\Delta x,\Delta y)=(\Delta x^2+\Delta y^2)\sin\frac{1}{\Delta x^2+\Delta y^2}=o(\rho)\quad(\rho\to 0).$$

因此$f(x,y)$在$(0,0)$可微.

当$(x,y)\neq(0,0)$时，

$$f'_x(x,y)=2x\sin\frac{1}{x^2+y^2}-\frac{2x}{x^2+y^2}\cos\frac{1}{x^2+y^2}.$$

取$y=0$，当$x\to 0$时，$f'_x(xy)$不存在极限，因此$f'_x(x,y)$在$(0,0)$不连续. 同理可证明，$f'_y(x,y)$在$(0,0)$也不连续.

【例】7.2.15　设$f(x,y)$有连续偏导数，用极坐标来表示$|\mathrm{grad} f(x,y)|^2$.

解：由$\begin{cases}x=r\cos\theta,\\ y=r\sin\theta\end{cases}$得

$$\frac{\partial f}{\partial x}=\frac{\partial f}{\partial r}\frac{\partial r}{\partial x}+\frac{\partial f}{\partial \theta}\frac{\partial \theta}{\partial x},\quad \frac{\partial f}{\partial y}=\frac{\partial f}{\partial r}\frac{\partial r}{\partial y}+\frac{\partial f}{\partial \theta}\frac{\partial \theta}{\partial y}.$$

由$r=\sqrt{x^2+y^2}$及$\theta=\arctan\dfrac{y}{x}$，（以第一象限为例）

$$\frac{\partial r}{\partial x}=\frac{x}{\sqrt{x^2+y^2}}=\cos\theta,\ \frac{\partial r}{\partial y}=\frac{y}{\sqrt{x^2+y^2}}=\sin\theta,$$

$$\frac{\partial \theta}{\partial x}=-\frac{y}{x^2+y^2}=-\frac{\sin\theta}{r},\ \frac{\partial \theta}{\partial y}=\frac{x}{x^2+y^2}=\frac{\cos\theta}{r}.$$

因此

$$|\operatorname{grad} f(x,y)|^2=\left(\frac{\partial f}{\partial x}\right)^2+\left(\frac{\partial f}{\partial y}\right)^2=\left(\frac{\partial f}{\partial r}\right)^2+\frac{1}{r^2}\left(\frac{\partial f}{\partial \theta}\right)^2.$$

【例】7.2.16 求 $f(x,y)=xe^x+y$ 在原点处所有四阶偏导数.

解： 由 xe^x+y 在 $(0,0)$ 处的泰勒公式有

$$xe^{x+y}=x\left\{1+\sum_{k=1}^{n}\frac{(x+y)^k}{k!}+o[(\sqrt{x^2+y^2})^n]\right\}\quad(\sqrt{x^2+y^2}\to 0).$$

令 $n=3$ 得

$$xe^{x+y}=x+x^2+xy+\frac{1}{2}(x^3+2x^2y+xy^2)+\frac{1}{6}(x^4+3x^3y+3x^2y^2+xy^3)+$$
$$o[(\sqrt{x^2+y^2})^4]\quad(\sqrt{x^2+y^2}\to 0).$$

则有

$$\frac{\partial^4 f(0,0)}{\partial x^4}=1,\ \frac{\partial^4 f(0,0)}{\partial x^3\partial y}=3,\ \frac{\partial^4 f(0,0)}{\partial x^2\partial y^2}=3,$$
$$\frac{\partial^4 f(0,0)}{\partial x\partial y^3}=1,\ \frac{\partial^4 f(0,0)}{\partial y^4}=0.$$

【例】7.2.17 已知 x，y，z 为实数，且 $e^x+y^2+|z|=3$，求证：$e^xy^2|z|\leqslant 1$.

分析：令 $u=e^x$，$v=y^2$，$w=|z|$，只需证明在条件

$$u+v+w=3(u>0,v\geqslant 0,w\geqslant 0)$$

下，函数 $T=uvw$ 的最大值为 1，由拉格朗日乘数法，也可以转化为无条件极值问题.

证明：方法 1（拉格朗日乘数法） 设 $F(u,v,w)=uvw+\lambda(u+v+w-3)$，则令

$$\begin{cases}F'_u=vw+\lambda=0,\\ F'_v=uw+\lambda=0,\\ F'_w=uv+\lambda=0,\\ u+v+w=3.\end{cases}$$

解得唯一驻点 $u=v=w=1$. 因为 $T\left(1,\frac{3}{2},\frac{1}{2}\right)=\frac{3}{4}$，而 $T(1,1,1)=1$，即 $T_{\max}=T(1,1,1)=1$，故 $uvw\leqslant 1$.

方法 2（无条件极值） 由 $u+v+w=3$，得 $w=3-u-v$，故

$$T=uvw=uv(3-u-v)=3uv-u^2v-uv^2.$$

令

$$\frac{\partial T}{\partial u}=3v-2uv-v^2=0,\ \frac{\partial T}{\partial v}=3u-2uv-u^2=0,$$

解得唯一驻点 $u=v=1$，又

$$A=\left.\frac{\partial^2 T}{\partial u^2}\right|_{(1,1)}=-2v=-2,$$

$$B=\left.\frac{\partial^2 T}{\partial u\partial v}\right|_{(1,1)}=3-2u-2v=-1,$$

$$C=\left.\frac{\partial^2 T}{\partial v^2}\right|_{(1,1)}=-2u=-2,$$

由于$AC-B^2=3>0$，$A<0$，故在点$(1,1)$取得极大值，由驻点的唯一性知：点$(1,1)$也是最大值点，而当$u=v=1$时，$w=1$，$T_{\max}=T(1,1,1)=1$.

【例】7.2.18　设n个正数之和为c，求它们乘积的最大值并证明对任何正数a_1，a_2，…，a_n，有

$$\sqrt[n]{a_1,a_2,\cdots,a_n}\leqslant\frac{a_1+a_2+\cdots+a_n}{n}.$$

解：设$f(x_1,x_2,\cdots,x_n)=\prod_{i=1}^{n}x_i$. 依题意，即要求$f(x_1,x_2,\cdots,x_n)$在约束条件$\sum_{i=1}^{n}x_i=c$且$x_i>0(1\leqslant i\leqslant n)$下的最大值.

作辅助函数$F(x_1,x_2,\cdots,x_n,\lambda)=\prod_{i=1}^{n}x_i+\lambda\left(\sum_{i=1}^{n}x_i-c\right)$. 求$F$的$n$个偏导数及$\frac{\partial F}{\partial\lambda}$，得方程组

$$\begin{cases}x_2x_3\cdots x_n+\lambda=0,\\x_1x_3\cdots x_n+\lambda=0,\\\cdots\\x_1x_2\cdots x_{n-1}+\lambda=0,\\\sum_{i=1}^{n}x_i=c.\end{cases}$$

解出$x_1=x_2=\cdots=x_n=\frac{c}{n}$，$\lambda=-\left(\frac{c}{n}\right)^{n-1}$. 由于$\left(\frac{c}{n},\frac{c}{n},\cdots,\frac{c}{n},-\left(\frac{c}{n}\right)^{n-1}\right)$是$F$的唯一稳定点，因此它为$F(x_1,x_2,\cdots,x_n,\lambda)$的极大值点. 从而$f$最大值为$\frac{c^n}{n^n}$，即

$$\sqrt[n]{a_1,a_2,\cdots,a_n}\leqslant\frac{a_1+a_2+\cdots+a_n}{n}.$$

【例】7.2.19　求曲线$\begin{cases}x^2-y^2+2z^2=2,\\x+y+z=3\end{cases}$在$(1,1,1)$处的切线方程.

解：曲面$x^2-y^2+2z^2=2$在$(1,1,1)$处的法向量为$(2,-2,4)$，因此在该点处的切平面方程为

$$2(x-1)-2(y-1)+4(z-1)=0,$$

即$x-y+2z=2$. 因此所求切线方程为

$$\begin{cases}x-y+2z=2,\\x+y+z=3.\end{cases}$$

【例】7.2.20 证明曲面S：$x^2+y^2+2xyz=4$与曲面族S_t：$2x+ty^2-(1+t)z^2=1$在$(1,1,1)$处正交.

解：令

$$F(x,y,z)=x^2+y^2+2xyz-4,$$
$$G_t(x,y,z)=2x+ty^2-(1+t)z^2-1.$$

则S在$(1,1,1)$处的法向量为$\left(\frac{\partial F(1,1,1)}{\partial x},\frac{\partial F(1,1,1)}{\partial y},\frac{\partial F(1,1,1)}{\partial z}\right)=(2,2,2)$，而$S_t$在$(1,1,1)$处的法向量为$\left(\frac{\partial G_t(1,1,1)}{\partial x},\frac{\partial G_t(1,1,1)}{\partial y},\frac{\partial G_t(1,1,1)}{\partial z}\right)=(2,2t,-2(1+t))$，

$$(2,2,2)(2,2t,-2(1+t))=0,$$

所以S与S_t在$(1,1,1)$总是正交的.

7.3 自测题

【练习】7.3.1 设$z=z(x,y)$是由方程$xz+e^z+\int_x^{2y}e^{t^2}dt=0$确定的可微函数，求$\frac{\partial z}{\partial x}$，$\frac{\partial z}{\partial y}$，$\frac{\partial^2 z}{\partial x\partial y}$.

【练习】7.3.2 证明曲面$xyz=m$（$m\neq 0$为常数）上任一点的切平面在各坐标轴上的截距之积为常数.

【练习】7.3.3 求函数$u=x^2+y^2+z^2$在约束条件$z=x^2+y^2$和$x+y+z=4$下的最大值，并验证曲线Γ：$\begin{cases}z=x^2+y^2,\\x+y+z=4\end{cases}$在上述取得最大值的点处的切向量与最大值点的向径正交.（提示：条件极值点的x坐标与y坐标相等）

【练习】7.3.4 设$f(x,y)=2x^3+xy-x^2-y^2$. 求$f(x,y)$的极值点和极值.

【练习】7.3.5 已知$e^z-xz=y$确定函数$z=z(x,y)$，求$\frac{\partial^2 z}{\partial x\partial y}$.

【练习】7.3.6 设M是椭圆$\begin{cases}2x^2-y^2+z^2=5,\\x+y=0\end{cases}$上的点，$\frac{\partial f}{\partial \vec{e}}$是函数$f(x,y,z)=x^2+y^2+z^2$在点$M$处沿方向$\vec{e}=(1,-1,1)$的方向导数，求使$\frac{\partial f}{\partial \vec{e}}$取得最大值和最小值的点$M$及$\frac{\partial f}{\partial \vec{e}}$的最大值和最小值.

【练习】7.3.7 设$z=f[xy,yg(x)]$，其中f具有二阶连续偏导数，函数$g(x)$可导，且在$x=1$处取得极值$g(1)=1$，求$\frac{\partial z}{\partial x}$，$\left.\frac{\partial^2 z}{\partial x\partial y}\right|_{\substack{x=1\\y=1}}$.

【练习】7.3.8　设 $x=u^2+v^2$，$y=2uv$，$z=u^2\ln v$，求$\frac{\partial z}{\partial x}$，$\frac{\partial z}{\partial y}$.

【练习】7.3.9　讨论函数

$$f(x,y)=\begin{cases}(x^2+y^2)\sin\frac{1}{x^2+y^2}, & x^2+y^2\neq 0,\\ 0, & x^2+y^2=0\end{cases}$$

在点(0,0)处偏导数的存在性、可微性及偏导函数的连续性.

【练习】7.3.10　设函数 $z=z(x,y)$ 由方程$\frac{x}{z}=\varphi\left(\frac{y}{z}\right)$所确定，其中 $\varphi(u)$ 具有二阶连续导数. 试证明：

（1）$x\frac{\partial z}{\partial x}+y\frac{\partial z}{\partial y}=z$；

（2）$\frac{\partial^2 z}{\partial x^2}\cdot\frac{\partial^2 z}{\partial y^2}=\left(\frac{\partial^2 z}{\partial x\partial y}\right)^2$.

自测题解答

【练习】7.3.1　解：等式关于 x 求导，有

$$z+x\frac{\partial z}{\partial x}+e^z\frac{\partial z}{\partial x}-e^{x2}=0\Rightarrow\frac{\partial z}{\partial x}=\frac{e^{x2}-z}{x+e^z}.$$

类似地，等式两边关于 y 求导，有

$$x\frac{\partial z}{\partial y}+e^z\frac{\partial z}{\partial y}+2e^{4y^2}=0\Rightarrow\frac{\partial z}{\partial y}=-\frac{2e^{4y^2}}{x+e^z}.$$

将上式关于 y 求导，得

$$\frac{\partial z}{\partial y}+x\frac{\partial^2 z}{\partial x\partial y}+e^z\frac{\partial z}{\partial y}\frac{\partial z}{\partial x}+e^z\frac{\partial^2 z}{\partial x\partial y}=0.$$

整理

$$\frac{\partial^2 z}{\partial x\partial y}=-\frac{\partial z/\partial y+e^z\,\partial z/\partial y\partial z}{\partial x}=\frac{2e^{4y^2}(x+e^z)+2e^{z+4y2}}{x+e^z}(e^{x^2}-z)(x+e^z)^3.$$

【练习】7.3.2　解：曲面上任一点 $P(x_0,y_0,z_0)$处的切平面法向量为

$$\vec{n}=\{y_0z_0,x_0z_0,x_0y_0\},$$

切平面

$$y_0z_0(x-x_0)+x_0z_0(y-y_0)+x_0y_0(z-z_0)=0,$$

即

$$y_0z_0x+x_0z_0y+x_0y_0z=3x_0y_0z_0.$$

在三坐标轴上截距分别为 x_0，$3y_0$，$3z_0$

$$3x_0 \cdot 3y_0 \cdot 3z_0 = 27x_0y_0z_0 = 27m.$$

【练习】7.3.3　解：构造拉格朗日函数 $F(x,y,z) = x^2 + y^2 + z^2 + \lambda(z - x^2 - y^2) + \mu(4 - x - y - z)$，

$$\begin{cases} F'_x = 2x - 2\lambda x - \mu = 0, \\ F'_y = 2y - 2\lambda y - \mu = 0, \\ F'_z = 2z + \lambda - \mu = 0, \\ z = x^2 + y^2, \\ x + y + z = 4. \end{cases}$$

得驻点：$(-2,-2,8)$，$(1,1,2)$，又 $u(-2,-2,8) = 72$，$u(1,1,2) = 6$，所以最大值为 $u_{\max} = 72$，最大值点为：$M(-2,-2,8)$. Γ 在上述最大值点 M 处的切向量为：

$$\vec{\tau} = (2x, 2y, -1)|_M \times (1,1,1) = (-4,-4,-1) \times (1,1,1) = (-3,3,0).$$

又点 M 的向径为：$\overrightarrow{OM} = (-2,-2,8)$，由于

$$\vec{\tau} \cdot \overrightarrow{OM} = (-3,3,0) \cdot (-2,-2,8) = 0,$$

因此 $\vec{\tau} \perp \overrightarrow{OM}$，即曲线 Γ 在上述取得最大值点处的切向量与最大值点的向径正交.

【练习】7.3.4　解：$\begin{cases} \dfrac{\partial f}{\partial x} = 6x^2 + y - 2x = 0, \\ \dfrac{\partial f}{\partial y} = x - 2y = 0. \end{cases}$ 得驻点：$(0,0)$，$\left(\dfrac{1}{4}, \dfrac{1}{8}\right)$. 又

$$\frac{\partial^2 f}{\partial x^2} = 12x - 2,\ \frac{\partial^2 f}{\partial x \partial y} = 1,\ \frac{\partial^2 f}{\partial y^2} = -2.$$

在点 $(0,0)$ 处：

$$A = \frac{\partial^2 f}{\partial x^2} = -2,\ B = \frac{\partial^2 f}{\partial x \partial y} = 1,\ C = \frac{\partial^2 f}{\partial y^2} = -2,$$

且 $B^2 - AC = -3 < 0$，$A = -2 < 0$，所以 $f(x,y)$ 在 $(0,0)$ 处取得极大值 $f_{\max} = 0$，$(0,0)$ 为极大值点.

同理在点 $\left(\dfrac{1}{4}, \dfrac{1}{8}\right)$ 处：

$$A = \frac{\partial^2 f}{\partial x^2} = 1,\ B = \frac{\partial^2 f}{\partial x \partial y} = 1,\ C = \frac{\partial^2 f}{\partial y^2} = -2,$$

且 $B^2 - AC = 3 > 0$，所以 $f(x,y)$ 在 $\left(\dfrac{1}{4}, \dfrac{1}{8}\right)$ 处不取极值.

【练习】7.3.5　解：等式两边关于 x 求导数，有

$$e^z \frac{\partial z}{\partial x} - z - x\frac{\partial z}{\partial x} = 0,$$

整理得

$$\frac{\partial z}{\partial x}=\frac{z}{e^z-x},$$

类似地

$$e^z\frac{\partial z}{\partial y}-x\frac{\partial z}{\partial y}=1\Rightarrow\frac{\partial z}{\partial y}=\frac{1}{e^z-x}.$$

于是

$$\frac{\partial^2 z}{\partial x\partial y}=\frac{\frac{\partial z}{\partial y}(e^z-x)-z\cdot e^z\frac{\partial z}{\partial y}}{(e^z-x)^2}=\frac{(e^z-x-ze^z)\frac{\partial z}{\partial y}}{(e^z-x)^2}=\frac{e^z-x-ze^z}{(e^z-x)^3}.$$

【练习】7.3.6　解：将向量(1，-1,1)单位化，有

$$\vec{e}=\left\{\frac{1}{\sqrt{3}},\frac{-1}{\sqrt{3}},\frac{1}{\sqrt{3}}\right\}.$$

由$f'_x=2x$，$f'_y=2y$，$f'_z=2z$，沿$\vec{e}$的方向导数可写作$\frac{\partial f}{\partial\vec{e}}=\frac{2}{\sqrt{3}}(x-y+z)$.

令$F(x,y,z)=x-y+z+\lambda(2x^2-y^2+z^2-5)+\mu(x+y)$，由拉格朗日乘数法，

$$\begin{cases}F'_x=1+4\lambda x+\mu=0,\\F'_y=-1-2\lambda y+\mu=0,\\F'_z=1+2\lambda z=0,\\2x^2-y^2+z^2=5,\\x+y=0.\end{cases}$$

解得$x=\mp2$，$y=\pm2$，$z=\mp1$．得两点$M_1(-2,2,-1)$，$M_2(2,-2,1)$.

$$\left.\frac{\partial f}{\partial\vec{e}}\right|_{M_1}=-\frac{10}{\sqrt{3}},\ \left.\frac{\partial f}{\partial\vec{e}}\right|_{M_2}=\frac{10}{\sqrt{3}}.$$

由于$\frac{\partial f}{\partial\vec{e}}$在曲线上有最大值和最小值，故$M_1$，$M_2$为所求，且

$$\max_M\left\{\frac{\partial f}{\partial\vec{e}}\right\}=\frac{10}{\sqrt{3}},\ \min_M\left\{\frac{\partial f}{\partial\vec{e}}\right\}=-\frac{10}{\sqrt{3}}.$$

【练习】7.3.7　解：直接计算有

$$\frac{\partial z}{\partial x}=yf'_1+yg'f'_2,$$

$$\frac{\partial^2 z}{\partial x\partial y}=f'_1+g'f'_2+xyf''_{11}+y[g'(x)+g(x)]f''_{12}+yg'(x)g(x)f''_{22},$$

由题意知：$g'(1)=0$，$g(1)=1$，所以

$$\left.\frac{\partial^2 z}{\partial x\partial y}\right|_{\substack{x=1\\y=1}}=f'_1(1,1)+f''_{11}(1,1)+f''_{12}(1,1).$$

【练习】7.3.8　解：方程两边同时对 x 求偏导，得

$$\begin{cases}1=2u\dfrac{\partial u}{\partial x}+2v\dfrac{\partial v}{\partial x},\\[2mm]0=2v\dfrac{\partial u}{\partial x}+2u\dfrac{\partial v}{\partial x},\end{cases}$$

解得$\dfrac{\partial u}{\partial x}=\dfrac{u}{2(u^2-v^2)}$，$\dfrac{\partial v}{\partial x}=\dfrac{-v}{2(u^2-v^2)}$，代入$\dfrac{\partial z}{\partial x}=2u\dfrac{\partial u}{\partial x}\ln v+u^2\dfrac{1}{v}\dfrac{\partial v}{\partial x}$，得

$$\frac{\partial z}{\partial x}=\frac{u^2}{2(u^2-v^2)}(2\ln v-1).$$

方程两边同时对 y 求偏导，得

$$\begin{cases}0=2u\dfrac{\partial u}{\partial y}+2v\dfrac{\partial v}{\partial y},\\[2mm]1=2v\dfrac{\partial u}{\partial y}+2u\dfrac{\partial v}{\partial y}.\end{cases}$$

解得$\dfrac{\partial u}{\partial y}=\dfrac{-v}{2(u^2-v^2)}$，$\dfrac{\partial v}{\partial y}=\dfrac{u}{2(u^2-v^2)}$，代入$\dfrac{\partial z}{\partial y}=2u\dfrac{\partial u}{\partial y}\ln v+u^2\dfrac{1}{v}\dfrac{\partial v}{\partial y}$，得

$$\frac{\partial z}{\partial y}=\frac{u}{2(u^2-v^2)v}(u^2-v^2\ln v).$$

【练习】7.3.9　解：

（1）$f_x(0,0)=\lim\limits_{x\to0}\dfrac{f(x,0)-f(0,0)}{x}=\lim\limits_{x\to0}x\sin\dfrac{1}{x^2}=0$，因而偏导数 $f_x(0,0)$ 存在，且 $f_x(0,0)=0$，同理 $f_y(0,0)=0$.

（2）$f_x(x,y)=\begin{cases}2x\sin\dfrac{1}{x^2+y^2}-\dfrac{2x}{x^2+y^2}\cos\dfrac{1}{x^2+y^2}, & x^2+y^2\neq0,\\[2mm]0, & x^2+y^2=0.\end{cases}$

极限$\lim\limits_{\substack{x\to0\\y\to0}}f_x(x,y)=\lim\limits_{\substack{x\to0\\y\to0}}\left(2x\sin\dfrac{1}{x^2+y^2}-\dfrac{2x}{x^2+y^2}\cos\dfrac{1}{x^2+y^2}\right)$不存在，故 $f_x(x,y)$ 在点 $(0,0)$ 不连续；同理 $f_y(x,y)$ 在点 $(0,0)$ 不连续.

（3）记$\rho=\sqrt{\Delta x^2+\Delta y^2}$，因为

$$\lim_{\substack{\Delta x\to0\\\Delta y\to0}}\frac{\Delta f-f_x(0,0)\Delta x-f_y(0,0)\Delta y}{\rho}=\lim_{\substack{\Delta x\to0\\\Delta y\to0}}\sqrt{\Delta x^2+\Delta y^2}\sin\frac{1}{\Delta x^2+\Delta y^2}=0,$$

故 $f(x,y)$ 在点 $(0,0)$ 处可微，且 $\mathrm{d}f\big|_{(0,0)}=0$.

【练习】7.3.10　证明：（1）方程$\dfrac{x}{z}=\varphi\left(\dfrac{y}{z}\right)$两边对 x 求偏导可得

$$\frac{1}{z}-\frac{x}{z^2}\cdot\frac{\partial z}{\partial x}=\varphi'\cdot\left(-\frac{y}{z^2}\cdot\frac{\partial z}{\partial x}\right),$$

于是$\frac{\partial z}{\partial x}=\frac{z}{x-y\varphi'}$. 方程$\frac{x}{z}=\varphi\left(\frac{y}{z}\right)$两边对 y 求偏导可得

$$\frac{-x}{z^2}\cdot\frac{\partial z}{\partial y}=\varphi'\cdot\left(\frac{1}{z}-\frac{y}{z^2}\cdot\frac{\partial z}{\partial y}\right),$$

于是$\frac{\partial z}{\partial y}=\frac{-z\varphi'}{x-y\varphi'}$. 从而 $x\frac{\partial z}{\partial x}+y\frac{\partial z}{\partial y}=z$.

（2）方程 $x\frac{\partial z}{\partial x}+y\frac{\partial z}{\partial y}=z$ 两边分别对 x 和 y 求偏导可得

$$\frac{\partial z}{\partial x}+x\frac{\partial^2 z}{\partial x^2}+y\frac{\partial^2 z}{\partial y\partial x}=\frac{\partial z}{\partial x},\ x\frac{\partial^2 z}{\partial x\partial y}+\frac{\partial z}{\partial y}+y\frac{\partial^2 z}{\partial y^2}=\frac{\partial z}{\partial y},$$

即 $x\frac{\partial^2 z}{\partial x^2}=-y\frac{\partial^2 z}{\partial y\partial x}$，$y\frac{\partial^2 z}{\partial y^2}=-x\frac{\partial^2 z}{\partial x\partial y}$，从而

$$\frac{\partial^2 z}{\partial x^2}\cdot\frac{\partial^2 z}{\partial y^2}=\left(\frac{\partial^2 z}{\partial x\partial y}\right)^2.$$

7.4　硕士入学考试试题及高等数学竞赛试题选编

【例】7.4.1（2021 研）　设函数$f(x,y)$可微，且$f(x+1,e^x)=x(x+1)^2$，$f(x,x^2)=2x^2\ln x$，则 $df(1,1)=($　　$)$.

（A）$dx+dy$　　（B）$dx-dy$　　（C）dy　　（D）$-dy$

解：将上述两等式两边同时关于 x 求导得

$$f_1'(x+1,e^x)+e^xf_2'(x+1,e^x)=(x+1)^2+2x(x+1),$$
$$f_1'(x,x^2)+2xf_2'(x,x^2)=4x\ln x+2x.$$

将$\begin{cases}x=0,\\y=0,\end{cases}$$\begin{cases}x=1,\\y=1\end{cases}$分别代入以上两式，有

$$f_1'(1,1)+f_2'(1,1)=1,\ f_1'(1,1)+2f_2'(1,1)=2,$$

联立上述二方程有$f_1'(1,1)=0$，$f_2'(1,1)=1$，即有

$$df(1,1)=f_1'(1,1)dx+f_2'(1,1)dy=dy.$$

故正确答案为（C）.

【例】7.4.2（2021 研）　已知曲线 C：$\begin{cases}x^2+2y^2-z=6,\\4x+2y+z=30.\end{cases}$ 求 C 上的点到 xOy 坐标面距离的最大值.

解：据题设，构造拉格朗日函数为

$$L(x,y,z,\lambda,\mu)=z^2+\lambda(x^2+2y^2-z-6)+\mu(4x+2y+z-30),$$

于是由

$$\begin{cases}L'_x=2\lambda x+4\mu=0,\\ L'_y=4\lambda y+2\mu=0,\\ L'_z=2z-\lambda+\mu=0,\\ x^2+2y^2-z=6,\\ 4x+2y+z=30.\end{cases}$$

可解得驻点为(4,1,12)，(−8，−2,66). 于是，由比较可知，曲线 C 上的点(−8，−2,66)到 xOy 坐标面的距离最大，且最大值为66.

【例】7.4.3（2020 研） 设函数 $f(x,y)=\int_0^{xy}\mathrm{e}^{xt^2}\mathrm{d}t$，则 $\left.\dfrac{\partial^2 f}{\partial x\partial y}\right|_{(1,1)}=($　　$)$.

解:

$$\frac{\partial f}{\partial y}=\mathrm{e}^{x}(xy)^2x=x\mathrm{e}^{x^3y^2},$$

$$\frac{\partial^2 f}{\partial x\partial y}=\mathrm{e}^{x^3y^2}+x\mathrm{e}^{x^3y^2}3x^2=(3x^3+1)\mathrm{e}^{x^3y^2},$$

所以

$$\left.\frac{\partial^2 f}{\partial x\partial y}\right|_{(1,1)}=4\mathrm{e}.$$

【例】7.4.4（2020 研） 设函数 $f(x,y)$ 在点(0,0)处可微，$f(0,0)=0$，$\vec{n}=\left.\left(\dfrac{\partial f}{\partial x},\dfrac{\partial f}{\partial y},-1\right)\right|_{(0,0)}$，非零向量 $\vec{\alpha}$ 与 $\vec{n}$ 垂直，则（　　）.

(A) $\lim\limits_{(x,y)\to(0,0)}\dfrac{|\vec{n}\cdot(x,y,f(x,y))|}{\sqrt{x^2+y^2}}$存在

(B) $\lim\limits_{(x,y)\to(0,0)}\dfrac{|\vec{n}\times(x,y,f(x,y))|}{\sqrt{x^2+y^2}}$存在

(C) $\lim\limits_{(x,y)\to(0,0)}\dfrac{|\vec{\alpha}\cdot(x,y,f(x,y))|}{\sqrt{x^2+y^2}}$存在

(D) $\lim\limits_{(x,y)\to(0,0)}\dfrac{|\vec{\alpha}\times(x,y,f(x,y))|}{\sqrt{x^2+y^2}}$存在

解: 由 $f(x,y)$ 在点(0,0)可微，$f(0,0)=0$，根据可微的等价定义有

$$\lim_{(x,y)\to(0,0)}\frac{f(x,y)-\dfrac{\partial f}{\partial x}x-\dfrac{\partial f}{\partial y}y}{\sqrt{x^2+y^2}}=0,$$

即

$$\lim_{(x,y)\to(0,0)}\frac{\vec{n}\cdot(x,y,f(x,y))}{\sqrt{x^2+y^2}}=0.$$

则 $\lim\limits_{(x,y)\to(0,0)}\dfrac{|\vec{n}\cdot(x,y,f(x,y))|}{\sqrt{x^2+y^2}}=0$，故选 A.

【例】7.4.5（2020研） 求函数 $f(x,y)=x^3+8y^3-xy$ 的极值.

解： 由 $\begin{cases}\dfrac{\partial f}{\partial x}=3x^2-y=0,\\ \dfrac{\partial f}{\partial y}=24y^2-x=0\end{cases}$ 解得 $\begin{cases}x=0,\\ y=0,\end{cases}$ 或 $\begin{cases}x=\dfrac{1}{6},\\ y=\dfrac{1}{12}.\end{cases}$

$$\frac{\partial^2 f}{\partial x^2}=6x,\ \frac{\partial^2 f}{\partial x\partial y}=-1,\ \frac{\partial^2 f}{\partial y^2}=48y.$$

当 $x=0$，$y=0$ 时，$A=0$，$B=-1$，$C=0$，则 $AC-B^2=-1<0$，所以点 $(0,0)$ 不是极值点.

当 $x=\dfrac{1}{6}$，$y=\dfrac{1}{12}$ 时，$A=1$，$B=-1$，$C=4$，则 $AC-B^2=3>0$ 且 $A>0$，所以 $\left(\dfrac{1}{6},\dfrac{1}{12}\right)$ 为极小值点，极小值 $f\left(\dfrac{1}{6},\dfrac{1}{12}\right)=-\dfrac{1}{216}$.

【例】7.4.6（2019研） 设函数 $f(u)$ 可导，$z=f(\sin y-\sin x)+xy$，则 $\dfrac{1}{\cos x}\cdot\dfrac{\partial z}{\partial x}+\dfrac{1}{\cos y}\cdot\dfrac{\partial z}{\partial y}=(\quad)$.

解：

$$\frac{\partial z}{\partial x}=-\cos x\cdot f'(\sin y-\sin x)+y,$$

$$\frac{\partial z}{\partial y}=\cos y\cdot f'(\sin y-\sin x)+x.$$

所以

$$\frac{1}{\cos x}\cdot\frac{\partial z}{\partial x}+\frac{1}{\cos y}\cdot\frac{\partial z}{\partial y}=\frac{y}{\cos x}+\frac{x}{\cos y}.$$

【例】7.4.7（2019研） 设 a，b 为实数，函数 $z=2+ax^2+by^2$ 在点 $(3,4)$ 处的方向导数中，沿方向 $\vec{l}=-3\vec{i}-4\vec{j}$ 的方向导数最大，最大值为10.

（1）求常数 a，b 之值；

（2）求曲面 $z=2+ax^2+by^2(z\geqslant 0)$ 的面积.

解：（1）$z=2+ax^2+by^2$，则 $\dfrac{\partial z}{\partial x}=2ax$，$\dfrac{\partial z}{\partial y}=2by$，所以函数在点 $(3,4)$ 处的梯度为

$$\operatorname{grad}f\big|_{(3,4)}=\left(\frac{\partial z}{\partial x},\frac{\partial z}{\partial y}\right)_{(3,4)}=(6a,8b);$$

$$|\operatorname{grad}f|=\sqrt{36a^2+64b^2}.$$

由条件可知梯度与 $\vec{l}=-3\vec{i}-4\vec{j}$ 方向相同，所以

$$\begin{cases}\dfrac{6a}{-3}=\dfrac{8b}{-4},\\ \sqrt{36a^2+64b^2}=10,\end{cases}$$

解出

$$\begin{cases}a=-1,\\ b=-1,\end{cases} 或 \begin{cases}a=1,\\ b=1.\end{cases}（舍）$$

即 $a=-1$，$b=-1$.

（2）

$$\begin{aligned}S&=\iint_S \mathrm{d}S\\&=\iint_{x^2+y^2\leqslant 2}\sqrt{1+4x^2+4y^2}\,\mathrm{d}x\mathrm{d}y\\&=\int_0^{2\pi}\mathrm{d}\theta\int_0^{\sqrt{2}}\sqrt{1+4r^2}\,r\mathrm{d}r=\frac{13\pi}{3}.\end{aligned}$$

【例】7.4.8（2018研） 一根绳长2 m，截成三段，分别折成圆、三角形、正方形，这三段分别为多长时所得的面积总和最小，并求该最小值.

解： 设圆的周长为 x，正三角周长为 y，正方形的周长 z，由题设 $x+y+z=2$，则目标函数：

$$S=\pi\left(\frac{x}{2\pi}\right)^2+\frac{1}{2}\cdot\frac{\sqrt{3}}{2}\left(\frac{y}{3}\right)^2+\left(\frac{z}{4}\right)^2=\frac{x^2}{4\pi}+\frac{\sqrt{3}}{36}y^2+\frac{z^2}{16}.$$

故拉格朗日函数为

$$L(x,y,z;\lambda)=\frac{x^2}{4\pi}+\frac{\sqrt{3}}{36}y^2+\frac{z^2}{16}+\lambda(x+y+z-2).$$

由 $\begin{cases}L'_x=\dfrac{x}{2\pi}+\lambda=0,\\ L'_y=\dfrac{2\sqrt{3}y}{36}+\lambda=0,\\ L'_z=\dfrac{2z}{16}+\lambda=0,\\ L'_\lambda=x+y+z-2=0,\end{cases}$ 解得 $\lambda=\dfrac{-1}{\pi+3\sqrt{3}+4}$,

$$x=\frac{2\pi}{\pi+3\sqrt{3}+4},\ y=\frac{6\sqrt{3}\pi}{\pi+3\sqrt{3}+4},\ z=\frac{8}{\pi+3\sqrt{3}+4}.$$

此时面积和有最小值 $S=\dfrac{1}{\pi+3\sqrt{3}+4}$.

【例】7.4.9（2018研） 过点 $(1,0,0)$ 与 $(0,1,0)$ 且与 $z=x^2+y^2$ 相切的平面方程

为（　　）.

（A）$z=0$ 与 $x+y-z=1$

（B）$z=0$ 与 $2x+2y-z=2$

（C）$y=x$ 与 $x+y-z=1$

（D）$y=x$ 与 $2x+2y-z=2$

解： 设切平面方程为 $ax+by+cz=d$. 由于过点$(1,0,0)$与$(0,1,0)$，因此 $a=b=d$. 若 $d=0$，得 $z=0$，为切平面方程. 若 $d\neq 0$，则切平面具有以下形式 $x+y+cz=1$. 设切点坐标为(x,y,z)，曲面 $z=x^2+y^2$ 的切平面法向量为$(2x,2y,-1)$. 由于

$$(2x,2y,-1)\,/\!/\,(1,1,c),$$

联立曲面方程解得 $c=-\dfrac{1}{2}$. 所以答案为（B）.

【例】7.4.10（2017研） 函数$f(x,y,z)=x^2y+z^2$ 在点$(1,2,0)$处沿向量 $\vec{u}=(1,2,2)$ 的方向导数为（　　）.

解： 向量 $\vec{u}=(1,2,2)$的方向余弦为$\left(\dfrac{1}{3},\dfrac{2}{3},\dfrac{2}{3}\right)$. 所求方向导数为

$$f_x\cos\alpha+f_y\cos\beta+f_z\cos\gamma=\{2xy,x^2,2z\}\big|_{(1,2,0)}\cdot\left\{\frac{1}{3},\frac{2}{3},\frac{2}{3}\right\}=2.$$

【例】7.4.11（2017研） 设函数$f(u,v)$具有2阶连续偏导数，$y=f(\mathrm{e}^x,\cos x)$，求 $\left.\dfrac{\mathrm{d}y}{\mathrm{d}x}\right|_{x=0}$，$\left.\dfrac{\mathrm{d}^2y}{\mathrm{d}x^2}\right|_{x=0}$.

解：

$$\left.\frac{\mathrm{d}y}{\mathrm{d}x}\right|_{x=0}=[f'_1\mathrm{e}^x+f'_2(-\sin x)]\big|_{x=0}=f'_1(1,1)\cdot 1+f'_2(1,1)\cdot 0=f'_1(1,1),$$

$$\frac{\mathrm{d}^2y}{\mathrm{d}x^2}=f''_{11}\mathrm{e}^{2x}+f''_{12}\mathrm{e}^x(-\sin x)+f''_{21}\mathrm{e}^x(-\sin x)+f''_{22}\sin^2x+f'_1\mathrm{e}^x-f'_2\cos x,$$

$$\left.\frac{\mathrm{d}^2y}{\mathrm{d}x^2}\right|_{x=0}=f''_{11}(1,1)+f'_1(1,1)-f'_2(1,1).$$

【例】7.4.12（2016研） 若反常积分 $\displaystyle\int_0^{+\infty}\frac{1}{x^a(1+x)^b}\mathrm{d}x$ 收敛，则（　　）.

（A）$a<1$ 且 $b>1$

（B）$a>1$ 且 $b>1$

（C）$a<1$ 且 $a+b>1$

（D）$a>1$ 且 $a+b>1$

解： 在瑕点 $x=0$ 处，$\displaystyle\int_0^{+\infty}\frac{1}{x^a(1+x)^b}\mathrm{d}x$ 与 $\displaystyle\int_0^{+\infty}\frac{1}{x^a}\mathrm{d}x$ 敛散性相同，需要 $a<1$.

在 $x=+\infty$ 处，$\int_0^{+\infty}\frac{1}{x^a(1+x)^b}\mathrm{d}x$ 与 $\int_0^{+\infty}\frac{1}{x^{a+b}}\mathrm{d}x$ 敛散性相同，需要 $a+b>1$. 所以选（C）.

【例】7.4.13（2016 研） 设函数 $f(u,v)$ 可微，$z=z(x,y)$ 由方程 $(x+1)z-y^2=x^2f(x-z,y)$ 确定，则 $\mathrm{d}z\big|_{(0,1)}=$（ ）.

解：将 $x=0$，$y=1$ 代入

$$(x+1)z-y^2=x^2f(x-z,y),$$

得 $z=1$. 式子两边对 x 求偏导得：

$$z+(x+1)\frac{\partial z}{\partial x}=2xf+x^2f_1'\cdot\left(1-\frac{\partial z}{\partial x}\right).$$

将 $x=0$，$y=1$，$z=1$ 代入得 $\frac{\partial z}{\partial x}\bigg|_{(0,1)}=-1$. 式子两边对 y 求偏导得：

$$(x+1)\frac{\partial z}{\partial y}-2y=x^2\left[f_1'\cdot\left(-\frac{\partial z}{\partial y}\right)+f_2'\right].$$

将 $x=0$，$y=1$，$z=1$ 代入上式得 $\frac{\partial z}{\partial y}\bigg|_{(0,1)}=2$，所以 $\mathrm{d}z\big|_{(0,1)}=-\mathrm{d}x+2\mathrm{d}y$.

【例】7.4.14（2015 研） 若函数 $z=z(x,y)$ 由方程 $\mathrm{e}^z+xyz+x+\cos x=2$ 确定，则 $\mathrm{d}z\big|_{(0,1)}=$（ ）.

解：$F(x,y,z)=\mathrm{e}^z+xyz+x+\cos x-2$，则

$$F_x'=yz+1-\sin x,\ F_y'=xz,\ F_z'=\mathrm{e}^z+xy.$$

又当 $x=0$，$y=1$ 时 $\mathrm{e}^z=1$，即 $z=0$. 所以

$$\frac{\partial z}{\partial x}\bigg|_{(0,1)}=-\frac{F_x'(0,1,0)}{F_z'(0,1,0)}=-1,\ \frac{\partial z}{\partial y}\bigg|_{(0,1)}=-\frac{F_y'(0,1,0)}{F_z'(0,1,0)}=0,$$

因而 $\mathrm{d}z\big|_{(0,1)}=-\mathrm{d}x$.

【例】7.4.15（2015 研） 已知函数 $f(x,y)=x+y+xy$，曲线 C：$x^2+y^2+xy=3$，求 $f(x,y)$ 在曲线 C 上的最大方向导数.

解：因为 $f(x,y)$ 沿着梯度方向的方向导数最大，且最大值为梯度的模.

$$f_x'(x,y)=1+y,\ f_y'(x,y)=1+x,$$

故 $\mathrm{grad}f(x,y)=\{1+y,1+x\}$，模为 $\sqrt{(1+y)^2+(1+x)^2}$. 此题目转化为对函数

$$g(x,y)=\sqrt{(1+y)^2+(1+x)^2}.$$

在约束条件 C：$x^2+y^2+xy=3$ 下的最大值. 为了计算简单，可以转化为对 $d(x,y)=(1+y)^2+(1+x)^2$ 在约束条件 C：$x^2+y^2+xy=3$ 下的最大值.

构造函数：$F(x,y,\lambda)=(1+y)^2+(1+x)^2+\lambda(x^2+y^2+xy-3)$.

$$\begin{cases}F_x'=2(1+x)+\lambda(2x+y)=0,\\F_y'=2(1+y)+\lambda(2y+x)=0,\\F_\lambda'=x^2+y^2+xy-3=0.\end{cases}$$

得到 $M_1(1,1)$，$M_2(-1,-1)$，$M_3(2,-1)$，$M_4(-1,2)$.

$$d(M_1)=8,\ d(M_2)=0,\ d(M_3)=9,\ d(M_4)=9,$$

所以最大值为 $\sqrt{9}=3$.

【例】7.4.16（2014 研）　曲面 $z=x^2(1-\sin y)+y^2(1-\sin x)$ 在点 $(1,0,1)$ 处的切平面方程为（　　）.

解：在点 $(1,0,1)$ 处，

$$z_x\big|_{(1,0,1)}=2x(1-\sin y)-y^2\cos x\big|_{(1,0,1)}=2,$$

$$z_y\big|_{(1,0,1)}=-x^2\cos y+2y(1-\sin x)\big|_{(1,0,1)}=-1.$$

切平面方程为 $z_x(x-1)+z_y(y-0)+(-1)(z-1)=0$，即 $2x-y-z-1=0$.

【例】7.4.17（2014 研）　设函数 $f(u)$ 二阶连续可导，$z=f(e^x\cos y)$ 满足 $\frac{\partial^2 z}{\partial x^2}+\frac{\partial^2 z}{\partial y^2}=(4z+e^x\cos y)e^{2x}$. 若 $f(0)=0$，$f'(0)=0$，求 $f(u)$ 的表达式.

解：

$$\frac{\partial z}{\partial x}=e^x\cos y\cdot f',\ \frac{\partial z}{\partial y}=-e^x\sin y\cdot f',$$

$$\frac{\partial^2 z}{\partial x^2}=e^x\cos y\cdot f'+e^{2x}\cos^2 y\cdot f'',$$

$$\frac{\partial^2 z}{\partial y^2}=-e^x\cos y\cdot f'+e^{2x}\sin^2 y\cdot f''.$$

于是

$$\frac{\partial^2 z}{\partial x^2}+\frac{\partial^2 z}{\partial y^2}=e^{2x}f''.$$

由

$$\frac{\partial^2 z}{\partial x^2}+\frac{\partial^2 z}{\partial y^2}=(4z+e^x\cos y)e^{2x},$$

得 $f''(u)=4f(u)+u$，或 $f''(u)-4f(u)=u$，解得

$$f(u)=C_1e^{-2u}+C_2e^{2u}-\frac{1}{4}u.$$

由 $f(0)=0$，$f'(0)=0$，得

$$\begin{cases}C_1+C_2=0,\\-2C_1+2C_2-\frac{1}{4}=0.\end{cases}$$

解得 $C_1=-\frac{1}{16}$，$C_2=\frac{1}{16}$. 故 $f(u)=-\frac{1}{16}(e^{-2u}-e^{2u})-\frac{1}{4}u$.

【例】7.4.18（2013 研）　曲面 $x^2+\cos(xy)+yz+x=0$ 在点 $(0,1,-1)$ 的切平面方程

为（　　）.

（A）$x-y+z=-2$

（B）$x+y+z=0$

（C）$x-2y+z=-3$

（D）$x-y-z=0$

解：曲面在点$(0,1,-1)$处的法向量为

$$\vec{n}=(F'_x,F'_y,F'_z)\big|_{(0,1,1)}$$

$$=(2x-y\sin(xy)+1,-x\sin(xy)+z,y)\big|_{(0,1,-1)}=(1,-1,1).$$

故曲面在点$(0,1,-1)$处的切面方程为

$$(x-0)-(y-1)+(z+1)=0.$$

即$x-y+z=-2$，选（A）.

【例】7.4.19（2013研） 求函数$f(x,y)=\left(y+\dfrac{x^3}{3}\right)e^x+y$的极值.

解：令

$$f'_x=e^{x+y}\left(x^2+y+\frac{x^3}{3}\right)=0,\ f'_y=e^{x+y}\left(1+y+\frac{x^3}{3}\right)=0.$$

解得$\begin{cases}x=1,\\ y=-\dfrac{4}{3},\end{cases}$或$\begin{cases}x=-1,\\ y=-\dfrac{2}{3}.\end{cases}$

$$A=f''_{xx}\big|_{\left(1,-\frac{4}{3}\right)}=3e^{\frac{-1}{3}},$$

$$B=f''_{xy}\big|_{\left(1,-\frac{4}{3}\right)}=e^{\frac{-1}{3}},$$

$$C=f''_{yy}\big|_{\left(1,-\frac{4}{3}\right)}=e^{\frac{-1}{3}}.$$

$$AC-B^2=3e^{\frac{-2}{3}}-e^{\frac{-2}{3}}=2e^{\frac{-2}{3}}>0.$$

又$A>0$，所以$\left(1,-\dfrac{4}{3}\right)$为$f(x,y)$的极小值点，极小值为$f\left(1,-\dfrac{4}{3}\right)=-e^{\frac{-1}{3}}$.

$$A=f''_{xx}\big|_{\left(1,-\frac{2}{3}\right)}=-e^{\frac{-5}{3}},$$

$$B=f''_{xy}\big|_{\left(1,-\frac{2}{3}\right)}=e^{\frac{-5}{3}},$$

$$C=f''_{yy}\big|_{\left(1,-\frac{2}{3}\right)}=e^{\frac{-5}{3}}.$$

因为$AC-B^2<0$，所以$\left(-1,-\dfrac{2}{3}\right)$不是$f(x,y)$的极值点.

【例】7.4.20（2012研） 如果$f(x,y)$在$(0,0)$处连续，那么下列命题正确的是（　　）.

（A）若极限$\lim\limits_{\substack{x\to0\\y\to0}}\dfrac{f(x,y)}{|x|+|y|}$存在，则$f(x,y)$在$(0,0)$处可微

(B) 若极限$\lim\limits_{\substack{x\to 0\\ y\to 0}}\frac{f(x,y)}{x^2+y^2}$存在，则$f(x,y)$在$(0,0)$处可微

(C) 若$f(x,y)$在$(0,0)$处可微，则极限$\lim\limits_{\substack{x\to 0\\ y\to 0}}\frac{f(x,y)}{|x|+|y|}$存在

(D) 若$f(x,y)$在$(0,0)$处可微，则极限$\lim\limits_{\substack{x\to 0\\ y\to 0}}\frac{f(x,y)}{x^2+y^2}$存在

解： 由$f(x,y)$在$(0,0)$处连续，可知如果$\lim\limits_{\substack{x\to 0\\ y\to 0}}\frac{f(x,y)}{x^2+y^2}$存在，则必有

$$f(0,0)=\lim_{\substack{x\to 0\\ y\to 0}}f(x,y)=0,$$

$$\lim_{\substack{\Delta x\to 0\\ 4y\to 0}}\frac{f(\Delta x,\Delta y)-f(0,0)}{\sqrt{\Delta x^2+\Delta y^2}}=0,$$

也即

$$f(\Delta x,\Delta y)-f(0,0)=0\Delta x+0\Delta y+o(\sqrt{\Delta x^2+\Delta y^2}).$$

由可微的定义，可知$f(x,y)$在$(0,0)$处可微．选（B）．

【例】7.4.21（2012研） 设函数$f(x)$具有二阶连续导数，且$f(x)>0$，$f'(0)=0$，则函数$z=f(x)\ln f(y)$在点$(0,0)$处取得极小值的一个充分条件是（　　）．

(A) $f(0)>1$，$f''(0)>0$

(B) $f(0)>1$，$f''(0)<0$

(C) $f(0)<1$，$f''(0)>0$

(D) $f(0)<1$，$f''(0)<0$

解：

$$\left.\frac{\partial z}{\partial x}\right|_{(0,0)}=f'(x)\cdot\ln f(y)\,|_{(0,0)}=f'(0)\ln f(0)=0,$$

$$\left.\frac{\partial z}{\partial y}\right|_{(0,0)}=f(x)\cdot\left.\frac{f'(y)}{f(y)}\right|_{(0,0)}=f'(0)=0,$$

$$A=\left.\frac{\partial^2 z}{\partial x^2}\right|_{(0,0)}=f''(x)\cdot\ln f(y)\,|_{(0,0)}=f''(0)\cdot\ln f(0),$$

$$B=\left.\frac{\partial^2 z}{\partial x\partial y}\right|_{(0,0)}=f'(x)\cdot\left.\frac{f'(y)}{f(y)}\right|_{(0,0)}=\frac{[f'(0)]^2}{f(0)}=0,$$

$$C=\left.\frac{\partial^2 z}{\partial y^2}\right|_{(0,0)}=f(x)\cdot\left.\frac{f''(y)f(y)-[f'(y)]^2}{f^2(y)}\right|_{(0,0)}=f''(0)-\frac{[f'(0)]^2}{f(0)}=f''(0),$$

$$AC-B^2=[f''(0)]^2\cdot\ln f(0),$$

故$f(0)>1$，$f''(0)>0$．故选（A）．

【例】7.4.22（2011研） 设函数$F(x,y)=\int_0^{xy}\frac{\sin t}{1+t^2}\mathrm{d}t$，则$\left.\frac{\partial^2 F}{\partial x^2}\right|_{\substack{x=0\\ y=2}}=$（　　）．

解：

$$\frac{\partial F}{\partial x}=\frac{\sin xy}{1+(xy)^2}\cdot y,$$

$$\frac{\partial^2 F}{\partial x^2}=y\cdot\frac{y\cos xy[1+(xy)^2]-\sin xy\cdot 2xy^2}{[1+(xy)^2]^2},$$

故$\left.\frac{\partial^2 F}{\partial x^2}\right|_{(0,2)}=4.$

【例】7.4.23（2011 研） 设函数 $z=f[xy,yg(x)]$，其中函数 f 具有二阶连续偏导数，函数 $g(x)$ 可导且在 $x=1$ 处取得极值 $g(1)=1$，求$\left.\frac{\partial^2 z}{\partial x\partial y}\right|_{\substack{x=1\\y=1}}$.

解：

$$\frac{\partial z}{\partial x}=f_1'\cdot y+f_2'\cdot yg'(x),$$

$$\frac{\partial^2 z}{\partial x\partial y}=f_1'+y[f_{11}''\cdot x+f_{12}''\cdot g(x)]+g'(x)\cdot f_2'+yg'(x)[f_{21}''\cdot x+f_{22}''\cdot g(x)].$$

因为 $g(x)$ 在 $x=1$ 可导，且为极值，所以 $g'(1)=0$，则

$$\left.\frac{\mathrm{d}^2 z}{\mathrm{d}x\mathrm{d}y}\right|_{\substack{x=1\\y=1}}=f_1'(1,1)+f_{11}''(1,1)+f_{12}''(1,1).$$

【例】7.4.24（2020 赛） 已知 $z=xf\left(\frac{y}{x}\right)+2y\varphi\left(\frac{x}{y}\right)$，其中 f，φ 均为二次可微函数.

（1）求$\frac{\partial z}{\partial x}$，$\frac{\partial^2 z}{\partial x\partial y}$；

（2）当 $f=\varphi$ 且$\left.\frac{\partial^2 z}{\partial x\partial y}\right|_{x=a}=-by^2$ 时，求 $f(y)$.

解：

（1）
$$\frac{\partial z}{\partial x}=f\left(\frac{y}{x}\right)-\frac{y}{x}f'\left(\frac{y}{x}\right)+2\varphi'\left(\frac{x}{y}\right),$$

$$\frac{\partial^2 z}{\partial x\partial y}=-\frac{y}{x^2}f''\left(\frac{y}{x}\right)-\frac{2x}{y^2}\varphi''\left(\frac{x}{y}\right).$$

（2）
$$\left.\frac{\partial^2 z}{\partial x\partial y}\right|_{x=a}=-\frac{y}{a^2}f''\left(\frac{y}{a}\right)-\frac{2a}{y^2}\varphi''\left(\frac{a}{y}\right)=-by^2.$$

由于 $f=\varphi$，因此

$$\frac{y}{a^2}f''\left(\frac{y}{a}\right)+\frac{2a}{y^2}f''\left(\frac{a}{y}\right)=by^2.$$

令 $y=au$，则

$$\frac{u}{a}f''(u)+\frac{2}{au^2}f''\left(\frac{1}{u}\right)=a^2bu^2,$$

即 $u^3f''(u)+2f''\left(\frac{1}{u}\right)=a^3bu^4$. 上式中以$\frac{1}{u}$换 u 得

$$2f''\left(\frac{1}{u}\right)+4u^3f''(u)=2a^3b\,\frac{1}{u}.$$

联立二式，解得 $-3u^3f''(u)=a^3b\left(u^4-\frac{2}{u}\right)$，所以 $f''(u)=\frac{a^3b}{3}\left(\frac{2}{u^4}-u\right)$，从而有

$$f(u)=\frac{a^3b}{3}\left(\frac{1}{3u^2}-\frac{u^3}{6}\right)+C_1u+C_2,$$

故 $f(y)=\frac{a^3b}{3}\left(\frac{1}{3y^2}-\frac{y^3}{6}\right)+C_1y+C_2$.

【例】7.4.25（2019赛） 设 a，b，c，$\mu>0$，曲面 $xyz=\mu$ 与曲面$\frac{x^2}{a^2}+\frac{y^2}{b^2}+\frac{z^2}{c^2}=1$ 相切，则 $\mu=\frac{abc}{3\sqrt{3}}$.

解：两曲面在切点(x,y,z)处法向量平行，所以存在 λ 使得：

$$yz=\frac{2x}{a^2}\lambda,\ xz=\frac{2y}{b^2}\lambda,\ xy=\frac{2z}{c^2}\lambda,$$

代入曲面 $xyz=\mu$，得

$$\mu=2\lambda\,\frac{x^2}{a^2},\ \mu=2\lambda\,\frac{y^2}{b^2},\ \mu=2\lambda\,\frac{z^2}{c^2},$$

相加得 $3\mu=2\lambda$，相乘得 $\mu=\frac{8\lambda^3}{a^2b^2c^2}$. 联立解得 $\mu=\frac{abc}{3\sqrt{3}}$.

【例】7.4.26（2018赛） 设$f(x,y)$在区域 D 内可微，且$\sqrt{\left(\frac{\partial f}{\partial x}\right)^2+\left(\frac{\partial f}{\partial y}\right)^2}\leqslant M$，$A(x_1,y_1)$，$B(x_2,y_2)$是 D 内两点，线段 AB 包含在 D 内. 证明：

$$|f(x_1,y_1)-f(x_2,y_2)|\leqslant M|AB|,$$

其中$|AB|$表示线段 AB 的长度.

证明：作辅助函数 $\varphi(t)=f[x_1+t(x_2-x_1),\ y_1+t(y_2-y_1)]$，显然函数 $\varphi(t)$ 在 $[0,1]$ 上可导. 根据拉格朗日中值定理，存在 $c\in(0,1)$，使得

$$\varphi(1)-\varphi(0)=\varphi'(c)=\left.\frac{\partial f(u,v)}{\partial u}\right|_{t=c}(x_2-x_1)+\left.\frac{\partial f(u,v)}{\partial v}\right|_{t=c}(y_2-y_1).$$

所以

$$\begin{aligned}\varphi(1)-\varphi(0)\,|&=|f(x_2,y_2)-f(x_1,y_1)|\\&=\left|\frac{\partial f(u,v)}{\partial u}(x_2-x_1)+\frac{\partial f(u,v)}{\partial v}(y_2-y_1)\right|\\&\leqslant\sqrt{\left|\frac{\partial f(u,v)}{\partial u}\right|^2+\left[\frac{\partial f(u,v)}{\partial v}\right]^2}\sqrt{(x_2-x_1)^2+(y_2-y_1)^2}\leqslant M|AB|.\end{aligned}$$

【例】7.4.27（2017 赛） 设二元函数$f(x,y)$在平面上有连续的二阶偏导数，对任意角度α，定义一元函数$g_\alpha(t)=f(t\cos\alpha,t\sin\alpha)$，若对任何$\alpha$都有$\frac{\mathrm{d}g_\alpha(0)}{\mathrm{d}t}=0$且$\frac{\mathrm{d}^2g_\alpha(0)}{\mathrm{d}t^2}>0$，证明：$f(0,0)$是$f(x,y)$的极小值.

解：令$x=t\cos\alpha$，$y=t\sin\alpha$，

$$g'_\alpha(t)=f'_x(t\cos\alpha,t\sin\alpha)\cdot\cos\alpha+f'_y(t\cos\alpha,t\sin\alpha)\cdot\sin\alpha,$$
$$g'_\alpha(0)=f'_x(0,0)\cdot\cos\alpha+f'_y(0,0)\cdot\sin\alpha.$$

要求对于任意α都有$\frac{\mathrm{d}g_\alpha(0)}{\mathrm{d}t}=0$，则必有$f'_x(0,0)=0$，$f'_y(0,0)=0$. 因此$(0,0)$是二元函数$f(x,y)$的驻点. 根据已知条件，继续求二阶导数，由$\frac{\mathrm{d}^2g_\alpha(0)}{\mathrm{d}t^2}>0$，有

$$(\cos\alpha,\sin\alpha)\begin{pmatrix}f''_{xx}(0,0) & f''_{xy}(0,0)\\ f''_{xy}(0,0) & f''_{yy}(0,0)\end{pmatrix}\begin{pmatrix}\cos\alpha\\ \sin\alpha\end{pmatrix}>0.$$

由α的任意性，并且向量$(\cos\alpha,\sin\alpha)$为非零向量，可知这是一个正定二次型，所以矩阵为正定矩阵，从而驻点为极小值点.

【例】7.4.28（2017 赛） 设$w=f(u,v)$具有二阶连续偏导数，且$u=x-cy$，$v=x+cy$，其中c为非零常数，则$w_{xx}-\frac{1}{c^2}w_{yy}=(\quad)$.

解：由复合函数求导数，

$$w_x=f'_u+f'_v,\quad w_y=-cf'_u+cf'_v;$$
$$w_{xx}=(f'_u)'_x+(f'_v)'_x=f''_{uu}+f''_{uv}+f''_{vu}+f''_{vv}=f''_{uu}+2f''_{uv}+f''_{vv},$$
$$\begin{aligned}w_{yy}&=-c\,(f'_u)'_y+c\,(f'_v)_y\\&=-c(-cf''_{uu}+cf''_{uv})+c(-cf''_{vu}+cf''_{vv})\\&=c^2(f''_{uu}-f''_{uv}-f''_{vu}+f''_{vv})=c^2(f''_{uu}-2f''_{uv}+f''_{vv}).\end{aligned}$$

所以

$$\begin{aligned}w_{xx}-\frac{1}{c^2}w_{yy}&=f''_{uu}+2f''_{uv}+f''_{vv}-\frac{1}{c^2}[c^2(f''_{uu}-2f''_{uv}+f''_{vv})]\\&=f''_{uu}+2f''_{uv}+f''_{vv}-(f''_{uu}-2f''_{uv}+f''_{vv})=4f''_{uv}.\end{aligned}$$

【例】7.4.29（2016 赛） 求曲面$z=\frac{x^2}{2}+y^2$平行于平面$2x+2y-z=0$的切平面方程.

解：曲面的法向量为$\vec{n}(x,y,z)=(x,2y,-1)$. 由曲面$z=\frac{x^2}{2}+y^2$的切平面平行于平面$2x+2y-z=0$，可得

$$\frac{x}{2}=\frac{2y}{2}=\frac{-1}{-1}.$$

由此可得 $x=2$，$y=1$，将它代入到曲面方程，可得 $z=3$，即曲面上点 $(2,1,3)$ 处切平面与已知平面平行，所以由平面点法式方程可得切平面方程为

$$2(x-2)+2(y-1)-(z-3)=0,$$

即 $2x+2y-z=3$.

【例】7.4.30（2015 赛） 设 $z=z(x,y)$ 由方程 $F\left(x+\dfrac{z}{y},y+\dfrac{z}{x}\right)=0$ 所决定，其中 $F(u,v)$ 具有连续偏导数且 $xF_u+yF_v\neq 0$，求 $x\dfrac{\partial z}{\partial x}+y\dfrac{\partial z}{\partial y}$.

解：对等式两端关于 x 分别求偏导数，有

$$\left(1+\frac{1}{y}\frac{\partial z}{\partial x}\right)F_u+\left(\frac{1}{x}\frac{\partial z}{\partial x}-\frac{z}{x^2}\right)F_v=0,$$

即

$$x\frac{\partial z}{\partial x}=\frac{y(zF_v-x^2F_u)}{xF_u+yF_v}.$$

类似可得

$$y\frac{\partial z}{\partial y}=\frac{x(zF_u-y^2F_v)}{xF_u+yF_v},$$

于是有

$$x\frac{\partial z}{\partial x}+y\frac{\partial z}{\partial y}=\frac{-xy(xF_u+yF_v)+z(xF_u+yF_v)}{xF_u+yF_v}=z-xy.$$

【例】7.4.31（2014 赛） 已知函数 $F(x,y,z)$，$G(x,y,z)$ 有连续的偏导数，且 $\dfrac{\partial(F,G)}{\partial(z,x)}\neq 0$，曲线 Γ：$\begin{cases}F(x,y,z)=0,\\G(x,y,z)=0,\end{cases}$ 过点 $P_0(x_0,y_0,z_0)$. 记 Γ 在 xOy 平面上的投影曲线为 S，求 S 上过点 (x_0,y_0) 的切线方程.

解：所求切线为 Γ 过点 P_0 的切线在 xOy 平面上的投影，而 Γ 过点 P_0 的切线为两个曲面的切平面的交线，即

$$\begin{cases}F'_x(P_0)(x-x_0)+F'_y(P_0)(y-y_0)+F'_z(P_0)(z-z_0)=0,\\G'_x(P_0)(x-x_0)+G'_y(P_0)(y-y_0)+G'_z(P_0)(z-z_0)=0.\end{cases}$$

两式消去 z，得

$$\begin{aligned}&[F'_x(P_0)G'_z(P_0)-F'_z(P_0)G'_x(P_0)](x-x_0)+\\&[F'_y(P_0)G'_z(P_0)-F'_z(P_0)G'_y(P_0)](y-y_0)=0.\end{aligned}\qquad (*)$$

由于

$$\left.\frac{\partial(F,G)}{\partial(x,z)}\right|_{P_0}=F'_x(P_0)G'_z(P_0)-F'_z(P_0)G'_x(P_0)\neq 0,$$

因此式（*）即为所求切线的方程.

【例】7.4.32（2014赛） 设有曲面 S：$z=x^2+2y^2$ 和平面 π：$2x+2y+z=0$，求与 π 平行的 S 的切平面方程.

解：设 $P_0(x_0,y_0,z_0)$ 是 S 上一点，则 S 在点 P_0 的切平面方程为

$$-2x_0(x-x_0)-4y_0(y-y_0)+(z-z_0)=0.$$

由于该切平面与已知平面 L 平行，则 $(-2x_0,-4y_0,1)$ 平行于 $(2,2,1)$，故存在常数 $k\neq 0$，使得 $(-2x_0,-4y_0,1)=k(2,2,1)$，故得

$$x_0=-1,\ y_0=-\frac{1}{2},\ z_0=\frac{3}{2},$$

所以切平面方程为 $2x+2y+z+\dfrac{3}{2}=0$.

【例】7.4.33（2012赛） 已知函数 $z=u(x,y)\mathrm{e}^{a}x+by$，且 $\dfrac{\partial^2 u}{\partial x\partial y}=0$，确定常数 a，b，使函数 $z=z(x,y)$ 满足方程 $\dfrac{\partial^2 z}{\partial x\partial y}-\dfrac{\partial z}{\partial x}-\dfrac{\partial z}{\partial y}+z=0$.

解：

$$\frac{\partial z}{\partial x}=\mathrm{e}^{ax+by}\left[\frac{\partial u}{\partial x}+au(x,y)\right],\ \frac{\partial z}{\partial y}=\mathrm{e}^{ax+by}\left[\frac{\partial u}{\partial y}+bu(x,y)\right],$$

$$\frac{\partial^2 z}{\partial x\partial y}=\mathrm{e}^{ax+by}\left[b\frac{\partial u}{\partial x}+a\frac{\partial u}{\partial y}+abu(x,y)\right],$$

$$\frac{\partial^2 z}{\partial x\partial y}-\frac{\partial z}{\partial x}-\frac{\partial z}{\partial y}+z=\mathrm{e}^{ax+by}\left[(b-1)\frac{\partial u}{\partial x}+(a-1)\frac{\partial u}{\partial y}+(ab-a-b+1)u(x,y)\right].$$

若是上式等于0，只有

$$(b-1)\frac{\partial u}{\partial x}+(a-1)\frac{\partial u}{\partial y}+(ab-a-b+1)u(x,y)=0,$$

由此可得 $a=b=1$.

第 8 章　多元函数积分学

本章主要内容：一元函数积分学 $\xrightarrow{\text{推广}}$ 多元函数积分学 $\begin{cases}\text{重积分,}\\ \text{曲线积分,}\\ \text{曲面积分.}\end{cases}$

8.1　知识点总结

8.1.1　重积分概念、性质

1. 引例. 曲顶柱体体积，平面薄板的质量（非均匀物体的质量）.

2. 二重积分的存在性及几何意义.

定理＊：二元函数 $f(x,y)$ 在 D 上可积的充要条件是：

$$\lim_{\|T\|\to 0} S(T) = \lim_{\|T\|\to 0} s(T),$$

其中，$S(T) = \sum_{i=1}^{n} M_i \Delta\sigma_i$，$s(T) = \sum_{i=1}^{n} m_i \Delta\sigma_i$ 为函数 $f(x,y)$ 关于分割 T 的达布大和与达布小和，$M_i = \sup_{(x,y)\in\sigma_i} f(x,y)$，$m_i = \inf_{(x,y)\in\sigma_i} f(x,y)\ (i=1,2,\cdots,n)$.

定理＊：$f(x,y)$ 在 D 上可积的充要条件是：对于任给的正数 ε，存在 D 的某个分割 T，使得 $S(T) - s(T) < \varepsilon$.

定理：有界闭区域 D 上的连续函数必可积.

定理：设 $f(x,y)$ 在有界闭域 D 上有界，且其不连续点集 E 是零面积集（有限个点或有限条光滑曲线等），则 $f(x,y)$ 在 D 上可积.

二重积分的几何意义：当被积函数大于零时，二重积分是曲顶柱体的体积. 小于零时，二重积分是曲顶柱体的体积的负值. 当被积函数为 1 时，二重积分值是积分区域 D 的面积.

3. 二重积分的性质. 线性性质，区域可加性，比较性质，绝对值性质，估值定理，中值定理，对称性质.

【练习】8.1.1　试用二重积分表示下列空间区域的体积.

(1) 由旋转抛物面 $z=2-x^2-y^2$，柱面 $x^2+y^2=1$ 和 xOy 坐标面所围成的立体（在柱面内的部分).

解: $V=\iint_D(2-x^2-y^2)\mathrm{d}\sigma$, $D: x^2+y^2\leqslant 1$.

(2) 锥体 $V: 0\leqslant z\leqslant 1-\sqrt{x^2+y^2}$.

解: $V=\iint_D(1-\sqrt{x^2+y^2})\mathrm{d}\sigma$, $D: x^2+y^2\leqslant 1$.

【练习】8.1.2 估计下列积分值的范围.

(1) $\iint_D(x+y+1)\mathrm{d}\sigma$, 其中 D: $0\leqslant x\leqslant 1$, $0\leqslant y\leqslant 2$.

解: $\forall(x,y)\in D$, 均有 $1\leqslant x+y+1\leqslant 4$, 又 D 的面积 $A=2$, 故有 $2\leqslant\iint_D(x+y+1)\mathrm{d}\sigma\leqslant 8$.

(2) $\iint_D\sqrt{4+xy}\mathrm{d}\sigma$, 其中 D: $0\leqslant x\leqslant 2$, $0\leqslant y\leqslant 2$.

解: $\forall(x,y)\in D$, 均有 $4\leqslant 4+xy\leqslant 8$, 即 $2\leqslant\sqrt{4+xy}\leqslant 2\sqrt{2}$, 又 D 的面积 $A=4$, 故有 $8\leqslant\iint_D\sqrt{4+xy}\mathrm{d}\sigma\leqslant 8\sqrt{2}$.

8.1.2 二重积分的计算

1. 对称性、顺序性. 规则区域利用几何意义, 或“偶倍奇零”简化计算, 有时需根据积分特点交换积分序.

2. 二重积分在直角坐标下的计算. 面积微元: $\mathrm{d}x\mathrm{d}y$.

(1) x - **型区域**: 用 $x=$ 常数截积分区域, 分别至多和上、下边界各有一个交点. 化为累次积分后最后对 x 变量积分, 如下式

$$\iint_D f(x,y)\mathrm{d}x\mathrm{d}y=\int_a^b\mathrm{d}x\int_{y_1(x)}^{y_2(x)}f(x,y)\mathrm{d}y.$$

(2) y - **型区域**: 用 $y=$ 常数截积分区域, 分别至多和左、右边界各有一个交点. 化为累次积分后最后对 y 变量积分, 如下式

$$\iint_D f(x,y)\mathrm{d}x\mathrm{d}y=\int_c^d\mathrm{d}y\int_{x_3(y)}^{x_4(y)}f(x,y)\mathrm{d}x.$$

交换积分序. 计算二重积分时, 恰当的选取积分序十分重要, 它不仅关系到计算繁简问题, 而且关系到计算能否进行的问题. 凡遇如下形式积分: $\int\frac{\sin x}{x}\mathrm{d}x,\int\sin x^2\mathrm{d}x,\int\cos x^2\mathrm{d}x,\int\mathrm{e}^{-x^2}\mathrm{d}x,\int\mathrm{e}^{x^2}\mathrm{d}x,\int\mathrm{e}^{\frac{y}{x}}\mathrm{d}x,\int\frac{\mathrm{d}x}{\ln x}$ 等, 需放在后面积分.

3. 二重积分在极坐标下的计算. 面积微元: $\rho\mathrm{d}\theta\mathrm{d}\rho$. 区域特点: ρ - 型区域, θ - 型区域, 类似 x, y - 型区域定义.

4. 畸形区域. 双纽线、星形线等.

二重积分计算步骤及注意事项：

（1）注意利用对称性质（轮换对称性），以便简化计算.

（2）确定积分序$\begin{cases}\text{积分区域,}\\\text{被积函数.}\end{cases}$

（3）如被积函数为$f(x^2+y^2)$，$f(x^2-y^2)$，$f\left(\dfrac{y}{x}\right)$，$f\left(\arctan\dfrac{y}{x}\right)$或积分域为圆域、扇形域、圆环域，则用极坐标计算相对简单.

轮换对称性. 需关注**积分区域，被积函数**的特点. 如练习 8.1.14.

（1）交换**积分区域**边界曲线表达式中 x，y 的位置，积分区域不变. 或积分区域关于直线 $y=x$ 对称.

（2）同时交换**被积函数**中 x，y 的位置.

这样得到的**两个二重积分相等.** 该结论也可相应推广到三重积分（其中积分域关于 $x=y=z$ 对称，或积分域表达式中 x，y，z 地位相同）.

【练习】8.1.3　计算二重积分$\iint_D xy^2\mathrm{d}x\mathrm{d}y$，其中 D 由抛物线 $y^2=2px$ 和直线 $x=\dfrac{p}{2}(p>0)$ 围成.

解：

$$\iint_D xy^2\mathrm{d}x\mathrm{d}y=\int_{-p}^{p}y^2\mathrm{d}y\int_{\frac{y^2}{2p}}^{\frac{p}{2}}x\mathrm{d}x=\frac{1}{8}\int_{-p}^{p}\left(p^2y^2-\frac{y^6}{p^2}\right)\mathrm{d}y=\frac{1}{21}p^5.$$

【练习】8.1.4　计算二重积分$\iint_D y\mathrm{e}^{xy}\mathrm{d}x\mathrm{d}y$，其中 D 由直线 $x=2$，$y=2$ 和双曲线 $xy=1$ 围成.

解：

$$\iint_D y\mathrm{e}^{xy}\mathrm{d}x\mathrm{d}y=\int_{\frac{1}{2}}^{2}\mathrm{d}y\int_{\frac{1}{y}}^{2}y\mathrm{e}^{xy}\mathrm{d}x=\int_{\frac{1}{2}}^{2}(\mathrm{e}^{2y}-\mathrm{e})\mathrm{d}y=\frac{1}{2}\mathrm{e}^4-2\mathrm{e}.$$

【练习】8.1.5　计算由两个直交圆柱面 $x^2+y^2=R^2$ 和 $x^2+z^2=R^2$ 围成的立体体积.

解： 考察所围立体 V 在第一卦限的部分 V_1，对应的积分区域 D_1：$x^2+y^2\leqslant R^2$，$x\geqslant 0$，$y\geqslant 0$，由对称性，

$$V=8V_1=8\iint_{D_1}\sqrt{R^2-x^2}\mathrm{d}x\mathrm{d}y=8\int_0^R\mathrm{d}x\int_0^{\sqrt{R^2-x^2}}\sqrt{R^2-x^2}\mathrm{d}y$$

$$=8\int_0^R(R^2-x^2)\mathrm{d}x=\frac{16}{3}R^3.$$

【练习】8.1.6　计算下列二重积分.

（1）$\iint_D\arctan\dfrac{y}{x}\mathrm{d}\sigma$，其中 D：$\begin{cases}1\leqslant x^2+y^2\leqslant 4,\\0\leqslant y\leqslant x.\end{cases}$

解：$D_{\rho\theta}$：$0\leqslant\theta\leqslant\dfrac{\pi}{4}$，$1\leqslant\rho\leqslant2$，

原式 $=\int_0^{\frac{\pi}{4}}\mathrm{d}\theta\int_1^2\theta\cdot\rho\mathrm{d}\rho=\left(\int_0^{\frac{\pi}{4}}\theta\mathrm{d}\theta\right)\cdot\left(\int_1^2\rho\mathrm{d}\rho\right)=\dfrac{\pi^2}{32}\cdot\dfrac{3}{2}=\dfrac{3}{64}\pi^2.$

（2）$\iint_D(x^2+y^2)\mathrm{d}\sigma$，其中 D：$2x\leqslant x^2+y^2\leqslant4x$.

解：$D_{\rho\theta}$：$-\dfrac{\pi}{2}\leqslant\theta\leqslant\dfrac{\pi}{2}$，$2\cos\theta\leqslant\rho\leqslant4\cos\theta$，

原式 $=\int_{-\frac{\pi}{2}}^{\frac{\pi}{2}}\mathrm{d}\theta\int_{2\cos\theta}^{4\cos\theta}\rho^3\mathrm{d}\rho=60\int_{-\frac{\pi}{2}}^{\frac{\pi}{2}}\cos^4\theta\mathrm{d}\theta=120\int_0^{\frac{\pi}{2}}\cos^4\theta\mathrm{d}\theta$

$=120\times\dfrac{3}{4}\times\dfrac{1}{2}\times\dfrac{\pi}{2}=\dfrac{45}{2}\pi.$

【练习】8.1.7 求由心形线 $\rho=a(1+\cos\theta)$ 和圆 $\rho=a$ 所围区域（不含极点那部分）的面积.

解：利用对称性得

$$A=2\int_0^{\frac{\pi}{2}}\mathrm{d}\theta\int_a^{a(1+\cos\theta)}\rho\mathrm{d}\rho=a^2\int_0^{\frac{\pi}{2}}(\cos^2\theta+2\cos\theta)\mathrm{d}\theta$$

$$=a^2\left(\frac{1}{2}\cdot\frac{\pi}{2}+2\times1\right)=a^2\left(\frac{\pi}{4}+2\right).$$

8.1.3 三重积分概念、性质和计算

1. 对称性、顺序性. 同二重积分类似，规则区域利用几何意义，及"偶倍奇零"简化计算.

2. **直角坐标系**下三重积分计算. 体积微元：$\mathrm{d}x\mathrm{d}y\mathrm{d}z$.

（1）坐标面投影："先一后二".

$$\iiint_\Omega f(x,y,z)\mathrm{d}x\mathrm{d}y\mathrm{d}z=\iint_{D_{xy}}\mathrm{d}\sigma\int_{z_1(x,y)}^{z_2(x,y)}f(x,y,z)\mathrm{d}z$$

$$=\int_a^b\mathrm{d}x\int_{y_1(x)}^{y_2(x)}\mathrm{d}y\int_{z_1(x,y)}^{z_2(x,y)}f(x,y,z)\mathrm{d}z. \tag{8.1}$$

（2）轴截面法："先二后一".

$$\iiint_\Omega f(x,y,z)\mathrm{d}x\mathrm{d}y\mathrm{d}z=\int_a^b\mathrm{d}z\iint_{D(z)}f(x,y,z)\mathrm{d}\sigma$$

$$=\int_a^b\mathrm{d}z\int_{x_1(z)}^{x_2(z)}\mathrm{d}x\int_{y_1(x,z)}^{y_2(x,z)}f(x,y,z)\mathrm{d}x. \tag{8.2}$$

• 计算三重积分的实质是将其转化为累次积分，然后依定积分计算规则解出. 在转化为累次积分时，既可以像式（8.1）向 xOy 坐标面投影，同样，也可以把积分域 Ω 向 yOz，zOx 坐标面投影. 所以，三重积分可以化为六种不同次序的三次积分（累次积分）.

解题时，要依据具体的**被积函数** $f(x,y,z)$ 和**积分域** Ω 选取适当的三次积分进行计算.

3. **柱坐标系**下三重积分计算．柱坐标可看作平面上的极坐标与 z 坐标的组合．与直角坐标下重积分计算方法类似，坐标表示不同.

• 当被积函数是 $zf(x^2 \pm y^2)$，$zf\left(\dfrac{y}{x}\right)$，$zf(xy)$，积分域 Ω 是由圆柱面（或一部分）、锥面、抛物面所围成的．用柱面坐标计算三重积分较方便.

4. **球坐标**下三重积分计算．体积微元：$\rho^2 \sin\varphi \mathrm{d}\rho \mathrm{d}\varphi \mathrm{d}\theta$.

• 当积分区域是球形域或是球的一部分，或上半部是球面下半部是顶点在原点的锥面（曲顶锥体），被积函数具有 $f(x^2+y^2+z^2)$ 的形式时，用球面坐标计算三重积分较简便.

5. **重积分的变量代换（换元）法**．换元法可将不同坐标系下重积分统一起来.

• 以三重积分为例.

定理：设 $f(x,y,z)$ 在有界闭区域 Ω 上连续，变换 $T: x=x(u,v,w)$，$y=y(u,v,w)$，$z=z(u,v,w)$ 满足：

（1）将 $O'uvw$ 中的 Ω' 一对一地变为 $Oxyz$ 中的 Ω；

（2）$x(u,v,w)$，$y(u,v,w)$，$z(u,v,w)$ 在 Ω' 上具有一阶连续偏导数；

（3）在 Ω' 上雅可比行列式 $J(u,v,w)=\dfrac{\partial(x,y,z)}{\partial(u,v,w)} \neq 0$；

则有

$$\iiint_{\Omega} f(x,y,z)\,\mathrm{d}x\mathrm{d}y\mathrm{d}z = \iiint_{\Omega'} f[x(u,v,w),y(u,v,w),z(u,v,w)]\,|J(u,v,w)|\,\mathrm{d}u\mathrm{d}v\mathrm{d}w.$$

• **轮换对称性**．需关注**积分区域，被积函数**的特点．如练习 8.1.12.

①交换**积分区域**边界曲线表达式中 x，y，z 的位置，积分区域不变．或积分区域关于直线 $x=y=z$ 对称.

②同时任意交换**被积函数**中 x，y，z 的位置.

这样得到的**两个三重积分相等**.

注 8.1　也可只交换积分区域和被积函数中某一对变量，结论仍然有效（两个三重积分相等）.

6. 含参变量的积分．连续性，可导性，积分次序交换性.

【练习】8.1.8　把三重积分 $I=\iiint_V f(x,y,z)\mathrm{d}V$ 化为直角坐标系下的累次积分，其中积分区域 V 为如下区域：

（1）由抛物面 $z=x^2+y^2$，平面 $x+y=1$ 及三个坐标面围成的区域.

解：V 在 xOy 平面上的投影 D_{xy}：$x+y \leqslant 1$，$x \geqslant 0$，$y \geqslant 0$，又 $0 \leqslant z \leqslant x^2+y^2$，故

$$I=\iint_{D_{xy}}\mathrm{d}x\mathrm{d}y\int_0^{x^2+y^2}f(x,y,z)\,\mathrm{d}z=\int_0^1\mathrm{d}x\int_0^{1-x}\mathrm{d}y\int_0^{x^2+y^2}f(x,y,z)\,\mathrm{d}z.$$

(2) 由曲面 $z=x^2+2y^2$ 及 $z=2-x^2$ 围成的区域.

解：联立曲面方程可得二曲面交线为 $\begin{cases}z=x^2+2y^2,\\ z=2-x^2,\end{cases}$ V 在 xOy 平面上的投影 D_{xy}：$x^2+y^2\leqslant1$，故

$$I=\iint_{D_{xy}}\mathrm{d}x\mathrm{d}y\int_{x^2+2y^2}^{2-x^2}f(x,y,z)\,\mathrm{d}z=\int_{-1}^1\mathrm{d}x\int_{-\sqrt{1-x^2}}^{\sqrt{1-x^2}}\mathrm{d}y\int_{x^2+2y^2}^{2-x^2}f(x,y,z)\,\mathrm{d}z.$$

【练习】8.1.9 计算下列三重积分.

(1) $\iiint_V z\mathrm{d}V$，其中 V 是由上半球面 $x^2+y^2+z^2=4(z\geqslant0)$ 及抛物面 $z=\dfrac{1}{3}(x^2+y^2)$ 围成的区域.

解：二曲面的交线为 $\begin{cases}x^2+y^2+z^2=4,\\ z=\dfrac{1}{3}(x^2+y^2),\end{cases}$ 即 $\begin{cases}z=1,\\ x^2+y^2=3,\end{cases}$ V 在 xOy 平面上的投影 D_{xy}：$x^2+y^2\leqslant3$，由柱坐标变换，有

$$\text{原式}=\int_0^{2\pi}\mathrm{d}\theta\int_0^{\sqrt{3}}\rho\mathrm{d}\rho\int_{\frac{1}{3}\rho^2}^{-\sqrt{4-\rho^2}}z\mathrm{d}z$$

$$=2\pi\int_0^{\sqrt{3}}\frac{1}{2}\left(4-\rho^2-\frac{1}{9}\rho^4\right)\rho\mathrm{d}\rho=\frac{13}{4}\pi.$$

(2) $\iiint_V(x^2+y^2)\mathrm{d}V$，其中 V：$\begin{cases}a^2\leqslant x^2+y^2+z^2\leqslant b^2,\\ z\geqslant0.\end{cases}$

解：V 在球坐标变换下 $V_{r\varphi\theta}$：$0\leqslant\theta\leqslant2\pi,0\leqslant\varphi\leqslant\dfrac{\pi}{2},a\leqslant r\leqslant b$，所以

$$\text{原式}=\int_0^{2\pi}\mathrm{d}\theta\int_0^{\frac{\pi}{2}}\mathrm{d}\varphi\int_a^b r^2\sin^2\varphi\cdot r^2\sin\varphi\mathrm{d}r.$$

(3) $\iiint_V xyz\mathrm{d}V$，V 是球体 $x^2+y^2+z^2\leqslant R^2$ 在第一卦限的部分.

解：V 在球坐标变换下 $V_{r\varphi\theta}$：$0\leqslant\theta\leqslant\dfrac{\pi}{2},0\leqslant\varphi\leqslant\dfrac{\pi}{2},0\leqslant r\leqslant R$.

$$\text{原式}=\int_0^{\frac{\pi}{2}}\mathrm{d}\theta\int_0^{\frac{\pi}{2}}\mathrm{d}\varphi\int_0^R r\sin\varphi\cos\theta\cdot r\sin\varphi\sin\theta\cdot r\cos\varphi\cdot r^2\sin\varphi\mathrm{d}r$$

$$=\left(\int_0^{\frac{\pi}{2}}\sin\theta\cos\theta\mathrm{d}\theta\right)\cdot\left(\int_0^{\frac{\pi}{2}}\sin^3\varphi\cos\varphi\mathrm{d}\varphi\right)\cdot\left(\int_0^R r^5\mathrm{d}r\right)$$

$$=\frac{1}{2}\cdot\frac{1}{4}\cdot\frac{1}{6}R^6=\frac{1}{48}R^6.$$

【练习】8.1.10 计算由曲面 $x^2+y^2=2x$，$z=x^2+y^2$ 及平面 $z=0$ 所围成立体的体积.

解：(利用极坐标) 所围立体在 xOy 平面上的投影区域 D_{xy}：$x^2+y^2\leqslant 2x$，用极坐标可写为 $D_{\rho\theta}$：$\begin{cases} -\dfrac{\pi}{2}\leqslant\theta\leqslant\dfrac{\pi}{2}, \\ 0\leqslant\rho\leqslant 2\cos\theta. \end{cases}$

$$\text{故}\quad V=\iint_{D_{xy}}(x^2+y^2)\mathrm{d}\sigma=\int_{-\frac{\pi}{2}}^{\frac{\pi}{2}}\mathrm{d}\theta\int_0^{2\cos\theta}\rho^3\mathrm{d}\rho=4\int_{-\frac{\pi}{2}}^{\frac{\pi}{2}}\cos^4\theta\mathrm{d}\theta$$

$$=8\int_0^{\frac{\pi}{2}}\cos^4\theta\mathrm{d}\theta=8\times\frac{3}{4}\times\frac{1}{2}\times\frac{\pi}{2}=\frac{3\pi}{2}.$$

8.1.4　重积分的应用

重积分的应用关键是利用几何意义或物理意义找到相应的微元，利用微元法将重积分看作和式的极限. 包括立体体积、曲面面积、物体质心、转动惯量、引力等.

- 能用重积分解决的实际问题的**特点**：

所求量是 $\begin{cases}\text{分布在有界闭域上的整体量；}\\ \text{对区域具有可加性.}\end{cases}$

- 用重积分解决问题的**方法**：用微元分析法（元素法），从定积分定义出发建立积分式.

1. 立体体积，曲面面积. 若函数记为 $z=f(x,y)$，曲面面积微元可写为

$$\mathrm{d}s=\sqrt{1+(f_x')^2+(f_y')^2}\,\mathrm{d}x\mathrm{d}y.$$

2. 质量，质心，转动惯量.

质心坐标，

$$\bar{x}=\frac{\iiint_\Omega x\rho(x,y,z)\mathrm{d}x\mathrm{d}y\mathrm{d}z}{\iiint_\Omega \rho(x,y,z)\mathrm{d}x\mathrm{d}y\mathrm{d}z},\quad \bar{y}=\frac{\iiint_\Omega y\rho(x,y,z)\mathrm{d}x\mathrm{d}y\mathrm{d}z}{\iiint_\Omega \rho(x,y,z)\mathrm{d}x\mathrm{d}y\mathrm{d}z},$$

$$\bar{z}=\frac{\iiint_\Omega z\rho(x,y,z)\mathrm{d}x\mathrm{d}y\mathrm{d}z}{\iiint_\Omega \rho(x,y,z)\mathrm{d}x\mathrm{d}y\mathrm{d}z}.$$

当 $\rho(x,y,z)$ 为常数时，则得**形心坐标**：

$$\bar{x}=\frac{\iiint_\Omega x\mathrm{d}x\mathrm{d}y\mathrm{d}z}{V},\quad \bar{y}=\frac{\iiint_\Omega y\mathrm{d}x\mathrm{d}y\mathrm{d}z}{V},\quad \bar{z}=\frac{\iiint_\Omega z\mathrm{d}x\mathrm{d}y\mathrm{d}z}{V},$$

其中 $V=\iiint_\Omega \mathrm{d}x\mathrm{d}y\mathrm{d}z$ 为 Ω 的体积.

对 x 轴的转动惯量：$I_x=\iiint_\Omega (y^2+z^2)\rho(x,y,z)\mathrm{d}x\mathrm{d}y\mathrm{d}z.$

对 y 轴的转动惯量：$I_y = \iiint_{\Omega}(x^2+z^2)\rho(x,y,z)\,\mathrm{d}x\mathrm{d}y\mathrm{d}z$

对原点的转动惯量：$I_O = \iiint_{\Omega}(x^2+y^2+z^2)\rho(x,y,z)\,\mathrm{d}x\mathrm{d}y\mathrm{d}z$

3. 物体对质点的引力. 万有引力公式.

• 重积分计算的基本技巧，**交换积分序**，利用**对称性**或**质心公式**简化计算，消去被积函数绝对值符号（分块积分法，利用对称性），利用扩展积分域进行计算，利用重积分**换元**公式等.

【练习】8.1.11 设区域 D 为 $x^2+y^2\leqslant R^2$，计算

$$\iint_D\left(\frac{x^2}{a^2}+\frac{y^2}{b^2}\right)\mathrm{d}x\mathrm{d}y.$$

解：方法 1 利用极坐标进行计算

$$\begin{aligned}\text{原式} &= \int_0^{2\pi}\mathrm{d}\theta\int_0^R\left(\frac{\rho^2}{a^2}\cos^2\theta+\frac{\rho^2}{b^2}\sin^2\theta\right)\rho\mathrm{d}\rho\\ &= \frac{R^4}{4}\int_0^{2\pi}\left(\frac{1}{a^2}\cos^2\theta+\frac{1}{b^2}\sin^2\theta\right)\mathrm{d}\theta = \left(\frac{1}{a^2}+\frac{1}{b^2}\right)\frac{\pi R^4}{4}.\end{aligned}$$

方法 2 由变量轮换的对称性：$\iint_D x^2\mathrm{d}x\mathrm{d}y = \iint_D y^2\mathrm{d}x\mathrm{d}y$.

$$\begin{aligned}\text{原式} &= \iint_D\left(\frac{x^2}{a^2}+\frac{x^2}{b^2}\right)\mathrm{d}x\mathrm{d}y = \left(\frac{1}{a^2}+\frac{1}{b^2}\right)\iint_D x^2\mathrm{d}x\mathrm{d}y\\ &= \frac{1}{2}\left(\frac{1}{a^2}+\frac{1}{b^2}\right)\iint_D(x^2+y^2)\,\mathrm{d}x\mathrm{d}y\\ &= \frac{1}{2}\left(\frac{1}{a^2}+\frac{1}{b^2}\right)\int_0^{2\pi}\mathrm{d}\theta\int_0^R\rho^3\mathrm{d}\rho = \left(\frac{1}{a^2}+\frac{1}{b^2}\right)\frac{\pi R^4}{4}.\end{aligned}$$

【练习】8.1.12 计算 $\iiint_V(mx^2+ny^2+pz^2)\,\mathrm{d}V$，其中 V 为球体 $x^2+y^2+z^2\leqslant a^2$，m，n，p 为常数.

解： 交换坐标 x，y，z，区域 V 不变，因此积分有轮换对称性，即有

$$\iiint_V x^2\mathrm{d}V = \iiint_V y^2\mathrm{d}V = \iiint_V z^2\mathrm{d}V.$$

故得

$$\begin{aligned}\text{原式} &= (m+n+p)\iiint_V x^2\mathrm{d}V = \frac{1}{3}(m+n+p)\iiint_V(x^2+y^2+z^2)\,\mathrm{d}V\\ &= \frac{1}{3}(m+n+p)\int_0^{2\pi}\mathrm{d}\theta\int_0^{\pi}\sin\varphi\mathrm{d}\varphi\int_0^a r^2\cdot r^2\mathrm{d}r\\ &= \frac{4}{15}\pi a^5(m+n+p).\end{aligned}$$

【练习】8.1.13　设函数 $f(x)$ 在区间 [0, 1] 上连续，并设 $\int_0^1 f(x)\mathrm{d}x = A$，求 $\int_0^1 \mathrm{d}x \int_x^1 f(x)f(y)\mathrm{d}y$.

解：设 $I = \int_0^1 \mathrm{d}x \int_x^1 f(x)f(y)\mathrm{d}y = \iint_{D_1} f(x)f(y)\mathrm{d}x\mathrm{d}y$，由变量轮换对称性得

$$I = \int_0^1 \mathrm{d}y \int_y^1 f(x)f(y)\mathrm{d}x = \iint_{D_2} f(x)f(y)\mathrm{d}x\mathrm{d}y = \int_0^1 \mathrm{d}x \int_0^x f(x)f(y)\mathrm{d}y.$$

于是有

$$2I = \iint_{D_1+D_2} f(x)f(y)\mathrm{d}x\mathrm{d}y = \int_0^1 \mathrm{d}x \int_0^1 f(x)f(y)\mathrm{d}y$$

$$= \left[\int_0^1 f(x)\mathrm{d}x\right]\cdot\left[\int_0^1 f(y)\mathrm{d}y\right] = A^2.$$

【练习】8.1.14　证明不等式

$$1 \leqslant \iint_D (\sin x^2 + \cos y^2)\mathrm{d}\sigma \leqslant \sqrt{2}$$

成立，其中 D 是正方形区域 $0 \leqslant x \leqslant 1$，$0 \leqslant y \leqslant 1$.

解：若把 x 变量和 y 变量交换位置，区域 D 不变（即区域 D 关于直线 $y = x$ 对称），由二重积分轮换对称性

$$\iint_D f(x)\mathrm{d}\sigma = \iint_D f(y)\mathrm{d}\sigma.$$

特别地，有 $\iint_D \cos y^2 \mathrm{d}\sigma = \iint_D \cos x^2 \mathrm{d}\sigma$，得

$$\iint_D (\sin x^2 + \cos y^2)\mathrm{d}\sigma = \iint_D (\sin x^2 + \cos x^2)\mathrm{d}\sigma = \sqrt{2}\iint_D \sin\left(x^2 + \frac{\pi}{4}\right)\mathrm{d}\sigma.$$

由 $\frac{\sqrt{2}}{2} \leqslant \sin\left(x^2 + \frac{\pi}{4}\right) \leqslant 1 (0 \leqslant x \leqslant 1)$，应用估值定理，得

$$1 \leqslant \iint_D (\sin x^2 + \cos y^2)\mathrm{d}\sigma \leqslant \sqrt{2}.$$

【练习】8.1.15　试用球坐标计算三重积分 $I = \iiint_V \frac{1}{\sqrt{x^2 + y^2 + z^2}}\mathrm{d}x\mathrm{d}y\mathrm{d}z$，其中 V 是由平面 $z = 1$ 与锥面 $z = \sqrt{x^2 + y^2}$ 围成的闭区域.

解：V 在 xOy 面上的投影区域为 D：$x^2 + y^2 \leqslant 1$，

$$原式 = \int_0^{2\pi}\mathrm{d}\theta \int_0^{\frac{\pi}{4}}\mathrm{d}\varphi \int_0^{\frac{1}{\cos\varphi}} r\sin\varphi \mathrm{d}r = \pi\int_0^{\frac{\pi}{4}} \frac{\sin\varphi}{\cos^2\varphi}\mathrm{d}\varphi = (\sqrt{2} - 1)\pi.$$

【练习】8.1.16　计算 $I = \iiint_V (x^3 + y^3 + z^3)\mathrm{d}V$，其中

$$V:\begin{cases}x^2+y^2+z^2\leqslant 2z,\\ z\geqslant\sqrt{x^2+y^2}.\end{cases}$$

解：V 关于坐标面 yOz，zOx 对称，而 x^3，y^3 分别是 x，y 的奇函数，由积分对称性知 $\iiint_V x^3\mathrm{d}V=0$，$\iiint_V y^3\mathrm{d}V=0$，在球坐标系下，球面方程为 $r^2=2r\cos\varphi$，即 $r=2\cos\varphi$. 因此 V：$0\leqslant\theta\leqslant 2\pi$，$0\leqslant\varphi\leqslant\frac{\pi}{4}$，$0\leqslant r\leqslant 2\cos\varphi$，故

$$I=\int_0^{2\pi}\mathrm{d}\theta\int_0^{\frac{\pi}{4}}\mathrm{d}\varphi\int_0^{2\cos\varphi}r^3\cos^3\varphi\cdot r^2\sin\varphi\mathrm{d}r=\frac{31\pi}{15}.$$

8.1.5　第一类曲线积分

按照积分区域不同，可以进行以下分类：

积分学	定积分	二重积分	三重积分	曲线积分	曲面积分
积分域	区间	平面域	空间域	曲线弧	曲面域

曲线积分 $\begin{cases}\text{对弧长的曲线积分（第一类）},\\ \text{对坐标的曲线积分（第二类）}.\end{cases}$

曲面积分 $\begin{cases}\text{对面积的曲面积分（第一类）},\\ \text{对坐标的曲面积分（第二类）}.\end{cases}$

1. 概念与性质.

物理意义（曲线形构件的质量）. 对弧长的曲线积分.

性质. 线性，积分区域可加性，比较性质，绝对值性质，估值定理，中值定理，对称性质.

- 对称性质、轮换对称性均与重积分类似. 平面曲线（与二重积分类似），空间曲线（与三重积分类似）. 以平面曲线为例，见注 8.2.

注 8.2　平面曲线积分具有轮换对称性是指平面积分曲线关于直线 $y=x$ 对称. 交换被积函数 $f(x,y)$ 中变量 x，y 的位置，积分值不会改变，即

$$\int_L f(x,y)\mathrm{d}l=\int_L f(y,x)\mathrm{d}l.$$

2. 曲线积分的计算. 直接计算法可以遵循计算弧长元素、变换被积函数、确定积分限三个步骤. “下小上大”.

第一类曲线积分的计算实质是转化为定积分计算. 例如

定理：设 $f(x,y)$ 是定义在光滑曲线弧

$$L: x=\varphi(t), y=\psi(t)\,(\alpha\leqslant t\leqslant\beta)$$

上的连续函数，则曲线积分 $\int_L f(x,y)\,\mathrm{d}l$ 存在，且

$$\int_L f(x,y)\,\mathrm{d}l = \int_\alpha^\beta f[\phi(t),\psi(t)]\ \sqrt{\phi'^2(t)+\psi'^2(t)}\,\mathrm{d}t.$$

（1）平面曲线．直角坐标、参数方程、极坐标表示．

（2）空间曲线参数方程 $\begin{cases}\varphi_1(x,y,z)=0,\\ \varphi_2(x,y,z)=0,\end{cases}$ 或 $\begin{cases}z=g(x,y),\\ z=h(x,y).\end{cases}$

- 关键．计算弧微分．
- 常见曲线化参（直线，螺旋线等）．

第一类曲线积分计算的基本步骤："从后向前，依次处理"．

3. 几何与物理应用．曲线弧长，曲线型构件质量，柱面面积，质心坐标，转动惯量，引力．

（1）当 $\rho(x,y)$ 表示 L 的线密度时，$M=\int_L \rho(x,y)\,\mathrm{d}l$；

（2）当 $f(x,y)\equiv 1$ 时，$L_{\text{弧长}}=\int_L \mathrm{d}l$；

（3）当 $f(x,y)$ 表示立于 L 上的柱面在点 (x,y) 处的高时，$S_{\text{柱面面积}}=\int_L f(x,y)\,\mathrm{d}l$.

（4）设 L 为 xOy 平面上一曲线，绕 x 轴旋转得一旋转面，该旋转曲面的面积为 $S=\int_L 2\pi|y|\,\mathrm{d}l$.

（5）曲线弧对 x 轴及 y 轴的转动惯量，

$$I_x=\int_L x^2\rho\,\mathrm{d}l,\ I_y=\int_L y^2\rho\,\mathrm{d}l.$$

（6）曲线弧的重心坐标

$$\bar{x}=\frac{\int_L x\rho\,\mathrm{d}l}{\int_L \rho\,\mathrm{d}l},\ \bar{y}=\frac{\int_L y\rho\,\mathrm{d}l}{\int_L \rho\,\mathrm{d}l}.$$

【练习】8.1.17　计算 $\int_L |y|\,\mathrm{d}l$，其中 L 为右半圆周 $x^2+y^2=R^2\ (x\geqslant 0)$.

解：方法 1　方程 $x^2+y^2=R^2$ 两端对 x 求导，得

$$2x+2yy'=0\Rightarrow y'=-\frac{x}{y},$$

$$\mathrm{d}l=\sqrt{1+\left(-\frac{x}{y}\right)^2}\,\mathrm{d}x=\frac{\sqrt{x^2+y^2}}{|y|}\,\mathrm{d}x=\frac{R}{|y|}\,\mathrm{d}x,$$

代入原式，得

$$\int_L |y|\mathrm{d}l = 2\int_0^R y \cdot \frac{R}{y}\mathrm{d}x = 2R\int_0^R \mathrm{d}x = 2R^2.$$

方法2 将曲线方程写为参数方程$\begin{cases} x = R\cos t, \\ y = R\sin t, \end{cases}$ $-\frac{\pi}{2} \leqslant t \leqslant \frac{\pi}{2}$，计算弧微分有 $\mathrm{d}l = \sqrt{(-R\sin t)^2 + (R\cos t)^2}\mathrm{d}t = R\mathrm{d}t$，代入原式，得

$$\int_L |y|\mathrm{d}l = 2\int_0^{\frac{\pi}{2}} R\sin t \cdot R\mathrm{d}t = 2R^2.$$

方法3 将曲线方程写为极坐标 $\rho = R$，$-\frac{\pi}{2} \leqslant \theta \leqslant \frac{\pi}{2}$，计算弧微分 $\mathrm{d}l = R\mathrm{d}\theta$，代入原式，得

$$\int_L |y|\mathrm{d}l = 2\int_0^{\frac{\pi}{2}} R\sin\theta \cdot R\theta\mathrm{d}\theta = 2R^2.$$

【练习】8.1.18 设有平面 $z = y$ 与椭圆柱面 $\frac{x^2}{5} + \frac{y^2}{9} = 1$ 相截，求此平面的 $z \geqslant 0$，$y \geqslant 0$ 部分与 xOy 平面之间的椭圆柱面的侧面积.

解：侧面积为 $A = \int_L z\mathrm{d}l$，由 $Z = y$，所以 $A = \int_L y\mathrm{d}l$.

将积分曲线化为参数方程 $x = \sqrt{5}\cos t$，$y = 3\sin t(0 \leqslant t \leqslant \pi)$，于是

$$A = \int_L y\mathrm{d}l = \int_0^{\pi} 3\sin t\sqrt{5\sin^2 t + 9\cos^2 t}\mathrm{d}t = -3\int_0^{\pi}\sqrt{5 + 4\cos^2 t}\mathrm{d}(\cos t)$$

$$\xlongequal{u = \cos t} -3\int_1^{-1}\sqrt{5 + 4u^2}\mathrm{d}u = 6\int_0^1\sqrt{5 + 4u^2}\mathrm{d}u$$

$$= 12\left[\frac{u}{2}\sqrt{\frac{5}{4} + u^2} + \frac{5}{8}\ln\left(u + \sqrt{\frac{5}{4} + u^2}\right)\right]\Bigg|_0^1 = 9 + \frac{5}{4}\ln 5.$$

【练习】8.1.19 设螺旋形弹簧一圈的方程为$\begin{cases} x = a\cos t, \\ y = a\sin t, 0 \leqslant t < 2\pi, \\ z = bt, \end{cases}$ 其线密度 $\rho_l(x,y,z) = x^2 + y^2 + z^2$，求它的质心及对 z 轴的转动惯量 J_z.

解：因为

$$m = \int_L (x^2 + y^2 + z^2)\mathrm{d}l = \int_0^{2\pi}(a^2 + b^2t^2)\sqrt{a^2 + b^2}\mathrm{d}t$$

$$= \frac{2\pi}{3}\sqrt{a^2 + b^2}(3a^2 + 4\pi^2 b^2).$$

而

$$\int_L x(x^2 + y^2 + z^2)\mathrm{d}l = \int_0^{2\pi} a\cos t(a^2 + b^2t^2)\sqrt{a^2 + b^2}\mathrm{d}t$$

$$= 4\pi ab^2\sqrt{a^2 + b^2},$$

$$\int_L y(x^2+y^2+z^2)\mathrm{d}l = \int_0^{2\pi} a\sin t(a^2+b^2t^2)\sqrt{a^2+b^2}\mathrm{d}t$$

$$= -4\pi^2ab^2\sqrt{a^2+b^2},$$

$$\int_L z(x^2+y^2+z^2)\mathrm{d}l = \int_0^{2\pi} bt(a^2+b^2t^2)\sqrt{a^2+b^2}\mathrm{d}t$$

$$= 2\pi^2 b\sqrt{a^2+b^2}(a^2+2\pi^2b^3),$$

所以

$$\bar{x} = \frac{1}{m}\int_L x(x^2+y^2+z^2)\mathrm{d}l = \frac{6ab^2}{3a^2+4\pi^2b^2},$$

$$\bar{y} = \frac{1}{m}\int_L y(x^2+y^2+z^2)\mathrm{d}l = \frac{-6\pi ab^2}{3a^2+4\pi^2b^2},$$

$$\bar{z} = \frac{1}{m}\int_L z(x^2+y^2+z^2)\mathrm{d}l = \frac{3\pi b(a^2+2\pi^2b^2)}{3a^2+4\pi^2b^2}.$$

所求转动惯量为

$$J_z = \int_L (x^2+y^2)(x^2+y^2+z^2)\mathrm{d}l = a^2\int_0^{2\pi}(a^2+b^2t^2)\sqrt{a^2+b^2}\mathrm{d}t$$

$$= a^2m = \frac{2\pi a^2}{3}\sqrt{a^2+b^2}(3a^2+4\pi^2b^2).$$

【练习】8.1.20　计算 $\int_L y\mathrm{d}l$，L 为心形线 $\rho = a(1+\cos\theta)$ 的下半部分.

解：计算弧微分

$$\mathrm{d}l = \sqrt{\rho^2+(\rho')^2}\mathrm{d}\theta = \sqrt{a^2(1+\cos\theta)^2+(-a\sin\theta)^2}\mathrm{d}\theta = a\sqrt{2(1+\cos\theta)}\mathrm{d}\theta.$$

代入原积分，有

$$\text{原式} = \int_{-\pi}^{0} a(1+\cos\theta)\sin\theta\cdot a\sqrt{2(1+\cos\theta)}\mathrm{d}\theta$$

$$= -\sqrt{2}a^2\int_{-\pi}^{0}(1+\cos\theta)^{\frac{3}{2}}\mathrm{d}(1+\cos\theta)$$

$$= -\sqrt{2}a^2\,\frac{2}{5}(1+\cos\theta)^{\frac{5}{2}}\Big|_{-\pi}^{0} = -\frac{16}{5}a^2.$$

8.1.6　第二类曲线积分

1. 概念与性质

物理意义（变力沿曲线做功，环量）. 第二类（对坐标的）曲线积分，对向量函数的积分（组合积分）.

性质. 线性，可加性，有向性. 正方向的规定.

2. 第二类曲线积分的计算. “本质仍是转化成定积分”.

（1）直接计算法步骤（“从后向前，依次处理”）.

①选取适当的参数，用积分曲线方程化简被积函数.

②确定积分上下限，分别与起点和终点对应.

• **典型曲线化参**. 若积分曲线 L 为直角坐标方程，则可把 x 或 y 当作参数. 若积分曲线 L 为极坐标方程，则设法化成参数方程再计算.

（2）利用公式.

平面曲线. 格林公式 $\xrightarrow{\text{条件}}$ 二重积分. 参见 8.1.7 节.

空间曲线. 斯托克斯公式 $\xrightarrow{\text{条件}}$ 第二类曲面积分. 参见 8.1.11 节.

（3）利用两类曲线积分的关系. 见注 8.3.

“一线、二线”之间的联系 $\Longrightarrow \int_L \vec{A}\cdot \mathrm{d}\vec{l} = \int_L A_L \mathrm{d}l = \int_l \vec{A}\cdot \vec{l}_{\text{切}} \mathrm{d}l.$

注 8.3 联系第一类曲线积分和第二类曲线积分的是积分曲线微元处、沿第二类曲线积分方向的单位切向量.

（1）求得积分曲线任意点处的单位切向量（$\cos\alpha$，$\cos\beta$，$\cos\gamma$）.

$$\mathrm{d}\vec{l} = (\cos\alpha,\cos\beta,\cos\gamma)\,\mathrm{d}l = (\mathrm{d}x,\mathrm{d}y).$$

（2）注意不同曲线表达式如何求切向量！参见 6.1.6 节.

【练习】8.1.21 计算 $\int_L -x\cos y\mathrm{d}x + y\sin x\mathrm{d}y$，$L$ 为连接点 $O(0,0)$ 和 $A(\pi,2\pi)$ 的线段.

解： L：$y=2x$，$0\leqslant x\leqslant \pi$.

$$原式 = \int_0^{\pi}(-x\cos 2x + 2\cdot 2x\sin x)\,\mathrm{d}x$$

$$= \left[-\frac{x}{2}\sin 2x - \frac{1}{4}\cos 2x - 4x\cos x + 4\sin x\right]_0^{\pi} = -\frac{1}{4} + 4\pi + \frac{1}{4} = 4\pi.$$

【练习】8.1.22 计算 $\oint_L (x+y)^2\mathrm{d}y$，$L$ 为圆周 $x^2+y^2=2ax\,(a>0)$，取正方向.

解： L 的参数方程可写为：$\begin{cases} x = a + a\cos\theta, \\ y = a\sin\theta, \end{cases} 0\leqslant\theta\leqslant 2\pi$，故

$$原式 = \oint_L (x^2+y^2+2xy)\,\mathrm{d}y = \oint_L (2ax+2xy)\,\mathrm{d}y$$

$$= 2\oint_L x(a+y)\,\mathrm{d}y = 2\int_0^{2\pi}(a+a\cos\theta)(a+a\sin\theta)a\cos\theta\mathrm{d}\theta$$

$$= 2a^3\int_0^{2\pi}(1+\cos\theta)(1+\sin\theta)\cos\theta\mathrm{d}\theta$$

$$= 2a^3\int_0^{2\pi}(\cos\theta+\cos^2\theta+\sin\theta\cos\theta+\sin\theta\cos^2\theta)\,\mathrm{d}\theta = 2a^3\pi.$$

【练习】8.1.23　在椭圆$\begin{cases}x=a\cos t,\\ y=b\sin t,\end{cases}0\leqslant t\leqslant 2\pi$上每一点$P$有作用力$\vec{F}(x,y)$，大小等于从点$P$到椭圆中心的距离，方向指向椭圆中心，计算质点沿椭圆在第一象限从点$A(a,0)$到$B(0,b)$时，$\vec{F}$所做的功.

解：设$r=\sqrt{x^2+y^2}$，由题意得$\vec{F}(x,y)=r\left\{\frac{-x}{r},\frac{-y}{r}\right\}=\{-x,-y\}$.

$$\int_L \vec{F}(x,y)\cdot \mathrm{d}\vec{l}=-\int_L x\mathrm{d}x+y\mathrm{d}y=-\int_0^{\frac{\pi}{2}}[a\cos t\cdot(-a\sin t)+b\sin t\cdot b\cos t]\mathrm{d}t$$

$$=(a^2-b^2)\int_0^{\frac{\pi}{2}}\cos t\sin t\mathrm{d}t=\frac{a^2-b^2}{2}.$$

8.1.7　格林（Green）公式，平面曲线积分与路径的无关性

区域的分类$\begin{cases}\text{单连通区域（无“洞”区域），}\\ \text{多连通区域（有“洞”区域）.}\end{cases}$

区域边界L的正向：当观察者沿边界行走时，区域总在他的左手边.

1. 格林（Green）公式.

定理：设闭区域D由分段光滑的曲线L围成，函数$P(x,y)$及$Q(x,y)$在D上具有一阶连续偏导数，则有

$$\iint_D\left(\frac{\partial Q}{\partial x}-\frac{\partial P}{\partial y}\right)\mathrm{d}x\mathrm{d}y=\oint_{L^+}P\mathrm{d}x+Q\mathrm{d}y,$$

其中L^+是D的取正向的边界曲线. 上述公式称为**格林（Green）公式.**

注：对于单、复连通域均适用.

格林公式的实质：建立了沿闭曲线的第二类曲线积分与二重积分之间的联系. 特殊情形：用曲线积分表示面积. 如注8.4.

注8.4　正向闭曲线L所围区域D的面积

$$A=\frac{1}{2}\oint_L x\mathrm{d}y-y\mathrm{d}x,P=-y,Q=x,\frac{\partial Q}{\partial x}-\frac{\partial P}{\partial y}=2.$$

使用格林公式应注意（**积分曲线的正向，P，Q具有连续的一阶偏导数**）.

2. 平面上曲线积分与路径无关的条件.

定理：设D是单连通域，函数$P(x,y)$，$Q(x,y)$在D内具有一阶连续偏导数，则以下四个条件等价：

①沿D中任意光滑闭曲线L，有$\oint_L P\mathrm{d}x+Q\mathrm{d}y=0$.

②对D中任一分段光滑曲线L，曲线积分$\int_L P\mathrm{d}x+Q\mathrm{d}y$与路径无关，只与起止点有关.

③$Pdx+Qdy$ 在 D 内是某一函数 $u(x,y)$ 的全微分，即 $du(x,y)=Pdx+Qdy$.

④在 D 内每一点都有 $\frac{\partial P}{\partial y}=\frac{\partial Q}{\partial x}$.

注 8.5 （1）计算曲线积分时，若积分与路径无关，可选择方便的积分路径.

（2）计算曲线积分时，可利用格林公式简化计算，若积分路径不是闭曲线，可添加辅助线.

3. 全微分准则及原函数.

定理（全微分准则）：P，Q 在单连通域 D 上有一阶连续偏导数，若存在函数 $u(x,y)$ 全微分为 $du=Pdx+Qdy$，其充要条件为 $\frac{\partial Q}{\partial x}=\frac{\partial P}{\partial y}$，并且

$$u(x,y)=\int_{(x_0,y_0)}^{(x,y)}Pdx+Qdy.$$

4. 解全微分方程（求原函数）.

（1）利用曲线积分（与路径无关）.

（2）不定积分法.

（3）凑微分法.

【练习】8.1.24 计算 $\oint_L\frac{-ydx+xdy}{x^2+y^2}$，积分路径为：

（1）L_1^+：$(x-a)^2+(y-a)^2=a^2$；

（2）L_2^+：$x^2+y^2=a^2$；

（3）L_3^+：包含原点的任意一条闭曲线.

解：（1）由于

$$\frac{\partial Q}{\partial x}=\frac{\partial}{\partial x}\left(\frac{x}{x^2+y^2}\right)=\frac{y^2-x^2}{(x^2+y^2)^2},\quad (x^2+y^2\neq0),$$

$$\frac{\partial P}{\partial y}=\frac{\partial}{\partial y}\left(\frac{-y}{x^2+y^2}\right)=\frac{y^2-x^2}{(x^2+y^2)^2}.$$

满足格林公式条件，得

$$\oint_L\frac{-ydx+xdy}{x^2+y^2}=\iint_{D_1}\left(\frac{\partial Q}{\partial x}-\frac{\partial P}{\partial y}\right)dxdy=0.$$

（2）$(0,0)\in D_2$，不满足格林公式的条件，可直接计算.

圆的参数方程为 $\begin{cases}x=a\cos t,\\ y=a\sin t,\end{cases}0\leqslant t\leqslant2\pi.$

$$\oint_{L_2^+}\frac{xdy-ydx}{x^2+y^2}=\frac{1}{a^2}\oint_{L_2^+}(xdy-ydx)$$

$$=\frac{1}{a^2}\int_0^{2\pi}(a^2\cos^2t+a^2\sin^2t)dt=\int_0^{2\pi}dt=2\pi.$$

(3) 作小圆 L_2: $x^2+y^2=a^2$，使 L_3 与 L_2 围成区域 D_3，D_3 为复连通域，在 D_3 上应用格林公式，于是

$$\int_{L_3+L_2^-}\frac{-y\mathrm{d}x+x\mathrm{d}y}{x^2+y^2}=\iint_{D_3}0\mathrm{d}x\mathrm{d}y=0,$$

$$\int_{L_3^+}\frac{-y\mathrm{d}x+x\mathrm{d}y}{x^2+y^2}=-\oint_{L_2^-}\frac{-y\mathrm{d}x+x\mathrm{d}y}{x^2+y^2}=\oint_{L_2^+}\frac{-y\mathrm{d}x+x\mathrm{d}y}{x^2+y^2}=2\pi.$$

【练习】8.1.25　计算 $\int_{(1,\pi)}^{(2,\pi)}\left(1-\frac{y^2}{x^2}\cos\frac{y}{x}\right)\mathrm{d}x+\left(\sin\frac{y}{x}+\frac{y}{x}\cos\frac{y}{x}\right)\mathrm{d}y$，积分路径是与 y 轴不相交的任意曲线.

解：若记

$$X=1-\frac{y^2}{x^2}\cos\frac{y}{x},\quad Y=\sin\frac{y}{x}+\frac{y}{x}\cos\frac{y}{x},$$

则有

$$\frac{\partial X}{\partial y}=-\frac{2y}{x^2}\cos\frac{y}{x}+\frac{y^2}{x^3}\sin\frac{y}{x}=\frac{\partial Y}{\partial x},$$

故积分与路径无关，取直线段 L: $y=\pi$，$1\leqslant x\leqslant 2$ 为积分路径，则

$$\begin{aligned}&\int_{(1,\pi)}^{(2,\pi)}\left(1-\frac{y^2}{x^2}\cos\frac{y}{x}\right)\mathrm{d}x+\left(\sin\frac{y}{x}+\frac{y}{x}\cos\frac{y}{x}\right)\mathrm{d}y\\&=\int_1^2\left(1-\frac{\pi^2}{x^2}\cos\frac{\pi}{x}\right)\mathrm{d}x=1+\pi\left[\sin\frac{\pi}{x}\right]_1^2=1+\pi.\end{aligned}$$

【练习】8.1.26　计算 $\int_L(x^4+4xy^3-1)\mathrm{d}x+(6x^2y^2-5y^4+1)\mathrm{d}y$，$L$ 为圆 $x^2+y^2=9$ 在第一象限部分的圆弧，从点 $A(0,3)$ 到点 $B(3,0)$.

解：$X=x^4+4xy^3-1$，$Y=6x^2y^2-5y^4+1$，

$$\frac{\partial X}{\partial y}=12xy^2=\frac{\partial Y}{\partial x}.$$

故积分与路径无关，取折线段 $\overline{AO}$，$\overline{OB}$ 为积分路径，

$$\begin{aligned}&\int_L(x^4+4xy^3-1)\mathrm{d}x+(6x^2y^2-5y^4+1)\mathrm{d}y\\&=\int_{AO}(x^4+4xy^3-1)\mathrm{d}x+(6x^2y^2-5y^4+1)\mathrm{d}y+\\&\quad\int_{OB}(x^4+4xy^3-1)\mathrm{d}x+(6x^2y^2-5y^4+1)\mathrm{d}y\\&=\int_3^0(-5y^4+1)\mathrm{d}y+\int_0^3(x^4-1)\mathrm{d}x=\frac{1\,428}{5}.\end{aligned}$$

【练习】8.1.27　求解

$$(5x^4+3xy^2-y^3)\mathrm{d}x+(3x^2y-3xy^2+y^2)\mathrm{d}y=0.$$

解：因为$\frac{\partial X}{\partial y}=6xy-3y^2=\frac{\partial Y}{\partial x}$，故原方程为全微分方程.

取 $x_0=0$，$y_0=0$，则有

$$u(x,y)=\int_0^x 5x^4\mathrm{d}x+\int_0^y(3x^2y-3xy^2+y^2)\mathrm{d}y$$

$$=x^5+\frac{3}{2}x^2y^2-xy^3+\frac{1}{3}y^3.$$

因此方程的通解为 $x^5+\frac{3}{2}x^2y^2-xy^3+\frac{1}{3}y^3=C$.

8.1.8　第一类曲面积分

1. 概念和性质. 结合（对比）第一类曲线积分.

物理意义（曲面形构件的质量）. 第一类（对面积的）曲面积分.

性质. 线性，积分曲面可加性. 对称性质、轮换对称性等均与三重积分类似.

2. 第一类曲面积分的直接计算法. "从后向前，依次处理".

①求曲面微元 $\mathrm{d}S$ 选择合适的参数（投影）. **"换"**.

②用积分曲面的表达式化简被积函数. **"代"**.

③求积分曲面在相应坐标面上的投影区域. **"投"**.

例如：若曲面 $z=z(x,y)$，则

$$\iint_S f(x,y,z)\mathrm{d}S=\iint_{D_{xy}}f[x,y,z(x,y)]\sqrt{1+z_x'^2+z_y'^2}\mathrm{d}x\mathrm{d}y.$$

3. 第一类曲面积分的应用. 曲面型构件质量、质心，转动惯量，引力等. 理解面积微元意义，借助物理意义及重积分定义可得. 例如 Σ 的质心坐标：

$$\bar{x}=\frac{\iint_\Sigma x\mu\mathrm{d}S}{\iint_\Sigma \mu\mathrm{d}S},\quad \bar{y}=\frac{\iint_\Sigma y\mu\mathrm{d}S}{\iint_\Sigma \mu\mathrm{d}S},\quad \bar{z}=\frac{\iint_\Sigma z\mu\mathrm{d}S}{\iint_\Sigma \mu\mathrm{d}S}.$$

若 μ（密度）是常数，则 $\bar{x}=\frac{1}{A}\iint_\Sigma x\mathrm{d}S$，$\bar{y}=\frac{1}{A}\iint_\Sigma y\mathrm{d}S$，$\bar{z}=\frac{1}{A}\iint_\Sigma z\mathrm{d}S$ 称为形心，其中 A 是 Σ 的面积.

【练习】8.1.28　计算 $\iint_S|xyz|\mathrm{d}S$，S 为旋转抛物面 $z=x^2+y^2$ 被平面 $z=1$ 截得的下半部分.

解：设 S_1 为 S 在第一卦限的部分，S_1 投影区域记为 D_{xy}：$x^2+y^2\leqslant 1$，$x\geqslant 0$，$y\geqslant 0$，由对称性得

$$\iint_S |xyz|\,dS = 4\iint_{S_1} xyz\,dS = 4\iint_{D_{xy}} xy(x^2+y^2)\sqrt{1+4x^2+4y^2}\,dxdy$$

$$\xlongequal{\text{极坐标}} 4\int_0^{\frac{\pi}{2}} \sin\theta\cos\theta\,d\theta \cdot \int_0^1 \rho^5\sqrt{1+4\rho^2}\,d\rho$$

$$= 2\int_0^1 \rho^5\sqrt{1+4\rho^2}\,d\rho \xlongequal{t=\sqrt{1+4\rho^2}} \frac{1}{32}\int_1^{\sqrt{5}} (t^2-1)^2 t^2\,dt$$

$$= \frac{1}{32}\int_1^{\sqrt{5}} (t^6-2t^4+t^2)\,dt = \frac{125\sqrt{5}-1}{420}.$$

【练习】8.1.29　设 Σ 为半球面 $x^2+y^2+z^2=R^2(z\geqslant 0)$，计算第一类曲面积分

$$I = \iint_\Sigma (x^2+y^2)\,dS.$$

解：对于 Σ，其曲面微元为 $dS=\sqrt{1+z_x'^2+z_y'^2}\,dxdy=\dfrac{R\,dxdy}{\sqrt{R^2-x^2-y^2}}$.

曲面 Σ 在 xOy 坐标面的投影区域为 D：$x^2+y^2\leqslant R^2$，

$$I = \iint_\Sigma (x^2+y^2)\,dS = \iint_D (x^2+y^2)\frac{R}{\sqrt{R^2-x^2-y^2}}\,dxdy$$

$$= R\int_0^{2\pi} d\theta \int_0^R \frac{\rho^3}{\sqrt{R^2-\rho^2}}\,d\rho = \frac{4\pi R^4}{3}.$$

【练习】8.1.30　求均匀圆柱面对位于圆柱底面中心的单位质量质点的引力.

解：设圆柱方程为 $x^2+y^2=R^2$，记高为 h，面密度为 μ. 由对称性知 $F_x=F_y=0$，

$$F_z = G\mu\iint_\Sigma \frac{z-0}{(x^2+y^2+z^2)^{3/2}}\,dS.$$

柱面的参数方程为：$\begin{cases} x=R\cos\theta, \\ y=R\sin\theta, \\ z=z, \end{cases}$ $0\leqslant z\leqslant h$，$0\leqslant\theta\leqslant 2\pi$.

直接计算得

$$\sqrt{\left[\frac{\partial(y,z)}{\partial(z,\theta)}\right]^2+\left[\frac{\partial(z,x)}{\partial(z,\theta)}\right]^2+\left[\frac{\partial(x,y)}{\partial(z,\theta)}\right]^2}=R.$$

于是

$$F_z = G\mu\iint_\Sigma \frac{z-0}{(x^2+y^2+z^2)^{3/2}}\,dS = G\mu\iint_{D_{z\theta}} \frac{Rz}{(R^2+z^2)^{3/2}}\,d\theta dz$$

$$= G\mu\int_0^{2\pi} d\theta\int_0^h \frac{Rz}{(R^2+z^2)^{3/2}}\,dz = 2\pi G\mu\left(1-\frac{R}{\sqrt{R^2+h^2}}\right),$$

所以所求引力 $\vec{F}=\left(0,\ 0,\ 2\pi G\mu\left(1-\dfrac{R}{\sqrt{R^2+h^2}}\right)\right)$.

8.1.9 第二类曲面积分

1. 概念与性质. 物理意义(变力沿曲线做功). 第二类(对坐标的)曲面积分.

单、双侧曲面,定侧曲面,有向(有号)投影.

注8.6 设Σ为有向曲面,其面元ΔS在xOy面上的有向投影记为$(\Delta S)_{xy}$,$(\Delta S)_{xy}$的面积为$(\Delta\sigma)_{xy}\geqslant 0$,则规定

$$(\Delta S)_{xy}=\begin{cases}(\Delta\sigma)_{xy}, & 当\cos\gamma>0时,\\ -(\Delta\sigma)_{xy}, & 当\cos\gamma<0时,\\ 0, & 当\cos\gamma\equiv 0时.\end{cases}$$

类似可规定$(\Delta S)_{yz}$,$(\Delta S)_{zx}$.

- 曲面侧及有向投影靠该侧法向量标定.

2. 流体流向曲面一侧的流量. 与电通量、磁通量等概念类似.

稳定流动的不可压缩流体的流速$\{X(x,y,z),\ Y(x,y,z),\ Z(x,y,z)\}$,$(\mathrm{d}y\mathrm{d}z,\mathrm{d}z\mathrm{d}x,\mathrm{d}x\mathrm{d}y)=\Delta S_i(\cos\alpha,\cos\beta,\cos\gamma)$,其中$\Delta S_i(\mathrm{d}S)$为曲面面积微元,$(\cos\alpha,\ \cos\beta,\ \cos\gamma)$为曲面面积微元在积分区面侧单位法向量.

$$Q=\iint_S X\mathrm{d}y\mathrm{d}z+Y\mathrm{d}z\mathrm{d}x+Z\mathrm{d}x\mathrm{d}y,$$

注意S^+,S^-的判断.

注8.7 (1)据第二类曲面积分物理意义,$\mathrm{d}y\mathrm{d}z$不能形式地认为是二元函数$z=f(x,y)$中自变量微分$\mathrm{d}y$与函数微分$\mathrm{d}z$的乘积(应为有向投影).

(2)由于积分的有向性,需谨慎使用第二类曲面积分的对称性质及有关的不等式性质.

3. 第二类曲面积分的计算.

(1)直接计算法. “一代,二投,三定号”,也可以看作“从后向前,依次处理”. 此时投影不能任意投,应往相应坐标平面投.

例如.

$$\iint_{S^{\pm}} Z(x,y,z)\mathrm{d}x\mathrm{d}y=\pm\iint_{D_{xy}} Z[x,y,z(x,y)]\mathrm{d}x\mathrm{d}y.$$

(2)利用两类曲面积分之间的关系.

向量形式及分量形式.

$$\begin{aligned}Q&=\iint_S \vec{v}\cdot\overrightarrow{\mathrm{d}S}=\iint_S \vec{v}\cdot\vec{n}^0\mathrm{d}S=\iint_S \vec{V}_{\vec{n}}\mathrm{d}S\\&=\iint_S X(x,y,z)\mathrm{d}y\mathrm{d}z+Y(x,y,z)\mathrm{d}z\mathrm{d}x+Z(x,y,z)\mathrm{d}x\mathrm{d}y\\&=\iint_S[X(x,y,z)\cos\alpha+Y(x,y,z)\cos\beta+Z(x,y,z)\cos\gamma]\mathrm{d}S.\end{aligned}$$

曲面S在曲面微元处单位法向量及法向量(积分曲面指定侧):

$$\vec{n}^0=\{\cos\alpha,\cos\beta,\cos\gamma\},\overrightarrow{dS}=\{dydz,dzdx,dxdy\}.$$

并且有

$$dydz=dS\cdot\cos\alpha,dzdx=dS\cdot\cos\beta,dxdy=dS\cdot\cos\gamma.$$

或

$$\frac{dydz}{\cos\alpha}=\frac{dzdx}{\cos\beta}=\frac{dxdy}{\cos\gamma}=dS.$$

注 8.8　(1) 联系第一类曲面积分和第二类面曲线积分的是积分曲面微元处、沿第二类曲面积分侧的单位法向量.

(2) 不同曲面表达式求法向量. 参见 6.1.6 节.

(3) 利用高斯公式. 建立了第二类曲面积分与三重积分的联系. 注意两点：积分曲面外侧和偏导连续. 参见 8.1.10 节.

(4) 利用斯托克斯公式. 建立了第二类曲面积分和第二类曲线积分之间的联系. 参见 8.1.11 节.

【练习】8.1.31　计算曲面积分 $\iint_\Sigma xyz\,dxdy$，其中 Σ 为球面 $x^2+y^2+z^2=1$ 外侧在第一和第五卦限部分.

解： 把积分曲面 Σ 分为上下两部分

$$\begin{cases}\Sigma_1:\ z=-\sqrt{1-x^2-y^2},\\ \Sigma_2:\ z=\sqrt{1-x^2-y^2},\end{cases}\quad (x,\ y)\ \in D_{xy}:\begin{cases}x^2+y^2\leqslant 1,\\ x\geqslant 0,\ y\geqslant 0.\end{cases}$$

$$\begin{aligned}\text{原式}&=\iint_{\Sigma_1}xyz\,dxdy+\iint_{\Sigma_2}xyz\,dxdy\\&=-\iint_{D_{xy}}xy(-\sqrt{1-x^2-y^2})\,dxdy+\iint_{D_{xy}}xy\sqrt{1-x^2-y^2}\,dxdy\\&=2\iint_{D_{xy}}xy\sqrt{1-x^2-y^2}\,dxdy=2\iint_{D_{xy}}r^2\sin\theta\cos\theta\sqrt{1-r^2}\,r\,drd\theta\\&=\int_0^{\pi/2}\sin 2\theta\,d\theta\int_0^1 r^3\sqrt{1-r^2}\,dr=\frac{2}{15}.\end{aligned}$$

【练习】8.1.32　计算 $\iint_S z^2\,dxdy$，S 为平面 $x+y+z=1$ 在第一卦限中的部分，取下侧.

解： S 在 xOy 面上的投影区域 D_{xy} 为三角形区域：$x\geqslant 0$，$y\geqslant 0$，$x+y\leqslant 1$，

$$\begin{aligned}\iint_S z^2\,dxdy&=-\iint_{D_{xy}}(1-x-y)^2\,dxdy=-\int_0^1dx\int_0^{1-x}(1-x-y)^2\,dy\\&=\int_0^1dx\int_0^{1-x}(1-x-y)^2\,d(1-x-y)=-\frac{1}{3}\int_0^1(1-x)^3\,dx\\&=\frac{1}{3}\int_0^1(1-x)^3\,d(1-x)=\frac{1}{3}\cdot\frac{1}{4}(1-x)^4\Big|_0^1=-\frac{1}{12}.\end{aligned}$$

【练习】8.1.33 计算$\oiint_S \frac{e^z}{\sqrt{x^2+y^2}}dxdy$，$S$为锥面$z=\sqrt{x^2+y^2}$及平面$z=1$，$z=2$所围立体的全表面，取外侧.

解：方法1 （直接计算）设S_1，S_2，S_3分别是立体的上、下底及侧面，

$$\oiint \frac{e^z}{\sqrt{x^2+y^2}}dxdy = \iint_{S_1} \frac{e^z}{\sqrt{x^2+y^2}}dxdy + \iint_{S_2} \frac{e^z}{\sqrt{x^2+y^2}}dxdy + \iint_{S_3} \frac{e^z}{\sqrt{x^2+y^2}}dxdy$$

$$= \iint_{x^2+y^2\leqslant 4} \frac{e^2}{\sqrt{x^2+y^2}}dxdy - \iint_{x^2+y^2\leqslant 1} \frac{e}{\sqrt{x^2+y^2}}dxdy - \iint_{1\leqslant x^2+y^2\leqslant 4} \frac{e^{\sqrt{x^2+y^2}}}{\sqrt{x^2+y^2}}dxdy$$

$$= e^2\int_0^{2\pi}d\theta\int_0^2 d\rho - e\int_0^{2\pi}d\theta\int_0^1 d\rho - \int_0^{2\pi}d\theta\int_1^2 e^{\rho}d\rho$$

$$= 4\pi e^2 - 2\pi e - 2\pi(e^2-e) = 2\pi e^2.$$

方法2 （利用高斯公式）设S所围区域为V，锥面$z=\sqrt{x^2+y^2}$及平面$z=1$所围区域为V_1，锥面$z=\sqrt{x^2+y^2}$及平面$z=2$所围区域为V_2，

$$\oiint_S \frac{e^z}{\sqrt{x^2+y^2}}dxdy = \iiint_V \frac{e^z}{\sqrt{x^2+y^2}}dxdydz$$

$$= \iiint \frac{e^z}{\sqrt{x^2+y^2}}dxdydz - \iiint_{V_1} \frac{e^z}{\sqrt{x^2+y^2}}dxdydz$$

$$= \int_0^{2\pi}d\theta\int_0^2 d\rho\int_\rho^2 e^z dz - \int_0^{2\pi}d\theta\int_0^1 d\rho\int_\rho^1 e^z dz$$

$$= 2\pi(e^2+1) - 2\pi = 2\pi e^2.$$

8.1.10 高斯（Gauss）公式与散度

格林公式$\xrightarrow{\text{三维}}$高斯公式.

1. 高斯公式.

定理（高斯公式或散度定理）：设空间闭区域Ω由分片光滑的闭曲面Σ所围成，Σ的方向取外侧，函数X，Y，Z在Ω上有连续的一阶偏导数，则有

$$\iiint_\Omega\left(\frac{\partial X}{\partial x}+\frac{\partial Y}{\partial y}+\frac{\partial Z}{\partial z}\right)dxdydz = \oiint_\Sigma Xdydz + Ydzdx + Zdxdy.$$

向量形式$\vec{A}=(X,Y,Z)$，

$$\iiint_V \nabla\cdot\vec{A}\mathrm{d}x\mathrm{d}y\mathrm{d}z = \iint_S \vec{A}\cdot\mathrm{d}\vec{s} = \int_S A_{\vec{s}}\mathrm{d}S.$$

建立了空间闭区域上的三重积分与其边界曲面上的曲面积分之间的联系.

2. 闭曲面积分为零的充要条件（曲面积分与积分曲面无关的条件）. 散度为零.

定理：设 G 是空间二维单连通区域，函数 $X(x,y,z)$，$Y(x,y,z)$，$Z(x,y,z)$ 在 G 内具有连续一阶偏导数，则下列条件等价：

（1）在 G 内曲面积分 $\iint_\Sigma X\mathrm{d}y\mathrm{d}z + Y\mathrm{d}z\mathrm{d}x + Z\mathrm{d}x\mathrm{d}y$ 与曲面无关.

（2）对 G 内任一闭曲面 Σ，都有

$$\oint\!\!\!\oint_\Sigma X\mathrm{d}y\mathrm{d}x + Y\mathrm{d}z\mathrm{d}x + Z\mathrm{d}x\mathrm{d}y = 0.$$

（3）在 G 内恒有 $\frac{\partial X}{\partial x}+\frac{\partial Y}{\partial y}+\frac{\partial Z}{\partial z}=0.$

3. 通量与散度.

定义：设有向量场

$$\vec{A}(x,y,z)=X(x,y,z)\vec{i}+Y(x,y,z)\vec{j}+Z(x,y,z)\vec{k},$$

其中 X，Y，Z 具有连续一阶偏导数，Σ 是场内的一片有向曲面，其单位法向量为 $\vec{n}$，则称 $\iint_\Sigma \vec{A}\cdot\vec{n}\mathrm{d}S$ 为向量场 $\vec{A}$ 通过有向曲面 Σ 的通量（流量）. 在场中点 $M(x,y,z)$ 处

$$\frac{\partial X}{\partial x}+\frac{\partial Y}{\partial y}+\frac{\partial Z}{\partial z}\xrightarrow{\text{记作}}\mathrm{div}\vec{A}.$$

称为向量场 $\vec{A}$ 在点 M 的散度. 也可记作 $\mathrm{div}\vec{A}=\nabla\cdot\vec{A}$.

- 计算曲面积分的一个选择（非闭曲面时注意添加辅助面的技巧）.

【练习】8.1.34　计算曲面积分 $I=\iint_\Sigma \frac{2ax\mathrm{d}y\mathrm{d}z+(z-a)^2\mathrm{d}x\mathrm{d}y}{\sqrt{x^2+y^2+z^2}}$，其中 Σ 为上半球面 $z=\sqrt{a^2-x^2-y^2}$ $(a>0)$ 的上侧.

解：由题意，只需计算 $I=\frac{1}{a}\iint_\Sigma 2ax\mathrm{d}y\mathrm{d}z+(z-a)^2\mathrm{d}x\mathrm{d}y.$

补充平面 S：$z=0$，$x^2+y^2\leqslant a^2$，取下侧，则由高斯公式

$$\iint_{\Sigma+S} 2ax\mathrm{d}y\mathrm{d}z+(z-a)^2\mathrm{d}x\mathrm{d}y = \iiint_V [2a+2(z-a)]\mathrm{d}x\mathrm{d}y\mathrm{d}z$$

$$= 2\int_0^{2\pi}\mathrm{d}\theta\int_0^{\frac{\pi}{2}}\mathrm{d}\varphi\int_0^a r^3\cos\varphi\sin\varphi\mathrm{d}r = \frac{\pi a^4}{2}.$$

又由

$$\iint_S 2ax\mathrm{d}y\mathrm{d}z+(z-a)^2\mathrm{d}x\mathrm{d}y = \iint_S a^2\mathrm{d}x\mathrm{d}y = -a^2\iint_{x^2+y^2\leqslant a^2}\mathrm{d}x\mathrm{d}y = -\pi a^4,$$

于是有

$$\iint_{\Sigma}=\iint_{\Sigma+S}-\iint_{S}=\frac{3\pi a^4}{2},I=\frac{1}{a}\iint_{\Sigma}=\frac{3\pi a^3}{2}.$$

【练习】8.1.35 利用高斯公式计算下列曲面积分.

(1) $\oiint_S(x+2y+3z)\mathrm{d}x\mathrm{d}y+(y+2z)\mathrm{d}y\mathrm{d}z+(z^2-1)\mathrm{d}z\mathrm{d}x$, S 为三个坐标平面与平面 $x+y+z=1$ 所围四面体的边界，取外侧.

解：记 $X=y+2z$，$Y=z^2-1$，$Z=x+2y+3z$，则

$$\frac{\partial X}{\partial x}=0,\quad \frac{\partial Y}{\partial y}=0,\quad \frac{\partial Z}{\partial z}=3,$$

由高斯公式，

$$\text{原式}=\iiint_V 3\mathrm{d}V=3\cdot\frac{1}{6}\times1\times1\times1=\frac{1}{2}.$$

(2) $\oiint_S x^3\mathrm{d}y\mathrm{d}z+y^3\mathrm{d}z\mathrm{d}x+z^3\mathrm{d}x\mathrm{d}y$, S 是球面 $x^2+y^2+z^2=a^2$，取内侧.

解：记 $X=x^3$，$Y=y^3$，$Z=z^3$，则$\frac{\partial X}{\partial x}=3x^2$，$\frac{\partial Y}{\partial y}=3y^2$，$\frac{\partial Z}{\partial z}=3z^2$，由高斯公式，

$$\begin{aligned}\text{原式}&=-3\iiint_V(x^2+y^2+z^2)\mathrm{d}V\\&=-3\int_0^{2\pi}\mathrm{d}\theta\int_0^{\pi}\mathrm{d}\varphi\int_0^a r^4\sin\varphi\mathrm{d}r=-\frac{12}{5}a^5.\end{aligned}$$

【练习】8.1.36 求下列向量场 $\vec{A}=(x^2+yz)\vec{i}+(y^2+xz)\vec{j}+(z^2+xy)\vec{k}$ 的散度.

解：记 $X=(x^2+yz),Y=(y^2+xz),Z=(z^2+xy)$，则

$$\operatorname{div}\vec{A}=\frac{\partial X}{\partial x}+\frac{\partial Y}{\partial y}+\frac{\partial Z}{\partial z}=2x+2y+2z=2(x+y+z).$$

8.1.11 斯托克斯（Stokes）公式与旋度

1. 斯托克斯（Stokes）公式.

定理：设光滑曲面 Σ 的边界 Γ 是分段光滑曲线，Σ 的侧与 Γ 的正向符合右手法则，X，Y，Z 在包含 Σ 在内的一个空间域内具有连续一阶偏导数，则有

$$\begin{aligned}&\iint_{\Sigma}\left(\frac{\partial Z}{\partial y}-\frac{\partial Y}{\partial z}\right)\mathrm{d}y\mathrm{d}z+\left(\frac{\partial X}{\partial z}-\frac{\partial Z}{\partial x}\right)\mathrm{d}z\mathrm{d}x+\left(\frac{\partial Y}{\partial x}-\frac{\partial X}{\partial y}\right)\mathrm{d}x\mathrm{d}y\\&=\oint_{\Gamma}X\mathrm{d}x+Y\mathrm{d}y+Z\mathrm{d}z.\end{aligned}$$

• 斯托克斯公式建立了“二面”到“二线”的联系. 记 $\vec{A}=(X,Y,Z)$，则斯托克斯公式向量形式可以写为

$$\iint_S\operatorname{rot}\vec{A}\cdot\mathrm{d}\vec{S}=\int_L\vec{A}\cdot\mathrm{d}\vec{l},$$

为便于记忆，还可写作：

（1）关于第一类曲面积分.

$$\iint_{\Sigma}\begin{vmatrix}\cos\alpha & \cos\beta & \cos\gamma \\ \dfrac{\partial}{\partial x} & \dfrac{\partial}{\partial y} & \dfrac{\partial}{\partial z} \\ X & Y & Z\end{vmatrix}\mathrm{d}S = \oint_{\Gamma} X\mathrm{d}x + Y\mathrm{d}y + Z\mathrm{d}z.$$

其中 $\vec{n}^0 = \{\cos\alpha, \cos\beta, \cos\gamma\}$：$\Sigma$ 的相应侧单位法向量.

（2）关于第二类曲面积分.

$$\iint_{\Sigma}\begin{vmatrix}\mathrm{d}y\mathrm{d}z & \mathrm{d}z\mathrm{d}x & \mathrm{d}x\mathrm{d}y \\ \dfrac{\partial}{\partial x} & \dfrac{\partial}{\partial y} & \dfrac{\partial}{\partial z} \\ X & Y & Z\end{vmatrix} = \oint_{\Gamma} X\mathrm{d}x + Y\mathrm{d}y + Z\mathrm{d}z.$$

2. 空间曲线积分与路径无关的条件.

定理：设 G 是空间一维单连通域，函数 X，Y，Z 在 G 内具有连续一阶偏导数，则下列四个条件相互等价：

（1）对 G 内任一分段光滑闭曲线 Γ，有 $\oint_{\Gamma} X\mathrm{d}x + Y\mathrm{d}y + Z\mathrm{d}z = 0$.

（2）对 G 内任一分段光滑曲线 Γ，$\int_{\Gamma} x\mathrm{d}x + Y\mathrm{d}y + Z\mathrm{d}z$ 与路径无关.

（3）在 G 内存在某一函数 u，使 $\mathrm{d}u = X\mathrm{d}x + Y\mathrm{d}y + Z\mathrm{d}z$.

（4）在 G 内处处有

$$\frac{\partial X}{\partial y} = \frac{\partial Y}{\partial x},\quad \frac{\partial Y}{\partial z} = \frac{\partial Z}{\partial y},\quad \frac{\partial Z}{\partial x} = \frac{\partial X}{\partial z}.$$

3. 环流量（环量）与旋度.

向量的环量与旋度定义.

定义：$\oint_{\Gamma} P\mathrm{d}x + Q\mathrm{d}y + R\mathrm{d}z = \oint_{\Gamma} A_{\tau}\mathrm{d}s$ 称为向量场 $\vec{A}$ 沿有向闭曲线 Γ 的环流量. 向量 $\mathrm{rot}\vec{A}$ 称为向量场 $\vec{A}$ 的旋度.

注 8.9　场论中的三个重要概念，设 $u = u(x, y, z)$，$\vec{A} = (X, Y, Z)$，$\nabla = \left(\dfrac{\partial}{\partial x}, \dfrac{\partial}{\partial y}, \dfrac{\partial}{\partial z}\right)$，则

梯度：$\mathrm{grad}\, u = \left(\dfrac{\partial u}{\partial x}, \dfrac{\partial u}{\partial y}, \dfrac{\partial u}{\partial z}\right) = \nabla u$.

散度：$\mathrm{div}\vec{A} = \dfrac{\partial X}{\partial x} + \dfrac{\partial Y}{\partial y} + \dfrac{\partial Z}{\partial z} = \nabla \cdot \vec{A}$.

旋度：$\mathrm{rot}\vec{A} = \begin{vmatrix} i & j & k \\ \dfrac{\partial}{\partial x} & \dfrac{\partial}{\partial y} & \dfrac{\partial}{\partial z} \\ X & Y & Z\end{vmatrix} = \nabla \times \vec{A}$.

注 8.10 (1) **格林公式**揭示了平面区域上的二重积分与该区域边界曲线上的曲线积分之间的联系，可以把平面光滑的闭合曲线上的第二类曲线积分转化为平面上的二重积分来计算.

(2) **高斯公式**可认为是格林公式在三维空间中的推广. 而高斯公式揭示了空间闭合区域上的三重积分与其边界曲面上的曲面积分之间的关系，可以把空间中闭合曲面的第二类曲面积分转化为空间中闭合曲面围成的区域的三重积分来计算.

(3) 斯托克斯公式 $\xrightarrow{\text{特殊曲面上}}$ 格林公式. 如果 Σ 是 xOy 面上的一块平面区域，则斯托克斯公式就是格林公式，故格林公式是斯托克斯公式的特例.

【练习】8.1.37 L 为柱面 $x^2+y^2=2y$ 与平面 $y=z$ 的交线，从 z 轴正向向下看为顺时针，计算 $I=\oint_L y^2\mathrm{d}x+xy\mathrm{d}y+xz\mathrm{d}z$.

解：设 Σ 为平面 $z=y$ 上被 L 所围椭圆域，且取下侧，则其法向方向余弦为

$$\cos\alpha=0,\cos\beta=\frac{1}{\sqrt{2}},\cos\gamma=-\frac{1}{\sqrt{2}}.$$

由斯托克斯公式得

$$I=\iint_\Sigma\begin{vmatrix}\cos\alpha & \cos\beta & \cos\gamma\\ \dfrac{\partial}{\partial x} & \dfrac{\partial}{\partial y} & \dfrac{\partial}{\partial z}\\ y^2 & xy & xz\end{vmatrix}\mathrm{d}S=\frac{1}{\sqrt{2}}\iint_\Sigma(y-z)\mathrm{d}S\xrightarrow{\Sigma:z=y}0.$$

【练习】8.1.38 已知 $\vec{A}=3xz^2\vec{i}-yz\vec{i}+(x+2z)\vec{k}$，求 $\mathrm{rot}\vec{A}$.

解：记 $X=3xz^2$，$Y=-yz$，$Z=x+2z$，则

$$\mathrm{rot}\vec{A}=\begin{vmatrix}\vec{i} & \vec{j} & \vec{k}\\ \dfrac{\partial}{\partial x} & \dfrac{\partial}{\partial y} & \dfrac{\partial}{\partial z}\\ X & Y & Z\end{vmatrix}=\begin{vmatrix}\vec{i} & \vec{j} & \vec{k}\\ \dfrac{\partial}{\partial x} & \dfrac{\partial}{\partial y} & \dfrac{\partial}{\partial z}\\ 3xz^2 & -yz & x+2z\end{vmatrix}$$

$$=(0+y)\vec{i}-(1-6xz)\vec{j}+(0-0)\vec{k}=y\vec{i}-(1-6xz)\vec{j}.$$

8.2 综合例题

【例】8.2.1 设 $D=(0,1)\times(0,1)$，计算 $\iint_D x(x-y)^2\mathrm{d}x\mathrm{d}y$.

解：由于被积函数 $x(x-y)^2$ 在 D 连续，因此

$$\text{原式}=\int_0^1 x\mathrm{d}x\int_0^1(x-y)^2\mathrm{d}y=\int_0^1\left[-\frac{1}{3}x(x-y)^3\right]\Big|_0^1\mathrm{d}x$$

$$=\frac{1}{3}\int_0^1 x[x^3-(x-1)^3]\mathrm{d}x=\frac{1}{12}.$$

【例】8.2.2　计算 $\iint_D (x^2+y^2)^2\mathrm{d}x\mathrm{d}y$，其中 D 是由 $(x^2+y^2)^2=a^2(x^2-y^2)$ 所围且落在第Ⅳ卦限的部分，其中 $a>0$ 为一常数.

解：利用极坐标变换 $\begin{cases}x=r\cos\theta,\\ y=r\sin\theta,\end{cases}$ 代入方程 $(x^2+y^2)^2=a^2(x^2-y^2)$，有

$$r^4=a^2r^2(\cos^2\theta-\sin^2\theta)=a^2r^2\ \sqrt{\cos 2\theta}.$$

注意到 $x>0$ 时，于是

$$r=a\ \sqrt{\cos 2\theta},\ -\frac{\pi}{4}\leqslant\theta\leqslant\frac{\pi}{4}.$$

注意到 $\frac{\partial(x,y)}{\partial(r,\theta)}=r$，我们有

$$\text{原式}=\int_{-\frac{\pi}{4}}^{\frac{\pi}{4}}\mathrm{d}\theta\int_0^{a\sqrt{\cos 2\theta}}r^2\cdot r\mathrm{d}r=2\int_0^{\frac{\pi}{4}}\frac{1}{4}a^4\cos^2 2\theta\mathrm{d}\theta=\frac{\pi}{8}a^4.$$

【例】8.2.3　设 $D\subset\mathbf{R}^2$，由 $y=0$，$y=x^3$，$x+y=2$ 所围，$f(x,y)$ 是 D 上的连续函数，用两种不同的积分顺序将二重积分 $\iint_D f(x,y)\mathrm{d}x\mathrm{d}y$ 化为累次积分.

解：

$$\text{原式}=\int_0^1\mathrm{d}y\int_{y^{\frac{1}{3}}}^{2-y}f(x,y)\mathrm{d}x=\int_0^1\mathrm{d}x\int_0^{x^3}f(x,y)\mathrm{d}y+\int_1^2\mathrm{d}x\int_0^{2-x}f(x,y)\mathrm{d}y.$$

【例】8.2.4　计算积分 $\int_0^1\mathrm{d}x\int_x^{\sqrt{x}}\frac{\sin y}{y}\mathrm{d}y$.

解：由于 $\frac{\sin y}{y}$ 的原函数无法算出，上式不能直接计算. 为此考虑平面区域 $D=\{(x,y);0\leqslant x\leqslant 1,x\leqslant y\leqslant\sqrt{x}\}$ 上的二重积分.

$$I=\int_0^1\mathrm{d}x\int_x^{\sqrt{x}}\frac{\sin y}{y}\mathrm{d}y=\iint_D\frac{\sin y}{y}\mathrm{d}x\mathrm{d}y=\int_0^1\frac{\sin y}{y}\mathrm{d}y\int_{y^2}^{y}\mathrm{d}x$$
$$=\int_0^1\frac{\sin y(y-y^2)}{y}\mathrm{d}y=1-\sin 1.$$

【例】8.2.5　计算 $\iint_D(x^2+y^2)\mathrm{d}x\mathrm{d}y$，其中 D 由 $x^2-y^2=1$，$x^2-y^2=9$，$xy=2$，$xy=4$ 所围.

解：作变换 T：$\begin{cases}u=x^2-y^2,\\ v=2xy,\end{cases}$ 则 T^{-1} 将矩形 $\Omega=\{(u,v);1\leqslant u\leqslant 9,4\leqslant v\leqslant 8\}$ 变换为 D. 由

$$\frac{\partial(x,y)}{\partial(u,v)}=\frac{1}{\frac{\partial(u,v)}{\partial(x,y)}}=\frac{1}{\begin{vmatrix}2x & -2y\\ 2y & 2x\end{vmatrix}}=\frac{1}{4(x^2+y^2)}=\frac{1}{4\sqrt{u^2+v^2}},$$

得

$$原式 = \iint_{\Omega} \sqrt{u^2+v^2} \cdot \frac{1}{4\sqrt{u^2+v^2}} \mathrm{d}u\mathrm{d}v = \frac{1}{4}\iint_{\Omega} \mathrm{d}u\mathrm{d}v = 8.$$

【例】8.2.6 计算 $\mathbf{R}^3$ 中以 $x^2+y^2=a^2$ 与 $x^2+z^2=a^2$ 为边界，并且含有原点的立体的体积 V.

解： 由对称性，该立体在八个卦限内体积相等. 在第一卦限，该立体可以看成定义在区域 $D=\{(x,y): x^2+y^2<1, x\geqslant 0, y\geqslant 0\}$，以曲面 $z=\sqrt{a^2-x^2}$ 为顶的曲顶柱体.

$$V = 8\iint_D z\mathrm{d}x\mathrm{d}y = 8\int_0^a \mathrm{d}x\int_0^{\sqrt{a^2-x^2}} \sqrt{a^2-x^2}\mathrm{d}y$$

$$= 8\int_0^a (a^2-x^2)\mathrm{d}x = \frac{16}{3}a^3.$$

【例】8.2.7 计算三重积分 $\iiint_{\Omega} \frac{\mathrm{d}x\mathrm{d}y\mathrm{d}z}{(1+x+y+z)^3}$，其中 Ω 由 $x=0$，$y=0$，$z=0$ 及 $x+y+z=1$ 所围.

解： 记 $D\subset\mathbf{R}^2$，由 $x=0$，$y=0$ 及 $x+y=1$ 所围.

$$原式 = \iint_D \mathrm{d}x\mathrm{d}y\int_0^{1-x-y} \frac{\mathrm{d}z}{(1+x+y+z)^3}$$

$$= \int_0^1 \mathrm{d}x\int_0^{1-x}\mathrm{d}y\int_0^{1-x-y} \frac{\mathrm{d}z}{(1+x+y+z)^3} = \frac{1}{2}\ln 2 - \frac{5}{8}.$$

【例】8.2.8 计算三重积分 $I = \iiint_{\Omega} (x+y+z)^2\mathrm{d}x\mathrm{d}y\mathrm{d}z$，其中 Ω 为 $\frac{x^2}{a^2}+\frac{y^2}{b^2}+\frac{z^2}{c^2}\leqslant 1$.

解： 由积分区域的对称性可知（交叉项积分为零），

$$I = \iiint_{\Omega} (x^2+y^2+z^2)\mathrm{d}x\mathrm{d}y\mathrm{d}z.$$

对任意 $x\in[-a,a]$，过 $(x,0,0)$ 的平面与 Ω 的交集可记为

$$D(x) = \left\{(y,z): \frac{y^2}{b^2\left(1-\frac{x^2}{a^2}\right)} + \frac{z^2}{c^2\left(1-\frac{x^2}{a^2}\right)} \leqslant 1\right\},$$

其面积为 $\pi bc\left(1-\frac{x^2}{a^2}\right)$. 因此有

$$\iiint_{\Omega} x^2\mathrm{d}x\mathrm{d}y\mathrm{d}z = \int_{-a}^a x^2\mathrm{d}x\iint_{D(x)}\mathrm{d}y\mathrm{d}z = \int_{-a}^a x^2\pi bc\left(1-\frac{x^2}{a^2}\right)\mathrm{d}x = \frac{4}{15}\pi a^3bc.$$

同理

$$\iiint_{\Omega} y^2\mathrm{d}x\mathrm{d}y\mathrm{d}z = \frac{4}{15}\pi ab^3c, \iiint_{\Omega} z^2\mathrm{d}x\mathrm{d}y\mathrm{d}z = \frac{4}{15}\pi abc^3.$$

所以 $I=\frac{4}{15}\pi abc(a^2+b^2+c^2)$.

【例】8.2.9　求椭球体$\frac{x^2}{a^2}+\frac{y^2}{b^2}+\frac{z^2}{c^2}\leqslant 1(a,b,c>0)$的体积.

解：取 $D:\frac{x^2}{a^2}+\frac{y^2}{b^2}\leqslant 1$，所求体积为

$$V=2\iint_D c\sqrt{1-\frac{x^2}{a^2}-\frac{y^2}{b^2}}\mathrm{d}x\mathrm{d}y.$$

作广义极坐标变换$\begin{cases}x=ar\cos\theta,\\ y=br\sin\theta,\end{cases}$ $0\leqslant r\leqslant 1$，$0\leqslant\theta\leqslant 2\pi$，则$\frac{\partial(x,y)}{\partial(u,v)}=abr$. 从而

$$V=2\int_0^{2\pi}\mathrm{d}\theta\int_0^1 c\sqrt{1-r^2}(abr)\mathrm{d}r=4\pi abc\cdot\frac{1}{2}\cdot\frac{2}{3}(1-r^2)^{\frac{3}{2}}\Big|_0^1=\frac{4}{3}\pi abc.$$

【例】8.2.10　设 $\mathbf{R}^3$ 中均匀物体 D 由球面 $x^2+y^2+z^2=1$ 和 $z=\sqrt{x^2+y^2}$所围，求它的质心坐标.

解：由对称性，可设其质心坐标为$(0,0,z_0)$. D 的体积为

$$V=\int_0^{2\pi}\mathrm{d}\theta\int_0^{\frac{\pi}{4}}\mathrm{d}\varphi\int_0^1 r^2\sin\varphi\mathrm{d}r=2\pi\int_0^{\frac{\pi}{4}}\sin\varphi\,\frac{r^3}{3}\Big|_0^1\mathrm{d}\varphi=\frac{2\pi}{3}\left(1-\frac{\sqrt{2}}{2}\right).$$

$$\iiint_D z\mathrm{d}V=\int_0^{2\pi}\mathrm{d}\theta\int_0^{\frac{\pi}{4}}\mathrm{d}\varphi\int_0^1 r\cos\varphi\cdot r^2\sin\varphi\mathrm{d}r=\frac{\pi}{8}.$$

因此$z=\frac{\iiint_D z\mathrm{d}V}{V}=\frac{3\left(1-\frac{\sqrt{2}}{2}\right)}{8}.$

【例】8.2.11　计算第一类曲线积分$\int_\Gamma\sqrt{1-x^2-y^2}\mathrm{d}s$，其中 Γ 是 $x^2+y^2=x$.

解：由于被积函数及曲线的对称性，只需考虑第一卦限的部分即可. 曲线 Γ 可写成参数方程$\begin{cases}x=x,\\ y=\sqrt{x-x^2},\end{cases}$ $0\leqslant x\leqslant 1$. 从而 $\mathrm{d}s=\frac{\mathrm{d}x}{2\sqrt{x-x^2}}$，因此

$$\int_\Gamma\sqrt{1-x^2-y^2}\mathrm{d}s=2\int_0^1\sqrt{1-x}\cdot\frac{\mathrm{d}x}{2\sqrt{x-x^2}}=\int_0^1\frac{\mathrm{d}x}{\sqrt{x}}=2.$$

【例】8.2.12　计算$\int_\Gamma(x+y)^2\mathrm{d}s$，其中 Γ 是单位圆盘上半部分的边界.

解：记 $\Gamma=\Gamma_1\cup\Gamma_2$，其中 $\Gamma_1=\{(x,y):x^2+y^2=1,y\geqslant 0\}$，$\Gamma_2=\{(x,y):-1\leqslant x\leqslant 1,y=0\}$.

$$\int_\Gamma(x+y)^2\mathrm{d}s=\int_{\Gamma_1}(x+y)^2\mathrm{d}s+\int_{\Gamma_2}(x+y)^2\mathrm{d}s.$$

其中，

$$\int_{\Gamma_1}(x+y)^2\mathrm{d}s=\int_{\Gamma_1}(x^2+y^2)\mathrm{d}s+2\int_{\Gamma_1}xy\mathrm{d}s=\int_{\Gamma_1}\mathrm{d}s+0=\pi,$$

$$\int_{\Gamma_2}(x+y)^2\mathrm{d}s=\int_{-1}^1 x^2\mathrm{d}x=\frac{2}{3}.$$

所以$\int_{\Gamma}(x+y)^2\mathrm{d}s=\dfrac{2}{3}+\pi.$

【例】8.2.13 直接计算第二类曲线积分$I=\oint_L yz\mathrm{d}x+3xz\mathrm{d}y-xy\mathrm{d}z$，其中$L$是圆柱面$x^2+y^2=4y$与平面$3y-z+1=0$的交线，从$z$轴的正向往负向看，$L$的方向是逆时针的.

解：L的参数方程可写为$x=2\cos t$，$y=2+2\sin t$，$z=7+6\sin t$.

$$\begin{aligned}\text{所以}I=&\int_0^{2\pi}[(2+2\sin t)(7+6\sin t)(-2\sin t)+\\&3\times2\cos t(7+6\sin t)2\cos t-2\cos t(2+2\sin t)6\cos t]\mathrm{d}t\\=&8\int_0^{2\pi}\cos^2t\mathrm{d}t=8\pi.\end{aligned}$$

【例】8.2.14 设函数$f(x)$在$(-\infty,+\infty)$内具有一阶连续导数，L为上半平面$(y>0)$内的有向分段光滑曲线，其起点为(a,b)，终点为(c,d)，记

$$I=\int_L\frac{1}{y}[1+y^2f(xy)]\mathrm{d}x+\frac{x}{y^2}[y^2f(xy)-1]\mathrm{d}y.$$

(1) 证明：曲线积分I与路径无关. (2) 当$ab=cd$时，求I的值.

证明：(1) 设$X=\dfrac{1}{y}[1+y^2f(xy)]$，$Y=\dfrac{x}{y^2}[y^2f(xy)-1]$，由于

$$\frac{\partial X}{\partial y}=-\frac{1}{y^2}+f(xy)+xyf'(xy)=\frac{\partial Y}{\partial x},$$

故曲线积分I与路径无关.

(2) 令$F'(u)=f(u)$，则

$$\begin{aligned}I&=\int_L\frac{1}{y}[1+y^2f(xy)]\mathrm{d}x+\frac{x}{y^2}[y^2f(xy)-1]\mathrm{d}y\\&=\int_{(a,b)}^{(c,d)}\left(\frac{1}{y}\mathrm{d}x-\frac{x}{y^2}\mathrm{d}y\right)+[yf(xy)\mathrm{d}x+xf(xy)]\mathrm{d}y\\&=\int_{(a,b)}^{(c,d)}\mathrm{d}\left(\frac{x}{y}\right)+\mathrm{d}F(xy)=\left[\frac{x}{y}+F(xy)\right]\Bigg|_{(a,b)}^{(c,d)}=\frac{c}{d}-\frac{a}{b}.\end{aligned}$$

【例】8.2.15 确定λ的值，使曲线积分$\int_{\widehat{AB}}(x^4+4xy^3)\mathrm{d}x+(6x^{\lambda-1}y^2-5y^4)\mathrm{d}y$与路径无关，当$A$为$(0,0)$，$B$为$(1,2)$时，求积分值.

解：记$X=x^4+4xy^3$，$Y=6x^{\lambda-1}y^2-5y^4$，则$\dfrac{\partial X}{\partial y}=12xy^2$，$\dfrac{\partial Y}{\partial x}=6(\lambda-1)x^{\lambda-2}y^2$. 由条件积分与路径无关，则有$\dfrac{\partial Y}{\partial x}=\dfrac{\partial X}{\partial y}$，得$\lambda=3$，设$L_1$为直线段$y=0(0\leqslant x\leqslant1)$，取$x$增大的方向. L_2为直线段$x=1(0\leqslant y\leqslant2)$，取$y$增大的方向. 则

$$\int_{\widehat{AB}}=\int_{L_1}+\int_{L_2}=\int_0^1x^4\mathrm{d}x+\int_0^2(6y^2-5y^4)\mathrm{d}y=-\frac{79}{5}.$$

【例】8.2.16　设曲线积分$\int_L[f(x)-\mathrm{e}^x]\sin y\mathrm{d}x-f(x)\cos y\mathrm{d}y$与路径无关，其中$f(x)$具有一阶连续导数，且$f(0)=0$，求$f(x)$.

解：记$X=[f(x)-\mathrm{e}^x]\sin y$，$Y=-f(x)\cos y$，则

$$\frac{\partial X}{\partial y}=[f(x)-\mathrm{e}^x]\cos y,\quad \frac{\partial Y}{\partial x}=-f'(x)\cos y.$$

由积分与路径无关，则有$\frac{\partial Y}{\partial x}=\frac{\partial X}{\partial y}$，得

$$-f'(x)\cos y=[f(x)-\mathrm{e}^x]\cos y,$$

即$f'(x)+f(x)=\mathrm{e}^x$（一阶线性非齐次微分方程），解得

$$f(x)=\mathrm{e}^{-\int\mathrm{d}x}\left(\int\mathrm{e}^x\mathrm{e}^{\int\mathrm{d}x}\mathrm{d}x+C\right)=\mathrm{e}^{-x}\left(\frac{1}{2}\mathrm{e}^{2x}+C\right),$$

由$f(0)=0$，得$C=-\frac{1}{2}$，故$f(x)=\frac{1}{2}(\mathrm{e}^x-\mathrm{e}^{-x})$.

【例】8.2.17　已知$f(0)=1$，$f\left(\frac{1}{2}\right)=\mathrm{e}^{-1}$，$f''(x)$连续，试确定$f(x)$，使积分$\int_{\widehat{AB}}[f'(x)+6f(x)]y\mathrm{d}x+f'(x)\mathrm{d}y$与路径无关.

解：记$X=[f'(x)+6f(x)]y,Y=f'(x)$，由于积分与路径无关，因而有$\frac{\partial Y}{\partial x}=\frac{\partial X}{\partial y}$，即$f''(x)=f'(x)+6f(x)f''(x)-f'(x)-6f(x)=0$（二阶常系数齐次微分方程）.

由特征根法得方程的通解为$f(x)=C_1\mathrm{e}^{3x}+C_2\mathrm{e}^{-2x}$，代入初始条件$f(0)=1$，$f\left(\frac{1}{2}\right)=\mathrm{e}^{-1}$，解得$C_1=0$，$C_2=1$，故$f(x)=\mathrm{e}^{-2x}$.

【例】8.2.18　计算$\int_\Gamma(x^2-y^2)\mathrm{d}x-2xy\mathrm{d}y$，其中$\Gamma$是从（0，0）沿曲线$y=x^\alpha(\alpha>0)$到（1，1）的部分.

解：将曲线$\begin{cases}x=x,\\y=x^\alpha,\end{cases}$ $x\in[0,1]$代入得

$$原式=\int_0^1(x^2-x^{2\alpha})\mathrm{d}x-2xx^\alpha(\alpha x^{\alpha-1})\mathrm{d}x=\int_0^1[x^2-(2\alpha+1)x^{2\alpha}]\mathrm{d}x=\frac{1}{3}.$$

【例】8.2.19　计算$\int_\Gamma x\mathrm{d}x+y\mathrm{d}y+z\mathrm{d}z$，其中$\Gamma$为球面$x^2+y^2+z^2=1$与$x+y+z=0$的交线，从$z$轴正向看取逆时针方向.

解：球面$x^2+y^2+z^2=1$上的每个点的坐标（x，y，z）表示的向量为球面在该点的单位法向量$\vec{n}$，而曲线Γ在它的每个点的切向量$\vec{v}$与球面在该点的法向量正交．因此有

$$\int_{\Gamma} x\mathrm{d}x + y\mathrm{d}y + z\mathrm{d}z = \int_{\Gamma} \vec{n} \cdot \vec{v}\mathrm{d}s = 0.$$

【例】8.2.20 求单位圆柱面 $x^2+y^2=1$ 在 $z=0$ 与 $z=1$ 之间的面积.

解：考虑右半柱面，将其投影到 zOx 坐标面，投影区域 $D=(-1,1)\times(0,1)$. 所求面积为

$$S = 2\iint_D \sqrt{1+f_x^2+f_z^2}\mathrm{d}z\mathrm{d}x = 2\int_0^1 \mathrm{d}z\int_{-1}^1 \sqrt{1+\left(\frac{-x}{\sqrt{1-x^2}}\right)^2}\mathrm{d}x$$

$$= 2\int_{-1}^1 \frac{\mathrm{d}x}{\sqrt{1-x^2}} = 2\pi.$$

【例】8.2.21 计算球面 $x^2+y^2+z^2=1$ 被柱面 $\left(x-\frac{1}{2}\right)^2+y^2=\frac{1}{4}$ 截下的部分的面积.

解：考虑所割曲面 xOy 平面上方的部分，方程为 $z=\sqrt{1-x^2-y^2}$, $(x,y)\in D$，其中 $D=\left\{(x,y);\left(x-\frac{1}{2}\right)^2+y^2\leqslant\frac{1}{4}\right\}$. 由对称性,

$$S = 2\iint_D \sqrt{1+z_x^2+z_y^2}\mathrm{d}x\mathrm{d}y = 4\iint_D \frac{\mathrm{d}x\mathrm{d}y}{\sqrt{1-x^2-y^2}}.$$

利用极坐标变换得

$$S = 4\int_0^{\frac{\pi}{2}}\mathrm{d}\theta\int_0^{\cos\theta}\frac{r\mathrm{d}r}{\sqrt{1-r^2}} = 4\int_0^{\frac{\pi}{2}} \sqrt{1-r^2}\Big|_0^{\cos\theta}\mathrm{d}\theta$$

$$= 4\int_0^{\frac{\pi}{2}}(1-\sin\theta)\mathrm{d}\theta = 2\pi-4.$$

【例】8.2.22 求抛物面 $z=\frac{1}{2}(x^2+y^2)\ (0\leqslant z\leqslant 1)$ 的质量，而密度 ρ 等于该点到 xOy 坐标面的距离.

解：设 $S: z=\frac{1}{2}(x^2+y^2)\ (0\leqslant z\leqslant 1)$，$S$ 在 xOy 面的投影区域 $D_{xy}: x^2+y^2\leqslant 2$，由题意 $\rho=z$，于是

$$m = \iint_S z\mathrm{d}S = \iint_{D_{xy}} \frac{1}{2}(x^2+y^2)\cdot\sqrt{1+x^2+y^2}\mathrm{d}x\mathrm{d}y$$

$$= \frac{1}{2}\int_0^{2\pi}\mathrm{d}\theta\int_0^{\sqrt{2}}\rho^3\sqrt{1+\rho^2}\mathrm{d}\rho = \pi\int_0^{\sqrt{2}}\rho^3\sqrt{1+\rho^2}\mathrm{d}\rho = \frac{2\pi}{15}(6\sqrt{3}+1).$$

【例】8.2.23 求 $I=\iint_S x^2 z\mathrm{d}S$，其中分别取 S 为

(1) 上半单位球面 $z=\sqrt{1-x^2-y^2}$，$x^2+y^2\leqslant 1$；

(2) 单位球面 $x^2+y^2+z^2=1$.

解：(1) 取 $D=\{(x,y); x^2+y^2\leqslant 1\}$，则

$$\iint_S x^2 z\mathrm{d}S = \iint_D x^2 \sqrt{1-x^2-y^2}\sqrt{1+\frac{x^2}{1-x^2-y^2}+\frac{y^2}{1-x^2-y^2}}\mathrm{d}x\mathrm{d}y$$

$$= \iint_D x^2\mathrm{d}x\mathrm{d}y = \frac{1}{2}\iint_D (x^2+y^2)\mathrm{d}x\mathrm{d}y = \frac{1}{2}\int_0^{2\pi}\mathrm{d}\theta\int_0^1 r^3\mathrm{d}r = \frac{\pi}{4}.$$

（2）上半球面与下半球面对称，由积分区域及被积函数的对称性得 $\iint_S x^2 z\mathrm{d}S = 0$.

【例】8.2.24　求均匀物质曲面 $S: z=f(x,y)=2-(x^2+y^2)$，$z\geqslant 0$ 的质心坐标.

解： 设质心坐标为 (x_0,y_0,z_0)，由对称性有 $x_0=y_0=0$，$z_0 = \dfrac{\iint_S z\mathrm{d}S}{\iint_S \mathrm{d}S}$. 曲面 S 在 xOy 坐标面的投影区域为 $D=\{(x,y); x^2+y^2\leqslant 2\}$. 由 $\sqrt{1+f_x^2+f_y^2}=\sqrt{1+4x^2+4y^2}$，有

$$\iint_S \mathrm{d}S = \iint_D \sqrt{1+4x^2+4y^2}\mathrm{d}x\mathrm{d}y = \int_0^{2\pi}\mathrm{d}\theta\int_0^{\sqrt{2}}\sqrt{1+4r^2}r\mathrm{d}r$$

$$= 2\pi\cdot\frac{1}{12}(1+4r^2)^{\frac{3}{2}}\Big|_0^{\sqrt{2}} = \frac{13}{3}\pi.$$

$$\iint_S z\mathrm{d}S = \iint_D (2-x^2-y^2)\sqrt{1+4x^2+4y^2}\mathrm{d}x\mathrm{d}y$$

$$= \int_0^{2\pi}\mathrm{d}\theta\int_0^{\sqrt{2}}(2-r^2)\sqrt{1+4r^2}r\mathrm{d}r = \frac{37}{10}\pi.$$

所以 $z_0=\dfrac{111}{130}$.

【例】8.2.25　计算第二类曲面积分

$$I = \iint_S (\sin yz + x)\mathrm{d}y\mathrm{d}z + (\mathrm{e}^{xz}+y)\mathrm{d}z\mathrm{d}x + (xy+z)\mathrm{d}x\mathrm{d}y,$$

其中 S 是单位球面的上半部分的上侧，即 S：$x^2+y^2+z^2=1$，$z\geqslant 0$.

解： 补充单位圆盘 S_1：$x^2+y^2\leqslant 1$，取下侧. $S\cup S_1$ 构成了上半单位球体 D 的边界的外侧. 由高斯公式得

$$\iint_{S\cup S_1}(\sin yz + x)\mathrm{d}y\mathrm{d}z + (\mathrm{e}^{xz}+y)\mathrm{d}z\mathrm{d}x + (xy+z)\mathrm{d}x\mathrm{d}y$$

$$= 3\iiint_D \mathrm{d}x\mathrm{d}y\mathrm{d}z = 4\pi.$$

而

$$\iint_{S_1}(xy+z)\mathrm{d}x\mathrm{d}y = -\iint_{x^2+y^2\leqslant 1} xy\mathrm{d}x\mathrm{d}y = 0.$$

所以 $I=4\pi$.

8.3 自测题

【练习】8.3.1 设 V 是由曲面 $x^2+y^2+z^2=2z$ 围成的立体，其上任一点处的密度与该点到原点的距离成正比（比例系数为 k）.

（1）求 V 的质量；（2）求 V 的质心坐标.

【练习】8.3.2 设函数 $f(y)$ 在 $-\infty<y<+\infty$ 内有连续的导函数，且对 $\forall y$，$f(y)\geqslant 0$，$f(1)=1$，已知对右半平面 $\{(x,y)\mid -\infty<y<+\infty, x>0\}$ 内任意一条封闭曲线 Γ，都有 $\oint_{\Gamma}\frac{y\mathrm{d}x-x\mathrm{d}y}{x^2+f(y)}=0$，求 $f(y)$ 的表达式.

【练习】8.3.3 设 D 是由半圆周 $y=\sqrt{2-x^2}$，曲线 $x=y^2$ 及 x 轴所围成的闭区域，将二重积分 $I=\iint_D f(x,y)\mathrm{d}x\mathrm{d}y$ 写成极坐标系下的累次积分，并计算 $I=\iiint_D\sqrt{x^2+y^2}\mathrm{d}x\mathrm{d}y\mathrm{d}z$ 的值.

【练习】8.3.4 设有一半径为 R 的球体，P_0 是此球的表面上的一个定点，球体上任一点的密度与该点到 P_0 距离的平方成正比（比例常数 $k>0$），求球体的重心位置.

【练习】8.3.5 试利用球坐标计算三重积分 $I=\iiint_{\Omega}(x^2+y^2)\mathrm{d}x\mathrm{d}y\mathrm{d}z$，其中 Ω 是由曲面 $z=\sqrt{x^2+y^2}$ 和曲面 $z=1+\sqrt{1-x^2-y^2}$ 所围成几何体.

【练习】8.3.6 计算第二类曲面积分 $I=\iint_{\Sigma}x^2\mathrm{d}y\mathrm{d}z+y^2\mathrm{d}z\mathrm{d}x+z^2\mathrm{d}x\mathrm{d}y$，其中 Σ 是抛物面 $z=x^2+y^2$ 介于平面 $z=0$ 和 $z=4$ 之间的部分，积分沿 Σ 的上侧.

【练习】8.3.7 设 $f(u)$ 在（$-\infty$，$+\infty$）内有连续的导函数，k 是一个待定常数. 已知曲线积分 $\int_{\Gamma}(x^2y^3+2x^5+ky)\mathrm{d}x+[xf(xy)+2y]\mathrm{d}y$ 与路径无关，且对任意的 t，

$$\int_{(0,0)}^{(t,-t)}(x^2y^3+2x^5+ky)\mathrm{d}x+[xf(xy)+2y]\mathrm{d}y=2t^2.$$

求 $f(u)$ 的表达式和 k 的值，并求 $(x^2y^3+2x^5+ky)\mathrm{d}x+[xf(xy)+2y]\mathrm{d}y$ 的原函数.

【练习】8.3.8 计算曲面积分 $I=\iint_{\Sigma}\frac{(x^2z+1)\mathrm{d}x\mathrm{d}y+y^2x\mathrm{d}y\mathrm{d}z+z^2y\mathrm{d}z\mathrm{d}x}{x^2+y^2+z^2}$，其中 Σ 是下半球面 $z=-\sqrt{R^2-x^2-y^2}$ 的上侧.

【练习】8.3.9 设 D 是 xOy 平面内的有界单连通闭区域，曲线 C 是 D 的正边界（逆时针方向）且曲线 C 上的点处处有切线.

（1）求曲线 C 的方程，使得曲线积分

$$I = \oint_c \left(\frac{1}{2}ye^{x^2+y^2} - \frac{e}{3}y^3\right)dx + \left(ex + \frac{e}{3}x^3 - \frac{1}{2}xe^{x^2+y^2}\right)dy$$

的值最大.

(2) 计算曲线积分 I 的最大值.

【练习】8.3.10　设 $P(x,y)$ 和 $Q(x,y)$ 在全平面上有连续偏导数，而且对任意点 (x_0, y_0) 为中心，以任意正数 r 为半径的上半圆 C：$x = x_0 + r\cos\theta$，$y = y_0 + r\sin\theta$ $(0 \leqslant \theta \leqslant \pi)$ 恒有

$$\int_c P(x,y)dx + Q(x,y)dy = 0.$$

证明：$P(x,y) \equiv 0, \frac{\partial Q}{\partial x} \equiv 0$.（提示：作辅助曲线，使用格林公式.）

【练习】8.3.11　求双曲抛物面 $z = xy$ 被圆柱面 $x^2 + y^2 = R^2$ 所截部分的面积.

【练习】8.3.12　计算曲面积分 $\iint_\Sigma 2(1+x)dydz + yzdxdy$，其中 Σ 是由曲线 $y = \sqrt{x}$ $(0 \leqslant x \leqslant 1)$ 绕 x 轴旋转一周所得的曲面，且法向量与 x 轴正向的夹角大于 $\frac{\pi}{2}$.

自测题解答

【练习】8.3.1　解：(1)

$$m = \iiint_V k\sqrt{x^2+y^2+z^2}dV = \int_0^{2\pi}d\theta \int_0^{\frac{\pi}{2}}d\varphi \int_0^{2\cos\varphi} kr^3\sin\varphi dr$$

$$= 8k\pi \int_0^{\frac{\pi}{2}} \sin\varphi\cos^4\varphi d\varphi = \frac{8k\pi}{5}.$$

(2) $\bar{x} = 0$　$\bar{y} = 0$,

$$\bar{z} = \frac{1}{m}\iiint_V zk\sqrt{x^2+y^2+z^2}dV = \frac{k}{m}\int_0^{2\pi}d\theta \int_0^{\frac{\pi}{2}}d\varphi \int_0^{2cog} r^4 \sin 1\varphi^\circ\varphi dr$$

$$= \frac{64k\pi}{5m}\int_0^{\frac{\pi}{2}} \sin\varphi\cos^6\varphi d\varphi = \frac{64k\pi}{35m} = \frac{8}{7}.$$

故 V 的质心为 $\left(0,\ 0,\ \frac{8}{7}\right)$.

【练习】8.3.2　解：$\frac{\partial Y}{\partial x} = \frac{x^2 - f(y)}{[x^2 + f(y)]^2}$，$\frac{\partial X}{\partial y} = \frac{x^2 + f(y) - yf'(y)}{[x^2 + f(y)]^2}$.

由 $\frac{\partial Y}{\partial x} = \frac{\partial X}{\partial y}$ 得

$$\frac{x^2 - f(y)}{[x^2 + f(y)]^2} = \frac{x^2 + f(y) - yf'(y)}{[x^2 + f(y)]^2},$$

即 $yf'(y)=2f(y)\Longrightarrow\dfrac{\mathrm{d}f(y)}{f(y)}=\dfrac{2\mathrm{d}y}{y}$. 解得

$$\ln|f(y)|=2\ln|y|+C_1\quad f(y)=Cy^2.$$

由 $f(1)=1$ 得 $C=1$，所以 $f(y)=y^2$.

【练习】8.3.3 **解**：求交点：$\begin{cases}y=\sqrt{2-x^2},\\x=y^2,\end{cases}$得（1，1），其极坐标为$\left(\sqrt{2},\ \dfrac{\pi}{4}\right)$，又曲线 $x=y^2$ 的极坐标方程为：$\rho=\dfrac{\cos\theta}{\sin^2\theta}$. 故

$$I=\int_0^{\frac{\pi}{4}}\mathrm{d}\theta\int_0^{\sqrt{2}}f(\rho\cos\theta,\rho\sin\theta)\rho\mathrm{d}\rho+\int_{\frac{\pi}{4}}^{\frac{\pi}{2}}\mathrm{d}\theta\int_0^{\frac{\cos\theta}{\sin^2\theta}}f(\rho\cos\theta,\rho\sin\theta)\rho\mathrm{d}\rho,$$

代入得

$$I=\iint_D\sqrt{x^2+y^2}\mathrm{d}x\mathrm{d}y=\int_0^{\frac{\pi}{4}}\mathrm{d}\theta\int_0^{\sqrt{2}}\rho^2\mathrm{d}\rho+\int_{\frac{\pi}{4}}^{\frac{\pi}{2}}\mathrm{d}\theta\int_0^{\frac{\cos\theta}{\sin^2\theta}}\rho^2\mathrm{d}\rho$$

$$=\frac{\sqrt{2}}{6}\pi+\frac{2}{45}(1+\sqrt{2}).$$

【练习】8.3.4 **解**：记所考虑的球体为 Ω，以球心 O 为原点，射线 OP_0 为 x 轴建立直角坐标系，则点 P_0 的坐标为（R，0，0），球面的方程为 $x^2+y^2+z^2=R^2$. 设 Ω 的重心位置为（$\bar{x}$，$\bar{y}$，z），由对称性，得 $\bar{y}=0$，$\bar{z}=0$，$\bar{x}=\dfrac{\iiint_\Omega xk[(x-R)^2+y^2+z^2]\mathrm{d}V}{\iint_\Omega k[(x-R)^2+y^2+z^2]\mathrm{d}V}$.

$$\iint_\Omega[(x-R)^2+y^2+z^2]\mathrm{d}V=\iiint_\Omega(x^2+y^2+z^2)\mathrm{d}V+\iint_\Omega R^2\mathrm{d}V$$

$$=8\int_0^{\frac{\pi}{2}}\mathrm{d}\theta\int_0^{\frac{\pi}{2}}\mathrm{d}\varphi\int_0^R r^2\cdot r^2\sin\varphi\mathrm{d}r+\frac{4}{3}\pi R^5=\frac{32}{15}\pi R^5,$$

$$\iint_\Omega x[(x-R)^2+y^2+z^2]\mathrm{d}V=\iiint_\Omega x(x^2+y^2+z^2)\mathrm{d}V+\iiint_\Omega(-2Rx^2)\mathrm{d}V$$

$$=-2R\iiint_\Omega x^2\mathrm{d}V=-\frac{2R}{3}\iint_\Omega(x^2+y^2+z^2)\mathrm{d}V=-\frac{8}{15}\pi R^6,$$

故 $\bar{x}=-\dfrac{R}{4}$. 因此球体 Ω 的重心位置为$\left(-\dfrac{R}{4},\ 0,\ 0\right)$.

【练习】8.3.5 **解**：Ω 在 xOy 面上的投影区域为 D：$x^2+y^2\leqslant1$，原积分可写为

$$I=\iiint_\Omega(x^2+y^2)\mathrm{d}v=\int_0^{2\pi}\mathrm{d}\theta\int_0^{\frac{\pi}{4}}\mathrm{d}\varphi\int_0^{2\cos\varphi}r^4\sin^3\varphi\mathrm{d}r$$

$$=\frac{64\pi}{5}\int_0^{\frac{\pi}{4}}\sin^3\varphi\cos^5\varphi\mathrm{d}\varphi=\frac{11}{30}\pi.$$

【练习】8.3.6　**解**：补充平面 S：$z=4$，$x^2+y^2\leqslant 4$，取下侧，则由高斯公式

$$I=\iint_{\Sigma+S}-\iint_{S}=-\iiint_{V}(2x+2y+2z)\mathrm{d}x\mathrm{d}y\mathrm{d}z+\iint_{D x^2+y^2\leqslant 4}4^2\mathrm{d}x\mathrm{d}y$$

$$=-2\iint_{V}z\mathrm{d}V+64\pi=-2\int_0^4 z\mathrm{d}z\iint_{D_z x^2+y^2\leqslant z}\mathrm{d}x\mathrm{d}y+64\pi$$

$$=-2\int_0^4\pi z^2\mathrm{d}z+64\pi=\frac{64\pi}{3}.$$

【练习】8.3.7　**解**：记 $X=x^2y^3+2x^5+ky$，$Y=xf(xy)+2y$，由题意，有 $\frac{\partial X}{\partial y}=\frac{\partial Y}{\partial x}$，即 $3x^2y^2+k=f(xy)+xyf'(xy)$，记 $u=xy$，有 $f'(u)+\frac{1}{u}f(u)=3u+\frac{k}{u}$. 解得

$$f(u)=u^2+k+\frac{C}{u},\qquad(*)$$

选择折线路径：$(0,0)\to(t,0)\to(t,-t)$，则有 $\int_0^t 2x^5\mathrm{d}x+\int_0^{-t}[tf(ty)+2y]\mathrm{d}y=2t^2$，即

$$\frac{t^6}{3}+\int_0^{-t^2}f(u)\mathrm{d}u=t^2.$$

对 t 求导，得 $f(-t^2)=-1+t^4$，令 $u=-t^2$，得 $f(u)=u^2-1$. 与式（$*$）比较得：$k=-1$，$C=0$. 此时

$$(x^2y^3+2x^5+ky)\mathrm{d}x+[xf(xy)+2y]\mathrm{d}y$$
$$=(x^2y^3+2x^5-y)\mathrm{d}x+(x^3y^2-x+2y)\mathrm{d}y$$
$$=\mathrm{d}\left(\frac{1}{3}x^3y^3+\frac{1}{3}x^6-xy+y^2\right)$$

故此全微分的原函数为：$u(x,y)=\frac{1}{3}x^3y^3+\frac{1}{3}x^6-xy+y^2+C$.

【练习】8.3.8　**解**：添加辅助面 S：$z=0$，$x^2+y^2\leqslant R^2$，取下侧，

$$I=\frac{1}{R^2}\iint_{\Sigma}(x^2z+1)\mathrm{d}x\mathrm{d}y+y^2x\mathrm{d}y\mathrm{d}z+z^2y\mathrm{d}z\mathrm{d}x$$

$$=\frac{1}{R^2}\left(\iint_{\Sigma+S}-\iint_{S}\right)(\text{高斯公式})$$

$$=\frac{1}{R^2}\left[-\iiint_{V}(y^2+z^2+x^2)\mathrm{d}x\mathrm{d}y\mathrm{d}z+\iint_{D:x^2+y^2\leqslant R^2}\mathrm{d}x\mathrm{d}y\right]$$

$$=-\frac{1}{R^2}\int_0^{2\pi}\mathrm{d}\theta\int_{\frac{\pi}{2}}^{\pi}\mathrm{d}\varphi\int_0^R r^4\sin\varphi\mathrm{d}r+\pi=-\frac{2\pi}{5}R^3+\pi.$$

【练习】8.3.9　**解**：（1）

$$\oint_C \left(\frac{1}{2}y\mathrm{e}^{x^2+y^2}-\frac{\mathrm{e}}{3}y^3\right)\mathrm{d}x+\left(\mathrm{e}x+\frac{\mathrm{e}}{3}x^3-\frac{1}{2}x\mathrm{e}^{x^2+y^2}\right)\mathrm{d}y$$
$$=\iint_D\left(\frac{\partial Y}{\partial x}-\frac{\partial X}{\partial y}\right)\mathrm{d}x\mathrm{d}y$$
$$=\iint_D\left(\mathrm{e}+\mathrm{e}x^2-\frac{1}{2}\mathrm{e}^{x^2+y^2}-x^2\mathrm{e}^{x^2+y^2}-\frac{1}{2}\mathrm{e}^{x^2+y^2}-y^2\mathrm{e}^{x^2+y^2}-\mathrm{e}y^2\right)\mathrm{d}x\mathrm{d}y$$
$$=\iint_D(\mathrm{e}-\mathrm{e}^{x^2+y^2})(1+x^2+y^2)\mathrm{d}x\mathrm{d}y.$$

要使积分最大，那么 D 就是满足$(\mathrm{e}-\mathrm{e}^{x^2+y^2})(1+x^2+y^2)\geqslant 0$ 的区域，即 D：$x^2+y^2\leqslant 1$，从而 C：$x^2+y^2=1$.

(2)

$$I_{\max}=\iint_{x^2+y^2\leqslant 1}(\mathrm{e}-\mathrm{e}^{x^2+y^2})(1+x^2+y^2)\mathrm{d}x\mathrm{d}y$$
$$=\int_0^{2\pi}\mathrm{d}\theta\int_0^1(\mathrm{e}-\mathrm{e}^{r^2})(1+r^2)r\mathrm{d}r$$
$$=\pi\int_0^1(\mathrm{e}-\mathrm{e}^u)(1+u)\mathrm{d}u=\frac{\pi\mathrm{e}}{2}.$$

【练习】8.3.10　证明：任给平面上一点(x_0,y_0)，设 C 为以 r 为半径的上半圆 $x=x_0+r\cos\theta$，$y=y_0+r\sin\theta$，记点(x_0-r,y_0)为 A，点(x_0+r,y_0)为 B，作辅助曲线 AB，与 C 合起来成为一个封闭曲线，取该封闭曲线的逆时针方向. 则

$$\int_{C+AB}P(x,y)\mathrm{d}x+Q(x,y)\mathrm{d}y=\int_{AB}P(x,y)\mathrm{d}x+Q(x,y)\mathrm{d}y$$
$$=\int_{x_0-r}^{x_0+r}P(x,y_0)\mathrm{d}x=P(\xi,y_0)\cdot 2r$$

其中 $\xi\in[x_0-r,x_0+r]$. 又由格林公式

$$\int_{C+AB}P(x,y)\mathrm{d}x+Q(x,y)\mathrm{d}y=\iint_D\left(\frac{\partial P}{\partial y}-\frac{\partial Q}{\partial x}\right)\mathrm{d}x\mathrm{d}y=\left(\frac{\partial P}{\partial y}-\frac{\partial Q}{\partial x}\right)_M\cdot\frac{\pi r^2}{2}$$

其中区域 D 是 $C+AB$ 围成的半圆盘，M 是 D 内一点.

比较两式可得

$$\left(\frac{\partial P}{\partial y}-\frac{\partial Q}{\partial x}\right)_N\cdot\frac{\pi r}{2}=P(\xi,y_0).$$

在上式中令 $r\to 0$，得 $P(x_0,y_0)=0$. 由(x_0,y_0)的任意性知 $P(x,y)\equiv 0$. 将 $P(x,y)\equiv 0$ 代入上式可知$\left(\frac{\partial P}{\partial y}-\frac{\partial Q}{\partial x}\right)_M=0$，即$\frac{\partial Q}{\partial x}(M)=0$，再令 $r\to 0$，则$\frac{\partial Q}{\partial x}(x_0,y_0)=0$，因此$\frac{\partial Q}{\partial x}\equiv 0$.

【练习】8.3.11　解：

$$S = \iint_{\Sigma} 1\mathrm{d}S = \iint_{\Sigma} \sqrt{1 + z_x^2 + z_y^2}\mathrm{d}x\mathrm{d}y = \iint_{x^2+y^2 \leqslant k^2} \sqrt{1 + y^2 + x^2}\mathrm{d}x\mathrm{d}y$$

$$= \int_0^{2\pi}\mathrm{d}\theta\int_0^R \sqrt{1 + \rho^2}\rho\mathrm{d}\rho = \frac{2\pi}{3}[(1 + R^2)^{\frac{3}{2}} - 1].$$

【练习】8.3.12　**解:** Σ 的方程为 $x = y^2 + z^2$. Σ 在 yOz 平面上的投影域为 $D: y^2 + z^2 \leqslant 1$. 设 Σ_0: $x = 1$, $(y,z) \in D$, 其法向与 x 轴正向同向. 又设 Σ 与 Σ_0 围成的区域为 Ω, 于是, 由高斯公式有

$$\oiint_{\Sigma+\Sigma_0} 2(1 + x)\mathrm{d}y\mathrm{d}z + yz\mathrm{d}x\mathrm{d}y = \iiint_{\Omega}(2 + y)\mathrm{d}V.$$

由 Ω 关于 xOz 平面对称, 得 $\oiint_{\Omega} ydV = 0$, 因此

$$\iint_{\Sigma+\delta_0} 2(1 + x)\mathrm{d}y\mathrm{d}z + yz\mathrm{d}x\mathrm{d}y$$

$$= \iint_{\Omega}(2 + y)\mathrm{d}V = 2\iiint_{\Omega}\mathrm{d}V = 2\int_0^1\mathrm{d}x\iint_{y^2+z^2 \leqslant x}\mathrm{d}\sigma = 2\int_0^1 \pi x\mathrm{d}x = \pi.$$

而

$$\iint_{\Sigma_0} 2(1 + x)\mathrm{d}y\mathrm{d}z + yz\mathrm{d}x\mathrm{d}y = \iint_D 2(1 + 1)\mathrm{d}y\mathrm{d}z = 4\pi.$$

所以

$$\iint_{\Sigma} 2(1 + x)\mathrm{d}y\mathrm{d}z + yz\mathrm{d}x\mathrm{d}y = \pi - 4\pi = -3\pi.$$

8.4　硕士入学考试试题及高等数学竞赛试题选编

【例】8.4.1 (2021 研)　设 $D \subset \mathbf{R}^2$ 是有界单连通闭区域,

$$I(D) = \iint_D (4 - x^2 - y^2)\mathrm{d}x\mathrm{d}y.$$

取得最大值的积分区域记为 D_1.

(1) 求 $I(D_1)$ 的值.

(2) 计算

$$II = \int_{\partial D_1} \frac{(xe^{x^2+4y^2} + y)\mathrm{d}x + (4ye^{x^2+4y^2} - x)\mathrm{d}y}{x^2 + 4y^2},$$

其中 ∂D_1 是 D_1 的正向边界.

解: (1) 在被积函数 $4 - x^2 - y^2$ 大于零的最大区域上, $I(D)$ 达到最大值. 故 $D_1 = \{(x,y) \mid x^2 + y^2 \leqslant 4\}$, 且 $I(D_1) = \int_0^{2\pi}\mathrm{d}\theta\int_0^2(4 - r^2)r\mathrm{d}r = 8\pi$.

(2) 加辅助曲线 $\partial D_2 = \{(x,y) \mid x^2 + 4y^2 = \varepsilon^2\}$ (其中 ε 为很小的正数), 取顺时针方向.

设曲线 ∂D_2 围成的区域为 D_2. 在 ∂D_1, ∂D_2 所围区域上考虑格林公式, 注意到 $\frac{\partial}{\partial x}\left(\frac{4y\mathrm{e}^{x^2+4y^2}-x}{x^2+4y^2}\right)=\frac{\partial}{\partial y}\left(\frac{x\mathrm{e}^{x^2+4y^2}+y}{x^2+4y^2}\right)$, 则

$$\int_{\partial D_1+\partial D_2}\frac{(x\mathrm{e}^{x^2+4y^2}+y)\mathrm{d}x+(4y\mathrm{e}^{x^2+4y^2}-x)\mathrm{d}y}{x^2+4y^2}=0.$$

所以

$$\begin{aligned}II&=-\int_{\partial D_2}\frac{(x\mathrm{e}^{x^2+4y^2}+y)\mathrm{d}x+(4y\mathrm{e}^{x^2+4y^2}-x)\mathrm{d}y}{x^2+4y^2}\\&=-\frac{1}{\varepsilon^2}\mathrm{e}^{\varepsilon^2}\int_{\partial D_2}x\mathrm{d}x+4y\mathrm{d}y-\frac{1}{\varepsilon^2}\int_{\partial D_2}y\mathrm{d}x-x\mathrm{d}y=\frac{1}{\varepsilon^2}\iint_{D_2}-2\mathrm{d}\sigma=-\pi.\end{aligned}$$

【例】8.4.2 (2021 研) 设 Σ 为空间曲线区域 $\{(x,y,z)\mid x^2+4y^2\leqslant 4,0\leqslant z\leqslant 2\}$ 表面的外侧, 求曲面积分 $\iint_{\Sigma}x^2\mathrm{d}y\mathrm{d}z+y^2\mathrm{d}z\mathrm{d}x+z\mathrm{d}x\mathrm{d}y$.

解: 根据题设, 由高斯公式可知,

$$\begin{aligned}\iint_{\Sigma}x^2\mathrm{d}y\mathrm{d}z+y^2\mathrm{d}z\mathrm{d}x+z\mathrm{d}x\mathrm{d}y&=\iiint_{\Omega}(2x+2y+1)\mathrm{d}v\\&=\iiint_{\Omega}1\mathrm{d}v=\int_0^2\mathrm{d}z\iint_D\mathrm{d}x\mathrm{d}y=4\pi.\end{aligned}$$

【例】8.4.3 (2020 研) 计算曲线积分 $I=\int\frac{4x-y}{4x^2+y^2}\mathrm{d}x+\frac{x+y}{4x^2+y^2}\mathrm{d}y$, 其中 I 是 $x^2+y^2=2$, 方向为逆时针方向.

解: 取封闭曲线 L_1: $4x^2+y^2=\varepsilon^2$, 方向顺时针方向. 令 $P=\frac{4x-y}{4x^2+y^2}$, $Q=\frac{x+y}{4x^2+y^2}$, 则

$$\frac{\partial P}{\partial y}=\frac{y^2-4x^2-8xy}{(4x^2+y^2)^2},\ \frac{\partial Q}{\partial x}=\frac{y^2-4x^2-8xy}{(4x^2+y^2)^2}.$$

曲线积分

$$\begin{aligned}I&=\oint_{L+L_1}\frac{4x-y}{4x^2+y^2}\mathrm{d}x+\frac{x+y}{4x^2+y^2}\mathrm{d}y-\int_{L_1}\frac{4x-y}{4x^2+y^2}\mathrm{d}x+\frac{x+y}{4x^2+y^2}\mathrm{d}y\\&=\iint_D\left(\frac{\partial Q}{\partial x}-\frac{\partial P}{\partial y}\right)\mathrm{d}x\mathrm{d}y-\frac{1}{\varepsilon^2}\int(4x-y)\mathrm{d}x+(x+y)\mathrm{d}y\\&=0+\frac{1}{\varepsilon^2}\int_{L_1^-}(4x-y)\mathrm{d}x+(x+y)\mathrm{d}y=\frac{1}{\varepsilon^2}\iint_D[1-(-1)]\mathrm{d}x\mathrm{d}y\\&=\frac{1}{\varepsilon^2}\cdot 2\cdot\pi\left(\frac{1}{2}\varepsilon\right)\cdot\varepsilon=\pi.\end{aligned}$$

【例】8.4.4 (2020 研) 设 Σ 为曲面 $z=\sqrt{x^2+y^2}\,(1\leqslant x^2+y^2\leqslant 4)$ 的下侧, $f(x)$ 是连续函数, 计算

$$I=\iint_{\Sigma}[xf(xy)+2x-y]\mathrm{d}y\mathrm{d}z+[yf(xy)+2y+x]\mathrm{d}z\mathrm{d}x+[zf(xy)+z]\mathrm{d}x\mathrm{d}y.$$

解：由题意 $F(x,y,z)=z-\sqrt{x^2+y^2}$，则

$$F_x'=-\frac{x}{\sqrt{x^2+y^2}},\quad F_y'=-\frac{y}{\sqrt{x^2+y^2}},\quad F_z'=1.$$

$$I=\iint_{\Sigma}\left\{[xf(xy)+2x-y]\frac{F_x'}{F_z'}+[yf(xy)+2y+x]\frac{F_y'}{F_z'}+zf(xy)+z\right\}\mathrm{d}x\mathrm{d}y$$

$$=-\iint_{\Sigma}\sqrt{x^2+y^2}\mathrm{d}x\mathrm{d}y=\iint_{D_{xy}}\sqrt{x^2+y^2}\mathrm{d}x\mathrm{d}y$$

$$=\int_0^{2\pi}\mathrm{d}\theta\int_1^2 r^2\mathrm{d}r=\frac{14}{3}\pi.$$

【例】8.4.5（2019 研）　设函数 $Q(x,y)=\dfrac{x}{y^2}$，如果对于上半平面（$y>0$）内任意有向光滑封闭曲线 C 都有 $\oint_C P(x,y)\mathrm{d}x+Q(x,y)\mathrm{d}y=0$，那么函数 $P(x,y)$ 可取为（　　）.

（A）$y-\dfrac{x^2}{y^2}$　　（B）$\dfrac{1}{y}-\dfrac{x^2}{y^2}$　　（C）$\dfrac{1}{x}-\dfrac{1}{y}$　　（D）$x-\dfrac{1}{y}$

解：由积分与路径无关条件知 $\dfrac{\partial P}{\partial y}\equiv\dfrac{\partial Q}{\partial x}=\dfrac{1}{y^2}$，也就是

$$P(x,y)=-\frac{1}{y}+C(x),$$

其中 $C(x)$ 是在（$-\infty$，$+\infty$）内处处可导的函数. 只有（D）满足.

【例】8.4.6（2019 研）　设 Σ 为曲面 $x^2+y^2+4z^2=4(z\geqslant0)$ 的上侧，求 $\iint_{\Sigma}\sqrt{4-x^2-4z^2}\mathrm{d}x\mathrm{d}y$.

解：曲面 Σ 在 xOy 平面的投影区域为 $D_{xy}=\{(x,y)\mid x^2+y^2\leqslant4\}$.

$$\iint_{\Sigma}\sqrt{4-x^2-4z^2}\mathrm{d}x\mathrm{d}y=\iint_{\Sigma}|y|\mathrm{d}x\mathrm{d}y=\iint_{x^2+y^2\leqslant4}|y|\mathrm{d}x\mathrm{d}y$$

$$=2\int_0^{\pi}\mathrm{d}\theta\int_0^2 r^2\sin\theta\mathrm{d}r=\frac{32}{3}.$$

【例】8.4.7（2019 研）　求曲线 $y=\mathrm{e}^{-x}\sin x(x\geqslant0)$ 与 x 轴之间形成图形的面积.

解：先求曲线与 x 轴的交点：令 $\mathrm{e}^{-x}\sin x=0$ 得 $x=k\pi$，$k=0$，1，2，$\cdots$.

当 $2k\pi<x<(2k+1)\pi$ 时，$y=\mathrm{e}^{-x}\sin x>0$；

当 $(2k+1)\pi<x<(2k+2)\pi$ 时，$y=\mathrm{e}^{-x}\sin x<0$. 直接计算可得

$$\int_{2k\pi}^{(2k+1)\pi}\mathrm{e}^{-x}\sin x\mathrm{d}x=\frac{1}{2}\mathrm{e}^{-(2k+1)\pi}(1+\mathrm{e}^{\pi}),$$

$$\int_{(2k+1)\pi}^{(2k+2)\pi}\mathrm{e}^{-x}\sin x\mathrm{d}x=-\frac{1}{2}\mathrm{e}^{-(2k+2)\pi}(1+\mathrm{e}^{\pi}).$$

故所求面积为

$$S=\sum_{k=0}^{\infty}\int_{2k\pi}^{(2k+1)\pi}e^{-x}\sin x\mathrm{d}x-\sum_{k=0}^{\infty}\int_{(2k+1)\pi}^{(2k+2)\pi}e^{-x}\sin x\mathrm{d}x$$

$$=\sum_{k=0}^{\infty}\frac{1}{2}e^{-(2k+1)\pi}(1+e^{\pi})+\sum_{k=0}^{\infty}\frac{1}{2}e^{-(2k+2)\pi}(1+e^{\pi})$$

$$=\frac{1}{2}\sum_{k=0}^{\infty}e^{-2k\pi}(1+e^{-\pi})^2=\frac{1}{2}(1+e^{-\pi})^2\frac{1}{1-e^{-2\pi}}=\frac{1}{2}\frac{1+e^{-\pi}}{1-e^{-\pi}}.$$

【例】8.4.8（2019 研） 设 Ω 是由锥面 $x^2+(y-2)^2=(1-z)^2(0\leqslant z\leqslant 1)$ 与平面 $z=0$ 围成的锥体，求 Ω 的形心坐标.

解： 题中的立体是一个圆锥体，且由对称性，$\bar{x}=0$，$\bar{y}=2$.

$$\iiint_{\Omega}\mathrm{d}V=\int_0^1\mathrm{d}z\iint_{D_z}\mathrm{d}x\mathrm{d}y=\int_0^1\mathrm{d}z\iint_{x^2+(y-2)^2\leqslant(1-z)^2}\mathrm{d}x\mathrm{d}y$$

$$=\int_0^1\pi(1-z)^2\mathrm{d}z=\frac{\pi}{3},$$

$$\iiint_{\Omega}z\mathrm{d}V=\int_0^1z\mathrm{d}z\iint_{D_z}\mathrm{d}x\mathrm{d}y=\int_0^1z\mathrm{d}z\iint_{x^2+(y-2)^2\leqslant(1-z)^2}\mathrm{d}x\mathrm{d}y$$

$$=\int_0^1\pi z(1-z)^2\mathrm{d}z=\frac{\pi}{12}.$$

所以 $\bar{z}=\dfrac{\iiint_{\Omega}z\mathrm{d}V}{\iiint_{\Omega}\mathrm{d}V}=\dfrac{1}{4}$. 从而形心坐标为 $(\bar{x},\bar{y},\bar{z})=\left(0,2,\dfrac{1}{4}\right)$.

【例】8.4.9（2018 研） 曲线 L 由 $x^2+y^2+z^2=1$ 与 $x+y+z=0$ 相交而成，求 $\oint_L xy\mathrm{d}s$.

解： 联立 L：$\begin{cases}x^2+y^2+z^2=1,\\x+y+z=0,\end{cases}$ 消去 z 得 $x^2+y^2+xy=\dfrac{1}{2}$. 所以

$$\oint_L xy\mathrm{d}s=\oint_L\left[\frac{1}{2}-(x^2+y^2)\right]\mathrm{d}s=\oint_L\left[\frac{1}{2}-\frac{2}{3}(x^2+y^2+z^2)\right]\mathrm{d}s$$

$$=\oint_L\left(\frac{1}{2}-\frac{2}{3}\right)\mathrm{d}s=-\frac{1}{6}\cdot 2\pi=-\frac{\pi}{3}.$$

【例】8.4.10（2018 研） 已知曲面 Σ：$x=\sqrt{1-3y^2-3z^2}$，方向向前，求 $\iint_{\Sigma}x\mathrm{d}y\mathrm{d}z+(y^3+z)\mathrm{d}x\mathrm{d}z+z^3\mathrm{d}x\mathrm{d}y$.

解： 构造平面 Σ'：$\begin{cases}3y^2+3z^2\leqslant 1,\\x=0,\end{cases}$ 取后侧，设 Σ' 与 Σ 所围区域为 Ω. 记 $P=x$，$Q=y^3+z$，$R=z^3$，由高斯公式，有

$$原式 = \iint_{\Sigma+\Sigma'} P\mathrm{d}y\mathrm{d}z + Q\mathrm{d}z\mathrm{d}x + R\mathrm{d}x\mathrm{d}y - \iint_{\Sigma'} P\mathrm{d}y\mathrm{d}z + Q\mathrm{d}z\mathrm{d}x + R\mathrm{d}x\mathrm{d}y$$

$$= \iiint_{\Omega} (P'_x + Q'_y + R'_z)\mathrm{d}x\mathrm{d}y\mathrm{d}z - 0 = \iiint_{\Omega} (1 + 3y^2 + 3z^2)\mathrm{d}x\mathrm{d}y\mathrm{d}z$$

$$= \iint_{3y^2+3z^2\leqslant 1} \mathrm{d}y\mathrm{d}z \int_0^{\sqrt{1-3y^2-3z^2}} (1 + 3y^2 + 3z^2)\mathrm{d}x$$

$$= \iint_{3y^2+3z^2\leqslant 1} \sqrt{1 - 3y^2 - 3z^2}(1 + 3y^2 + 3z^2)\mathrm{d}y\mathrm{d}z$$

$$= \int_0^{2\pi}\mathrm{d}\theta \int_0^{\frac{1}{\sqrt{3}}} \sqrt{1 - 3r^2}(1 + 3r^2)\cdot r\mathrm{d}r = \frac{14\pi}{45}.$$

【例】8.4.11（2017 研） 设薄片型物体 S 是圆锥面 $z=\sqrt{x^2+y^2}$ 被柱面 $z^2=2x$ 割下的有限部分，其上任一点的密度为 $\mu=9\sqrt{x^2+y^2+z^2}$. 记圆锥面与柱面的交线为 C.

（1）求 C 在 xOy 平面上的投影曲线的方程；（2）求 S 的 M 质量.

解：（1）由题设条件知，C 的方程为 $\begin{cases} z=\sqrt{x^2+y^2}, \\ z^2=2x, \end{cases}$ 消去 z 得 $x^2+y^2=2x$. 则 C 在 xOy 平面的方程为 $\begin{cases} x^2+y^2=2x, \\ z=0. \end{cases}$

（2）$m = \iint_s \mu(x,y,z)\mathrm{d}S = \iint_s 9\sqrt{x^2+y^2+z^2}\mathrm{d}S$

$$= \iint_{D:x^2+y^2\leqslant 2x} 9\sqrt{2}\sqrt{x^2+y^2}\sqrt{2}\mathrm{d}x\mathrm{d}y = 18\int_{-\frac{\pi}{2}}^{\frac{\pi}{2}}\mathrm{d}\theta\int_0^{2\cos\theta} r^2\mathrm{d}r = 64.$$

【例】8.4.12（2016 研） 已知平面区域

$$D=\left\{(r,\theta)\ \middle|\ 2\leqslant r\leqslant 2(1+\cos\theta),\ -\frac{\pi}{2}\leqslant\theta\leqslant\frac{\pi}{2}\right\},$$

计算二重积分 $\iint_D x\mathrm{d}x\mathrm{d}y$.

解：

$$原式 = 2\int_0^{\frac{\pi}{2}}\mathrm{d}\theta\int_2^{2(1+\cos\theta)} r^2\cos\theta\mathrm{d}r = 2\int_0^{\frac{\pi}{2}}\cos\theta\cdot\frac{1}{3}r^3\Big|_2^{2(1+\cos\theta)}\mathrm{d}\theta$$

$$= \frac{16}{3}\int_0^{\frac{\pi}{2}}[(1+\cos\theta)^3-1]\cos\theta\mathrm{d}\theta = 5\pi+\frac{32}{3}.$$

【例】8.4.13（2016 研） 设函数 $f(x,y)$ 满足 $\frac{\partial f(x,y)}{\partial x}=(2x+1)\mathrm{e}^{2x-y}$，且 $f(0,y)=y+1$，L_t 是从点（0，0）到点（1，t）的光滑曲线，计算曲线积分

$$I(t) = \int_{L_t}\frac{\partial f(x,y)}{\partial x}\mathrm{d}x + \frac{\partial f(x,y)}{\partial y}\mathrm{d}y,$$

并求$I(t)$的最小值.

解：因$\dfrac{\partial f(x,y)}{\partial x}=(2x+1)\mathrm{e}^{2x-y}$，则$f(x,y)=x\mathrm{e}^{2x-y}+\varphi(y)$. 又有$f(0,y)=y+1$，则$\varphi(y)=y+1$，$f(x,y)=x\mathrm{e}^{2x-y}+y+1$. 由于$\dfrac{\partial f(x,y)}{\partial x}\mathrm{d}x+\dfrac{\partial f(x,y)}{\partial y}\mathrm{d}y$是$f(x,y)$的全微分，则

$$I(t)=\int_{L_t}\mathrm{d}[f(x,y)]=f(x,y)\Big|_{(0,0)}^{(1,t)}=f(1,t)-f(0,0)=\mathrm{e}^{2-t}+t.$$

所以$I'(t)=1-\mathrm{e}^{2}-t$，令$I'(t)=0$，得$t=2$.

当$t>2$时，$I'(t)>0$，$I(t)$是递增的；当$t<2$时，$I'(t)<0$，$I(t)$是递减的；故$I(t)$在$t=2$时取得最小值，故$I(t)_{\min}=I(2)=3$.

【例】8.4.14（2015研） 设Ω是由平面$x+y+z=1$与三个坐标平面所围成的空间区域，求$\iiint_{\Omega}(x+2y+3z)\mathrm{d}x\mathrm{d}y\mathrm{d}z$.

解：由轮换对称性，得

$$\begin{aligned}\text{原式}&=6\iiint_{\Omega}z\mathrm{d}x\mathrm{d}y\mathrm{d}z=6\int_0^1 z\mathrm{d}z\iint_{D_z}\mathrm{d}x\mathrm{d}y\\&=6\int_0^1 z\cdot\frac{1}{2}(1-z)^2\mathrm{d}z=3\int_0^1(z^3-2z^2+z)\mathrm{d}z=\frac{1}{4}.\end{aligned}$$

【例】8.4.15（2014研） 设$f(x,y)$是连续函数，则$\int_0^1\mathrm{d}y\int_{-\sqrt{1-y^2}}^{1-y}f(x,y)\mathrm{d}x=(\quad)$.

(A) $\int_0^1\mathrm{d}x\int_1^{x-1}f(x,y)\mathrm{d}y+\int_{-1}^0\mathrm{d}x\int_0^{\sqrt{1-x^2}}f(x,y)\mathrm{d}y$

(B) $\int_0^1\mathrm{d}x\int_0^{1-x}f(x,y)\mathrm{d}y+\int_{-1}^0\mathrm{d}x\int_{-\sqrt{1-x^2}}^0 f(x,y)\mathrm{d}y$

(C) $\int_0^{\frac{\pi}{2}}\mathrm{d}\theta\int_0^{\frac{1}{\cos\theta+\sin\theta}}f(r\cos\theta,r\sin\theta)\mathrm{d}r+\int_{\frac{\pi}{2}}^{\pi}\mathrm{d}\theta\int_0^1 f(r\cos\theta,r\sin\theta)\mathrm{d}r$

(D) $\int_0^{\frac{\pi}{2}}\mathrm{d}\theta\int_0^{\frac{1}{\cos\theta+\sin\theta}}f(r\cos\theta,r\sin\theta)r\mathrm{d}r+\int_{\frac{\pi}{2}}^{\pi}\mathrm{d}\theta\int_0^1 f(r\cos\theta,r\sin\theta)r\mathrm{d}r$

解：$0\leqslant y\leqslant 1$，$-\sqrt{1-y^2}\leqslant x\leqslant 1-y$，用极坐标表示，即$d_1$：$\dfrac{\pi}{2}\leqslant\theta\leqslant\pi$，$0\leqslant r\leqslant 1$，$d_2$：$0\leqslant\theta\leqslant\dfrac{\pi}{2}$，$0\leqslant r\leqslant\dfrac{1}{\cos\theta+\sin\theta}$. 所以答案为（D）.

【例】8.4.16（2014研） 设Σ为曲面$z=x^2+y^2(z\leqslant 1)$的上侧，计算曲面积分$I=\iint_{\Sigma}(x-1)^3\mathrm{d}y\mathrm{d}z+(y-1)^3\mathrm{d}z\mathrm{d}x+(z-1)\mathrm{d}x\mathrm{d}y$.

解：令Σ_0：$z=1$，$x^2+y^2\leqslant 1$，取下侧，其中Σ与Σ_0围成的几何体为Ω. 由高斯公式得

$$\begin{aligned}&\iint_{\Sigma+\Sigma_0}(x-1)^3\mathrm{d}y\mathrm{d}z+(y-1)^3\mathrm{d}z\mathrm{d}x+(z-1)\mathrm{d}x\mathrm{d}y\\&=-\iiint_{\Omega}[3(x-1)^2+3(y-1)^2+1]\mathrm{d}v\\&=-\int_0^1\mathrm{d}z\iint_{x^2+y^2\leqslant z}[3(x^2+y^2)+7]\mathrm{d}x\mathrm{d}y\\&=-\int_0^1\mathrm{d}z\int_0^{2\pi}\mathrm{d}\theta\int_0^{\sqrt{z}}(3r^3+7r)\mathrm{d}r\\&=-2\pi\int_0^1\left(\frac{3}{4}z^2+\frac{7}{2}z\right)\mathrm{d}z=-4\pi.\end{aligned}$$

而

$$\iint_{\Sigma_0}(x-1)^3\mathrm{d}y\mathrm{d}z+(y-1)^3\mathrm{d}z\mathrm{d}x+(z-1)\mathrm{d}x\mathrm{d}y=\iint_{\Sigma_0}(z-1)\mathrm{d}x\mathrm{d}y=0,$$

故原式 $=-4\pi$.

【例】8.4.17（2013 研） 设 $L_1:x^2+y^2=1$，$L_2:x^2+y^2=2$，$L_3:x^2+2y^2=2$，$L_4:2x^2+y^2=2$ 为四条逆时针方向的平面曲线，记

$$I_i=\int_{L_i}\left(y+\frac{y^3}{6}\right)\mathrm{d}x+\left(2x-\frac{x^3}{3}\right)\mathrm{d}y\quad(i=1,2,3,4).$$

则 $\max\{I_1,I_2,I_3,I_4\}=$（　　）.

解： 记 $P=y+\dfrac{y^3}{6}$，$Q=2x-\dfrac{x^3}{3}$，则

$$\frac{\partial Q}{\partial x}-\frac{\partial P}{\partial y}=2-x^2-1-\frac{y^2}{2}=1-\left(x^2+\frac{y^2}{2}\right).$$

由格林公式，

$$I_i=\int_{L_i}\left(y+\frac{y^3}{6}\right)\mathrm{d}x+\left(2x-\frac{x^3}{3}\right)\mathrm{d}y=\iint_{D_i}\left[1-\left(x^2+\frac{y^2}{2}\right)\right]\mathrm{d}x\mathrm{d}y.$$

其中 D_i 表示 L_i 所围区域. 所以

$$I_1=\frac{5}{8}\pi,\ I_2=\frac{1}{2}\pi,\ I_3=\frac{3\sqrt{2}}{8},\ I_4=\frac{\sqrt{2}}{2}\pi,\ I_4>I_1>I_3>I_2.$$

【例】8.4.18（2013 研） 设直线 L 过 $A(1,0,0),B(0,1,1)$ 两点，将 L 绕 z 轴旋转一周得到曲面 Σ，Σ 与平面 $z=0$，$z=2$ 所围成的立体为 Ω.

(1) 求曲面 Σ 的方程；(2) 求 Ω 的形心坐标.

解： (1) $\overrightarrow{AB}=(-1,1,1)$，所以直线 L 方程 $\dfrac{x-1}{-1}=\dfrac{y}{1}=\dfrac{z}{1}$. 曲面 Σ 上任一点 (x,y,z) 满足 $\begin{cases}x^2+y^2=x_0{}^2+y_0{}^2,\\z=z_0,\end{cases}$ 其中 $\dfrac{x_0-1}{-1}=\dfrac{y_0}{1}=\dfrac{z_0}{1}$，所以 Σ 方程为 $x^2+y^2=(1-z)^2+z^2$，即

$$x^2+y^2-2\left(z-\frac{1}{2}\right)^2=\frac{1}{2}.$$

(2) 设形心坐标为$(\overline{x},\overline{y},\overline{z})$，几何体关于$xOz$，$yOz$对称，$\overline{x}=\overline{y}=0$.

$$\overline{z}=\frac{\iiint_{\Omega}z\mathrm{d}v}{\iiint_{\Omega}\mathrm{d}v}=\frac{\int_0^2 z\mathrm{d}z\int_{x^2+y^2\leqslant 2z^2-2z+1}\mathrm{d}x\mathrm{d}y}{\int_0^2\mathrm{d}z\int_{x^2+y^2\leqslant 2z^2-2z+1}\mathrm{d}x\mathrm{d}y}=\frac{\pi\int_0^2(2z^3-z^2+z)\mathrm{d}z}{\pi\int_0^2(2z^2-2z+1)\mathrm{d}z}=\frac{7}{5}.$$

【例】8.4.19（2012 研） 设$\Sigma=\{(x,y,z)\,|\,x+y+z=1,\ x\geqslant 0,\ y\geqslant 0,\ z\geqslant 0\}$，则$\iint_{\Sigma}y^2\mathrm{d}S=(\quad)$.

解： 直接法计算曲面积分

$$\text{原式}=\iint_D y^2\sqrt{1+(-1)^2+(-1)^2}\mathrm{d}x\mathrm{d}y=\sqrt{3}\iint_D y^2\mathrm{d}x\mathrm{d}y$$

$$=\sqrt{3}\int_0^1\mathrm{d}y\int_0^{1-y}y^2\mathrm{d}x=\sqrt{3}\int_0^1 y^2(1-y)\mathrm{d}y=\frac{\sqrt{3}}{12},$$

其中$D=\{(x,y)\,|\,x\geqslant 0,y\geqslant 0,x+y\leqslant 1\}$.

【例】8.4.20（2012 研） 已知L是第一象限中从点（0，0）沿圆周$x^2+y^2=2x$到点（2，0），再沿圆周$x^2+y^2=4$到点（0，2）的曲线段，计算曲线积分$I=\int_L 3x^2y\mathrm{d}x+(x^2+x-2y)\mathrm{d}y$.

解： 添加辅助直线$L_1:x=0(0\leqslant y\leqslant 2)$，用格林公式，得

$$I=\int_{L+L_1}3x^2y\mathrm{d}x+(x^3+x-2y)\mathrm{d}y-\int_{L_1}3x^2y\mathrm{d}x+(x^3+x-2y)\mathrm{d}y$$

$$=\iint_D(3x^2+1-3x^2)\mathrm{d}x\mathrm{d}y-\int_2^0-2y\mathrm{d}y=\frac{\pi}{2}-4.$$

【例】8.4.21（2011 研） 设L是柱面方程$x^2+y^2=1$与平面$z=x+y$的交线，从z轴正向往z轴负向看去为逆时针方向，求曲线积分$\oint_L xz\mathrm{d}x+x\mathrm{d}y+\frac{y^2}{2}\mathrm{d}z$.

解： 取S：$x+y-z=0$，$x^2+y^2\leqslant 1$，取上侧，则由斯托克斯公式得，

$$\text{原式}=\iint_S\begin{vmatrix}\mathrm{d}y\mathrm{d}z & \mathrm{d}z\mathrm{d}x & \mathrm{d}x\mathrm{d}y\\ \frac{\partial}{\partial x} & \frac{\partial}{\partial y} & \frac{\partial}{\partial z}\\ xz & x & \frac{y^2}{2}\end{vmatrix}=\iint_S y\mathrm{d}y\mathrm{d}z+x\mathrm{d}z\mathrm{d}x+\mathrm{d}x\mathrm{d}y=I,$$

因$z=x+y$，$z'_x=1$，$z'_y=1$，统一投影得

$$I=\iint_{x^2+y^2\leqslant 1}[y\cdot(-1)+x(-1)+1]\mathrm{d}x\mathrm{d}y$$

$$=\iint_{x^2+y^2\leqslant 1}(-x-y+1)\mathrm{d}x\mathrm{d}y=\iint_{x^2+y^2\leqslant 1}\mathrm{d}x\mathrm{d}y=\pi.$$

【例】8.4.22（2011研）　已知函数$f(x,y)$具有二阶连续偏导数，且$f(1,y)=0$，$f(x,1)=0$，$\iint_D f(x,y)\mathrm{d}x\mathrm{d}y=a$，其中$D=\{(x,y)\mid 0\leqslant x\leqslant 1,0\leqslant y\leqslant 1\}$．计算二重积分$I=\iint_D xyf''_{xy}(x,y)\mathrm{d}x\mathrm{d}y$.

解：

$$I=\int_0^1 x\mathrm{d}x\int_0^1 yf''_{xy}(x,y)\mathrm{d}y=\int_0^1 x\mathrm{d}x\int_0^1 y\mathrm{d}f_x'(x,y)$$

$$=\int_0^1 x\mathrm{d}x\left[yf_x'(x,y)\big|_0^1-\int_0^1 f_x'(x,y)\mathrm{d}y\right]=\int_0^1 x\mathrm{d}x\left[f_x'(x,1)-\int_0^1 f_x'(x,y)\mathrm{d}y\right],$$

因为$f(x,1)=0$，所以$f_x'(x,1)=0$.

$$I=-\int_0^1 x\mathrm{d}x\int_0^1 f_x'(x,y)\mathrm{d}y=-\int_0^1\mathrm{d}y\int_0^1 xf_x'(x,y)\mathrm{d}x$$

$$=-\int_0^1\mathrm{d}y\left[xf(x,y)\big|_0^1-\int_0^1 f(x,y)\mathrm{d}x\right]$$

$$=-\int_0^1\mathrm{d}y\left[f(1,y)-\int_0^1 f(x,y)\mathrm{d}x\right]=\iint_D f\mathrm{d}x\mathrm{d}y=a.$$

【例】8.4.23（2020赛）　计算$I=\oint_\Gamma\left|\sqrt{3}y-x\right|\mathrm{d}x-5z\mathrm{d}z$，其中曲线$\Gamma$：$\begin{cases}x^2+y^2+z^2=8,\\x^2+y^2=2z,\end{cases}$从$z$轴正向往坐标原点看去取逆时针方向.

解：曲线Γ可表示为$\begin{cases}z=2,\\x^2+y^2=4,\end{cases}$$\Gamma$参数方程为$\begin{cases}x=2\cos\theta,\\y=2\sin\theta,0\leqslant\theta\leqslant 2\pi.\\z=2,\end{cases}$注意到在曲线$\Gamma$上$\mathrm{d}z=0$，所以

$$I=-\int_0^{2\pi}\left|2\sqrt{3}\sin\theta-2\cos\theta\right|2\sin\theta\mathrm{d}\theta=-8\int_0^{2\pi}\left|\frac{\sqrt{3}}{2}\sin\theta-\frac{1}{2}\cos\theta\right|\sin\theta\mathrm{d}\theta$$

$$=-8\int_0^{2\pi}\left|\cos\left(\theta+\frac{\pi}{3}\right)\right|\sin\theta\mathrm{d}\theta=-8\int_{\frac{\pi}{3}}^{2\pi+\frac{\pi}{3}}|\cos t|\sin\left(t-\frac{\pi}{3}\right)\mathrm{d}t.$$

根据周期函数的积分性质，得

$$I=-8\int_{-\pi}^{\pi}|\cos t|\sin\left(t-\frac{\pi}{3}\right)\mathrm{d}t=-4\int_{-\pi}^{\pi}|\cos t|(\sin t-\sqrt{3}\cos t)\mathrm{d}t$$

$$=8\sqrt{3}\int_0^{\pi}|\cos t|\cos t\mathrm{d}t.$$

令$u=t-\dfrac{\pi}{2}$，有$I=-8\sqrt{3}\int_{-\frac{\pi}{2}}^{\frac{\pi}{2}}|\sin u|\sin u\mathrm{d}u=0$.

【例】8.4.24（2019赛）　计算三重积分$\iiint_\Omega\dfrac{xyz}{x^2+y^2}\mathrm{d}x\mathrm{d}y\mathrm{d}z$，其中$\Omega$是由曲面$(x^2+y^2+$

$z^2)^2=2xy$ 围成的区域在第一卦限的部分.

解： 曲面 Ω 的球面坐标方程为 $r=\sin\varphi\sqrt{\sin 2\theta}$. 采用球面坐标算，并利用对称性，得

$$
\begin{aligned}
I &= 2\int_0^{\frac{\pi}{4}}\mathrm{d}\theta\int_0^{\frac{\pi}{2}}\mathrm{d}\varphi\int_0^{\sin\varphi\sqrt{\sin 2\theta}}\frac{\rho^3\sin^2\varphi\cos\theta\sin\theta\cos\varphi}{\rho^2\sin^2\varphi}\rho^2\sin\varphi\mathrm{d}\rho \\
&= 2\int_0^{\frac{\pi}{4}}\sin\theta\cos\theta\mathrm{d}\theta\int_0^{\frac{\pi}{2}}\sin\varphi\cos\varphi\mathrm{d}\varphi\int_0^{\sin\varphi\sqrt{\sin 2\theta}}\rho^3\mathrm{d}\rho \\
&= 2\int_0^{\frac{\pi}{4}}\sin^3\theta\cos^3\theta\mathrm{d}\theta\int_0^{\frac{\pi}{2}}\sin^5\varphi\cos\varphi\mathrm{d}\varphi \\
&= \frac{1}{4}\int_0^{\frac{\pi}{4}}\sin^3 2\theta\mathrm{d}\theta\int_0^{\frac{\pi}{2}}\sin^5\varphi\mathrm{d}(\sin\varphi) = \frac{1}{48}\int_0^{\frac{\pi}{2}}\sin^3 t\mathrm{d}t = \frac{1}{72}.
\end{aligned}
$$

【例】8.4.25（2019 赛） 计算积分 $I=\int_0^{2\pi}\mathrm{d}\phi\int_0^{\pi}\mathrm{e}^{\sin\theta(\cos\phi-\sin\phi)}\sin\theta\mathrm{d}\theta$.

解： 设球面 Σ：$x^2+y^2+z^2=1$，由球面参数方程

$$x=\sin\theta\cos\phi,\ y=\sin\theta\sin\phi, z=\cos\theta,$$

知 $\mathrm{d}S=\sin\theta\mathrm{d}\theta\mathrm{d}\phi$，所以，所求积分可化为第一类曲面积分 $I=\iint_{\Sigma}\mathrm{e}^{x-y}\mathrm{d}S$. 设平面 P_t：$\frac{x-y}{\sqrt{2}}=t$，$-1\leqslant t\leqslant 1$，其中 t 为平面 P_t 被球面截下部分中心到原点的距离. 用平面 P_t 分割球面 Σ，球面在平面 P_t，$P_{t+\mathrm{d}t}$ 之间的部分形如圆台外表面状，记为 $\Sigma_{t,\mathrm{d}t}$. 被积函数在其上为 $\mathrm{e}^{x-y}=\mathrm{e}^{\sqrt{2}t}$.

由于 $\Sigma_{t,\mathrm{d}t}$ 半径为 $r_t=\sqrt{1-t^2}$，半径的增长率为 $\mathrm{d}\sqrt{1-t^2}=\frac{-t\mathrm{d}t}{\sqrt{1-t^2}}$ 就是 $\Sigma_{t,\mathrm{d}t}$ 上下底半径之差. 记圆台外表面斜高为 h_t，则由微元法知 $\mathrm{d}t^2+(\mathrm{d}\sqrt{1-t^2})^2=h_t^2$，得到 $h_t=\frac{\mathrm{d}t}{\sqrt{1-t^2}}$，所以 $\Sigma_{t,\mathrm{d}t}$ 的面积为 $\mathrm{d}S=2\pi r_t h_t=2\pi\mathrm{d}t$. 于是

$$I=\int_{-1}^{1}\mathrm{e}^{\sqrt{2}t}2\pi\mathrm{d}t=\frac{2\pi}{\sqrt{2}}\mathrm{e}^{\sqrt{2}t}\Big|_{-1}^{1}=\sqrt{2}\pi(\mathrm{e}^{\sqrt{2}}-\mathrm{e}^{-\sqrt{2}}).$$

【例】8.4.26（2018 赛） 计算三重积分 $\iiint_V(x^2+y^2)\mathrm{d}V$，其中 V 是

$$x^2+y^2+(z-2)^2\geqslant 4,\ x^2+y^2+(z-1)^2\leqslant 9$$

及 $z\geqslant 0$ 所围成的空间图形.

解： 由于区域的特殊性，采用整体减去部分来计算，从而分成三个部分来讨论：第一部分：整个大球 V_1 的积分：采用球坐标换元，令

$$x=r\sin\varphi\cos\theta,\ y=r\sin\varphi\sin\theta,\ z=1+r\cos\varphi,$$

其中 $0\leqslant r\leqslant 3, 0\leqslant\varphi\leqslant\pi, 0\leqslant\theta\leqslant 2\pi$. 于是有

$$\iiint_{V_1}(x^2+y^2)\mathrm{d}V=\int_0^{2\pi}\mathrm{d}\theta\int_0^{\pi}\mathrm{d}\varphi\int_0^3 r^2\sin^2\varphi\cdot r^2\sin\varphi\mathrm{d}r=\frac{648\pi}{5}.$$

第二部分：小球 V_2 的积分：采用球坐标换元，令

$$x=r\sin\varphi\cos\theta,\ y=r\sin\varphi\sin\theta,\ z=2+r\cos\varphi,$$

其中 $0\leqslant r\leqslant 2, 0\leqslant\varphi\leqslant\pi, 0\leqslant\theta\leqslant 2\pi$. 于是有

$$\iiint_{V_2}(x^2+y^2)\mathrm{d}V=\int_0^{2\pi}\mathrm{d}\theta\int_0^{\pi}\mathrm{d}\varphi\int_0^2 r^2\sin^2\varphi\cdot r^2\sin\varphi\mathrm{d}r=\frac{256\pi}{15}.$$

第三部分：大球 $z=0$ 下部分的积分 V_3，采用柱坐标：

$$x=r\cos\theta,\ y=r\sin\theta,\ 1-\sqrt{9-r^2}\leqslant z\leqslant 0,$$

其中 $0\leqslant r\leqslant 2\sqrt{2}$，$0\leqslant\theta\leqslant 2\pi$. 于是有

$$\iiint_{V_2}(x^2+y^2)\mathrm{d}V=\int_0^{2\pi}\mathrm{d}\theta\int_0^{2\sqrt{2}}r\mathrm{d}r\int_{1-\sqrt{9-r^2}}^0 r^2\mathrm{d}z=\frac{136\pi}{5}.$$

所以所求积分为

$$\iiint_V(x^2+y^2)\mathrm{d}V=\iiint_{V_1}-\iiint_{V_2}-\iiint_{V_3}=\frac{256}{3}\pi.$$

【例】8.4.27（2017 赛） 设函数 $f(x)>0$ 在实轴上连续，对任意实数 t，有 $\int_{-\infty}^{+\infty}\mathrm{e}^{-|t-x|}f(x)\mathrm{d}x\leqslant 1$. 证明：对 $\forall a<b$，有 $\int_a^b f(x)\mathrm{d}x\leqslant\frac{b-a+2}{2}$.

解：首先对 $\forall a<b$，有 $\int_a^b\mathrm{e}^{-|t-x|}f(x)\mathrm{d}x\leqslant 1$. 两边同时关于 t 变量在 $[a,b]$ 积分，可得 $\int_a^b\left[\int_a^b\mathrm{e}^{-|t-x|}f(x)\mathrm{d}x\right]\mathrm{d}t\leqslant b-a$. 左边交换积分次序，得

$$\int_a^b\left[\int_a^b\mathrm{e}^{-|t-x|}f(x)\mathrm{d}x\right]\mathrm{d}t=\int_a^b\left[f(x)\int_a^b\mathrm{e}^{-|t-x|}\mathrm{d}t\right]\mathrm{d}x.$$

其中

$$\int_a^b\mathrm{e}^{-|t-x|}\mathrm{d}t=\int_a^x\mathrm{e}^{t-x}\mathrm{d}t+\int_x^b\mathrm{e}^{x-t}\mathrm{d}t=2-\mathrm{e}^{a-x}-\mathrm{e}^{x-b}.$$

代入累次积分，有

$$\begin{aligned}&\int_a^b[f(x)(2-\mathrm{e}^{a-x}-\mathrm{e}^{x-b})]\mathrm{d}x\\&=2\int_a^b f(x)\mathrm{d}x-\int_a^b[f(x)\mathrm{e}^{a-x}]\mathrm{d}x-\int_a^b[f(x)\mathrm{e}^{x-b}]\mathrm{d}x.\end{aligned}$$

所以

$$\int_a^b f(x)\mathrm{d}x\leqslant\frac{b-a}{2}+\frac{1}{2}\int_a^b[f(x)\mathrm{e}^{a-x}]\mathrm{d}x+\frac{1}{2}\int_a^b[f(x)\mathrm{e}^{x-b}]\mathrm{d}x.$$

右边的积分满足

$$\int_a^b e^{a-x}f(x)\,dx = \int_a^b e^{-|x-a|}f(x)\,dx \leqslant \int_{-\infty}^{+\infty} e^{-|x-a|}f(x)\,dx \leqslant 1.$$

类似地，$\int_a^b e^{x-b}f(x)\,dx \leqslant 1$. 从而 $\int_a^b f(x)\,dx \leqslant \dfrac{b-a}{2}+1$.

【例】8.4.28（2017 赛） 设曲线 Γ 为 $\begin{cases} x^2+y^2+z^2=1, \\ x+z=1, \end{cases} x \geqslant 0, y \geqslant 0, z \geqslant 0$ 上从点 $A(1,0,0)$ 到点 $B(0,0,1)$ 的一段. 求曲线积分 $I = \int_\Gamma y\,dx + z\,dy + x\,dz$.

解： 记 Γ_1 为从 B 到 A 的直线段，参数方程为 $x=t$，$y=0$，$z=1-t$，$0 \leqslant t \leqslant 1$.

$$\int_{\Gamma_1} y\,dx + z\,dy + x\,dz = \int_0^1 t\,d(1-t) = -\frac{1}{2}.$$

设 Γ 和 Γ_1 围成的平面区域为 Σ，方向按右手法则. 由斯托克斯公式得

$$\int_{\Gamma+\Gamma_1} y\,dx + z\,dy + x\,dz = -\iint_\Sigma dy\,dz + dz\,dx + dx\,dy.$$

右边三个积分都是在各个坐标面上的投影面积，而在 zOx 面上投影面积为零. 故 $I + \int_{\Gamma_1} = -\iint_\Sigma dy\,dz + dx\,dy$. 曲线在 xy 面上投影的方程为

$$\frac{(x-1/2)^2}{(1/2)^2} + \frac{y^2}{(1/\sqrt{2})^2} = 1.$$

又该投影（半个椭圆）的面积为 $\iint_\Sigma dx\,dy = \dfrac{\pi}{4\sqrt{2}}$. 同理，$\iint_\Sigma dy\,dz = \dfrac{\pi}{4\sqrt{2}}$. 于是 $I = \dfrac{1}{2} - \dfrac{\pi}{2\sqrt{2}}$.

【例】8.4.29（2016 赛） 某物体所在的空间区域为 Ω：$x^2+y^2+2z^2 \leqslant x+y+2z$，密度函数为 $x^2+y^2+z^2$，求质量 $M = \iiint_\Omega (x^2+y^2+z^2)\,dx\,dy\,dz$.

解： 令 $u = x-\dfrac{1}{2}$，$v = y-\dfrac{1}{2}$，$w = \sqrt{2}\left(z-\dfrac{1}{2}\right)$，则椭球体转换为单位球 Ω'：$u^2+v^2+w^2 \leqslant 1$.

$$\begin{aligned} M &= \iiint_\Omega (x^2+y^2+z^2)\,dx\,dy\,dz \\ &= \iiint_{\Omega'} F(u,v,w)\left|\frac{\partial(x,y,z)}{\partial(u,v,w)}\right| du\,dv\,dw \\ &= \iiint_{\Omega'} \left(u^2+u+v^2+v+\frac{w^2}{2}+\frac{w}{\sqrt{2}}+\frac{3}{4}\right)\frac{1}{\sqrt{2}}\,du\,dv\,dw. \end{aligned}$$

由于球体的对称性，

$$M = \frac{1}{\sqrt{2}}\iiint_{\Omega'}\left(u^2+v^2+\frac{w^2}{2}\right)du\,dv\,dw + \frac{3}{4\sqrt{2}}\iiint_{\Omega'} du\,dv\,dw.$$

由轮换对称性，$\iiint_{\Omega'} u^2 \mathrm{d}u\mathrm{d}v\mathrm{d}w = \iiint_{\Omega'} v^2 \mathrm{d}u\mathrm{d}v\mathrm{d}w = \iiint_{\Omega_{mw}} w^2 \mathrm{d}u\mathrm{d}v\mathrm{d}w$，故

$$\frac{1}{\sqrt{2}}\iiint_{\Omega'}\left(u^2+v^2+\frac{w^2}{2}\right)\mathrm{d}u\mathrm{d}v\mathrm{d}w = \frac{5}{6\sqrt{2}}\iiint_{\Omega'}(u^2+v^2+w^2)\mathrm{d}u\mathrm{d}v\mathrm{d}w$$

$$= \frac{5}{6\sqrt{2}}\int_0^{2\pi}\mathrm{d}\theta\int_0^{\pi}\mathrm{d}\varphi\int_0^1 r^2\cdot r^2\sin\varphi\mathrm{d}r = \frac{\sqrt{2}\pi}{3}.$$

所以所求质量为 $M=\frac{\sqrt{2}\pi}{3}+\frac{3}{4\sqrt{2}}\frac{4\pi}{3}=\frac{5\sqrt{2}\pi}{6}$.

【例】8.4.30（2015 赛） 设 $f(x,y)$ 在 $x^2+y^2\leqslant 1$ 上有连续的二阶导数，$f_{xx}^2+2f_{xy}^2+f_{yy}^2\leqslant M$，$f(0,0)=f_x(0,0)=f_y(0,0)=0$，证明：

$$\iint_{x^2+y^2\leqslant 1} f(x,y)\mathrm{d}x\mathrm{d}y \leqslant \frac{\pi\sqrt{M}}{4}.$$

证明： 在点 (0，0) 对 $f(x,y)$ 作泰勒展开，

$$f(x,y)=\frac{1}{2}\left(x^2\frac{\partial^2}{\partial x^2}+2xy\frac{\partial^2}{\partial x\partial y}+y^2\frac{\partial^2}{\partial y^2}\right)^2 f(\theta x,\theta y),$$

其中 $\theta\in(0,1)$. 记 $(u,v,w)=\left(\frac{\partial^2}{\partial x^2},\frac{\partial^2}{\partial x\partial y},\frac{\partial^2}{\partial y^2}\right)^2 f(\theta x,\theta y)$，则 $f(x,y)=\frac{1}{2}(ux^2+2vxy+wy^2)$. 由于

$$\|(u,\sqrt{2}u,w)\| = \sqrt{u^2+2v^2+w^2}\leqslant\sqrt{M},$$

以及 $\|(x^2,\sqrt{2}xy,y^2)\|=x^2+y^2$，于是有

$$\left|(u,\sqrt{2}u,w)\cdot(x^2,\sqrt{2}xy,y^2)\right|\leqslant\sqrt{M}(x^2+y^2),$$

即 $|f(x,y)|\leqslant\frac{1}{2}\sqrt{M}(x^2+y^2)$. 从而

$$\iiint_{x^2+y^2\leqslant 1} f(x,y)\mathrm{d}x\mathrm{d}y \leqslant \frac{\sqrt{M}}{2}\iint_{x^2+y^2\leqslant 1}(x^2+y^2)\mathrm{d}x\mathrm{d}y = \frac{\pi\sqrt{M}}{4}.$$

【例】8.4.31（2015 赛） 求曲面 $z=x^2+y^2+1$ 在点 $M(1,-1,3)$ 的切平面与曲面 $z=x^2+y^2$ 所围区域的体积.

解： 曲面 $z=x^2+y^2+1$ 在点 $M(1,-1,3)$ 切平面为

$$2(x-1)-2(y+1)-(z-3)=0,$$

即 $z=2x-2y-1$. 由 $\begin{cases}z=x^2+y^2,\\ z=2x-2y-1,\end{cases}$ 得所围区域在 xOy 面上的投影 D 为：$D=\{(x,y)\mid(x-1)^2+(y+1)^2\leqslant 1\}$. 所求体积为

$$V=\iint_D[(2x-2y-1)-(x^2+y^2)]\mathrm{d}\sigma$$

$$=\iint_D[1-(x-1)^2-(y+1)^2]\mathrm{d}\sigma=\int_0^{2\pi}\mathrm{d}t\int_0^1(1-r^2)r\mathrm{d}r=\frac{\pi}{2}.$$

其中倒数第二个等式中令 $x-1=r\cos t$，$y+1=r\sin t$.

【例】8.4.32（2014 赛） （1）设一球缺高为 h，所在球半径为 R. 证明该球缺的体积为$\frac{\pi}{3}(3R-h)h^2$，球冠的面积为 $2\pi Rh$.

（2）设球体$(x-1)^2+(y-1)^2+(z-1)^2\leqslant 12$ 被平面 $P: x+y+z=6$ 所截的小球缺为 Ω. 记球缺上的球冠为 Σ，方向指向球外，求

$$I=\iint_{\Sigma} x\mathrm{d}y\mathrm{d}z+y\mathrm{d}z\mathrm{d}x+z\mathrm{d}x\mathrm{d}y.$$

证明：（1）设球缺所在球表面方程为 $x^2+y^2+z^2=R^2$，球缺的中心线为 z 轴. 记球缺的区域为 Ω，则其体积为

$$\iiint_{\Omega}\mathrm{d}V=\int_{R-h}^{R}\mathrm{d}z\iint_{D_z}\mathrm{d}x\mathrm{d}y=\int_{R-h}^{R}\pi(R^2-z^2)\mathrm{d}z=\frac{\pi}{3}(3R-h)h^2.$$

设球缺所在的圆顶角为 2α，由于球面的面积微元为 $\mathrm{d}S=R^2\sin\varphi\mathrm{d}\varphi\mathrm{d}\theta$，故球冠的面积为

$$\int_0^{2\pi}\mathrm{d}\theta\int_0^{\alpha}R^2\sin\varphi\mathrm{d}\varphi=2\pi R^2(1-\cos\alpha)=2\pi Rh.$$

（2）记球缺 Ω 的底面圆为 P，方向指向球缺外. 由高斯公式，有

$$\iint_{\Sigma+P}x\mathrm{d}y\mathrm{d}z+y\mathrm{d}z\mathrm{d}x+z\mathrm{d}x\mathrm{d}y=\iiint_{\Omega}3\mathrm{d}V=3V(\Omega).$$

由于平面 P 的正向单位法向量为$\frac{-1}{\sqrt{3}}(1,1,1)$，故

$$\iint_{P}x\mathrm{d}y\mathrm{d}z+y\mathrm{d}z\mathrm{d}x+z\mathrm{d}x\mathrm{d}y=\frac{-1}{\sqrt{3}}\iint_{P}(x+y+z)\mathrm{d}S=\frac{-6}{\sqrt{3}}S(P).$$

故 $I=3V(\Omega)+\frac{6}{\sqrt{3}}\sigma(P)$. 因为球缺底面圆心为 $Q(2,2,2)$，而球缺的顶点为 $D(3,3,3)$，故球缺的高度为 $h=|QD|=\sqrt{3}$. 再由（1）所证并代入 $h=\sqrt{3}$和 $R=2\sqrt{3}$得 $I=33\sqrt{3}\pi$.

【例】8.4.33（2013 赛） 设 Σ 是一个光滑封闭曲面，方向朝外，

$$I=\iint_{\Sigma}(x^3-x)\mathrm{d}y\mathrm{d}z+(2y^3-y)\mathrm{d}z\mathrm{d}x+(3z^3-z)\mathrm{d}x\mathrm{d}y.$$

试确定曲面 Σ，使得积分 I 的值最小，并求该最小值.

解：设 Σ 围成的立体为 V，由高斯公式，

$$I=3\iiint_{V}(x^2+2y^2+3z^2-1)\mathrm{d}V.$$

当 $V=\{(x,y,z)\,|\,x^2+2y^2+3z^2\leqslant 1\}$ 时，I 达到最小. 作变换 $x=u$，$y=v/\sqrt{2}$，$z=w/\sqrt{3}$，则 $\frac{\partial(x,y,z)}{\partial(u,v,w)}=\frac{1}{\sqrt{6}}$,

$$I=\frac{3}{\sqrt{6}}\iiint_{u^2+v^2+w^2\leqslant 1}(u^2+v^2+w^2-1)\mathrm{d}V$$

$$=\frac{3}{\sqrt{6}}\int_0^{2\pi}\mathrm{d}\theta\int_0^{\pi}\mathrm{d}\varphi\int_0^1(r^2-1)r^2\sin\varphi\mathrm{d}r=-\frac{4\sqrt{6}}{15}\pi.$$

【例】8.4.34（2013赛）　设$I_a(r)=\int_C\frac{y\mathrm{d}x-x\mathrm{d}y}{(x^2+y^2)^a}$，其中$a$为常数，曲线$C$为椭圆$x^2+xy+y^2=r^2$，取正向．求极限$\lim\limits_{r\to+\infty}I_a(r)$．

解：作变换$x=\frac{u-v}{\sqrt{2}}$，$y=\frac{u+v}{\sqrt{2}}$．曲线C变为uv平面上的$\Gamma:\frac{3}{2}u^2+\frac{1}{2}v^2=r^2$，取正向，且有

$$I_a(r)=\int_\Gamma\frac{v\mathrm{d}u-u\mathrm{d}v}{(u^2+v^2)^a}.$$

作变换$u=\sqrt{\frac{2}{3}}r\cos\theta$，$v=\sqrt{2}r\sin\theta$，则有

$$I_a(r)=-\frac{2r^{2(1-a)}}{\sqrt{3}}\int_0^{2\pi}\frac{\mathrm{d}\theta}{(2\cos^2\theta/3+2\sin^2\theta)^a}.$$

因此当$a>1$和$a<1$时，所求极限分别为0和$-\infty$．当$a=1$时，

$$I_1(r)=-\frac{2}{\sqrt{3}}\int_0^{2\pi}\frac{\mathrm{d}\theta}{2\cos^2\theta/3+2\sin^2\theta}=-2\pi.$$

【例】8.4.35（2012赛）　设$f(x)$为连续函数，Ω是由抛物面$z=x^2+y^2$和球面$x^2+y^2+z^2=t^2(t>0)$所围成起来的部分．定义

$$F(t)=\iiint_\Omega f(x^2+y^2+z^2)\mathrm{d}V,$$

求$F'(t)$．

解：令$x=r\cos\theta$，$y=r\sin\theta$，$z=z$，则区域Ω表示为

$$\Omega:0\leqslant\theta\leqslant 2\pi,\ 0\leqslant r\leqslant a,\ r^2\leqslant z\leqslant\sqrt{t^2-r^2},$$

其中a满足$a^2+a^4=t^2$，即$a=\frac{\sqrt{1+4t^2}-1}{2}$．

$$F(t)=2\pi\int_0^a r\mathrm{d}r\int_{r^2}^{\sqrt{t^2-r^2}}f(r^2+z^2)\mathrm{d}z.$$

从而有

$$F'(t)=2\pi\left[a\int_{a^2}^{\sqrt{t^2-a^2}}f(a^2+z^2)\mathrm{d}z\frac{\mathrm{d}a}{\mathrm{d}t}+\int_0^a rf(t^2)\frac{t}{\sqrt{t^2-r^2}}\mathrm{d}r\right].$$

注意到$\sqrt{t^2-a^2}=a^2$，第一个积分为0，所以有

$$F'(t)=2\pi tf(t^2)\int_0^a\frac{r}{\sqrt{t^2-r^2}}\mathrm{d}r=\pi tf(t^2)(2t+1-\sqrt{1+4t^2}).$$

第9章　无穷级数

9.1　知识点总结

级数是研究函数的重要工具，是产生新函数的重要方法，同时又是表示和逼近已知函数的有效方法. 级数在近似计算中发挥着重要的作用.

无穷级数 $\begin{cases}\text{数项级数，}\\ \text{幂级数（泰勒级数），}\\ \text{傅里叶级数.}\end{cases}$

无穷级数是研究函数的工具 $\begin{cases}\text{表示函数，}\\ \text{研究函数性质，}\\ \text{数值计算.}\end{cases}$

9.1.1　常数项级数的概念和性质

1. 基本概念.

（1）无穷级数. 常数项级数，一般项（通项），部分和（前 n 项和），和，余项.

（2）级数的收敛与发散.

定义： 常数项级数收敛（发散）$\Leftrightarrow \lim\limits_{n\to\infty} S_n$ 存在（不存在），其中 S_n 为前 n 项和.

- 几何级数（等比级数）：$\sum\limits_{n=0}^{\infty} aq^n (a \neq 0)$，$q$ 称为公比.
- 调和级数：$\sum\limits_{n=1}^{\infty} \frac{1}{n}$.

2. 无穷级数的基本性质.

（1）收敛的必要条件：级数 $\{u_n\}$ 收敛 $\Rightarrow \lim\limits_{n\to\infty} u_n = 0$.

（2）线性性质.

（3）有限项性质：级数前面增加或去掉有限项，不会影响级数的敛散性.

（4）收敛级数加括弧后所成的级数仍收敛于原级数的和. 反之不成立.

（5）柯西收敛准则.

定理（柯西收敛准则）：级数 $\sum_{n=1}^{\infty} u_n$ 收敛的充要条件是：$\forall \varepsilon > 0$，$\exists N \in \mathbf{Z}^+$，当 $n > N$ 时，对任意 $p \in \mathbf{Z}^+$，有

$$|u_{n+1} + u_{n+2} + \cdots + u_{n+p}| < \varepsilon.$$

【练习】9.1.1　求下列级数的和.

（1）$\sum_{n=1}^{\infty} \frac{1}{(2n-1)(2n+1)}$.

解：

$$\begin{aligned} S_n &= \sum_{k=1}^{n} \frac{1}{(2k-1)(2k+1)} = \frac{1}{2}\sum_{k=1}^{n}\left(\frac{1}{2k-1} - \frac{1}{2k+1}\right) \\ &= \frac{1}{2}\left[\left(1 - \frac{1}{3}\right) + \left(\frac{1}{3} - \frac{1}{5}\right) + \left(\frac{1}{2n-1} - \frac{1}{2n+1}\right)\right] \\ &= \frac{1}{2}\left(1 - \frac{1}{2n+1}\right), \end{aligned}$$

故 $\lim_{n\to\infty} S_n = \lim_{n\to\infty} \frac{1}{2}\left(1 - \frac{1}{2n+1}\right) = \frac{1}{2}$.

（2）$\sum_{n=1}^{\infty} (\sqrt{n+2} - 2\sqrt{n+1} + \sqrt{n})$.

解：

$$\begin{aligned} S_n &= \sum_{k=1}^{n} (\sqrt{k+2} - 2\sqrt{k+1} + \sqrt{k}) \\ &= \sum_{k=1}^{n} [(\sqrt{k+2} - \sqrt{k+1}) - (\sqrt{k+1} - \sqrt{k})] \\ &= [(\sqrt{3} - \sqrt{2}) - (\sqrt{2} - 1')] + [(\sqrt{4} - \sqrt{3}) - (\sqrt{3} - \sqrt{2})] + \cdots + \\ &\quad [(\sqrt{n+2} - \sqrt{n+1}) - (\sqrt{n+1} - \sqrt{n})] \\ &= (\sqrt{n+2} - \sqrt{n+1}) - (\sqrt{2} - 1) = \frac{1}{\sqrt{n+2} + \sqrt{n+1}} + 1 - \sqrt{2}, \end{aligned}$$

于是

$$\lim_{n\to\infty} S_n = \lim_{n\to\infty}\left(\frac{1}{\sqrt{n+2} + \sqrt{n+1}} + 1 - \sqrt{2}\right) = 1 - \sqrt{2}.$$

【练习】9.1.2　判断下列级数的敛散性.

（1）$\sum_{n=1}^{\infty} n \cdot \sin\frac{\pi}{n}$.

解：$\lim_{n\to\infty} u_n = \lim_{n\to\infty} n \cdot \sin\frac{\pi}{n} = \lim_{n\to\infty} \pi \cdot \frac{\sin\frac{\pi}{n}}{\frac{\pi}{n}} = \pi \neq 0$，由级数收敛的必要条件知：级数

$\sum_{n=1}^{\infty} n \cdot \sin\frac{\pi}{n}$ 发散.

(2) $\sum_{n=1}^{\infty} \frac{(\ln 3)^n}{3^n}$.

解：$\sum_{n=1}^{\infty} \frac{(\ln 3)^n}{3^n} = \sum_{n=1}^{\infty} \left(\frac{\ln 3}{3}\right)^n$，由于$\frac{\ln 3}{3}<1$，故几何级数 $\sum_{n=1}^{\infty} \frac{(\ln 3)^n}{3^n}$ 收敛.

【练习】9.1.3 已知级数 $\sum_{n=1}^{\infty} u_n$ 的前 n 项和为 $S_n=\frac{2n}{n+1}$，求此级数的通项 u_n，并判别级数的敛散性.

解：通项 $u_n = S_n - S_{n-1} = \frac{2n}{n+1} - \frac{2(n-1)}{(n-1)+1} = \frac{2}{n(n+1)}$. 由于

$$\lim_{n\to\infty} S_n = \lim_{n\to\infty}\frac{2n}{n+1} = 2,$$

故该级数收敛.

【练习】9.1.4 已知$\lim_{n\to\infty} nu_n = 0$，级数 $\sum_{n=1}^{\infty}(n+1)(u_{n+1}-u_n)$ 收敛，证明：级数 $\sum_{n=1}^{\infty} u_n$ 收敛.

证明：设级数 $\sum_{n=1}^{\infty}(n+1)(u_{n+1}-u_n)$ 与 $\sum_{n=1}^{\infty} u_n$ 的前 n 项部分和分别为 S_n 及 σ_n，则有

$$\begin{aligned} S_n &= 2(u_2-u_1)+3(u_3-u_2)+\cdots+(n+1)(u_{n+1}-u_n) \\ &= -u_1+(n+1)u_{n+1}-\sum_{i=1}^{n} u_i \\ &= -u_1+(n+1)u_{n+1}-\sigma_n, \end{aligned}$$

即 $\sigma_n = -u_1+(n+1)u_{n+1}-S_n$. 由题设级数 $\sum_{n=1}^{\infty}(n+1)(u_{n+1}-u_n)$ 收敛，设其和为 S，以及$\lim_{n\to\infty} nu_n = 0$，得$\lim_{n\to\infty}\sigma_n = -u_1-S$，所以级数 $\sum_{n=1}^{\infty} u_n$ 收敛.

9.1.2 正项级数

定义：如果级数 $\sum_{n=1}^{\infty} u_n$ 中各项均有 $u_n\geqslant 0$，则称此级数为正项级数.

1. 充要条件. 正项级数的收敛准则. 部分和数列有界（单调有界准则）.

因为：$S_1\leqslant S_2\leqslant\cdots\leqslant S_n\leqslant\cdots$，部分和数列$\{S_n\}$为单调增加数列，则有

定理（收敛准则）：正项级数收敛⇔部分和数列$\{S_n\}$有界.

2. 比较判别法. 对于正项级数.

定理（比较判别法）：设 $\sum_{n=1}^{\infty} u_n$，$\sum_{n=1}^{\infty} v_n$ 是两个正项级数，且存在 $N\in \mathbf{Z}^+$，对一切$n>N$，有 $u_n\leqslant kv_n$（常数 $k>0$），则有

①若强级数 $\sum_{n=1}^{\infty} v_n$ 收敛，则弱级数 $\sum_{n=1}^{\infty} u_n$ 也收敛；

②若弱级数 $\sum_{n=1}^{\infty} u_n$ 发散，则强级数 $\sum_{n=1}^{\infty} v_n$ 也发散.

- 强收⇒弱收，弱散⇒强散.

重要例题：p - 级数 $\sum_{n=1}^{\infty} \frac{1}{n^p}$ 的敛散性.

比较判别法的极限形式.　设两正项级数 $\sum_{n=1}^{\infty} u_n$，$\sum_{n=1}^{\infty} v_n$.

如 $\lim_{n\to\infty}\frac{u_n}{v_n}=\lambda$，$\begin{cases} 0<\lambda<\infty，同敛散，\\ \lambda=0，v_n 收敛\Rightarrow u_n 收敛，\\ \lambda=\infty，u_n 发散\Rightarrow v_n 发散. \end{cases}$

- 利用比较判别法及一些常见的等价无穷小，可以化简判断过程.
- 比较判别法是判断级数敛散性的重要方法，但应注意：①须选定参照级数. ②常见级数：p - 级数、几何级数、调和级数.

3. 比值（比式）判别法.

比值判别法（达朗贝尔（D'Alembert）判别法） 设 $\sum u_n$ 为正项级数，且 $\lim_{n\to\infty}\frac{u_{n+1}}{u_n}=\lambda$，则

①当 $\lambda<1$ 时，级数收敛；

②当 $\lambda>1$ 或 $\lambda=\infty$ 时，级数发散.

注 9.1　1. 比值判别法的优点：不必找参考级数. 遇到级数通项带阶乘时，一般用比值判别法.

2. **注意**：①当 $\lambda=1$ 时比值判别法失效（无法判断）；②条件是充分而非必要的.

4. 根值（根式）判别法.

根值判别法（柯西（Cauchy）判别法）. 设 $\sum_{n=1}^{\infty} u_n$ 是正项级数，如果 $\lim_{n\to\infty}\sqrt[n]{u_n}=\lambda$（$\lambda$ 为正常数或 $+\infty$），则

①$\lambda<1$ 时级数收敛；

②$\lambda>1$ 时级数发散；

③$\lambda=1$ 时失效.

- 当级数通项中包含 n 次幂时，一般选用根值判别法.

5. 积分判别法.

设 $\sum_{n=1}^{\infty} u_n$ 为正项级数，$f(x)$ 为定义在 $[1,+\infty)$ 内的单调减小的正值连续函数，且 $f(n)=u_n(n=1,2,\cdots)$，则级数 $\sum_{n=1}^{\infty} u_n$ 和广义积分 $\int_1^{+\infty} f(x)\,dx$ 有相同的敛散性.

$$\sum_{n=1}^{\infty} u_n \Rightarrow f(n) = u_n \Rightarrow \int_1^{+\infty} f(x)\,\mathrm{d}x.$$

- 特点：变 n 为 x 好积分.

【练习】9.1.5 判别级数 $\sum_{n=2}^{\infty} \frac{1}{n\ln n}$ 和 $\sum_{n=2}^{\infty} \frac{1}{n(\ln n)^2}$ 的敛散性.

解：由

$$\int_2^{+\infty} \frac{\mathrm{d}x}{x\ln x} = \ln\ln x \Big|_2^{+\infty} = +\infty,$$

用积分判别法知级数 $\sum_{n=2}^{\infty} \frac{1}{n\ln n}$ 发散. 由

$$\int_2^{+\infty} \frac{\mathrm{d}x}{x(\ln x)^2} = -\frac{1}{\ln x}\Big|_2^{+\infty} = \frac{1}{\ln 2},$$

用积分判别法知级数 $\sum_{n=2}^{\infty} \frac{1}{n(\ln n)^2}$ 收敛.

【练习】9.1.6 设级数 $\sum_{n=1}^{\infty} a_n^2$ 收敛，且 $a_n > 0$，证明：级数 $\sum_{n=1}^{\infty} \frac{a_n}{n}$ 收敛.

证明：由于不等式 $\frac{1}{2}\left(a_n^2 + \frac{1}{n^2}\right) \geqslant \frac{a_n}{n}$，已知级数 $\sum_{n=1}^{\infty} \frac{1}{n^2}$ 收敛，由条件知级数 $\sum_{n=1}^{\infty} a_n^2$ 收敛，且 $a_n > 0$，由级数收敛的性质知 $\sum_{n=1}^{\infty} \frac{1}{2}\left(a_n^2 + \frac{1}{n^2}\right)$ 收敛，再由正项级数的比较判别法知：级数 $\sum_{n=1}^{\infty} \frac{a_n}{n}$ 收敛.

【练习】9.1.7 判别下列级数的敛散性.

(1) $\sum_{n=1}^{\infty} \frac{n}{5^n}$.

解：

$$\lim_{n\to\infty} \sqrt[n]{u_n} = \lim_{n\to\infty} \sqrt[n]{\frac{n}{5^n}} = \lim_{n\to\infty} \frac{\sqrt[n]{n}}{5} = \frac{1}{5} < 1,$$

由根值判别法知级数 $\sum_{n=1}^{\infty} \frac{n}{5^n}$ 收敛.

(2) $\sum_{n=1}^{\infty} \frac{(n+1)!}{2^n}$.

解：记 $u_n = \frac{(n+1)!}{2^n}$. 由于

$$\lim_{n\to\infty} \frac{u_{n+1}}{u_n} = \lim_{n\to\infty} \frac{(n+2)!}{2^{n+1}} \cdot \frac{2^n}{(n+1)!} = \lim_{n\to\infty} \frac{n+2}{2} = +\infty,$$

由比值判别法知级数 $\sum_{n=1}^{\infty} \frac{(n+1)!}{2^n}$ 发散.

9.1.3　任意项级数

1. 交错级数及其判别法. $u_n>0$，形如 $\sum\limits_{n=1}^{\infty}(-1)^{n-1}u_n$ 称为**交错级数**.

莱布尼茨（Leibniz）判别法　若交错级数 $\sum\limits_{n=1}^{\infty}(-1)^{n-1}u_n$ 满足条件：

①$u_n\geqslant u_{n+1}$（$n=1, 2, \cdots$），从某项开始.

②$\lim\limits_{n\to\infty}u_n=0$.

则级数 $\sum\limits_{n=1}^{\infty}(-1)^{n-1}u_n$ 收敛，且其和 $S\leqslant u_1$，其余项满足 $|R_n|\leqslant u_{n+1}$.

2. 绝对收敛，条件收敛.

定义：对任意项级数 $\sum\limits_{n=1}^{\infty}u_n$，若 $\sum\limits_{n=1}^{\infty}|u_n|$ 收敛，则称原级数 $\sum\limits_{n=1}^{\infty}u_n$ **绝对收敛**；

若原级数收敛，但取绝对值以后的级数发散，则称原级数 $\sum\limits_{n=1}^{\infty}u_n$ **条件收敛**.

• 绝对收敛级数一定收敛. 判断收敛，先看是否绝对收敛. 正项级数的判敛方法最丰富.

3. 绝对收敛级数的性质.

绝对收敛可以任意重新排列（更序性），乘法性质.

【练习】9.1.8　讨论下列级数的敛散性. 如果收敛，说明是条件收敛还是绝对收敛.

(1) $\sum\limits_{n=1}^{\infty}(-1)^n\dfrac{1}{\ln n}$.

解：$x>\ln x(x>1)$，故 $\dfrac{1}{\ln n}>\dfrac{1}{n}$，因级数 $\sum\limits_{n=1}^{\infty}\dfrac{1}{n}$ 发散，由比较判别法知级数 $\sum\limits_{n=1}^{\infty}\dfrac{1}{\ln n}$ 发散. 又 $\lim\limits_{n\to\infty}\dfrac{1}{\ln n}=0$，因为函数 $\ln x$ 单调递增，故数列 $\dfrac{1}{\ln n}$ 单调递减，即 $\dfrac{1}{\ln n}\geqslant\dfrac{1}{\ln(n+1)}$，由莱布尼茨判别法知级数 $\sum\limits_{n=1}^{\infty}(-1)^n\dfrac{1}{\ln n}$ 条件收敛.

(2) $\sum\limits_{n=1}^{\infty}(-1)^n(\sqrt{n+1}-\sqrt{n})$.

解：分子有理化

$$\sum_{n=1}^{\infty}(-1)^n(\sqrt{n+1}-\sqrt{n})=\sum_{n=1}^{\infty}\frac{(-1)^n}{\sqrt{n+1}+\sqrt{n}}.$$

因为级数 $\sum\limits_{n=1}^{\infty}\dfrac{1}{\sqrt{n+1}+\sqrt{n}}$ 发散，又 $\dfrac{1}{\sqrt{n+1}+\sqrt{n}}$ 单调减小趋于0，由莱布尼茨判别法知级数 $\sum\limits_{n=1}^{\infty}(-1)^n(\sqrt{n+1}-\sqrt{n})$ 条件收敛.

【练习】9.1.9　设级数 $\sum\limits_{n=1}^{\infty}u_n$ 和 $\sum\limits_{n=1}^{\infty}v_n$ 绝对收敛，证明：级数 $\sum\limits_{n=1}^{\infty}(u_n+v_n)$ 也绝对

收敛.

解：已知级数 $\sum_{n=1}^{\infty}|u_n|$ 和 $\sum_{n=1}^{\infty}|v_n|$ 收敛，则由级数收敛的性质知：级数 $\sum_{n=1}^{\infty}(|u_n|+|v_n|)$ 收敛，又 $|u_n+v_n|\leqslant|u_n|+|v_n|$，由比较判别法知：级数 $\sum_{n=1}^{\infty}(u_n+v_n)$ 绝对收敛.

【练习】9.1.10 设 $u_n=(-1)^n\ln\left(1+\frac{1}{\sqrt{n}}\right)$，讨论级数 $\sum_{n=1}^{\infty}u_n$ 及 $\sum_{n=1}^{\infty}u_n^2$ 的敛散性.

解：由于数列 $\ln\left(1+\frac{1}{\sqrt{n}}\right)$ 单调递减趋于0，由莱布尼茨判别法知级数 $\sum_{n=1}^{\infty}u_n$ 收敛；对于绝对值级数，由于

$$\lim_{n\to\infty}\frac{\ln^2\left(1+\frac{1}{\sqrt{n}}\right)}{\frac{1}{n}}=1,$$

以及级数 $\sum_{n=1}^{\infty}\frac{1}{n}$ 发散，由比较判别法知：级数 $\sum_{n=1}^{\infty}u_n^2$ 发散.

9.1.4 幂级数

研究级数的目的是用级数形式表示函数.

1. 函数项级数的概念.

收敛点，收敛域，发散点，发散域，和函数，余项，幂级数，三角级数.

和函数. $\sum_{n=1}^{\infty}u_n(x)=S(x)$.

【例】9.1.1 等比级数.

$$\sum_{n=1}^{\infty}x^n=\frac{1}{1-x},x\in(-1,1).$$

- 记号. $0^0=1$，$0!=1$.
- 几何级数求和公式，几何级数的变形.

2*. 函数项级数的一致收敛性.

定义：设 $u_n(x)(n=1,2,\cdots)$ 与 $S(x)$ 是在区间 I 上有定义的函数，如果对 $\forall\varepsilon>0$，都 $\exists N>0$，使当 $n>N$ 时，对所有 $x\in I$，都有

$$|S_n(x)-S(x)|=\left|\sum_{i=1}^{n}u_i(x)-S(x)\right|<\varepsilon,$$

则称函数项级数 $\sum_{i=1}^{n}u_i(x)$ 在 I 上**一致收敛**于函数 $S(x)$.

3. 幂级数及其收敛域.

一般形式：$\sum_{n=0}^{\infty}a_n(x-x_0)^n$，若作 $t=x-x_0$，讨论 $\sum_{n=0}^{\infty}a_nt^n$.

● 幂级数的收敛域有简单的结构，“阿贝尔－鲁菲尼定理”，收敛域，收敛区间.

定理（阿贝尔－鲁菲尼定理）：若幂级数 $\sum\limits_{n=0} a_n x^n$ 在 $x = x_0$ 点收敛，则对满足不等式 $|x| < |x_0|$ 的一切 x 幂级数都绝对收敛. 反之，若当 $x = x_0$ 时该幂级数发散，则对满足不等式 $|x| > |x_0|$ 的一切 x，该幂级数也发散.

注 9.2　注意求幂级数的收敛半径 R 的方法.

1. 系数模比值法，系数模根值法：

$\lim\limits_{n\to\infty}\left|\dfrac{a_{n+1}}{a_n}\right| = \rho$，$\lim\limits_{n\to\infty}\sqrt[n]{|a_n|} = \rho$，则收敛半径均为 $R = \dfrac{1}{\rho}$.

2. 用数项级数的方法（本质），缺项级数.

3. 利用几何级数的性质.

● 注意收敛区间、收敛域的区别.

4. 幂级数的运算性质. 收敛半径的要求.

● 代数性质. 加法、乘法.

定理：设幂级数 $\sum\limits_{n=0}^{\infty} a_n x^n$ 及 $\sum\limits_{n=0}^{\infty} b_n x^n$ 的收敛半径分别为 R_1，R_2，令 $R = \min\{R_1, R_2\}$，则有：

$$\lambda \sum_{n=0}^{\infty} a_n x^n = \sum_{n=0}^{\infty} \lambda a_n x^n (\lambda \text{ 为常数}), \qquad |x| < R_1,$$

$$\sum_{n=0}^{\infty} a_n x^n \pm \sum_{n=0}^{\infty} b_n x^n = \sum_{n=0}^{\infty} (a_n \pm b_n) x^n, \qquad |x| < R,$$

$$\left(\sum_{n=0}^{\infty} a_n x^n\right)\left(\sum_{n=0}^{\infty} b_n x^n\right) = \sum_{n=0}^{\infty} c_n x^n, \qquad |x| < R,$$

其中 $c_n = \sum\limits_{k=0}^{n} a_k b_{n-k}$.

● 分析性质. 和函数在收敛域连续、逐项求导、逐次积分性质.

定理：若幂级数 $\sum\limits_{n=0}^{\infty} a_n x^n$ 的收敛半径 $R > 0$，则其和函数 $S(x)$ 在收敛域上连续，且在收敛区间内可逐项求导与逐项求积分，运算前后收敛半径相同：

$$S'(x) = \left(\sum_{n=0}^{\infty} a_n x^n\right)' = \sum_{n=0}^{\infty} (a_n x^n)' = \sum_{n=1}^{\infty} n a_n x^{n-1}, x \in (-R, R),$$

$$\int_0^x S(t)\,\mathrm{d}t = \int_0^x \left(\sum_{n=0}^{\infty} a_n t^n\right)\mathrm{d}t = \sum_{n=0}^{\infty}\left(\int_0^x a_n t^n\right)\mathrm{d}t = \sum_{n=0}^{\infty} \frac{a_n}{n+1} x^{n+1},$$

$$x \in (-R, R).$$

注：若在端点收敛，则在端点单侧连续.

5. 求幂级数的和函数.

（1）利用几何（等比）级数.

（2）利用分析性质．逐项求导、逐项积分．

（3）导出 $S(x)$ 满足的关系式，解方程．

- 利用简单函数公式，如 $\sum\limits_{n=0}^{\infty}\frac{x^n}{n!}$.

【练习】9.1.11　求 $\sum\limits_{n=1}^{\infty}2^{n-1}x^{2n-1}$ 的收敛半径．

分析　幂级数 $\sum\limits_{n=1}^{\infty}2^{n-1}x^{2n-1}=x+2x^3+4x^5+\cdots$ 其中 x^{2n} 的系数 $a_{2n}=0$．求此类幂级数的收敛半径时不能直接用系数比值法．可以直接用正项级数的比值判别法，或把级数变形为标准幂级数 $\sum\limits_{n=0}^{\infty}a_nt^n$ 的形式．

解：方法1　由 $\lim\limits_{n\to\infty}\left|\frac{2^nx^{2n+1}}{2^{n-1}x^{2n-1}}\right|=\lim\limits_{n\to\infty}2x^2=2x^2$ 当 $2x^2<1$，即 $|x|<\frac{1}{\sqrt{2}}$时，级数收敛；当 $2x^2>1$，即 $|x|>\frac{1}{\sqrt{2}}$时，级数发散．因此得级数的收敛半径 $R=\frac{1}{\sqrt{2}}$.

方法2　$\sum\limits_{n=1}^{\infty}2^{n-1}x^{2n-1}=x\sum\limits_{n=1}^{\infty}2^{n-1}x^{2}(n-1)$，而

$$\sum_{n=1}^{\infty}2^{n-1}x^{2(n-1)}=\sum_{n=1}^{\infty}2^{n-1}t^{n-1}=\sum_{n=0}^{\infty}2^nt^n(t=x^2)$$

由

$$\lim_{n\to\infty}\left|\frac{2^n}{2^{n-1}}\right|=2$$

得级数 $\sum\limits_{n=0}^{\infty}2^nt^n$ 的收敛半径为$\frac{1}{2}$，即仅当 $x^2<\frac{1}{2}$时收敛，得 $|x|<\frac{1}{\sqrt{2}}$，知 $R=\frac{1}{\sqrt{2}}$.

方法3　$\sum\limits_{n=1}^{\infty}2^{n-1}x^{2n-1}=x\sum\limits_{n=1}^{\infty}(2x^2)^{n-1}=x\sum\limits_{n=0}^{\infty}(2x^2)^n$．此为几何级数，收敛域为

$$|2x^2|<1，\text{即}|x|<\frac{1}{\sqrt{2}},$$

得收敛域为$\left(-\frac{1}{\sqrt{2}},\frac{1}{\sqrt{2}}\right)$，收敛半径 $R=\frac{1}{\sqrt{2}}$.

【练习】9.1.12　求 $\sum\limits_{n=1}^{\infty}\frac{(x-1)^n}{n2^n}$ 的收敛域．

分析　幂级数 $\sum\limits_{n=0}^{\infty}a_n(x-x_0)^n$ 和 $\sum\limits_{n=0}^{\infty}a_nx^n$ 的收敛半径求法相同．相应的收敛区间分别是 $|x-x_0|<R$ 和 $|x|<R$，即（x_0-R，x_0+R）和$(-R,R)$．再分别讨论区间端点的敛散性，就得到相应的收敛域．

解：由

$$\lim_{n\to\infty}\left|\frac{a_{n+1}}{a_n}\right|=\lim_{n\to\infty}\frac{n2^n}{(n+1)2^{n+1}}=\lim_{n\to\infty}\frac{n}{2(n+1)}=\frac{1}{2},$$

得收敛半径 $R=2$. 解不等式 $|x-1|<2$, 知 $(-1, 3)$ 为收敛区间. 当 $x=-1$ 时, 级数为 $\sum_{n=1}^{\infty}\frac{(-2)^n}{n2^n}=\sum_{n=1}^{\infty}\frac{(-1)^n}{n}$, 此交错级数收敛. 当 $x=3$ 时, 级数为 $\sum_{n=1}^{\infty}\frac{2^n}{n2^n}=\sum_{n=1}^{\infty}\frac{1}{n}$, 此为调和级数, 发散. 综上所述, 级数的收敛域为 $[-1, 3)$.

【练习】9.1.13　求 $\sum_{n=0}^{\infty}(2n+1)x^n$ 的和函数.

解: 先将级数变形, 再求和函数.

$$\sum_{n=0}^{\infty}(2n+1)x^n=2\sum_{n=1}^{\infty}nx^n+\sum_{n=0}^{\infty}x^n=2x\sum_{n=1}^{\infty}nx^{n-1}+\sum_{n=0}^{\infty}x^n.$$

两级数的收敛半径皆为 1, 收敛域为 $(-1, 1)$.

$$S(x)=\sum_{n=1}^{\infty}nx^{n-1},$$

两端积分, 由逐项积分性质得

$$\int_0^x S(x)\mathrm{d}x=\sum_{n=1}^{\infty}x^n=\frac{x}{1-x},\ x\in(-1,1),$$

两端求导, 得

$$S(x)=\left(\frac{x}{1-x}\right)'=\frac{1}{(1-x)^2}.$$

又因为 $\sum_{n=0}^{\infty}x^n=\frac{1}{1-x}$.

故

$$\sum_{n=0}^{\infty}(2n+1)x^n=2xS(x)+\frac{1}{1-x}=\frac{2x}{(1-x)^2}+\frac{1}{1-x}=\frac{1+x}{(1-x)^2}.$$

说明: 当幂级数的通项系数 a_n 较复杂时, 可以连续应用逐项求导或逐项积分的性质.

【练习】9.1.14　求下列级数的收敛域.

(1) $\sum_{n=1}^{\infty}\frac{(-1)^{n-1}}{n^2}x^n$.

解: 收敛半径

$$R=\lim_{n\to\infty}\left|\frac{a_n}{a_{n+1}}\right|=\lim_{n\to\infty}\left(\frac{n+1}{n}\right)^2=1.$$

当 $x=-1$ 时, 级数为 $\sum_{n=1}^{\infty}\frac{-1}{n^2}$, 收敛; 当 $x=1$ 时, 级数为 $\sum_{n=1}^{\infty}\frac{(-1)^{n-1}}{n^2}$, 收敛; 所以收敛域为 $[-1, 1]$.

(2) $\sum_{n=0}^{\infty}\frac{2^n}{n^2+1}x^n$.

解: 收敛半径 $R=\lim_{n\to\infty}\left|\frac{2^n}{n^2+1}\Big/\frac{2^{n+1}}{(n+1)^2+1}\right|=\frac{1}{2}$. 当 $x=-\frac{1}{2}$ 时, 级数为 $\sum_{n=1}^{\infty}\frac{-1}{n^2+1}$,

收敛；当 $x=\frac{1}{2}$时，级数为 $\sum_{n=1}^{\infty}\frac{1}{n^2}$，收敛；所以收敛域为$\left[-\frac{1}{2},\frac{1}{2}\right]$.

(3) $\sum_{n=1}^{\infty}(-1)^n\frac{x^{2n+1}}{2n+1}$.

解：这是缺项级数，可把 $(-1)^n\frac{x^{2n+1}}{2n+1}$看作数项级数的一般项 u_n，由于

$$\lim_{n\to\infty}\frac{|u_{n+1}|}{|u_n|}=\lim_{n\to x}\frac{2n+1}{2n+3}|x|^2=|x|^2.$$

因此当$|x|<1$ 时，级数绝对收敛，当$|x|>1$ 时，一般项不趋于零，级数发散，故原级数收敛半径为1. 级数在 $x=\pm1$ 均收敛，故收敛域为闭区间 $[-1,1]$.

【练习】9.1.15 求幂级数 $\sum_{n=1}^{\infty}\frac{2n-1}{2^n}x^{2n-2}$ 的和函数，并求级数 $\sum_{n=1}^{\infty}\frac{2n-1}{2^n}$ 的和.

解：由

$$\lim_{n\to\infty}\left|\frac{u_{n+1}}{u_n}\right|=\lim_{n\to\infty}\left|\frac{2n+1}{2^{n+1}}x^{2n}\Big/\frac{2n-1}{2^n}x^{2n-2}\right|=\frac{1}{2}|x|^2<1,$$

得收敛区间为 $(-\sqrt{2},\sqrt{2})$，当 $x=\pm\sqrt{2}$时，通项不趋于0，级数发散，故收敛域为 $(-\sqrt{2},\sqrt{2})$. 设$S(x)=\sum_{n=1}^{\infty}\frac{2n-1}{2^n}x^{2n-2}$，两端积分得

$$\int_0^x S(x)\,\mathrm{d}x=\sum_{n=1}^{\infty}\int_0^x\frac{2n-1}{2^n}x^{2n-2}\mathrm{d}x=\sum_{n=1}^{\infty}\frac{x^{2n-1}}{2^n}$$

$$=\frac{1}{x}\sum_{n=1}^{\infty}\left(\frac{x^2}{2}\right)^n=\frac{1}{x}\cdot\frac{\frac{x^2}{2}}{1-\frac{x^2}{2}}=\frac{x}{2-x^2},\ x\neq0.$$

由$S(x)$的连续性得 $S(x)=\frac{2+x^2}{(2-x^2)^2}$，$x\in(-\sqrt{2},\sqrt{2})$. 令 $x=1$，则 $\sum_{n=1}^{\infty}\frac{2n-1}{2^n}=S(1)=\frac{2+1^2}{(2-1^2)^2}=3$.

9.1.5 函数的幂级数展开，泰勒（Taylor）级数

1. 泰勒级数、麦克劳林级数

定理：设函数$f(x)$在点 x_0 的某一邻域 $U(x_0)$内具有各阶导数，则$f(x)$在该邻域内能展开成泰勒级数的充要条件是$f(x)$的泰勒公式余项满足：$\lim_{n\to\infty}R_n(x)=0$.

①如何写出一般函数的泰勒级数，收敛域？

②在收敛域上，和函数是否为$f(x)$，$f(x)=s(x)$的条件？

③泰勒级数系数唯一.

2. 函数展开成幂级数.

（1）直接展开.

①求导数，找 a_n，写级数. ②定义域（收敛域）. ③$\lim\limits_{n\to\infty}R_n(x)=0$.

（2）间接展开. 根据唯一性，利用已知简单函数展开式，进行变量代换、四项运算、逐项求导、逐项积分运算.

- 展开为“$(x-x_0)$”形式，“x”形式幂级数.

注 9.3　常见简单函数展式.

$$e^x=1+x+\frac{1}{2!}x^2+\cdots+\frac{1}{n!}x^n+\cdots,x\in(-\infty,+\infty).$$

$$\ln(1+x)=x-\frac{1}{2}x^2+\frac{1}{3}x^3-\frac{1}{4}x^4+\cdots+\frac{(-1)^n}{n+1}x^{n+1}+\cdots,x\in(-1,+1].$$

$$\sin x=x-\frac{x^3}{3!}+\frac{x^5}{5!}-\frac{x^7}{7!}+\cdots+(-1)^n\frac{x^{2n+1}}{(2n+1)!}+\cdots,x\in(-\infty,\infty).$$

$$\cos x=1-\frac{x^2}{2!}+\frac{x^4}{4!}-\frac{x^6}{6!}+\cdots+(-1)^n\frac{x^{2n}}{(2n)!}+\cdots,x\in(-\infty,\infty).$$

$$(1+x)^m=1+mx+\frac{m(m-1)}{2!}x^2+\cdots+$$
$$\frac{m(m-1)\cdots(m-n+1)}{n!}x^n+\cdots,\ x\in(-1,1).$$

当 $m=-1$ 时

$$\frac{1}{1+x}=1-x+x^2-x^3+\cdots+(-1)^nx^n+\cdots,\ x\in(-1,1).$$

注：把函数展开为级数主要用间接展开法，可以依据函数形式与五个重要初等函数的麦克劳林级数展开式作对应，由相应的初等变形，再套用五个展开式；也可以运用幂级数的运算性质，特别要注意运用逐项求导、逐项求积分的性质，结合五个展开式把函数展开，需要注意的是：

1. 运用五个展开式时，要注意展开区间，必要时，可以用适当的中间变量代换式中的自变量 x.

2. 一定要标注函数展开式成立的区域. 当经过初等变形后直接套用公式时，直接标注相应的收敛域即可；当用到逐项求导、逐项积分性质时，必须讨论展开式在区间端点的收敛性（因为逐项求导及逐项积分，级数的收敛半径不变，但在端点处的收敛性可能改变），当用到多个公式展开时，收敛域为各个展开式收敛域的交集.

3. 应用.

（1）近似计算，对于交错级数、非交错级数，由余项估计 $R_n(x)$，可估计误差.

（2）计算定积分：逐项积分.

（3）微分方程：幂级数解法，将解写为幂级数形式.

4. 欧拉公式.

$$e^{ix}=\cos x+i\sin x,\quad e^{-ix}=\cos x-i\sin x.$$

或写成

$$\cos x=\frac{e^{ix}+e^{-ix}}{2},\quad \sin x=\frac{e^{ix}-e^{-ix}}{2}.$$

【练习】9.1.16 将下列函数展开为麦克劳林级数.

（1）$\dfrac{1}{a-x}$（$a>0$）.

解： 由于

$$\frac{1}{1-t}=1+t+t^2+\cdots+t^n+\cdots=\sum_{n=0}^{\infty}t^n,\quad |t|<1,$$

因此

$$\frac{1}{a-x}=\frac{1}{a}\cdot\frac{1}{1-\frac{x}{a}}=\frac{1}{a}\sum_{n=0}^{\infty}\left(\frac{x}{a}\right)^n=\sum_{n=0}^{\infty}\frac{1}{a^{n+1}}x^n.$$

由 $\left|\dfrac{x}{a}\right|<1$ 得 $|x|<a$，故函数展开式成立区间为 $(-a,a)$.

（2）$\sin^2 x$.

解： 由于

$$\cos t=1-\frac{t^2}{2!}+\frac{t^4}{4!}-\cdots+(-1)^n\frac{t^{2n}}{(2n)!}+\cdots=\sum_{n=0}^{\infty}\frac{(-1)^n}{(2n)!}t^{2n},t\in(-\infty,+\infty).$$

因此

$$\begin{aligned}\sin^2 x&=\frac{1}{2}(1-\cos 2x)=\frac{1}{2}\left[1-\sum_{n=0}^{\infty}\frac{(-1)^n}{(2n)!}(2x)^{2n}\right]\\&=\frac{1}{2}\sum_{n=1}^{\infty}\frac{(-1)^{n-1}2^{2n}}{(2n)!}x^{2n}=\sum_{n=1}^{\infty}\frac{(-1)^{n-1}2^{2n-1}}{(2n)!}x^{2n},\quad x\in(-\infty,+\infty).\end{aligned}$$

（3）$\dfrac{1}{\sqrt{1-x^2}}$.

解： 重写表达式并利用公式

$$\begin{aligned}\frac{1}{\sqrt{1-x^2}}&=[1+(-x^2)]^{-\frac{1}{2}}\\&=1+\sum_{n=1}^{\infty}\frac{1}{n!}\left(-\frac{1}{2}\right)\left(-\frac{3}{2}\right)\cdots\left(-\frac{1}{2}-n+1\right)(-x^2)^n\\&=1+\sum_{n=1}^{\infty}\frac{1\times 3\times\cdots\times(2n-1)}{n!2^n}x^{2n}=1+\sum_{n=1}^{\infty}\frac{(2n-1)!!}{(2n)!}x^{2n},\quad x\in(-1,1).\end{aligned}$$

【练习】**9.1.17**　把函数 $\cos x$ 展开为 $x+\frac{\pi}{3}$ 的幂级数.

解:

$$\cos x=\cos\left[\left(x+\frac{\pi}{3}\right)-\frac{\pi}{3}\right]$$

$$=\cos\frac{\pi}{3}\cos\left(x+\frac{\pi}{3}\right)+\sin\frac{\pi}{3}\sin\left(x+\frac{\pi}{3}\right)$$

$$=\frac{1}{2}\cos\left(x+\frac{\pi}{3}\right)+\frac{\sqrt{3}}{2}\sin\left(x+\frac{\pi}{3}\right)$$

$$=\frac{1}{2}\sum_{n=0}^{\infty}\frac{(-1)^n}{(2n)!}\left(x+\frac{\pi}{3}\right)^{2n}+\frac{\sqrt{3}}{2}\sum_{n=0}^{\infty}\frac{(-1)^n}{(2n+1)!}\left(x+\frac{\pi}{3}\right)^{2n+1}$$

$$=\frac{1}{2}\sum_{n=0}^{\infty}(-1)^n\left[\frac{1}{(2n)!}\left(x+\frac{\pi}{3}\right)^{2n}+\frac{\sqrt{3}}{(2n+1)!}\left(x+\frac{\pi}{3}\right)^{2n+1}\right],x\in(-\infty,+\infty).$$

【练习】**9.1.18**　设有级数 $2+\sum_{n=1}^{\infty}\frac{x^{2n}}{(2n)!}$.

(1) 求此级数的收敛域;

(2) 证明: 此级数的和函数 $y(x)$ 满足微分方程 $y''-y=-1$.

解: (1) 由

$$\lim_{n\to\infty}\left|\frac{u_{n+1}(x)}{u_n(x)}\right|=\lim_{n\to\infty}\left|\frac{x^{2(n+1)}}{[2(n+1)]!}\Big/\frac{x^{2n}}{(2n)!}\right|=\lim_{n\to\infty}\frac{|x|^2}{(2n+1)(2n+2)}=0,$$

得收敛域为 $(-\infty,+\infty)$. 或将级数化为标准形式:

$$2+\sum_{n=1}^{\infty}\frac{x^{2n}}{(2n)!}\Rightarrow 2+\sum_{n=1}^{\infty}\frac{t^n}{(2n)!},$$

收敛半径

$$R=\lim_{n\to\infty}\left|\frac{a_n}{a_{n+1}}\right|=\lim_{n\to\infty}\left|\frac{1}{(2n)!}\Big/\frac{1}{[2(n+1)]!}\right|=\lim_{n\to\infty}2(n+1)=\infty,$$

即 $t\in(-\infty,+\infty)$, 从而 $x\in(-\infty,+\infty)$, 得原级数的收敛域为 $(-\infty,+\infty)$.

(2) **证明:** 对级数依次求导数得

$$y(x)=2+\sum_{n=1}^{\infty}\frac{x^{2n}}{(2n)!},$$

$$y'(x)=2+\sum_{n=1}^{\infty}\frac{x^{2n}}{(2n)!}=\sum_{n=1}^{\infty}\frac{x^{2n-1}}{(2n-1)!},$$

$$y''(x)=\sum_{n=1}^{\infty}\frac{x^{2n-2}}{(2n-2)!}=1+\sum_{n=2}^{\infty}\frac{x^{2n-2}}{(2n-2)!}\overset{\text{整理}}{\Longrightarrow}1+\sum_{n=1}^{\infty}\frac{x^{2n}}{(2n)!},$$

易验证 $y''-y=-1$.

9.1.6 傅里叶（Fourier）级数

1. 三角级数.

三角级数的一般概念（振幅，角频率，初相等）.

2. 三角函数系的正交性. “1，$\cos x$，$\sin x$，…”.

定理：组成三角级数的函数系 1，$\cos x$，$\sin x$，$\cos 2x$，$\sin 2x$，…，在 $[-\pi, \pi]$ 上正交，即其中任意两个不同的函数之积在 $[-\pi, \pi]$ 上的积分等于0.

3. 函数展开成傅里叶（Fourier）级数. 以 2π 为周期的函数的傅里叶级数.

定理：设 $f(x)$ 是周期为 2π 的周期函数，且

$$f(x) = \frac{a_0}{2} + \sum_{n=1}^{\infty}(a_n\cos nx + b_n\sin nx), \tag{9.1}$$

右端级数可逐项积分，则有

$$\begin{cases} a_n = \dfrac{1}{\pi}\displaystyle\int_{-\pi}^{\pi} f(x)\cos nx\mathrm{d}x, n = 0,1,2,\cdots, \\ b_n = \dfrac{1}{\pi}\displaystyle\int_{-\pi}^{\pi} f(x)\sin nx\mathrm{d}x, n = 1,2,\cdots. \end{cases} \tag{9.2}$$

- 式（9.1）称为傅里叶级数，式（9.2）称为傅里叶系数.

狄立克莱（Dirichlet）收敛定理（展开定理）：设 $f(x)$ 是以 2π 为周期的周期函数. 如果它满足条件：

①在一个周期内连续或只有有限个第一类间断点；

②至多只有有限个极值点.

则 $f(x)$ 的傅里叶级数收敛.

且有

①当 x 是 $f(x)$ 的连续点时，级数收敛于 $f(x)$；

②当 x 是 $f(x)$ 的间断点时，收敛于 $\dfrac{f(x-0)+f(x+0)}{2}$；

③当 x 为端点 $x=\pm\pi$ 时，收敛于 $\dfrac{f(-\pi+0)+f(\pi-0)}{2}$.

- 狄立克莱收敛定理，判断收敛性的充分条件.
- **条件**：①连续或至多有限个第一类间断点；②有限多个极值点.
- **结论**：①在 $(-\infty, +\infty)$ 内任一点都收敛；②和函数由下式给出

$$S(x) = \begin{cases} f(x), & x \text{ 为连续点}, \\ \dfrac{f(x-0)+f(x+0)}{2}, & \text{间断点}, \\ \dfrac{f(-\pi+0)^2+f(x-0)}{2}, & x = \pm\pi. \end{cases}$$

注 9.4.　1. ①条件的充分性；②函数展开成傅里叶级数的条件比展开成幂级数的条件低.

2. 若 $f(x)$ 为 $(-\infty, +\infty)$ 内偶函数，则可展成余弦级数.

$$f(x) = \frac{a_0}{2} + \sum_{n=1}^{\infty}(a_n\cos nx + b_n\sin nx),$$

$$\begin{cases} a_n = \dfrac{2}{\pi}\displaystyle\int_0^{\pi} f(x)\cos nx\mathrm{d}x, n = 0,1,2,3,\cdots, \\ b_n = 0, n = 1,2,3,\cdots. \end{cases}$$

3. 若 $f(x)$ 为 $(-\infty, +\infty)$ 内奇函数，则可展成正弦级数.

$$\begin{cases} a_n, n = 0,1,2,\cdots; \\ b_n = \dfrac{2}{2}\displaystyle\int_0^{\pi} f(x)\sin nx\mathrm{d}x, n = 1,2,3,\cdots. \end{cases}$$

注 9.5　①三角级数为全局逼近. ②延拓成奇、偶函数.

4. 以 $2l$ 为周期的函数的傅里叶（Fourier）级数.

定理：设周期为 $2l$ 的周期函数 $f(x)$ 满足收敛定理条件，则它的傅里叶级数展开式为

$$f(x) = \frac{a_0}{2} + \sum_{n=1}^{\infty}\left(a_n\cos\frac{n\pi x}{l} + b_n\sin\frac{n\pi x}{l}\right),$$

（在 $f(x)$ 的连续点）

$$\begin{cases} a_n = \dfrac{1}{l}\displaystyle\int_{-l}^{l} f(x)\cos\frac{n\pi}{l}x\mathrm{d}x,\ n = 0,1,2,\cdots, \\ b_n = \dfrac{1}{l}\displaystyle\int_{-1}^{1} f(x)\sin\frac{n\pi}{l}x\mathrm{d}x,\ n = 1,2,3\cdots. \end{cases}$$

- 类似地，可以定义 $2l$ 为周期的余弦函数、正弦函数.
- 利用三角函数求数项级数的和.

5. 傅里叶级数的复数形式⇒利用欧拉公式导出.

- 求傅里叶展开式的步骤.

①验证函数是否满足狄立克莱条件.

②判定函数的奇偶性.

③求出傅里叶系数.

④写出傅里叶级数.

⑤求出和函数.

注意：当 $f(x)$ 为奇（偶）函数时，展开为正弦（余弦）级数.

【练习】9.1.19　设函数 $f(x) = \frac{\pi}{4} - \frac{x}{2}$，$-\pi < x \leq \pi$，把 $f(x)$ 展开为以 2π 为周期的傅里叶级数，并说明级数在 $[-\pi, \pi]$ 上的收敛情况.

解：由傅里叶系数公式

$$a_0=\frac{1}{\pi}\int_{-\pi}^{\pi}\left(\frac{\pi}{4}-\frac{x}{2}\right)\mathrm{d}x=\frac{\pi}{2},$$

$$a_n=\frac{1}{\pi}\int_{-\pi}^{\pi}\left(\frac{\pi}{4}-\frac{x}{2}\right)\cos nx\mathrm{d}x=0,$$

$$b_n=\frac{1}{\pi}\int_{-\pi}^{\pi}\left(\frac{\pi}{4}-\frac{x}{2}\right)\sin nx\mathrm{d}x=\frac{(-1)^n}{n}.$$

则得$f(x)\sim\frac{\pi}{4}+\sum_{n=1}^{\infty}\frac{(-1)^n}{n}\sin nx$，由狄立克莱收敛定理，

$$\frac{\pi}{4}+\sum_{n=1}^{\infty}\frac{(-1)^n}{n}\sin nx=\begin{cases}\frac{\pi}{4}-\frac{x}{2}, & -\pi<x<\pi,\\ \frac{f(-\pi+0)+f(\pi-0)}{2}\left(=\frac{\pi}{4}\right), & x=\pm\pi.\end{cases}$$

【练习】9.1.20 设$f(x)=x-1$，$0\leqslant x\leqslant 2$，把$f(x)$展开为以4为周期的余弦级数，并求常数项级数$\sum_{n=1}^{\infty}\frac{1}{n^2}$的和.

解：令$l=2$，则$a_0=\frac{2}{2}\int_0^2(x-1)\mathrm{d}x=0$，

$$a_n=\frac{2}{2}\int_0^2(x-1)\cos\left(\frac{n\pi}{2}x\right)\mathrm{d}x=\frac{4}{n^2\pi^2}(\cos n\pi-1)$$

$$=\frac{4}{n^2\pi^2}[(-1)^n-1]=\begin{cases}0, & n=2k,\\ -\frac{8}{(2k-1)^2\pi^2}, & n=2k-1,\end{cases}$$

得$f(x)\sim-\frac{8}{\pi^2}\sum_{n=1}^{\infty}\frac{1}{(2n-1)^2}\cos\left[\frac{(2n-1)\pi}{2}x\right]$.

由狄立克莱收敛定理得

$$f(x)=-\frac{8}{\pi^2}\sum_{n=1}^{\infty}\frac{1}{(2n-1)^2}\cos\left[\frac{(2n-1)\pi}{2}x\right],\ x\in[0,2].$$

令$x=0$，得$-1=f(0)=-\frac{8}{\pi^2}\sum_{n=1}^{\infty}\frac{1}{(2n-1)^2}$，即$\sum_{n=1}^{\infty}\frac{1}{(2n-1)^2}=\frac{\pi^2}{8}$，而

$$\sum_{n=1}^{\infty}\frac{1}{n^2}=\sum_{n=1}^{\infty}\frac{1}{(2n-1)^2}+\sum_{n=1}^{\infty}\frac{1}{(2n)^2}=\frac{\pi^2}{8}+\frac{1}{4}\sum_{n=1}^{\infty}\frac{1}{n^2}.$$

故$\sum_{n=1}^{\infty}\frac{1}{n^2}=\frac{\pi^2}{6}$.

9.2　综合例题

【例】9.2.1　将函数 $\int_0^x \frac{\arcsin x}{x}\mathrm{d}x$ 展开为麦克劳林级数.

解：由

$$(\arcsin x)' = \frac{1}{\sqrt{1-x^2}} = 1 + \sum_{n=1}^{\infty}\frac{(2n-1)!!}{(2n)!}x^{2n},(\text{由练习 } 9.1.16(3))$$

两端积分得 $\arcsin x = x + \sum_{n=1}^{\infty}\frac{(2n-1)!!}{(2n)!(2n+1)}x^{2n+1}$，于是

$$\int_0^x \frac{\arcsin x}{x}\mathrm{d}x = x + \sum_{n=1}^{\infty}\frac{(2n-1)!!}{(2n)!(2n+1)^2}x^{2n+1}.$$

收敛半径 $R=1$，由于当 $x=\pm 1$ 时，上述级数均收敛，故函数展开式成立的区域为 $x \in [-1,1]$.

【例】9.2.2　求幂级数 $\sum_{n=1}^{\infty}\frac{2^n}{2n-1}x^{2n}$ 的收敛区间及和函数.

解：由于

$$\lim_{n\to\infty}\left|\frac{u_{n+1}(x)}{u_n(x)}\right| = 2|x|^2,$$

因此当 $2x^2<1$，即 $-\frac{\sqrt{2}}{2}<x<\frac{\sqrt{2}}{2}$ 时，幂级数绝对收敛；当 $2x^2>1$，即 $x<-\frac{\sqrt{2}}{2}$ 或 $x>\frac{\sqrt{2}}{2}$ 时，幂级数发散；从而收敛区间为 $-\frac{\sqrt{2}}{2}<x<\frac{\sqrt{2}}{2}$.

$$\begin{aligned}
S(x) &= \sum_{n=1}^{\infty}\frac{2^n x^{2n}}{2n-1} = x\sum_{n=1}^{\infty}\frac{2^n x^{2n-1}}{2n-1} = x\sum_{n=1}^{\infty}2^n\int_0^x x^{2n-2}\mathrm{d}x \\
&= 2x\int_0^x\sum_{n=1}^{\infty}(2x^2)^{n-1}\mathrm{d}x = 2x\int_0^x\frac{1}{1-2x^2}\mathrm{d}x \\
&= x\int_0^x\left(\frac{1}{1-\sqrt{2}x}+\frac{1}{1+\sqrt{2}x}\right)\mathrm{d}x = \frac{x}{\sqrt{2}}\ln\frac{1+\sqrt{2}x}{1-\sqrt{2}x}.
\end{aligned}$$

【例】9.2.3　设函数 $f(x)=\frac{\pi}{4}-\frac{x}{2}$，$-\pi<x\leqslant\pi$，把 $f(x)$ 展开为以 2π 为周期的傅里叶级数，并说明级数在 $[-\pi,\pi]$ 上的收敛情况.

解：计算傅里叶系数，有

$$a_0 = \frac{1}{\pi}\int_{-\pi}^{\pi}\left(\frac{\pi}{4}-\frac{x}{2}\right)\mathrm{d}x = \frac{\pi}{2},$$

$$a_n = \frac{1}{\pi}\int_{-\pi}^{\pi}\left(\frac{\pi}{4}-\frac{x}{2}\right)\cos nx\mathrm{d}x = 0,$$

$$b_n = \frac{1}{\pi}\int_{-\pi}^{\pi}\left(\frac{\pi}{4}-\frac{x}{2}\right)\sin nx\mathrm{d}x = \frac{(-1)^n}{n},$$

则得$f(x) \sim \frac{\pi}{4}+\sum_{n=1}^{\infty}\frac{(-1)^n}{n}\sin nx$，由狄立克莱收敛定理得

$$\frac{\pi}{4}+\sum_{n=1}^{\infty}\frac{(-1)^n}{n}\sin nx = \begin{cases}\frac{\pi}{4}-\frac{x}{2}, & -\pi < x < \pi,\\ \frac{\pi}{4}, & x = \pm\pi.\end{cases}$$

【例】9.2.4 设函数

$$f(x) = \begin{cases}x, & 0 \leqslant x \leqslant \frac{l}{2},\\ l-x, & \frac{l}{2} < x \leqslant l.\end{cases}$$

把$f(x)$展开为以$2l$为周期的正弦级数.

解：因展为正弦级数，故$a_n=0$（$n=0$，1，2，…）由公式，

$$b_n = \frac{2}{l}\int_0^l f(x)\sin\frac{n\pi x}{l}\mathrm{d}x = \frac{2}{l}\left[\int_0^{l/2}x\sin\frac{n\pi x}{l}\mathrm{d}x+\int_{l/2}^{l}(l-x)\sin\frac{n\pi x}{l}\mathrm{d}x\right],$$

其中

$$\begin{aligned}\int_{1/2}^{l}(l-x)\sin\frac{n\pi x}{l}\mathrm{d}x &= -\int_{1/2}^{0}t\sin\left(n\pi-\frac{n\pi t}{l}\right)\mathrm{d}t \quad (\text{令 } t = l-x)\\ &= (-1)^{n+1}\int_0^{1/2}t\sin\frac{n\pi t}{l}\mathrm{d}t,\end{aligned}$$

故$b_n = \frac{2}{l}[1+(-1)^{n+1}]\int_0^{l/2}x\sin\frac{n\pi x}{l}\mathrm{d}x$. 由于

$$\begin{aligned}\int_0^{l/2}x\sin\frac{n\pi x}{l}\mathrm{d}x &= -\frac{l}{n\pi}\int_0^{l/2}x\mathrm{d}\left(\cos\frac{n\pi x}{l}\right)\\ &= -\frac{l}{n\pi}\left(x\cos\frac{n\pi x}{l}\Big|_0^{l/2}-\int_0^{l/2}\cos\frac{n\pi x}{l}\mathrm{d}x\right)\\ &= \frac{l^2}{n^2\pi^2}\sin\frac{n\pi}{2}-\frac{l^2}{2n\pi}\cos\frac{n\pi}{2},\end{aligned}$$

所以

$$b_n=\frac{2}{l}\ [1+(-1)^{n+1}]\ \left(\frac{l^2}{n^2\pi^2}\sin\frac{n\pi}{2}-\frac{l^2}{2n\pi}\cos\frac{n\pi}{2}\right)=\begin{cases}0, & n\text{ 为偶数},\\ \frac{4l}{n^2\pi^2}\sin\frac{n\pi}{2}, & n\text{ 为奇数}.\end{cases}$$

由狄立克莱收敛定理得$f(x) = \frac{4l}{\pi^2}\sum_{n=1}^{\infty}\frac{1}{(2n-1)^2}\sin\frac{(2n-1)\pi x}{l}$, $x\in[0,l]$.

【例】9.2.5 设$f(x)=x-1$，$0\leqslant x\leqslant 2$，把$f(x)$展开为以4为周期的余弦级数，并求

常数项级数 $\sum_{n=1}^{\infty}\frac{1}{n^2}$ 的和.

解：此时 $l=2$，

$$a_0=\frac{2}{2}\int_0^2(x-1)\mathrm{d}x=0,$$

$$a_n=\frac{2}{2}\int_0^2(x-1)\cos\left(\frac{n\pi}{2}x\right)\mathrm{d}x=\begin{cases}0, & n=2k,\\ -\dfrac{8}{(2k-1)^2\pi^2}, & n=2k-1.\end{cases}$$

则得 $f(x)\sim-\frac{8}{\pi^2}\sum_{n=1}^{\infty}\frac{1}{(2n-1)^2}\cos\left[\frac{(2n-1)\pi}{2}x\right]$.

由狄立克莱收敛定理，得

$$f(x)=-\frac{8}{\pi^2}\sum_{n=1}^{\infty}\frac{1}{(2n-1)^2}\cos\left[\frac{(2n-1)\pi}{2}x\right],\ x\in[0,2].$$

令 $x=0$，得 $-1=f(0)=-\frac{8}{\pi^2}\sum_{n=1}^{\infty}\frac{1}{(2n-1)^2}$，即 $\sum_{n=1}^{\infty}\frac{1}{(2n-1)^2}=\frac{\pi^2}{8}$，而

$$\sum_{n=1}^{\infty}\frac{1}{n^2}=\sum_{n=1}^{\infty}\frac{1}{(2n-1)^2}+\sum_{n=1}^{\infty}\frac{1}{(2n)^2}=\sum_{n=1}^{\infty}\frac{1}{(2n-1)^2}+\frac{1}{4}\sum_{n=1}^{\infty}\frac{1}{n^2}.$$

故 $\sum_{n=1}^{\infty}\frac{1}{n^2}=\frac{4}{3}\cdot\frac{\pi^2}{8}=\frac{\pi^2}{6}$.

【例】9.2.6　把 $f(x)=\cos\frac{x}{2}$，$x\in[0,\pi]$，展开成以 2π 为周期的正弦级数.

解：由公式直接计算得

$$b_n=\frac{2}{\pi}\int_0^{\pi}\cos\frac{x}{2}\cdot\sin nx\mathrm{d}x=\frac{8n}{\pi(4n^2-1)},$$

得 $f(x)\sim\frac{8}{\pi}\sum_{n=1}^{\infty}\frac{n}{4n^2-1}\sin nx$. 另由狄立克莱收敛定理得

$$\cos\frac{x}{2}=\frac{8}{\pi}\sum_{n=1}^{\infty}\frac{n}{4n^2-1}\sin nx,\ x\in(0,\pi].$$

【例】9.2.7　设函数

$$f(x)=\begin{cases}1, & 0\leqslant x<\dfrac{\pi}{4},\\ 0, & \dfrac{\pi}{4}\leqslant x\leqslant\pi,\end{cases}$$

把 $f(x)$ 展开成以 2π 为周期的余弦级数，并写出它在 $[0,\pi]$ 上的和函数.

解：由傅里叶系数公式，

$$a_0=\frac{2}{\pi}\int_0^{\pi}f(x)\mathrm{d}x=\frac{2}{\pi}\int_0^{\frac{\pi}{4}}1\cdot\mathrm{d}x=\frac{1}{2},$$

$$a_n = \frac{2}{\pi}\int_0^{\pi} f(x)\cos nx\mathrm{d}x = \frac{2}{\pi}\int_0^{\frac{\pi}{4}}\cos nx\mathrm{d}x = \frac{2}{n\pi}\sin\frac{n\pi}{4},$$

得 $f(x) \sim \frac{1}{4} + \frac{2}{\pi}\sum_{n=1}^{\infty}\frac{1}{n}\sin\frac{n\pi}{4}\cos nx$. 由狄立克莱收敛定理得

$$f(x) = \frac{1}{4} + \frac{2}{\pi}\sum_{n=1}^{\infty}\frac{1}{n}\sin\frac{n\pi}{4}\cos nx,\ x\in[0,\pi],\ \text{且}\ x\neq\frac{\pi}{4}.$$

故级数的和函数为 $S(x) = \begin{cases} 1, & 0\leqslant x<\frac{\pi}{4}, \\ \frac{1}{2}, & x=\frac{\pi}{4}, \\ 0, & \frac{\pi}{4}<x\leqslant\pi. \end{cases}$

9.3 自测题

【练习】9.3.1 将函数 $f(x) = \begin{cases} 0, & -\pi<x<0, \\ x, & 0\leqslant x\leqslant\pi \end{cases}$ 在 $(-\pi,\ \pi]$ 上展开成傅里叶级数 $\frac{a_0}{2} + \sum_{n=1}^{\infty}(a_n\cos nx + b_n\sin nx)$，并求和函数 $S(x)$ 在 $(\pi,\ 3\pi)$ 内的表达式.

【练习】9.3.2 求幂级数 $\sum_{n=1}^{\infty}(-1)^n\frac{n+1}{n}x^n$ 的收敛区间及和函数.

【练习】9.3.3 设 $S(x)$ 是函数 $f(x)=\pi+x(0\leqslant x\leqslant\pi)$ 以 2π 为周期的余弦级数的和函数. 求 $S(x)(x\in[\pi,2\pi]$ 的表达式及 $S(-5)$ 的值，并求出此余弦级数的系数.

【练习】9.3.4 证明：已知 $\sum_{k=1}^{\infty}a_k x^{k+1}$ 在区间 $[0,\ 1]$ 上收敛，其和函数为 $f(x)$，证明级数 $\sum_{n=1}^{\infty}f\left(\frac{1}{n}\right)$ 收敛.

【练习】9.3.5 将函数 $f(x)=\frac{1}{x(x-2)}$ 展开成 $x-3$ 的幂级数，并指出收敛域.

【练习】9.3.6 将 $f(x)=\frac{1}{3-x}+\ln x$ 展成 $x-2$ 的幂级数，并指出收敛域.

【练习】9.3.7 证明级数 $\sum_{n=1}^{\infty}\frac{(-1)^n(2n+1)}{2^n}$ 收敛，并求其收敛的值.

【练习】9.3.8 将函数 $f(x)=\arctan\frac{1-2x}{1+2x}$ 展开成 x 的幂级数，并求出 $\sum_{n=0}^{+\infty}\frac{(-1)^n}{2n+1}$ 的和.

【练习】9.3.9 已知函数 $f(x)$ 可导，且 $|f'(x)|<\frac{1}{2}$，设数列 $\{x_n\}$ 满足 $x_{n+1}=f(x_n)$

$(n=1,2,\cdots)$，证明：级数 $\sum_{n=1}^{+\infty}(x_{n+1}-x_n)$ 必收敛.

【练习】9.3.10　设 $a_0=1$，$a_1=0$，$a_{n+1}=\frac{1}{n+1}(na_n+a_{n-1})$ $(n=1, 2, 3, \cdots)$，$S(x)$ 为幂级数 $\sum_{n=0}^{\infty}a_nx^n$ 的和函数.

(1) 证明：幂级数 $\sum_{n=0}^{\infty}a_nx^n$ 的收敛半径不小于1；

(2) 证明：$(1-x)S'(x)-xS(x)=0(x\in(-1,1))$，并求 $S(x)$ 的表达式.

自测题解答

【练习】9.3.1　解：直接计算傅里叶系数

$$a_0=\frac{1}{\pi}\int_{-\pi}^{\pi}f(x)\mathrm{d}x=\frac{1}{\pi}\int_0^{\pi}x\mathrm{d}x=\frac{\pi}{2},$$

$$\begin{aligned}a_n&=\frac{1}{\pi}\int_{-\pi}^{\pi}f(x)\cos nx\mathrm{d}x=\frac{1}{\pi}\int_0^{\pi}x\cos nx\mathrm{d}x\\&=\frac{1}{\pi n^2}[(-1)^n-1]=\begin{cases}0, & n=2k,k=1,2,\cdots,\\ -\frac{2}{n^2\pi}, & n=2k-1,k=1,2,\cdots.\end{cases}\end{aligned}$$

$$b_n=\frac{1}{\pi}\int_{-\pi}^{\pi}f(x)\sin nx\mathrm{d}x=\frac{1}{\pi}\int_0^{\pi}x\sin nx\mathrm{d}x=\frac{(-1)^{n-1}}{n}.$$

于是，

$$f(x)\sim\frac{\pi}{4}+\sum_{n=1}^{\infty}\left\{\frac{1}{n^2\pi}[(-1)^n-1]\cos nx+\frac{(-1)^{n=1}}{n}\sin nx\right\},\ x\in(-\pi,\pi),$$

$$S(x)=\begin{cases}0,\ x\in(\pi,2\pi],\\ x-2\pi,\ x\in(2\pi,3\pi).\end{cases}$$

【练习】9.3.2　解：由于 $\lim_{n\to\infty}\left|\frac{a_{n+1}}{a_n}\right|=1$，因此收敛半径 $R=1$. 又当 $x=\pm1$ 时，级数发散，所以幂级数的收敛域为：$D=(-1,1)$. 记

$$\begin{aligned}S(x)&=\sum_{n=1}^{\infty}(-1)^n\frac{n+1}{n}x^n=\sum_{n=1}^{\infty}(-1)^nx^n+\sum_{n=1}^{\infty}(-1)^n\frac{1}{n}x^n\\&=-\frac{x}{1+x}+\int_0^x\sum_{n=1}^{\infty}(-1)^nx^{n-1}\mathrm{d}x\\&=-\frac{x}{1+x}+\int_0^x-\frac{1}{1+x}\mathrm{d}x\\&=-\frac{x}{1+x}-\ln(1+x),\ x\in(-1,1).\end{aligned}$$

【练习】9.3.3　解：将$f(x)$进行偶延拓，由狄立克莱收敛定理知：

$$S(x)=\begin{cases}\pi+x, & x\in(0,\pi],\\ \pi-x, & x\in[-\pi,0].\end{cases}$$

由和函数的周期性，当$x\in[\pi,2\pi]$时，$x-2\pi\in[-\pi,0]$.

$$S(x)=S(x-2\pi)=3\pi-x.$$

又因为$-5+2\pi\in(0,\pi)$，因此$S(-5)=S(-5+2\pi)=3\pi-5$.

$$b_n=0, n=1,2,\cdots,$$

$$a_0=\frac{2}{\pi}\int_0^{\pi}f(x)\mathrm{d}x=\frac{2}{\pi}\int_0^{\pi}(\pi+x)\mathrm{d}x=3\pi,$$

$$a_n=\frac{2}{\pi}\int_0^{\pi}f(x)\cos nx\mathrm{d}x=\frac{2}{\pi}\int_0^{\pi}(\pi+x)\cos nx\mathrm{d}x$$

$$=\frac{2}{n^2\pi}[(-1)^n-1]=\begin{cases}0, & n=2k,k=1,2,\cdots,\\ -\dfrac{4}{n^2\pi}, & n=2k-1,k=1,2,\cdots.\end{cases}$$

【练习】9.3.4　证明：$f(x)=\sum\limits_{k=1}^{\infty}a_kx^{k+1},x\in[0,1]$，由于级数$\sum\limits_{k=1}^{\infty}a_k$收敛，因此$\lim\limits_{k\to\infty}a_k=0$，因而$\{a_k\}$有界．设$|a_k|\leqslant M(k=1,2,\cdots)$，则

$$\left|f\left(\frac{1}{n}\right)\right|\leqslant\sum_{k=1}^{\infty}|a_k|\frac{1}{n^{k+1}}\leqslant M\sum_{k=1}^{\infty}\frac{1}{n^{k+1}}.$$

当$n\geqslant2$时，有$\left|f\left(\frac{1}{n}\right)\right|\leqslant M\sum\limits_{k=1}^{\infty}\frac{1}{n^{k+1}}=\frac{M}{n(n-1)}$，又级数$\sum\limits_{n=2}^{\infty}\frac{1}{n(n-1)}$收敛，由比较判别法知原级数绝对收敛，故原级数收敛.

【练习】9.3.5　解：将二次分式裂项有

$$f(x)=\frac{1}{x(x-2)}=\frac{1}{2}\left(\frac{1}{x-2}-\frac{1}{x}\right)$$

$$=\frac{1}{2}\left[\frac{1}{1+(x-3)}-\frac{1}{3}\cdot\frac{1}{1+\frac{x-3}{3}}\right]$$

$$=\frac{1}{2}\left[\sum_{n=0}^{\infty}(-1)^n(x-3)^n-\sum_{n=0}^{\infty}(-1)^n\frac{(x-3)^n}{3^{n+1}}\right]$$

$$=\frac{1}{2}\sum_{n=0}^{\infty}(-1)^n\left(1-\frac{1}{3^{n+1}}\right)(x-3)^n.$$

收敛域为：$2<x<4$.

【练习】9.3.6　解：

$$f(x)=\frac{1}{3-x}+\ln x=\frac{1}{1-(x-2)}+\ln(2+x-2)$$

$$= \frac{1}{1-(x-2)} + \ln 2 + \ln\left(1 + \frac{x-2}{2}\right)$$

$$= \sum_{n=0}^{\infty} (x-2)^n + \ln 2 + \sum_{n=1}^{\infty} (-1)^{n-1} \frac{(x-2)^n}{n2^n}$$

$$= 1 + \ln 2 + \sum_{n=1}^{\infty} \left[1 + \frac{(-1)^{n-1}}{n2^n}\right](x-2)^n$$

收敛域为：$\begin{cases} -1 < x-2 < 1, \\ -1 < \dfrac{x-2}{2} \leqslant 1 \end{cases} \Rightarrow 1 < x < 3.$

【练习】9.3.7　证明：（1）因为

$$\lim_{n\to\infty} \left|\frac{(-1)^{n+1}(2n+3)}{2^{n+1}}\right| \Big/ \left|\frac{(-1)^n(2n+1)}{2^n}\right| = \lim_{n\to\infty}\frac{2n+3}{2(2n+1)} = \frac{1}{2} < 1,$$

所以由系数比值法知 $\sum\limits_{n=1}^{\infty} \left|\dfrac{(-1)^n(2n+1)}{2^n}\right|$ 收敛，即 $\sum\limits_{n=1}^{\infty} \dfrac{(-1)^n(2n+1)}{2^n}$ 绝对收敛，因此必收敛.

（2）

$$\sum_{n=1}^{\infty} \frac{(-1)^n(2n+1)}{2^n} x^{2n} = \left[\sum_{n=1}^{\infty} \frac{(-1)^n}{2^n} x^{2n+1}\right]' = \left[x\sum_{n=1}^{\infty} \left(-\frac{x^2}{2}\right)^n\right]'$$

$$= \left[\left(x \frac{1}{1+\frac{x^2}{2}}\right)\right]' = \frac{2(2-x^2)}{(2+x^2)^2} - 1,\ |x| < \sqrt{2},$$

由此得

$$\sum_{n=1}^{\infty} \frac{(-1)^n(2n+1)}{2^n} = \sum_{n=1}^{\infty} \frac{(-1)^n(2n+1)}{2^n} x^{2n}\Big|_{x=1} = \frac{2(2-x^2)}{(2+x^2)^2}\Big|_{x=1} - 1 = -\frac{7}{9}.$$

【练习】9.3.8　解：

$$f'(x) = -\frac{2}{1+4x^2} = -2\sum_{n=0}^{+\infty} (-1)^n 4^n x^{2n},\ x \in \left(-\frac{1}{2}, \frac{1}{2}\right).$$

又 $f(0) = \dfrac{\pi}{4}$,

$$f(x) = f(0) - 2\int_0^x \left[\sum_{n=0}^{+\infty} (-1)^n 4^n x^{2n}\right] dx = \frac{\pi}{4} - 2\sum_{n=0}^{+\infty} \frac{(-1)^n 4^n}{2n+1} x^{2n+1}.$$

由于级数在 $x = \dfrac{1}{2}$ 处收敛，且 $f(x)$ 在 $x = \dfrac{1}{2}$ 处连续，因此

$$f\left(\frac{1}{2}\right) = \frac{\pi}{4} - 2\sum_{n=0}^{+\infty} \frac{(-1)^n 4^n}{2n+1} \left(\frac{1}{2}\right)^{2n+1}.$$

于是 $\sum\limits_{n=0}^{+\infty} \dfrac{(-1)^n}{2n+1} = \dfrac{\pi}{4} - f\left(\dfrac{1}{2}\right) = \dfrac{\pi}{4}.$

【练习】9.3.9 **证明**：考虑$|x_{n+1}-x_n|=|f(x_n)-f(x_{n-1})|$. 因函数$f(x)$可导，由拉格朗日中值定理：

$$|x_{n+1}-x_n|=|f(x_n)-f(x_{n-1})|=|f'(\xi)(x_n-x_{n-1})|,$$

再由$|f'(x)|<\frac{1}{2}$，并反复使用拉格朗日中值定理得：

$$|x_{n+1}-x_n|=|f(x_n)-f(x_{n-1})|=|f'(\xi)(x_n-x_{n-1})|<\cdots<\frac{1}{2^{n-1}}|x_2-x_1|.$$

因级数$\sum\limits_{n=1}^{+\infty}\frac{1}{2^{n-1}}|x_2-x_1|$收敛，所以由比较判别法知：$\sum\limits_{n=1}^{+\infty}|x_{n+1}-x_n|$收敛，故级数$\sum\limits_{n=1}^{+\infty}(x_{n+1}-x_n)$收敛.

【练习】9.3.10 **证明**：（1）因为$a_0=1$，$a_1=0$，$a_{n+1}=\frac{1}{n+1}(na_n+a_{n-1})$，所以$0\leqslant a_{n+1}\leqslant 1$. 记$R$为幂级数$\sum\limits_{n=0}^{\infty}a_nx^n$的收敛半径. 当$|x|<1$时，因为$|a_nx^n|\leqslant|x^n|$且级数$\sum\limits_{n=0}^{\infty}x_n$收敛，所以幂级数$\sum\limits_{n=0}^{\infty}a_nx^n$绝对收敛，于是$(-1,1)\subseteq(-R,R)$，故$R\leqslant 1$.

（2）因为$S(x)=\sum\limits_{n=0}^{\infty}a_nx^n$，所以

$$S'(x)=\sum_{n=1}^{\infty}na_nx^{n-1}=\sum_{n=0}^{\infty}(n+1)a_{n+1}x^n.$$

于是

$$\begin{aligned}&(1-x)S'(x)-xS(x)\\=&\sum_{n=0}^{\infty}(n+1)a_{n+1}x^n-\sum_{n=0}^{\infty}(n+1)a_{n+1}x^{n+1}-\sum_{n=0}^{\infty}a_nx^{n+1}\\=&a_1+\sum_{n=1}^{\infty}(n+1)a_{n+1}x^n-\sum_{n=1}^{\infty}na_nx^n-\sum_{n=1}^{\infty}a_{n-1}x^n\\=&a_1+\sum_{n=1}^{\infty}[(n+1)a_{n+1}-na_n-a_{n-1}]x^n=0.\end{aligned}$$

解方程$(1-x)S'(x)-xS(x)=0$得$S(x)=\frac{C\mathrm{e}^{-x}}{1-x}$. 由$S(0)=a_0=1$得$C=1$，故$S(x)=\frac{\mathrm{e}^{-x}}{1-x}$.

9.4 硕士入学考试试题及高等数学竞赛试题选编

【例】9.4.1（2021 研） 设$u_n(x)=\mathrm{e}^{-nx}+\frac{x^{n+1}}{n(n+1)}(n=1,2,\cdots)$，求$\sum\limits_{n=1}^{\infty}u_n(x)$的收敛域及和函数.

解：

$$\sum_{n=1}^{\infty}u_n(x)=\sum_{n=1}^{\infty}\left[\mathrm{e}^{-nx}+\frac{1}{n(n+1)}x^{n+1}\right],$$

其中 $\sum\limits_{n=1}^{\infty} e^{-nx}$ 的收敛域为 $(0, +\infty)$，$\sum\limits_{n=1}^{\infty} \frac{1}{n(n+1)} x^{n+1}$ 的收敛域为 $[-1, 1]$. 所以 $\sum\limits_{n=1}^{\infty} u_n(x)$ 的收敛域为 $(0, 1]$.

$$S_1(x) = \sum_{n=1}^{\infty} e^{-nx} = \frac{e^{-x}}{1 - e^{-x}},\ x \in (0, +\infty),$$

$$\begin{aligned} S_2(x) &= \sum_{n=1}^{\infty} \frac{1}{n(n+1)} x^{n+1} = \sum_{n=1}^{\infty} \frac{x^{n+1}}{n} - \sum_{n=1}^{\infty} \frac{x^{n+1}}{n+1} \\ &= -x\ln(1-x) - [-\ln(1-x) - x] \\ &= (1-x)\ln(1-x) + x,\ x \in (-1,1). \end{aligned}$$

而 $S_2(1) = \lim\limits_{x \to 1^-} S_2(x) = 1$. 所以所求和函数为

$$S(x) = \begin{cases} \dfrac{e^{-x}}{1 - e^{-x}} + (1-x)\ln(1-x) + x, & x \in (0,1), \\ \dfrac{e}{e-1}, & x = 1. \end{cases}$$

【例】9.4.2（2020研） 设 R 为幂级数 $\sum\limits_{n=1}^{\infty} a_n x^n$ 的收敛半径，r 是实数，则（　　）.

（A）当 $\sum\limits_{n=1}^{\infty} a_{2n} r^{2n}$ 发散时，$|r| \geqslant R$

（B）当 $\sum\limits_{n=1}^{\infty} a_{2n} r^{2n}$ 收敛时，$|r| \leqslant R$

（C）当 $|r| \geqslant R$ 时，$\sum\limits_{n=1}^{\infty} a_{2n} r^{2n}$ 发散

（D）当 $|r| \leqslant R$ 时，$\sum\limits_{n=1}^{\infty} a_{2n} r^{2n}$ 收敛

解： 当 $|x| < R$ 时，幂级数 $\sum\limits_{n=1}^{\infty} a_n x^n$ 绝对收敛，所以当 $|r| < R$ 时，$\sum\limits_{n=1}^{\infty} a_{2n} r^{2n}$ 收敛. 因其逆否命题也成立，所以若当 $\sum\limits_{n=1}^{\infty} a_{2n} r^{2n}$ 发散时，$|r| \geqslant R$. 故选（A）.

【例】9.4.3（2020研） 设数列 $\{a_n\}$ 满足 $a_1 = 1$，$(n+1)a_{n+1} = \left(n + \frac{1}{2}\right)a_n$，证明：当 $|x| < 1$ 时，幂级数 $\sum\limits_{n=1}^{\infty} a_n x^n$ 收敛，并求其和函数.

证明： $R = \lim\limits_{n \to \infty} \left| \frac{a_n}{a_{n+1}} \right| = \lim\limits_{n \to \infty} \left| \frac{n+1}{n + \frac{1}{2}} \right| = 1$，故 $|x| < 1$ 时，$\sum\limits_{n=1}^{\infty} a_n x^n$ 收敛，令 $S(x) = \sum\limits_{n=1}^{\infty} a_n x^n$，则

$$\begin{aligned} S'(x) &= \sum_{n=1}^{\infty} n a_n x^{n-1} = \sum_{n=0}^{\infty} (n+1) a_{n+1} x^n \\ &= a_1 + \sum_{n=1}^{\infty} \left(n + \frac{1}{2}\right) a_n x^n = 1 + \sum_{n=1}^{\infty} n a_n x^n + \frac{1}{2} \sum_{n=1}^{\infty} a_n x^n \end{aligned}$$

$$= 1 + xS'(x) + \frac{1}{2}S(x).$$

则 $S'(x) - \frac{1}{2(1-x)}S(x) = \frac{1}{1-x}$，此为一阶非齐次线性方程，故

$$S(x) = e^{\int \frac{1}{2(1-x)}dx}\left[\int e^{\int \frac{-1}{2(1-x)}dx} \frac{1}{1-x}dx + C\right] = \frac{C}{\sqrt{1-x}} - 2.$$

由 $S(0) = C - 2 = 0$，得 $C = 2$，则 $S(x) = \frac{2}{\sqrt{1-x}} - 2$.

【例】9.4.4（2019 研） 设 $\{u_n\}$ 是单调增加的有界数列，则下列级数中收敛的是（　　）.

(A) $\sum\limits_{n=1}^{\infty} \frac{u_n}{n}$　　(B) $\sum\limits_{n=1}^{\infty} (-1)^n \frac{1}{u_n}$

(C) $\sum\limits_{n=1}^{\infty} \left(1 - \frac{u_n}{u_{n+1}}\right)$　　(D) $\sum\limits_{n=1}^{\infty} (u_{n+1}^2 - u_n^2)$

解：选（D）. 由 $\{u_n\}$ 是单调增加的有界数列，知 $\lim\limits_{n\to\infty} u_n$ 存在，记为 $\lim\limits_{n\to\infty} u_n = u$；

$$u_{n+1}^2 - u_n^2 = (u_{n+1} + u_n)(u_{n+1} - u_n) \leqslant 2u(u_{n+1} - u_n),$$

由于 $\sum\limits_{k=1}^{n} 2u(u_{k+1} - u_k) = 2u(u_{n+1} - u_1)$ 收敛，由正项级数的比较判别法，$\sum\limits_{n=1}^{\infty} (u_{n+1}^2 - u_n^2)$ 收敛.

【例】9.4.5（2019 研） 求幂级数 $\sum\limits_{n=1}^{\infty} \frac{(-1)^n}{(2n)!}x^n$ 在 $(0, +\infty)$ 内的和函数 $S(x)$.

解：注意 $\cos x = \sum\limits_{n=0}^{\infty} \frac{(-1)^n}{(2n)!}x^{2n}$，$x \in (-\infty, +\infty)$，从而有

$$\sum_{n=1}^{\infty} \frac{(-1)^n}{(2n)!}x^n = \sum_{n=1}^{\infty} \frac{(-1)^n}{(2n)!}(\sqrt{x})^n = \sum_{n=0}^{\infty} \frac{(-1)^n}{(2n)!}(\sqrt{x})^n - 1 = \cos\sqrt{x} - 1.$$

【例】9.4.6（2018 研） 求 $\sum\limits_{n=0}^{\infty} (-1)^n \frac{2n+3}{(2n+1)!}$.

解：

$$\begin{aligned}\sum_{n=0}^{\infty} (-1)^n \frac{2n+3}{(2n+1)!} &= \sum_{n=0}^{\infty} (-1)^n \frac{2n+1}{(2n+1)!} + \sum_{n=0}^{\infty} (-1)^n \frac{2}{(2n+1)!} \\ &= \sum_{n=0}^{\infty} (-1)^n \frac{1}{(2n+2)!} + \sum_{n=0}^{\infty} (-1)^n \frac{2}{(2n+1)!} \\ &= 2\sin 1 + \cos 1.\end{aligned}$$

【例】9.4.7（2017 研） 求幂级数 $\sum\limits_{n=1}^{\infty} (-1)^{n-1} nx^{n-1}$ 在区间 $(-1, 1)$ 内的和函数 $S(x)$.

解：

$$\sum_{n=1}^{\infty} (-1)^{n-1} nx^{n-1} = \left[\sum_{n=1}^{\infty} (-1)^{n-1} x^n\right]' = \left(\frac{x}{1+x}\right)' = \frac{1}{(1+x)^2}.$$

【例】9.4.8（2016研） 已知函数$f(x)$可导，且$f(0)=1$，$0<f'(x)<\frac{1}{2}$. 设数列$\{x_n\}$满足$x_{n+1}=f(x_n)$（$n=1, 2, \cdots$）. 证明：

（1）级数$\sum\limits_{n=1}^{\infty}(x_{n+1}-x_n)$绝对收敛；

（2）$\lim\limits_{n\to\infty}x_n$存在，且$0<\lim\limits_{n\to\infty}x_n<2$.

证明：（1）由拉格朗日中值定理，

$x_{n+1}-x_n=f(x_n)-f(x_{n-1})=f'(\xi_n)(x_n-x_{n-1})$，（$\xi_n$介于$x_n$和$x_{n-1}$之间）

由$0<f'(x)<\frac{1}{2}$，得

$$|x_{n+1}-x_n|<\frac{1}{2}|x_n-x_{n-1}|<\cdots<\frac{1}{2^{n-1}}|x_2-x_1|.$$

正项级数$\sum\limits_{n=1}^{+\infty}\frac{1}{2^{n-1}}|x_2-x_1|$收敛，由比较判别法，级数$\sum\limits_{n=1}^{+\infty}(x_{n+1}-x_n)$绝对收敛.

（2）令$F(x)=f(x)-x$. 由于$F'(x)=f'(x)-1<0$，因此$F(x)$严格递减. 由于$f(0)=1$，$0<f'(x)<\frac{1}{2}$，因此当$x>0$时，

$$1<f(x)<\frac{1}{2}x+1,$$

从而$F(1)>0$，$F(2)<0$. 由介值定理，存在$\xi\in(1,2)$，使得$F(\xi)=0$. 由式（1）知，当$n\to\infty$时，$x_{n+1}-x_n\to0$，即$F(x_n)\to0$. 由$F(x)$连续且严格递减，知$\lim\limits_{n\to\infty}x_n=\xi$. 即$\lim\limits_{n\to\infty}x_n\in(1,2)\subset(0,2)$.

【例】9.4.9（2015研） 若级数$\sum\limits_{n=1}^{\infty}a_n$条件收敛，则$x=\sqrt{3}$与$x=3$依次为幂级数$\sum\limits_{n=1}^{\infty}na_n(x-1)^n$的（　　）.

（A）收敛点，收敛点　　（B）收敛点，发散点

（C）发散点，收敛点　　（D）发散点，发散点

解：因为$\sum\limits_{n=1}^{\infty}a_n$条件收敛，即$x=2$为$\sum\limits_{n=1}^{\infty}a_n(x-1)^n$的条件收敛点，所以$\sum\limits_{n=1}^{\infty}a_n(x-1)^n$的收敛半径为1，收敛区间为（0，2）. 而幂级数逐项求导不改变收敛区间，故$\sum\limits_{n=1}^{\infty}na_n(x-1)^n$的收敛区间还是（0，2）. 因而$x=\sqrt{3}$与$x=3$依次为幂级数$\sum\limits_{n=1}^{\infty}na_n(x-1)^n$的收敛点、发散点. 故选（B）.

【例】9.4.10（2014研） 设数列$\{a_n\}$、$\{b_n\}$满足$0<a_n<\frac{\pi}{2}$，$0<b_n<\frac{\pi}{2}$，$\cos a_n-a_n=\cos b_n$，且级数$\sum\limits_{n=1}^{\infty}b_n$收敛.

(1) 证明：$\lim\limits_{n\to\infty}a_n=0$；(2) 证明：$\sum\limits_{n=1}^{\infty}\frac{a_n}{b_n}$ 收敛.

证明：(1) 由 $\cos a_n - a_n=\cos b_n$，得 $a_n=\cos a_n-\cos b_n>0$，从而 $0<a_n<b_n$. 因为 $\sum\limits_{n=1}^{\infty}b_n$ 收敛，所以 $\sum\limits_{n=1}^{\infty}a_n$ 收敛，故 $\lim\limits_{n\to\infty}a_n=0$.

(2) 由 $a_n=\cos a_n-\cos b_n$，得

$$\frac{a_n}{b_n}=\frac{\cos a_n-\cos b_n}{b_n}=-\frac{2\sin\left(\frac{a_n+b_n}{2}\right)\sin\left(\frac{a_n-b_n}{2}\right)}{b_n}\sim\frac{b_n^2-a_n^2}{2b_n}.$$

为 $0\leqslant\frac{b_n^2-a_n^2}{2b_n}\leqslant\frac{b_n}{2}$ 且 $\sum\limits_{n=1}^{\infty}b_n$ 收敛，所以 $\sum\limits_{n=1}^{\infty}\frac{b_n^2-a_n^2}{2b_n}$ 收敛. 由比较判别法 $\sum\limits_{n=1}^{\infty}\frac{a_n}{b_n}$ 收敛.

【例】9.4.11（2013 研） 设 $f(x)=\left|x-\frac{1}{2}\right|$，$b_n=2\int_0^1 f(x)\sin n\pi x\mathrm{d}x\,(n=1,2,\cdots)$. 令 $S(x)=\sum\limits_{n=1}^{\infty}b_n\sin n\pi x$，求 $S\left(-\frac{9}{4}\right)$.

解：将 $f(x)$ 作奇延拓，得周期函数 $F(x)$，周期 $T=2$. 则 $F(x)$ 在点 $x=-\frac{9}{4}$ 处连续，从而

$$S\left(-\frac{9}{4}\right)=F\left(-\frac{1}{4}\right)=-F\left(\frac{1}{4}\right)=-f\left(\frac{1}{4}\right)=-\frac{1}{4}.$$

【例】9.4.12（2013 研） 设数列 $\{a_n\}$ 满足条件：$a_0=3$，$a_1=1$，$a_{n-2}-n(n-1)a_n=0$ $(n\geqslant2)$，$S(x)$ 是幂级数 $\sum\limits_{n=0}^{\infty}a_nx^n$ 的和函数.

(1) 证明：$S''(x)-S(x)=0$. (2) 求 $S(x)$ 的表达式.

证明：(1)

$$S(x)=\sum_{n=0}^{\infty}a_nx^n,\ S'(x)=\sum_{n=1}^{\infty}na_nx^{n-1},$$

$$S''(x)=\sum_{n=2}^{\infty}n(n-1)a_nx^{n-2}=\sum_{n=0}^{\infty}(n+2)(n+1)a_{n+2}x^n.$$

得

$$S''(x)-S(x)=\sum_{n=0}^{\infty}[(n+2)(n+1)a_{n+2}-a_n]x^n=0.$$

(2) **解：**特征方程 $\lambda^2-1=0$，求解得特征根 $\lambda_1=1$，$\lambda_2=-1$，所以

$$S(x)=C_1\mathrm{e}^{-x}+C_2\mathrm{e}^{x},$$

代入 $S(0)=3$，$S'(0)=1$，得 $C_1=1$，$C_2=2$，从而 $S(x)=\mathrm{e}^{-x}+2\mathrm{e}^{x}$.

【例】9.4.13（2012 研） 求幂级数 $\sum\limits_{n=0}^{\infty}\frac{4n^2+4n+3}{2n+1}x^{2n}$ 的收敛域及和函数.

解：收敛半径

$$R=\lim_{n\to\infty}\left|\frac{a_n}{a_{n+1}}\right|=\lim_{n\to\infty}\left|\frac{\dfrac{4n^2+4n+3}{2n+1}}{\dfrac{4(n+1)^2+4(n+1)+3}{2(n+1)+1}}\right|=1.$$

当 $x=\pm1$ 时，$\sum_{n=0}^{\infty}\frac{4n^2+4n+3}{2n+1}x^{2n}$ 发散．所以 $(-1,1)$ 为幂级数的收敛域．

$$S(x)=\sum_{n=0}^{\infty}\frac{4n^2+4n+3}{2n+1}x^{2n}=\sum_{n=0}^{\infty}\left(2n+1+\frac{2}{2n+1}\right)x^{2n},$$

其中

$$\sum_{n=0}^{\infty}(2n+1)x^{2n}=\sum_{n=0}^{\infty}(x^{2n+1})'=\left(\frac{x}{1-x^2}\right)',$$

$$\sum_{n=0}^{\infty}\left(\frac{2}{2n+1}\right)x^{2n}=\frac{2}{x}\sum_{n=0}^{\infty}\left(\frac{1}{2n+1}\right)x^{2n+1}=\frac{2}{x}\sum_{n=0}^{\infty}\int_0^x x^{2n}\mathrm{d}x=\frac{2}{x}\int_0^x\frac{1}{1-x^2},$$

所以当 $x\neq0$ 时，和函数为

$$S(x)=\left(\frac{x}{1-x^2}\right)'+\frac{2}{x}\int_0^x\frac{1}{1-x^2}=\frac{1+x^2}{(1-x^2)^2}+\frac{1}{x}\ln\frac{1+x}{1-x}.$$

当 $x=0$ 时，$S(0)=3$.

【例】9.4.14（2011研） 设数列 $\{a_n\}$ 单调减少，$\lim\limits_{n\to\infty}a_n=0$，$S_n=\sum\limits_{k=1}^{n}a_k(n=1,2,\cdots)$ 无界，则幂级数 $\sum\limits_{n=1}^{\infty}a_n(x-1)^n$ 的收敛域为（　　）.

(A) $(-1,1]$　　(B) $[-1,1)$　　(C) $[0,2)$　　(D) $(0,2]$

解：因为 $\{a_n\}$ 单调减少，$\lim\limits_{n\to\infty}a_n=0$，故 $a_n\geqslant0$，即 $\sum\limits_{n=1}^{\infty}a_n$ 为正项级数，将 $x=2$ 代入幂级数得 $\sum\limits_{n=1}^{\infty}a_n$，而已知 $S_n=\sum\limits_{k=1}^{n}a_k$ 无界，故原幂级数在 $x=2$ 处发散．当 $x=0$ 时，交错级数 $\sum\limits_{n=1}^{\infty}(-1)^na_n$ 满足莱布尼茨判别法收敛，故 $x=0$ 时 $\sum\limits_{n=1}^{\infty}(-1)^na_n$ 收敛．故正确答案为 (C).

【例】9.4.15（2020赛） 设 $u_n=\int_0^1\frac{\mathrm{d}t}{(1+t^4)^n}$ $(n\geqslant1)$.

(1) 证明：数列 $\{u_n\}$ 收敛，并求极限 $\lim\limits_{n\to\infty}u_n$；

(2) 证明：级数 $\sum\limits_{n=1}^{\infty}(-1)^nu_n$ 条件收敛；

(3) 证明：当 $p\geqslant1$ 时级数 $\sum\limits_{n=1}^{\infty}\frac{u_n}{n^p}$ 收敛，并求级数 $\sum\limits_{n=1}^{\infty}\frac{u_n}{n}$ 的和.

证明：(1) 对任意 $\varepsilon>0$，取 $0<a<\frac{\varepsilon}{2}$，将积分区间分成两段，得

$$u_n=\int_0^1\frac{\mathrm{d}t}{(1+t^4)^n}=\int_0^a\frac{\mathrm{d}t}{(1+t^4)^n}+\int_a^1\frac{\mathrm{d}t}{(1+t^4)^n}.$$

因为

$$\int_a^1 \frac{\mathrm{d}t}{(1+t^4)^n} \leqslant \frac{1-a}{(1+a^4)^n} < \frac{1}{(1+a^4)^n} \to 0 \quad (n\to\infty).$$

所以存在正整数 N，当 $n>N$ 时，$\int_a^1 \frac{\mathrm{d}t}{(1+t^4)^n} < \frac{\varepsilon}{2}$，从而

$$0 \leqslant u_n < a + \int_a^1 \frac{\mathrm{d}t}{(1+t^4)^n} < \frac{\varepsilon}{2} + \frac{\varepsilon}{2} = \varepsilon,$$

所以 $\lim\limits_{n\to\infty} u_n = 0$.

（2）u_n 单调递减，又 $\lim\limits_{n\to\infty} u_n = 0$，由莱布尼茨判别法知，$\sum\limits_{n=1}^{\infty}(-1)^n u_n$ 收敛. 另外，当 $n\geqslant 2$ 时，有

$$u_n = \int_0^1 \frac{\mathrm{d}t}{(1+t^4)^n} \geqslant \int_0^1 \frac{\mathrm{d}t}{(1+t)^n} = \frac{1}{n-1}(1-2^{1-n}),$$

由于 $\sum\limits_{n=2}^{\infty}\frac{1}{n-1}$ 发散，$\sum\limits_{n=2}^{\infty}\frac{1}{n-1}\frac{1}{2^{n-1}}$ 收敛，因此 $\sum\limits_{n=2}^{\infty}\frac{1}{n-1}\left(1-\frac{1}{2^{n-1}}\right)$ 发散，从而 $\sum\limits_{n=1}^{\infty} u_n$ 发散. 因此 $\sum\limits_{n=1}^{\infty}(-1)^n u_n$ 条件收敛.

（3）先求级数 $\sum\limits_{n=1}^{\infty}\frac{u_n}{n}$ 的和. 因为

$$\begin{aligned}
u_n &= \int_0^1 \frac{\mathrm{d}t}{(1+t^4)^n} = \left.\frac{t}{(1+t^4)^n}\right|_0^1 + n\int_0^1 \frac{4t^4}{(1+t^4)^{n+1}}\mathrm{d}t \\
&= \frac{1}{2^n} + 4n\int_0^1 \frac{t^4}{(1+t^4)^{n+1}}\mathrm{d}t = \frac{1}{2^n} + 4n\int_0^1 \frac{1+t^4-1}{(1+t^4)^{n+1}}\mathrm{d}t \\
&= \frac{1}{2^n} + 4n(u_n - u_{n+1}),
\end{aligned}$$

所以

$$\sum_{n=1}^{\infty}\frac{u_n}{n} = \sum_{n=1}^{\infty}\frac{1}{n2^n} + 4\sum_{n=1}^{\infty}(u_n - u_{n+1}) = \sum_{n=1}^{\infty}\frac{1}{n2^n} + 4u_1.$$

利用展开式

$$\ln(1+x) = \sum_{n=1}^{\infty}(-1)^{n-1}\frac{x^n}{n},$$

取 $x=-\frac{1}{2}$，得 $\sum\limits_{n=1}^{\infty}\frac{1}{n2^n} = \ln 2$. 而

$$u_1 = \int_0^1 \frac{\mathrm{d}t}{1+t^4} = \frac{\sqrt{2}}{8}[\pi + 2\ln(1+\sqrt{2})],$$

因此 $\sum\limits_{n=1}^{\infty}\frac{u_n}{n} = \ln 2 + \frac{\sqrt{2}}{2}[\pi + 2\ln(1+\sqrt{2})]$. 最后，当 $p\geqslant 1$ 时，因为 $\frac{u_n}{n^p}\leqslant\frac{u_n}{n}$，由比较判别法

得 $\sum_{n=1}^{\infty}\frac{u_n}{np}$ 收敛.

【例】9.4.16（2020赛） 设数列 $\{a_n\}$ 满足：$a_1=1$，且 $a_{n+1}=\frac{a_n}{(n+1)(a_n+1)}$，$n\geqslant 1$. 求极限 $\lim\limits_{n\to\infty}n!a_n$.

解：利用归纳法易知 $a_n>0$（$n\geqslant 1$）. 由于

$$\begin{aligned}\frac{1}{a_{n+1}}&=(n+1)\left(1+\frac{1}{a_n}\right)=(n+1)+(n+1)\frac{1}{a_n}\\&=(n+1)+(n+1)\left(n+n\frac{1}{a_{n-1}}\right)\\&=(n+1)+(n+1)n+(n+1)n\frac{1}{a_{n-1}},\end{aligned}$$

如此递推，得

$$\frac{1}{a_{n+1}}=(n+1)!\left(\sum_{k=1}^{n}\frac{1}{k!}+\frac{1}{a_1}\right)=(n+1)!\sum_{k=0}^{n}\frac{1}{k!},$$

因此 $\lim\limits_{n\to\infty}n!a_n=\dfrac{1}{\lim\limits_{n\to\infty}\sum\limits_{k=0}^{n-1}\frac{1}{k!}}=\dfrac{1}{\mathrm{e}}$.

【例】9.4.17（2019赛） 设 $f(x)$ 是仅有正实根的多项式函数，满足

$$\frac{f'(x)}{f(x)}=-\sum_{n=0}^{+\infty}c_nx^n.$$

试证：$c_n>0$（$n\geqslant 0$），极限 $\lim\limits_{n\to+\infty}\frac{1}{\sqrt[n]{c_n}}$ 存在，且等于 $f(x)$ 的最小根.

证明：设 $f(x)$ 的全部根为 $0<a_1<a_2<\cdots<a_k$，这样

$$f(x)=A(x-a_1)^{r_1}\cdots(x-a_k)^{r_k},$$

其中 r_i 为对应根 a_i 的重数（$i=1,\cdots,k$，$r_k\geqslant 1$）.

$$f'(x)=Ar_1(x-a_1)^{r_1-1}\cdots(x-a_k)^{r_k}+\cdots+Ar_k(x-a_1)^{r_1}\cdots(x-a_k)^{r_k-1}.$$

从而

$$\begin{aligned}-\frac{f'(x)}{f(x)}&=\frac{r_1}{a_1}\cdot\frac{1}{1-\frac{x}{a_1}}+\cdots+\frac{r_k}{a_k}\cdot\frac{1}{1-\frac{x}{a_k}}\\&=\frac{r_1}{a_1}\cdot\sum_{n=0}^{\infty}\left(\frac{x}{a_1}\right)^n+\cdots+\frac{r_k}{a_k}\cdot\sum_{n=0}^{\infty}\left(\frac{x}{a_k}\right)^n\\&=\sum_{n=0}^{\infty}\left(\frac{r_1}{a_1^{n+1}}+\cdots+\frac{r_k}{a_k^{n+1}}\right)x^n.\end{aligned}$$

由幂级数的唯一性知 $c_n=\frac{r_1}{a_1^{n+1}}+\cdots+\frac{r_k}{a_k^{n+1}}>0$.

$$\frac{c_n}{c_{n+1}}=\frac{\frac{r_1}{a_1^{n+1}}+\cdots+\frac{r_k}{a_k^{n+1}}}{\frac{r_1}{a_1^{n+2}}+\cdots+\frac{r_k}{a_k^{n+2}}}=a_1\cdot\frac{r_1+\cdots+\left(\frac{a_1}{a_k}\right)^{n+1}r_k}{r_1+\cdots+\left(\frac{a_1}{a_k}\right)^{n+2}r_k},$$

所以

$$\lim_{n\to\infty}\frac{c_n}{c_{n+1}}=a_1\cdot\frac{r_1+0+\cdots+0}{r_1+0+\cdots+0}=a_1>0,$$

即$\lim\limits_{n\to\infty}\frac{c_{n+1}}{c_n}=\frac{1}{a_1}$，从而

$$\lim_{n\to\infty}\frac{1}{n}\cdot\left(\ln\frac{c_2}{c_1}+\cdots+\ln\frac{c_{n+1}}{c_n}\right)=\ln\frac{1}{a_1},$$

于是

$$\sqrt[n]{c_n}=\mathrm{e}^{\frac{\ln c_n}{n}}=\mathrm{e}^{\frac{1}{n}\left(\ln c_1+\ln\frac{c_2}{c_1}+\cdots+\ln\frac{c_n}{c_{n-1}}\right)}\to\mathrm{e}^{\ln\frac{1}{a_1}}=\frac{1}{a_1}.$$

所以$\lim\limits_{n\to\infty}\frac{1}{\sqrt[n]{c_n}}=a_1$，即$f(x)$的最小正根.

【例】9.4.18（2019赛） 已知$\{a_k\}$，$\{b_k\}$是正数数列，且$b_{k+1}-b_k\geqslant\delta>0$，$k=1,2,\cdots$，$\delta$为一常数. 证明：若级数$\sum\limits_{k=1}^{+\infty}a_k$收敛，则级数

$$\sum_{k=1}^{+\infty}\frac{k\sqrt[k]{(a_1a_2\cdots a_k)(b_1b_2\cdots b_k)}}{b_{k+1}b_k}$$

收敛.

证明：令$S_0=0,S_k=\sum\limits_{i=1}^{k}a_ib_i$，所以$a_k=\frac{S_k-S_{k-1}}{b_k}$，$k=1,2,\cdots$.

$$\sum_{k=1}^{N}a_k=\sum_{k=1}^{N}\frac{S_k-S_{k-1}}{b_k}=\sum_{k=1}^{N-1}\left(\frac{S_k}{b_k}-\frac{S_k}{b_{k+1}}\right)+\frac{S_N}{b_N}$$

$$=\sum_{k=1}^{N-1}\frac{b_{k+1}-b_k}{b_kb_{k+1}}S_k+\frac{S_N}{b_N}\geqslant\sum_{k=1}^{N-1}\frac{\delta}{b_kb_{k+1}}S_k.$$

由比较判别法$\sum\limits_{k=1}^{+\infty}\frac{S_k}{b_kb_{k+1}}$收敛. 由不等式

$$\sqrt[k]{(a_1a_2\cdots a_k)(b_1b_2\cdots b_k)}\leqslant\frac{a_1b_1+a_2b_2+\cdots+a_kb_k}{k}=\frac{S_k}{k},$$

可知

$$\sum_{k=1}^{+\infty}\frac{k\sqrt[k]{(a_1a_2\cdots a_k)(b_1b_2\cdots b_k)}}{b_{k+1}b_k}\leqslant\sum_{k=1}^{+\infty}\frac{S_k}{b_kb_{k+1}},$$

故原不等式成立.

【例】9.4.19（2016赛）　设$f(x)$在$(-\infty,+\infty)$内可导，且$f(x)=f(x+2)=f(x+\sqrt{3})$，用傅里叶级数理论证明$f(x)$为常数.

解：由$f(x)=f(x+2)$可知，f是以2为周期的函数，所以它的傅里叶系数为

$$a_n=\int_{-1}^{1}f(x)\cos n\pi x\mathrm{d}x,\ b_n=\int_{-1}^{1}f(x)\sin n\pi x\mathrm{d}x.$$

由于$f(x)=f(x+\sqrt{3})$，因此

$$\begin{aligned}a_n&=\int_{-1}^{1}f(x)\cos n\pi x\mathrm{d}x=\int_{-1}^{1}f(x+\sqrt{3})\cos n\pi x\mathrm{d}x\\&=\int_{-1+\sqrt{3}}^{1+\sqrt{3}}f(t)\cos n\pi(t-\sqrt{3})\mathrm{d}t\\&=\int_{-1+\sqrt{3}}^{1+\sqrt{3}}f(t)(\cos n\pi t\cos\sqrt{3}n\pi+\sin n\pi t\sin\sqrt{3}n\pi)\mathrm{d}t\\&=\cos\sqrt{3}n\pi\int_{-1+\sqrt{3}}^{1+\sqrt{3}}f(t)\cos n\pi t\mathrm{d}t+\sin\sqrt{3}n\pi\int_{-1+\sqrt{3}}^{1+\sqrt{3}}f(t)\sin n\pi t\mathrm{d}t\\&=\cos\sqrt{3}n\pi\int_{-1}^{1}f(t)\cos n\pi t\mathrm{d}t+\sin\sqrt{3}n\pi\int_{-1}^{1}f(t)\sin n\pi t\mathrm{d}t.\end{aligned}$$

所以$a_n=a_n\cos\sqrt{3}n\pi+b_n\sin\sqrt{3}n\pi$；同理可得

$$b_n=b_n\cos\sqrt{3}n\pi-a_n\sin\sqrt{3}n\pi.$$

联立解得$a_n=b_n=0\ (n=1,2,\cdots)$. 由$f$可导，其傅里叶级数处处收敛于$f(x)$，所以$f(x)=\dfrac{a_0}{2}$为常数.

【例】9.4.20（2015赛）　求级数$\sum\limits_{n=0}^{\infty}\dfrac{n^3+2}{(n+1)!}(x-1)^n$的收敛域与和函数.

解：因$\lim\limits_{n\to\infty}\dfrac{a_{n+1}}{a_n}=\lim\limits_{n\to\infty}\dfrac{(n+1)^3+2}{(n+1)(n^3+2)}=0$. 所以收敛半径为$R=+\infty$，即收敛域为$(-\infty,+\infty)$.

$$\sum_{n=0}^{\infty}\frac{n^3+2}{(n+1)!}(x-1)^n=\sum_{n=2}^{\infty}\frac{(x-1)^n}{(n-2)!}+\sum_{n=0}^{\infty}\frac{(x-1)^n}{(n)!}+\sum_{n=0}^{\infty}\frac{(x-1)^n}{(n+1)!}.$$

用$S_1(x)$，$S_2(x)$，$S_3(x)$分别表示上式右端三个幂级数的和，依据e^x的幂级数展开式可得到

$$S_1(x)=(x-1)^2\sum_{n=0}^{\infty}\frac{(x-1)^n}{n!}=(x-1)^2\mathrm{e}^{x-1},$$

$$S_2(x)=\mathrm{e}^{x-1},$$

$$(x-1)S_3(x)=\sum_{n=0}^{\infty}\frac{(x-1)^{n+1}}{(n+1)!}=\sum_{n=1}^{\infty}\frac{(x-1)^n}{n!}=\mathrm{e}^{x-1}-1.$$

当$x\neq1$时，有$S_3(x)=\dfrac{\mathrm{e}^{x-1}-1}{x-1}$. 综合以上讨论，幂级数的和函数为

$$S(x)=\begin{cases}(x^2-2x+2)e^{x-1}+\dfrac{1}{x-1}(e^{x-1}-1), & x\neq 1,\\ 2, & x=1.\end{cases}$$

【例】9.4.21（2015 赛） 函数 $f(x)=\begin{cases}3, x\in[-5,0),\\ 0, x\in[0,5)\end{cases}$ 在 $(-5, 5]$ 的傅里叶级数 $x=0$ 收敛的值.

解： 由狄立克莱收敛定理，容易得到 $s(0)=\dfrac{3}{2}$.

【例】9.4.22（2014 赛） 设 $x_n=\sum\limits_{k=1}^{n}\dfrac{k}{(k+1)!}$，求 $\lim\limits_{n\to\infty}x_n$.

解： $x_n=\sum\limits_{k=1}^{n}\dfrac{k}{(k+1)!}=\sum\limits_{k=1}^{n}\left[\dfrac{1}{k!}-\dfrac{1}{(k+1)!}\right]=1-\dfrac{1}{(n+1)!}\to 1.$

【例】9.4.23（2013 赛） 设 $f(x)$ 在 $x=0$ 处存在二阶导数 $f''(0)$，且 $\lim\limits_{x\to 0}\dfrac{f(x)}{x}=0$. 证明：级数 $\sum\limits_{n=1}^{\infty}\left|f\left(\dfrac{1}{n}\right)\right|$ 收敛.

解： 由于 $f(x)$ 在 $x=0$ 处连续且 $\lim\limits_{x\to 0}\dfrac{f(x)}{x}=0$，则

$$f(0)=0,\ f'(0)=\lim_{x\to 0}\frac{f(x)-f(0)}{x-0}=0.$$

由洛必达法则，有

$$\lim_{x\to 0}\frac{f(x)}{x^2}=\lim_{x\to 0}\frac{f'(x)}{2x}=\lim_{x\to 0}\frac{f'(x)-f'(0)}{2(x-0)}=\frac{1}{2}f''(0).$$

所以 $\lim\limits_{n\to\infty}\dfrac{f\left(\dfrac{1}{n}\right)}{\dfrac{1}{n^2}}=\dfrac{1}{2}f''(0)$. 由于 $\sum\limits_{n=1}^{\infty}\dfrac{1}{n^2}$ 收敛，因此 $\sum\limits_{n=1}^{\infty}\left|f\left(\dfrac{1}{n}\right)\right|$ 收敛.

【例】9.4.24（2013 赛） 判断级数 $\sum\limits_{n=1}^{\infty}\dfrac{1+\dfrac{1}{2}+\cdots+\dfrac{1}{n}}{(n+1)(n+2)}$ 的敛散性，若收敛，求其和.

解： 记 $a_n=1+\dfrac{1}{2}+\cdots+\dfrac{1}{n}$，$n=1, 2, \cdots$.

$$S_n=\sum_{k=1}^{n}\frac{1+\dfrac{1}{2}+\cdots+\dfrac{1}{k}}{(k+1)(k+2)}=\sum_{k=1}^{n}\frac{a_k}{(k+1)(k+2)}$$

$$=\sum_{k=1}^{n}\left(\frac{a_k}{k+1}-\frac{a_k}{k+2}\right)$$

$$= \left(\frac{a_1}{2} - \frac{a_1}{3}\right) + \left(\frac{a_2}{3} - \frac{a_2}{4}\right) + \cdots + \left(\frac{a_{n-1}}{n} - \frac{a_{n-1}}{n+1}\right) + \left(\frac{a_n}{n+1} - \frac{a_n}{n+2}\right)$$

$$= \frac{1}{2}a_1 + \frac{1}{3}(a_2 - a_1) + \frac{1}{4}(a_3 - a_2) + \cdots + \frac{1}{n+1}(a_n - a_{n-1}) - \frac{1}{n+1}a_n$$

$$= \left(\frac{1}{1\cdot 2} + \frac{1}{2\cdot 3} + \cdots + \frac{1}{n\cdot(n+1)}\right) - \frac{1}{n+2}a_n = 1 - \frac{1}{n+1} - \frac{1}{n+2}a_n,$$

因为

$$0 < a_n = 1 + \frac{1}{2} + \cdots + \frac{1}{n} < 1 + \int_1^n \frac{1}{x}\mathrm{d}x = 1 + \ln n,$$

所以$\lim\limits_{n\to\infty}\frac{a_n}{n+2}=0$. 于是 $S=\lim\limits_{n\to\infty}S_n=1$.

【例】9.4.25（2012 赛） 设 $\sum\limits_{n=1}^{\infty}a_n$ 和 $\sum\limits_{n=1}^{\infty}b_n$ 为正项级数，证明：

（1）若$\lim\limits_{n\to\infty}\left(\frac{a_n}{a_{n+1}b_n}-\frac{1}{b_{n+1}}\right)>0$，则 $\sum\limits_{n=1}^{\infty}a_n$ 收敛；

（2）若$\lim\limits_{n\to\infty}\left(\frac{a_n}{a_{n+1}b_n}-\frac{1}{b_{n+1}}\right)<0$ 且 $\sum\limits_{n=1}^{\infty}b_n$ 发散，则 $\sum\limits_{n=1}^{\infty}a_n$ 发散.

证明：（1）设$\lim\limits_{n\to\infty}\left(\frac{a_n}{a_{n+1}b_n}-\frac{1}{b_{n+1}}\right)=2\delta>\delta>0$，则存在正整数 N，当 $n\geqslant N$ 时，

$$\frac{a_n}{a_{n+1}b_n}-\frac{1}{b_n+1}>\delta,$$

所以 $a_{n+1}<\frac{1}{\delta}\left(\frac{a_n}{b_n}-\frac{a_{n+1}}{b_{n+1}}\right)$. 于是

$$\sum_{n=N}^{m}a_{n+1} < \frac{1}{\delta}\sum_{n=N}^{m}\left(\frac{a_n}{b_n}-\frac{a_{n+1}}{b_{n+1}}\right)\leqslant\frac{1}{\delta}\left(\frac{a_N}{b_N}-\frac{a_{m+1}}{b_{m+1}}\right)\leqslant\frac{1}{\delta}\frac{a_N}{b_N}.$$

因而 $\sum\limits_{n=1}^{\infty}a_n$ 的部分和有上界，从而 $\sum\limits_{n=1}^{\infty}a_n$ 收敛.

（2）若$\lim\limits_{n\to\infty}\left(\frac{a_n}{a_{n+1}b_n}-\frac{1}{b_{n+1}}\right)<\delta<0$，则存在正整数 N，当 $n\geqslant N$ 时，

$$\frac{a_n}{a_{n+1}}<\frac{b_n}{b_{n+1}},$$

所以

$$a_{n+1}>\frac{b_{n+1}}{b_n}a_n>\cdots>\frac{b_{n+1}}{b_n}\frac{b_n}{b_{n-1}}\cdots\frac{b_{N+1}}{b_N}a_N=\frac{a_N}{b_N}b_{n+1},$$

于是由 $\sum\limits_{n=1}^{\infty}b_n$ 发散，得到 $\sum\limits_{n=1}^{\infty}a_n$ 发散.

第 10 章　下册易考知识点及题型总结

第一部分：小题

10.1　几何问题．位置关系（点、线、面），法平面（切线）、切平面（法线）

【例】10.1.1　求过点 $M(1,0,-1)$ 且平行于向量 $\vec{a}=(2,1,1)$ 和 $\vec{b}=(1,-1,0)$ 的平面方程.

解：所求平面的法向量可写为 $\vec{a}\times\vec{b}=(1,1,-3)$，代入平面点法式方程化简整理得切平面方程为 $x+y-3z-4=0$.

【例】10.1.2　求曲面 $z=x^2(1-\sin y)+y^2(1-\sin x)$ 在点（1，0，1）处的切平面方程.

解：面在该点处切平面法向量为 $\vec{n}=\left(\frac{\partial z}{\partial x},\frac{\partial z}{\partial y},-1.\right)\Big|_{(1,0,1)}=(2,-1,-1)$，代入平面点法式方程，化简整理得切平面方程为 $2x-7-z-1=0$.

【例】10.1.3　在直线 $\frac{x+3}{3}=\frac{y+2}{-2}=z$ 上求与平面 $x+2y+2z+6=0$ 距离为 2 的点.

解：依题意，设所求点为 $M(3z-3,-2z-2,z)$，于是点 M 到平面 $x+2y+2z+6=0$ 的距离为：

$$d=\frac{|(3z-3)+2(-2z-2)+2z+6|}{\sqrt{1+2^2+2^2}}=2,$$

解得 $z_1=7$，$z_2=-5$. 故所求点为（18，-16，7）或（-18，8，-5）.

【例】10.1.4　求平行于 z 轴，且过点 $M_1(1,0,1)$ 和 $M_2(2,-1,1)$ 的平面方程.

解：所求平面的法向量 $\vec{n}$ 与 z 轴和 $\overrightarrow{M_1M_2}$ 都垂直，所以可以取

$$\vec{n}=\vec{k}\times\overrightarrow{M_1M_2}=\{0,0,1\}\times\{1,-1,0\}=\{1,1,0\},$$

于是所求平面的点法式方程为 $x+y-1=0$.

【例】10.1.5　求曲线 L：$\begin{cases}2x^2+3y^2+z^2=9,\\ z^2=3x^2+y^2\end{cases}$ 在点 $M(1,-1,2)$ 处的切线方程与法平面方程.

解：视 x 为自变量，由 L 有

$$\begin{cases}4x+6y\dfrac{dy}{dx}+2z\dfrac{dz}{dx}=0,\\6x+2y\dfrac{dy}{dx}-2z\dfrac{dz}{dx}=0.\end{cases}$$

以 $(x,y,z)=(1,-1,2)$ 代入并解出 $\dfrac{dy}{dx}$，$\dfrac{dz}{dx}$，

$$\frac{dy}{dx}=\frac{5}{4},\ \frac{dz}{dx}=\frac{7}{8},$$

所以切线方程为

$$\frac{x-1}{1}=\frac{y+1}{\frac{5}{4}}=\frac{z-2}{\frac{7}{8}}.$$

法平面方程为 $(x-1)+\frac{5}{4}(y+1)+\frac{7}{8}(z-2)=0$，即 $8x+10y+7z-12=0$.

【例】10.1.6　求点 $M(1,0,2)$ 到直线 $\frac{x}{2}=\frac{y+1}{-2}=\frac{z-1}{1}$ 的距离.

解：**方法 1**　所求距离 $d=\frac{|(1,1,1)\times(2,-2,1)|}{|(2,-2,1)|}=\frac{|(3,1,-4)|}{3}=\frac{\sqrt{26}}{3}$.

方法 2　过点（1，0，2）且与已知直线垂直的平面为：

$$2x-2y+z-4=0.$$

它与直线的交点为 $N\left(\frac{2}{9},-\frac{11}{9},\frac{10}{9}\right)$，故所求距离

$$d=MN=\sqrt{\left(1-\frac{2}{9}\right)^2+\left(\frac{11}{9}\right)^2+\left(2-\frac{10}{9}\right)^2}=\frac{\sqrt{26}}{3}.$$

【例】10.1.7　求点 $P(1,2,-1)$ 在平面 $2x-y+z=5$ 上的投影点的坐标.

解：过点 $P(1,2-1)$ 且垂直于平面 π：$2x-y+z=5$ 的直线 L 的参数方程为

$$x=1+2t,\ y=2-t,\ z=-1+t.$$

代入平面 π 的方程，得

$$2+4t-2+t-1+t=5.$$

解得 $t=1$，故 P 在平面 π 上投影点的坐标为（3，1，0）.

【例】10.1.8　求曲线 $\begin{cases}3x^2+2y^2=13,\\z=0\end{cases}$ 绕 x 轴旋转一周所得旋转曲面 S 的方程.

解：曲线为 xOy 平面内曲线，由注 5.7 得 $3x^2+2y^2+2z^2=13$.

【例】10.1.9　求曲线 Γ：$\begin{cases}x^2+y^2+z^2=6,\\x^2+y^2-z^2=4\end{cases}$ 在点（2，1，1）处的法平面方程.

解：方程组两边对 x 求导，得

$$\begin{cases} x+y\dfrac{\mathrm{d}y}{\mathrm{d}x}+z\dfrac{\mathrm{d}z}{\mathrm{d}x}=0, \\ x+y\dfrac{\mathrm{d}y}{\mathrm{d}x}-z\dfrac{\mathrm{d}z}{\mathrm{d}x}=0 \end{cases} \Rightarrow \begin{cases} \dfrac{\mathrm{d}y}{\mathrm{d}x}=-\dfrac{x}{y}, \\ \dfrac{\mathrm{d}z}{\mathrm{d}x}=0. \end{cases}$$

解得在点（2，1，1）处的切向量为 $\vec{T}=(1,-2,0)$，故该点处法平面方程为 $x-2y=0$.

【例】10.1.10 求曲面 $x=u\cos v$，$y=u\sin v$，$z=2v$ 在 $u=2$，$v=\dfrac{\pi}{4}$ 处的切平面方程.

解：方法1 切点 $M\left(\sqrt{2},\sqrt{2},\dfrac{\pi}{2}\right)$，求微分得 $\begin{cases} \mathrm{d}x=\cos v\mathrm{d}u-u\sin v\mathrm{d}v, \\ \mathrm{d}y=\sin v\mathrm{d}u+u\cos v\mathrm{d}v, \\ \mathrm{d}z=2\mathrm{d}v. \end{cases}$ 故 $\mathrm{d}z=-2\dfrac{\sin v}{u}\mathrm{d}x+2\dfrac{\cos v}{u}\mathrm{d}y$，则

$$\frac{\partial z}{\partial x}=-2\frac{\sin v}{u},\ \left.\frac{\partial z}{\partial x}\right|_{u=2,v=\frac{\pi}{4}}=-\frac{\sqrt{2}}{2};$$

$$\frac{\partial z}{\partial y}=2\frac{\cos v}{u},\ \left.\frac{\partial z}{\partial y}\right|_{u=2,v=\frac{\pi}{4}}=\frac{\sqrt{2}}{2}.$$

曲面在 M 处的法向量：$\vec{n}=(\sqrt{2},-\sqrt{2},2)$，所以曲面在 M 处的切平面方程为 $\sqrt{2}(x-\sqrt{2})-\sqrt{2}(y-\sqrt{2})+2\left(z-\dfrac{\pi}{2}\right)=0$，即

$$\sqrt{2}x-\sqrt{2}y+2z-\pi=0.$$

方法2 切点 $M\left(\sqrt{2},\sqrt{2},\dfrac{\pi}{2}\right)$，

$$\vec{n}_1=(x'_u,y'_u,z'_u)\big|_{u=2,v=\frac{\pi}{4}}=\left(\frac{\sqrt{2}}{2},\frac{\sqrt{2}}{2},0\right),$$

$$\vec{n}_2=(x'_v,y'_v,z'_v)\big|_{u=2,v=\frac{\pi}{4}}=(-\sqrt{2},\sqrt{2},2),$$

曲面在 M 处的法向量：$\vec{n}=\vec{n_1}\times\vec{n_2}=(\sqrt{2},-\sqrt{2},2)$，所以曲面在 M 处的切平面方程为 $\sqrt{2}(x-\sqrt{2})-\sqrt{2}(y-\sqrt{2})+2\left(z-\dfrac{\pi}{2}\right)=0$，即

$$\sqrt{2}x-\sqrt{2}y+2z-\pi=0.$$

10.2 求全微分、偏导数及方向导数（在某点沿某方向），泰勒公式

【例】10.2.1 设 $z=y^x\ln(xy)$，求 $\dfrac{\partial^2 z}{\partial x^2}$.

解：
$$\frac{\partial z}{\partial x}=y^{x}\ln y\cdot\ln(xy)+\frac{1}{x}y^{x},$$
$$\frac{\partial^2 z}{\partial x^2}=\frac{\partial}{\partial x}\left(\frac{\partial z}{\partial x}\right)=y^{x}\left[(\ln y)^2\ln(xy)+\frac{2\ln y}{x}-\frac{1}{x^2}\right].$$

【例】10.2.2　求函数 $z=xe^2y$ 在点 $P(1,0)$ 处沿从点 $P(1,0)$ 到点 $Q(2,-1)$ 方向的方向导数.

解：由 $\mathrm{grad}\,z|_{(1,0)}=(1,2)$，$\vec{n}_0=\left(\frac{\sqrt{2}}{2},-\frac{\sqrt{2}}{2}\right)$，故方向导数为 $-\frac{\sqrt{2}}{2}$.

【例】10.2.3　求函数 $u=xyz$ 在点 $P(5,1,2)$ 处沿从点 $P(5,1,2)$ 到点 $Q(9,4,14)$ 方向的方向导数.

解：由 $\mathrm{grad}\,z|_{(5,1,2)}=(2,10,5)$，$\vec{n}_0=\left(\frac{4}{13},\frac{3}{13},\frac{12}{13}\right)$，故方向导数为 $\frac{98}{13}$.

【例】10.2.4　设 $z=f\left(x^2y,\frac{x}{y}\right)$，其中 f 有二阶连续偏导数，求 $\frac{\partial z}{\partial x}$，$\frac{\partial^2 z}{\partial x\partial y}$.

解：直接计算，得
$$\frac{\partial z}{\partial x}=2xyf_1'+\frac{1}{y}f_2',$$
$$\frac{\partial^2 z}{\partial x\partial y}=2xf_1'-\frac{1}{y^2}f_2'+2x^3yf_{11}''-\frac{x^2}{y}f_{12}''-\frac{x}{y^3}f_{22}''.$$

【例】10.2.5　设 $z=xf\left(\frac{y}{x}\right)+2yf\left(\frac{x}{y}\right)$，其中 f 有二阶连续偏导数，求 $x\frac{\partial^2 z}{\partial x^2}+y\frac{\partial^2 z}{\partial x\partial y}$.

解：直接计算有 $\frac{\partial z}{\partial x}=\left[f\left(\frac{y}{x}\right)-\frac{y}{x}f'\left(\frac{y}{x}\right)\right]+2f'\left(\frac{x}{y}\right)$，

于是
$$\frac{\partial^2 z}{\partial x^2}=\frac{y^2}{x^3}f''\left(\frac{y}{x}\right)+\frac{2}{y}f''\left(\frac{x}{y}\right),$$
$$\frac{\partial^2 z}{\partial x\partial y}=-\frac{y}{x^2}f''\left(\frac{y}{x}\right)-\frac{2x}{y^2}f''\left(\frac{x}{y}\right),$$

所以
$$x\frac{\partial^2 z}{\partial x^2}+y\frac{\partial^2 z}{\partial x\partial y}=0.$$

【例】10.2.6　设 $z=f[x+\varphi(x-y),y]$，其中 f 具有二阶连续偏导数，φ 有二阶导数，求 $\frac{\partial z}{\partial x}$，$\frac{\partial z}{\partial y}$，$\frac{\partial^2 z}{\partial x\partial y}$.

解：直接计算有
$$\frac{\partial z}{\partial x}=f_1'\cdot(1+\varphi'),$$

$$\frac{\partial z}{\partial y}=f_1'\cdot(-\varphi')+f_2',$$

$$\frac{\partial^2 z}{\partial x\partial y}=[f_{11}''\cdot(-\varphi')+f_{12}''](1+\varphi')-f_1'\cdot\varphi''.$$

【例】10.2.7 已知在半平面 $x>0$ 内 $(x-y)(x^2+y^2)^\lambda\mathrm{d}x+(x+y)(x^2+y^2)^\lambda\mathrm{d}y$ 为二元函数 $f(x,y)$ 的全微分.

(1) 求 λ 的值;

(2) 求 $f(1,\sqrt{3})-f(2,0)$ 的值.

解: (1) 设 $P(x,y)=(x-y)(x^2+y^2)^\lambda$, $Q(x,y)=(x+y)(x^2+y^2)^\lambda$, 则由题设及全微分准则有 $\frac{\partial P}{\partial y}=\frac{\partial Q}{\partial x}$, 由于

$$\frac{\partial P}{\partial y}=-(x^2+y^2)^\lambda+2y\lambda(x-y)(x^2+y^2)^{\lambda-1},$$

$$\frac{\partial Q}{\partial x}=(x^2+y^2)^\lambda+2x\lambda(x+y)(x^2+y^2)^{\lambda-1}.$$

则有 $2(\lambda+1)(x^2+y^2)^\lambda=0$, 所以 $\lambda=-1$.

(2) 由 (1) 得 $P(x,y)=\frac{x-y}{x^2+y^2}$, $Q(x,y)=\frac{x+y}{x^2+y^2}$, 又已知 $\mathrm{d}f(x,y)=P(x,y)\mathrm{d}x+Q(x,y)\mathrm{d}y$, 故

$$\begin{aligned}f(1,\sqrt{3})-f(2,0)&=\int_{(2,0)}^{(1,\sqrt{3})}P(x,y)\mathrm{d}x+Q(x,y)\mathrm{d}y\\&=\int_2^1P(x,0)\mathrm{d}x+\int_0^{\sqrt{3}}Q(1,y)\mathrm{d}y\\&=\int_2^1\frac{x}{x^2}\mathrm{d}x+\int_0^{\sqrt{3}}\frac{1+y}{1+y^2}\mathrm{d}y\\&=-\ln 2+\arctan y\Big|_0^{\sqrt{3}}+\frac{1}{2}\ln(1+y^2)\Big|_0^{\sqrt{3}}\\&=\frac{\pi}{3}.\end{aligned}$$

【例】10.2.8 设 $F(y)=\int_y^{y^2}\frac{\cos(xy)}{x}\mathrm{d}x$, 求 $F'(y)$.

解:

$$\begin{aligned}F'(y)&=\int_y^{y^2}\frac{\partial}{\partial y}\left[\frac{\cos(xy)}{x}\right]\mathrm{d}x+\frac{\cos(y^2\cdot y)}{y^2}\cdot 2y-\frac{\cos(y\cdot y)}{y}\cdot 1\\&=-\int_y^{y^2}\sin(xy)\mathrm{d}x+\frac{2\cos y^3}{y}-\frac{\cos y^2}{y}\\&=\frac{1}{y}\cos(xy)\Big|_y^{y^2}+\frac{2\cos y^3}{y}-\frac{\cos y^2}{y}\end{aligned}$$

$$= \frac{1}{y}\cos y^3 - \frac{1}{y}\cos y^2 + \frac{2\cos y^3}{y} - \frac{\cos y^2}{y}$$

$$= \frac{3\cos y^3 - 2\cos y^2}{y}.$$

【例】10.2.9　设 $f(x)$ 连续，$F(x) = \int_0^x \left[\int_0^t uf(u^2 + t^2)\mathrm{d}u\right]\mathrm{d}t$，求 $F''(x)$.

解：记 $g(t) = \int_0^t uf(u^2 + t^2)\mathrm{d}u$，则 $F(x) = \int_0^x g(t)\mathrm{d}t$，故

$$F'(x) = g(x) = \int_0^x uf(u^2 + x^2)\mathrm{d}u = \frac{1}{2}\int_0^x f(u^2 + x^2)\mathrm{d}(u^2 + x^2).$$

令 $y = u^2 + x^2$，则 $F'(x) = \frac{1}{2}\int_{x^2}^{2x^2} f(y)\mathrm{d}y$，所以

$$F''(x) = \frac{1}{2}[f(2x^2)(2x^2)' - f(x^2)(x^2)'] = 2xf(2x^2) - xf(x^2).$$

【例】10.2.10　求函数 $u = x + y + z$ 在球面 $x^2 + y^2 + z^2 = 1$ 上点 $P(x_0, y_0, z_0)$ 处，沿球面在该点的外法线方向的方向导数.

解：设该球面在点 P 处的外法线为 l，则 l 的方向向量可取为 $(2x_0,\ 2y_0,\ 2z_0)$，单位化得 $\left\{\frac{x_0}{\sqrt{{x_0}^2 + {y_0}^2 + {z_0}^2}}, \frac{y_0}{\sqrt{{x_0}^2 + {y_0}^2 + {z_0}^2}}, \frac{z_0}{\sqrt{{x_0}^2 + {y_0}^2 + {z_0}^2}}\right\}$，注意到点 P 在球面上，则 $x_0^2 + y_0^2 + z_0^2 = 1$，于是 l 的单位向量为 (x_0, y_0, z_0)，故所求方向导数为

$$\frac{\partial u}{\partial l} = \frac{\partial u}{\partial x}\cdot x_0 + \frac{\partial u}{\partial y}\cdot y_0 + \frac{\partial u}{\partial z}\cdot z_0 = x_0 + y_0 + z_0.$$

【例】10.2.11　求函数 $u = xy^2 + yz^3 + 3$ 在点 $P(2, -1, 1)$ 处沿向量 $\vec{l} = (1, 2, 2)$ 的方向导数.

解：$\frac{\partial u}{\partial x} = y^2$，$\frac{\partial u}{\partial y} = 2xy + z^3$，$\frac{\partial u}{\partial z} = 3yz^2$.

在点 P 处，$\frac{\partial u}{\partial x} = 1$，$\frac{\partial u}{\partial y} = -3$，$\frac{\partial u}{\partial z} = -3$. 又向量 $\vec{l}$ 所对应的单位向量 $\vec{l}^0 = \left\{\frac{1}{3}, \frac{2}{3}, \frac{2}{3}\right\}$，所以所求方向导数

$$\frac{\partial u}{\partial l} = 1 \times \frac{1}{3} + (-3) \times \frac{2}{3} + (-3) \times \frac{2}{3} = -\frac{11}{3}.$$

【例】10.2.12　求常数 a，b，c 的值，使函数 $f(x, y, z) = axy^2 + byz + cx^3z^2$ 在点 $M(1, 2, -1)$ 处沿 z 轴正方向的方向导数有最大值 64.

解：因为 $f'_x = ay^2 + 3cx^2z^2$，$f'_y = 2axy + bz$，$f'_z = by + 2cx^3z$，所以

$$\mathrm{grad}\, f(M) = \{4a + 3c, 4a - b, 2b - 2c\}.$$

由于 f 在点 M $(1,\ 2,\ -1)$ 处沿 z 轴正方向的方向导数有最大值 64，因此

$$4a+3c=0,\ 4a-b=0,\ 2b-2c=64.$$

解得：$a=6$，$b=24$，$c=-8$.

【例】10.2.13 设 $u(x,y)$ 是由方程 $u^2-z^2+2y^2-x=0$ 确定的可微的隐函数，其中 $z=z(x,y)=xy^2+y\ln y-y$，且 $u(x,y)>0$，求点（2，1）处$\frac{\partial u}{\partial x}$，$\frac{\partial u}{\partial y}$，$\frac{\partial z}{\partial x}$，$\frac{\partial z}{\partial y}$的值.

解：将 $x=2$，$y=1$ 代入已知方程得 $u=1$，$z=1$.

$$\begin{cases} 2u\dfrac{\partial u}{\partial x}-2z\dfrac{\partial z}{\partial x}-1=0, \\ \dfrac{\partial z}{\partial x}=y^2. \end{cases}$$

将 $x=2$，$y=1$，$u=1$，$z=1$ 代入得$\frac{\partial u}{\partial x}=\frac{3}{2}$，$\frac{\partial z}{\partial x}=1$.

$$\begin{cases} 2u\dfrac{\partial u}{\partial y}-2z\dfrac{\partial z}{\partial y}+4y=0, \\ \dfrac{\partial z}{\partial y}=2xy+\ln y. \end{cases}$$

将 $x=2$，$y=1$，$u=1$，$z=1$ 代入得$\frac{\partial u}{\partial y}=2$，$\frac{\partial z}{\partial y}=4$.

【例】10.2.14 设 $z=f[u(x,y)]$，其中 f 可微，$u(x,y)$ 是由方程 $g(u)+\int_{x^2}^{y^2}\varphi(t)\mathrm{d}t=0$ 确定的可微函数，又设 $\varphi(t)$ 连续，$g(u)$ 可导，且 $g'(u)\neq 0$，试求 $y\varphi(y^2)\frac{\partial z}{\partial x}+x\varphi(x^2)\frac{\partial z}{\partial y}$.

解：直接计算

$$\frac{\partial z}{\partial x}=f'\frac{\partial u}{\partial x},\frac{\partial z}{\partial y}=f'\frac{\partial u}{\partial y},$$

$$g'(u)\frac{\partial u}{\partial x}-2x\varphi(x^2)=0\Rightarrow\frac{\partial u}{\partial x}=\frac{2x\varphi(x^2)}{g'(u)}$$

$$g'(u)\frac{\partial u}{\partial y}+2y\varphi(y^2)=0\Rightarrow\frac{\partial u}{\partial y}=\frac{-2y\varphi(y^2)}{g'(u)},$$

$$y\varphi(y^2)\frac{\partial z}{\partial x}+x\varphi(x^2)\frac{\partial z}{\partial y}$$

$$=y\varphi(y^2)f'\frac{2x\varphi(x^2)}{g'(u)}+x\varphi(x^2)f'\frac{[-2y\varphi(y^2)]}{g'(u)}=0.$$

10.3 求极值、极值点（多元函数）

【例】10.3.1 求函数 $z-xy(1-x-y)$ 的极值点和极值.

解：由极值必要条件，从极值可疑点出发，计算导数有

$$\frac{\partial z}{\partial x}=y(1-2x-y),\ \frac{\partial z}{\partial y}=x(1-x-2y).$$

令$\frac{\partial z}{\partial x}=0$，$\frac{\partial z}{\partial y}=0$得驻点$P_1(0,0)$，$P_2(0,1)$，$P_3(1,0)$，$P_4\left(\frac{1}{3},\frac{1}{3}\right)$.

$$\frac{\partial^2 z}{\partial x^2}=-2y,\ \frac{\partial^2 z}{\partial x\partial y}=1-2x-2y,\ \frac{\partial^2 z}{\partial y^2}=-2x.$$

在点$P_1(0,0)$，$A=0$，$B=1$，$C=0$，$AC-B^2=-1<0$，故$P_1(0,0)$不是极值点，在点$P_2(0,1)$，$A=-2$，$B=-1$，$C=0$，$AC-B^2=-1<0$，故$P_2(0,1)$不是极值点，同理，$P_3(1,0)$不是极值点．在点$P_4\left(\frac{1}{3},\frac{1}{3}\right)$，$A=-\frac{2}{3}$，$B=-\frac{1}{3}$，$C=-\frac{2}{3}$，$AC-B^2=\frac{1}{3}>0$，又$A<0$，故$P_4\left(\frac{1}{3},\frac{1}{3}\right)$是极大值点，极大值为$z\big|_{\left(\frac{1}{3},\frac{1}{3}\right)}=\frac{1}{27}$.

【例】10.3.2　求二元函数$z=f(x,y)=x^3+y^2-2xy$的极值点与极值.

解：对多元多项式函数，令偏导数为零

$$\frac{\partial z}{\partial x}=3x^2-2y=0,\ \frac{\partial z}{\partial y}=2y-2x=0,$$

解得驻点为（0，0），$\left(\frac{2}{3},\frac{2}{3}\right)$．又$\frac{\partial^2 z}{\partial x^2}=6x$，$\frac{\partial^2 z}{\partial x\partial y}=-2$，$\frac{\partial^2 z}{\partial y^2}=2$．在点（0，0）处：$A=\frac{\partial^2 z}{\partial x^2}=0$，$B=\frac{\partial^2 z}{\partial x\partial y}=-2$，$C=\frac{\partial^2 z}{\partial y^2}=2$，$B^2-AC=4>0$，所以（0，0）不是极值点．在点$\left(\frac{2}{3},\frac{2}{3}\right)$处：$A=\frac{\partial^2 z}{\partial x^2}=4$，$B=\frac{\partial^2 z}{\partial x\partial y}=-2$，$C=\frac{\partial^2 z}{\partial y^2}=2$．$B^2-AC=-4<0$，且$A=4>0$，所以点$\left(\frac{2}{3},\frac{2}{3}\right)$是函数极小值点，且极小值为$-\frac{4}{27}$.

10.4　简单的二重积分，注意交换积分顺序

【例】10.4.1　设$I=\int_0^1 dx\int_0^{\sqrt{2x-x^2}}f(x,y)dy+\int_1^2 dx\int_0^{2-x}f(x,y)dy$，求$I$交换积分次序后的表达式.

解：I中二式积分域可分别表示为D_1，D_2.

$$D_1=\{(x,y)\mid 0\leqslant x\leqslant 1,0\leqslant y\leqslant\sqrt{2x-x^2}\},$$

$$D_2=\{(x,y)\mid 1\leqslant x\leqslant 2,0\leqslant y\leqslant 2-x\}.$$

所以D_1和D_2合成的整个积分区域D由x轴，四分之一圆弧$y=\sqrt{2x-x^2}$（$0\leqslant x\leqslant 1$）和直线段$y=2-x$（$1\leqslant x\leqslant 2$）所围成，则$D=\{(x,y)\mid 0\leqslant y\leqslant 1,1-\sqrt{1-y^2}\leqslant x\leqslant 2-y\}$，于是

交换积分次序可得

$$I=\int_0^1 \mathrm{d}y\int_{1-\sqrt{1-y^2}}^{2-y} f(x,y)\,\mathrm{d}x.$$

【例】10.4.2 交换积分次序：$\int_1^2 \mathrm{d}x\int_{2-x}^{\sqrt{2x-x^2}} f(x,y)\,\mathrm{d}y$ 交换积分序.

解： 二次积分的积分区域 $D=\{(x,y)\mid 1\leqslant x\leqslant 2,2-x\leqslant y\leqslant \sqrt{2x-x^2}\}$，则 D 由四分之一圆弧 $y=\sqrt{2x-x^2}$（$1\leqslant x\leqslant 2$）和直线段 $y=2-x$（$1\leqslant x\leqslant 2$）所围成，于是交换积分次序后可得

$$\int_1^2 \mathrm{d}x\int_{2-x}^{\sqrt{2x-x^2}} f(x,y)\,\mathrm{d}y=\int_0^1 \mathrm{d}y\int_{2-y}^{1+\sqrt{1-y^2}} f(x,y)\,\mathrm{d}x.$$

【例】10.4.3 设 $f(x,y)$ 在全平面上连续，交换累次积分的积分次序 $I=\int_0^{\pi}\mathrm{d}x\int_0^{\cos x} f(x,y)\,\mathrm{d}y$.

解： 累次积分的积分区域 $D=\{(x,y)\mid 0\leqslant x\leqslant \pi,0\leqslant y\leqslant \cos x\}$，则 D 由曲线段 $y=\cos x$ $(0\leqslant x\leqslant \pi)$ 和直线 $x=0$，$x=\pi$ 及 x 轴所围成，于是交换积分次序后可得

$$I=\int_0^1 \mathrm{d}y\int_0^{\arccos y} f(x,y)\,\mathrm{d}x-\int_{-1}^0 \mathrm{d}y\int_{\arccos y}^{\pi} f(x,y)\,\mathrm{d}x.$$

【例】10.4.4 设 $f(x,y)$ 是连续函数，将累次积分

$$I=\int_0^1 \mathrm{d}y\int_{-\sqrt{y}}^{\sqrt{y}} f(x,y)\,\mathrm{d}x+\int_1^4 \mathrm{d}y\int_{-\sqrt{y}}^{2-y} f(x,y)\,\mathrm{d}x$$

交换积分次序.

解： $I=\int_{-2}^1 \mathrm{d}x\int_{x^2}^{2-x} f(x,y)\,\mathrm{d}y.$

【例】10.4.5 试计算以曲面 $z=x+y$ 为上顶，以 xOy 平面上的区域 D：$x^2+y^2\leqslant x+y$ 为底的曲顶柱体 Ω 的体积.

解： 由二重积分几何意义，曲顶柱体体积可表示为

$$\begin{aligned}
V&=\iint_D (x+y)\,\mathrm{d}x\mathrm{d}y\\
&=\int_{-\frac{\pi}{4}}^{\frac{3\pi}{4}}\mathrm{d}\theta\int_0^{\cos\theta+\sin\theta}\rho^2(\cos\theta+\sin\theta)\,\mathrm{d}\rho\\
&=\int_{-\frac{\pi}{4}}^{\frac{3\pi}{4}}\frac{1}{3}(\cos\theta+\sin\theta)^4\mathrm{d}\theta=\frac{4}{3}\int_{-\frac{\pi}{4}}^{\frac{3\pi}{4}}\sin^4\left(\theta+\frac{\pi}{4}\right)\mathrm{d}\theta\\
&=\frac{4}{3}\int_0^{\pi}\sin^4 t\,\mathrm{d}t\quad\left(令\ t=\theta+\frac{\pi}{4}\right)\\
&=\frac{4}{3}\left(\int_0^{\pi}\sin^4 t\,\mathrm{d}t+\int_{\frac{\pi}{2}}^{\pi}\sin^4 t\,\mathrm{d}t\right)=\frac{\pi}{2}.
\end{aligned}$$

10.5　判断数项级数条件收敛、绝对收敛，幂级数收敛半径、收敛域

【例】10.5.1　设常数$\lambda>0$，且级数$\sum_{n=1}^{\infty}a_n^2$收敛，问：级数$\sum_{n=1}^{\infty}(-1)^n\cdot\frac{|a_n|}{\sqrt{n^2+\lambda}}$是否收敛？若收敛，是绝对收敛还是条件收敛？

解：$\left|(-1)^n\cdot\frac{|a_n|}{\sqrt{n^2+\lambda}}\right|=\frac{|a_n|}{\sqrt{n^2+\lambda}}\leqslant\frac{1}{2}\left(a_n^2+\frac{1}{n^2+\lambda}\right)\leqslant\frac{1}{2}\left(a_n^2+\frac{1}{n^2}\right)$，

由于级数$\sum_{n=1}^{\infty}a_n^2$和$\sum_{n=1}^{\infty}\frac{1}{n^2}$收敛，因此级数$\sum_{n=1}^{\infty}\frac{1}{2}\left(a_n^2+\frac{1}{n^2}\right)$收敛，所以由比较判别法知，级数$\sum_{n=1}^{\infty}\frac{|a_n|}{\sqrt{n^2+\lambda}}$收敛，所以级数$\sum_{n=1}^{\infty}(-1)^n\cdot\frac{|a_n|}{\sqrt{n^2+\lambda}}$绝对收敛.

【例】10.5.2　已知级数$\sum_{n=1}^{\infty}\frac{(-1)^n a^n}{n}$绝对收敛，求常数$a$的取值范围.

解：依题意，即求绝对值级数$\sum_{n=1}^{\infty}\frac{|a|^n}{n}$的收敛域，易知其收敛区间为$(-1,1)$，讨论知其在端点处发散，故其收敛域也即是$a$的取值范围，为$-1<a<1$.

【例】10.5.3　已知级数$\sum_{n=1}^{\infty}\frac{|a|^n n!}{n^n}$收敛（$a$为非零常数），求常数$a$的取值范围.

解：令$u_n=\frac{|a|^n n!}{n^n}$，则

$$\lim_{n\to\infty}\frac{u_{n+1}}{u_n}=\lim_{n\to\infty}\frac{|a|^{n+1}(n+1)!}{(n+1)^{n+1}}\cdot\frac{n^n}{|a|^n n!}=\lim_{n\to\infty}\frac{|a|}{\left(1+\frac{1}{n}\right)^n}=\frac{|a|}{\mathrm{e}}.$$

于是当$|a|<\mathrm{e}$时，$\frac{|a|}{\mathrm{e}}<1$，由比值判别法知级数收敛；

当$|a|>\mathrm{e}$时，级数发散；

当$|a|=\mathrm{e}$时，由$\frac{u_{n+1}}{u_n}=\frac{|a|}{\left(1+\frac{1}{n}\right)^n}>1$知$u_{n+1}>u_n$，故级数的通项不趋于0，所以级数发散.

综上可得，级数收敛时，a的取值范围为$|a|<\mathrm{e}$.

【例】10.5.4　设$f(x)$是在$(-\infty,+\infty)$内的可微函数，且$|f'(x)|<mf(x)$，其中$0<m<1$. 任取实数a_0，定义$a_n=\ln f(a_{n-1}),n=1,2,\cdots$. 证明：$\sum_{n=1}^{+\infty}(a_n-a_{n-1})$绝对收敛.

解：因

$$|a_n - a_{n-1}| = |\ln f(a_{n-1}) - \ln f(a_{n-2})| = \left|\frac{f'(\xi)}{f(\xi)}(a_{n-1} - a_{n-2})\right|$$

$$\leqslant m|a_{n-1} - a_{n-2}| \leqslant m^2|a_{n-2} - a_{n-3}| \leqslant \cdots \leqslant m^{n-1}|a_1 - a_0|.$$

(ξ 介于 a_{n-1} 与 a_{n-2} 之间)

由 $0<m<1$，从而 $\sum\limits_{n=1}^{+\infty}(a_n - a_{n-1})$ 绝对收敛.

【例】10.5.5 已知级数 $\sum\limits_{n=1}^{\infty}(-1)^n\frac{1}{n^{p-3}}$ 条件收敛，求 p 的取值范围.

解：当 $p\leqslant 3$ 时，级数 $\sum\limits_{n=1}^{\infty}(-1)^n\frac{1}{n^{p-3}}$ 的通项不趋于零，故级数发散；

当 $p>3$ 时，交错级数 $\sum\limits_{n=1}^{\infty}(-1)^n\frac{1}{n^{p-3}}$ 收敛. 而级数 $\sum\limits_{n=1}^{\infty}\frac{1}{n^{p-3}}$ 当 $p-3>1$ 时收敛，当 $p-3\leqslant 1$ 时发散，所以级数 $\sum\limits_{n=1}^{\infty}(-1)^n\frac{1}{n^{p-3}}$ 条件收敛当且仅当 $p>3$ 且 $p-3\leqslant 1$ 时，即 $3<p\leqslant 4$，此即 p 的取值范围.

【例】10.5.6 已知函数 $f(x)$ 在 $x=0$ 的某邻域内有二阶连续导数，且 $\lim\limits_{x\to 0}\frac{f(x)}{x}=0$，证明级数 $\sum\limits_{n=1}^{+\infty}f\left(\frac{1}{n}\right)$ 绝对收敛.

解：因为 $\lim\limits_{x\to 0}\frac{f(x)}{x}=0$，而 $f(x)$ 在 $x=0$ 的某邻域内有二阶连续导数，所以

$$f(0)=\lim_{x\to 0}f(x)=\lim_{x\to 0}\frac{f(x)}{x}\cdot x=0,$$

$$f'(0)=\lim_{x\to 0}\frac{f(x)-f(0)}{x-0}=\lim_{x\to 0}\frac{f(x)}{x}=0.$$

于是 $f(x)$ 在 $x=0$ 处的麦克劳林公式为：

$$f(x)=f(0)+f'(0)x+\frac{1}{2}f''(\xi)\cdot x^2=\frac{1}{2}f''(\xi)\cdot x^2\ (\xi\in(0,x)),$$

所以

$$f\left(\frac{1}{n}\right)=\frac{1}{2}\cdot\frac{f''(\xi)}{n^2}\left(其中\ \xi\in\left(0,\frac{1}{n}\right)\right).$$

由于 $f(x)$ 在 $x=0$ 的某邻域内有二阶连续导数，故

$$\lim_{x\to 0}\frac{\left|f\left(\frac{1}{n}\right)\right|}{\frac{1}{n^2}}=\lim_{n\to\infty}\frac{1}{2}|f''(\xi)|=\lim_{\xi\to 0}\frac{1}{2}|f''(\xi)|=\frac{1}{2}|f''(0)|,$$

而级数 $\sum\limits_{n=1}^{\infty}\frac{1}{n^2}$ 收敛，所以级数 $\sum\limits_{n=1}^{+\infty}f\left(\frac{1}{n}\right)$ 绝对收敛.

【例】10.5.7　设 $\Omega(t)=\{(x,y,z)\mid x^2+y^2+z^2\leqslant t^2\}$，其中 $t>0$. 已知 $f(x)$ 在 $[0,+\infty)$ 内连续，又设

$$F(t)=\iiint_{\Omega(t)}f(x^2+y^2+z^2)\mathrm{d}x\mathrm{d}y\mathrm{d}z.$$

（1）求证：$F(t)$ 在 $(0,+\infty)$ 内可导，并求 $F'(t)$ 的表达式；

（2）设 $f(0)\neq 0$，求证：级数 $\sum\limits_{n=1}^{\infty}n^{1-\lambda}F'\left(\frac{1}{n}\right)$ 在 $\lambda>0$ 时收敛，$\lambda\leqslant 0$ 时发散.

证明：（1）作球坐标变换 $\begin{cases}x=\rho\sin\phi\cos\theta,\\ y=\rho\sin\phi\sin\theta,\\ z=\rho\cos\phi,\end{cases}$ 则 $\frac{\partial(x,y,z)}{\partial(\rho,\varphi,\theta)}=\rho^2\sin\phi$，并且 $\Omega(t)$ 的边界面的球坐标方程为 $\rho=t$，于是

$$F(t)=\int_0^{2\pi}\mathrm{d}\theta\int_0^{\pi}\mathrm{d}\phi\int_0^t f(\rho^2)\rho^2\sin\phi\mathrm{d}\rho=4\pi\int_0^t\rho^2 f(\rho^2)\mathrm{d}\rho,$$

所以 $F(t)$ 在 $(0,+\infty)$ 内可导，并且

$$F'(t)=4\pi t^2 f(t^2).$$

（2）因 $\sum\limits_{n=1}^{\infty}n^{1-\lambda}F'\left(\frac{1}{n}\right)=\sum\limits_{n=1}^{\infty}\frac{4\pi}{n^{1+\lambda}}f\left(\frac{1}{n^2}\right)$，$f(x)$ 在 $x=0$ 处连续，且 $f(0)\neq 0$，则 $f(x)$ 在0的右小邻域有局部保号性，即 $f(x)$ 在0的右小邻域内要么恒正，要么恒负.

若 $f(x)$ 在0的右小邻域内恒正，则存在 $N_1\in\mathbf{N}$，使得级数

$$\sum_{n=N_1}^{\infty}\frac{4\pi}{n^{1+\lambda}}f\left(\frac{1}{n^2}\right)$$

是正项级数，由于 $\lim\limits_{n\to\infty}\frac{\frac{4\pi}{n^{1+\lambda}}f\left(\frac{1}{n^2}\right)}{\frac{1}{n^{1+\lambda}}}=4\pi f(0)>0$，且级数 $\sum\limits_{n=1}^{\infty}\frac{1}{n^{1+\lambda}}$ 当 $\lambda>0$ 时收敛，当 $\lambda\leqslant 0$ 时发散，于是由正项级数的比较判别法的极限形式可得，级数 $\sum\limits_{n=N_1}^{\infty}\frac{4\pi}{n^{1+\lambda}}f\left(\frac{1}{n^2}\right)$ 在 $\lambda>0$ 时收敛，在 $\lambda\leqslant 0$ 时发散，从而级数 $\sum\limits_{n=1}^{\infty}n^{1-\lambda}F'\left(\frac{1}{n}\right)=\sum\limits_{n=1}^{\infty}\frac{4\pi}{n^{1+\lambda}}f\left(\frac{1}{n^2}\right)$ 在 $\lambda>0$ 时收敛，在 $\lambda\leqslant 0$ 时发散.

若 $f(x)$ 在0的右小邻域内恒负，则存在 $N_2\in\mathbf{N}$，使得级数

$$\sum_{n=N_2}^{\infty}\frac{-4\pi}{n^{1+\lambda}}f\left(\frac{1}{n^2}\right)$$

是正项级数，此时 $\lim\limits_{n\to\infty}\frac{\frac{-4\pi}{n^{1+\lambda}}f\left(\frac{1}{n^2}\right)}{\frac{1}{n^{1+\lambda}}}=-4\pi f(0)>0$，则类似上面的推导知，级数

$\sum\limits_{n=N_2}^{\infty}\dfrac{-4\pi}{n^{1+\lambda}}f\left(\dfrac{1}{n^2}\right)$ 在 $\lambda>0$ 时收敛，在 $\lambda\leqslant 0$ 时发散，于是级数 $\sum\limits_{n=N_2}^{\infty}\dfrac{4\pi}{n^{1+\lambda}}f\left(\dfrac{1}{n^2}\right)$ 在 $\lambda>0$ 时收敛，在 $\lambda\leqslant 0$ 时发散，进而级数 $\sum\limits_{n=1}^{\infty}n^{1-\lambda}F'\left(\dfrac{1}{n}\right)=\sum\limits_{n=1}^{\infty}\dfrac{4\pi}{n^{1+\lambda}}f\left(\dfrac{1}{n^2}\right)$ 在 $\lambda>0$ 时收敛，在 $\lambda\leqslant 0$ 时发散.

【例】10.5.8 求幂级数 $\sum\limits_{n=1}^{\infty}n(x+1)^n$ 的收敛域.

解：幂级数收敛半径为 $R=\lim\limits_{n\to\infty}\left|\dfrac{a_n}{a_{n+1}}\right|=1$，故由 $-1<x+1<1$ 可知收敛区间为（-2，0），讨论可知在端点处原级数不收敛，所以收敛域为（-2，0）.

【例】10.5.9 设数列 $\{a_n\}$，$\{b_n\}$ 满足 $0<a_n<\dfrac{\pi}{2}$，$0<b_n<\dfrac{\pi}{2}$，$\cos a_n-a_n=\cos b_n$，且级数 $\sum\limits_{n=1}^{\infty}b_n$ 收敛.

（1）证明：$\lim\limits_{n\to\infty}a_n=0$；

（2）证明：级数 $\sum\limits_{n=1}^{\infty}\dfrac{a_n}{b_n}$ 收敛.

证明：（1）由 $\cos a_n-a_n=\cos b_n$，得 $a_n=\cos a_n-\cos b_n>0$，从而 $0<a_n<b_n$. 因为级数 $\sum\limits_{n=1}^{\infty}b_n$ 收敛，所以 $\sum\limits_{n=1}^{\infty}a_n$ 收敛，故 $\lim\limits_{n\to\infty}a_n=0$.

（2）由 $a_n=\cos a_n-\cos b_n$，得

$$\frac{a_n}{b_n}=\frac{\cos a_n-\cos b_n}{b_n}=\frac{-2\sin\left(\dfrac{a_n+b_n}{2}\right)\sin\left(\dfrac{a_n-b_n}{2}\right)}{b_n}\sim\frac{b_n^2-a_n^2}{2b_n}.$$

因 $0\leqslant\dfrac{b_n^2-a_n^2}{2b_n}\leqslant\dfrac{b_n}{2}$，且 $\sum\limits_{n=1}^{\infty}b_n$ 收敛，所以级数 $\sum\limits_{n=1}^{\infty}\dfrac{b_n^2-a_n^2}{2b_n}$ 收敛，从而级数 $\sum\limits_{n=1}^{\infty}\dfrac{a_n}{b_n}$ 收敛.

第二部分：大题

10.6 偏导数、方向导数、条件极值的应用

【例】10.6.1 求坐标原点到曲线 Γ：$\begin{cases}x^2+y^2-z^2=1,\\2x-y-z=1\end{cases}$ 的最短距离.

解：设 $P(x,y,z)$ 为曲线 Γ 上任一点，P 到原点的距离 $d=\sqrt{x^2+y^2+z^2}$，为简便，另设目标函数 $d^2=x^2+y^2+z^2$. 构造函数：

$$F(x,y,z,\lambda,\mu)=x^2+y^2+z^2+\lambda(x^2+y^2-z^2-1)+\mu(2x-y-z-1),$$

$$\begin{cases} F'_x = 2x + 2\lambda x + 2\mu = 0, \\ F'_y = 2y + 2\lambda y - \mu = 0, \\ F_z = 2z - 2\lambda z - \mu = 0, \\ F'_\lambda = x^2 + y^2 - z^2 - 1 = 0, \\ F'_\mu = 2x - y - z - 1 = 0. \end{cases}$$

解得 $\lambda = 1$（舍去），$\lambda = -1$，得 $P_1(0, -1, 0)$，$P_2\left(\frac{4}{5}, \frac{3}{5}, 0\right)$.

此两点到原点的距离 $d = 1$ 为所求最短距离.

【例】10.6.2　已知函数 $f(x,y) = x + y + xy$，曲线 C：$x^2 + y^2 + xy = 3$，求 $f(x,y)$ 在曲线 C 上的最大方向导数.

解：因为 $f(x,y)$ 沿着梯度方向的方向导数最大，且最大值为梯度的模.

$$f'_x(x,y) = 1 + y,\ f'_y(x,y) = 1 + x,$$

故 $\mathrm{grad} f(x,y) = \{1 + y, 1 + x\}$，模为 $\sqrt{(1+y)^2 + (1+x)^2}$，此题目转化为对函数 $g(x,y) = \sqrt{(1+y)^2 + (1+x)^2}$ 在约束条件 C：$x^2 + y^2 + xy = 3$ 下的最大值. 即为条件极值问题.

为计算简便，可以转化为对 $d(x,y) = (1+y)^2 + (1+x)^2$ 在约束条件 C：$x^2 + y^2 + xy = 3$ 下的最大值.

构造函数：$F(x,y,\lambda) = (1+y)^2 + (1+x)^2 + \lambda(x^2 + y^2 + xy - 3)$,

$$\begin{cases} F'_x = 2(1+x) + \lambda(2x + y) = 0, \\ F'_y = 2(1+y) + \lambda(2y + x) = 0, \\ F'_\lambda = x^2 + y^2 + xy - 3 = 0. \end{cases}$$

得到 $M_1(1,1)$，$M_2(-1, -1)$，$M_3(2, -1)$，$M_4(-1, 2)$.

$$d(M_1) = 8, d(M_2) = 0, d(M_3) = 9, d(M_4) = 9,$$

所以最大值为 $\sqrt{9} = 3$.

【例】10.6.3　在经过点 $\left(2, 1, \frac{1}{3}\right)$ 的所有平面中求取一个平面，使这个平面在第一卦限内与三个坐标平面所围成的四面体体积最小.

解：设所求平面方程为 $\frac{x}{a} + \frac{y}{b} + \frac{z}{c} = 1$（$a > 0$，$b > 0$，$c > 0$）. 由题意得

$$\frac{2}{a} + \frac{1}{b} + \frac{1}{3c} = 1,$$

题目转化为对函数 $V = \frac{1}{6}abc$ 在约束条件 $\frac{2}{a} + \frac{1}{b} + \frac{1}{3c} = 1$ 下的最小值. 即为条件极值问题.

构造函数：$F(a,b,c,\lambda) = \frac{1}{6}abc + \lambda\left(\frac{2}{a} + \frac{1}{b} + \frac{1}{3c} - 1\right)$，令

$$\begin{cases} F'_a = \dfrac{bc}{6} - \dfrac{2\lambda}{a^2} = 0, \\ F'_b = \dfrac{ac}{6} - \dfrac{\lambda}{b^2} = 0, \\ F'_c = \dfrac{ab}{6} - \dfrac{\lambda}{3c^2} = 0, \\ F'_2 = \dfrac{2}{a} + \dfrac{1}{b} + \dfrac{1}{3c} - 1 = 0, \end{cases}$$

解得唯一解 $a=6$，$b=3$，$c=1$，于是所求平面为$\dfrac{x}{6}+\dfrac{y}{3}+\dfrac{z}{1}=1$.

【例】10.6.4 试利用拉格朗日乘数法在椭球面 Σ：$2x^2+2y^2+z^2=5$ 上求一点 P，使得函数 $f(x,y,z)=x^2+y^2+z^2$ 在点 P 沿椭球面 Σ 在点 $M(1,1,1)$ 处的外法线方向的方向导数最大.

解：设 $P(x_0,y_0,z_0)$，椭球面在（1，1，1）处的外法向量为

$$\vec{n}=(4x,4y,2z)\big|_{(1,1,1)}=(4,4,2)\cdot\vec{n}^0=\left(\frac{2}{3},\frac{2}{3},\frac{1}{3}\right). \tag{1}$$

目标函数：$u=\dfrac{\partial f}{\partial \vec{n}}=\dfrac{2}{3}(2x_0+2y_0+z_0)$，约束条件：$2x_0^2+2y_0^2+z_0^2=5$. 令 $F(x,y,z)=\dfrac{2}{3}(2x_0+2y_0+z_0)+\lambda(2x_0^2+2y_0^2+z_0^2-5)$，

$$\begin{cases} F'_x = \dfrac{4}{3} + 4\lambda x_0 = 0, \\ F'_y = \dfrac{4}{3} + 4\lambda y_0 = 0, \\ F'_z = \dfrac{2}{3} + 2\lambda z_0 = 0, \\ 2x_0^2 + 2y_0^2 + z_0^2 = 5, \end{cases} \quad \text{得驻点}(1,1,1),(-1,-1,-1).$$

又在（1，1，1）处：$\dfrac{\partial f}{\partial \vec{n}}=\dfrac{2}{3}\ (2x_0+2y_0+z_0)\ =\dfrac{10}{3}$,

$$\text{在}\ (-1,\ -1,\ -1)\ \text{处：}\frac{\partial f}{\partial \vec{n}}=\frac{2}{3}(2x_0+2y_0+z_0)=-\frac{10}{3}.$$

所以使方向导数最大的点为（1，1，1），最大方向导数为$\dfrac{10}{3}$.

10.7 重积分计算（注意奇偶性、轮换对称性应用）

【例】10.7.1 设 $f(x)$ 是 $[0,\ +\infty)$ 内的单调减少的连续函数，试证明：对任意 $t\geqslant$

0，不等式 $\iint_D\left(\frac{t^2}{x}-6y\right)f(x)\mathrm{d}x\mathrm{d}y\geqslant 0$ 都成立，其中 $D=\{(x,y)\mid 0\leqslant x\leqslant t,0\leqslant y\leqslant x\}$.

解：

$$\iint_D\left(\frac{t^2}{x}-6y\right)f(x)\mathrm{d}x\mathrm{d}y=\int_0^t f(x)\mathrm{d}x\int_0^x\left(\frac{t^2}{x}-6y\right)\mathrm{d}y$$

$$=\int_0^t(t^2-3x^2)f(x)\mathrm{d}x$$

$$=t^2\int_0^t f(x)\mathrm{d}x-3\int_0^t x^2f(x)\mathrm{d}x.$$

记 $F(t)=t^2\int_0^t f(x)\mathrm{d}x-3\int_0^t x^2f(x)\mathrm{d}x$，则 $F'(t)=2t\int_0^t[f(x)-f(t)]\mathrm{d}x.$

由于 $f(x)$ 是单调减少的函数，因此当 $0\leqslant x\leqslant t$ 时，$f(x)\geqslant f(t)$，故 $F'(t)\geqslant 0$，于是 $F(t)$ 关于 t 单调增加．因为 $F(0)=0$，所以对任意 $t\geqslant 0$，$F(t)\geqslant 0$，亦即所证不等式成立．

【例】10.7.2　计算 $I=\iiint_V(x+y+z)\mathrm{d}V$，其中 V 是由 $z=xy$，$y=x$，$x=1$，$z=0$ 所围成的区域．

解： 直接计算，依坐标面投影法，将原积分化为累次积分

$$I=\iiint_V(x+y+z)\mathrm{d}x\mathrm{d}y\mathrm{d}z=\int_0^1\mathrm{d}x\int_0^x\mathrm{d}y\int_0^{xy}(x+y+z)\mathrm{d}z$$

$$=\int_0^1\mathrm{d}x\int_0^x\left[(x+y)xy+\frac{1}{2}x^2y^2\right]\mathrm{d}y=\int_0^1\left(\frac{1}{2}x^4+\frac{1}{3}x^4+\frac{1}{6}x^5\right)\mathrm{d}x$$

$$=\frac{7}{36}.$$

10.8　计算曲线积分（注意与路径无关条件、应用）

【例】10.8.1　已知曲线 $L:y=x^2(0\leqslant x\leqslant\sqrt{2})$，计算 $\int_L x\mathrm{d}l$.

解： 由直接计算法，将 x 视为参数，有

$$\int_L x\mathrm{d}l=\int_0^{\sqrt{2}}x\sqrt{1+(y')^2}\mathrm{d}x=\int_0^{\sqrt{2}}x\sqrt{1+4x^2}\mathrm{d}x=\frac{13}{6}.$$

【例】10.8.2　设 Γ 为圆周 $\begin{cases}x^2+y^2+z^2=a^2,\\x+y+z=0,\end{cases}$ 计算曲线积分

$$I=\oint_\Gamma(3x^2+2y^2+x)\mathrm{d}l.$$

解： 由对称性可知 $\oint_\Gamma x^2\mathrm{d}l=\oint_\Gamma y^2\mathrm{d}l$，$\oint_\Gamma x\mathrm{d}l=0$，而

$$\oint_{\Gamma} x^2 \mathrm{d}l = \frac{1}{3}\oint_{\Gamma}(x^2+y^2+z^2)\mathrm{d}l$$
$$= \frac{1}{3}\oint_{\Gamma} a^2 \mathrm{d}l = \frac{1}{3}a^2 \cdot 2\pi a$$
$$= \frac{2}{3}\pi a^3,$$

故

$$I = 5\oint_{\Gamma} x^2 \mathrm{d}l = \frac{10\pi a^3}{3}.$$

【例】10.8.3 设连续可微函数 $z=z(x,y)$ 由方程 $F(xz-y,x-yz)=0$（其中 $F(u,v)$ 具有连续偏导数）唯一确定，L 为正向单位圆周，试求 $I=\oint_{L}(xz^2+2yz)\mathrm{d}y-(2xz+yz^2)\mathrm{d}x$.

解： 由 $F(xz-y,x-yz)=0$，得

$$\frac{\partial z}{\partial x}=\frac{-F_2'-zF_1'}{xF_1'-yF_2'},\ \frac{\partial z}{\partial y}=\frac{F_1'+zF_2'}{xF_1'-yF_2'}. \qquad (*)$$

记 $Y=xz^2+2yz$，$X=-(2xz+yz^2)$，则有

$$\frac{\partial Y}{\partial x}-\frac{\partial X}{\partial y}=(2xz+2y)\frac{\partial z}{\partial x}+(2x+2yz)\frac{\partial z}{\partial y},$$

将式（*）代入，整理有 $\frac{\partial Y}{\partial x}-\frac{\partial X}{\partial y}=2z^2+2(1-z^2)=2$，

由格林公式得 $I=\iint_{D}\left(\frac{\partial Y}{\partial x}-\frac{\partial X}{\partial y}\right)\mathrm{d}x\mathrm{d}y=2\pi.$

【例】10.8.4 设 $f(u)$ 在（$-\infty$，$+\infty$）内有连续的导函数，k 是一个待定常数. 已知曲线积分 $\int_{\Gamma}(x^2y^3+2x^5+ky)\mathrm{d}x+[xf(xy)+2y]\mathrm{d}y$ 与路径无关，且对任意的 t，有 $\int_{(0,0)}^{(t,-t)}(x^2y^3+2x^5+ky)\mathrm{d}x+[xf(xy)+2y]\mathrm{d}y=2t^2$. 试求 $f(u)$ 的表达式和 k 的值，并求 $(x^2y^3+2x^5+ky)\cdot\mathrm{d}x+[xf(xy)+2y]\mathrm{d}y$ 的原函数.

解：方法1 记 $X=x^2y^3+2x^5+ky$，$Y=xf(xy)+2y$，由题意，有 $\frac{\partial X}{\partial y}=\frac{\partial Y}{\partial x}$，即 $3x^2y^2+k=f(xy)+xyf'(xy)$；记 $u=xy$，有 $f'(u)+\frac{1}{u}f(u)=3u+\frac{k}{u}$，解得：$f(u)=u^2+k+\frac{C}{u}$. 选择折线路径：$(0,0)\to(t,0)\to(t,-t)$，则有

$$\int_0^t 2x^5\mathrm{d}x+\int_0^{-t}[tf(ty)+2y]\mathrm{d}y=2t^2,$$

即 $\frac{t^6}{3}+\int_0^{-t^2}f(u)\mathrm{d}u=t^2.$

对 t 求导，得 $f(-t^2)=-1+t^4$，令 $u=-t^2$，得 $f(u)=u^2-1$. 与式（1）比较得：$k=-1$，

$C=0$. 此时

$$
\begin{aligned}
&(x^2y^3+2x^5+ky)\mathrm{d}x+[xf(xy)+2y]\mathrm{d}y\\
&=(x^2y^3+2x^5-y)\mathrm{d}x+(x^3y^2-x+2y)\mathrm{d}y\\
&=\mathrm{d}\left(\frac{1}{3}x^3y^3+\frac{1}{3}x^6-xy+y^2\right).
\end{aligned}
$$

故此全微分的原函数为：$u(x,y)=\frac{1}{3}x^3y^3+\frac{1}{3}x^6-xy+y^2+C.$

（注：还可用曲线积分法和不定积分法求原函数.）

方法 2　选择折线路径：$(0,0)\to(0,-t)\to(t,-t)$，则有 $\int_0^{-t}2y\mathrm{d}y+\int_0^{t}(-t^3x^2+2x^5-kt)\mathrm{d}x=2t^2$，得 $t^2-kt^2=2t^2\Rightarrow k=-1$.（其余同上）.

【例】10.8.5　已知 L 是圆周 $x^2+y^2=a^2\ (a>0)$，计算 $\int_L\frac{(x+y)\mathrm{d}x-(x-y)\mathrm{d}y}{x^2+y^2}$（依逆时针方向）.

解：设 D 是 L 所围成的圆盘区域，则

$$
\begin{aligned}
\int_L\frac{(x+y)\mathrm{d}x-(x-y)\mathrm{d}y}{x^2+y^2}&=\frac{1}{a^2}\int_L(x+y)\mathrm{d}x-(x-y)\mathrm{d}y\\
&\xlongequal{\text{格林公式}}\frac{1}{a^2}\iint_D\left\{\frac{\partial}{\partial x}[-(x-y)]-\frac{\partial}{\partial y}(x+y)\right\}\mathrm{d}x\mathrm{d}y\\
&=\frac{1}{a^2}\iint_D(-2)\mathrm{d}x\mathrm{d}y=\frac{1}{a^2}\cdot(-2a^2\pi)=-2\pi.
\end{aligned}
$$

【例】10.8.6　已知 L 为右半圆：$x^2+y^2=R^2\ (x\geqslant 0)$，计算 $\int_L|y|\mathrm{d}l$.

解：L 的参数方程为 $\begin{cases}x(t)=R\cos t,\\ y(t)=R\sin t,\end{cases}$ $t\in\left[-\frac{\pi}{2},\frac{\pi}{2}\right]$，则

$$
\begin{aligned}
\int_L|y|\mathrm{d}l&=\int_{-\frac{\pi}{2}}^{0}[-y(t)]\sqrt{[x'(t)]^2+[y'(t)]^2}\mathrm{d}t+\int_0^{\frac{\pi}{2}}y(t)\sqrt{[x'(t)]^2+[y'(t)]^2}\mathrm{d}t\\
&=\int_{-\frac{\pi}{2}}^{0}(-R^2\sin t)\mathrm{d}t+\int_0^{\frac{\pi}{2}}R^2\sin t\mathrm{d}t=2R^2.
\end{aligned}
$$

【例】10.8.7　设 $\varphi(x)$ 是 $(-\infty,+\infty)$ 内不取零值的可微函数，$\varphi(0)=1$. 已知 $\varphi(x)\left(2xy+x^2y+\frac{y^3}{3}\right)\mathrm{d}x+\varphi(x)(x^2+y^2)\mathrm{d}y$ 是某二元函数 $u(x,y)$ 的全微分. 求：

（1）$\varphi(x)$ 满足的微分方程及 $\varphi(x)$ 的表达式；

（2）$u(x,y)$ 的表达式.

解：（1）由 $\frac{\partial Y}{\partial x}=\frac{\partial X}{\partial y}$，得 $\varphi'(x)(x^2+y^2)+2x\varphi(x)=\varphi(x)(2x+x^2+y^2)$，

于是

$$\varphi'(x)=\varphi(x),$$

解此微分方程得 $\varphi(x)=Ce^x$，由于 $\varphi(0)=1$，因此 $\varphi(x)=e^x$.

(2)

$$\begin{aligned}u(x,y)&=\int_{(0,0)}^{(x,y)}e^x\left(2xy+x^2y+\frac{y^3}{3}\right)dx+e^x(x^2+y^2)dy+C\\&=\int_0^x 0dx+\int_0^y e^x(x^2+y^2)dy+C\\&=e^x\left(x^2y+\frac{y^3}{3}\right)+C.\end{aligned}$$

【例】10.8.8 设函数 $Q(x,y)$ 在 xOy 平面上具有一阶连续偏导数. 已知曲线积分 $\int_\Gamma 2xydx+Q(x,y)dy$ 与路径无关，且对任意的 t 恒有

$$\int_{(0,0)}^{(t,1)}2xydx+Q(x,y)dy=\int_{(0,0)}^{(1,t)}2xydx+Q(x,y)dy.$$

(1) 求函数 $Q(x,y)$；(2) 求 $2xydx+Q(x,y)dy$ 的原函数.

解：(1) 记 $X=2xy$，$Y=Q(x,y)$. 由题意，有 $\frac{\partial X}{\partial y}=\frac{\partial Y}{\partial x}$，即

$$2x=\frac{\partial Q(x,y)}{\partial x},\ Q(x,y)=x^2+C(y),$$

由于曲线积分 $\int_\Gamma 2xydx+Q(x,y)dy$ 与路径无关，则有

$$\int_{(0,0)}^{(t,1)}2xydx+Q(x,y)dy=t^2+\int_0^1 C(y)dy,$$

$$\int_{(0,0)}^{(1,t)}2xydx+Q(x,y)dy=t+\int_0^t C(y)dy.$$

由条件得：$t^2+\int_0^1 C(y)dy=t+\int_0^t C(y)dy$，

两边求导得：$C(y)=2y-1$，所以 $Q(x,y)=x^2+2y-1$.

(2) 设原函数为 $u(x,y)$，则

$$\begin{aligned}u(x,y)&=\int_{(0,0)}^{(x,y)}2xydx+(x^2+2y-1)dy+C\\&=\int_{(0,0)}^{(x,0)}2xydx+(x^2+2y-1)dy+\\&\quad\int_{(x,0)}^{(x,y)}2xydx+(x^2+2y-1)dy+C\\&=\int_0^x 0dx+\int_0^y(x^2+2y-1)dy+C\\&=x^2y+y^2-y+C,\end{aligned}$$

即所求原函数为　x^2y+y^2-y+C.

【例】10.8.9　已知 L 是曲线 $y=\sqrt{x}$ 上从点 $A(1,1)$ 到点 $B(4,2)$ 的弧段，计算第二类曲线积分 $I=\int_L \frac{x^2}{y}\mathrm{d}x+\frac{x}{y}\mathrm{d}y$.

解：为计算简便，将 y 视作参数，由直接计算法

$$I=\int_1^2 2y^4+y\mathrm{d}y=\frac{139}{10}.$$

【例】10.8.10　设 L 是曲线弧 $x=\mathrm{e}^t\cos t$，$y=\mathrm{e}^t\sin t$，$z=\mathrm{e}^t$ $(0\leqslant t\leqslant 2)$，计算曲线积分 $I=\int_L \frac{\mathrm{d}l}{x^2+y^2+z^2}$.

解：由第一类曲线积分直接计算法，按照从后到前，依次处理，原积分可写作

$$I=\int_0^2 \frac{\sqrt{3}}{2\mathrm{e}^t}\mathrm{d}t=\frac{\sqrt{3}}{2}(-\mathrm{e}^{-t})\Big|_0^2=\frac{\sqrt{3}}{2}(1-\mathrm{e}^{-2}).$$

【例】10.8.11　已知 L 是从点 $A(1,2)$ 到点 $B(3,4)$ 的直线，计算

$$\int_L (6xy^2-y^3)\mathrm{d}x+(6x^2y-3xy^2)\mathrm{d}y.$$

解：$X=6xy^2-y^3$，$Q=6x^2y-3xy^2$，且 $\frac{\partial X}{\partial y}=12xy-3y^2=\frac{\partial Y}{\partial x}$，故在整个平面内，积分与路径无关，

$$\int_{(1,2)}^{(3,4)}(6xy^2-y^3)\mathrm{d}x+(6x^2y-3xy^2)\mathrm{d}y$$

$$=\int_1^3(24x-8)\mathrm{d}x+\int_2^4(54y-9y^2)\mathrm{d}y=236.$$

【例】10.8.12　L 是圆周 $(x-a)^2+(y-a)^2=1$ 的逆时针方向，$f(x)$ 恒正，连续. 证明：$\oint_L xf(y)\mathrm{d}y-\frac{y}{f(x)}\mathrm{d}x\geqslant 2\pi$.

证明：由格林公式，$\oint_L xf(y)\mathrm{d}y-\frac{y}{f(x)}\mathrm{d}x=\iint_D\left[f(y)+\frac{1}{f(x)}\right]\mathrm{d}x\mathrm{d}y$，由对称性，$\iint_D f(y)\mathrm{d}x\mathrm{d}y=\iint_D f(x)\mathrm{d}x\mathrm{d}y$，

$$\oint_L xf(y)\mathrm{d}y-\frac{y}{f(x)}\mathrm{d}x=\iint_D\left[f(y)+\frac{1}{f(x)}\right]\mathrm{d}x\mathrm{d}y$$

$$=\iint_D\left[f(x)+\frac{1}{f(x)}\right]\mathrm{d}x\mathrm{d}y\geqslant\iint_D 2\sqrt{f(y)\cdot\frac{1}{f(x)}}\mathrm{d}x\mathrm{d}y=2\pi.$$

10.9　计算曲面积分（一类、二类、应用）

【例】10.9.1　计算 $I=\iint_S(x^2+y^2)\mathrm{d}S$，其中 S 为锥面 $z^2=3(x^2+y^2)$ 被平面 $z=0$ 及 $z=$

3 所截得的部分.

解：由题设，S 的方程为 $z=\sqrt{3(x^2+y^2)}$，因此

$$\mathrm{d}S=\sqrt{1+(z_x')^2+(z_y')^2}\mathrm{d}x\mathrm{d}y=2\mathrm{d}x\mathrm{d}y.$$

S 在 xOy 坐标面上的投影区域 D_{xy}：$x^2+y^2\leqslant 3$，所以

$$I=\iint_S(x^2+y^2)\mathrm{d}S=2\iint_{D_{xy}}(x^2+y^2)\mathrm{d}x\mathrm{d}y$$

$$=2\int_0^{2\pi}\mathrm{d}\theta\int_0^{\sqrt{3}}\rho^3\mathrm{d}\rho=9\pi.$$

【例】10.9.2 计算 $I=\iint_S xy^2\mathrm{d}y\mathrm{d}z+yx^2\mathrm{d}z\mathrm{d}x+z\mathrm{d}x\mathrm{d}y$，其中 S 为曲面 $z=x^2+y^2$ $(0\leqslant z\leqslant 1)$ 的上侧.

解：补充平面 S_1：$z=1$，$x^2+y^2\leqslant 1$，取下侧，则由高斯公式

$$I=\iint_{S+S_1}-\iint_{S_1}=-\iiint_V(x^2+y^2+1)\mathrm{d}x\mathrm{d}y\mathrm{d}z+\iint_{D:x^2+y^2\leqslant 1}\mathrm{d}x\mathrm{d}y$$

$$=-\int_0^1\mathrm{d}z\iint_{D_z:x^2+y^2\leqslant z}(x^2+y^2+1)\mathrm{d}x\mathrm{d}y+\pi$$

$$=-\int_0^1\mathrm{d}z\int_0^{2\pi}\mathrm{d}\theta\int_0^{\sqrt{z}}(\rho^2+1)\rho\mathrm{d}\rho+\pi$$

$$=\frac{\pi}{3}.$$

【例】10.9.3 计算 $I=\iint_S(2x+y+2z)\mathrm{d}S$，$S$ 是平面 $x+y+z=1$ 在第一卦限中的部分.

解：平面方程变形为 $z=1-x-y$

$$\mathrm{d}S=\sqrt{1+(z_x')^2+(z_y')^2}\mathrm{d}x\mathrm{d}y=\sqrt{3}\mathrm{d}x\mathrm{d}y.$$

在 xOy 坐标面上的投影区域 D_{xy}：$\begin{cases}0\leqslant y\leqslant 1,\\0\leqslant x\leqslant 1-y.\end{cases}$

$$I=\iint_S(2x+y+2z)\mathrm{d}S=\iint_{D_{xy}}[2x+y+2(1-x-y)]\cdot\sqrt{3}\mathrm{d}x\mathrm{d}y$$

$$=\sqrt{3}\iint_{D_{xy}}(2-y)\mathrm{d}x\mathrm{d}y=\frac{5}{6}\sqrt{3}.$$

【例】10.9.4 计算曲面积分 $I=\iint_\Sigma(x^3+az^2)\mathrm{d}y\mathrm{d}z+(y^3+ax^2)\mathrm{d}z\mathrm{d}x+(z^3+ay^2)\mathrm{d}x\mathrm{d}y$，其中，$\Sigma$ 为上半球面 $z=\sqrt{a^2-x^2-y^2}$ 的上侧.

解：添加辅助面 S：$z=0$，$x^2+y^2\leqslant a^2$，取下侧，Ω 为 Σ 与 S 所围成的空间区域.

$$I=\oiint_{\Sigma+S}(x^3+az^2)\mathrm{d}y\mathrm{d}z+(y^3+ax^2)\mathrm{d}z\mathrm{d}x+(z^3+ay^2)\mathrm{d}x\mathrm{d}y-$$

$$\iint_S (x^3+az^2)\,\mathrm{d}y\mathrm{d}z+(y^3+ax^2)\,\mathrm{d}z\mathrm{d}x+(z^3+ay^2)\,\mathrm{d}x\mathrm{d}y$$
$$=\iiint_\Omega 3(x^2+y^2+z^2)\,\mathrm{d}v+\iint_{x^2+y^2\leqslant a^2} ay^2\,\mathrm{d}x\mathrm{d}y \quad (\text{高斯公式})$$
$$=3\int_0^{2\pi}\mathrm{d}\theta\int_0^{\frac{\pi}{2}}\sin\varphi\,\mathrm{d}\varphi\int_0^a r^4\,\mathrm{d}r+\int_0^{2\pi}a\sin^2\theta\,\mathrm{d}\theta\int_0^a r^3\,\mathrm{d}r$$
$$=\frac{6}{5}\pi a^5+\frac{1}{4}\pi a^5=\frac{29}{20}\pi a^5.$$

【例】10.9.5　计算曲面积分

$$I=\iint_\Sigma \frac{x^2\mathrm{d}y\mathrm{d}z+y^2\mathrm{d}z\mathrm{d}x+z^2\mathrm{d}x\mathrm{d}y}{x^2+y^2+z^2},$$

其中，Σ 为上半球面 $z=\sqrt{4-x^2-y^2}$ 夹于 $z=0$ 与 $z=1$ 之间部分，其法线 $\vec{n}$ 向内.

解：添加辅助面 S_0：$z=0$，$x^2+y^2\leqslant 4$，取上侧；S_1：$z=1$，$x^2+y^2\leqslant 3$，取下侧. 记 Σ 与 S_0，S_1 所围成的空间区域为 Ω. 则有

$$I=\frac{1}{4}\iint_\Sigma x^2\mathrm{d}y\mathrm{d}z+y^2\mathrm{d}z\mathrm{d}x+z^2\mathrm{d}x\mathrm{d}y$$
$$=\frac{1}{4}\iint_{\Sigma+S_0+S_1} x^2\mathrm{d}y\mathrm{d}z+y^2\mathrm{d}z\mathrm{d}x+z^2\mathrm{d}x\mathrm{d}y-$$
$$\frac{1}{4}\iint_{S_0} x^2\mathrm{d}y\mathrm{d}z+y^2\mathrm{d}z\mathrm{d}x+z^2\mathrm{d}x\mathrm{d}y-$$
$$\frac{1}{4}\iint_{S_1} x^2\mathrm{d}y\mathrm{d}z+y^2\mathrm{d}z\mathrm{d}x+z^2\mathrm{d}x\mathrm{d}y.$$

由高斯公式

$$\frac{1}{4}\iint_{\Sigma+S_0+S_1} x^2\mathrm{d}y\mathrm{d}z+y^2\mathrm{d}z\mathrm{d}x+z^2\mathrm{d}x\mathrm{d}y$$
$$=-\frac{1}{2}\iiint_\Omega (x+y+z)\,\mathrm{d}v=0-\frac{1}{2}\iiint_\Omega z\,\mathrm{d}v \quad (\text{利用对称性})$$
$$=-\frac{1}{2}\int_0^1 z\,\mathrm{d}z\iint_{x^2+y^2\leqslant 4-z^2}\mathrm{d}x\mathrm{d}y=-\frac{\pi}{2}\int_0^1(4z-z^3)\,\mathrm{d}z=-\frac{7}{8}\pi,$$
$$\frac{1}{4}\iint_{S_0} x^2\mathrm{d}y\mathrm{d}z+y^2\mathrm{d}z\mathrm{d}x+z^2\mathrm{d}x\mathrm{d}y=0;$$
$$\frac{1}{4}\iint_{S_1} x^2\mathrm{d}y\mathrm{d}z+y^2\mathrm{d}z\mathrm{d}x+z^2\mathrm{d}x\mathrm{d}y=-\frac{1}{4}\iint_{x^2+y^2\leqslant 3}\mathrm{d}x\mathrm{d}y=-\frac{3}{4}\pi,$$

所以

$$I=-\frac{7}{8}\pi-\left(0-\frac{3}{4}\pi\right)=-\frac{1}{8}\pi.$$

【例】10.9.6　计算曲面积分 $I=\iint_S \frac{x\mathrm{d}y\mathrm{d}z+z^2\mathrm{d}x\mathrm{d}y}{x^2+y^2+z^2}$，其中 S 是由曲面 $x^2+y^2=R^2$ 及两

平面 $z=R$，$z=-R$，$(R>0)$ 所围成的立体表面的外侧.

解：记S_1：$z=R$，$x^2+y^2\leqslant R^2$，取上侧；

$S_2:z=-R,x^2+y^2\leqslant R^2$,取下侧；

$S_3:S$ 的侧面(即圆柱面部分)；

$S_{3前}:x=\sqrt{R^2-y^2}$, $-R\leqslant y\leqslant R$, $-R\leqslant z\leqslant R$,取前侧；

$S_{3后}:x=-\sqrt{R^2-y^2}$, $-R\leqslant y\leqslant R$, $-R\leqslant z\leqslant R$,取后侧.

则

$$\begin{aligned}
\iint_S \frac{x\mathrm{d}y\mathrm{d}z}{x^2+y^2+z^2} &= \iint_{S_1+S_2+S_3} \frac{x\mathrm{d}y\mathrm{d}z}{x^2+y^2+z^2} \\
&= \iint_{S_{3前}} \frac{x\mathrm{d}y\mathrm{d}z}{x^2+y^2+z^2} + \iint_{S_{3后}} \frac{x\mathrm{d}y\mathrm{d}z}{x^2+y^2+z^2} \\
&= \iint_{D_{yz}} \frac{\sqrt{R^2-y^2}\mathrm{d}y\mathrm{d}z}{R^2+z^2} - \iint_{D_{yz}} \frac{-\sqrt{R^2-y^2}\mathrm{d}y\mathrm{d}z}{R^2+z^2} \\
&= 2\int_{-R}^{R} \sqrt{R^2-y^2}\mathrm{d}y \int_{-R}^{R} \frac{\mathrm{d}z}{R^2+z^2} \\
&= \frac{\pi^2 R}{2},
\end{aligned}$$

其中，$D_{yz}=\{(y,z)\mid -R\leqslant y\leqslant R, -R\leqslant z\leqslant R\}$；

$$\begin{aligned}
\iint_S \frac{z^2}{x^2+y^2+z^2}\mathrm{d}x\mathrm{d}y &= \iint_{S_1+S_2+S_3} \frac{z^2}{x^2+y^2+z^2}\mathrm{d}x\mathrm{d}y \\
&= \iint_{S_1} \frac{z^2}{x^2+y^2+z^2}\mathrm{d}x\mathrm{d}y + \iint_{S_2} \frac{z^2}{x^2+y^2+z^2}\mathrm{d}x\mathrm{d}y \\
&= \iint_{D_{xy}} \frac{R^2}{x^2+y^2+R^2}\mathrm{d}x\mathrm{d}y - \iint_{D_{xy}} \frac{(-R)^2}{x^2+y^2+R^2}\mathrm{d}x\mathrm{d}y \\
&= 0,
\end{aligned}$$

其中，$D_{xy}=\{(x,y)\mid x^2+y^2\leqslant R^2\}$，所以

$$I=\iint_S \frac{x\mathrm{d}y\mathrm{d}z}{x^2+y^2+z^2}+\iint_S \frac{z^2}{x^2+y^2+z^2}\mathrm{d}x\mathrm{d}y=\frac{\pi^2 R}{2}.$$

【例】10.9.7 计算曲面积分

$$I=\iint_\Sigma x^3\mathrm{d}y\mathrm{d}z+[yf(yz)+y^3]\mathrm{d}z\mathrm{d}x+[z^3-zf(yz)]\mathrm{d}x\mathrm{d}y,$$

其中函数 f 有连续的导函数，Σ 为上半球面 $z=\sqrt{1-x^2-y^2}$的上侧.

解：设 S：$x^2+y^2\leqslant 1$，$z=0$，利用高斯公式

$$I=\left(\oiint_{\Sigma+S}-\iint_S\right)x^3\mathrm{d}y\mathrm{d}z+[yf(yz)+y^3]\mathrm{d}z\mathrm{d}x+[z^3-zf(yz)]\mathrm{d}x\mathrm{d}y$$

$$= \iiint_V 3(x^2+y^2+z^2)\mathrm{d}V - 0$$

$$= 3\int_0^{2\pi}\mathrm{d}\theta\int_0^{\frac{\pi}{2}}\mathrm{d}\varphi\int_0^1 r^4\sin\varphi\mathrm{d}r$$

$$= 6\pi\int_0^{\frac{\pi}{2}}\sin\varphi\mathrm{d}\varphi\int_0^1 r^4\mathrm{d}r = \frac{6\pi}{5}.$$

10.10　转动惯量、引力、质心坐标（物理应用）

【例】10.10.1　设Ω是由圆锥面$z=\sqrt{x^2+y^2}$与抛物面$z=2-x^2-y^2$所围成的均匀立体（密度$\mu=1$），求Ω对于z轴的转动惯量.

解：

$$I_z = \iiint_V \mu(x^2+y^2)\mathrm{d}V \quad (\mu = 1)$$

$$= \int_0^{2\pi}\mathrm{d}\theta\int_0^1\rho^3\mathrm{d}\rho\int_\rho^{2-\rho^2}\mathrm{d}z = \frac{4}{15}\pi.$$

【例】10.10.2　由平面图形$1\leqslant x\leqslant 2$，$0\leqslant y\leqslant\sqrt{x}$绕$x$轴旋转所生成的旋转体$\Omega$，其密度$\rho(x,y,z)=1$，求该旋转体$\Omega$对$x$轴的转动惯量.

解：依题意，区域Ω为：$\begin{cases}1\leqslant x\leqslant 2,\\ y^2+z^2\leqslant x.\end{cases}$由转动惯量公式

$$I_x = \iiint_\Omega (y^2+z^2)\rho(x,y,z)\mathrm{d}v = \int_1^2\mathrm{d}x\iint_{D_{yz}}(y^2+z^2)\mathrm{d}y\mathrm{d}z$$

$$= \int_1^2\mathrm{d}x\int_0^{2\pi}\mathrm{d}\theta\int_0^{\sqrt{x}}r^2\cdot r\mathrm{d}r = \frac{7\pi}{6}.$$

【例】10.10.3　设半球体Ω_1：$0\leqslant z\leqslant\sqrt{1-x^2-y^2}$，密度为1，现在其底面接上一个同质柱体$\Omega_2$：$-h\leqslant z<0$，$x^2+y^2\leqslant 1$（$h>0$），试确定$h$，使整个物体$\Omega=\Omega_1+\Omega_2$的质心恰好在半球的球心处.

解：设整个物体Ω的质心为（$\bar{x}$，$\bar{y}$，$\bar{z}$），由对称性得$\bar{x}=0$，$\bar{y}=0$，而$\bar{z}=\dfrac{\iiint_\Omega\rho z\mathrm{d}v}{\iiint_\Omega\rho\mathrm{d}v}$，根据题意，只需$\iiint_\Omega\rho z\mathrm{d}v=\iiint_\Omega z\mathrm{d}v=0$即可. 于是

$$0 = \iiint_\Omega z\mathrm{d}v = \int_{-h}^0 z\mathrm{d}z\iint_{x^2+y^2\leqslant 1}\mathrm{d}x\mathrm{d}y + \int_0^1 z\mathrm{d}z\iint_{x^2+y^2\leqslant 1-z^2}\mathrm{d}x\mathrm{d}y$$

$$= \pi\int_{-h}^0 z\mathrm{d}z + \pi\int_0^1 z(1-z^2)\mathrm{d}z = -\frac{\pi}{2}h^2+\frac{1}{4}\pi,$$

解得 $h=\frac{\sqrt{2}}{2}$ 时，整个物体的质心恰好在半球的球心处.

【例】10.10.4 设 Ω 是由曲面 $z=\sqrt{x^2+y^2}$ 和曲面 $z=1+\sqrt{1-x^2-y^2}$ 围成的密度为 1 的均匀几何体. 试计算 Ω 关于 z 轴的转动惯量.

解：所求转动惯量 $I=\iiint_\Omega (x^2+y^2)\,\mathrm{d}x\mathrm{d}y\mathrm{d}z$.

作球面坐标变换 $\begin{cases}x=\rho\sin\varphi\cos\theta,\\ y=\rho\sin\varphi\sin\theta,\\ z=\rho\cos\varphi,\end{cases}$ 则 $\frac{\partial(x,y,z)}{\partial(\rho,\varphi,\theta)}=\rho^2\sin\varphi$，并且 Ω 边界曲面的球坐标方程分别为 $\varphi=\frac{\pi}{4}$ 和 $\rho=2\cos\varphi$，于是

$$\begin{aligned}I&=\int_0^{2\pi}\mathrm{d}\theta\int_0^{\frac{\pi}{4}}\mathrm{d}\varphi\int_0^{2\cos\varphi}\rho^2\sin^2\varphi\rho^2\sin\varphi\mathrm{d}\rho=2\pi\cdot\frac{32}{5}\int_0^{\frac{\pi}{4}}\cos^5\varphi\sin^3\varphi\mathrm{d}\varphi\\&=\frac{64\pi}{5}\int_0^{\frac{\pi}{4}}\cos^5\varphi(\cos^2\varphi-1)\mathrm{d}\cos\varphi=\frac{64\pi}{5}\left(\frac{u^8}{8}-\frac{u^6}{6}\right)\Bigg|_1^{\frac{\sqrt{2}}{2}}\\&=\frac{11}{30}\pi.\end{aligned}$$

【例】10.10.5 设在 xOy 面上有一质量为 M 的匀质半圆形薄片，占有平面闭域 $D=\{(x,y)\mid x^2+y^2\leqslant R^2,y\geqslant 0\}$，过圆心 O 垂直于薄片的直线上有一质量为 m 的质点 P，$OP=a$. 求半圆形薄片对质点 P 的引力.

解：设 P 点的坐标为 $(0,\ 0,\ a)$. 薄片的面密度为 $\mu=\frac{M}{\frac{1}{2}\pi R^2}=\frac{2M}{\pi R^2}$. 设所求引力为 $F=(F_x,F_y,F_z)$. 由于薄片关于 y 轴对称，所以 $F_x=0$.

$$\begin{aligned}F_y&=G\iint_D\frac{m\mu y}{(x^2+y^2+a^2)^{\frac{3}{2}}}\mathrm{d}\sigma=m\mu G\int_0^{\pi}\mathrm{d}\theta\int_0^R\frac{\rho^2\sin\theta}{(\rho^2+a^2)^{\frac{3}{2}}}\mathrm{d}\rho,\\&=\frac{4GmM}{\pi R^2}\left(\ln\frac{R+\sqrt{a^2+R^2}}{a}-\frac{R}{\sqrt{a^2+R^2}}\right),\end{aligned}$$

$$\begin{aligned}F_z&=-G\iint_D\frac{m\mu a}{(x^2+y^2+a^2)^{\frac{3}{2}}}\mathrm{d}\sigma=-m\mu Ga\int_0^{\pi}\mathrm{d}\theta\int_0^R\frac{\rho}{(\rho^2+a^2)^{\frac{3}{2}}}\mathrm{d}\rho\\&=-\pi m\mu Ga\int_0^R\frac{\rho}{(\rho^2+a^2)^{\frac{3}{2}}}\mathrm{d}\rho=-\frac{2GmM}{R^2}\left(1-\frac{a}{\sqrt{a^2+R^2}}\right).\end{aligned}$$

10.11 散度、梯度、旋度计算及应用

【例】10.11.1 流速 $\vec{v}=\{x^3,y^2,z^4\}$ 的不可压缩的密度为 1 的流体，流过由 $z=4-(x^2+$

y^2)与 $z=1-\frac{1}{4}(x^2+y^2)$ 所围立体，有平行于 zOx 面的平面截此立体，问：单位时间内沿 y 轴方向通过哪个截面的流量最大？

解：截面 S：$y=s(-2\leqslant s\leqslant 2)$，取右侧，即法向量 $\vec{n}=\{0,1,0\}$.

在 zOx 面上的投影 D_{zx}：$\begin{cases}-\sqrt{4-s^2}\leqslant x\leqslant\sqrt{4-s^2},\\ 1-\frac{1}{4}(x^2+s^2)\leqslant z\leqslant 4-(x^2+s^2).\end{cases}$

单位时间内通过截面 S 的流量：

$$\begin{aligned}\Phi(s)&=\iint_S\vec{v}\cdot\vec{n}^0\mathrm{d}S=\iint_S(x^3\cos\alpha+y^2\cos\beta+z^4\cos\gamma)\mathrm{d}S\\&=\iint_S y^2\mathrm{d}z\mathrm{d}x=\iint_{D_{zx}}s^2\mathrm{d}z\mathrm{d}x\\&=s^2\int_{-\sqrt{4-s^2}}^{\sqrt{4-s^2}}\mathrm{d}x\int_{1-\frac{1}{4}(x^2+s^2)}^{4-(x^2+s^2)}\mathrm{d}z=s^2(4-s^2)^{\frac{3}{2}}.\end{aligned}$$

于是 $\Phi'(s)=s(8-5s^2)(4-s^2)^{\frac{1}{2}}$，令 $\Phi'(s)=0$，得 $s=\pm\sqrt{\frac{8}{5}}$，由问题的实际意义，通过 $y=\pm\sqrt{\frac{8}{5}}$ 两截面的流量最大.

【例】10.11.2　设 $\vec{A}=\{xe^y,xyz,ze^z\}$，计算 $\mathrm{rot}\vec{A},\mathrm{div}(\mathrm{rot}\vec{A})$.

解：

$$\begin{aligned}\mathrm{rot}\vec{A}&=\left(\frac{\partial(ze^z)}{\partial y}-\frac{\partial(xyz)}{\partial z},\frac{\partial(xe^y)}{\partial z}-\frac{\partial(ze^z)}{\partial x},\frac{\partial(xyz)}{\partial x}-\frac{\partial(xe^y)}{\partial y}\right)\\&=(-xy,0,yz-xe^y),\end{aligned}$$

$$\mathrm{div}(\mathrm{rot}\vec{A})=\mathrm{div}(-xy,0,xyz-xe^y)=\frac{\partial}{\partial x}(-xy)+\frac{\partial}{\partial y}(0)+\frac{\partial}{\partial z}(yz-xe^y)=0.$$

【例】10.11.3　设数量场 $u(x,y,z)=\ln\sqrt{x^2+y^2+z^2}$，计算 $\mathrm{div}(\mathrm{grad}\,u)$.

解：先计算梯度，由梯度定义

$$\mathrm{grad}\,u=\left(\frac{\partial u}{\partial x},\frac{\partial u}{\partial y},\frac{\partial u}{\partial z}\right)=\left(\frac{x}{x^2+y^2+z^2},\frac{y}{x^2+y^2+z^2},\frac{z}{x^2+y^2+z^2}\right),$$

$$\begin{aligned}\mathrm{div}(\mathrm{grad}\,u)&=\mathrm{div}\left(\frac{x}{x^2+y^2+z^2},\frac{y}{x^2+y^2+z^2},\frac{z}{x^2+y^2+z^2}\right)\\&=\frac{\partial}{\partial x}\left(\frac{x}{x^2+y^2+z^2}\right)+\frac{\partial}{\partial y}\left(\frac{y}{x^2+y^2+z^2}\right)+\frac{\partial}{\partial z}\left(\frac{z}{x^2+y^2+z^2}\right)\\&=\frac{y^2+z^2-x^2}{(x^2+y^2+z^2)^2}+\frac{x^2+z^2-y^2}{(x^2+y^2+z^2)^2}+\frac{x^2+y^2-z^2}{(x^2+y^2+z^2)^2}\\&=\frac{1}{x^2+y^2+z^2}.\end{aligned}$$

【例】10.11.4　已知函数 $u=x^2+yz$，计算 $\operatorname{div}(\operatorname{grad} u)$.

解：直接计算有

$$\operatorname{grad} u=\left(\frac{\partial u}{\partial x},\frac{\partial u}{\partial y},\frac{\partial u}{\partial z}\right)=(2x,z,y),$$

$$\operatorname{div}(\operatorname{grad} u)=\operatorname{div}(2x,z,y)=\frac{\partial}{\partial x}(2x)+\frac{\partial}{\partial y}(z)+\frac{\partial}{\partial z}(y)=2.$$

10.12　幂级数展开、收敛区间、和函数

【例】10.12.1　求幂级数 $\sum\limits_{n=1}^{\infty}\frac{2n+1}{n!}x^{2n}$ 的收敛域及和函数.

解：级数为缺项级数，由数项级数比值判别法，

$$\lim_{n\to\infty}\left|\frac{u_{n+1}(x)}{u_n(x)}\right|=\lim_{n\to\infty}\frac{2n+3}{(n+1)(2n+1)}x^2=0,$$

故收敛域为 $(-\infty,\ +\infty)$.

设 $S(x)=\sum\limits_{n=1}^{\infty}\frac{2n+1}{n!}x^{2n}=\left(\sum\limits_{n=1}^{\infty}\frac{1}{n!}x^{2n+1}\right)'=[h(x)]'$，

$$h(x)=x\sum_{n=1}^{\infty}\frac{1}{n!}x^{2n}=x\sum_{n=1}^{\infty}\frac{1}{n!}(x^2)^n=x(\mathrm{e}^{x^2}-1),$$

所以 $S(x)=[x(\mathrm{e}^{x^2}-1)]'=\mathrm{e}^{x^2}(1+2x^2)-1,\ x\in(-\infty,+\infty)$.

【例】10.12.2　求幂级数 $\sum\limits_{n=1}^{\infty}\frac{(-1)^{n-1}}{2n-1}x^{2n}$ 的收敛域及和函数.

解：因为 $\lim\limits_{n\to\infty}\left|\frac{u_{n+1}(x)}{u_n(x)}\right|=\lim\limits_{n\to\infty}\frac{2n-1}{2n+1}x^2=x^2$，所以

当 $|x|<1$ 时，$\sum\limits_{n=1}^{\infty}u_n(x)$ 绝对收敛，

当 $|x|>1$ 时，$\sum\limits_{n=1}^{\infty}u_n(x)$ 发散（因为 $u_n(x)$ 不趋于0）.

于是原幂级数的收敛半径 $R=1$，又 $\sum\limits_{n=1}^{\infty}\frac{(-1)^{n-1}}{2n-1}(\pm1)^{2n}=\sum\limits_{n=1}^{\infty}\frac{(-1)^{n-1}}{2n-1}$ 为收敛的交错级数，所以原级数的收敛域为 $[-1,\ 1]$.

下面求幂级数的和函数. 设 $S(x)=\sum\limits_{n=1}^{\infty}\frac{(-1)^{n-1}}{2n-1}x^{2n-1}(-1\leqslant x\leqslant 1)$，则

$$S'(x)=\sum_{n=1}^{\infty}(-1)^{n-1}x^{2n-2}=\frac{1}{1+x^2},$$

故

$$S(x)=S(0)+\int_0^x\frac{1}{1+t^2}\mathrm{d}t=\arctan x,$$

所以所求幂级数 $\sum_{n=1}^{\infty} \frac{(-1)^{n-1}}{2n-1}x^{2n} = xS(x) = x\arctan x \quad (x \in [-1,1])$.

【例】10.12.3　将 $f(x)=\frac{1}{x^2+4x+3}$ 展开为 $x-1$ 的幂级数，并求 $f^{(10)}(1)$ 的值.

解：将 $f(x)$ 裂项，并展开

$$\begin{aligned} f(x) &= \frac{1}{(x+3)(x+1)} = \frac{1}{2}\left(\frac{1}{x+1}-\frac{1}{x+3}\right) \\ &= \frac{1}{2}\left(\frac{1}{2}\cdot\frac{1}{1+\frac{x-1}{2}}-\frac{1}{4}\cdot\frac{1}{1+\frac{x-1}{4}}\right) \\ &= \frac{1}{2}\left[\sum_{n=0}^{\infty}(-1)^n\frac{(x-1)^n}{2^{n+1}}-\sum_{n=0}^{\infty}(-1)^n\frac{(x-1)^n}{4^{n+1}}\right] \\ &= \sum_{n=0}^{\infty}(-1)^n\left(\frac{1}{2^{n+2}}-\frac{1}{2^{2n+3}}\right)(x-1)^n, \end{aligned}$$

其收敛域为 $\{x: |x-1|<2\}=\{x: -1<x<3\}$.

对于 $n\in\mathbf{N}$，设 a_n 为展开式中 $(x-1)^n$ 的系数，则由展开式知，

$$\frac{f^{(10)}(1)}{10!}=a_{10}=\frac{1}{2^{12}}-\frac{1}{2^{23}},$$

所以 $f^{(10)}(1)=10!\left(\frac{1}{2^{12}}-\frac{1}{2^{23}}\right)$.

【例】10.12.4　将函数 $f(x)=\frac{1}{x^2+3x+2}$ 展开成 $x-1$ 的幂级数，并求收敛区间及 $f^{(5)}(1)$ 的值.

解：

$$\begin{aligned} f(x) &= \frac{1}{(x+1)(x+2)} = \frac{1}{x+1}-\frac{1}{x+2} = \frac{1}{x-1+2}-\frac{1}{x-1+3} \\ &= \frac{1}{2}\cdot\frac{1}{1+\frac{x-1}{2}}-\frac{1}{3}\cdot\frac{1}{1+\frac{x-1}{3}} \\ &= \frac{1}{2}\sum_{n=1}^{\infty}(-1)^{n-1}\left(\frac{x-1}{2}\right)^{n-1}-\frac{1}{3}\sum_{n=1}^{\infty}(-1)^{n-1}\left(\frac{x-1}{3}\right)^{n-1} \\ &= \sum_{n=1}^{\infty}(-1)^{n-1}\left(\frac{1}{2^n}-\frac{1}{3^n}\right)(x-1)^{n-1}. \end{aligned}$$

该级数当 $|x-1|<2$ 时收敛，所以其收敛区间为 $(-1, 3)$. 此外，由 $f(x)$ 的幂级数展开式可知

$$\frac{f^{(5)}(1)}{5!}=(-1)^5\left(\frac{1}{2^6}-\frac{1}{3^6}\right),$$

即 $f^{(5)}(1)=-5!\left(\frac{1}{2^6}-\frac{1}{3^6}\right)$.

【例】10.12.5　求幂级数 $\sum_{n=1}^{\infty}\frac{(-1)^{n-1}}{n(2n-1)}x^{2n}$ 的收敛区间及和函数.

解： 因为

$$\lim_{n\to\infty}\left|\frac{u_{n+1}(x)}{u_n(x)}\right|=\lim_{n\to\infty}\frac{n(2n-1)}{(n+1)(2n+1)}\cdot x^2=x^2,$$

所以当 $x^2<1$，即 $|x|<1$ 时级数收敛，故原级数的收敛区间为 $(-1,1)$.

下面求幂级数的和函数. 设 $S(x)=\sum_{n=1}^{\infty}\frac{(-1)^{n-1}}{n(2n-1)}x^{2n}$，则

$$S'(x)=\sum_{n=1}^{\infty}\frac{2(-1)^{n-1}}{(2n-1)}x^{2n-1},$$

$$S''(x)=\sum_{n=1}^{\infty}2(-1)^{n-1}x^{2n-2}=\sum_{n=1}^{\infty}2(-x^2)^{n-1}$$

$$=\frac{2}{1+x^2},$$

所以 $S'(x)=S'(0)+\int_0^x\frac{2}{1+t^2}\mathrm{d}t=2\arctan x$，从而

$$S(x)=S(0)+\int_0^x 2\arctan t\mathrm{d}t=2x\arctan x-\ln(1+x^2).$$

【例】10.12.6　求极限 $\lim_{n\to\infty}\left[2^{\frac{1}{3}}\times4^{\frac{1}{9}}\times8^{\frac{1}{27}}\times\cdots\times(2^n)^{\frac{1}{3^n}}\right]$ 的值.

解： 首先，

$$2^{\frac{1}{3}}\cdot4^{\frac{1}{9}}\cdot8^{\frac{1}{27}}\times\cdots\times(2^n)^{\frac{1}{3^n}}=2^{\frac{1}{3}+\frac{2}{9}+\frac{3}{27}+\cdots+\frac{n}{3^n}}.$$

考虑级数 $\sum_{n=1}^{\infty}\frac{n}{3^n}$，设 $S(x)=\sum_{n=1}^{\infty}nx^{n-1}$，则

$$S(x)=\left[\int_0^x S(x)\mathrm{d}x\right]'=\left(\sum_{n=1}^{\infty}x^n\right)'=\left(\frac{1}{1-x}-1\right)'=\frac{1}{(1-x)^2}.$$

因为 $\sum_{n=1}^{\infty}\frac{n}{3^n}=\frac{1}{3}\sum_{n=1}^{\infty}n\left(\frac{1}{3}\right)^{n-1}=\frac{1}{3}S\left(\frac{1}{3}\right)=\frac{3}{4}$，所以 $\lim_{n\to\infty}s_n=\frac{3}{4}$，从而，

$$\lim_{n\to\infty}\left[2^{\frac{1}{3}}\times4^{\frac{1}{9}}\times8^{\frac{1}{27}}\times\cdots\times(2^n)^{\frac{1}{3^n}}\right]=\lim_{n\to\infty}2^{s_n}=2^{\frac{3}{4}}.$$

10.13　傅里叶系数、傅里叶展式、和函数

【例】10.13.1　设 $f(x)$ 是周期为 2π 的周期函数. 它在 $[-\pi,\pi)$ 内的表达式为 $f(x)=x$，$f(x)$ 展开的傅里叶级数为 $\sum_{n=1}^{\infty}b_n\sin nx$，且 $S(x)=\sum_{n=1}^{\infty}b_n\sin nx$，求 b_3 及 $S(\pi)$.

解：

$$b_3=\frac{2}{\pi}\int_0^{\pi}x\sin 3x\mathrm{d}x=\frac{2}{\pi}\int_0^{\pi}x\left(-\frac{1}{3}\right)\mathrm{d}(\cos 3x)$$

$$=-\frac{2}{3\pi}\left(x\cos 3x\Big|_0^{\pi}-\int_0^{\pi}\cos 3x\mathrm{d}x\right)=\frac{2}{3}.$$

故

$$S(\pi)=\frac{1}{2}[f(\pi-0)+f(-\pi+0)]=0.$$

【例】10.13.2　设$S(x)$为函数$f(x)=\begin{cases}2, & -\pi<x\leqslant 0,\\ x^2, & 0<x\leqslant\pi\end{cases}$的以$2\pi$为周期的傅里叶级数展开式的和函数，求$S(6)$，$S(-6)$，$S(2\pi)$，$S(3\pi)$的值.

解：由狄立克莱收敛定理

$$S(6)=S(6-2\pi)=2,\ S(-6)=S(2\pi-6)=(2\pi-6)^2,$$

$$S(2\pi)=S(0)=1,\ S(3\pi)=S(\pi)=1+\frac{\pi^2}{2}.$$

【例】10.13.3　将函数$f(x)=1-x^2\ (0\leqslant x\leqslant\pi)$展开成余弦级数，并求级数$\sum\limits_{n=1}^{\infty}\frac{(-1)^{n-1}}{n^2}$的和.

解：由傅里叶系数公式

$$a_0=\frac{2}{\pi}\int_0^{\pi}(1-x^2)\mathrm{d}x=2-\frac{2}{3}\pi^2,$$

$$a_n=\frac{2}{\pi}\int_0^{\pi}(1-x^2)\cos nx\mathrm{d}x=(-1)^{n+1}\frac{4}{n^2}(n=1,2,\cdots),$$

故$f(x)$的余弦级数为

$$f(x)=1-\frac{\pi^2}{3}+4\sum_{n=1}^{\infty}\frac{(-1)^{n+1}}{n^2}\cos nx(0\leqslant x\leqslant\pi).$$

令$x=0$，有$f(0)=1-\frac{\pi^2}{3}+4\sum\limits_{n=1}^{\infty}\frac{(-1)^{n+1}}{n^2}=1$，于是

$$\sum_{n=1}^{\infty}\frac{(-1)^{n-1}}{n^2}=\frac{\pi^2}{12}.$$

第 11 章 《高等数学》名词中英文对照及常用公式

11.1 《高等数学》名词中英文对照

第 1 章 函数、极限与连续（Function, Limit and Continuity）

集合 set

元素 element

空集 empty set

并集 union

交集 intersection

差集 difference set

余集，补集 complementary set

直积 direct product

笛卡尔积 Cartesian product

开区间 open interval

闭区间 closed interval

半开区间 half open interval

有限区间 finite interval

区间的长度 length of interval

无限区间 infinite interval

邻域 neighborhood

邻域的中心 centre of neighborhood

邻域的半径 radius of neighborhood

左邻域 left neighborhood

右邻域 right neighborhood

映射 mapping

X 到 Y 的映射 mapping of X onto Y

满射 surjection

单射 injection

一一映射 one - to - one mapping

双射 bijection

算子 operator

变换 transformation

函数 function

逆映射 inverse mapping

复合映射 composite mapping

自变量 independent variable

因变量 dependent variable

定义域 domain

函数值 value of function

函数关系 function relation

值域 range

自然定义域 natural domain

单值函数 single valued function

多值函数 multiple valued function

函数图形 graph of function

绝对值 absolute value

符号函数 sign function

当且仅当 if and only if（iff）

上界 upper bound

下界 lower bound

有界 boundedness

无界 unbounded

函数的单调性 monotonicity of function

单调增加 increasing

单调减少 decreasing

单调函数 monotonic function

函数的奇偶性 parity (odevity) of function

对称性 symmetry

偶函数 even function

奇函数 odd function

函数的周期性 periodicity of function

周期 period

反函数 inverse function

直接函数 direct function

复合函数 composite function

中间变量 intermediate variable

函数的运算 operation of function

初等函数 elementary function

幂函数 power function

指数函数 exponential function

对数函数 logarithmic function

三角函数 trigonometric function

反三角函数 inverse trigonometric function

常数函数 constant function

双曲函数 hyperbolic function

双曲正弦 hyperbolic sine

双曲余弦 hyperbolic cosine

双曲正切 hyperbolic tangent

反双曲正弦 inverse hyperbolic sine

反双曲余弦 inverse hyperbolic cosine

反双曲正切 inverse hyperbolic tangent

极限 limit

数列 sequence of number

收敛的 convergent

收敛于 converge to

发散的 divergent

极限的唯一性 uniqueness of limit

收敛数列的有界性 boundedness of convergent sequence

子列 subsequence

函数的极限 limit of function

函数当 x 趋于 x_0 时的极限 limit of function as x approaches x_0

左极限 left limit

右极限 right limit

单侧极限 one - sided limit

水平渐近线 horizontal asymptote

无穷小 infinitesimal

无穷大 infinity

铅直渐近线 vertical asymptote

迫敛性定理 squeeze theorem, sandwich theorem, pinching theorem

单调数列 monotonic sequence

高阶无穷小 infinitesimal of higher order

低阶无穷小 infinitesimal of lower order

同阶无穷小 infinitesimal of the same order

等阶无穷小 equivalent infinitesimal

函数的连续性 continuity of function

增量 increment

左连续 left - continuous

右连续 right - continuous

不连续点 discontinuity point

第一类间断点 discontinuity point of the first kind

第二类间断点 discontinuity point of the second kind

初等函数的连续性 continuity of the elementary functions

最大值 global maximum value (absolute maximum)

最小值 global minimum value (absolute minimum)

介值定理 intermediate value theorem

第 2 章　导数与微分（Derivative and Differential）

速度 velocity

匀速运动 uniform motion

平均速度 average velocity

瞬时速度 instantaneous velocity

切线 tangent line

切线的斜率 slope of the tangent line

位置函数 position function

导数 derivative

可微的 differentiable

函数的变化率 rate of change

导函数 derivative function

左导数 left - hand derivative

右导数 right - hand derivative

单侧导数 one - sided derivative

切线方程 equation of tangent line

角速度 angular velocity

链式法则 chain rule

隐函数 implicit function

显函数 explicit function

二阶导数 second derivative

三阶导数 third derivative

n 阶导数 n - th derivative

莱布尼茨公式 Leibniz formula

对数求导法 log - derivative

参数方程 parametric equation

相关变化率 correlative change rate

微分 differential

微商 differential quotient

间接测量误差 indirect measurement error

绝对误差 absolute error

相对误差 relative error

罗尔定理 Rolle’s theorem

费马引理 Fermat’s lemma

拉格朗日中值定理 Lagrange’s mean value theorem

驻点 stationary point

稳定点 stable point

临界点 critical point

辅助函数 auxiliary function

拉格朗日中值定理 Lagrange’s mean value formula

柯西中值定理 Cauchy’s mean value theorem

洛必达法则 L’Hospital’s rule

“0/0” 型不定式 indeterminate form “0/0”

泰勒中值定理 Taylor’s mean value theorem

泰勒公式 Taylor formula

余项 remainder term

拉格朗日余项 Lagrange remainder term

麦克劳林公式 Maclaurin’s formula

皮亚诺余项 Peano remainder term

凹凸性 concavity

凹向上的，向下凸的 concave upward，concave up

凹向下的，向上凸的 concave downward，concave down

拐点 inflection point

函数的极值 extremum of function

极大值 local（relative） maximum

极小值 local（relative） minimum

目标函数 objective function

曲率 curvature

弧微分 differential of arc length function

平均曲率 average curvature

曲率圆 circle of curvature

曲率中心 center of curvature

曲率半径 radius of curvature

第 3 章 不定积分与定积分（Indefinite and Definite Integrals）

原函数 antiderivative

被积函数 integrand

积分变量 variable of integration

积分曲线 integral curve

换元积分法 integration by substitution

分部积分法 integration by parts

有理函数 rational function

真分式 proper fraction

假分式 improper fraction

积分下限 lower limit of integration

积分上限 upper limit of integration

积分区间 integral interval

分割 partition

积分和 integral sum

可积的 integrable

矩形法 rectangle rule

定积分中值定理 mean value theorem for definite integrals

牛顿－莱布尼茨公式 Newton－Leibniz formula

微积分基本定理 fundamental theorem of calculus

递推公式 recurrence formula

反常积分 improper integral

无界函数的反常积分 improper integral of unbounded functions

绝对收敛 absolutely convergent

面积元素 area element

直角坐标系（又称笛卡尔坐标系）rectangular coordinate system（Cartesian coordinate system）

极坐标 polar coordinates

抛物线 parabola

椭圆 ellipse

双曲线 hyperbola

旋转体的体积 volume of solid of rotation

旋转椭球体 ellipsoid of revolution，ellipsoid of rotation

曲线的弧长 arc length of curve

可求长的 rectifiable

光滑 smooth

功 work

水压力 water pressure

引力 gravitation

变力 variable force

第 4 章 微分方程（Differential Equation）

常微分方程 ordinary differential equation

偏微分方程 partial differential equation

微分方程的阶 order of differential equation

微分方程的解 solution of differential equation

通解 general solution

初始条件 initial condition

特解 particular solution

初值问题 initial value problem

积分曲线 integral curve

分离变量 variables separated

隐式解 implicit solution

齐次方程 homogeneous equation

一阶线性方程 linear differential equation of first order

非齐次 non－homogeneous

常数变易法 method of variation of parameters

伯努利方程 Bernoulli equation

全微分方程 total differential equation

积分因子 integrating factor

高阶微分方程 differential equation of higher order

悬链线 catenary

二阶线性微分方程 second order linear differential equation

线性相关性 linear dependence

线性无关性 linear independence

特征方程 characteristic equation

微分算子 differential operator

待定系数法 method of undetermined coefficients

欧拉方程 Euler equation

幂级数解 power - series solution

微分方程组 system of differential equations

第 5 章　向量代数、空间解析几何（Vector Algebra and Analytic Geometry）

向量 vector

自由向量 free vector

单位向量 unit vector

零向量 zero vector

相等 equal

平行 parallel

向量的线性运算 linear operation of vectors

三角形法则 triangle law

向量加法的平行四边形法则 parallelogram law of adding vectors

交换律 commutativity law

结合律 associative law

负向量 negative vector

差 difference

分配律 distributive law

坐标面 coordinate plane

卦限 octant

向量的模 modulus of vector

向量 $\vec{a}$ 与 $\vec{b}$ 的夹角 angle between vectors $\vec{a}$ and $\vec{b}$

方向余弦 direction cosine

方向角 direction angle

向量的投影 projection of vector

数量积 scalar product，dot product，inner product

曲面方程 equation of surface

球面 sphere

旋转曲面 surface of revolution

母线，生成线 generating line

轴 axis

圆锥面 cone

顶点 vertex

单叶双曲面 hyperboloid of one sheet

双叶双曲面 hyperboloid of two sheets

柱面 cylindrical surface，cylinder

准线 directrix，directrix line

抛物柱面 parabolic cylinder

二次曲面 quadric surface

椭圆锥面 elliptic cone

椭球面 ellipsoid

旋转椭球面 ellipsoid of revolution

椭圆抛物面 elliptic paraboloid

旋转抛物面 paraboloid of revolution

双曲抛物面 hyperbolic paraboloid

马鞍面 saddle surface

椭圆柱面 elliptic cylinder

双曲柱面 hyperbolic cylinder

抛物柱面 parabolic cylinder

空间曲线 space curve

投影柱面 projecting cylinder

投影 projection

法向量 normal vector

平面的一般方程 general form equation of a plane

两平面的夹角 angle between two planes

点到平面的距离 distance from a point to a plane

空间直线的一般方程 general equation of a line in space

方向向量 direction vector

方向数 direction number

直线的参数方程 parametric equations of

straight line

两直线的夹角 angle between two straight lines

垂直于 perpendicular to

平行于 parallel to

直线与平面的夹角 angle between line and plane

平面束 pencil of planes

平面束的方程 equation of pencil of planes

行列式 determinant

系数行列式 coefficients determinant

第 6 章 多元函数的极限、连续与微分(Limit, Continuity and Differentiation of Multivariable Functions)

一元函数 function of single variable

多元函数 function of several variables, multivariable functions

内点 interior point

外点 exterior point

边界点 boundary point

聚点 cluster point

连通集 connected set

开区域 open region

闭区域 closed region

有界集 bounded set

无界集 unbounded set

n 维空间 n – dimensional space

二重极限 double limit

多元函数的连续性 continuity of multivariable functions

连续函数 continuous function

不连续点 discontinuity point

一致连续 uniformly continuous

偏导数 partial derivative

对自变量 x 的偏导数 partial derivative with respect to independent variable x

高阶偏导数 partial derivative of higher order

二阶偏导数 second order partial derivative

混合偏导数 mixed partial derivative

偏增量 partial increment

全增量 total increment

必要条件 necessary condition

充分条件 sufficient condition

叠加原理 superposition principle

全导数 total derivative

中间变量 intermediate variable

隐函数定理 implicit function theorem

切向量 tangent vector

法平面 normal plane

向量值函数 vector – valued function

切平面 tangent plane

法线 normal line

方向导数 directional derivative

梯度 gradient

数量场 scalar field

梯度场 gradient field

向量场 vector field

势场 potential field

引力场 gravitational field

引力势 gravitational potential

条件极值 constrained extremum

拉格朗日乘数法 method of Lagrange multipliers

拉格朗日乘子 Lagrange multiplier

最小二乘法 method of least square

第 7 章 多元函数积分学(Integrals of Multivariable functions)

二重积分 double integral

可加性 additivity

累次积分 iterated integral

体积元素 volume element

三重积分 triple integral

柱面坐标 cylindrical coordinates

球面坐标 spherical coordinates

曲面的面积 area of surface

质心 centre of mass

静力矩 static moment

密度 density

形心 centroid

转动惯量 moment of inertia

对弧长的曲线积分 line integral with respect to arc length

第一类曲线积分 line integral of the first type, scalar line integral

对坐标的曲线积分 line integrals with respect to coordinate elements

第二类曲线积分 line integrals of the second type, line integral of vector fields

有向曲线弧 directed arc

单连通区域 simply connected region

复连通区域 complex connected region

格林公式 Green formula

第一类曲面积分 surface integral of the first type, surface integral of scalar – valued functions

对面积的曲面积分 surface integrals with respect to area

有向曲面 directed surface

对坐标的曲面积分 surface integrals with respect to coordinate elements

第二类曲面积分 surface integrals of the second type, surface integral of a vector field

高斯公式 Gauss formula

拉普拉斯算子 Laplace operator

格林第一公式 Green's first formula

通量 flux

散度 divergence

斯托克斯公式 Stokes formula

环流量 circulation

旋度 rotation, curl

第 8 章　无穷级数（Infinite Series）

一般项 general term

部分和 partial sum

余项 remainder term

几何级数 geometric series

调和级数 harmonic series

公比 ratio

柯西收敛准则 Cauchy criterion for convergence

正项级数 series with positive terms

达朗贝尔判别法 D'Alembert test

柯西判别法 Cauchy test

交错级数 alternating series

绝对收敛的 absolutely convergent

条件收敛的 conditionally convergent

柯西乘积 Cauchy product

函数项级数 series of functions

发散点 point of divergence

收敛点 point of convergence

收敛域 convergence domain

和函数 sum function

幂级数 power series

幂级数的系数 coefficients of power series

阿贝尔定理 Abel theorem

收敛半径 radius of convergence

收敛区间 interval of convergence

泰勒级数 Taylor series

麦克劳林级数 Maclaurin series

二项式级数 binomial series

舍入误差 round – off error, rounding error

欧拉公式 Euler's formula

魏尔斯特拉斯判别法 Weierstrass test

三角级数 trigonometric series

振幅 amplitude

角频率 angular frequency
初相 initial phase
三角函数系 trigonometric function system
傅里叶系数 Fourier coefficient
傅里叶级数 Fourier series
周期延拓 periodic prolongation
正弦级数 sine series
余弦级数 cosine series
奇延拓 odd prolongation
偶延拓 even prolongation
傅里叶级数的复数形式 complex form of Fourier series

11.2 高等数学常用公式

11.2.0 预备知识

- **三角函数诱导公式**

角/函数	sin	cos	tan	cot
$-\alpha$	$-\sin\alpha$	$\cos\alpha$	$-\tan\alpha$	$-\cot\alpha$
$90°-\alpha$	$\cos\alpha$	$\sin\alpha$	$\cot\alpha$	$\tan\alpha$
$90°+\alpha$	$\cos\alpha$	$-\sin\alpha$	$\cot\alpha$	$\tan\alpha$
$180°-\alpha$	$\sin\alpha$	$-\cos\alpha$	$-\tan\alpha$	$-\cot\alpha$
$180°+\alpha$	$-\sin\alpha$	$-\cos\alpha$	$\tan\alpha$	$\cot\alpha$
$270°-\alpha$	$-\cos\alpha$	$-\sin\alpha$	$\cot\alpha$	$\tan\alpha$
$270°+\alpha$	$-\cos\alpha$	$\sin\alpha$	$-\cot\alpha$	$-\tan\alpha$
$360°-\alpha$	$-\sin\alpha$	$\cos\alpha$	$-\tan\alpha$	$-\cot\alpha$
$360°+\alpha$	$\sin\alpha$	$\cos\alpha$	$\tan\alpha$	$\cot\alpha$

- **和差角公式**

$$\sin(\alpha\pm\beta)=\sin\alpha\cos\beta\pm\cos\alpha\sin\beta,\quad \tan(\alpha\pm\beta)=\frac{\tan\alpha\pm\tan\beta}{1\mp\tan\alpha\cdot\tan\beta}.$$

$$\cos(\alpha\pm\beta)=\cos\alpha\cos\beta\mp\sin\alpha\sin\beta,\quad \cot(\alpha\pm\beta)=\frac{\cot\alpha\cdot\cot\beta\mp1}{\cot\beta\pm\cot\alpha}.$$

- **积化和差公式**

$$\sin\alpha\cos\beta=\frac{1}{2}[\sin(\alpha+\beta)+\sin(\alpha-\beta)].$$

$$\cos\alpha\sin\beta=\frac{1}{2}[\sin(\alpha+\beta)-\sin(\alpha-\beta)].$$

$$\cos\alpha\cos\beta=\frac{1}{2}[\cos(\alpha+\beta)+\cos(\alpha-\beta)].$$

$$\sin\alpha\sin\beta=-\frac{1}{2}[\cos(\alpha+\beta)-\cos(\alpha-\beta)].$$

- **和差化积公式**

$$\sin\alpha+\sin\beta=2\sin\frac{\alpha+\beta}{2}\cos\frac{\alpha-\beta}{2}.$$

$$\sin\alpha-\sin\beta=2\cos\frac{\alpha+\beta}{2}\sin\frac{\alpha-\beta}{2}.$$

$$\cos\alpha+\cos\beta=2\cos\frac{\alpha+\beta}{2}\cos\frac{\alpha-\beta}{2}.$$

$$\cos\alpha-\cos\beta=-2\sin\frac{\alpha+\beta}{2}\sin\frac{\alpha-\beta}{2}.$$

- **倍角公式**

$$\sin 2\alpha=2\sin\alpha\cos\alpha.$$

$$\cos 2\alpha=2\cos^2\alpha-1=1-2\sin^2\alpha=\cos^2\alpha-\sin^2\alpha.$$

$$\tan 2\alpha=\frac{2\tan\alpha}{1-\tan^2\alpha},\quad \cot 2\alpha=\frac{\cot^2\alpha-1}{2\cot\alpha}.$$

$$\sin 3\alpha=3\sin\alpha-4\sin^3\alpha,\quad \cos 3\alpha=4\cos^3\alpha-3\cos\alpha.$$

$$\tan 3\alpha=\frac{3\tan\alpha-\tan^3\alpha}{1-3\tan^2\alpha}.$$

- **半角公式**

$$\sin\frac{\alpha}{2}=\pm\sqrt{\frac{1-\cos\alpha}{2}},\quad \tan\frac{\alpha}{2}=\pm\sqrt{\frac{1-\cos\alpha}{1+\cos\alpha}}=\frac{1-\cos\alpha}{\sin\alpha}=\frac{\sin\alpha}{1+\cos\alpha}.$$

$$\cos\frac{\alpha}{2}=\pm\sqrt{\frac{1+\cos\alpha}{2}},\quad \cot\frac{\alpha}{2}=\pm\sqrt{\frac{1+\cos\alpha}{1-\cos\alpha}}=\frac{1+\cos\alpha}{\sin\alpha}=\frac{\sin\alpha}{1-\cos\alpha}.$$

- **正弦定理** $\frac{a}{\sin A}=\frac{b}{\sin B}=\frac{c}{\sin C}=2R.$
- **余弦定理** $c^2=a^2+b^2-2ab\cos C.$
- **反三角函数性质** $\arcsin x=\frac{\pi}{2}-\arccos x$，$\arctan x=\frac{\pi}{2}-\operatorname{arccot} x.$
- **双曲函数与反双曲函数**

双曲正弦：$\sinh x=\frac{e^x-e^{-x}}{2}$，双曲余弦：$\cosh x=\frac{e^x+e^{-x}}{2}.$

双曲正切：$\tanh x=\frac{\sinh x}{\cosh x}=\frac{e^x-e^{-x}}{e^x+e^{-x}}.$

反双曲正弦：$\operatorname{arsinh} x=\ln(x+\sqrt{x^2+1})$，$x\in(-\infty,\ +\infty).$

反双曲余弦：$\operatorname{arcosh} x=\pm\ln(x+\sqrt{x^2-1})$，$x\in[1,\ +\infty).$

反双曲正切：$\operatorname{artanh} x=\frac{1}{2}\ln\frac{1+x}{1-x}$，$x\in(-1,1)$.

11.2.1 函数、极限与连续

- **函数极限的“$\varepsilon-\delta$”定义**

$$\lim_{x\to 0}f(x)=A\Leftrightarrow\forall\varepsilon>0,\exists\delta>0,\text{当}\ 0<|x-x_0|<\delta,\text{有}\ |f(x)-A|<\varepsilon.$$

- **两个重要极限** ①$\lim\limits_{x\to 0}\frac{\sin x}{x}=1$；②$\lim\limits_{x\to\infty}\left(1+\frac{1}{x}\right)^x=\mathrm{e}$（$\mathrm{e}=2.71828\cdots$）.

11.2.2 导数与微分

- **易混淆导数公式（部分）**

$$(\tan x)'=\sec^2 x,\ (\arcsin x)'=\frac{1}{\sqrt{1-x^2}},$$

$$(\cot x)'=-\csc^2 x,\ (\arccos x)'=-\frac{1}{\sqrt{1-x^2}},$$

$$(\sec x)'=\sec x\cdot\tan x,\ (\arctan x)'=\frac{1}{1+x^2},$$

$$(\csc x)'=-\csc x\cdot\cot x,\ (\operatorname{arccot} x)'=-\frac{1}{1+x^2},$$

$$(a^x)'=a^x\ln a(a>0,a\neq 1),$$

$$(\log_a x)'=\frac{1}{x\ln a}(a>0,a\neq 1).$$

- **幂指函数求导** $f(x)=u(x)^{v(x)}(u(x)>0)$，$f'(x)=u(x)^{v(x)}\left[v'(x)\cdot\ln u(x)+\frac{v(x)u'(x)}{u(x)}\right]$.

- **高阶导数**

$$(\sin kx)^{(n)}=k^n\sin\left(kx+n\cdot\frac{\pi}{2}\right),\ (\cos kx)^{(n)}=k^n\cos\left(kx+n\cdot\frac{\pi}{2}\right),$$

$$\left(\frac{1}{x}\right)^{(n)}=(-1)^n\frac{n!}{x^{n+1}},\ (\ln x)^{(n)}=(-1)^{n-1}\frac{(n-1)!}{x^n},$$

$$\left(\frac{1}{x\pm 1}\right)^{(n)}=(-1)^n\frac{n!}{(x\pm 1)^{n+1}},\ \left(\frac{1}{1-x}\right)^{(n)}=\frac{n!}{(1-x)^{n+1}}.$$

- **二函数乘积的高阶导数——莱布尼茨公式**

$$\begin{aligned}(uv)^{(n)}&=\sum_{k=0}^{n}\mathrm{C}_n^k u^{(n-k)}v^{(k)}\\&=u^{(n)}v+nu^{(n-1)}v'+\frac{n(n-1)}{2!}u^{(n-2)}v''+\cdots+\end{aligned}$$

$$\frac{n(n-1)\cdots(n-k+1)}{k!}u^{(n-k)}v^{(k)}+\cdots+uv^{(n)}.$$

- **和、差、积、商的微分运算法则**

$$\mathrm{d}(u\pm v)=\mathrm{d}u\pm\mathrm{d}v,\ \mathrm{d}(Cu)=C\mathrm{d}u,\ \mathrm{d}(uv)=v\mathrm{d}u+u\mathrm{d}v,\ \mathrm{d}\left(\frac{u}{v}\right)=\frac{v\mathrm{d}u-u\mathrm{d}v}{v^2}.$$

- **弧微分和曲率**
- 弧微分公式：

直角坐标：$y=y(x)$，$\mathrm{d}s=\sqrt{1+y'^2}\,\mathrm{d}x$，参数方程：$x=\phi(t)$，$y=\psi(t)$，$\mathrm{d}s=\sqrt{[\varphi'(t)]^2+[\psi'(t)]^2}\mathrm{d}t$，极坐标：$\rho=\rho(\theta)$，$\mathrm{d}s=\sqrt{\rho^2(\theta)+[\rho'(\theta)]^2}\mathrm{d}\theta$.

- 平均曲率：$\bar{\kappa}=\left|\frac{\Delta\alpha}{\Delta s}\right|$，其中，$\Delta\alpha$ 表示角度增量；Δs 表示弧长增量.
- 曲率：

$$\kappa=\left|\frac{\mathrm{d}\alpha}{\mathrm{d}s}\right|=\frac{|y''|}{\sqrt{(1+y'^2)^3}}.$$

直线的曲率：$\kappa=0$. 半径为 R 的圆的曲率：$\kappa=\frac{1}{R}$.

- 曲率中心：记点（x_0，y_0）处曲率中心为（ξ，η），则

$$\begin{cases}(\xi-x_0)^2+(\eta-y_0)^2=R^2,\\ \dfrac{\eta-y_0}{\xi-x_0}=-\dfrac{1}{y'}\end{cases} \text{或} \begin{cases}\xi=x_0-\dfrac{y'}{y''}(1+y'^2),\\ \eta=y_0+\dfrac{1}{y''}(1+y'^2).\end{cases}$$

- ***n* 阶泰勒公式（皮亚诺余项）**

$$f(x)=f(x_0)+f'(x_0)(x-x_0)+\frac{f''(x_0)}{2!}(x-x_0)^2+\cdots+\frac{f^{(n)}(x_0)}{n!}(x-x_0)^n+o[(x-x_0)^n].$$

11.2.3 不定积分与定积分

- **基本积分表（部分）**

$$\int\tan x\mathrm{d}x=-\ln|\cos x|+C,\ \int\frac{\mathrm{d}x}{\cos^2x}=\int\sec^2x\mathrm{d}x=\tan x+C,$$

$$\int\cot x\mathrm{d}x=\ln|\sin x|+C,$$

$$\int\sec x\mathrm{d}x=\ln|\sec x+\tan x|+C,\ \int\frac{\mathrm{d}x}{\sin^2x}=\int\csc^2x\mathrm{d}x=-\cot x+C,$$

$$\int\csc x\mathrm{d}x=\ln|\csc x-\cot x|+C,\ \int\sec x\cdot\tan x\mathrm{d}x=\sec x+C,$$

$$\int\frac{\mathrm{d}x}{a^2+x^2}=\frac{1}{a}\arctan\frac{x}{a}+C,\ \int\csc x\cdot\cot x\mathrm{d}x=-\csc x+C,$$

$$\int\frac{\mathrm{d}x}{x^2-a^2}=\frac{1}{2a}\ln\left|\frac{x-a}{x+a}\right|+C,\ \int a^x\mathrm{d}x=\frac{a^x}{\ln a}+C(a>0,a\neq1),$$

$$\int\frac{\mathrm{d}x}{a^2-x^2}=\frac{1}{2a}\ln\left|\frac{a+x}{a-x}\right|+C,\ \int\cosh x\mathrm{d}x=\sinh x+C,$$

$$\int\frac{\mathrm{d}x}{\sqrt{a^2-x^2}}=\arcsin\frac{x}{a}+C(a>0),\ \int\frac{\mathrm{d}x}{\sqrt{x^2\pm a^2}}=\ln\left|x+\sqrt{x^2\pm a^2}\right|+C(a>0),$$

$$\int\sqrt{x^2+a^2}\mathrm{d}x=\frac{x}{2}\sqrt{x^2+a^2}+\frac{a^2}{2}\ln(x+\sqrt{x^2+a^2})+C(a>0),$$

$$\int\sqrt{x^2-a^2}\mathrm{d}x=\frac{x}{2}\sqrt{x^2-a^2}-\frac{a^2}{2}\ln\left|x+\sqrt{x^2-a^2}\right|+C(a>0),$$

$$\int\sqrt{a^2-x^2}\mathrm{d}x=\frac{x}{2}\sqrt{a^2-x^2}+\frac{a^2}{2}\arcsin\frac{x}{a}+C(a>0),$$

$$I_n=\int_0^{\frac{\pi}{2}}\sin^n x\mathrm{d}x=\int_0^{\frac{\pi}{2}}\cos^n x\mathrm{d}x=\begin{cases}\dfrac{(n-1)!!}{n!!}\dfrac{\pi}{2},n\text{ 为正偶数},\\ \dfrac{(n-1)!!}{n!!},n\text{ 为大于 1 的正奇数}.\end{cases}$$

- **三角函数的有理式积分（半角代换）**

令 $u=\tan\frac{x}{2}$，则 $\sin x=\frac{2u}{1+u^2}$，$\cos x=\frac{1-u^2}{1+u^2}$，$\mathrm{d}x=\frac{2\mathrm{d}u}{1+u^2}$.

11.2.4 常微分方程

- **一阶线性微分方程**.
- 一阶线性微分方程：$\frac{\mathrm{d}y}{\mathrm{d}x}+P(x)y=Q(x)$.

$$\begin{cases}\text{当 }Q(x)\equiv0\text{ 时为齐次方程，}y=C\mathrm{e}^{-\int P(x)\mathrm{d}x}.\\ \text{当 }Q(x)\neq0\text{ 时为非齐次方程，}y=\left(\int Q(x)\mathrm{e}^{\int P(x)\mathrm{d}x}\mathrm{d}x+C\right)\mathrm{e}^{-\int P(x)\mathrm{d}x}.\end{cases}$$

- 伯努利方程：$\frac{\mathrm{d}y}{\mathrm{d}x}+P(x)y=Q(x)y^{\alpha}(\alpha\neq0,1)$.

解法：令 $u=y^{1-\alpha}$，将伯努利方程化为 u 的一阶线性微分方程.

- **二阶线性微分方程**

$$\frac{\mathrm{d}^2y}{\mathrm{d}x^2}+P(x)\frac{\mathrm{d}y}{\mathrm{d}x}+Q(x)y=f(x)\begin{cases}f(x)\equiv0\text{ 时为齐次},\\ f(x)\neq0\text{ 时为非齐次}.\end{cases}$$

二阶常系数齐次线性微分方程及其解法：

$y''+py'+qy=0(1)$，其中 p，q 为常数；

求解步骤：

1. 写出特征方程：$r^2+pr+q=0(2)$.

2. 求出式（2）的两个根 r_1，r_2.

3. 根据 r_1，r_2 的不同情况，按下表写出式（1）的通解：

r_1，r_2 的形式	方程（1）的通解
两个不相等实根（$p^2-4q>0$）	$y=C_1e^{r_1x}+C_2e^{r_2x}$
两个相等实根（$p^2-4q=0$）	$y=(C_1+C_2x)e^{r_1x}$
一对共轭复根（$p^2-4q<0$） $r_{1,2}=\alpha\pm i\beta$ $\alpha=-\frac{p}{2}$，$\beta=\frac{\sqrt{4q-p^2}}{2}$	$y=e^{\alpha x}\ (C_1\cos\beta x+C_2\sin\beta x)$

- **二阶常系数非齐次线性微分方程（待定系数法）**

$$y''+py'+qy=f(x)，p，q 为常数.$$

- 若 $f(x)=e^{\lambda}xP_m(x)$，其中 λ 为常数，$P_m(x)$ 为 m 次多项式，可令方程特解为

$$y^*=x^kQ_m(x)e^{\lambda x},$$

其中，$Q_m(x)$ 是 m 次多项式，k 的取值按照 λ 非特征根，单根、重根的情况分别取 0，1，2.

- 若 $f(x)=e^{\lambda x}[P_l(x)\cos\omega x+P_m(x)\sin\omega x]$，其中 λ，ω 为实常数，$P_l(x)$，$P_m(x)$ 分别是 l 次、m 次多项式，可令方程特解为

$$y^*=x^ke^{\lambda x}[Q_n(x)\cos\omega x+R_n(x)\sin\omega x],$$

其中，$Q_n(x)$，$R_n(x)$ 是 n 次多项式，$n=\max\{l,m\}$，k 的取值按照 $\lambda+i\omega$ 非特征根，特征根的情况分别取 0，1.

11.2.5 向量代数、空间解析几何

- **空间解析几何与向量代数**

- 空间两点 $M_1(x_1,y_1,z_1)$，$M_2(x_2,y_2,z_2)$ 的距离：

$$d=\sqrt{(x_2-x_1)^2+(y_2-y_1)^2+(z_2-z_1)^2}.$$

- 向量 $\vec{b}$ 在 $\vec{a}$ 上的投影：$(\vec{b})_{\vec{a}}=|\vec{b}|\cdot\cos\theta$，其中 θ 是 $\vec{a}$ 与 $\vec{b}$ 之间的夹角.

- 向量的数量积：

$$\vec{a}\cdot\vec{b}=|\vec{a}|\cdot|\vec{b}|\cos\theta=a_xb_x+a_yb_y+a_zb_z,$$

其中，$\vec{a}=(a_x,a_y,a_z)$，$\vec{b}=(b_x,b_y,b_z)$，θ 是向量 $\vec{a}$ 与 $\vec{b}$ 之间的夹角.

- 两向量之间的夹角：

$$\cos\theta = \frac{\vec{a}\cdot\vec{b}}{|\vec{a}|\cdot|\vec{b}|} = \frac{a_x b_x + a_y b_y + a_z b_z}{\sqrt{a_x^2+a_y^2+a_z^2}\cdot\sqrt{b_x^2+b_y^2+b_z^2}}.$$

- 向量的向量积：

$$\vec{c} = \vec{a}\times\vec{b} = \begin{vmatrix} \vec{i} & \vec{j} & \vec{k} \\ a_x & a_y & a_z \\ b_x & b_y & b_z \end{vmatrix},\quad |\vec{c}| = |\vec{a}|\cdot|\vec{b}|\sin\theta,$$

其中，$\vec{a}=(a_x,a_y,a_z)$，$\vec{b}=(b_x,b_y,b_z)$，θ 是 $\vec{a}$ 与 $\vec{b}$ 之间的夹角.

- 向量的混合积：

$$(\vec{a},\vec{b},\vec{c}) = (\vec{a}\times\vec{b})\cdot\vec{c} = \begin{vmatrix} a_x & a_y & a_z \\ b_x & b_y & b_z \\ c_x & c_y & c_z \end{vmatrix},$$

其中，$\vec{a}=(a_x,a_y,a_z)$，$\vec{b}=(b_x,b_y,b_z)$，$\vec{c}=(c_x,c_y,c_z)$.

- **平面的方程**
- 点法式方程：$A(x-x_0)+B(y-y_0)+C(z-z_0)=0$，其中法向量 $\vec{n}=(A,B,C)$，$(x_0,\ y_0,\ z_0)$ 为平面内一点 M_0 的坐标.
- 一般方程：$Ax+By+Cz+D=0$.
- 截距式方程：$\frac{x}{a}+\frac{y}{b}+\frac{z}{c}=1$.
- **平面外任意一点到该平面的距离**

点 $M_0(x_0,y_0,z_0)$ 到平面 $Ax+By+Cz+D=0$ 的距离为：$d=\frac{|Ax_0+By_0+Cz_0+D|}{\sqrt{A^2+B^2+C^2}}$.

- **空间直线的方程**
- 标准式（对称式）方程：$\frac{x-x_0}{m}=\frac{y-y_0}{n}=\frac{z-z_0}{p}=t$，其中 $\vec{s}=(m,n,p)$ 是直线方向向量，$(x_0,\ y_0,\ z_0)$ 是直线上一点.
- 一般方程：$\begin{cases} A_1x+B_1y+C_1z+D_1=0, \\ A_2x+B_2y+C_2z+D_2=0. \end{cases}$
- 参数方程：$\begin{cases} x=x_0+mt, \\ y=y_0+nt, \\ z=z_0+pt. \end{cases}$
- **二次曲面**
- 椭球面：$\frac{x^2}{a^2}+\frac{y^2}{b^2}+\frac{z^2}{c^2}=1$.

- 椭圆抛物面：$\frac{x^2}{2p}+\frac{y^2}{2q}=z$（$p$，$q$ 同号），双曲抛物面：$-\frac{x^2}{2p}+\frac{y^2}{2q}=z$（$p$，$q$ 同号）.
- 单叶双曲面：$\frac{x^2}{a^2}+\frac{y^2}{b^2}-\frac{z^2}{c^2}=1$，双叶双曲面：$\frac{x^2}{a^2}+\frac{y^2}{b^2}-\frac{z^2}{c^2}=-1$.

11.2.6 多元函数微分学

- **多元函数微分法及应用**
- 多元复合函数的求导法：

$$z=f[u(t),v(t)],\quad \frac{dz}{dt}=\frac{\partial z}{\partial u}\cdot\frac{\partial u}{\partial t}+\frac{\partial z}{\partial v}\cdot\frac{\partial v}{\partial t}.$$

$$z=f[u(x,y),v(x,y)],\quad \frac{\partial z}{\partial x}=\frac{\partial z}{\partial u}\cdot\frac{\partial u}{\partial x}+\frac{\partial z}{\partial v}\cdot\frac{\partial v}{\partial x}.$$

$$u=u(x,y),v=v(x,y),\quad du=\frac{\partial u}{\partial x}dx+\frac{\partial u}{\partial y}dy.$$

$$dv=\frac{\partial v}{\partial x}dx+\frac{\partial v}{\partial y}dy.$$

- 隐函数的求导公式．隐函数 $F(x,y)=0$.

$$\frac{dy}{dx}=-\frac{F'_x}{F'_y},\quad \frac{d^2y}{dx^2}=\frac{\partial}{\partial x}\left(-\frac{F'_x}{F'_y}\right)+\frac{\partial}{\partial y}\left(-\frac{F'_x}{F'_y}\right)\cdot\frac{dy}{dx}.$$

- 隐函数 $F(x,y,z)=0$，

$$\frac{\partial z}{\partial x}=-\frac{F'_x}{F'_z},\quad \frac{\partial z}{\partial y}=-\frac{F'_y}{F'_z}.$$

- 隐函数方程组：$\begin{cases}F(x,y,u,v)=0,\\G(x,y,u,v)=0,\end{cases}$

$$\frac{\partial u}{\partial x}=-\frac{1}{J}\cdot\frac{\partial(F,G)}{\partial(x,v)},\quad \frac{\partial v}{\partial x}=-\frac{1}{J}\cdot\frac{\partial(F,G)}{\partial(u,x)},$$

$$\frac{\partial u}{\partial y}=-\frac{1}{J}\cdot\frac{\partial(F,G)}{\partial(y,v)},\quad \frac{\partial v}{\partial y}=-\frac{1}{J}\cdot\frac{\partial(F,G)}{\partial(u,y)},$$

其中，$J=\frac{\partial(F,G)}{\partial(u,v)}=\begin{vmatrix}F'_u & F'_v\\G'_u & G'_v\end{vmatrix}$.

- **微分法在几何上的应用**
- 空间曲线$\begin{cases}x=\varphi(t),\\y=\psi(t),\\z=\omega(t)\end{cases}$在点 $M(x_0,y_0,z_0)$ 处的切线方程：

$$\frac{x-x_0}{\varphi'(t_0)}=\frac{y-y_0}{\psi'(t_0)}=\frac{z-z_0}{\omega'(t_0)},$$

在点 M 处的法平面方程：

$$\varphi'(t_0)(x-x_0)+\psi'(t_0)(y-y_0)+\omega'(t_0)(z-z_0)=0.$$

- 若空间曲线方程为 $\begin{cases}F(x,y,z)=0,\\G(x,y,z)=0,\end{cases}$ 则切向量

$$\vec{T}=\left(\begin{vmatrix}F'_y & F'_z\\G'_y & G'_z\end{vmatrix},\begin{vmatrix}F'_z & F'_x\\G'_z & G'_x\end{vmatrix},\begin{vmatrix}F'_x & F'_y\\G'_x & G'_y\end{vmatrix}\right).$$

- 曲面 $F(x,y,z)=0$ 上有一点 $M(x_0,y_0,z_0)$，则过此点的法向量：

$$\vec{n}=(F'_x(x_0,y_0,z_0),\ F'_y(x_0,y_0,z_0),\ F'_z(x_0,y_0,z_0)),$$

过此点的切平面方程：

$$F'_x(x_0,y_0,z_0)(x-x_0)+F'_y(x_0,y_0,z_0)(y-y_0)+F'_z(x_0,y_0,z_0)(z-z_0)=0,$$

过此点的法线方程：

$$\frac{x-x_0}{F'_x(x_0,y_0,z_0)}=\frac{y-y_0}{F'_y(x_0,y_0,z_0)}=\frac{z-z_0}{F'_z(x_0,y_0,z_0)}.$$

- **方向导数与梯度**
- 函数 $z=f(x,y)$ 在一点 $P(x,y)$ 沿任一方向 l 的方向导数为：

$\dfrac{\partial f}{\partial l}=\dfrac{\partial f}{\partial x}\cos\varphi+\dfrac{\partial f}{\partial y}\sin\varphi$，其中 φ 为 x 轴到方向 l 的转角.

- 函数 $z=f(x,y)$ 在一点 $P(x,y)$ 的梯度：$\mathrm{grad} f(x,y)=\dfrac{\partial f}{\partial x}\vec{i}+\dfrac{\partial f}{\partial y}\vec{j}$.
- 方向导数与梯度的关系：$\dfrac{\partial f}{\partial l}=\mathrm{grad} f(x,y)\cdot\vec{e}$，其中 $\vec{e}=\cos\alpha\cdot\vec{i}+\cos\beta\cdot\vec{j}$ 为 l 方

向上的单位向量，α，β 为方向角. $\dfrac{\partial f}{\partial l}$是 $\mathrm{grad} f(x,y)$ 在 l 上的投影.

- **多元函数的极值及其求法**

设 $f'_x(x_0,y_0)=f'_y(x_0,y_0)=0$，令

$$f''_{xx}(x_0,y_0)=A,\ f''_{xy}(x_0,y_0)=B,\ f''_{yy}(x_0,y_0)=C,$$

则 $\begin{cases}AC-B^2>0,\ \begin{cases}A<0,\ f(x_0,y_0)\text{为极大值},\\A>0,\ f(x_0,y_0)\text{为极小值},\end{cases}\\AC-B^2<0,\ f(x_0,y_0)\text{不是极值},\\AC-B^2=0,\ f(x_0,y_0)\text{是否为极值不确定}.\end{cases}$

11.2.7 多元函数积分学

- **重积分及其应用**
- 曲面 $z=f(x,y)$ 的面积：$A=\iint_{D_{xy}}\sqrt{1+\left(\dfrac{\partial z}{\partial x}\right)^2+\left(\dfrac{\partial z}{\partial y}\right)^2}\mathrm{d}x\mathrm{d}y$. 其中 D_{xy} 为曲面投影域.

● 平面薄片的重心：

$$\bar{x}=\frac{M_y}{m}=\frac{\iint_D x\rho(x,y)\mathrm{d}\sigma}{\iint_D \rho(x,y)\mathrm{d}\sigma},\quad \bar{y}=\frac{M_x}{m}=\frac{\iint_D y\rho(x,y)\mathrm{d}\sigma}{\iint_D \rho(x,y)\mathrm{d}\sigma}.$$

● 平面薄片的转动惯量：

$$\text{对 } x \text{ 轴 } I_x=\iint_D y^2\rho(x,y)\mathrm{d}\sigma,\ \text{对 } y \text{ 轴 } I_y=\iint_D x^2\rho(x,y)\mathrm{d}\sigma.$$

● 平面薄片（位于 xOy 平面）对 z 轴上质点 $M(0,0,a)(a>0)$ 的引力：$\vec{F}=(F_x,F_y,F_z)$，其中 $F_x=Gm\iint_D \frac{\rho(x,y)x\mathrm{d}\sigma}{(x^2+y^2+a^2)^{\frac{3}{2}}}$，$F_y=Gm\iint_D \frac{\rho(x,y)y\mathrm{d}\sigma}{(x^2+y^2+a^2)^{\frac{3}{2}}}$，$F_z=-Gma\iint_D \frac{\rho(x,y)\mathrm{d}\sigma}{(x^2+y^2+a^2)^{\frac{3}{2}}}$. 这里 G 为引力常数，m 为质点 M 的质量，$\rho(x,y)$ 为平面薄片的面密度.

● **柱面坐标和球面坐标**

● 柱面坐标：$\begin{cases}x=r\cos\theta,\\ y=r\sin\theta,\\ z=z,\end{cases}$ 球面坐标：$\begin{cases}x=r\sin\varphi\cos\theta.\\ y=r\sin\varphi\sin\theta.\\ z=r\cos\varphi.\end{cases}$

● 重心：

$$\bar{x}=\frac{1}{m}\iiint_\Omega x\rho\mathrm{d}V,\quad \bar{y}=\frac{1}{m}\iiint_\Omega y\rho\mathrm{d}V,\quad \bar{z}=\frac{1}{m}\iiint_\Omega z\rho\mathrm{d}V,$$

其中，$m=\iiint_\Omega \rho\mathrm{d}V$，$\rho$ 为密度函数.

● 转动惯量：

$$I_x=\iiint_\Omega (y^2+z^2)\rho\mathrm{d}V,\ I_y=\iiint_\Omega (x^2+z^2)\rho\mathrm{d}V,\ I_z=\iiint_\Omega (x^2+y^2)\rho\mathrm{d}V.$$

● **曲线积分**

● 第一类曲线积分：设 $f(x,y)$ 在 L 上连续，L 的参数方程为：

$$\begin{cases}x=\varphi(t),\\ y=\psi(t),\end{cases}\alpha\leqslant t\leqslant\beta,$$

则

$$\int_L f(x,y)\mathrm{d}s=\int_\alpha^\beta f[\varphi(t),\psi(t)]\sqrt{\varphi'^2(t)+\psi'^2(t)}\mathrm{d}t\quad(\alpha\leqslant\beta).$$

● 第二类曲线积分：设 L 的参数方程为 $\begin{cases}x=\varphi(t),\\ y=\psi(t),\end{cases}$ 则

$$\int_L P(x,y)\mathrm{d}x+Q(x,y)\mathrm{d}y=\int_\alpha^\beta\{P[\varphi(t),\psi(t)]\varphi'(t)+Q[\varphi(t),\psi(t)]\psi'(t)\}\mathrm{d}t,$$

其中，α 为 L 的起点参数 t 的值；β 为 L 的终点参数 t 的值.

- 格林公式：

$$\oint_L P\mathrm{d}x + Q\mathrm{d}y = \iint_D \left(\frac{\partial Q}{\partial x} - \frac{\partial P}{\partial y}\right)\mathrm{d}x\mathrm{d}y,$$

其中，D 为闭曲线 L 所围平面区域，L 取正向.

- **曲面积分**
- 第一类曲面积分：

$$\iint_\Sigma f(x,y,z)\mathrm{d}S = \iint_{D_{xy}} f[x,y,z(x,y)]\sqrt{1+z'^2_x(x,y)+z'^2_y(x,y)}\mathrm{d}x\mathrm{d}y,$$

其中，D_{xy}是曲面 σ 在 xOy 平面上的投影区域.

- 第二类曲面积分：

$$\iint_\Sigma P(x,y,z)\mathrm{d}y\mathrm{d}z + Q(x,y,z)\mathrm{d}z\mathrm{d}x + R(x,y,z)\mathrm{d}x\mathrm{d}y,$$

其中，$\iint_\Sigma R(x,y,z)\mathrm{d}x\mathrm{d}y = \pm\iint_{D_{xy}} R[x,y,z(x,y)]\mathrm{d}x\mathrm{d}y$，积分取曲面的上侧时取正号；$\iint_\Sigma P(x,y,z)\mathrm{d}y\mathrm{d}z = \pm\iint_{D_{yz}} P[x(y,z),y,z]\mathrm{d}y\mathrm{d}z$，积分取曲面的前侧时取正号；$\iint_\Sigma Q(x,y,z)\mathrm{d}z\mathrm{d}x = \pm\iint_{D_{zx}} Q[x,y(x,z),z]\mathrm{d}z\mathrm{d}x$，积分取曲面的右侧时取正号.

- 两类曲面积分之间的关系：

$$\iint_\Sigma P\mathrm{d}y\mathrm{d}z + Q\mathrm{d}z\mathrm{d}x + R\mathrm{d}x\mathrm{d}y = \iint_\Sigma (P\cos\alpha + Q\cos\beta + R\cos\gamma)\mathrm{d}S,$$

其中，$\cos\alpha$，$\cos\beta$，$\cos\gamma$ 是曲面 Σ 积分侧法向量方向余弦.

- **高斯公式**

$$\iiint_\Omega \left(\frac{\partial P}{\partial x} + \frac{\partial Q}{\partial y} + \frac{\partial R}{\partial z}\right)\mathrm{d}V = \oiint_\Sigma P\mathrm{d}y\mathrm{d}z + Q\mathrm{d}z\mathrm{d}x + R\mathrm{d}x\mathrm{d}y$$
$$= \oiint_\Sigma (P\cos\alpha + Q\cos\beta + R\cos\gamma)\mathrm{d}S,$$

其中，Σ 为立体 Ω 的边界闭曲面，Σ 取外侧.

- 向量场 $\vec{A} = (P,Q,R)$ 的散度：$\mathrm{div}\,\vec{A} = \frac{\partial P}{\partial x} + \frac{\partial Q}{\partial y} + \frac{\partial R}{\partial z}$.
- 通量，流量：

$$\iint_\Sigma \vec{A}\cdot\vec{n}^0\mathrm{d}S = \iint_\Sigma (P\cos\alpha + Q\cos\beta + R\cos\gamma)\mathrm{d}S.$$

- **斯托克斯公式——曲线积分与曲面积分的关系**：

$$\oint_\Gamma P\mathrm{d}x + Q\mathrm{d}y + R\mathrm{d}z$$
$$= \iint_\Sigma \left(\frac{\partial R}{\partial y} - \frac{\partial Q}{\partial z}\right)\mathrm{d}y\mathrm{d}z + \left(\frac{\partial P}{\partial z} - \frac{\partial R}{\partial x}\right)\mathrm{d}z\mathrm{d}x + \left(\frac{\partial Q}{\partial x} - \frac{\partial P}{\partial y}\right)\mathrm{d}x\mathrm{d}y,$$

其中，Γ 为曲面 Σ 的边界闭曲线，Σ 的侧与 Γ 的积分方向满足右手法则.

上式右端又可写成：

$$\iint_{\Sigma}\begin{vmatrix} \mathrm{d}y\mathrm{d}z & \mathrm{d}z\mathrm{d}x & \mathrm{d}x\mathrm{d}y \\ \frac{\partial}{\partial x} & \frac{\partial}{\partial y} & \frac{\partial}{\partial z} \\ P & Q & R \end{vmatrix} = \iint_{\Sigma}\begin{vmatrix} \cos\alpha & \cos\beta & \cos\gamma \\ \frac{\partial}{\partial x} & \frac{\partial}{\partial y} & \frac{\partial}{\partial z} \\ P & Q & R \end{vmatrix}\mathrm{d}S.$$

- 向量场 $\vec{A}=(P,Q,R)$ 的旋度：$\mathrm{rot}\,\vec{A}=\begin{vmatrix} \vec{i} & \vec{j} & \vec{k} \\ \frac{\partial}{\partial x} & \frac{\partial}{\partial y} & \frac{\partial}{\partial z} \\ P & Q & R \end{vmatrix}$.

- 向量场 $\vec{A}$ 沿有向闭曲线 Γ 的环流量：

$$\oint_{\Gamma} P\mathrm{d}x + Q\mathrm{d}y + R\mathrm{d}z = \oint_{\Gamma}\vec{A}\cdot\mathrm{d}\vec{l}.$$

11.2.8 无穷级数

- **常数项级数**

- 等比级数：$1+q+q^2+\cdots+q^{n-1}+\cdots=\dfrac{1}{1-q}$.

- 调和级数：$\sum\limits_{n=1}^{\infty}\dfrac{1}{n}$ 发散，注：$\sum\limits_{n=1}^{\infty}\dfrac{(-1)^n}{n}$ 收敛.

- P 级数：$\sum\limits_{n=1}^{\infty}\dfrac{1}{n^p}\begin{cases} p\leqslant 1 \text{ 时发散}, \\ p>1 \text{ 时收敛}. \end{cases}$

- **级数审敛法**

- 正项级数的审敛法——根值判别法（柯西判别法）：

正项级数 $\sum\limits_{n=1}^{\infty}u_n$，设 $\rho=\lim\limits_{n\to\infty}\sqrt[n]{u_n}$，则 $\begin{cases} \rho<1 \text{ 时，级数收敛}, \\ \rho>1 \text{ 时，级数发散}, \\ \rho=1 \text{ 时，不确定}. \end{cases}$

- 正项级数的审敛法——比值判别法：

正项级数 $\sum\limits_{n=1}^{\infty}u_n$，设 $\rho=\lim\limits_{n\to\infty}\dfrac{u_n+1}{u_n}$，则 $\begin{cases} \rho<1 \text{ 时，级数收敛}, \\ \rho>1 \text{ 时，级数发散}, \\ \rho=1 \text{ 时，不确定}. \end{cases}$

- 交错级数 $\sum\limits_{n=1}^{\infty}(-1)^{n-1}u_n=u_1-u_2+u_3-u_4+\cdots(u_n>0)$.

莱布尼茨判别法：如果交错级数满足 $\begin{cases} u_n\geqslant u_{n+1}, \\ \lim\limits_{n\to\infty}u_n=0, \end{cases}$ 那么级数收敛且其和 $S\leqslant u_1$，余项 r_n

的绝对值$|r_n| \leqslant u_{n+1}$.

- 绝对收敛与条件收敛：

(1) $\sum_{n=1}^{\infty} u_n = u_1 + u_2 + \cdots + u_n + \cdots$，其中 u_n 为任意实数；

(2) $\sum_{n=1}^{\infty} |u_n| = |u_1| + |u_2| + |u_3| + \cdots + |u_n| + \cdots$.

如果（2）收敛，则（1）肯定收敛，且称（1）为绝对收敛级数.

如果（2）发散，而（1）收敛，则称（1）为条件收敛级数.

- **幂级数**

- 级数 $\sum_{n=0}^{\infty} x^n = 1 + x + x^2 + x^3 + \cdots + x^n + \cdots \begin{cases} |x| < 1 \text{ 时，收敛于} \dfrac{1}{1-x}, \\ |x| \geqslant 1 \text{ 时，发散}. \end{cases}$

- 求幂级数 $\sum_{n=0}^{\infty} a_n x^n$ 收敛半径 R 的方法：

$$\text{设} \lim_{n\to\infty} \left| \frac{a_{n+1}}{a_n} \right| = \rho \text{，则} \begin{cases} \rho \neq 0, & R = \dfrac{1}{\rho}, \\ \rho = 0, & R = +\infty, \\ \rho = +\infty, & R = 0. \end{cases}$$

- **函数展开成幂级数**

- 函数展开成泰勒级数：

$$f(x) = f(x_0) + f'(x_0)(x - x_0) + \frac{f''(x_0)}{2!}(x - x_0)^2 + \cdots + \frac{f^{(n)}(x_0)}{n!}(x - x_0)^n + \cdots$$

- 余项：$R_n(x) = \dfrac{f(n+1)(\xi)}{(n+1)!}(x - x_0)^{n+1}$，$\xi$ 在 x 和 x_0 之间.

- 函数 $f(x)$ 可以展开成泰勒级数的充要条件是：$\lim_{n\to\infty} R_n(x) = 0$.

- 麦克劳林级数（即泰勒级数 $x_0 = 0$ 时）：

$$f(x) = f(0) + f'(0)x + \frac{f''(0)}{2!}x^2 + \cdots + \frac{f^{(n)}(0)}{n!}x^n + \cdots$$

- **欧拉公式** $e^{ix} = \cos x + i\sin x$ 或 $\begin{cases} \cos x = \dfrac{e^{ix} + e^{-ix}}{2}, \\ \sin x = \dfrac{e^{ix} - e^{-ix}}{2i}. \end{cases}$

- **三角级数**

$$f(t) = A_0 + \sum_{n=1}^{\infty} A_n \sin(n\omega t + \varphi_n) = \frac{a_0}{2} + \sum_{n=1}^{\infty} (a_n \cos nx + b_n \sin nx).$$

其中，$a_0=2A_0$，$a_n=A_n\sin\varphi_n$，$b_n=A_n\cos\varphi_n$，$\omega t=x$.

- 正交性：

三角函数系 1，$\sin x$，$\cos x$，$\sin 2x$，$\cos 2x$，…，$\sin nx$，$\cos nx$，…，中任意两个不同函数的乘积在 $[-\pi,\ \pi]$ 上的积分等于 0.

- **周期为 2π 的周期函数的傅里叶级数** $f(x)\sim\dfrac{a_0}{2}+\sum\limits_{n=1}^{\infty}(a_n\cos nx+b_n\sin nx)$，

其中，$a_n=\dfrac{1}{\pi}\int_{-\pi}^{\pi}f(x)\cos nx\mathrm{d}x, b_n=\dfrac{1}{\pi}\int_{-\pi}^{\pi}f(x)\sin nx\mathrm{d}x(n=1,2,3,\cdots)$.

- 正弦级数：奇函数的傅里叶级数为正弦级数 $f(x)\sim\sum\limits_{n=1}^{\infty}b_n\sin nx$，其中 $b_n=\dfrac{2}{\pi}\int_0^{\pi}f(x)\sin nx\mathrm{d}x(n=1,2,3,\cdots)$.

- 余弦级数：偶函数的傅里叶级数为余弦级数 $f(x)\sim\dfrac{a_0}{2}+\sum\limits_{n=1}^{\infty}a_n\cos nx$，

其中，$a_n=\dfrac{2}{\pi}\int_0^{\pi}f(x)\cos nx\mathrm{d}x(n=0,1,2,\cdots)$.

- **周期为 $2l$ 的周期函数的傅里叶级数** $f(x)\sim\dfrac{a_0}{2}+\sum\limits_{n=1}^{\infty}\left(a_n\cos\dfrac{n\pi}{l}x+b_n\sin\dfrac{n\pi}{l}x\right)$，

其中

$$a_n=\frac{1}{l}\int_{-l}^{l}f(x)\cos\frac{n\pi}{l}x\mathrm{d}x, b_n=\frac{1}{l}\int_{-l}^{l}f(x)\sin\frac{n\pi}{l}x\mathrm{d}x(n=1,2,3,\cdots).$$

- 几个特殊常数项级数的和：

$$1+\frac{1}{2^2}+\frac{1}{3^2}+\frac{1}{4^2}+\cdots=\frac{\pi^2}{6}.$$

$$1-\frac{1}{2^2}+\frac{1}{3^2}-\frac{1}{4^2}+\cdots=\frac{\pi^2}{12}.$$

$$1+\frac{1}{3^2}+\frac{1}{5^2}+\frac{1}{7^2}+\cdots=\frac{\pi^2}{8}.$$

参考文献

[1] 华东师范大学数学科学学院. 数学分析（上、下册）[M]. 5版. 北京：高等教育出版社，2019.

[2] 孙兵. 毛京中. 工科数学分析（上、下册）[M]. 北京：机械工业出版社，2018.

[3] 陈仲. 高等数学竞赛题解析教程 [M]. 南京：东南大学出版社，2021.

[4] 李永乐，等. 数学历年真题全精解析 [M]. 北京：中国农业出版社，2021.

[5]〔美〕布里格斯，等. 微积分（上、下册）英文 [M]. 北京：中国人民大学出版社，2012.

[6] 张天德. 高等数学习题超精解 [M]. 北京：北京理工大学出版社，2012.

[7] 八校试卷编写组. 2015—2020 高等数学期末试卷汇编 [M]. 北京：高等教育出版社，2021.

[8] 钟漫如. 微积分同步学习指导（上、下册）[M]. 北京：机械工业出版社，2017.